计算机网络教程

第5版 | 微课版

A Textbook on Computer Networks (5th Edition)

谢钧 谢希仁 编著

人民邮电出版社
北京

图书在版编目（CIP）数据

计算机网络教程 : 微课版 / 谢钧，谢希仁编著. -- 5版. -- 北京 : 人民邮电出版社，2018.2（2019.12重印）
21世纪高等学校计算机规划教材
ISBN 978-7-115-47581-7

Ⅰ. ①计… Ⅱ. ①谢… ②谢… Ⅲ. ①计算机网络－高等学校－教材 Ⅳ. ①TP393

中国版本图书馆CIP数据核字(2017)第314721号

内容提要

本书共7章，主要内容包括概述、物理层、数据链路层（包括局域网）、网络层与网络互连、运输层、网络应用、网络安全，覆盖了全国计算机专业研究生入学考试的知识点。各章均附有本章的重要概念和习题。此外，附录中提供了最短路径算法、配套实验建议、英文缩写词。

本书的特点是概念准确、论述严谨、图文并茂、容易理解。以通俗易懂的方式阐述计算机网络最基本的原理与概念，注重分析各种技术背后的原理和方法。

为方便读者学习和理解相关内容，本书针对重、难点内容录制了微课视频，读者可通过扫描书中相应二维码进行观看。

本书可供所有专业的大学本科生使用，对从事计算机网络工作的工程技术人员也有学习参考价值。

◆ 编　　著　谢　钧　谢希仁
责任编辑　邹文波
责任印制　沈　蓉　彭志环

◆ 人民邮电出版社出版发行　　北京市丰台区成寿寺路11号
邮编　100164　　电子邮件　315@ptpress.com.cn
网址　http://www.ptpress.com.cn
北京市艺辉印刷有限公司印刷

◆ 开本：787×1092　1/16
印张：22.5　　　　2018年2月第5版
字数：558千字　　　　2019年12月北京第8次印刷

定价：49.80元

读者服务热线：(010)81055256　印装质量热线：(010)81055316
反盗版热线：(010)81055315

前言 PREFACE

随着计算机网络技术的不断发展和进步，计算机网络越来越广泛地应用于各个领域，并深刻地影响着社会的科学、经济、军事和文化的发展，和人们的工作、学习和生活，以网络为核心的信息化时代已经到来。“计算机网络”目前已不仅是计算机、通信与信息类专业本科生的必修课程，也逐渐成为理工科各专业学生的公共课程。

计算机网络技术的发展日新月异，将不断涌现的新概念、新技术、新协议和新应用全部纳入到一本书和一门课程中是不现实的。实际上，只要具备了计算机网络的基本原理和知识，学生就有能力不断学习各种新的网络技术。因此，本书以计算机网络中最基础和最关键的问题为核心知识点，以因特网和成熟、流行的网络技术为实例，讲解和分析计算机网络的基本原理、方法和技术精髓，尽可能使学生获得“保质期”长的知识，具备深入学习和研究相关技术的能力。

本书在写作上力求概念准确、论述严谨以及简洁明了，不罗列各种技术的细节，而是讲清楚各种技术背后的原理和方法，让读者明白“是什么”的同时也理解了“为什么”。

第 5 版保持了第 4 版的主要结构，同时根据近年来计算机网络技术和教学理念的发展及作者的教学经验，对各章都补充了一些新的内容，调整了部分结构，修改了部分文字，使本书更能体现计算机网络技术的发展，更能满足理工科各专业本科生的教学需要，内容结构更便于老师组织教学和学生自学。同时，本书内容也覆盖了全国计算机专业研究生入学考试的考试范围。

本次修订主要调整的内容如下。

第 1 章重写了计算机网络在信息时代中的作用，并增加了对云计算和物联网两个新兴网络技术的简要介绍。

第 2 章增加了对光网络的介绍。

第 3 章在使用点对点信道的数据链路层这一节中增加了可靠传输的原理，调整了局域网相关内容的结构，并对虚拟局域网和无线局域网的相关内容进行了补充。

第 4 章改动较大：增加了对虚电路网络基本原理的介绍；对 IP 编址方式，重点介绍无分类编址 CIDR，而对分类 IP 编址和子网划分仅做简略介绍；增加了对目前广泛应用于局域网环境中的“三层交换机”的介绍；补充了对 IP 多播中多播路由选择的基本工作原理介绍；补充了对移动 IP 的基本工作原理介绍；考虑到 MPLS 目前在因特网中的应用越来越广泛，作用越来越重要，在第 4 章最后补充了对 MPLS 基本原理的介绍。

第 5 章补充了对 TCP 的选择确认的介绍。

第 6 章增加了对搜索引擎、移动 Web、内容分发网络和网络应用编程接口的介绍。

第 7 章增加了对访问控制概念和模型的介绍，补充了物理层和数据链路层的安全实例，并增加了对常见网络攻击技术及其防范措施的介绍。

本书新增许多课后习题，此外在附录 B 中增加了对课程实验内容的建议，在附录 C 中增加了本书涉及的英文缩写的中文对照表。

本书提供的教学课件和部分习题答案，可在人邮教育社区（www.ryjiaoyu.com）下载。

针对“计算机网络”课程中的重点与难点，本书还专门录制了微课视频，读者可直接使用手机扫描书中的二维码观看。

本书第 5 版是在谢希仁教授主编的第 4 版基础上改编而成的，并得到了谢教授的悉心指导。陈鸣、胡谷雨、倪桂强、齐望东和吴礼发教授对于本书的内容给予了热心指点，端义锋、刘鹏、仇小锋、张国敏、邢长友、沙俊星、缪志敏等课程组老师结合教学实践经验对本次的修改提出了宝贵的意见。编者在此一并致以诚挚的谢意。由于编者水平所限，书中难免存在一些缺点和错误，殷切希望广大读者批评指正。

编　者

2018 年 1 月

于中国人民解放军陆军工程大学，南京

编者的电子邮箱地址：xiejun_work@263.net

（欢迎指出书中的各种错误，但无法满足索取解题详细步骤的要求，敬请谅解。）

目录 CONTENTS

01 第1章 概述

本章是全书的概要。在本章的开始，先介绍计算机网络在信息时代的作用。接着对因特网进行了概述，包括因特网发展的三个阶段及今后的发展趋势。然后讨论了因特网的组成，包括因特网的边缘部分和核心部分。在因特网核心部分讨论了计算机网络中的一个重要概念——分组交换。在讨论了计算机网络的分类及主要性能指标后，论述了整个课程都要用到的重要概念——计算机网络的体系结构。最后，简要介绍了计算机网络在我国的发展和两个重要的新兴网络技术：云计算和物联网。

本章最重要的内容如下。

（1）分组交换的概念，这是现代计算机网络的技术基础。

（2）计算机网络的一些性能指标。

（3）计算机网络的分层体系结构，包括协议和服务的概念。这部分内容比较抽象。在没有了解具体的计算机网络之前，很难一下子就完全掌握这些很抽象的概念。但这些抽象的概念又能够指导后续的学习，因此也必须先从这些概念学起。建议读者在学习到后续章节时，经常回过头来复习一下本章中的相关基本概念。这对掌握整个计算机网络的概念是有帮助的。

1.1 计算机网络在信息时代中的作用

21 世纪是以**数字化、网络化、信息化**为重要特征的信息时代。作为信息的最大载体和传输媒介，网络已成为这个信息时代的核心。以**因特网**（Internet）为代表的计算机网络自 20 世纪 90 年代以来迅猛发展，从最初的教育科研网络逐步发展成为全球性商业网络，并以远远超过人们预期的速度和力量从根本上改变着我们的生活。毫不夸张地说，因特网是人类自印刷术发明以来在通信方面的最大变革。现在因特网已成为全球性的**信息服务基础设施**的雏形。全世界所有发达国家和许多发展中国家都纷纷研究和制订本国建设信息基础设施的计划。这使得计算机网络的发展进入了一个新的历史阶段，变成了人尽皆知并且备受关注的热门学科。

计算机网络与传统电话网和有线电视网最大的不同在于计算机网络的终端设备是功能强大且具有智能的计算机。利用计算机网络，计算机上运行的包括电子邮件、万维网冲浪、信息搜索、即时通信、网络电话、网络电视、网络游戏、文件共享等在内的各种应用程序通过彼此间的通信为用户提供了更加丰富多彩的服务和应用。我们在讨论计算机网络时，不仅仅包括计算机网络提供的数据通信服务，还包括这些丰富多彩的网络应用。事实上，计算机网络已由一种通信基础设施发展成为一种重要的信息服务基础设施。如今的我们很难想象没有网络的日子。网络，已经像水、电、煤气这些基础设施一样，成为我们生活中不可或缺的一部分。

计算机网络为我们提供浏览信息和发布信息的平台。文本、声音、图像、视频；电子报纸、电子期刊、电子书籍；政治、经济、社会、生活、军事、体育、娱乐；浏览各类万维网网站，主动推送用户关注的内容，使用谷歌、百度等搜索引擎搜索感兴趣的信息。计算机网络以各种各样的形式和浏览手段向我们提供着各种各样的信息。而个人网站、博客、微博、电子公告栏等各种信息发布平台让信息时代的每个人不仅可以看，还可以畅所欲言，这是像报纸、广播、电视这些传统信息传媒无法实现的事情。

计算机网络为我们提供通信和交流的平台。从早期兴起的电子邮件、网络电话，到今天以 QQ、MSN 为代表的各种即时通信工具，在网络世界里将人们的距离拉得越来越近。即时通信工具的用户不仅可以发送各种媒体形式的消息，还可以打电话和视频聊天；不仅可以实现一对一的交流，还可以实现讨论版、视频会议等形式的多人同时交互。2011 年，我国腾讯公司推出的网络社交软件“微信”已风靡整个华人世界，成为脸书（Facebook），推特（Twitter）等世界著名社交软件强有力的竞争对手，它集成了及时消息、短信留言、文件共享、信息发布、讨论版等多种功能，为我们的零距离交流提供了便捷。

计算机网络为我们提供休闲和娱乐的平台。因特网不仅提供了大量音频和视频资源可供用户下载后播放，用户还可以通过网络随时在线点播各种音频和视频节目。网络电视（IPTV）现在已成为传统有线电视最大的竞争对手。除此之外，网络还为我们提供了大量精彩的令人流连忘返的互动网络游戏，成为许多人（特别是年轻人）最为喜爱的娱乐活动之一。

计算机网络为我们提供资源共享的平台。从过去通过文件传输软件共享远程文件服务器上的文件，到后来因特网上广泛流行的 P2P 文件共享；从最初办公室内的同事通过网络共用一台打印机，到今天所有联网计算机均可方便地共享网络中的多种计算资源、存储资源和信息资源。通过网络可共享的资源种类越来越丰富，共享方式越来越便捷。近年来，持续升温的**云计算**（Cloud Computing）通过网络以按需、易扩展的方式提供安全、快速、便捷的数据存储和网络计算服务，使人们能像使用自来水一样方便地使用网络中的各种资源。利用云计算可将大量的用户数据、应用软件和计算任务放置在“云”端，从而使用户终端的计算能力和存储能力得到无限放大。

计算机网络为我们提供电子商务的平台。网络技术的发展使我们能够将现实世界中的银行、商场、书店、超市、火车站售票厅、股票交易所、拍卖市场等统统搬到网上。不用你辛苦地跑出去“货比三家”，通过方便地查询比较，瞬间就能把性价比最高的商品搜寻出来；不用去银行、火车站排长队，轻点鼠标就完成各类事务。应有尽有的电子商务让生活变得方便，让宅男宅女们“足不出户”的梦想成为现实。在网络时代，不会网上购物、网上购票、网上转账，将会发现生活变得越来越不便。如今不会网上打车的人们已经开始面临打车难的问题。

计算机网络为我们提供远程协作的平台。计算机网络使得千里之遥的人们可以相互配合、协同工作。应用最为广泛的远程协作包括远程教育和远程医疗。远程教育打破了传统教育的时间、空间限制，身处全球各地的学生可以相聚在网上课堂，教师和学生可以共同完成一个公式的推导或是一个实验的演示。远程医疗让珍稀的优秀医疗资源被充分利用，全球各地的心脏专家可以通过网络为一个患儿提供专家答疑、远程会诊等服务，甚至可以共同指导一次心脏移植手术。

计算机网络为我们提供网上办公的平台。通过计算机网络，政府部门的电子政务系统向公众提供了在线咨询、网上申报、审批、许可证申领、注册、年检、招商、投诉、举报等政府服务。大型公司通常拥有网上办公系统，以满足公司内部财务、税务、行政、资产等管理的需要。大学校园网上的办公系统通常包括选课、成绩单填报、网上评教评学、科研项目审批、报奖、科研经费报账、设备报修等。各种网上办公系统为我们提供了更加快捷、方便的服务。

计算机网络的用途数不胜数，并且随着技术的发展，计算机网络已从互连传统服务器、桌面计算机，到互连手机、个人数字助理等移动便携式计算设备，并逐步扩展到互连各种家用电器、环境传感器等非传统计算设备，甚至是所有可标识的“物”。以互联网为基础逐渐发展起来的**物联网**（Internet of Things）就是要实现“物物相连的互联网”，近几年来越来越受到全球的广泛关注。物联网把感应器嵌入和装备到电网、铁路、桥梁、隧道、公路、建筑、供水系统、大坝、油气管道等各种物体中，然后将“物联网”与现有的互联网整合起来，实现人类社会与物理系统的整合。物联网的发展和成熟必将给我们的生活带来一次全新的变革。

计算机网络从根本上改变了人类的生活，在给我们带来极大便利的同时，也带来了一些不和谐的元素：肆意攻击正规网站的黑客，通过网络大肆传播的计算机病毒，利用网络窃取国家机密或实施诈骗的罪犯，以营利为唯一目的缺少社会良知的色情网站经营者，在网络上流传的形形色色的谣言，沉溺于网络游戏、流连于网吧的青少年……但是，瑕不掩瑜，计算机网络给社会带来的积极作用毫无疑问远远多于消极作用。

因特网是当今世界上最大的计算机网络，也是我们接触最多的计算机网络，下面我们开始简单地介绍什么是因特网及因特网的主要构件，以便对计算机网络有一个最初步的了解。

1.2 因特网概述

1.2.1 网络的网络

起源于美国的因特网现已发展成为世界上最大的国际性计算机互联网[①]。

我们先给出关于网络、互联网（互连网）及因特网的一些最基本的概念。

网络（Network）由若干**结点**（Node）[②]和连接这些结点的**链路**（Link）组成。网络中的结点可以是计算机、集线器、交换机或路由器等（在后续的两章我们将会介绍集线器、交换机和路由器等设备的作用）。图 1-1（a）给出了一个具有 5 个结点和 4 条链路的网络。我们看到，有 4 台计算机通过 4 条

① 1994 年全国自然科学名词审定委员会公布的名词中（《计算机科学技术名词》，科学出版社，1994 年 12 月），interconnection 是“互连”，interconnection network 是“互连网络”，internetworking 是“网际互连”。但 1997 年 8 月全国科学技术名词审定委员会在其推荐名（一）中，将 internet, internetwork, interconnection network 均推荐译名为“互联网”，而在注释中说“又称互连网”，即“**互联网**”与“**互连网**”这两个名词均可使用，但请注意，“联”和“连”并**不是同义字**。

② 根据《计算机科学技术名词》第 112 页，名词 node 的标准译名是：节点 08.078，结点 12.023。再查一下 12.023 这一节是**计算机网络**，因此，在计算机网络领域，node 显然应当译为结点，而不是节点。但目前在我国各种文献和书籍中使用最多的仍是“节点”。在出现树状数据结构时，树上的 node 则应当译为“节点”。

链路连接到一个集线器上，构成了一个简单的网络。在很多情况下，我们可以用一朵云表示一个网络。这样做的好处是，可以不去关心网络中的细节问题，因而可以集中精力研究涉及与网络互连有关的一些问题。

网络还可以通过路由器互连起来，这样就构成了一个覆盖范围更大的网络，即互联网（或互连网），如图 1-1（b）所示。因此互联网是“**网络的网络**（Network of Networks）”。

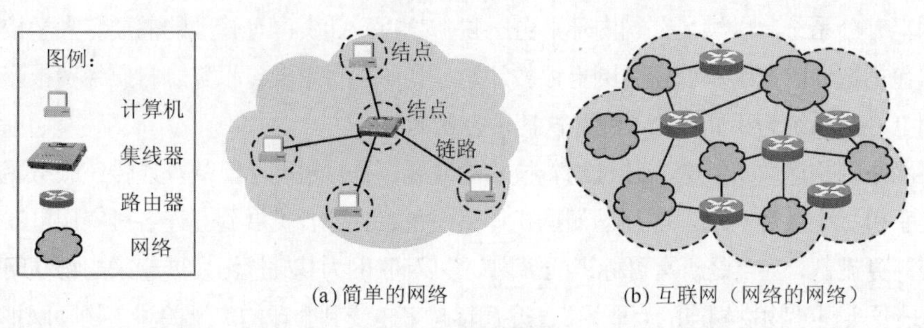

(a) 简单的网络　　(b) 互联网（网络的网络）

图1-1　网络示意图

因特网（Internet）是世界上最大的互连网络（用户数以亿计，互连的网络数以百万计）。习惯上，大家把连接在因特网上的计算机都称为**主机**（Host）。路由器是一种特殊的计算机，它是连接不同网络的专用设备，用户并不直接使用路由器处理信息。因此不能把路由器称为主机。因特网也常常用一朵云来表示，图 1-2 表示许多主机连接在因特网上。这种表示方法是把主机画在网络的外边，而网络内部的细节（即路由器怎样把许多网络连接起来）往往就省略了。

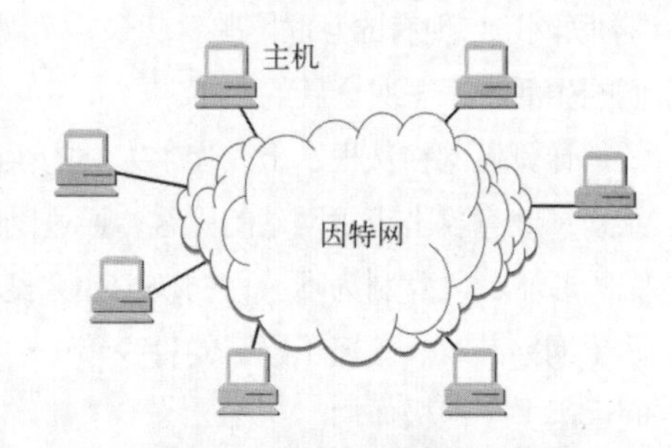

图1-2　因特网与连接的主机

因此，我们可以先初步建立这样的基本概念：**网络把许多计算机连接在一起，而互联网则把许多网络连接在一起**。**因特网是世界上最大的互联网**。有时，为了避免意义上的不明确，我们把直接连接计算机的网络称为**物理网络**，而互联网是由物理网络集合构成的**逻辑网络**。

还有一点也必须注意，就是网络互连并不仅仅是把计算机简单地在物理上连接起来，因为这样做并不能达到计算机之间能够相互交换信息的目的。我们还必须在计算机上安装许多使计算机能够交换信息的软件才行。因此当我们谈到网络互连时，就隐含地表示在这些计算机上已经安装了适当的软件，因而在计算机之间可以通过网络交换信息。

本书中所谈到的网络都指的是**计算机网络**。因特网就是世界上最大的计算机网络。

1.2.2　因特网发展的三个阶段

因特网的基础结构大体上经历了三个阶段的演进。但这三个阶段在时间划分上是有部分重叠的，这是因为网络的演进是逐渐的而不是在某个日期突然发生了变化。

第一阶段——从单个网络 ARPANET 向互联网发展。1969 年，美国国防部创建的第一个分组交换网 ARPANET 最初只是一个单个的分组交换网，所有要连接在 ARPANET 上的主机都直接与就近的结点交换机相连。但到了 20 世纪 70 年代中期，人们已认识到不可能仅使用一个单独的网络来满足所有的通信问题。这就导致了后来互连网的出现。这样的互连网就成为现在**因特网**（Internet）的雏形。1983年，TCP/IP 协议成为 ARPANET 上的标准协议，使得所有使用 TCP/IP 协议的计算机都能利用互连网相互通信，因而人们就把 1983 年作为因特网的诞生时间。1990 年 ARPANET 正式宣布关闭，因为它的实验任务已经完成。

请读者注意以下两个意思相差很大的名词：internet 和 Internet。

以小写字母 i 开始的 **internet（互联网或互连网）是一个通用名词，它泛指由多个计算机网络互连而成的网络**。在这些网络之间的通信协议（即通信规则）可以是任意的。

以大写字母 I 开始的 **Internet（因特网）则是一个专用名词，它指当前全球最大的、开放的、由众多网络相互连接而成的特定计算机网络，它采用 TCP/IP 协议簇作为通信的规则，且其前身是美国的 ARPANET**。

第二阶段——逐步建成了**三级结构的因特网**。从 1985 年起，美国国家科学基金会（National Science Foundation，NSF）就围绕 6 个大型计算机中心建设计算机网络，即国家科学基金网 NSFNET。它是一个三级计算机网络，分为**主干网**、**地区网**和**校园网**（或**企业网**）。这种三级计算机网络覆盖了全美国主要的大学和研究所，并且成为因特网中的主要组成部分。1991 年，NSF 和美国的其他政府机构开始认识到，因特网必将扩大其使用范围，不应仅限于大学和研究机构。世界上的许多公司纷纷接入到因特网，使网络上的通信量急剧增大，因特网的容量已满足不了需要。于是美国政府决定将因特网的主干网转交给私人公司来经营，并开始对接入因特网的单位收费。1992 年因特网上的主机超过 100 万台。1993 年因特网主干网的速率提高到 45 Mbit/s（T3 速率）。

第三阶段——逐渐形成了**多层次 ISP 结构的因特网**。从 1993 年开始，由美国政府资助的 NSFNET 逐渐被若干个商用的**因特网主干网**替代，而政府机构不再负责因特网的运营，而是让各种因特网服务提供商（Internet Service Provider，ISP）来运营。

ISP 可以从因特网管理机构申请到成块的 IP 地址（因特网上的主机都必须有 IP 地址才能进行通信，这一概念我们将在 4.2 节详细讨论），同时拥有通信线路（大的 ISP 自己建设通信线路，小的 ISP 则向电信公司租用通信线路），以及路由器等连网设备。任何机构和个人只要向 ISP 交纳规定的费用，就可从 ISP 得到所需的 IP 地址，并通过该 ISP 接入到因特网。我们通常所说的“上网”就是指“通过某个 ISP 接入到因特网”。IP 地址的管理机构不会把一个单个的 IP 地址分配给某个单个用户（不“零售”IP 地址），而是把一批 IP 地址有偿分配给经审查合格的 ISP（只“批发”IP 地址）。从以上所讲的可以看出，现在的因特网已不是某个单个组织所拥有，而是全世界无数大大小小的 ISP 所共同拥有。图 1-3 说明了用户要通过 ISP 才能连接到因特网。

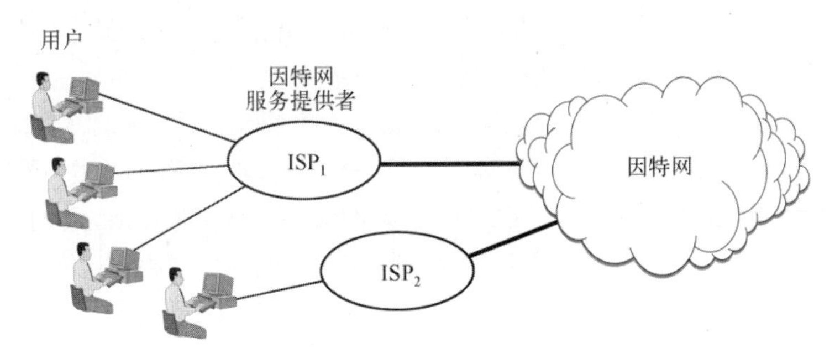

图1-3 用户通过ISP接入因特网

根据提供服务的覆盖面积大小及所拥有的 IP 地址数目的不同，ISP 也分成不同的层次。图 1-4 是具有三层结构的因特网的概念示意图，但这种示意图并不表示各 ISP 的地理位置关系。

在图中，最高级别的第一层 ISP（tier-1 ISP）①的服务面积最大，一般都能够覆盖国际性区域范围，并拥有高速链路和交换设备。第一层 ISP 通常也被称为**因特网主干网**（Internet Backbone），并直接与其他第一层 ISP 相连。第二层 ISP 和一些大公司都是第一层 ISP 的用户，通常具有区域性或国家性覆盖规模，与少数第一层 ISP 相连接。第三层 ISP 又称为本地 ISP，它们是第二层 ISP 的用户，且只拥有本地范围的网络。一般的校园网或企业网，以及住宅用户和无线移动用户等，都是第三层 ISP 的用户。ISP 向它的用户收费，费用通常根据连接两者的带宽而定。一个 ISP 也可以选择与其他同层次 ISP 相连，当两个同层次 ISP 彼此直接相连时，它们被称为彼此是**对等**（Peer）的。

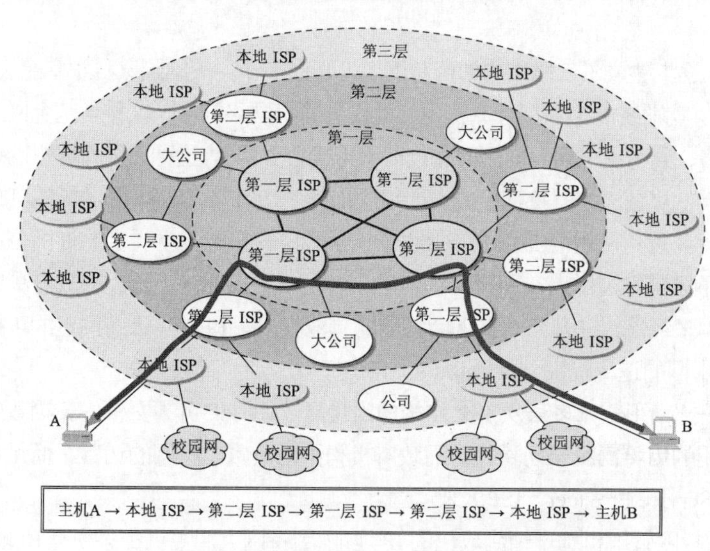

图1-4 基于ISP的三层结构的因特网的概念示意图

从图 1-4 中可以看出，因特网逐渐演变成基于 ISP 的多层次结构网络。但今天的因特网由于规模太大，已经很难对整个网络的结构给出细致的描述。但下面这种情况是经常遇到的，就是相隔较远的两台主机的通信可能需要经过多个 ISP（图 1-4 中的灰色粗线表示主机 A 要经过许多不同层次的 ISP 才能把数据传送到主机 B）。因此，当主机 A 和另一台主机 B 通过因特网进行通信时，实际上也就是它们通过许多中间的 ISP 进行通信。

顺便指出，一旦某个用户能够接入到因特网，那么他就能够成为一个 ISP。他需要做的就是购买一些如调制解调器或路由器这样的设备，让其他用户能够和他相连接。因此，图 1-4 所示的仅仅是个示意图，一个 ISP 可以很方便地在因特网拓扑上增添新的层次和分支。

因特网已经成为世界上规模最大和增长速率最快的计算机网络，没有人能够准确说出因特网究竟有多大。因特网的迅猛发展始于 20 世纪 90 年代。由欧洲原子核研究组织开发的**万维网**（World Wide Web，WWW）在因特网上被广泛使用，大大方便了广大非网络专业人员对网络的使用，成为因特网的这种指数级增长的主要驱动力。万维网的站点数目也急剧增长。在因特网上的数据通信量每月约增加 10%。

① 第一层 ISP 实际上就是第一级 ISP（字典对 tier 的解释有 rank 也有 layer）。不过这并不需要由哪一个组织批准某个 ISP 是属于哪一层（或级）。

表 1-1 是因特网上的网络数、主机数、用户数和管理机构数的简单概括（统计到 2005 年）。

表1-1 因特网的发展概况

年 份	网 络 数	主 机 数	用 户 数	管理机构数
1980	10	10^2	10^2	10^0
1990	10^3	10^5	10^6	10^1
2000	10^5	10^7	10^8	10^2
2005	10^6	10^8	10^9	10^3

由于因特网存在着技术上和功能上的不足，加上用户数量猛增，使得现有的因特网不堪重负，因此 1996 年美国的一些研究机构和 34 所大学提出研制和建造新一代因特网的设想，并推出了**“下一代因特网计划”**（Next Generation Internet Initiative，**NGI**）计划。

NGI 计划要实现的主要目标如下所述。

（1）开发下一代网络结构，提供更高的连接速率，端到端的传输速率达到 100 Mbit/s 至 10 Gbit/s。

（2）使用更加先进的网络服务技术和开发许多带有革命性的应用，如远程医疗、远程教育、有关能源和地球系统的研究、高性能的全球通信、环境监测和预报、紧急情况处理等。

（3）使用超高速全光网络，能实现更快速交换和路由选择，同时具有为一些**实时**（Real Time）应用保留带宽的能力。

（4）对整个因特网的管理和保证信息的可靠性及安全性方面进行较大的改进。

目前，中国也在积极开展下一代互联网的研究，实施**中国下一代互联网**（China Next Generation Internet，CNGI）示范工程，目的是建设下一代互联网示范平台，开展下一代互联网关键技术研究、关键设备和软件的开发和应用示范，同时积极参加相关国际组织，开展国际合作，在下一代互联网 IP 地址分配、域名根服务器设置及有关国际标准制定等方面充分发挥我国科技界和产业界的作用。

1.2.3 因特网的标准化工作

因特网的标准化工作对因特网的发展起到了非常重要的作用。我们知道，标准化工作的好坏对一种技术的发展有着很大的影响。缺乏国际标准将会使技术的发展处于比较混乱的状态，而盲目自由竞争的结果很可能形成多种技术体制并存且互不兼容的状态（如过去形成的彩电三大制式），给用户带来较大的不方便。但国际标准的制定又是一个非常复杂的问题，这里既有很多技术问题，也有很多属于非技术问题，如不同厂商之间经济利益的争夺问题等。标准制定的时机也很重要。标准制定得过早，技术还没有发展到成熟水平，技术比较陈旧的标准限制了产品的技术水平。反之，若标准制定得太迟，也会使技术的发展无章可循，造成产品的互不兼容，因而也会影响技术的发展。因特网在制定其标准上的一个很大的特点是面向公众。因特网所有的 RFC 技术文档都可从因特网上免费下载，而且任何人都可以随时用电子邮件发表对某个文档的意见或建议。这种方式更加促进了因特网的迅速发展。

1992 年，由于因特网不再归美国政府管辖，因此成立了一个国际性组织叫作**因特网协会**（Internet Society，ISOC），以便对因特网进行全面管理，以及在世界范围内促进其发展和使用。ISOC 下面有一个技术组织叫作**因特网体系结构委员会**（Internet Architecture Board，IAB），负责管理因特网有关协议的开发。IAB 下面又设有两个工程部：

（1）**因特网工程部**（Internet Engineering Task Force，IETF）——负责研究一些短期和中期的工程问题，主要是针对协议的开发和标准化；

（2）**因特网研究部**（Internet Research Task Force，IRTF）——从事理论方面的研究和开发一些需要长期考虑的问题。

所有的因特网标准都是以 RFC 文档的形式在因特网上发表。RFC（Request For Comments）的意思是"请求评论"。所有的 RFC 文档都可从因特网上免费下载（http://www.ietf.org/rfc.html）。但应注意，并非所有的 RFC 文档都是因特网标准，只有一小部分 RFC 文档最后才能变成因特网标准。RFC 按收到时间的先后从小到大编上序号（即 RFC xxxx，这里的 xxxx 是阿拉伯数字）。一个 RFC 文档更新后就使用一个新的编号，并在文档中指出原来老编号的 RFC 文档已成为陈旧的。

制订因特网的正式标准要经过以下 4 个阶段。

（1）**因特网草案**（Internet Draft）（在这个阶段还不是 RFC 文档）；

（2）**建议标准**（Proposed Standard）（从这个阶段开始就成为 RFC 文档）；

（3）**草案标准**（Draft Standard）；

（4）**因特网标准**（Internet Standard）。

1.3 因特网的组成

因特网的拓扑结构虽然非常复杂，并且在地理上覆盖了全球，但从功能上看，可以划分为以下的两大块。

（1）**边缘部分**。由所有连接在因特网上的主机组成。这部分是**用户直接使用的**，用来运行各种网络应用，为用户直接提供电子邮件、文件传输、网络音/视频等服务。

（2）**核心部分**。由大量网络和连接这些网络的路由器组成。这部分是**为边缘部分提供服务的**（提供连通性和数据交换）。

图 1-5 给出了这两部分的示意图。下面分别讨论这两部分的作用和工作方式。

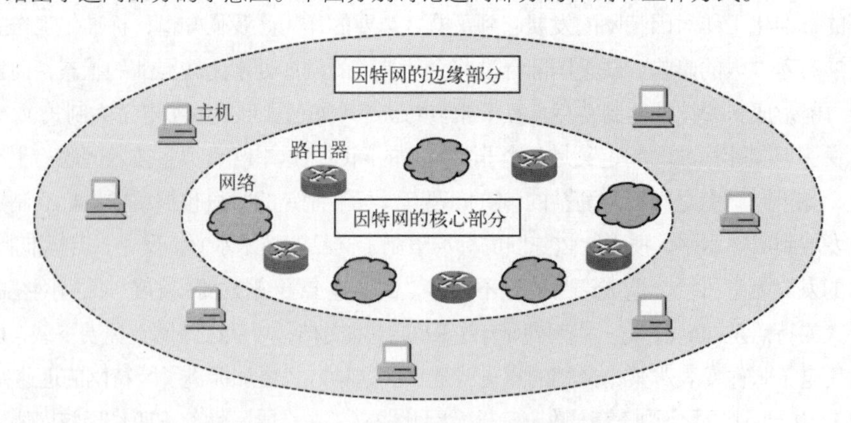

图1-5　因特网的边缘部分与核心部分

1.3.1 因特网的边缘部分

处在因特网边缘的部分就是连接在因特网上的所有主机。这些主机又称为**端系统**（End System），

“端”就是“末端”的意思（即因特网的末端）。端系统在功能上可能有很大的差别，小的端系统可以是一台普通个人计算机甚至是很小的掌上电脑，而大的端系统则可以是一台非常昂贵的大型计算机。端系统的拥有者可以是个人，也可以是单位（如学校、企业、政府机关等），当然也可以是某个 ISP（即 ISP 不仅向端系统提供服务，它也可以拥有一些端系统）。边缘部分利用核心部分所提供的服务，使众多主机之间能够互相通信并交换或共享信息。

先要明确下面的概念。我们说：“主机 A 和主机 B 进行通信”，实际上是指：“运行在主机 A 上的某个程序和运行在主机 B 上的另一个程序进行通信”。由于**“进程”**就是**“运行着的程序”**，因此这也就是指：**“主机 A 的某个进程和主机 B 上的另一个进程进行通信”**。这种比较严密的说法通常可以**简称为“计算机之间通信”**。

主机有时又被非正式地划分为：**客户机**（Client）和**服务器**（Server）。实际上在计算机网络的专业术语中“Client”和“Server”在不同的上下文有着不同的意思。在计算机网络软件上下文中“Client/Server”通常指的是一种网络应用程序的工作方式（翻译成**客户/服务器**方式，简称 C/S 方式）。在采用 C/S 方式的网络应用中，运行在一个端系统上的**客户进程**总是主动向运行在另一个端系统上的**服务器进程**发出服务请求，服务器进程可接受来自多个客户进程的请求，并进行响应以提供服务。客户进程间通常不直接进行通信。C/S 方式是因特网网络应用最常使用的方式。例如，我们很多熟悉的网络应用采用的都是 C/S 方式：万维网、电子邮件、文件传输 FTP 等。人们习惯把主要用来运行客户程序的计算机也称为 client（翻译为**客户机**或**客户计算机**），把主要用来运行服务器程序的计算机称为 server（翻译为**服务器**或**服务器计算机**）。服务器计算机通常是高性能计算机并且需要保持 24h 开机，而客户计算机通常是普通计算机，它不一定总是处于开机状态。

在图 1-6 中，主机 A 运行客户程序而主机 B 运行服务器程序。在这种情况下，A 是客户而 B 是服务器，客户 A 向服务器 B 发出请求服务，而服务器 B 向客户 A 提供服务。这里最主要的特征就是：**客户是服务请求方，服务器是服务提供方**。

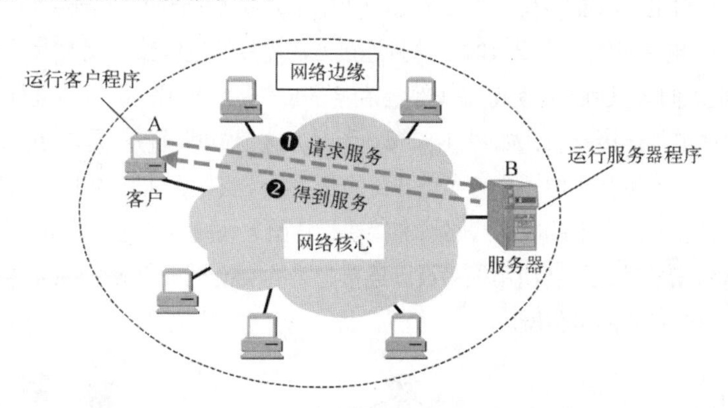

图1-6 客户/服务器工作方式

C/S 方式并不是网络应用程序的唯一工作方式，越来越多的网络应用开始采用**对等**（Peer-to-Peer, P2P）方式。在 P2P 方式的网络应用中，通常没有固定的服务请求者和服务提供者，分布在网络中的应用进程是对等的，被称为**对等方**（有时将运行对等方软件的计算机也称为对等方）。在图 1-7 中，主机 C, D, E 和 F 都运行了 P2P 软件，因此这几台主机都可进行对等通信（如 C 和 D，E 和 F，以及 C 和 F）。

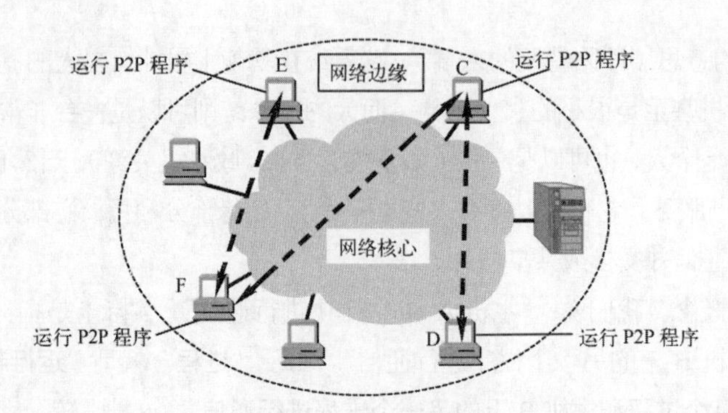

图1-7　对等工作方式

P2P 方式可支持大量对等用户（如上百万个）同时工作。现在很流行的 BT（BitTorrent）或电驴（emule）都使用了 P2P 的工作方式。

当然，有些网络应用既不是纯 C/S 方式，也不是纯 P2P 方式，例如。我们熟悉的 QQ。我们将在第 6 章讨论网络应用的更多内容。

1.3.2　因特网的核心部分

分组交换

网络核心部分是因特网中最复杂的部分，因为网络中的核心部分要向网络边缘中的大量主机提供连通性，使边缘部分中的任何一台主机都能够与其他主机通信。

在网络核心部分起特殊作用的是**路由器**（Router），它是一种专用计算机（但不是主机）。**路由器是实现分组交换**（Packet Switching）的关键构件，其任务是**转发收到的分组**，这是网络核心部分最重要的功能。为了弄清分组交换，下面先介绍电路交换的基本概念。

1. 电路交换

在电话问世后不久，人们就发现，要让所有的电话机都两两相连接是不现实的。图 1-8（a）表示两部电话只需要用一对电线就能够互相连接起来。但若有 5 部电话要两两相连，则需要 10 对电线，如图 1-8（b）所示。当电话机的数量很大时，这种连接方法需要的电线数量就太大了（与电话机数量的平方成正比）。于是人们认识到，要使得每一部电话能够很方便地和另一部电话进行通信，就应当使用一个中间设备将这些电话连接起来，如图 1-8（c）所示。这个中间设备就是电话交换机。每一部电话都连接到交换机上，交换机就好像一个有多个开关的开关器（当然，实际的工作原理是非常复杂的），可以将需要通信的任意两部电话的电话线路按需接通，从而大大减少了连接的电话线数量。

当电话机的数量增多时，就要使用很多彼此连接起来的交换机来完成全网的交换任务。用这样的方法，就构成了覆盖全世界的电信网。

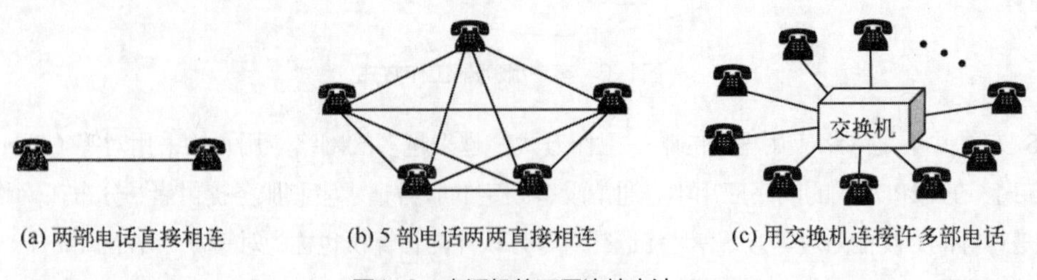

(a) 两部电话直接相连　　(b) 5 部电话两两直接相连　　(c) 用交换机连接许多部电话

图1-8　电话机的不同连接方法

电话交换机接通电话线的方式是一种称为**电路交换**（Circuit Switching）的方式。从通信资源的分配角度来看，**交换**（Switching）就是按照某种方式动态地分配传输线路的资源。在使用电路交换打电话之前，必须先拨号请求建立连接。当被叫用户听到交换机送来的拨号音并摘机后，从主叫端到被叫端就建立了一条连接，也就是一条**专用的物理通路**。这条连接保证了双方通话时所需的通信资源，而这些资源在双方通信时不会被其他用户占用。此后主叫和被叫双方就能互相通电话了。通话完毕挂机后，交换机释放刚才使用的这条专用的物理通路（即把刚才占用的所有通信资源归还给电信网）。这种必须经过“**建立连接**（分配通信资源）→**通话**（一直占用通信资源）→**释放连接**（归还通信资源）”三个步骤的交换方式称为**电路交换**[①]。如果用户在拨号呼叫时电信网的资源已不足以支持这次的呼叫，则主叫用户会听到忙音，表示电信网不接受用户的呼叫，用户必须挂机，等待一段时间后再重新拨号。

图 1-9 为电路交换的示意图。为简单起见，图中没有区分市话交换机和长途电话交换机。应当注意的是，用户线归电话用户专用，而交换机之间拥有的大量话路的中继线则是许多用户共享的，正在通话的用户只占用了其中的一个话路，而**在通话的全部时间内，通话的两个用户始终占用端到端的通信资源**。图中电话机 A 和 B 之间的通路共经过了 4 个交换机，而电话机 C 和 D 是属于同一个交换机的地理覆盖范围中的用户，因此这两个电话机之间建立的连接就不需要再经过其他的交换机。这就是说，在 A 和 B 的通话过程中，它们就始终占用这条已建立的通话电路，就好像在电话机 A 和 B 之间直接用一对电话线连接起来一样。通话完毕后（挂机），A 和 B 的连接就断开，原来曾占用的交换机之间的电路又可以为其他用户使用。

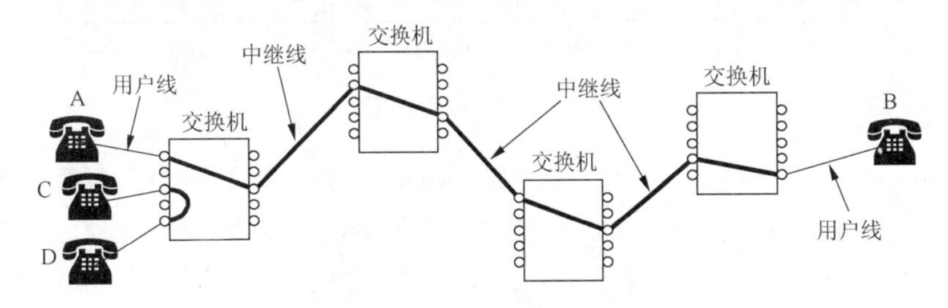

图1-9 电路交换的用户始终占用端到端的通信资源

当使用电路交换来传送计算机数据时，其**线路的传输效率往往很低**。这是因为计算机数据是突发式地出现在传输线路上的，因此线路上真正用来传送数据的时间往往不到 10%甚至 1%。实际上，已被用户占用的通信线路在绝大部分时间里都是空闲的。例如，当用户阅读终端屏幕上的信息或用键盘输入和编辑一份文件时，或计算机正在进行处理而结果尚未返回时，宝贵的通信线路资源并未被利用而是白白被浪费了。

2. 分组交换

计算机网络通常采用分组交换技术。图 1-10 所示的是把一个数据报文划分为几个分组的概念。通常我们把要发送的整块数据称为一个**报文**（Message）。在发送报文之前，先把较长的报文划分成为一

① 电路交换最初指的是连接电话机的双绞线对在交换机上进行的交换（交换机有人工的、步进的和程控的等）。后来随着技术的进步，采用了多路复用技术，出现了频分多路、时分多路、码分多路等，这时电路交换的概念就扩展到在双绞线、铜缆、光纤、无线媒体中多路信号中的某一路（某个频率、某个时隙、某个码序等）和另一路的交换。

个个更小的等长数据段，例如，每个数据段为 1024 bit[①]。在每一个数据段前面，加上一些由必要的控制信息组成的**首部**（Header）后，就构成了一个**分组**（Packet）。分组又称为“**包**”，而分组的首部也称为“**包头**”。分组是在因特网中传送的数据单元。分组中的“首部”是非常重要的，包含了诸如目的地址和源地址等重要控制信息。计算机将分组通过通信链路直接发送给**分组交换机**，分组交换机收到一个分组，先将分组暂时存储下来，再检查其首部，按照首部中的目的地址查找转发表，找到合适的接口（就是分组交换机和外部连接的接口）转发出去，把分组交给下一个分组交换机。这样一步一步经过多个分组交换机把分组转发到最终的目的计算机。由于每个分组交换机都是将收到的分组先存储下来再转发出去，因此该方法被称为**存储转发**方式。

每个分组交换机有多条链路与之相连。对于每条相连的链路，该分组交换机有一个**输出缓存**（也称为输出队列），它用于存储分组交换机准备发往哪条链路的分组。该输出缓存在分组交换中起着重要的作用。如果到达的分组需要从某条链路转发出去，但发现该链路正忙于传输其他分组，则分组必须在该输出缓存中等待（即**排队**）。特别是当一个分组到达时发现输出缓存已满时，将发生分组丢失，即到达的分组或已经排队的分组之一将被丢弃。当网络中有大量分组需要从某条链路转发时就可能出现这种分组丢失的情况，这时我们说网络发生了**拥塞**。

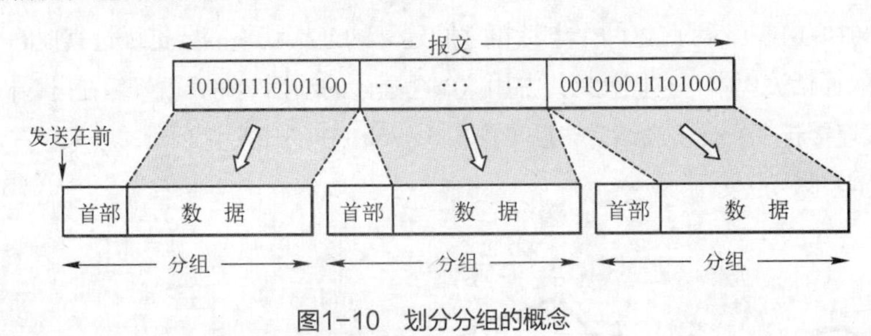

图1-10　划分分组的概念

在因特网中，最重要的分组交换机就是**路由器**（Router）。路由器具体的工作原理我们将在第 4 章进行讨论。图 1-11（a）强调因特网的核心部分是由许多网络和把它们互连起来的路由器组成的，而主机处在因特网的边缘部分。在因特网核心部分的路由器之间一般都用高速链路相连接，而在网络边缘的主机接入到核心部分则通常以相对较低速率的链路相连接。

位于网络边缘的主机和位于网络核心部分的路由器都是计算机，但它们的作用很不一样。**主机的用途是为用户进行信息处理的**，并且可以和其他主机通过网络交换信息。**路由器的用途则是用来转发分组的，即进行分组交换的**。

当我们讨论因特网的核心部分中的路由器转发分组的过程时，往往把单个的物理网络简化成一条**链路**，而路由器成为核心部分的**结点**，如图 1-11（b）所示。这种简化图看起来可以更加突出重点，因为在转发分组时最重要的就是要知道路由器之间是怎样连接起来的。

现在假定图 1-11（b）中的主机 H_1 向主机 H_5 发送数据。主机 H_1 先将分组逐个地发往与它直接相连的路由器 R_1。此时，除链路 H_1–R_1 外，其他通信链路并不被目前通信的双方所占用。需要注意的是，即使是链路 H_1–R_1，也只是当分组正在此链路上传送时才被占用。在各分组传送之间的空闲时间，链

① 在本书中，bit 和 b 都表示“比特”。在计算机领域中，bit 常译为“位”。在许多情况下，“比特”和“位”可以通用。在使用“位”作为单位时，请根据上下文特别注意是二进制的“位”还是十进制的“位”。请注意，bit 在表示信息量（比特）或信息传输速率（比特/秒）时不能译为“位”。

路 H_1–R_1 仍可为其他主机发送的分组使用。

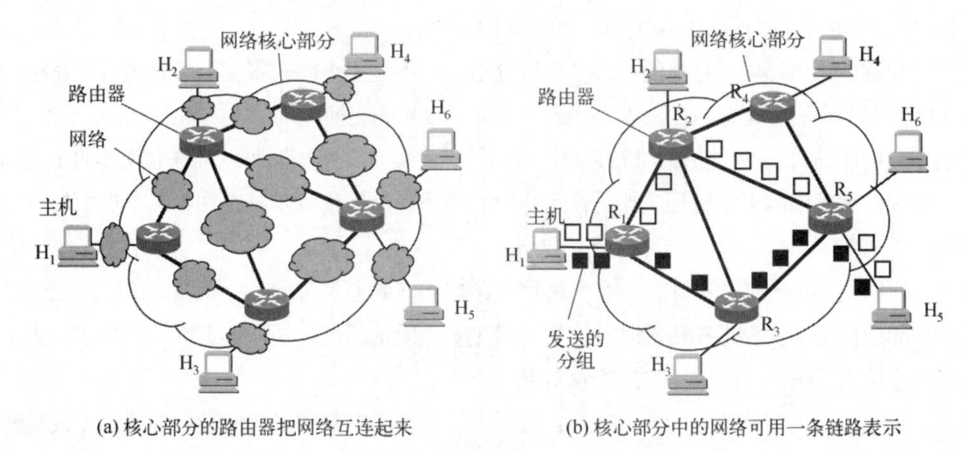

(a) 核心部分的路由器把网络互连起来　　(b) 核心部分中的网络可用一条链路表示

图1–11　分组交换的示意图

路由器 R_1 把主机 H_1 发来的分组放入缓存。假定从路由器 R_1 的转发表中查出应把该分组转发到链路 R_1–R_3。于是分组就传送到路由器 R_3。当分组正在链路 R_1–R_3 上传送时，该分组并不占用网络其他部分的资源。

路由器 R_3 继续按上述方式查找转发表，假定查出应转发到路由器 R_5。当分组到达 R_5 后，R_5 就最后把分组直接交给主机 H_5。

图 1-12（a）~（d）表示分组在从 H_1 向 H_5 传输的过程中，并非像电路交换那样，自始至终占用整个端到端的电路资源，而是逐段地占用：在哪段链路传输，就占用该链路的资源。这对整个网络资源的利用是有好处的。图 1-12（e）表明分组在从主机 H_1 传送到 H_5 的过程中，就像接力赛跑那样，先传送到一个路由器，然后暂存一下，查找转发表，再转发到下一个路由器。这就是分组交换的“存储转发”过程。从这里可以看出，分组交换和电路交换有着很大的区别。

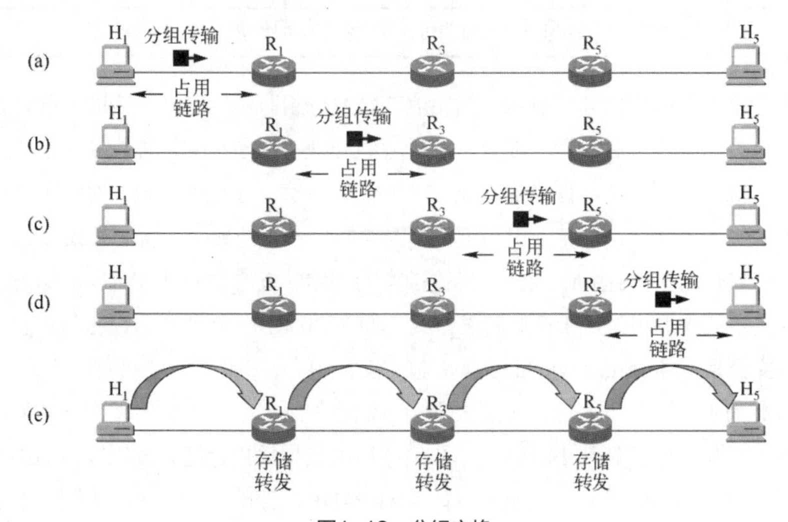

图1–12　分组交换

假定在某一个分组的传送过程中，链路 R_1–R_3 的通信量太大，那么路由器 R_1 可以把分组沿另一个

路由转发到路由器 R_2，再转发到路由器 R_5，最后把分组送到主机 H_5。在网络中可同时有多台主机进行通信，如主机 H_2 也可以经过路由器 R_2 和 R_5 与主机 H_6 通信。

这里要注意，路由器暂时存储的是一个个短分组，而不是整个的长报文。短分组暂存在路由器的存储器（即内存）中而不是存储在磁盘中，这就保证了较高的交换速率。

在图 1-11 中只画了一对主机 H_1 和 H_5 在进行通信。实际上，因特网可以容许非常多的主机同时进行通信，而一台主机中的多个进程（即正在运行中的多道程序）也可以各自和不同主机中的不同进程进行通信。

总之，分组交换在传送数据之前不必先占用一条端到端的通信资源。分组在哪段链路上传送才占用这段链路的通信资源。分组在传输时就这样一段接着一段地断续占用通信资源，而且还省去了建立连接和释放连接的开销，因而数据的传输效率更高。

从上述可知，采用存储转发的分组交换，实质上是采用了在数据通信的过程中断续（或动态）分配传输带宽的策略（关于带宽的进一步讨论见后面的 1.5 节），这对传送突发式的计算机数据非常合适，使得通信线路的利用率大大提高了。

为了提高分组交换网的可靠性，因特网的核心部分常采用网状拓扑结构，使得当发生网络拥塞或少数结点、链路出现故障时，路由器可灵活地改变转发路由而不致引起通信的中断或全网的瘫痪。此外，通信网络的主干线路往往由一些高速链路构成，这样就可以较高的数据率迅速地传送计算机数据。

综上所述，分组交换网的主要优点见表 1-2。

表1-2　分组交换的优点

优　点	采用的手段
高效	在分组传输的过程中动态分配传输带宽，对通信链路是逐段占用的
灵活	为每一个分组独立地选择转发路由
迅速	以分组作为传送单位，可以不先建立连接就能向其他主机发送分组
可靠	分布式多路由的分组交换网，使网络有很好的生存性

分组交换也带来一些新的问题。例如，路由器在转发分组时需要花费一定的时间，这就会造成**时延**，因此必须尽量设法减少这种时延。此外，由于分组交换不像电路交换那样通过建立连接来保证通信时所需的各种资源，因而无法确保通信时端到端所需的带宽，在通信量较大时可能造成**网络拥塞**。分组交换网带来的另一个问题是，各分组必须携带的控制信息也造成了一定的**开销**（Overhead）。

应当指出，从本质上讲，这种断续分配传输带宽的存储转发原理并非完全新的概念。自古代就有的邮政通信，就其本质来说也是属于存储转发方式。而在 20 世纪 40 年代，电报通信也采用了基于存储转发原理的**报文交换**（Message Switching）。在报文交换中心，一份份电报被接收下来，并穿成纸带。操作员以每份报文为单位，撕下纸带，根据报文的目的站地址，拿到相应的发报机转发出去。这种报文交换的时延较长，从几分钟到几小时不等。分组交换虽然也采用存储转发原理，但由于使用了计算机进行处理，这就使分组的转发非常迅速。例如，ARPANET 建网初期的经验表明，在正常的网络负荷下，当时横跨美国东西海岸的端到端平均时延小于 0.1s。这样，分组交换虽然采用了某些古老的交换原理，但实际上已变成了一种崭新的交换技术。

图 1-13 表示电路交换、报文交换和分组交换的主要区别。图中的 A 和 D 分别是源点和终点，而 B 和 C 是在 A 和 D 之间的中间结点。图中的最下方归纳了三种交换方式在数据传送阶段的主要特点。

电路交换——整个报文的比特流连续地从源点直达终点，好像一条物理的线路直接将源点和终点连接起来一样。

报文交换——整个报文先传送到相邻结点，全部存储下来后查找转发表，转发到下一个结点。

分组交换——单个分组（这只是整个报文的一部分）传送到相邻结点，存储下来后查找转发表，转发到下一个结点。注意，分组交换结点的输出接口和输入接口能够并行工作，当输出端口在发送一个分组时，其输入端口可以同时接收下一个分组。

从图 1-13 可看出，若要连续传送大量的数据，且其传送时间远大于连接建立时间，则电路交换的传输速率较快。报文交换和分组交换不需要预先分配传输带宽，在传送突发数据时可提高整个网络的信道利用率。由于一个分组的长度往往远小于整个报文的长度，因此分组交换比报文交换的时延小。将发送的报文划分成小的分组，除了有减少转发时延的好处外，还可以避免过长的报文长时间占用链路，同时也有利于进行差错控制（将在 3.1.4 小节中讨论差错控制）。

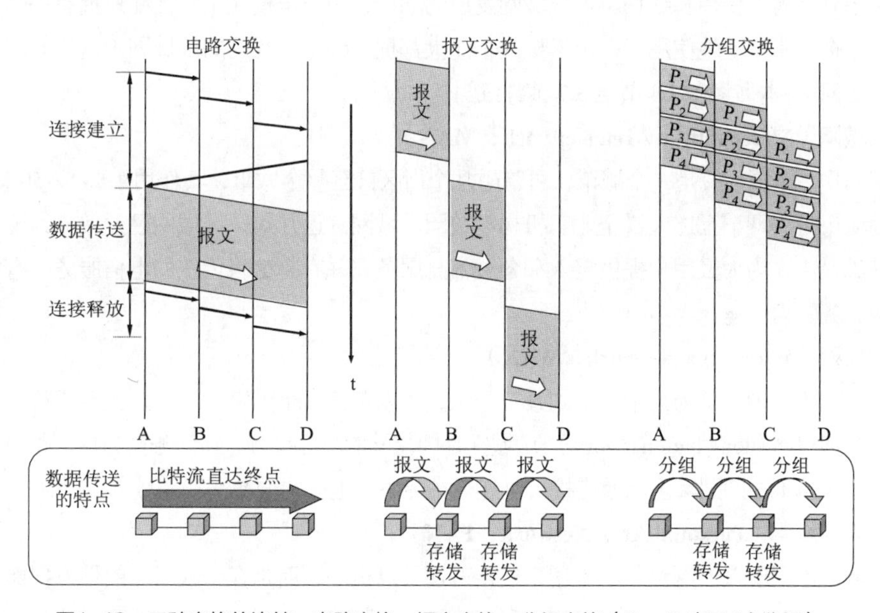

图1-13 三种交换的比较：电路交换；报文交换；分组交换（P_1 ~ P_4表示4个分组）。

1.4 计算机网络的定义与分类

1.4.1 计算机网络的定义

计算机网络的精确定义并未统一。

关于计算机网络的最简单的定义是：**一些互相连接的、自治的计算机的集合**。这里“自治”的概念即独立的计算机，它有自己的硬件和软件，可以单独运行使用，而“互相连接”是指计算机之间能够进行数据通信或交换信息。

最简单的计算机网络只有两台计算机和连接它们的一条链路，即两个结点和一条链路。因为没有第三台计算机，因此不存在交换的问题。

有时我们也可能见到“计算机通信网”这一名词。但这个名词容易使人误认为这是一种专门为了通信而设计的计算机网络。计算机网络当然应具有通信的功能，但这种通信功能并非计算机网络最主要的功能。因此本书不使用“计算机通信网”这一名词。

“计算机通信”与“数据通信”这两个名词也常混用。前者强调通信的主体是计算机中运行的程序（在传统的电话通信中通信的主体是人），后者强调在计算机之间传送的是数据。

1.4.2 计算机网络的分类

可以从不同的角度对计算机网络进行分类。

1. 从网络的作用范围进行分类

（1）局域网（**Local Area Network，LAN**）

局域网一般用微型计算机或工作站通过高速通信线路相连（速率通常在 10 Mbit/s 以上），但地理上则局限在较小的范围内，如一个实验室、一幢楼或一个校园内，距离一般在 1 km 左右。局域网通常由某个单位单独拥有、使用和维护。在局域网发展的初期，一个学校或工厂往往只拥有一个局域网。现在局域网已被非常广泛地使用，一个学校或企业大都拥有许多个互连的局域网（这样的网络常称为**校园网**或**企业网**）。本书将在 3.3 节至 3.7 节详细讨论局域网。

（2）城域网（**Metropolitan Area Network，MAN**）

城域网的作用范围一般是一个城市，可跨越几个街区甚至整个城市，其作用距离 5~50 km。城域网通常作为城市骨干网，互连大量企业、机构和校园局域网。近几年，城域网已开始成为现代城市的信息服务基础设施，为大量用户提供接入和各种信息服务，并有趋势将传统的电信服务、有线电视服务和互联网服务融为一体。

（3）广域网（**Wide Area Network，WAN**）

广域网的作用范围通常为几十千米到几千千米，可以覆盖一个国家、地区，甚至横跨几个洲，因而有时也称为**远程网**（long haul network）。广域网是因特网的核心部分，其任务是为核心路由器提供远距离（例如，跨越不同的国家）高速连接，互连分布在不同地区的城域网和局域网。

（4）个人区域网（**Personal Area Network，PAN**）

个人区域网不同于以上网络，不是用来连接普通计算机的，而是在个人工作的地方把属于个人使用的电子设备（如便携式计算机、打印机、鼠标、键盘、耳机等）用无线技术（取代传统导线）连接起来的网络，因此也常称为**无线个人区域网**（Wireless PAN，WPAN），其范围大约为 10 m。

顺便指出，若中央处理机之间的距离非常近（如仅 1 m 的数量级甚至更小些），则一般就称之为**多处理机系统**而不称它为计算机网络。

2. 从网络的使用者进行分类

（1）公用网（**Public Network**）

这是指电信公司（国有或私有）出资建造的大型网络。“公用”的意思就是所有愿意按电信公司的规定交纳费用的人都可以使用这种网络。因此公用网也可称为**公众网**。

（2）专用网（**Private Network**）

这是某个部门为本单位的特殊业务工作的需要而建造的网络。这种网络不向本单位以外的人提供服务。例如，军队、铁路、电力等系统均有本系统的专用网。

公用网和专用网都可以传送多种业务，若传送的是计算机数据，则分别是公用计算机网络和专用计算机网络。

1.5 计算机网络的主要性能指标

性能指标从不同的方面来度量计算机网络的性能。下面介绍最常用的 6 个性能指标。

1. 速率

速率就是**数据的传送速率**，它也称为**数据率**（Data Rate）或**比特率**（Bit Rate），是计算机网络中最重要的一个性能指标。**比特**（bit）是计算机中**数据量的单位**，它来源于 binary digit，意思是一个“**二进制数字**”。因此一个比特就是二进制数字中的一个 1 或 0。网络技术中速率的单位是 bit/s（比特每秒）（或 b/s，有时也写为 bps，即 bit per second）。当数据率较高时，就可以用 kbit/s（$k = 10^3$ =千）、Mbit/s（$M = 10^6$ =兆）、Gbit/s（$G = 10^9$ =吉）或 Tbit/s（$T = 10^{12}$ =太）。现在人们常用更简单的并且是很不严格的记法来描述网络的速率，如 100 M 以太网，而省略了单位中的 bit/s，它的意思是速率为 100 Mbit/s 的以太网。

请读者注意数量单位“千”“兆”和“吉”等的英文缩写所代表的数值。例如，计算机中的数据量往往用字节作为度量的单位。一个字节（byte，记为大写的 B）代表 8 个比特。“千字节”的“千”用大写 K 表示，它等于 2^{10}，即 1024，而不是 10^3。同样，在计算机中，1 MB 或 1 GB 也并非表示 10^6 或 10^9 个字节，而是表示 2^{20}（1048576）或 2^{30}（1073741824）个字节。在通信领域小写的 k 表示 10^3 而不是 1024。但有的书也不这样严格区分，大写 K 有时表示 1000 而有时又表示 1024，作者认为还是区分为好。

2. 带宽

“带宽”（Bandwidth）有以下两种不同的意义。

（1）带宽本来是指某个**信号具有的频带宽度**。信号的带宽是指该信号所包含的各种不同频率成分所占据的频率范围。例如，在传统的通信线路上传送的电话信号的标准带宽是 3.1 kHz（从 300 Hz 到 3.4 kHz，即话音的主要成分的频率范围）。这种意义的**带宽的单位**是**赫**（或**千赫**、**兆赫**、**吉赫**等）。而表示通信线路允许通过的信号频带范围就称为线路的**带宽**。

（2）在计算机网络中，带宽用来表示网络的**通信线路**所能传送数据的能力，因此网络带宽表示在单位时间内从网络中的某一点到另一点所能通过的“**最高数据率**”。本书在提到“带宽”时，主要是指这个意思。这种意义的**带宽的单位是“比特每秒”**，记为 bit/s。在这种单位的前面也常常加上千（k）、兆（M）、吉（G）或太（T）这样的倍数。

其实，“带宽”的这两种表述之间有着密切的关系。一条通信链路的“频带宽度”越宽，其所传输数据的“最高数据率”也越高。

3. 吞吐量

吞吐量（Throughput）也称为**吞吐率**，表示在单位时间内通过某个网络（或信道、接口）的数据量。吞吐量更经常地用于对现实世界中的网络的一种测量，以便知道实际上到底有多少数据量能够通过网络。显然，吞吐量受网络的带宽或网络的额定速率的限制。例如，对于一个 100 Mbit/s 的以太网，其典型的吞吐量可能也只有 70 Mbit/s。请注意，有时吞吐量还可用每秒传送的字节数或帧数来表示。

4. 时延

时延（Delay 或 Latency）是指数据（一个报文或分组，甚至比特）从网络（或链路）的一端传送到另一端所需要的时间。时延有时也称为**延迟**或**迟延**。

需要注意的是，网络中的时延是由以下几个不同的部分组成的。

（1）发送时延

发送时延（Transmission Delay）**是主机或路由器将分组发送到通信线路上所需要的时间**，也就是从发送分组的第一个比特算起，到该分组的最后一个比特发送到线路上所需要的时间。发送时延也叫作**传输时延**。发送时延的计算公式是：

$$\text{发送时延}=\frac{\text{分组长度}}{\text{发送速率}} \tag{1-1}$$

由此可见，对于一定的网络，发送时延并非固定不变，而是与发送的分组长度（单位是比特）成正比，与发送速率成反比。由于在分组交换中计算机在发送数据时总是以信道最高数据率发送数据，因此公式中的发送速率也可以替换成信道带宽。

（2）传播时延

传播时延（Propagation Delay）**是电磁波在信道中需要传播一定的距离而花费的时间**。传播时延的计算公式是：

$$\text{传播时延}=\frac{\text{信道长度}}{\text{电磁波在信道上的传播速率}} \tag{1-2}$$

电磁波在自由空间的传播速率是光速，即 3.0×10^5 km/s。电磁波在网络传输媒体中的传播速率比在自由空间要略低一些：在铜线电缆中的传播速率约为 2.3×10^5 km/s，在光纤中的传播速率约为 2.0×10^5 km/s。例如，1000 km 长的光纤线路产生的传播时延大约为 5 ms。

以上两种时延不要弄混。但只要理解这两种时延发生的地方就不会把它们弄混。发送时延发生在机器内部的发送器中（一般就是发生在 3.3.3 小节要介绍的网络适配器中），而传播时延则发生在机器外部的信道传输媒体上。可以用一个简单的比喻来说明。假定有 10 辆车的车队从公路收费站入口出发到相距 50km 的目的地。再假定每一辆车过收费站要花费 6s，而车速是每小时 100km。现在可以算出整个车队从收费站到目的地总共要花费的时间：10 辆车的发车时间共需 60s（相当于网络中的发送时延），行车时间需要 30min（相当于网络中的传播时延），因此总共花费的时间是 31min。

（3）处理时延

主机或路由器在收到分组时要花费一定的时间进行处理，例如，分析分组的首部、从分组中提取数据部分、进行差错检验或查找适当的路由等，这就产生了处理时延。

（4）排队时延

分组在进行网络传输时，要经过许多的路由器。但分组在进入路由器后要先在输入队列中排队等待处理。在路由器确定了转发接口后，还要在输出队列中排队等待转发。这就产生了排队时延。排队时延的长短往往取决于网络当时的通信量，随时间变化会很大。当网络的通信量很大时会发生队列溢出，使分组丢失，这相当于排队时延为无穷大。

这样，分组从一个结点转发到另一个结点所经历的总时延就是以上 4 种时延之和：

$$\text{结点总时延} = \text{发送时延} + \text{传播时延} + \text{处理时延} + \text{排队时延} \tag{1-3}$$

图 1-14 画出了这几种时延所产生的地方，希望读者能够更好地分清这几种时延。

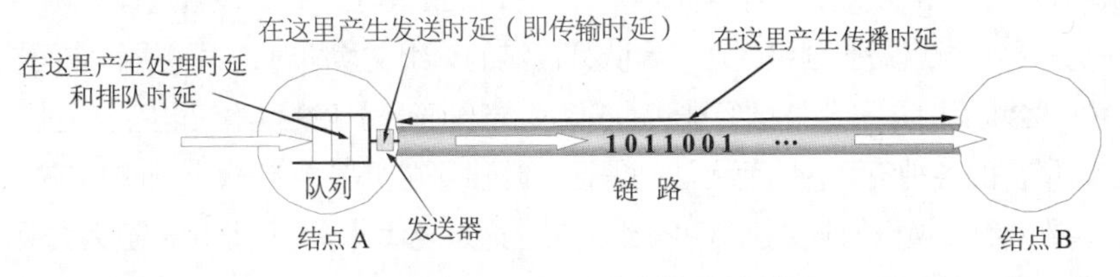

图1-14 几种时延产生的地方不一样

显然，我们都希望网络的时延越小越好，但并非网络速率高就一定时延小。在总时延中，究竟是哪一种时延占主导地位，必须具体分析。现在我们暂时忽略处理时延和排队时延。假定有一个长度为 100 MB 的数据块（这里的 M 显然不是指 10^6 而是指 2^{20}，即 1048576。B 是字节，1 字节 =8 比特），在带宽为 1 Mbit/s 的信道上（这里的 M 是 10^6）连续发送，其发送时延是

$$100 \times 1048576 \times 8 \div 10^6 = 838.9 \text{ s}$$

即将近要用 14 min 才能把这样大的数据块发送完毕。若最终这些数据是用光纤传送到 1000 km 远的计算机，那么每一个比特在 1000 km 的光纤上只需 5 ms 就能到达目的地。因此对于这种情况，发送时延占主导地位。如果我们把传播距离减小到 1 km，那么传播时延也会相应地减小到原来数值的千分之一。然而由于传播时延在总时延中的比重是微不足道的，因此总时延的数值基本上还是由发送时延来决定的。

再看一个例子。要传送的数据仅有 1 个字节（如键盘上键入的一个字符，共 8 bit），在 1 Mbit/s 的信道上的发送时延是

$$8 \div 10^6 = 8 \times 10^{-6} \text{ s} = 8 \text{ μs}$$

当传播时延为 5 ms 时，总时延为 5.008 ms。显然，在这种情况下，传播时延决定了总时延。这时，即使把数据率提高到 1000 倍（即将数据的发送速率提高到 1 Gbit/s），总时延也不会减小多少。这个例子告诉我们，不能笼统地认为："数据的发送速率越高，传送得就越快"。这是因为数据传送的总时延是由式（1-3）右端的 4 项时延组成的，不能仅考虑发送时延一项。

必须强调指出，初学网络的人容易产生这样错误的概念，就是"在高速链路（或高带宽链路）上，比特应当跑得更快些"。但这是不对的。我们知道，汽车在路面质量很好的高速公路上可明显地提高行驶速率，然而**对于高速网络链路，我们提高的仅仅是数据的发送速率而不是比特在链路上的传播速率**。承载信息的电磁波在通信线路上的传播速率（这是光速的数量级）与数据的发送速率并无关系。**提高数据的发送速率只是减小了数据的发送时延**。还有一点也应当注意，就是数据的发送速率的单位是每秒发送多少个比特，是指某个点或某个接口上的发送速率。而传播速率的单位是每秒传播多少千米，是指传输线路上比特的传播速率。因此，通常所说的"光纤信道的传输速率高"是指向光纤信道发送数据的速率可以很高，而光纤信道的传播速率实际上比铜线的传播速率还略低一点。这是因为经过测量得知，光在光纤中的传播速率是每秒 20.5 万千米，它比电磁波在铜线（如 5 类线）中的传播速率（每秒 23.1 万千米）略低一些。上述这个概念请读者务必弄清。

5. 丢包率

丢包率即分组丢失率，是指在一定的时间范围内，分组在传输过程中丢失的分组数量与总的分组

数量的比率。丢包率具体可分为接口丢包率、结点丢包率、链路丢包率、路径丢包率、网络丢包率等。

在计算机网络中，分组丢失主要有两种情况。一种情况是由于分组在传输过程出现了比特级差错，被结点丢弃。另一种情况就是当分组到达一台队列已满的分组交换机时，由于没有空间来存储这些分组，分组交换机就会将到达的分组或已经排队的分组丢弃。由于分组交换不像电路交换那样通过建立连接来保证通信时所需的各种资源，因而无法确保通信时端到端所需的带宽，在通信量较大时就可能造成**网络拥塞**，导致分组交换机的队列溢出和分组丢失。这是现代计算机网络中分组丢失最主要的原因。

因此，丢包率反映了网络的拥塞情况。一般无拥塞时路径丢包率为 0，轻度拥塞时丢包率为 1% ~ 4%，严重拥塞时丢包率为 5% ~ 15%。具有较高丢包率的网络通常无法使网络应用正常工作。

丢包率是网络运维人员非常关心的一个网络性能指标，但对于普通用户来说往往并不关心这个指标，因为他们通常感觉不到网络丢包。大多数网络应用底层所使用的通信软件会为用户提供可靠的传输服务，它们会自动重传丢失的分组并自动调整发送速率进行网络拥塞控制（这些将在第 5 章进行详细讨论）。在网络拥塞，丢包率较高时，用户所感觉到的往往是网络延时变大，“网速”变慢，而不是信息的丢失。

6. 利用率

利用率有信道利用率和网络利用率两种。信道利用率指出某信道有百分之几的时间是被利用的（有数据通过）。完全空闲的信道的利用率是零。网络利用率则是全网络的信道利用率的加权平均值。信道利用率并非越高越好。这是因为，根据排队论，当某信道的利用率增大时，该信道引起的时延也就迅速增加。这和高速公路的情况有些相似。当高速公路上的车流量很大时，由于在公路上的某些地方会出现堵塞，因此行车所需的时间就会增大。网络也有类似的情况。当网络的通信量很少时，网络产生的时延并不大。但在网络通信量不断增大的情况下，由于分组在网络结点（路由器或结点交换机）进行处理时需要排队等候，因此网络引起的时延就会增大。如果令 D_0 表示网络空闲时的时延，D 表示网络当前的时延，那么在适当的假定条件下，可以用下面的简单公式来表示 D、D_0 和利用率 U 之间的关系：

$$D = \frac{D_0}{1-U} \tag{1-4}$$

这里 U 的数值在 0 到 1 之间。限于篇幅，这里不介绍式（1-4）的推导过程。当网络的利用率达到其容量的 1/2 时，时延就要加倍。特别值得注意的就是，当网络的利用率接近最大值 1 时，网络的时延就趋于无穷大。因此我们必须有这样的概念：**信道或网络利用率过高会产生非常大的时延**。也就是说，一定不要让信道或网络的利用率接近于 1。图 1-15 给出了上述概念的示意图。因此一些拥有较大主干网的 ISP 通常会控制它们的信道利用率不超过 50%。如果超过了就要准备扩容，增大线路的带宽。

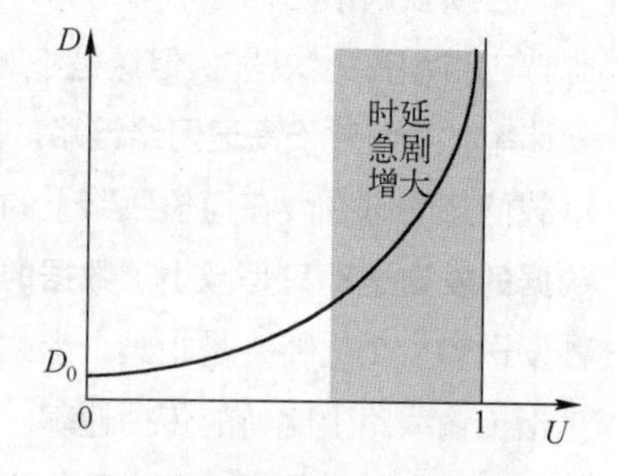

图1-15 时延与利用率的关系

但是也不能使信道利用率太低，这会使宝贵的通信资源被白白浪费。在 3.1.5 小节我们将看到一个设计得不好的协议在某些情况下会导致信道利用率很低（我们将在下一节介绍什么是协议），这时需要使用更好的协议来提高信道利用率，使通信资源得到充分利用。在 5.4 节我们还会看到一些机制，可以根据情况动态调整输入到网络中的通信量，使网络利用率保持在一个合理的范围内。

1.6 计算机网络体系结构

在计算机网络的基本概念中，协议与分层的体系结构是最重要的。计算机网络体系结构的抽象概念较多，在学习时要多思考。这些概念对后面的学习很有帮助。

1.6.1 网络协议

计算机网络是由多个互连的结点组成的，结点之间需要不断地交换数据与控制信息，要做到有条不紊地交换数据，每个结点都必须遵守一些事先约定好的规则。**这些规则明确规定了所交换的数据的格式和时序，以及在发送或接收数据时要采取的动作等问题**。这些**为进行网络中的数据交换而建立的规则、标准或约定**即称为**网络协议**（Network Protocol）。网络协议也可简称为**协议**。更进一步讲，网络协议主要由以下三要素组成。

（1）**语法**，即数据与控制信息的结构或格式。例如，地址字段多长以及它在整个分组中的什么位置。

（2）**语义**，即各个控制信息的具体含义，包括需要发出何种控制信息，完成何种动作及做出何种响应。

（3）**同步**（或**时序**），即事件实现顺序和时间的详细说明，包括数据应该在何时发送出去，以及数据应该以什么速率发送。

其实协议不是网络所独有的，在我们的日常生活中处处可见。只要涉及多个实体需要通过传递信息来协作完成一项任务的问题都需要协议，通常都包含语法、语义和时序这三要素。例如，人们在使用邮政系统进行通信时，就需要遵守一些强制的或约定俗成的规则，而这些规则就是协议。人们在书写信封时需要遵守国家要求的信封书写规范，规范对收件人和发件人的地址、姓名、邮政编码的书写都有明确的要求。而当人们在收到信件时应按照人们习惯的时间范围内及时回信。又如，在古代战场上，军队统帅用击鼓鸣金的方法来指挥作战的过程中就需要协议。显然在将士和统帅间要遵守某种共同的约定，如击鼓表示进攻，而鸣金表示撤退，并对击鼓和鸣金的节奏有明确的规定。若事先无明确约定，则肯定会产生混乱从而导致失败。

在计算机网络中，任何一个通信任务都需要由多个通信实体协作完成，因此，网络协议是计算机网络不可缺少的组成部分。实际上，只要我们想让连接在网络上的另一台计算机做点什么事情（例如，从网络上的某个主机下载文件），我们都需要有协议。

协议必须在计算机上或通信设备中用硬件或软件来实现，有时人们将实现某种协议的软件也简称为协议。我们经常会听到有人说在计算机上安装某协议，注意，这里的协议指的是协议软件，即实现该协议的软件。

1.6.2 层次模型与计算机网络体系结构

当我们在处理、设计和讨论一个复杂系统时，总是将复杂系统划分为多个小的、功能相对独立的模块或子系统。这样我们可以将注意力集中在这个复杂系统的某个特定部分，并有能力把握它。这就是模块化的思想。计算机网络是一个非常复杂的系统，当然需要利用模块化的思想将其划分为多个模块来处理和设计。人们发现层次式的模块划分方法特别适合网络系统，因此目前所有的网络系统都采用分层的体系结构。

在我们的日常生活中不乏层次结构的系统，例如，邮政系统就是一个分层的系统，而且它与计算机网络有很多相似之处。在讨论计算机网络的分层体系结构之前，先来看看我们所熟悉的邮政系统的分层结构。如图 1-16 所示，我们可以将邮政系统抽象为用户应用层、信件递送层、邮包运送层、交通运输层和交通工具层 5 个层次。发信人与收信人通过邮政系统交换信息，将传递的信息写在纸上并封装在信封里，信封上写上收信人和发信人的姓名与地址等信息，然后将信件投入邮箱或直接交给邮局。邮局工作人员将送往同一地区的信件装入一个邮包，并贴上负责这一地区的邮局的地址，然后交给邮政系统中专门负责运送邮包的部门。该部门要根据邮包的目的地选择运送路线、中转站和交通工具。注意，到目的邮局可能要经过多种交通工具，如经火车从北京运送到南京后再经汽车运送到南通。运送邮包的部门要将邮包作为货物交给铁路部门或汽运公司去运送，在中转站该部门还要负责在不同交通工具间中转，最后将邮包交给目的邮局。目的邮局再将邮包中的信件取出分发给收信人。

邮政系统的最上层是用户应用层，其任务是用户通过信件来传递信息，如写家书、求职或投稿等。通信的双方必须用约定语言和格式来书写信件内容。为了保密，双方还可以用约定的暗语或密文进行通信。

用户应用层的下层是信件递送层，其任务是将用户投递的信件递送到收信人。为完成该功能，必须对信封的书写格式、邮票、邮戳等进行规定。

再下层是邮包运送层，其任务是按运送路线运送邮包，包括在不同交通工具间中转。为把邮包运送到目的地，邮包运送部门需要规定邮包上的地址信息内容和格式。

再下层是交通运输层，其任务是提供通用的货物运输的功能，并不一定仅为邮政系统提供服务。不同类型的交通运输部门之间是独立的，并且有各自的寻址体系。

最下层是具体的交通工具，如火车和汽车，它们是货物运输的载体。

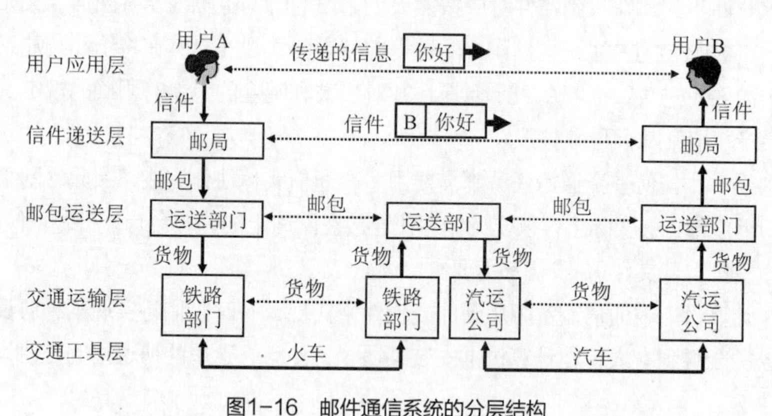

图1-16　邮件通信系统的分层结构

邮政系统是一个很复杂的系统，但通过划分层次，将整个通信任务划分为 5 个功能相对独立和简单的子任务。每一层任务为其上层任务提供服务，并利用其下层任务提供的服务来完成本层的功能。计算机网络的层次结构与其非常类似。

在计算机网络的术语中，我们将计算机网络的层次结构模型与各层协议的集合称为计算机网络的**体系结构**（Architecture）。换种说法，**计算机网络的体系结构就是这个计算机网络及其部件所应完成的**

功能的精确定义。需要强调的是，这些功能究竟是用何种硬件或软件实现的，则是一个遵循这种体系结构的**实现**（Implementation）的问题。**体系结构是抽象的，而实现则是具体的，是真正在运行的计算机硬件和软件**。

按层次结构来设计计算机网络的体系结构有很多好处，如下所述。

（1）**各层之间是独立的**。某一层并不需要知道它的下一层是如何实现的，而仅仅需要知道该层通过层间的接口（即界面）所提供的服务。例如，邮包运送部门将邮包作为货物交给铁路部门运输时无需关心火车运行的具体细节，这是铁路部门的事。由于每一层只实现一种相对独立的功能，因而可将一个难以处理的复杂问题分解为若干个较容易处理的更小一些的问题。这样，整个问题的复杂程度就下降了。

（2）**灵活性好**。当任何一层发生变化时（如由于技术的变化），只要层间接口关系保持不变，则在该层以上或以下各层均不受影响。例如，火车提速了，或更改了车型，对邮包运送部门的工作没有直接影响。

（3）**结构上可分割开**。各层都可以采用最合适的技术来实现。

（4）**易于实现和维护**。这种结构使得实现和调试一个庞大而又复杂的系统变得易于处理，因为整个的系统已被分解为若干个相对独立的子系统。

（5）**有利于功能复用**。下层可以为多个不同的上层提供服务。例如，交通运输部门不仅可以为邮政系统提供运输邮包的服务，还可以为其他公司提供运输其他货物的服务。

（6）**能促进标准化工作**。因为每一层的功能及其所提供的服务都已有了精确的说明。标准化对于计算机网络来说非常重要，因为协议是通信双方共同遵守的约定。

分层时应注意使每一层的功能非常明确。若层数太少，就会使每一层的协议太复杂。但层数太多又会在描述和综合各层功能的系统工程任务时遇到较多的困难。到底计算机网络应该划分为多少层，不同人有不同的看法。

1974年，美国的IBM公司宣布了它研制的**系统网络体系结构**（System Network Architecture，SNA），这是世界上第一个网络体系结构。此后，许多公司纷纷提出各自的网络体系结构。这些网络体系结构的共同点是都采用层次结构模型，但层次划分和功能分配均不相同。

为了使不同体系结构的计算机网络都能互连，国际标准化组织（International Organization for Standardization，ISO）于1977年成立了专门机构研究该问题。不久，他们就提出一个试图使各种计算机在世界范围内互连成网的标准框架，即著名的**开放系统互连参考模型**（Open Systems Interconnection Reference Model，OSI/RM），简称为OSI。“开放”是指只要遵循OSI标准，一个系统就可以和位于世界上任何地方的、也遵循这同一标准的其他任何系统进行通信。该模型是一个7层协议的体系结构（见图1-17（a））。

在OSI模型之前，TCP/IP协议簇就已经在运行，并逐步演变成TCP/IP**参考模型**（见图1-17（b））。到了20世纪90年代初期，虽然整套的OSI国际标准都已经制订出来了，但这时因特网已抢先在全世界覆盖了相当大的范围，因此得到最广泛应用的不是**法律上的国际标准** OSI，而是非国际标准TCP/IP。这样，TCP/IP就被称为是**事实上的国际标准**。从这种意义上说，能够占领市场的就是标准。在过去制订标准的组织中往往以专家、学者为主。但现在许多公司都纷纷挤进各种各样的标准化组织，使得技术标准具有浓厚的商业气息。一个新标准的出现，有时不一定反映出其技术水平是最先进的，而是往往有着一定的市场背景。

OSI 失败的原因可归纳为：（1）OSI 的专家们缺乏实际经验，他们在完成 OSI 标准时没有商业驱动力；（2）OSI 的协议实现起来过分复杂，而且运行效率很低；（3）OSI 标准的制定周期太长，因而使得按 OSI 标准生产的设备无法及时进入市场；（4）OSI 的层次划分也不太合理，有些功能在多个层次中重复出现。

1.6.3 具有五层协议的原理体系结构

OSI 的七层协议体系结构的概念清楚，理论也较完整，但它既复杂又不实用。TCP/IP 是一个四层的体系结构，它包含应用层、运输层、网际层和网络接口层。不过从实质上讲，TCP/IP 只有最上面的三层，因为最下面的网络接口层并没有什么具体内容。TCP/IP 体系结构虽然简单，但它现在却得到了非常广泛的应用。因此在学习计算机网络原理时往往采取折中的办法，即综合 OSI 和 TCP/IP 的优点，采用一种只有五层协议的原理体系结构（见图 1-17（c）），这样既简洁又能将概念阐述清楚。

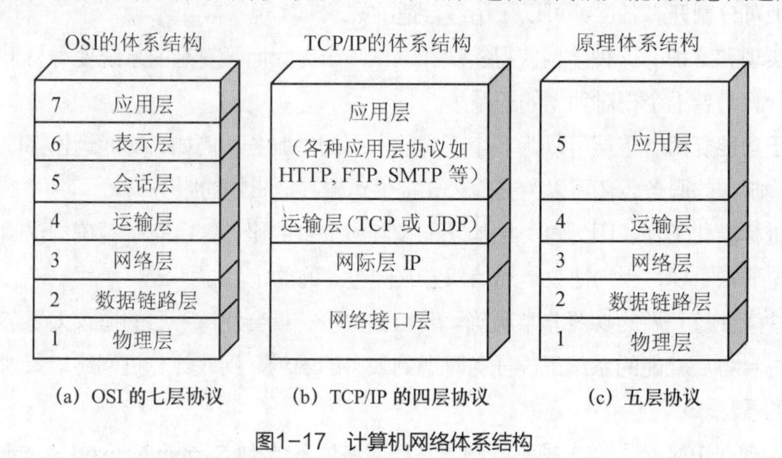

图1-17 计算机网络体系结构

现在结合因特网的情况，自上而下地、非常简要地介绍一下各层的主要功能。实际上，只有认真学习完本书各章的协议后才能真正弄清各层的作用。

（1）应用层（**Application Layer**）

应用层是体系结构中的最高层。应用层的任务是**如何通过应用进程间的交互来完成特定的网络应用**。应用层协议定义的是**应用进程间通信和交互的规则**。这里的**进程**就是指**正在运行的程序**。对于不同的网络应用需要有不同的应用层协议。在因特网中的应用层协议很多，如支持万维网应用的 HTTP 协议，支持电子邮件的 SMTP 协议，支持文件传送的 FTP 协议等。我们将应用层交互的数据单元称为**报文**（Message）。

（2）运输层（**Transport Layer**）

运输层（或翻译为**传输层**）的任务就是负责**向两台主机中进程之间的通信提供通用的数据传输服务**。应用进程利用该服务传送应用层报文。所谓通用，是指并不针对某个特定网络应用，多种应用可以使用同一个运输层服务。由于一台主机可同时运行多个进程，因此运输层有复用和分用的功能。复用就是多个应用层进程可同时使用下面运输层的服务，分用则是运输层把收到的信息分别交付给上面应用层中的相应进程。

在因特网中，主要有两个运输层协议。

① **传输控制协议**（Transmission Control Protocol，**TCP**）——提供面向连接的，可靠的数据传输服务，其数据传输的单位是**报文段**（segment）。

② **用户数据报协议**（User Datagram Protocol，**UDP**）——提供无连接的，**尽最大努力**（Best- Effort）的数据传输服务（不保证数据传输的可靠性），其数据传输的单位是**用户数据报**。

（3）网络层（Network Layer）

网络层负责为分组交换网上的不同**主机**提供通信服务。在发送数据时，网络层把运输层产生的报文段或用户数据报封装成**分组**或**包**进行传送。在 TCP/IP 体系中，由于网络层使用 IP 协议，因此分组也叫作 **IP 数据报**，或简称为**数据报**。

请注意：不要将运输层的“用户数据报”和网络层的“IP 数据报”弄混。

还有一点也请注意：**无论在哪一层传送的数据单元，习惯上都可笼统地用“分组”来表示**。在阅读国外文献时，特别要注意 packet 往往是作为任何一层传送的数据单元的同义词。

网络层的一个重要任务就是选择合适的**路由**（Route），将源主机运输层所传下来的分组，通过网络中的路由器的**转发**（通常要经过多个路由器的转发），最后到达目的主机。

这里要强调指出，网络层中的“**网络**”二字，已不是我们通常谈到的具体的网络，而是在计算机网络体系结构模型中的专用名词。

因特网是一个很大的互联网，它由大量的**异构**（Heterogeneous）网络通过**路由器**（Router）相互连接起来。因特网主要的网络层协议是无连接的**网际协议**（Internet Protocol，IP）和许多种路由选择协议，因此因特网的网络层也叫作**网际层**或 **IP 层**。在本书中，网络层、网际层和 IP 层都是同义语。

（4）数据链路层（Data Link Layer）

数据链路层常简称为**链路层**。计算机网络由主机、路由器和连接它们的链路组成，从源主机发送到目的主机的分组必须在一段一段的链路上传送。数据链路层的任务就是将分组从链路的一端传送到另一端。我们将数据链路层传送的数据单元称为**帧**（Frame）。因此数据链路层的任务就是在相邻结点之间（主机和路由器之间或两个路由器之间）的链路上传送以**帧**为单位的数据。

每一帧包括数据和必要的**控制信息**（如同步信息、差错控制等）。例如，在接收数据时，控制信息使接收端能够知道一个帧从哪个比特开始和到哪个比特结束。控制信息还可用于接收端检测所收到的帧中有无差错。如发现有差错，数据链路层应该**丢弃**有差错的帧，以免继续传送下去白白浪费网络资源。

（5）物理层（Physical Layer）

物理层是原理体系结构的最底层，完成计算机网络中最基础的任务，即**在传输媒体上传送比特流**，将数据链路层帧中的每个比特从一个结点通过传输媒体传送到下一个结点。物理层传送数据的单位是**比特**。发送方发送 1（或 0）时，接收方应当收到 1（或 0）而不是 0（或 1）。因此物理层要考虑用多大的电压代表“1”或“0”，以及接收方如何识别出发送方所发送的比特。物理层还要考虑所采用的传输媒体的类型，如双绞线、同轴电缆、光缆等。当然，哪几个比特代表什么意思，则不是物理层所要管的。请注意，传递信息所利用的一些物理传输媒体本身是在物理层的下面。因此也有人把物理传输媒体当作第 0 层。

在因特网所使用的各种协议中，最重要的和最著名的就是 TCP 和 IP 两个协议。现在人们经常提到的 TCP/IP 并不一定是单指 TCP 和 IP 这两个具体的协议，而往往是表示因特网所使用的整个 TCP/IP **协议簇**（Protocol Suite）①。

图 1-18 说明的是应用进程的数据在各层之间的传递过程中所经历的变化。这里假定两台主机通过一台路由器连接起来。

假定主机 1 的应用进程 AP_1 向主机 2 的应用进程 AP_2 传送数据。AP_1 先将其数据交给本主机的第 5 层（应用层）。第 5 层加上必要的控制信息 H_5 就变成了这一层的数据传送单元并交给下层。第 4 层（运输层）收到这个数据单元后，加上本层的控制信息 H_4 构成本层的数据传送单元，再交给第 3 层（网络层）。依此类推。不过到了第 2 层（数据链路层）后，控制信息被分成两部分，分别加到本层数据单元的首部（H_2）和尾部（T_2），而第 1 层（物理层）由于是比特流的传送，所以不再加上控制信息。请注意，传送比特流时应从首部开始传送。

OSI 参考模型把对等层次之间传送的数据单位称为该层的**协议数据单元**（Protocol Data Unit，PDU），这个名词现已被许多非 OSI 标准采用。

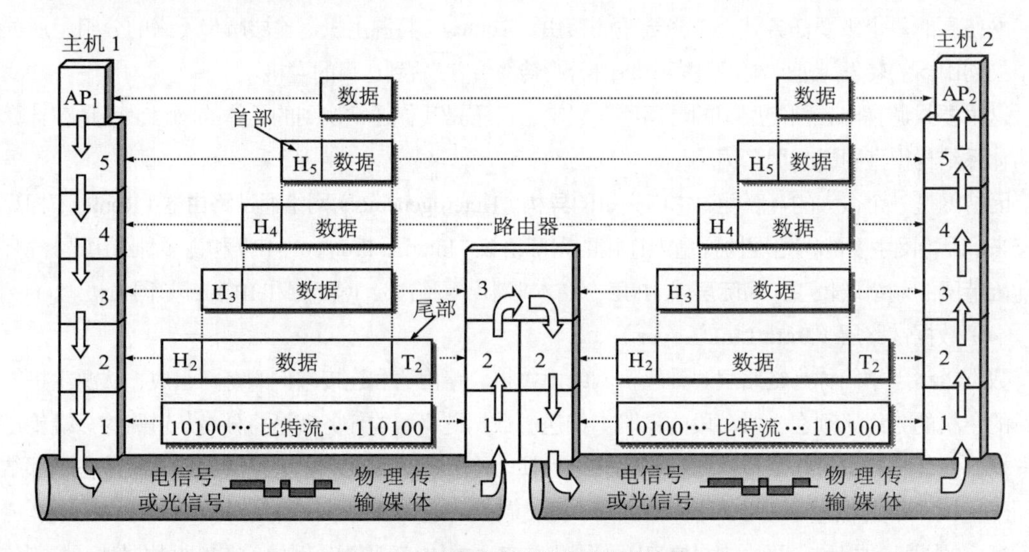

图1-18 数据在各层之间的传递过程

当这一串的比特流离开主机 1 经网络的物理传输媒体传送到路由器时，就从路由器的第 1 层依次上升到第 3 层。每一层都是根据控制信息进行必要的操作，然后将控制信息剥去，将该层剩下的数据单元上交给更高的一层。当分组上升到了第 3 层时，就根据首部中的目的地址查找路由器中的路由表，找出转发分组的接口，然后往下传送到第 2 层，加上新的首部和尾部后，再到最下面的第 1 层，然后在物理传输媒体上把每一个比特发送出去。

当这一串的比特流离开路由器到达目的站主机 2 时，就从主机 2 的第 1 层按照上面讲过的方式，依次上升到第 5 层。最后，把应用进程 AP_1 发送的数据交给目的站的应用进程 AP_2。

可以用一个简单例子来比喻上述过程。有一封信从最高层向下传，每经过一层就包上一个新的信

① 请注意 suite 这个字的特殊读音/swi:t/，不要读错。

封，写上必要的地址信息。包有多个信封的信件传送到目的站后，从第 1 层起，每层拆开一个信封后就把信封中的信交给它的上一层。传到最高层后，取出发信人所发的信交给收信人。

虽然应用进程数据要经过如图 1-18 所示的复杂过程才能送到终点的应用进程，但这些复杂过程对用户来说，却都被屏蔽掉了，以致应用进程 AP_1 觉得好像是直接把数据交给了应用进程 AP_2。同理，任何两个同样的层次（如在两个系统的第 4 层）之间，也好像如同图 1-18 中的水平虚线所示的那样，将数据（即数据单元加上控制信息）通过水平虚线直接传递给对方。这就是所谓的“**对等层**（Peer Layers）”之间的通信。我们以前经常提到的各层协议，实际上就是在各个对等层之间传递数据时的各项规定。

在文献中还可以见到术语“**协议栈**（Protocol Stack）”。这是因为几个层次画在一起很像一个栈（Stack）的结构。

1.6.4 实体、协议和服务

当研究开放系统中的信息交换时，往往使用**实体**（Entity）这一较为抽象的名词来表示**任何可发送或接收信息的硬件或软件进程**。在许多情况下，实体就是一个特定的软件模块。

协议是控制两个对等实体（或多个实体）进行通信的规则的集合。协议的语法方面的规则定义了所交换的信息的格式，而协议的语义方面的规则定义了发送者或接收者所要完成的操作，例如，在何种条件下数据必须重传或丢弃。

在协议的控制下，两个对等实体间的通信使得本层能够向上一层提供服务。要实现本层协议，还需要使用下面一层所提供的服务。图 1-19 概括了相邻两层之间的关系。

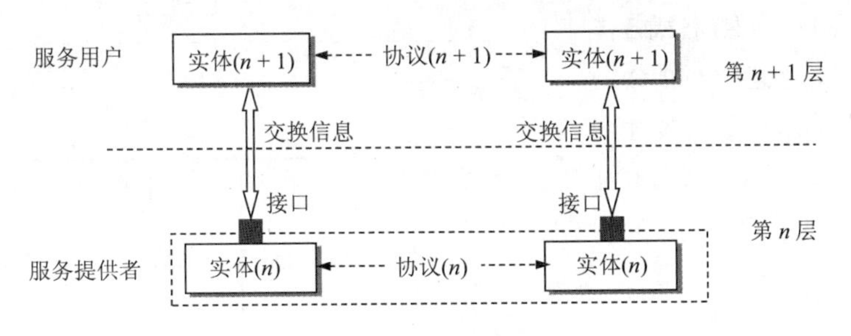

图1-19 相邻两层之间的关系

一定要弄清楚，协议和服务在概念上是很不一样的。

首先，协议的实现保证了能够向上一层提供服务。**使用本层服务的实体只能看见服务而无法看见下面的协议。下面的协议对上面的实体是透明的。**“**透明**”是一个很重要的术语。它表示：**某一个实际存在的事物看起来却好像不存在一样。**例如，运输层使用了很复杂的协议实现了可靠传输。在上面的应用层只感受到运输层所提供的这种可靠传输服务，却看不见运输层是怎样借助于复杂协议来实现的可靠传输。因此，运输层的协议对应用层来说是透明的。

其次，**协议是“水平的”**，即协议是控制对等实体之间通信的规则。但**服务是“垂直的”**，即服务是由下层向上层通过层间接口提供的。另外，并非在一个层内完成的全部功能都称为服务。只有那些能够被高一层实体“看得见”的功能才能被称为“服务”。为获取下层服务，上层实体与下层实体之间需要通过层间接口交换信息，例如，上层实体将要发送数据交给下层实体去处理，下层实体将收到分组的数据提取出来交付给上层实体。

1.6.5 TCP/IP的体系结构

图 1-20 给出了 TCP/IP 的 4 层协议体系结构的一种表示方法。请注意，图中的路由器在转发分组时最高只用到网络层而没有使用运输层和应用层。

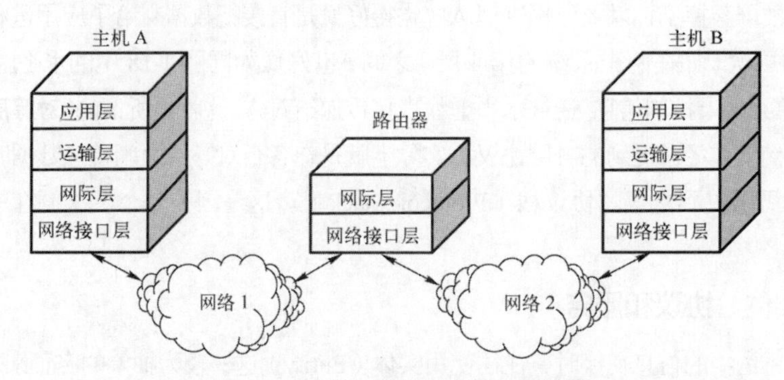

图1-20　TCP/IP 4层协议的表示方法举例

图 1-21 是用另一种方法来表示 TCP/IP 协议簇，它的特点是上下两头大而中间小：应用层和网络接口层都有多种协议，而中间的 IP 层很小，上层的各种协议都向下汇聚到一个 IP 协议中。这种很像沙漏计时器形状的 TCP/IP 协议簇表明，**TCP/IP 协议可以为各式各样的应用提供服务**（Everything Over IP），同时 TCP/IP 协议也允许 IP 协议**在各式各样的网络构成的互联网上运行**（IP Over Everything）。正因为如此，因特网才会发展到今天的这种全球规模。从图 1-21 中不难看出，IP 协议在因特网中的核心作用。

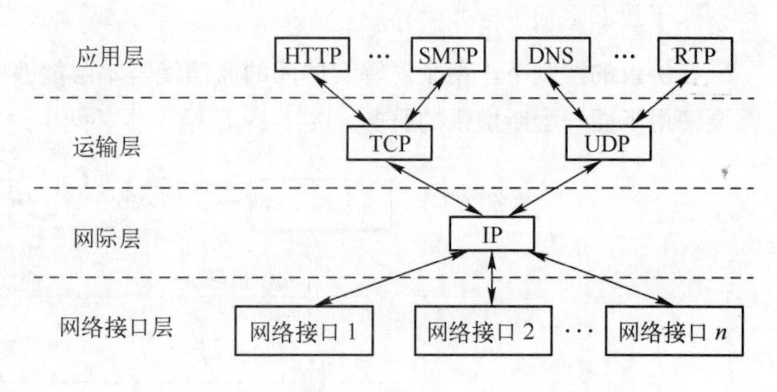

图1-21　沙漏计时器形状的TCP/IP协议簇示意

1.7 计算机网络在我国的发展

下面简单介绍一下计算机网络在我国的发展情况。

最早着手建设专用计算机广域网的是铁道部（现为中国铁路总公司）。铁道部在 1980 年即开始进行计算机联网实验。1989 年 11 月我国第一个公用分组交换网 CNPAC 建成运行。从 20 世纪 80 年代起，国内的许多单位相继安装了大量的局域网。局域网的价格便宜，其所有权和使用权都属于本单位，因此便于开发、管理和维护。局域网的发展很快，对各行各业的管理现代化和办公自动化起到了积极的作用。在 20 世纪 80 年代后期，公安、银行、军队，以及其他一些部门也相继建立了各自的专用计算机广域网。这对迅速传递重要的数据信息起着重要的作用。

这里应当特别提到的是，1994 年 4 月 20 日，我国用 64 kbit/s 专线正式连入因特网。从此，我国被国际上正式承认为接入因特网的国家。同年 5 月，中国科学院高能物理研究所设立了我国的第一个万维网服务器。同年 9 月，中国公用计算机互联网 CHINANET 正式启动。到目前为止，我国陆续建造了基于因特网技术的并可以和因特网互连的 9 个全国范围的公用计算机网络，如下所述。

① 中国公用计算机互联网 CHINANET。

② 中国教育和科研计算机网 CERNET。

③ 中国科学技术网 CSTNET。

④ 中国联通互联网 UNINET。

⑤ 中国网通公用互联网 CNCNET。

⑥ 中国国际经济贸易互联网 CIETNET。

⑦ 中国移动互联网 CMNET。

⑧ 中国长城互联网 CGWNET（建设中）。

⑨ 中国卫星集团互联网 CSNET（建设中）

此外，还有一个中国高速互连研究试验网 NSFnet，是由中国科学院、北京大学、清华大学等单位在北京中关村地区建造的用来研究因特网新技术的高速网络。

上述这些基于因特网技术的计算机网络发展得非常快，几乎每个月都有新的发展，读者可以经常在有关网站上查找这些计算机网络的相关数据（如用户数、网站数、主干网带宽等）。

值得注意的是，在 2004 年 2 月，我国的第一个下一代互联网 CNGI 的主干网 CERNET2 试验网正式开通，并提供服务。试验网目前以 2.5 Gbit/s ~ 10 Gbit/s 的速率连接北京、上海和广州 3 个 CERNET 核心结点，并与国际下一代互联网相连接。这标志着中国在互联网的发展过程中，已达到逐渐与国际先进水平同步。

中国互联网络信息中心（Network Information Center of China，CNNIC）每年两次公布我国因特网的发展情况。读者可在其网站 www.cnnic.com 上查到最新的和过去的历史文档。CNNIC 把过去半年内使用过互联网的 6 周岁及以上的中国居民称为**网民**。根据 CNNIC 发表的“第 28 次中国互联网络发展状况统计报告”，截至 2016 年 12 月月底，我国共有网民人数达到 7.31 亿，其中，手机网民在总体网民中的比例为 95.1%。但农村网民只有 2.01 亿，占整体网民的 27.4%，这表明在我国，计算机网络的普及还是很不均衡的。当前网民最主要的网络应用就是搜索引擎（即在因特网上使用搜索引擎来查找所需的信息）、即时通信、网络音乐、网络新闻和博客等。此外，更多的经济活动已步入了互联网时代。网上购物、网上支付和网上银行的使用率也迅速提升。2012 年，我国的国际出口带宽已达到 1.182 Tbit/s（1 Tbit/s = 10^3 Gbit/s），这里中国电信的 CHINANET 约占有出口总带宽的 57.4%。

1.8 两个重要的新兴网络技术

随着计算机网络技术的发展与应用，现代社会就像离不开电和自来水一样已经离不开计算机网络，而在计算机网络技术基础上发展起来的两个新兴技术领域也开始深刻地影响着这个社会。这两个新兴技术领域就是**云计算**和**物联网**。近年来不论是产业界还是学术界都对它们给予了极大的关注。虽然详细地讨论这两个技术已超出了本书的范围，但由于它们与因特网技术有着非常密切的联系（一个是运行在计算机网络上的分布式应用，一个是计算机网络的扩展和延伸），在这里有必要对这两个概念做一点简单的介绍。

1.8.1 云计算

云计算（Cloud Computing）是 2006 年以来在 IT（Information Technology）行业兴起的一个概念，被誉为“革命性的计算模型”，是分布式计算（Distributed Computing）、并行计算（Parallel Computing）、效用计算（Utility Computing）、网络存储（Network Storage Technologies）、虚拟化（Virtualization）、负载均衡（Load Balance）等传统计算机和网络技术发展融合的产物。云计算是一种运行在计算机网络之上的分布式应用，通过网络以按需、易扩展的方式向用户提供安全、快速、便捷、廉价的数据存储和网络计算服务。云计算自提出以来，在短短几年时间就风靡全世界，得到产业界和学术界的广泛关注和支持。

云计算是一种商业计算模型，它将计算任务分布在由大量计算机构成的资源池上，使各类用户能够使用各种终端根据需要获取服务提供商提供的计算能力、存储空间和各种软件服务。云计算中的“云”指的是可以自我维护和管理的虚拟计算资源集合，通常是一些大型服务器集群，包括计算服务器、存储服务器和带宽资源等。被称为“云”主要是因为它在某些方面具有现实中云的特征：云一般都较大，其规模可以动态伸缩且边界是模糊的；云在空中飘忽不定，无法确定它的具体位置，但它确实存在于某处。云计算将计算资源集中起来，并通过专门软件实现自动管理。用户可以动态申请部分资源来支持各种应用程序的运行，这些资源可能分布在多台计算机系统之上，而用户无需关心这些具体的细节。在传统模式下，企业建立一套信息系统不仅需要购买硬件等基础设施，还要购买各种系统软件和大量的应用软件，需要专门的人员进行维护。当企业的规模扩大时，还要继续升级各种软、硬件设施以满足不断增长的需求。对于企业来说，计算机等硬件和软件本身并非它们真正需要的东西，它们仅仅是完成工作的工具而已。对于个人来说，要正常使用计算机需要安装许多软件，而多数软件是收费的，对于不经常使用该软件的用户来说购买是非常不划算的。因此需要这样一种服务，它能够提供用户需要的所有软件，而用户只需要在使用时付少量“租金”即可“租用”这些软件服务。

人们在日常生活中都要用到水和电，它们都是由电厂和自来水厂集中提供的。这种统一提供公共服务的模式极大程度地节约了资源，方便了人们的生活。面对信息技术领域的困扰，人们也梦想能像使用水和电一样来使用计算机资源，这一想法直接导致了云计算技术的产生。云计算的最终目标就是将计算、服务和应用作为一种公共设施提供给公众，使人们能够像使用水、电、煤气那样使用计算机资源。

在云计算模式下，用户的终端计算机将变得很简单，甚至不需要硬盘和各种应用软件就可以满足需要。这是因为用户的计算机只需要能通过网络发送指令和接收数据，就可以使用云服务提供的计算资源、存储空间和各种应用软件了。在云计算环境下，用户的观念也将发生巨大变化，即从“购买产品”向“购买服务”转变，他们直接面对的将不再是复杂和昂贵的硬件和软件，而是最终的服务。

云计算按照服务类型大致可以分为三类：**基础设施即服务**（Infrastructure as a Service，IaaS）、**平台即服务**（Platform as a Service，PaaS）和**软件即服务**（Software as a Service，SaaS）。

IaaS 将硬件设备等基础资源（如处理能力、存储空间、网络组件等）封装成服务通过网络提供给用户使用。在 IaaS 环境中，用户相当于在使用裸机和磁盘，既可以让它运行 Windows，也可以让它运行 Linux，因而几乎可以做任何想做的事情，但用户必须自己管理或控制这些虚拟的计算机硬件资源来构建自己的信息系统。

PaaS 对资源的抽象层次更进一步，它提供用户应用程序的开发和运行环境。PaaS 自身负责资源的动态扩展和容错管理。但与此同时，用户的自主权降低，必须使用特定的编程环境并遵照特定的编程模型。

SaaS 的针对性更强，它将某些特定应用软件功能封装成服务。软件服务供应商以租赁的概念为用户提供服务。用户只能计费使用软件服务，而不能直接掌控底层操作系统和硬件资源。

1.8.2 物联网

物联网（Internet of Things, IoT）的概念最早是由美国麻省理工学院的 Ashton 教授于 1998 年提出的。随着网络技术的发展，物联网技术逐渐受到了全球的广泛关注。物联网是指通过二维码识读设备、射频识别（Radio Frequency IDentification，RFID）、全球定位系统（Global Position System，GPS）、激光扫描器和红外感应器等信息传感设备与技术，实时采集任何需要监控、连接和互动的物体的声、光、电、热、力学、化学、生物、位置等各种信息，按约定的协议，把任何物体与互联网相连接，进行信息交换和通信，以实现人与物和物与物的相互沟通和对话，对物体进行智能化识别、定位、跟踪、管理和控制的一种信息网络。

物联网是“物物相连的互联网”。物联网的核心和基础仍然是互联网，即它是互联网的延伸和扩展，允许任何物体之间进行信息交换和通信。物联网不仅是实现物与物之间的连接，更重要的是物与物的信息交互，以及由此衍生出来的各种应用。在物联网技术范畴中，“物”一般要满足以下条件：要有相应的信息发送器和接收器；要有一定的存储功能和计算能力；要有专门的应用程序；要遵循物联网的通信协议；在网络中有可识别的唯一标识。

物联网把新一代信息技术充分运用在各行各业之中，具体地说，就是把感应器嵌入和装备到电网、铁路、桥梁、隧道、公路、建筑、供水系统、大坝、油气管道等各种物体中，然后将“物联网”与现有的互联网整合起来，实现人类社会与物理系统的整合，在这个整合的网络当中，存在能力超级强大的中心计算机群，能够对整合的网络内的人员、机器、设备和基础设施实施实时的管理和控制，在此基础上，人类可以以更加精细和动态的方式管理生产和生活，达到“智慧”状态，提高资源利用率和生产力水平，改善人与自然之间的关系。

物联网包括三种基本的应用模式：一是对象的智能识别，即通过二维码或 RFID 等技术来识别和区分特定的对象，并利用网络获取该特定对象的名称、生产日期、价格和用途等相关信息等；二是环境监控和对象跟踪，即利用多种类型的传感器构成的传感器网络，实现对特定对象的实时状态获取和行为监控，如使用分布在市区的化学传感器监控大气中二氧化碳的浓度及通过 GPS 跟踪车辆位置信息等；三是对象的智能控制，物联网可以对传感器网络获取的数据进行分析和处理，形成科学决策，然后实施有效的对象行为控制，如根据交通路口车辆的流量自动调整红绿灯的时间间隔等。

物联网将现实世界数字化和网络化，其应用范围十分广泛，遍及智能交通、环境保护、政府工作、公共安全、平安家居、智能消防、工业监测、环境监测、路灯照明管控、景观照明管控、楼宇照明管控、广场照明管控、老人护理、个人健康、花卉栽培、水系监测、食品溯源、敌情侦察和情报搜集等多个方面。国际电信联盟（International Telecommunication Union，ITU）于 2005 年发布了《ITU 互联网报告 2005：物联网》。该报告指出，无所不在的“物联网”通信时代即将来临。

本章的重要概念

- 计算机网络（可简称为网络）把许多计算机连接在一起，而互联网则把许多网络连接在一起。因特网是世界上最大的互联网。
- 以小写字母 i 开始的 internet（互联网或互连网）是通用名词，它泛指由多个计算机网络互连而成的网络。在这些网络之间的通信协议（即通信规则）可以是任意的。
- 以大写字母 I 开始的 Internet（因特网）是专用名词，它指当前全球最大的、开放的、由众多网络相互连接而成的特定计算机网络，它采用 TCP/IP 协议簇作为通信规则，且其前身是美国的 ARPANET。
- 因特网可划分为边缘部分与核心部分。主机在网络的边缘部分，其作用是进行信息处理。路由器在网络的核心部分，是一种典型的分组交换机，其作用是按存储转发方式进行分组交换。
- 分组交换采用存储转发技术，当需要发送数据时无需在源和目的之间先建立一条物理的通路，而是将要发送的报文分割为较小的数据段，将控制信息作为首部加在每个数据段前面（构成分组）一起发送给分组交换机。每一个分组的首部都含有目的地址等控制信息。分组交换网中的分组交换机根据分组首部中的控制信息，把分组转发到下一个分组交换机。用这种存储转发方式将分组转发到达最终目的地。
- 计算机通信是计算机中的进程（即运行着的程序）之间的通信。网络应用程序的工作方式主要有客户/服务器方式（C/S 方式）和对等方式（P2P 方式）两种。
- 客户和服务器都是指通信中所涉及的两个应用进程。客户是服务请求方，服务器是服务提供方。
- 按作用范围的不同，计算机网络分为广域网（WAN）、城域网（MAN）、局域网（LAN）和个人区域网（PAN）。
- 计算机网络最常用的性能指标是：速率、带宽、吞吐量、时延（发送时延、传播时延、处理时延、排队时延）、丢包率和信道（或网络）利用率。
- 网络协议即协议，是为进行网络中的数据交换而建立的规则。计算机网络的各层及其协议的集合，称为网络的体系结构。
- 5 层协议的体系结构由应用层、运输层（或传输层）、网络层（或网际层）、数据链路层（或链路层）和物理层组成。运输层最重要的协议是 TCP 和 UDP 协议，而网络层最重要的协议是 IP 协议。

习 题

1-1 计算机网络向用户可以提供哪些服务？

1-2 试简述分组交换的要点。

1-3 试从建立连接、何时需要地址、是否独占链路、网络拥塞、数据是否会失序、端到端时延的确定性、适用的数据传输类型等多个方面比较分组交换与电路交换的特点。

1-4 为什么说因特网是自印刷术以来人类通信方面最大的变革？

1-5 因特网的发展大致分为哪几个阶段？请指出这几个阶段最主要的特点。

1-6 试简述因特网标准制定的几个阶段。

1-7 小写和大写开头的英文名字internet和Internet在意思上有何重要区别？

1-8 计算机网络都有哪些类别？各种类别的网络都有哪些特点？

1-9 因特网的两大组成部分（边缘部分与核心部分）的特点是什么？它们的工作方式各有什么特点？

1-10 试在下列条件下比较电路交换和分组交换传送一个报文的时延。要传送的报文共x（bit）。从源点到终点共经过k段链路，每段链路的传播时延为d（s），数据传输速率为b（bit/s）。在电路交换时电路的建立时间为s（s）。在分组交换时分组长度为p（bit），假设$x > p$且各结点的排队等待时间可忽略不计。问在怎样的条件下，分组交换的时延比电路交换的要小（提示：画一下草图观察k段链路共有几个结点）？

1-11 在上题的分组交换网中，设报文长度和分组长度分别为x和（$p+h$）（bit），其中p为分组的数据部分的长度，而h为每个分组所带的控制信息固定长度，与p的大小无关。通信的两端共经过k段链路。链路的数据传输速率为b（bit/s），结点的排队时间可忽略不计。若打算使总的时延为最小，问分组的数据部分长度p应取多大？

1-12 从差错控制、时延和资源共享3个方面分析，分组交换为什么要将长的报文划分为多个短的分组进行传输？

1-13 计算机网络有哪些常用的性能指标？

1-14 收发两端之间的传输距离为1000 km，信号在媒体上的传播速率为2×10^8 m/s。试计算以下两种情况的发送时延和传播时延：

（1）数据长度为10^7 bit，数据发送速率为100 kbit/s；

（2）数据长度为10^3 bit，数据发送速率为1 Gbit/s。

从以上计算结果可得出什么结论？

1-15 网络体系结构为什么要采用分层次的结构？试举出一些与分层体系结构的思想相似的日常生活中的例子。

1-16 协议与服务有何区别？有何关系？

1-17 试述具有5层协议的网络体系结构的要点，包括各层的主要功能。

1-18 试解释以下名词：协议栈、实体、对等层、协议数据单元、客户、服务器、客户-服务器方式。

1-19 试解释everything over IP和IP over everything的含义。

1-20 判断以下正误。

（1）提高链路速率意味着降低了信道的传播时延。

（2）在链路上产生的传播时延与链路的带宽无关。

（3）跨越网络提供主机到主机的数据通信的问题属于运输层的功能。

（4）发送时延是分组的第一个比特从发送方发出到该比特到达接收方之间的时间。

（5）由于动态分配通信带宽和其他通信资源，分组交换能更好更高效地共享资源。

（6）采用分组交换在发送数据前可以不必先建立连接，发送突发数据更迅速，因此不会出现网络拥塞。

1-21 一个系统的协议结构有N层，应用程序产生M字节长的报文，网络软件在每层都加上h字节的协议头，网络带宽中至少有多大比率用于协议头信息的传输？

02

第2章　物理层

本章首先讨论物理层的基本概念，然后介绍有关数据通信的重要概念，以及各种传输媒体的主要特点，但传输媒体本身并不属于物理层的范围。在讨论几种常用的信道复用技术后，我们对数字传输系统进行简单介绍。最后再讨论几种常用的互联网接入技术。

本章所讨论的问题很多都不属于计算机网络的范畴。对于已具备一些必要的通信基础知识的读者，可以有选择地学习本章的有关部分。

本章最重要的内容如下。

（1）物理层的任务。

（2）数据通信的几个基本概念。

（3）几种常用的信道复用技术。

（4）几种常用的互联网接入技术。

2.1　物理层的基本概念

首先要强调指出，物理层考虑的是怎样才能在连接各种计算机的传输媒体上传输数据比特流，而不是指具体的传输媒体。大家知道，现有的计算机网络中的硬件设备和传输媒体的种类非常繁多，而通信手段也有许多不同方式。物理层的作用正是要尽可能地屏蔽掉这些差异，使物理层上面的数据链路层感觉不到这些差异，这样就可使数据链路层只需要考虑如何完成本层的协议和服务，而不必考虑网络具体的传输媒体是什么。用于物理层的协议也常称为物理层**规程**（Procedure）。其实物理层规程就是物理层协议。只是在“协议”这个名词出现之前人们就先使用了“规程”这一名词。

物理层协议的主要任务就是确定与传输媒体的接口有关的一些特性，如下所述。

（1）**机械特性**　指明接口所用接线器的形状和尺寸、引脚数目和排列、固定和锁定装置等。常见的各种规格的电源接插件都有严格的标准化的规定。

（2）**电气特性**　指明在接口电缆的各条线上出现的电压的范围。

（3）**功能特性**　指明某条线上出现的某一电平的电压表示何种意义。

（4）**过程特性**　指明对于不同功能的各种可能事件的出现顺序。

众所周知，数据在计算机中多采用并行传输方式。但数据在通信线路上的传输方式一般都是**串行传输**（这是出于经济上的考虑），即逐个比特按照时间顺序传输，因此物理层还要完成传输方式的转换。

具体的物理层协议种类较多。这是因为物理连接的方式很多（例如，可以是点对点的，也可以采用多点连接或广播连接），而传输媒体的种类也非常之多（如双绞线、对称电缆、同轴电缆、光缆，以及各种波段的无线信道等）。因此在学习物理层时，应将重点放在掌握基本概念上。

考虑到使用本教材的一部分读者可能没有学过“接口与通信”或有关数据通信的课程，因此 2.2 节将简单地介绍一下有关现代通信的一些最基本的知识和最重要的结论。对于已具有这部分知识的读者可略过这部分内容。

2.2 数据通信的基础知识

2.2.1 数据通信系统的模型

下面我们通过一个最简单的例子来说明数据通信系统的模型。这个例子就是两台 PC 经过普通电话机的连线，再经过公用电话网进行通信。

如图 2-1 所示，一个数据通信系统可划分为三大部分，即**源系统**（或**发送端**、**发送方**）、**传输系统**（或**传输网络**）和**目的系统**（或**接收端**、**接收方**）。

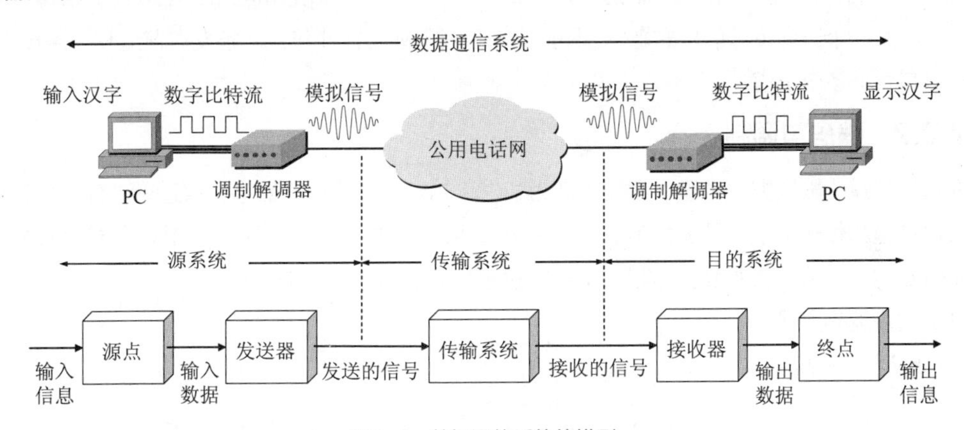

图2-1 数据通信系统的模型

源系统一般包括以下两个部分。

源点（Source）：源点设备产生要传输的数据，例如，从 PC 的键盘输入汉字，PC 产生输出的数字比特流。源点又称为**源站**或**信源**。

发送器：通常源点生成的数字比特流要通过发送器编码后才能够在传输系统中进行传输。典型的发送器就是调制器。现在很多 PC 使用内置的调制解调器（包含调制器和解调器），用户在 PC 外面看不见调制解调器。

目的系统一般也包括以下两个部分。

接收器：接收传输系统传送过来的信号，并把它转换为能够被目的设备处理的信息。典型的接收器就是解调器，它把来自传输线路上的模拟信号进行解调，提取出在发送端置入的消息，还原出发送端产生的数字比特流。

终点（Destination）：终点设备从接收器获取传送来的数字比特流，然后进行信息输出（例如，把汉字在 PC 屏幕上显示出来）。终点又称为**目的站**或**信宿**。

在源系统和目的系统之间的传输系统可以是简单的传输线路，也可以是连接在源系统和目的系统之间的复杂网络系统。

图 2-1 所示的数据通信系统，说它是计算机网络也可以。这里我们使用数据通信系统这个名词，主要是为了从通信的角度来介绍一个数据通信系统中的一些要素，而有些数据通信的要素在计算机网络中可能就不去讨论它们了。

下面我们先介绍一些常用术语。

通信的目的是传送**消息**（Message）。例如，话音、文字、图像等都是消息。**数据**（Data）是运送消息的实体。**信号**（Signal）则是数据的电气或电磁表现。

根据信号中代表消息的参数的取值方式不同，信号可分为两大类。

模拟信号，或**连续信号**——消息的参数的取值是连续的。

数字信号，或**离散信号**——消息的参数的取值是离散的。在使用时间域（或简称为时域）的波形表示数字信号时，代表不同离散数值的基本波形就称为**码元**。在使用二进制编码时，只有两种不同的码元，一种代表 0 状态，另一种代表 1 状态。

在许多情况下，我们要使用"**信道**（Channel）"这一名词。信道和电路并不等同。信道一般都是用来表示向某一个方向传送信息的媒体。因此，一条通信线路往往包含一条发送信道和一条接收信道，但也可以包含许多个信道。

2.2.2 编码与调制

要利用信道传输数据，必须将数据转换为能在传输媒体上传送的信号。信道可以分成传送模拟信号的**模拟信道**和传送数字信号的**数字信道**两大类。通常人们将数字数据转换成数字信号的过程称为**编码**（coding），而将数字数据转换成模拟信号的过程称为**调制**（Modulation）。

（1）常用编码方式

常用编码方式如图 2-2 所示。

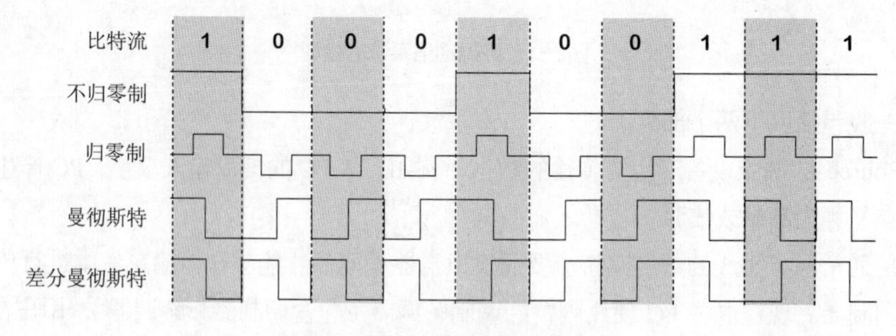

图2-2 数字信号的常用编码方式

归零制：正脉冲代表 1，负脉冲代表 0。

不归零制：正电平代表 1，负电平代表 0。

曼彻斯特编码：位周期中心的上跳变代表 0，位周期中心的下跳变代表 1。

差分曼彻斯特编码：在每一位的中心处始终都有跳变。位开始边界有跳变代表 0，而位开始边界没有跳变代表 1。

从信号波形中可以看出，曼彻斯特编码产生的信号频率比不归零制高，每个比特包含一次跳变。比特 1 从高电平变为低电平，而比特 0 从低电平变到高电平（也可采用相反的约定，即 1 是“前低后高”而 0 是“前高后低”）。接收端可以很容易地利用这个比特信号的电平跳变来提取信号时钟频率，并与发送方保持时钟同步。但是曼彻斯特编码的缺点就是它所占的频带宽度比原始信号增加了一倍（因为信号变化的频率加倍了）。这种能从信号波形本身中提取信号时钟频率的能力，我们称为**自同步能力**。显然不归零制没有自同步能力，而曼彻斯特编码具有自同步能力。

（2）基本的调制方法

矩形脉冲波形的数字信号包含从直流开始的低频分量，被称为**基带信号**（即基本频带信号），在数字信道上直接传输基带信号的方法称为**基带传输**。基带信号往往包含较多的低频成分，甚至直流成分。而许多模拟信道仅能通过某一频率范围的信号，不能直接传输这种基带信号。因此必须对基带信号进行**调制**，使它能够在模拟信道中传输。在很多情况下，需要使用**载波**（Carrier）进行调制，把基带信号的频率范围搬移到较高的频段以便在信道中传输。经过载波调制后的信号称为**带通信号**（即仅在一段频率范围内能够通过信道），而使用载波的调制称为**带通调制**。

最基本的带通调制方法有以下 3 种（见图 2-3）。

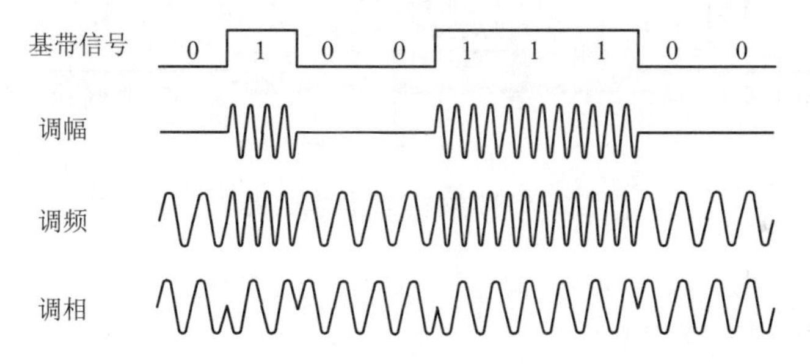

图2-3 常用的3种带通调制方式

① **调幅**（Amplitude Modulation，AM），即载波的振幅随基带数字信号而变化。例如，0 或 1 分别对应于无载波或有载波输出。

② **调频**（Frequency Modulation，FM），即载波的频率随基带数字信号而变化。例如，0 或 1 分别对应于频率 f_1 或 f_2。

③ **调相**（Phase Modulation，PM），即载波的初始相位随基带数字信号而变化。例如，0 或 1 分别对应于相位 0° 或 180° 。

在数字通信中，调幅、调频和调相相应地称为**幅移键控**（Amplitude-Shift Keying，ASK）、**频移键控**（Frequency-Shift Keying，FSK）和**相移键控**（Phase-Shift Keying，PSK）。实现调制和解调功能的设备称为**调制解调器**（Modem）。

为了达到更高的信息传输速率，必须采用技术上更为复杂的多元制的振幅相位混合调制方法。例如，**正交振幅调制**（Quadrature Amplitude Modulation，QAM），这里从略。

有了上述的一些基本概念之后，我们再讨论如何提高数据传输速率的途径。

2.2.3 信道的极限容量

几十年来，通信领域的学者一直在努力寻找提高数据传输速率的途径。这个问题很复杂，因为任何信道都不是理想的，在传输信号时会产生各种失真。我们知道，数字通信的优点就是，在接收端只要我们能从失真的波形识别出原来的信号，那么这种失真对通信质量就没有影响。例如，图 2-4 给出了数字信号通过实际的信道会引起输出波形失真的示意图。我们可以看出，当失真不严重时（图 2-4（a）），在输出端还可根据已失真的输出波形还原出发送的码元来。但当失真严重时（图 2-4（b）），在输出端就很难判断这个信号在什么时候是 1 和在什么时候是 0。**码元**是承载信息的基本信号单位，一个码元能够承载的信息量多少，是由码元信号所能表示的数据有效值状态个数决定的。单位时间内通过信道传输的码元数称为**码元传输速率**。为了提高信息的传输效率，我们总是希望在一定的时间内能够传输尽可能多的码元。但实际上，码元传输的速率越高，信号传输的距离越远，噪声干扰越大，或传输媒体质量越差，在信道的输出端的波形的失真就会越严重。

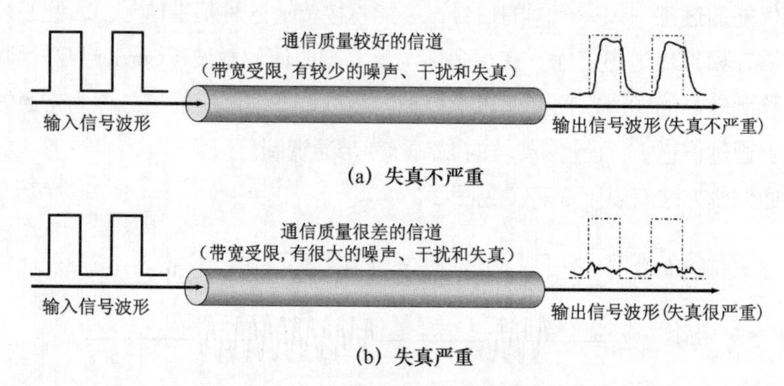

图2-4 数字信号通过实际的信道

从概念上讲，限制码元在信道上的传输速率的因素有以下两个方面。

（1）信道能够通过的频率范围

具体的信道所能通过的频率范围总是有限的。信号中的许多高频分量往往不能通过信道。图 2-4 所示的发送信号是一种典型的矩形脉冲信号，它包含很丰富的高频分量。如果信号中的高频分量在传输时受到衰减，那么在接收端收到的波形前沿和后沿就变得不那么陡峭了，扩散了的码元波形所占的时间变得更宽了。这样，在接收端收到的信号波形就失去了码元之间的清晰界限。这种现象叫作**码间串扰**。严重的码间串扰使得本来分得很清楚的一串码元变得很模糊而无法识别。早在 1924 年，奈奎斯特（Nyquist）就推导出了著名的**奈氏准则**。他给出了在假定的理想条件下，为了避免码间串扰，码元传输速率的上限：

$$\text{理想低通信道}^{①}\text{的最高码元传输速率} = 2W\,\text{Baud} \qquad (2\text{-}1)$$

$$\text{理想带通信道}^{②}\text{的最高码元传输速率} = W\,\text{Baud} \qquad (2\text{-}2)$$

这里的 W 是信道带宽，单位为赫（Hz）；Baud 是**波特**，是**码元传输速率的单位**，1 波特为每秒传

① “理想低通信道”就是信号的所有低频分量，只要其频率不超过某个上限值，都能够不失真地通过此信道。而频率超过该上限值的所有高频分量都不能通过该信道。

② “理想带通信道”就是频率在频带下限频率 f_1 到频带上限频率 f_2 之间的频率分量能够不失真地通过此信道，而低于 f_1 和高于 f_2 的所有频率分量都不能通过该信道。

送 1 个码元。

奈氏准则的另一种表达方法是：**每赫带宽的理想低通信道的最高码元传输速率是每秒 2 个码元，每赫带宽的带通信道的最高码元传输速率为每秒 1 个码元**。

通过奈氏准则我们知道：在任何信道中，码元传输的速率是有上限的，传输速率超过此上限，就会出现严重的码间串扰的问题，以致在接收端无法正确识别在发送方所发送的码元。另外，如果信道的频带越宽，也就是能通过的信号频率范围越大，那么就可以用更高的速率传送码元而不出现码间串扰。

这里我们要强调以下两点。

① 上面所说的具有理想低通或带通特性的信道是**理想化的信道**，它和实际上所使用的信道当然有相当大的差别。所以一个实际的信道所能传输的最高码元速率，要明显地低于奈氏准则给出的这个上限数值。

② 波特和比特是两个不同的概念。

波特是**码元传输的速率单位**，它说明每秒传多少个码元。码元传输速率也称为**调制速率**、**波形速率**或**符号速率**。

比特是**信息量的单位**，与码元的传输速率"波特"是两个完全不同的概念。

但是，信息的传输速率"比特/秒"与码元的传输速率"波特"在数量上却有一定的关系。若 1 个码元只携带 1 bit 的信息量，则"比特/秒"和"波特"在数值上是相等的。但若使 1 个码元携带 n bit 的信息量，则 M Baud 的码元传输速率所对应的信息传输速率为 $M \times n$ bit/s。由于码元的传输速率受奈氏准则的制约，所以要提高信息的传输速率，就**必须设法使每一个码元能携带更多个比特的信息量**。这就需要采用**多元制**（又称为多进制）的调制方法。假定有一个带宽为 3 kHz 的理想低通信道，其最高码元传输速率为 6000 Baud。若采用 8 元制时（如采用 8 种不同电平的不归零编码方式），每一个码元可携带 3 bit 的信息，则最高信息传输速率为 18000 bit/s。那是不是采用多元制就能无限制地提高信息的传输速率呢？答案是否定的。因为信道的极限信息传输速率还要受限于实际的信号在信道中传输时的信噪比。

（2）信噪比

虽然通过采用多元制能提高信息的传输速率，但并不能无限制地提高，因为信道中的噪声也会影响接收端对码元的识别，并且噪声功率相对信号功率越大，影响就越大。1948 年，香农（Shannon）用信息论的理论推导出了带宽受限且有高斯白噪声干扰的信道的极限信息传输速率。如用公式表示，则**信道的极限信息传输速率** C 可表达为

$$C = W \log_2 (1+S/N) \quad \text{bit/s} \qquad (2\text{-}3)$$

式中，W 为信道的带宽（以 Hz 为单位）；S 为信道内所传信号的平均功率；N 为信道内部的高斯噪声功率。

式（2-3）就是著名的**香农公式**。香农公式表明，**信道的带宽或信道中的信噪比越大，则信息的极限传输速率就越高**。

从香农公式可看出，若信道带宽 W 或信噪比 S/N 没有上限（实际的信道当然不可能是这样的），那么信道的极限信息传输速率 C 也就没有上限。因此在信道带宽一定的情况下，根据奈氏准则和香农公式，要想提高信息的传输速率就必须采用多元制和努力提高信道中的信噪比。自从香农公式发表后，

各种新的信号处理和调制方法不断出现，其目的都是为了尽可能地接近香农公式给出的传输速率极限。在实际信道上能够达到的信息传输速率要比香农公式的极限传输速率低不少。这是因为在实际信道中，信号还要受到其他一些损伤，如各种脉冲干扰、信号在传输中的衰减和失真等，这些因素在香农公式中并未考虑。

2.2.4 传输方式

对于数字传输，有各种不同的传输方式，例如，并行传输和串行传输、异步传输和同步传输，以及单工、半双工和全双工通信方式。

1. 并行传输和串行传输

并行传输，是指一次发送 *n* 个比特而不是一个比特，为此，在发送端和接收端之间需要有 *n* 条传输线路。

串行传输，是指数据是一个比特一个比特依次发送的，因此在发送端和接收端之间只需要一条传输线路即可。

并行传输的优点是速度为串行传输的 *n* 倍，但也存在一个严重的缺点，即成本高，通常仅用于短距离传输。例如，计算机内部的数据传输。常见的数据总线宽度有 8 位、16 位、32 位和 64 位。而远距离传输一般采用串行传输方式。因此，在计算机将数据发送到传输线路上时需要进行并/串转换，而计算机从传输线路上接收数据时要进行串/并转换。

2. 异步传输和同步传输

在传输时，收发双方必须对每一个比特在线路上持续的时间达成一致，接收端才能正确地接收数据。**同步**就是指收发双方在时间基准上保持一致的过程。同步是数字通信中必须解决的一个重要问题。人们常说的异步传输和同步传输是指两种采用不同同步方式的传输方式。

异步传输以字节为独立的传输单位，字节之间的时间间隔不是固定的，接收端仅在每个字节的起始处对字节内的比特实现同步。为此，通常要在每个字节前后分别加上起始位和结束位。这里异步是指在字节级上的异步，但是字节中的每个比特仍然要同步，它们的持续时间是相同的。

采用**同步传输**方式时，数据块以稳定的比特流的形式传输，字节之间没有间隔，也没有起始位和结束位。由于不同设备的时钟频率存在一定差异，为避免在传输大量数据的过程中累积误差所导致的错误，要采取技术使收发双方的时钟保持同步。实现收发双方时钟同步的方法主要有两种，即外同步和内同步。外同步方法是在发送端和接收端之间提供一条单独的时钟线，发送端在发送数据信号的同时，另外发送一路时钟同步信号。接收端根据接收到的时钟同步信号来校正时间基准，实现收发双方的同步。内同步方法是发送端将时钟同步信号编码到发送数据中一起传输，如曼彻斯特编码与差分曼彻斯特编码都自含时钟编码，具有自同步能力。

3. 单工、半双工和全双工

从通信双方信息交互的方式来看，可以有以下三种基本方式。

（1）**单向通信**，又称为**单工通信**，即只能有一个方向的通信而没有反方向的交互。无线电广播或有线电广播，以及电视广播就属于这种类型。

（2）**双向交替通信**，又称为**半双工通信**，即通信的双方都可以发送信息，但不能双方同时发送（当然也就不能同时接收）。这种通信方式是一方发送另一方接收，过一段时间后再反过来。

（3）**双向同时通信**，又称为**全双工通信**，即通信的双方可以同时发送和接收信息。

单向通信只需要一条信道，而双向交替通信或双向同时通信则都需要两条信道（每个方向各一条）。这里要提醒读者注意，有时人们也常用“单工”这个名词表示“双向交替通信”。如常说的“单工电台”并不是只能进行单向通信。

2.3 物理层下面的传输媒体

传输媒体也称为传输介质或传输媒介，它就是数据传输系统中在发送器和接收器之间的物理通路。传输媒体可分为两大类，即**导引型传输媒体**和**非导引型传输媒体**。在导引型传输媒体中，电磁波被导引沿着固体媒体（铜线或光纤）传播；而非导引型传输媒体就是指自由空间，在非导引型传输媒体中电磁波的传输，常称为无线传输。图 2-5 是电信领域使用的电磁波的频谱。

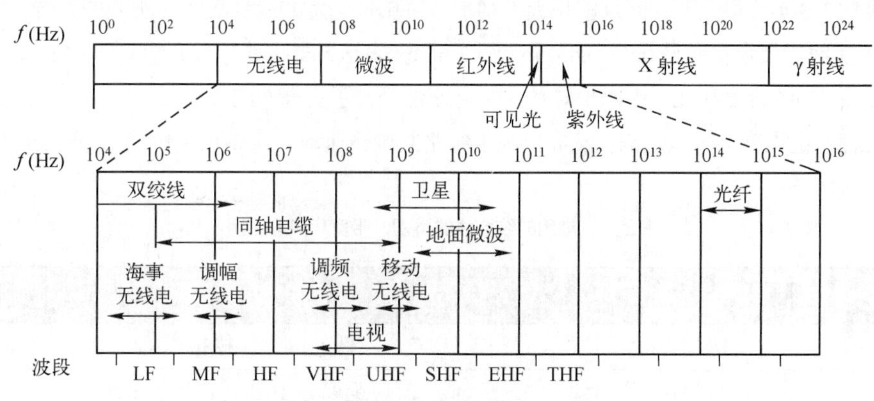

图2-5 电信领域使用的电磁波的频谱

2.3.1 导引型传输媒体

1. 双绞线

双绞线（Twisted Pair）也称为双扭线，它是最古老但又是最常用的传输媒体。把两根互相绝缘的铜导线并排放在一起，然后按照一定规则**绞合**（Twist）起来就构成了双绞线。绞合可减小对相邻导线的电磁干扰。使用双绞线最多的地方就是到处都有的电话系统。几乎所有的电话机都用双绞线连接到电话交换机。这段从用户电话机到交换机的双绞线称为**用户线**或**用户环路**（Subscriber Loop）。通常将一定数量的这种双绞线捆成电缆，在其外面包上护套。

模拟传输和数字传输都可以使用双绞线，其通信距离一般为几千米到十几千米。距离太长时就要加放大器，以便将衰减了的信号放大到合适的数值（对于模拟传输），或者加上中继器，以便将失真了的数字信号进行整形（对于数字传输）。导线越粗，其通信距离就越远，但导线的价格也越高。在数字传输时，若传输速率为每秒几个兆比特，则传输距离可达几千米。由于双绞线的价格便宜且性能也不错，因此使用十分广泛，如局域网中就主要使用双绞线作为传输媒体。

为了提高双绞线抗电磁干扰的能力，可以在双绞线的外面再加上一层用金属丝编织成的屏蔽层。这就是**屏蔽双绞线**（Shielded Twisted Pair，STP）。它的价格当然比**无屏蔽双绞线**（Unshielded Twisted Pair，UTP）要贵一些。图 2-6 是双绞线的示意图。

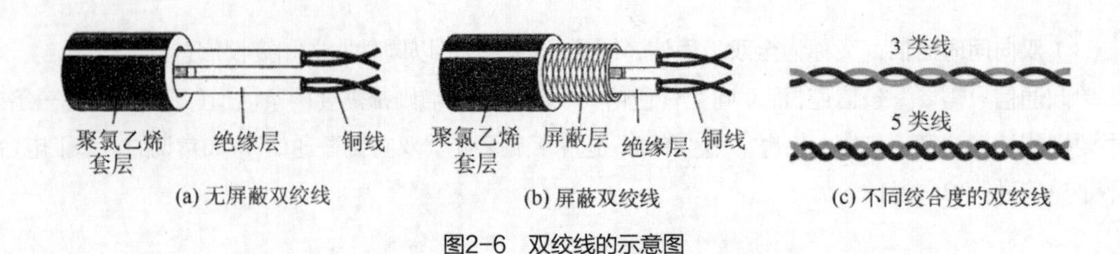

图2-6　双绞线的示意图

1991 年，美国电子工业协会（Electronic Industries Association，EIA）和电信工业协会（Telecommunications Industries Association，TIA）联合发布了一个标准 EIA/TIA-568，它的名称是“商用建筑物电信布线标准（Commercial Building Telecommunications Cabling Standard）”，这个标准规定了用于室内传送数据的无屏蔽双绞线和屏蔽双绞线的标准。1995 年将布线标准更新为 EIA/TIA-568-A。此标准规定了 5 个种类的 UTP 标准（从 1 类线到 5 类线）。对传送数据来说，现在最常用的 UTP 是 5 类线（Category 5 或 CAT5）。5 类线与 3 类线最主要的区别就是大大增加了每单位长度的绞合次数。3 类线的绞合长度是 7.5 ~ 10 cm，而 5 类线的绞合长度是 0.6 ~ 0.85 cm。图 2-6（c）表示 5 类线具有比 3 类线更高的绞合度。此外，5 类线在线对间的绞合度和线对内两根导线的绞合度都经过了更精心的设计，并在生产中加以严格的控制，使干扰在一定程度上得以抵消，从而提高了线路的传输速率。表 2-1 给出了常用的绞合线的类别、带宽和典型应用。

表2-1　常用的绞合线的类别、带宽和典型应用

绞合线类别	带　宽	典 型 应 用
3	16 MHz	低速网络；模拟电话
4	20 MHz	短距离的 10BASE-T 以太网
5	100 MHz	10BASE-T 以太网；某些 100BASE-T 快速以太网
5E（超 5 类）	100 MHz	100BASE-T 快速以太网；某些 1000BASE-T 吉比特以太网
6	250 MHz	1000BASE-T 吉比特以太网；ATM 网络
7	600 MHz	只使用 STP，可用于 10 吉比特以太网

无论是哪种类别的双绞线，衰减都随频率的升高而增大。使用更粗的导线可以降低衰减，但却增加了导线的价格和重量。信号应当有足够大的振幅，以便在噪声干扰下能够在接收端正确地被检测出来。双绞线的最高速率还与数字信号的编码方法有很大的关系。

2. 同轴电缆

同轴电缆由内导体铜质芯线（单股实心线或多股绞合线）、绝缘层、网状编织的外导体屏蔽层（也可以是单股的）及保护塑料外层所组成（见图 2-7）。由于外导体屏蔽层的作用，同轴电缆具有很好的抗干扰特性，被广泛用于传输较高速率的数据。

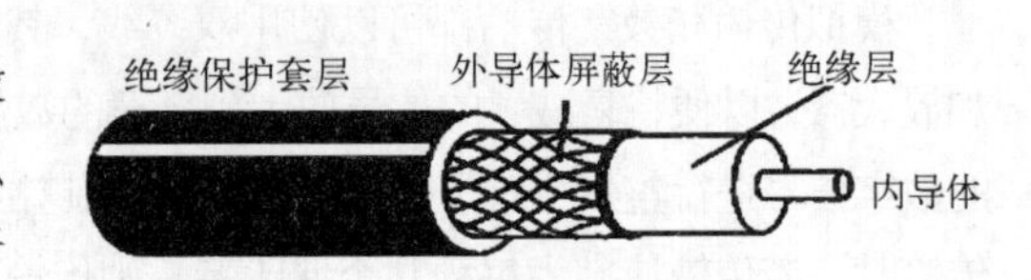

图2-7　同轴电缆的结构

同轴电缆的这种结构和屏蔽性使得它有比双绞线高得多的带宽和更好的抗干扰特性。现代的同轴电缆可以达到 1 GHz 的带宽。过去，同轴电缆在电话系统中广泛地用于长途线路，但是现在，在长途

干线上大部分已经被带宽更高的光纤所取代。在局域网发展的初期，曾广泛地使用同轴电缆作为传输媒体。但由于同轴电缆价格较贵且布线不够灵活和方便，随着集线器的出现，在局域网领域基本上都是采用双绞线作为传输媒体。目前同轴电缆主要用在有线电视网的居民小区中。

3. 光纤

从 20 世纪 70 年代开始，通信和计算机技术都发展得非常快。近 30 多年来，计算机的运行速度大约每 10 年提高 10 倍。但在通信领域里，信息的传输速率则提高得更快，从 20 世纪 70 年代的 56 kbit/s 提高到现在的几到几十 Gbit/s（使用光纤通信技术），相当于每 10 年提高 100 倍。因此光纤通信就成为现代通信技术中的一个十分重要的领域。

光纤通信就是利用光导纤维（以下简称为光纤）传递光脉冲来进行通信。有光脉冲相当于 1，而没有光脉冲相当于 0。由于可见光的频率非常高，约为 10^5 GHz 的量级，因此一个光纤通信系统的传输带宽远远大于目前其他各种传输媒体的带宽。

光纤是光纤通信的传输媒体。在发送端有光源，可以采用发光二极管或半导体激光器，它们在电脉冲的作用下能产生出光脉冲。在接收端利用光电二极管作成光检测器，在检测到光脉冲时可还原出电脉冲。

光纤通常由非常透明的石英玻璃拉成细丝，主要由纤芯和包层构成双层通信圆柱体。纤芯很细，其直径只有 8～100 μm（$1\ \mu m = 10^{-6}\ m$）。光波正是通过纤芯进行传导的。包层较纤芯有较低的折射率。当光线从高折射率的媒体射向低折射率的媒体时，其折射角将大于入射角（见图 2-8）。因此，如果入射角足够大，就会出现全反射，即光线碰到包层时就会折射回纤芯。这个过程不断重复，光也就沿着光纤传输下去。

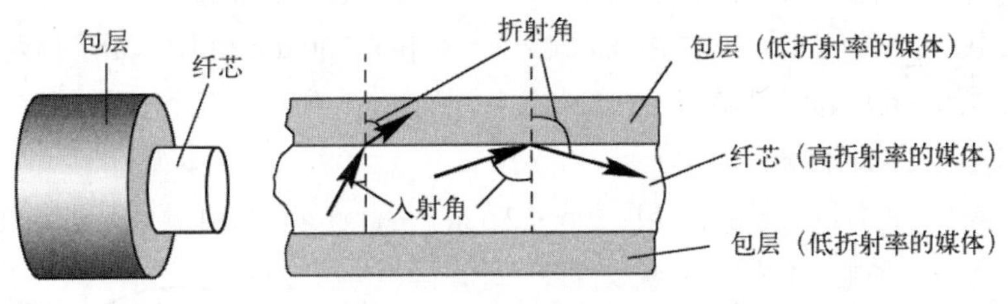

图2-8 光线在光纤中的折射

图 2-9 画出了光波在纤芯中传播的示意图。现代的生产工艺可以制造出超低损耗的光纤，即做到光线在纤芯中传输数千米而基本上没有什么衰耗。这一点乃是光纤通信得到飞速发展的最关键因素。

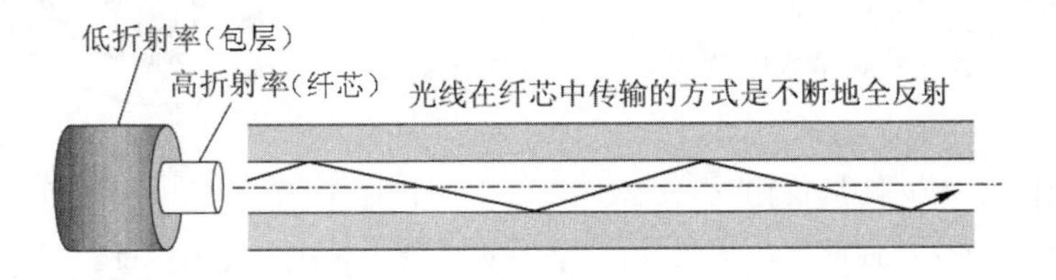

图2-9 光波在纤芯中的传播

图 2-9 中只画了一条光线。实际上，只要从纤芯中射到纤芯表面的光线的入射角大于某一个临界角度，就可产生全反射。因此，可以存在许多条不同角度入射的光线在一条光纤中传输。这种光纤就

称为**多模光纤**（见图 2-10（a））。光脉冲在多模光纤中传输时会逐渐被展宽，造成失真，因此多模光纤只适合于近距离传输。若光纤的直径减小到只有一个光的波长，则光纤就像一根波导那样，它可使光线一直向前传播，而不会产生多次反射。这样的光纤就称为**单模光纤**（见图 2-10（b））。单模光纤的纤芯很细，其直径只有几个微米，制造成本较高。同时单模光纤的光源要使用昂贵的半导体激光器，而不能使用较便宜的发光二极管。但单模光纤的衰耗较小，在 2.5 Gbit/s 或 10 Gbit/s 的高速率下可传输数十千米而不必采用中继器。

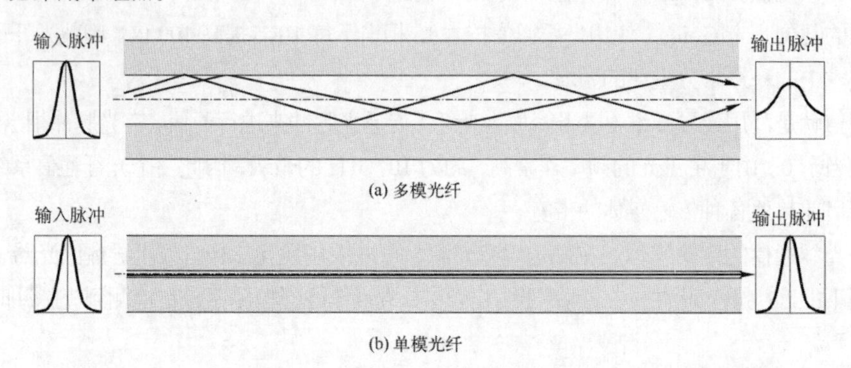

图2-10　多模光纤和单模光纤的比较

光信号经过长距离的传输总是会衰减的，对衰减了的光信号必须进行放大才能继续传输。早期的方法要先把光信号转换成电信号，经过电放大器放大后，再转换成为光信号。现在已经有了很好的**掺铒光纤放大器**（Erbium Doped Fiber Amplifier，EDFA）。它是一种光放大器，不需要进行光电转换而直接对光信号进行放大，两个光纤放大器之间的光缆线路长度可达 120 km。

在光纤通信中，常用的三个波段的中心分别位于 0.85 μm, 1.30 μm 和 1.55 μm。后两个波段的衰减较小，0.85 μm 波段的衰减较大，但在此波段的其他特性均较好。所有这三个波段都具有 25000～30000 GHz 的带宽，可见光纤的通信容量非常大。

由于光纤非常细，连包层一起的直径也不到 0.2 mm。因此必须将光纤做成很结实的光缆。一根光缆少则只有一根光纤，多则可包括数十至数百根光纤，再加上加强芯和填充物就可以大大提高其机械强度。必要时还可放入远供电源线。最后加上包带层和外护套，就可以使抗拉强度达到几千克，完全可以满足工程施工的强度要求。图 2-11 为四芯光缆剖面的示意图。

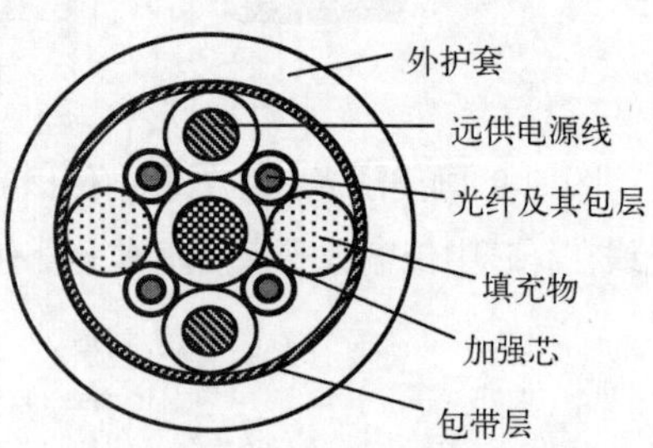

外护套
远供电源线
光纤及其包层
填充物
加强芯
包带层

图2-11　四芯光缆剖面示意图

光纤不仅具有通信容量非常大的优点，而且还具有以下特点。

（1）传输损耗小，在远距离传输时更加经济。

（2）抗雷电和电磁干扰性能好。这在有大电流脉冲干扰的环境下尤为重要。

（3）无串音干扰，保密性好，也不易被窃听或截取数据。

（4）体积小，重量轻。这在现有电缆管道已拥塞不堪的情况下特别有利。例如，1 km 长的 1000 对双绞线电缆约重 8000 kg，而同样长度但容量大得多的一对两芯光缆仅重 100 kg。

但光纤也有缺点。这就是要将两根光纤精确地连接需要专用设备。目前光电接口还较贵，但价格是逐年下降的。

光纤通常用在主干网络中，因为它提供了很高的带宽，所以其性价比很高。在有线电视网中光纤提供主干结构，而同轴电缆则提供到用户住所的连接。光纤还用于高速局域网中。

2.3.2 非导引型传输媒体

前面介绍了 3 种导引型传输媒体。但是，若通信线路要通过一些高山或岛屿，有时就很难施工。即使是在城市中，挖开马路敷设缆线也不是一件很容易的事。当通信距离很远时，敷设缆线既昂贵又费时。利用无线电波在自由空间的传播就可较快地实现多种通信，但其最大的缺点就是容易被干扰，保密性差。由于这种通信方式不使用上一节所介绍的各种导引型传输媒体，因此就将自由空间称为“非导引型传输媒体”。

特别要指出的是，由于信息技术的发展，社会各方面的节奏变快了。人们不仅要求能够在运动中进行电话通信（即移动电话通信），而且还要求能够在运动中进行计算机数据通信（俗称上网）。因此在最近十几年无线电通信发展得特别快，因为利用无线信道进行信息的传输，是在运动中通信的唯一手段。

无线传输可使用的频段很广。从前面给出的图 2-5 可以看出，人们现在已经利用了好几个波段进行通信。紫外线和更高的波段目前还不能用于通信。图 2-5 的最下面还给出了**国际电信联盟**（International Telecommunication Union，ITU）对波段取的正式名称。例如，LF 波段的波长是从 1 km 到 10 km（对应于 30 kHz 到 300 kHz）。LF, MF 和 HF 的中文名字分别是低频、中频和高频。更高的频段中的 V, U, S 和 E 分别对应于 Very, Ultra, Super 和 Extremely，相应的频段的中文名字分别是**甚高频**、**特高频**、**超高频**和**极高频**，最高的一个频段中的 T 是 Tremendously 的缩写，目前尚无标准译名。在低频 LF 的下面其实还有几个更低的频段，如甚低频 VLF、特低频 ULF、超低频 SLF 和极低频 ELF 等，因不用于一般的通信，故未画在图中。

短波通信（即高频通信）主要是靠电离层的反射。但电离层的不稳定所产生的衰落现象和电离层反射所产生的**多径效应**（多径效应就是同一个信号经过不同的反射路径到达同一个接收点，但各反射路径的衰减和时延都不相同，使得最后得到的合成信号失真很大）使得短波信道的通信质量较差。

微波通信在数据通信中占有重要地位。微波的频率范围为 300 MHz～300 GHz（波长 1 mm～1 m），但主要是使用 2～40 GHz 的频率范围。微波在空间主要是直线传播。由于微波会穿透电离层而进入宇宙空间，因此它不像短波那样可以经电离层反射传播到地面上很远的地方。传统的微波通信主要有两种主要的方式，即**地面微波接力通信**和**卫星通信**。

由于微波在空间是直线传播的，而地球表面是个曲面，因此其传播距离受到限制，一般只有 50 km 左右。但若采用 100 m 高的天线塔，则传播距离可增大到 100 km。为实现远距离通信必须在一条无线电通信信道的两个终端之间建立若干个中继站。中继站把前一站送来的信号经过放大后再发送到下一站，故称为“**接力**”。大多数长途电话业务使用 4 GHz～6 GHz 的频率范围。

微波接力通信可传输电话、电报、图像、数据等信息。微波波段频率很高，其频段范围也很宽，因此其通信信道的容量很大。但微波接力通信的相邻站之间必须直视，不能有障碍物。微波的传播有时也会受到恶劣气候的影响。

常用的卫星通信方法是，在地球站之间利用位于约 3.6 万千米高空的人造同步地球卫星作为中继器的一种微波接力通信。对地静止通信卫星就是在太空的无人值守的微波通信的中继站。可见卫星通信的主要优缺点应当大体上和地面微波通信差不多。

卫星通信的最大特点是通信距离远，且通信费用与通信距离无关。同步地球卫星发射出的电磁波能辐射到地球上的通信覆盖区的跨度达 1.8 万千米，面积约占全球的三分之一。只要在地球赤道上空的同步轨道上，等距离地放置 3 颗相隔 120° 的卫星，就能基本上实现全球的通信。

和微波接力通信相似，卫星通信的频带很宽，通信容量很大，信号所受到的干扰也较小，通信比较稳定。为了避免产生干扰，卫星之间相隔如果不小于 2°，那么整个赤道上空就只能放置 180 个同步卫星。好在人们已设想出来可以在卫星上使用不同的频段来进行通信，因此总的通信容量还是很大的。

卫星通信的另一个特点是具有**较大的传播时延**。由于各地球站的天线仰角并不相同，因此不管两个地球站之间的地面距离是多少（相隔一条街或相隔上万千米），从一个地球站经卫星到另一地球站的传播时延均在 250~300 ms。一般可取为 270 ms。这和其他的通信有较大差别（请注意：这和两个地球站之间的距离没有什么关系）。对比之下，地面微波接力通信链路的传播时延一般取为 3.3 μs/km。

请注意，“卫星信道的传播时延较大”并不等于“用卫星信道传送数据的时延较大”。这是因为传送数据的总时延除了传播时延外，还有传输时延、处理时延和排队时延等部分。传播时延在总时延中所占的比例有多大，取决于具体情况。但利用卫星信道进行交互式的网上游戏显然是不合适的。

卫星通信非常适合于广播通信，因为它的覆盖面很广。但从安全方面考虑，卫星通信系统的保密性是较差的。

通信卫星本身和发射卫星的火箭造价都较高。受电源和元器件寿命的限制，同步卫星的使用寿命一般只有 7~8 年。卫星地球站的技术较复杂，价格还比较贵。这些都是选择传输媒体时应全面考虑的。

除上述的同步卫星外，低轨道卫星通信系统已开始使用。低轨道卫星相对于地球不是静止的，而是不停地围绕地球旋转，为了提供对一个区域的连续覆盖，需要在轨道上放置多颗卫星。由于低轨道卫星离地球很近，因此轻便的手持通信设备都能够利用卫星进行通信。

从 20 世纪 90 年代起，无线移动通信和因特网一样，得到了飞速的发展。与此同时，使用无线信道的计算机局域网也获得了越来越广泛的应用。我们知道，要使用某一段无线电频谱进行通信，通常必须得到本国政府有关无线电频谱管理机构的许可证。但是，也有一些无线电频段是可以自由使用的（只要不干扰他人在这个频段中的通信），这正好满足计算机无线局域网的需求。图 2-12 给出了美国的 ISM 频段，现在的无线局域网就使用其中的 2.4 GHz 和 5.8 GHz 频段（5.8 GHz 频段有时也可简称为 5 GHz 频段）。ISM 是 Industrial, Scientific, and Medical（工业、科学与医药）的缩写，即所谓的“工、科、医频段”。

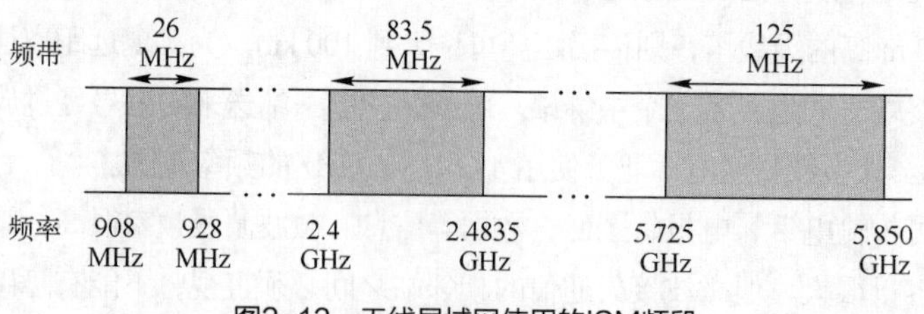

图2-12 无线局域网使用的ISM频段

红外通信、大气激光通信也是使用非导引型媒体。例如，红外通信可用于近距离在笔记本电脑之间相互传送数据。

2.4 信道复用技术

复用（Multiplexing）是通信技术中的一个重要概念。复用就是通过一条物理线路同时传输多路用户的信号。当网络中传输媒体的传输容量大于多条单一信道传输的总通信量时，可利用复用技术在一条物理线路上建立多条通信信道来充分利用传输媒体的带宽。

图 2-13（a）表示 A_1, B_1 和 C_1 分别使用一个单独的信道和 A_2, B_2 和 C_2 进行通信，总共需要三个信道。但如果在发送端使用一个复用器，就可以让大家合起来使用一个共享信道进行通信。共享信道的具体方法则取决于所使用的复用技术（不是简单地相加）。在接收端再使用分用器，把合起来传输的信息分别送到相应的终点。图 2-13（b）是复用的示意图，表示在共享信道传送的是复用的信号。当然复用要付出一定代价（共享信道由于带宽较大因而费用也较高，再加上复用器和分用器）。但如果复用的信道数量较大，那么在经济上还是合算的。

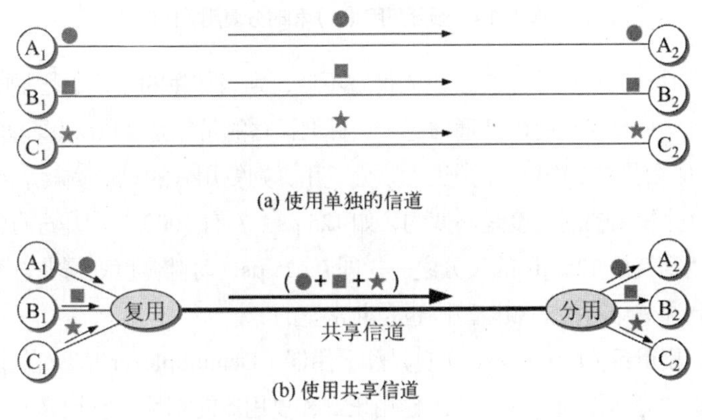

图2-13 复用的示意图

2.4.1 频分复用、时分复用和统计时分复用

频分复用（Frequency Division Multiplexing，FDM）就是将传输线路的频带资源划分成多个子频带，形成多个子信道。当多路信号输入一个多路复用器时，这个复用器将每一路信号调制到不同频率的载波上。接收端由相应的分用器通过滤波将各路信号分开，将合成的复用信号恢复成原始的多路信号。

时分复用（Time Division Multiplexing，TDM）技术将传输线路的带宽资源按时间轮流分配给不同的用户，每个用户只在分配的时间里使用线路传输数据。当多个低速设备产生的信号输入一个多路复用器时，复用器按照一定的周期顺序将这些信号依次发送到一条高速复用链路上。在接收端再由相应分用器按同样的顺序将这些信号分离出来恢复成原始的多路信号。

频分复用和时分复用是最基本的信道复用技术。频分复用的特点如图 2-14（a）所示，用户在分配到一定的频带后，在通信过程中自始至终都占用这个频带。可见**频分复用的所有用户在同样的时间占用不同的频带资源**。而时分复用将时间划分为一段段等长的时分复用帧（TDM 帧）。每一个时分复用的用户在每一个 TDM 帧中占用固定序号的时隙。为了简单起见，在图 2-14（b）中只画出了 4 个用户 A、B、C 和 D。每一个用户所占用的时隙是周期性出现的（其周期就是 TDM 帧的长度）。因此 TDM 信号也称为**等时**（Isochronous）信号。可以看出，**时分复用的所有用户在不同的时间占用同样的频带宽度**。

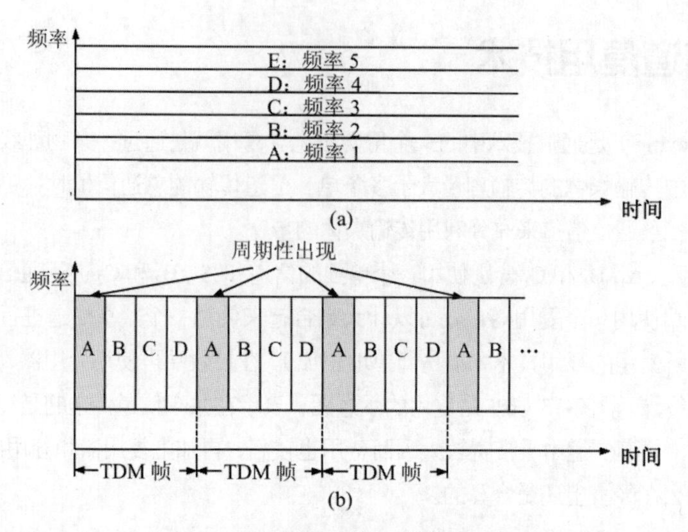

图2-14 频分复用（a）和时分复用（b）

在使用频分复用时，若每一个用户占用的带宽不变，则当复用的用户数增加时，复用后的信道的总带宽就跟着变宽。例如，传统的电话通信每一个标准话路的带宽是 4 kHz（即通信用的 3.1 kHz 加上两边的保护频带），那么若有 1000 个用户进行频分复用，则复用后的总带宽就是 4 MHz。但在使用时分复用时，每一个时分复用帧的长度是不变的，如 125 μs。若有 1000 个用户进行时分复用，则每一个用户分配到的时隙宽度就是 125 μs 的千分之一，即 0.125 μs，时隙宽度变得非常窄。值得注意的是，时隙宽度非常窄的脉冲信号所占的频谱范围也是非常宽的。

在进行通信时，**复用器**（Multiplexer）总是和**分用器**（Demultiplexer）成对使用的。在复用器和分用器之间是用户共享的高速信道。分用器的作用正好和复用器的相反，它把高速信道传送过来的数据进行分用，分别送交到相应的用户。

当使用时分复用系统传送计算机数据时，由于计算机数据的突发性质，一个用户对已经分配到的子信道的利用率一般是不高的。当用户在某一段时间暂时无数据传输时（如用户正在键盘上输入数据或正在浏览屏幕上的信息），那就只能让已经分配到手的子信道空闲着，而其他用户也无法使用这个暂时空闲的线路资源。图 2-15 说明了这一概念。这里假定有 4 个用户 A、B、C 和 D 进行时分复用。复用器按 A→B→C→D 的顺序依次对用户的时隙进行扫描，然后构成一个个时分复用帧。图中共画出了 4 个时分复用帧，每个时分复用帧有 4 个时隙。可以看出，当某用户暂时无数据发送时，在时分复用帧中分配给该用户的时隙只能处于空闲状态，其他用户即使一直有数据要发送，也不能使用这些空闲的时隙。这就导致复用后的信道利用率不高。

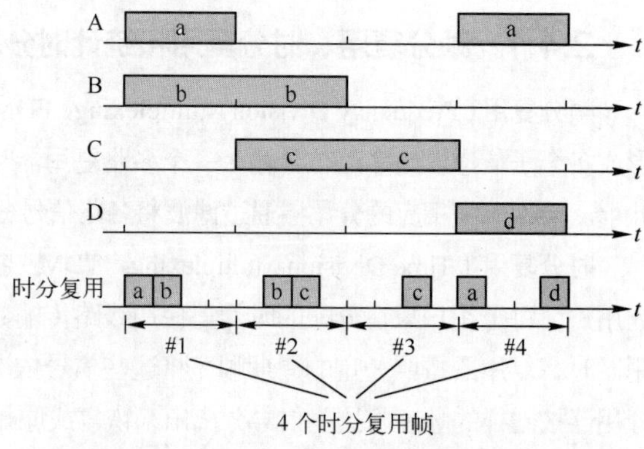

图2-15 时分复用可能会造成线路资源的浪费

统计时分复用（Statistic TDM，STDM）是一种改进的时分复用，它能明显地提高信道的利用率。**集中器**（Concentrator）常使用这种统计时分复用。图 2-16 是统计时分复用的原理图。一个使用统计时分复用的集中器连接4个低速用户，然后将它们的数据集中起来通过高速线路发送到远地计算机。

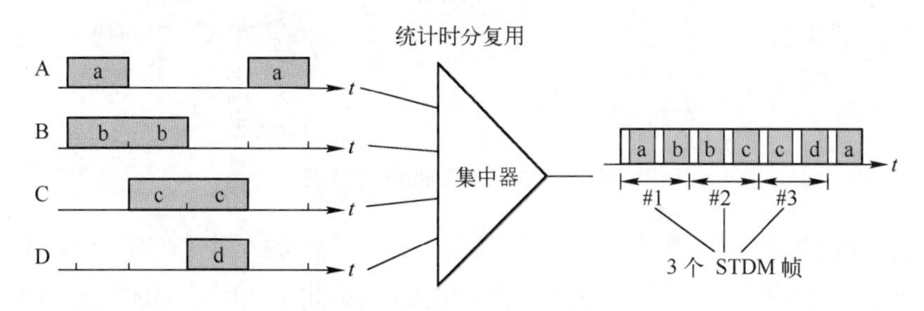

图2-16 统计时分复用的工作原理

统计时分复用使用STDM帧来传送复用的数据。但每一个STDM帧中的时隙数小于连接在集中器上的用户数。各用户有了数据就随时发往集中器的输入缓存，然后集中器按顺序依次扫描输入缓存，把缓存中的输入数据放入STDM帧中。对没有数据的缓存就跳过去。当一个帧的数据放满了，就发送出去。因此，STDM 帧不是固定分配时隙，而是按需动态地分配时隙。因此统计时分复用可以提高线路的利用率。我们还可看出，在输出线路上，某一个用户所占用的时隙并不是周期性地出现的。因此统计复用又称为**异步时分复用**，而普通的时分复用称为**同步时分复用**。这里应注意的是，虽然统计时分复用的输出线路上的数据率小于各输入线路数据率的总和，但**从平均的角度来看，这二者是平衡的**。假定所有的用户都不间断地向集中器发送数据，那么集中器肯定无法应付，它内部设置的缓存将溢出。因此集中器能够正常工作的前提是假定各用户都是间歇地工作。

由于STDM帧中的时隙并不是固定地分配给某个用户的，因此在每个时隙中还必须有用户的地址信息，这是统计时分复用必须要有的和不可避免的一些开销。在图2-16的输出线路上每个时隙之前的短时隙（白色）就是用来放入这样的地址信息的。使用统计时分复用的集中器也叫**智能复用器**，它能提供对整个报文的存储转发能力（但大多数复用器一次只能存储一个字符或一个比特），通过排队方式使各用户更合理地共享信道。此外，许多集中器还可能具有路由选择、数据压缩、前向纠错等功能。

最后要强调一下，TDM帧和STDM帧都是在物理层传送的比特流中所划分的帧。这种“帧”和我们以后要讨论的数据链路层的“帧”是完全不同的概念，不可弄混。

2.4.2 波分复用

波分复用（Wavelength Division Multiplexing，WDM）就是**光的频分复用**。光纤技术的应用使得数据的传输速率空前提高。现在人们借用传统的载波电话的频分复用的概念，就能做到使用一根光纤来同时传输多个频率很接近的光载波信号。这样就使光纤的传输能力可成倍地提高。由于光载波的频率很高，因此习惯上用波长而不用频率来表示所使用的光载波。这样就得出了波分复用这一名词。最初，人们只能在一根光纤上复用两路光载波信号。随着技术的发展，在一根光纤上复用的光载波信号的路数越来越多，现在已能做到在一根光纤上复用几十路或更多路数的光载波信号，于是就使用了**密集波分复用**（Dense Wavelength Division Multiplexing，DWDM）这一名词。在2006年就已经有了在一根光纤上复用64路40 Gbit/s的商品，其数据率达到2.56 Tbit/s。

尽管WDM这种技术非常复杂，但其基本原理是非常简单的。普通物理知识告诉我们，棱镜或光栅可以根据入射角和波长将几束光合成一道光，也可以将合成光分离成多束光。其概念如图2-17所示。

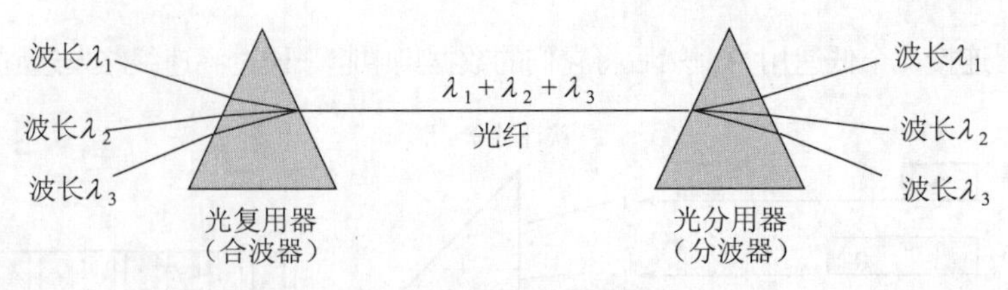

图2-17　波分复用的基本原理

在地下铺设光缆的工程耗资很大。因此人们总是在一根光缆中放入尽可能多的光纤（例如，放入100根以上的光纤），然后对每一根光纤使用密集波分复用技术。因此，对于具有100根速率为2.5 Gbit/s光纤的光缆，采用40倍的密集波分复用，得到一根光缆的总数据率为100 × 100 Gbit/s，或10 Tbit/s。

2.4.3 码分复用

码分复用（Code Division Multiplexing，CDM）是另一种共享信道的方法。实际上，由于该技术主要用于多址接入（本书中我们不严格区分多址与复用），人们更常用的名词是**码分多址**（Code Division Multiple Access，CDMA）。每一个用户可以在同样的时间使用同样的频带进行通信。由于**各用户使用经过特殊挑选的不同码型，因此各用户之间不会造成干扰**。码分复用最初是用于军事通信的，因为这种系统发送的信号**有很强的抗干扰能力，其频谱类似于白噪声，不易被敌人发现**。随着技术的进步，CDMA设备的价格和体积都大幅度下降，因而现在已广泛应用于民用的移动通信中，特别是在无线局域网中。采用CDMA可提高通信的话音质量和数据传输的可靠性，减小干扰对通信的影响，增大通信系统的容量（是使用GSM①的4~5倍），降低手机的平均发射功率等。下面简述其工作原理。

在CDMA中，每一个比特时间再划分为 m 个短的间隔，称为**码片**（Chip）。通常 m 的值是64或128。在下面的原理性说明中，为了画图简单起见，我们设 m 为8。

使用CDMA的每一个站被指派一个唯一的 m bit **码片序列**（Chip Sequence）。一个站如果要发送比特1，则发送它自己的 m bit码片序列。如果要发送比特0，则发送该码片序列的二进制反码。例如，指派给S站的8 bit码片序列是00011011。当S发送比特1时，它就发送序列00011011，而当S发送比特0时，就发送11100100。为了方便，我们按惯例将码片中的0写为−1，将1写为+1。因此S站的码片序列是（−1 −1 −1 +1 +1 −1 +1 +1）。

现假定S站要发送信息的数据率为 b bit/s。由于每一个比特要转换成 m 个比特的码片，因此S站实际上发送的数据率提高到 mb bit/s，同时S站所占用的频带宽度也提高到原来数值的 m 倍。这种通信方式是**扩频**（Spread Spectrum）通信中的一种。扩频通信通常有两大类。一种是**直接序列**（Direct Sequence），如上面讲的使用码片序列就是这一类，记为DS-CDMA。另一种是**跳频**（Frequency Hopping），记为FH-CDMA。

CDMA系统的一个重要特点就是这种体制给每一个站分配的码片序列不仅必须各不相同，并且还必须互相**正交**。在实用的系统中是使用**伪随机码序列**。

用数学公式可以很清楚地表示码片序列的这种正交关系。令向量 $\boldsymbol{S}$ 表示站S的码片向量，再令 $\boldsymbol{T}$ 表示其他任何站的码片向量。两个不同站的码片序列正交，就是向量 $\boldsymbol{S}$ 和 $\boldsymbol{T}$ 的规格化**内积**都是0：

① GSM（Global System for Mobile）即全球移动通信系统，是欧洲和我国现在广泛使用的移动通信体制。

$$\boldsymbol{S} \bullet \boldsymbol{T} \equiv \frac{1}{m}\sum_{i=1}^{m} S_i T_i = 0 \tag{2-4}$$

例如，向量 $\boldsymbol{S}$ 为（–1 –1 –1 +1 +1 –1 +1 +1），同时设向量 $\boldsymbol{T}$ 为（–1 –1 +1 –1 +1 +1 +1 –1），这相当于 T 站的码片序列为 00101110。将向量 $\boldsymbol{S}$ 和 $\boldsymbol{T}$ 的各分量值代入式（2-4）就可看出这两个码片序列是正交的。不仅如此，向量 $\boldsymbol{S}$ 和各站码片反码的向量的内积也是 0。另外一点也很重要，即任何一个码片向量和该码片向量自己的规格化内积都是 1：

$$\boldsymbol{S} \bullet \boldsymbol{S} = \frac{1}{m}\sum_{i=1}^{m} S_i S_i = \frac{1}{m}\sum_{i=1}^{m} S_i^2 = \frac{1}{m}\sum_{i=1}^{m} (\pm 1)^2 = 1 \tag{2-5}$$

而一个码片向量和该码片反码的向量的规格化内积值是–1。这从式（2-5）可以很清楚地看出，因为求和的各项都变成了–1。

现在假定在一个 CDMA 系统中有很多站都在相互通信，每一个站所发送的是数据比特和本站的码片序列的乘积，因而是本站的码片序列（相当于发送比特 1）和该码片序列的二进制反码（相当于发送比特 0）的组合序列，或什么也不发送（相当于没有数据发送）。我们还假定所有的站所发送的码片序列都是同步的，即所有的码片序列都在同一个时刻开始。利用**全球定位系统**（Global Position System，GPS）就不难做到这点。

现假定有一个 X 站要接收 S 站发送的数据。X 站就必须知道 S 站所特有的码片序列。X 站使用它得到的码片向量 $\boldsymbol{S}$ 与接收到的未知信号进行求内积的运算。X 站接收到的信号是各个站发送的码片序列之和。根据式（2-4）和式（2-5），再根据叠加原理（假定各种信号经过信道到达接收端是叠加的关系），那么求内积得到的结果是：所有其他站的信号都被过滤掉（其内积的相关项都是 0），而只剩下 S 站发送的信号。当 S 站发送比特 1 时，在 X 站计算内积的结果是+1，当 S 站发送比特 0 时，内积的结果是–1。

图 2-18 是 CDMA 的工作原理。设 S 站要发送的数据是 1 1 0 三个码元。再设 CDMA 将每一个码元扩展为 8 个码片，而 S 站选择的码片序列为（–1 –1 –1 +1 +1 –1 +1 +1）。S 站发送的扩频信号为 $\boldsymbol{S_x}$。我们应当注意到，S 站发送的扩频信号 $\boldsymbol{S_x}$ 中，只包含互为反码的两种码片序列。T 站选择的码片序列为（–1 –1 +1 –1 +1 +1 +1 –1），T 站也发送 1 1 0 三个码元，而 T 站的扩频信号为 $\boldsymbol{T_x}$。因所有的站都使用相同的频率，因此每一个站都能够收到所有的站发送的扩频信号。对于我们的例子，所有的站收到的都是叠加的信号 $\boldsymbol{S_x} + \boldsymbol{T_x}$。

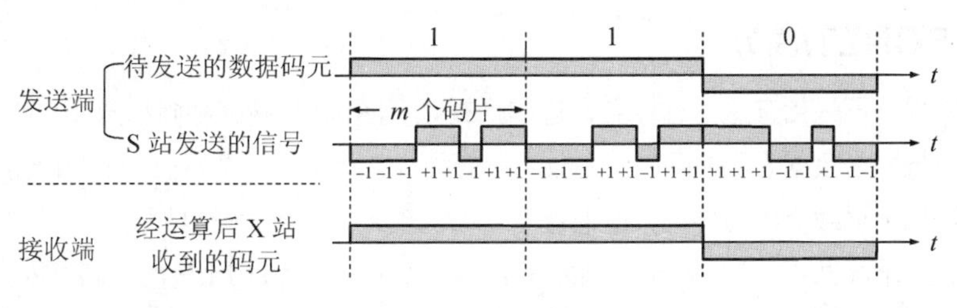

图2–18　CDMA的工作原理

当接收站打算收 S 站发送的信号时，就用 S 站的码片序列与收到的信号求规格化内积。这相当于分别计算 $\boldsymbol{S} \cdot \boldsymbol{S_x}$ 和 $\boldsymbol{S} \cdot \boldsymbol{T_x}$，然后再求它们的和。显然，后者是零，而前者就是 S 站发送的数据比特。

2.5 数字传输系统

2.5.1 PCM速率体制

在早期电话网中，从市话局到用户电话机的用户线采用的是最廉价的双绞线电缆，而长途干线采用的是频分复用 FDM 的模拟传输方式。数字通信与模拟通信相比，无论是传输质量上还是经济上都有明显的优势。目前，长途干线大都采用时分复用 TDM 的数字传输方式。因此，现在的模拟线路就基本上只剩下从用户电话机到市话交换机之间的这一段几千米长的用户线上。

将模拟电话信号转换为数字信号目前采用的都是**脉冲编码调制**（Pulse Code Modulation，PCM）技术，将一路模拟电话信号转换为 64 kbit/s 的 PCM 数字脉冲信号。为了充分利用高速传输线路的带宽，通常将多路 PCM 信号用 TDM 方法汇集成时分复用帧，按某种固定的复用结构进行长途传输。由于历史上的原因，国际上存在两个互不兼容的 PCM 复用速率标准，即北美的 24 路 PCM（简称为 T1）和欧洲的 30 路 PCM（简称为 E1）。我国采用的是欧洲的 E1 标准。T1 的速率是 1.544 Mbit/s，E1 的速率是 2.048 Mbit/s。

当需要有更高的数据率时，可以采用多次复用的方法。例如，4 个一次群（第一次复用）就可以构成一个二次群（第二次复用）。当然，一个二次群的数据率要比 4 个一次群的数据率的总和还要多一些，因为复用后还需要有一些用于同步的码元。表 2-2 给出了欧洲和北美系统的高次群的话路数和数据率。日本的一次群用 T1，但另有一套高次群的标准。虽然 PCM 复用体制最初是用来复用多路 PCM 数字话音信号的，但同样可以为各种业务的数据传输提供不同速率的传输电路。

表2-2 数字传输系统的高次群的话路数和数据率

系统类型		一次群	二次群	三次群	四次群	五次群
欧洲体制	符号	E1	E2	E3	E4	E5
	话路数	30	120	480	1920	7680
	数据率（Mbit/s）	2.048	8.448	34.368	139.264	565.148
北美体制	符号	T1	T2	T3	T4	
	话路数	24	96	672	4032	
	数据率（Mbit/s）	1.544	6.312	44.736	274.176	

2.5.2 SONET/SDH

现代电信网早已不只话音这一种业务，还包括视频、图像和各种数据业务。因此需要一种能承载来自其他各种业务网络数据的传输网络。在数字化的同时，光纤开始成为长途干线最主要的传输媒体。光纤的高带宽适用于承载今天的高数据速率业务（如视频会议）和大量复用的低速率业务（如话音）。基于这个原因，光纤和要求高带宽传输的技术一起共同发展。虽然 PCM 复用体制可以为各种业务的数据传输提供不同速率的传输电路，但早期的数字传输系统存在着许多缺点，其中最主要的是以下两个。

（1）**速率标准不统一**。由于历史的原因，多路复用的速率体系有两个互不兼容的国际标准，一个是北美和日本的 T1 速率，而另一个是欧洲的 E1 速率。到了高次群，日本又搞了第三种不兼容的标准。基于光纤的高速率通信应用越来越普遍，如果不对高次群的数字传输速率进行标准化，国际范围的高速数据传输就很难实现。

（2）**不是同步传输**。在过去很长一段时间内，为了节约经费，各国的数字网主要是采用**准同步**方式。在准同步系统中由于各支路信号的时钟频率有一定的偏差，给时分复用和分用带来许多麻烦。当数据传输的速率较低时，各路信号的时钟频率的微小差异并不会带来严重的不良影响。但是当数据传输的速率不断提高时，时钟同步的问题就成为迫切需要解决的问题。

为了解决上述问题，美国在 1988 年首先推出了一个在光纤传输基础上的数字传输标准，即**同步光纤网**（Synchronous Optical Network，SONET）。整个同步网络的各级时钟都来自一个非常精确的主时钟（通常采用昂贵的铯原子钟，其精度优于$\pm 1 \times 10^{-11}$）。SONET 为光纤传输系统定义了同步传输的线路速率等级结构，其传输速率以 51.84 Mbit/s 为基础[①]，大约对应于 T3/E3 的传输速率，此速率对电信号称为第 1 级**同步传送信号**（Synchronous Transport Signal），即 STS-1；对光信号则称为第 1 级**光载波**（Optical Carrier），即 OC-1。现已定义了从 51.84 Mbit/s（即 OC-1）一直到约 40 Gbit/s（即 OC-768/STS-768）的标准。

国际电信联盟电信标准化部门（ITU Telecommunication Standardization Sector，ITU-T）以美国标准 SONET 为基础，制定出国际标准**同步数字系列**（Synchronous Digital Hierarchy，SDH），即 1988 年通过的 G.707～G.709 3 个建议书。到 1992 年又增加了十几个建议书，使它不仅能够适用于光纤，也能够适用于微波和卫星传输。一般可认为 SDH 与 SONET 是同义词，但其主要不同点是：SDH 的基本速率为 155.52 Mbit/s，称为**第 1 级同步传递模块**（Synchronous Transfer Module），即 STM-1，相当于 SONET 体系中的 OC-3 速率。表 2-3 为 SONET 和 SDH 的比较。为方便起见，在谈到 SONET/SDH 的常用速率时，往往不使用速率的精确数值而是使用表中第二列给出的近似值作为简称。

表2-3 SONET的OC级/STS级与SDH的STM级的对应关系

线路速率（Mbit/s）	线路速率的近似值	SONET 符号	ITU-T 符号	相当的话路数（每个话路 64 kbit/s）
51.840	—	OC-1/STS-1	—	810
155.520	155 Mbit/s	OC-3/STS-3	STM-1	2430
622.080	622 Mbit/s	OC-12/STS-12	STM-4	9720
1244.160	—	OC-24/STS-24	STM-8	19440
2488.320	2.5 Gbit/s	OC-48/STS-48	STM-16	38880
976.640	—	OC-96/STS-96	STM-32	77760
9953.280	10 Gbit/s	OC-192/STS-192	STM-64	155520
39813.120	40 Gbit/s	OC-768/STS-768	STM-256	622080

SDH/SONET 定义了标准光信号，规定了波长为 1310 nm 和 1550 nm 的激光源。在物理层定义了帧结构。SDH 的帧结构是以 STM-1 为基础的，更高的等级是用 N 个 STM-1 复用组成 STM-N，如 4 个 STM-1 构成 STM-4，16 个 STM-1 构成 STM-16。

① SONET 规定，SONET 每秒传送 8000 帧（和 PCM 的采样速率一样）。每个 STS-1 帧长为 810 字节，因此 STS-1 的数据率为 8000×810×8=51840000 bit/s。为了便于表示，通常将一个 STS-1 帧画成 9 行 90 列的字节排列。在这种排列中的每一个字节对应的数据率是 64 kbit/s。一个 STS-n 的帧长就是 STS-1 的帧长的 n 倍，也同样是每秒传送 8000 帧，因此 STS-n 的数据率就是 STS-1 的数据率的 n 倍。

SDH/SONET 传输网是一种基于 SDH/SONET 标准的同步 TDM 多路复用网络，可以方便地为其他业务网络提供各种所需带宽的电路，并复用底层传输媒体的带宽，其中最典型的传输媒体就是光纤。例如，SDH/SONET 传输网可以很方便地为两个因特网主干路由器之间提供一条点对点的高速链路。

SDH/SONET 标准的制定使北美、日本和欧洲这三个地区三种不同的数字传输体制在 STM-1 等级上获得了统一。各国都同意将这一速率，以及在此基础上的更高的数字传输速率作为国际标准。这是第一次真正实现了数字传输体制上的世界性标准。现在 SDH/SONET 已成为全球公认的数字传输网体制的标准，是为当前因特网提供点对点远程高速链路的重要技术。

2.5.3 光网络

传统的 SDH/SONET 传输网络由光传输系统和交换结点的电子设备组成。光纤用于两个交换结点之间的点对点的数据传输。在每个交换结点中，光信号都被转换成电信号后再进行交换处理。随着波分复用 WDM 和光交换技术的发展，人们提出**全光网**（All Optical Network，AON）的概念，用光网络结点代替原来交换结点的电子设备，组成以端到端光通道为基础的全光传输网，避免因光/电转换所带来的带宽瓶颈，充分发挥光传输系统的容量和光结点的巨大处理能力，而路由器等电信号处理设备在边缘网络连接用户终端设备。网络应用对传输带宽的需求是永无止境的，近年来一些发达国家都在对全光网的关键技术（光复用、光再生、光放大、光交叉连接、光交换、光路由、光存储等）开展研究，追求更高的传输速率，国际上形成了对高速宽带光网络的研究热潮。由于实现计算机网络真正的全光处理非常困难，1998 年，ITU-T 提出了**光传送网**（Optical Transport Network，OTN）概念，作为向全光网络进行演进的过渡技术。OTN 是以光波分复用技术为基础，直接在光域上对不同波长的信号实现交叉连接和分插复用，以波长级业务为处理单位，支持多种上层业务，如 SDH/SONET、ATM、IP、MPLS 等。2000 年以后，**自动交换光网络**（Automatic Switched Optical Network，ASON）在光传送网的基础上引入了智能控制的很多方法，可以根据业务需求进行光通路的动态建立和拆除，实现光网络资源的动态按需分配和自动调度与管理。目前，结合 ASON 的 OTN 正在成为新一代的数字传输网络。

2.6 互联网接入技术

在第 1 章中已讲过，用户要连接到因特网，必须先连接到某个 ISP。接入技术解决的就是最终用户接入本地 ISP“最后一千米”的问题。通常，人们将端系统连接到 ISP 边缘路由器的物理链路及相关设备的集合称为**接入网**（Access Network，AN）。接入网的传输距离虽然不长，但要面对成千上万的住宅、机构、企业和移动用户的各种不同接入需求，涉及的用户数量巨大且接入方式非常复杂，因此接入网在网络投资中所占比重很大，是各大运营商竞相争夺的巨大市场，接入技术也已成为当前网络技术研究、应用与产业发展的热点问题。从实现技术的角度来看，目前的接入技术主要有：电话网拨号接入、数字用户线接入、光纤同轴混合网接入、光纤接入、以太网接入和无线接入。

2.6.1 电话网拨号接入

电话网拨号接入利用早已覆盖千家万户的通信基础设施来提供因特网的接入服务，具有简单易行、成本低的优点，是住宅用户早期接入因特网的主要方式。这种方式通过**拨号调制解调器**在用户计算机与电话网另一端的 ISP 接入路由器之间建立一条话音信道，基本原理如图 2-19 所示。虽然电话网本身早已数字化，但目前大多数住宅用户的电话到本地电话交换中心还使用的是模拟电话用户线，调制解调器必须将计算机输出的数字信号转换为类似音频的模拟信号，使其能在用户线中传输并通过电话网。为提高速率，ISP 路由器通常使用数字专线直接接入到电话交换机（不再通过模拟电话用户线），以减少 ISP 一侧的模/数转换过程。由于电话网将标准话音的带宽限制在 4 kHz 内，再加上各种噪声因素，利用各种技术拨号调制解调器能达到的最高上网速率不超过 56 kbit/s。因此，通过电话网拨号接入因特网虽然非常方便，但上网速率太低，远不能满足人们日益增长的上网需求。另外，对于电话网来说，通过电话网拨号上网就等同于打电话，用户上网需要按时间交付电话费，并且不能同时打电话和上网，难以满足持续接入的需求。虽然现在很少有人使用这种方式上网，但在没有宽带接入的地方，只要在有电话的地方，作为临时的接入手段还是需要的。现在仍然有很多笔记本电脑内置了电话线拨号调制解调器，并且操作系统一般都直接提供拨号连接功能。

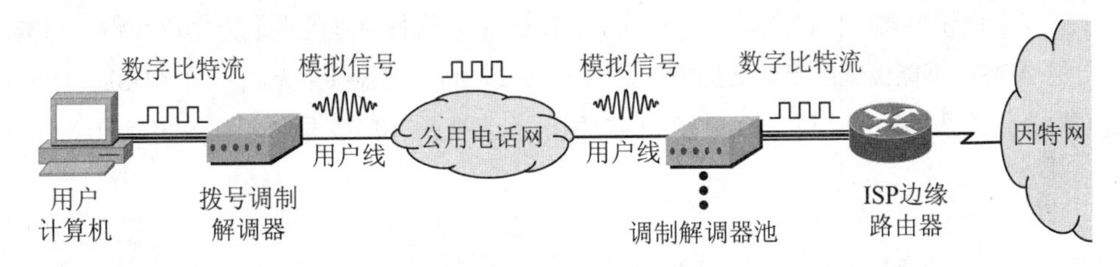

图2-19 电话网拨号接入

2.6.2 数字用户线接入

为了提高用户的上网速率，近年来已经有多种宽带技术开始进入用户的家庭。实际上目前“宽带”尚无统一的定义，主要还是一种商业用语。有人认为只要接入速率超过 56 kbit/s 就是宽带。美国联邦通信委员会 FCC 认为只要双向速率之和超过 200 kbit/s 就是宽带。也有人认为数据率要到达 1 Mbit/s 以上才能算是宽带。**数字用户线**（Digital Subscriber Line，DSL）就是电话运营商提供的一种住宅**宽带接入**业务，是目前中国用户的主要接入方式。

虽然标准模拟电话信号的频带被限制在 300~3400 Hz 的范围内（这是电话局的交换机设置的标准话路频带），但用户线本身实际可通过的信号频率却超过 1 MHz。DSL 技术通过对现有模拟电话用户线进行改造，使用频分复用技术把 0~4 kHz 低端频谱留给传统电话使用，而把原来没有被利用的高端频谱留给用户上网使用。

实现数字用户线有多种不同的技术方案，如**非对称数字用户线**（Asymmetric Digital Subscriber Line，ADSL）、**高速数字用户线**（High Speed DSL，HDSL）、**甚高速数字用户线**（Very High Speed DSL，VDSL）等，因此人们通常是用前缀 x 来表示不同的数字用户线技术，将数字用户线技术统称为 xDSL。其中 ADSL 是目前住宅用户使用得最多的 DSL 技术，下面仅对 ADSL 进行简单介绍。

ADSL 的 ITU 的标准是 G.992.1（或称 G.dmt，表示它使用 DMT 技术，见后面的介绍）。由于用户在上网时主要是从因特网下载各种文档，而向因特网发送的信息量一般都不太大，因此 ADSL 的下行（从 ISP 到用户）带宽都远远大于上行（从用户到 ISP）带宽。“非对称”这个名词就是这样得出的。

ADSL 的传输距离取决于数据率和用户线的线径（用户线越细，信号传输时的衰减就越大）。例如，0.5 mm 线径的用户线，传输速率为 1.5 ~ 2.0 Mbit/s 时可传送 5.5 km；但当传输速率提高到 6.1 Mbit/s

时，传输距离就缩短为 3.7 km。如果把用户线的线径减小到 0.4 mm，那么在 6.1 Mbit/s 的传输速率下就只能传送 2.7 km。此外，ADSL 所能得到的最高数据传输速率与实际的用户线上的信噪比密切相关。

ADSL 在用户线（铜线）的两端各安装一个 ADSL 调制解调器。这种调制解调器的实现方案有许多种。我国目前采用的方案是**离散多音调**（Discrete Multi-Tone，DMT）调制技术。这里的“多音调”就是“多载波”或“多子信道”的意思。DMT 调制技术采用频分复用的方法，把 40 kHz 以上一直到 1.1 MHz 的高端频谱划分为许多的子信道，其中 25 个子信道用于上行信道，而 249 个子信道用于下行信道，并使用不同的载波（即不同的音调）进行数字调制。这种做法相当于在一对用户线上使用许多小的调制解调器**并行地**传送数据。由于用户线的具体条件往往相差很大（距离、线径、受到相邻用户线的干扰程度等都不同），因此 ADSL 采用自适应调制技术使用户线能够传送尽可能高的数据率。当 ADSL 启动时，用户线两端的 ADSL 调制解调器就测试可用的频率、各子信道受到的干扰情况，以及在每一个频率上测试信号的传输质量。这样就使 ADSL 能够选择合适的调制方案以获得尽可能高的数据率。可见 ADSL **不能保证固定的数据率**。对于质量很差的用户线甚至无法开通 ADSL。因此电信局需要定期检查用户线的质量，以保证能够提供向用户承诺的 ADSL 数据率。图 2-20 所示为这种 DMT 技术的频谱分布。

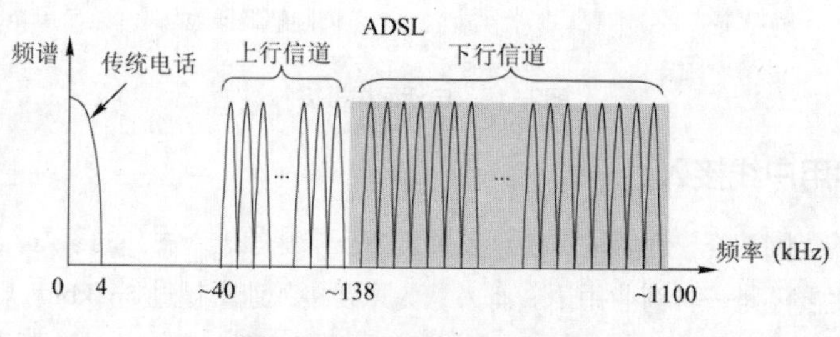

图2-20　DMT技术的频谱分布

基于 ADSL 的接入网由以下三大部分组成：**数字用户线接入复用器**（DSL Access Multiplexer，DSLAM），用户线和用户家中的一些设施（见图 2-21）。数字用户线接入复用器包括许多 ADSL 调制解调器。ADSL 调制解调器又称为**接入端接单元**（Access Termination Unit，ATU）。由于 ADSL 调制解调器必须成对使用，因此将在电话端局（或远端站）和用户家中所用的 ADSL 调制解调器分别记为 ATU-C 和 ATU-R，C 代表**端局**（Central Office），R 代表**远端**（Remote）。用户电话通过电话**分离器**（Splitter）和 ATU-R 连在一起，经用户线到端局，并再次经过一个电话分离器把电话连到本地电话交换机。电话分离器是无源的，它利用低通滤波器将电话信号与数字信号分开。将电话分离器做成无源的是为了在停电时不影响传统电话的使用。一个 DSLAM 可支持多达 500～1000 个用户。若按 6 Mbit/s 计算，则具有 1000 个端口的 DSLAM（这就需要用 1000 个 ATU-C）应有高达 6 Gbit/s 的转发能力。因为 ATU-C 要使用数字信号处理技术，DSLAM 的价格较高。

ADSL 最大的好处就是可以利用现有电话网中的用户线，不需要重新布线。到 2006 年 3 月为止，全世界的 ADSL 用户已超过 1.5 亿户。现在 ADSL 调制解调器已经可以做得很轻巧（见图 2-22）。需要注意的是，ADSL 调制解调器有两个插口。较大的一个是 RJ-45 插口，用来和 PC 相连。较小的是 RJ-11 插口，用来和电话分离器相连。电话分离器很小巧（见图 2-23），用户只需要用 3 个带有 RJ-11 插头的连线就可以连接好，使用起来非常方便。

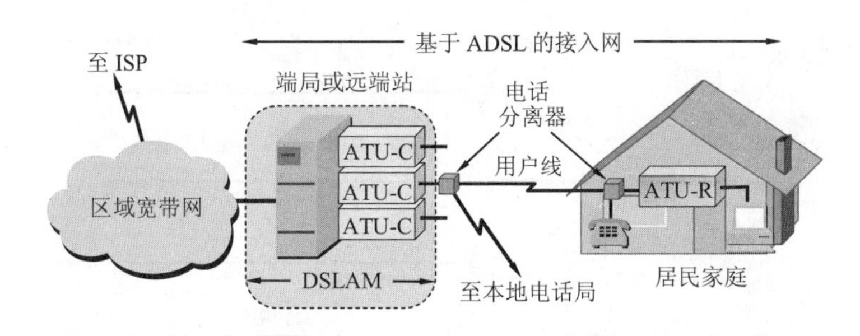

图2-21 基于ADSL的接入网的组成

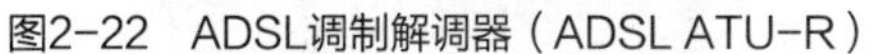
图2-22 ADSL调制解调器（ADSL ATU-R）

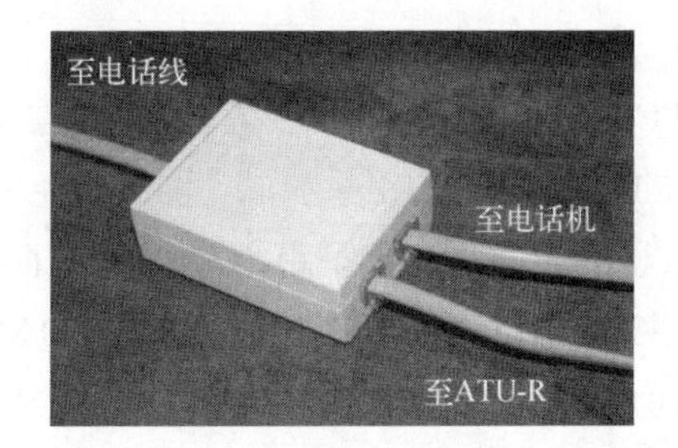

图2-23 电话分离器（有3个RJ-11插口）

最后我们要指出，ADSL 借助于在用户线两端安装的 ADSL 调制解调器（即 ATU-R 和 ATU-C）对数字信号进行调制，使得调制后的数字信号的频谱适合在原来的用户线上传输，用户线本身并没有发生变化。但给用户的感觉是：加上 ADSL 调制解调器的用户线好像能够直接把用户 PC 产生的数字信号传送到远方的 ISP。正因为这样，原来的用户线加上两端的调制解调器就变成了可以传送数字信号的数字用户线 DSL。要注意的是，DSL 技术和电话网拨号接入技术虽然都是使用现有的电话用户线接入因特网，但通过拨号建立的链路要通过电话网和电话交换机，而 DSL 链路仅利用从用户到电话局之间的这段电话用户线，并不通过电话网和电话交换机。因此 DSL 链路的带宽不受话音带宽的限制，仅与线路质量、干扰和距离等因素有关。

ADSL 技术也在发展。现在 ITU-T 已颁布了更高速率的 ADSL 标准。例如，ADSL2（G.992.3 和 G.992.4）和 ADSL2 +（G.992.5），它们都属于第二代 ADSL，目前已开始被许多 ISP 采用并被投入运营。

2.6.3 光纤同轴混合网接入

光纤同轴混合网（Hybrid Fiber Coax，HFC）是在目前覆盖面很广的有线电视网（Community Antenna Television，CATV）的基础上开发的一种居民宽带接入网，除可传送电视节目外，还能提供电话、数据和其他宽带交互型业务。最早的 CATV 网是树形拓扑结构的同轴电缆网络，它采用模拟技术的频分复用对电视节目进行单向广播传输。但后来 CATV 网进行了改造，变成了现在的 HFC 网。这种光纤同轴混合网的主要特点如下。

为了提高传输的可靠性和电视信号的质量，HFC 网把原 CATV 网中的同轴电缆主干部分改换为光纤（见图 2-24）。光纤从头端连接到**光纤结点**（Fiber Node），它又称为**光分配结点**（Optical Distribution Node，ODN）。在光纤结点光信号被转换为电信号，然后通过同轴电缆传送到每个用户家庭。从头端到用户家庭所需的放大器数目也就减少到仅 4～5 个。连接到一个光纤结点的典型用户数是 500 左右，但不超过 2000。

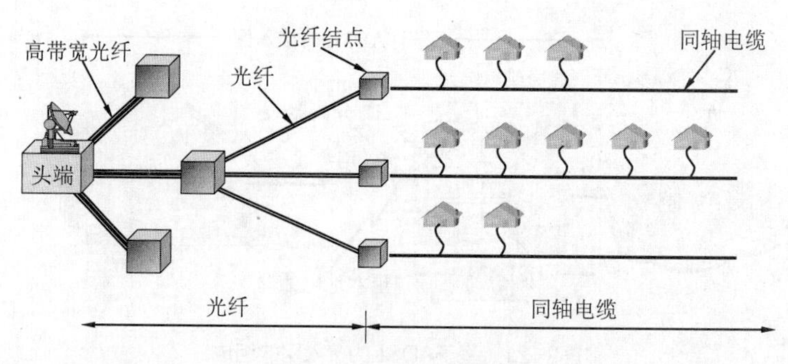

图2-24 HFC网的结构图

HFC 网还要在头端增加一些智能，以便实现计费管理和安全管理，以及用选择性的寻址方法进行点对点的路由选择。此外，头端还要具有接入到因特网的功能。

光纤结点与头端的典型距离为 25 km，而从光纤结点到其用户的距离则不超过 3 km。

原来的 CATV 网的最高传输频率是 450 MHz，并且仅用于电视信号的下行传输。但 HFC 网具有双向传输功能，而且扩展了传输频带。根据有线电视频率配置标准 GB/T 17786—1999，目前我国的 HFC 网的频谱划分如图 2-25 所示。

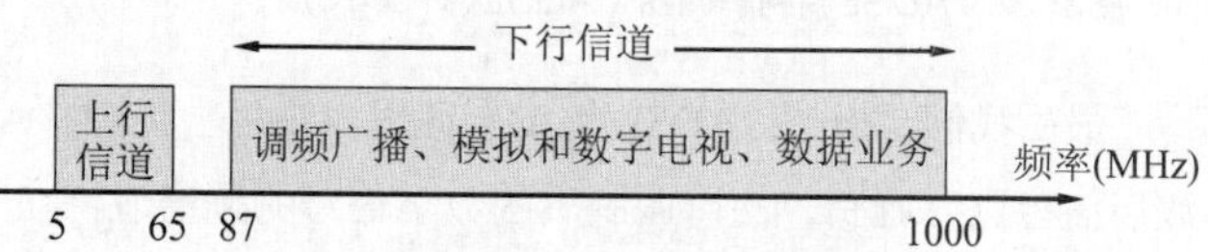

图2-25 我国的HFC网的频谱划分

从图 2-25 可以看出，HFC 网的上行传输（从用户家庭到头端）使用了原来 CATV 并不使用的低端频段，带宽为 60 MHz。上行信道还可进一步划分为几个子频段，分别用于电话通信、数据通信，以及对整个 HFC 网的监视。HFC 网的下行传输（从头端到用户家庭）使用 87~1000 MHz 的频段，传送调频广播、原有的模拟电视、现在的数字电视，以及各种数字信号（如用户从万维网下载的多媒体信息或视频点播 VoD 信号）的传输。

为了使现有的模拟电视机能够接收数字电视信号，目前都广泛使用叫作**机顶盒**（Set-Top Box）的设备，连接在同轴电缆和用户的电视机之间。但为了使用户能够利用 HFC 网接入到因特网，以及在上行信道中传送交互数字电视所需的一些信息，我们还需要增加一个为 HFC 网使用的调制解调器，它又称为**电缆调制解调器**（Cable Modem，CM）。电缆调制解调器可以做成一个单独的设备（类似于 ADSL 的调制解调器），也可以做成内置式的，安装在电视机的机顶盒里面。用户只要把自己的 PC 连接到电缆调制解调器，就可方便地上网了。

美国的有线电视实验室 CableLabs 制定的**电缆调制解调器规约**（Data Over Cable Service Interface Specifications，DOCSIS）的第一个版本 DOCSIS 1.0，已在 1998 年 3 月被 ITU-T 批准为国际标准。后来又有了 2001 年的 DOCSIS 2.0 和 2006 年的 DOCSIS 3.0 等新的标准。

电缆调制解调器只安装在用户端，安装在 HFC 网头端的**电缆调制解调器端接系统**（Cable Modem Termination System，CMTS）与因特网连接。电缆调制解调器比 ADSL 使用的调制解调器复杂得多，因为它必须解决共享信道中可能出现的冲突问题。在使用 ADSL 调制解调器时，用户 PC 所连接的电话用户线是该用户专用的，因此在用户线上所能达到的最高数据率是确定的，与其他 ADSL 用户是否在上网无关。但在使用 HFC 的电缆调制解调器时，在同轴电缆这一段用户所享用的最高数据率是不确定的，因为某个用户所能享用的数据率大小取决于这段电缆上现在有多少个用户正在传送数据。有线电视运营商往往宣传通过电缆调制解调器上网可以达到比 ADSL 更高的数据率（如达到 10 Mbit/s 甚至 30 Mbit/s），但这只有在很少几个用户上网时才可能会是这样的。然而，若出现大量用户（如几百个）同时上网，那么每个用户实际的上网速率可能会低到让人难以忍受的程度。

2.6.4 光纤接入

由于因特网上已经有了大量的视频信息资源，因此近年来宽带上网的普及率增长得很快。但是为了更快地下载视频文件，以及更加流畅地欣赏网上的各种高清视频节目，最理想的住宅接入方式当然是直接通过**光纤接入**，即**光纤到户**（Fiber To The Home，FTTH）。所谓光纤到户，就是把光纤一直铺设到用户家庭。只有在光纤进入用户的家门后，才把光信号转换为电信号。光纤巨大的带宽不仅可以为用户提供高速的互联网业务，还能提供电话、可视电话、有线电视、视频点播、视频监控等多种业务。

为了降低成本，可以采用多种变通的光纤宽带接入方式，称为 FTTx（即光纤到……）。这里字母 x 可代表不同的意思。实际上就是把光电转换的地方，从用户家中（这时 x 就是 H），向外延伸到离用户家门口有一定距离的地方。

其实，现在陆地上长距离的信号传输，基本上都已经实现了光纤化。在前面所介绍的 ADSL 和 HFC 宽带接入方式中，用于远距离的传输媒体也都是光缆。只是到了临近用户家庭的地方，才转为铜线（电话的用户线和同轴电缆）。FTTx 接入方式也是这样。光信号从局端的**光线路终端**（Optical Line Terminal，OLT）传输到最后，要设置一个叫作用户端的**光网络单元**（Optical Network Unit，ONU），也可简称为**光结点**，用来把光信号转换为电信号。FTTx 中的 x 就表示这种光网络单元 ONU 的位置安放在什么地方。

根据 ONU 的位置的不同，现在已有很多种不同的 FTTx。例如：**光纤到路边** FTTC（C 表示 Curb），**光纤到小区** FTTZ（Z 表示 Zone），**光纤到大楼** FTTB（B 表示 Building），**光纤到楼层** FTTF（F 表示 Floor），**光纤到办公室** FTTO（O 表示 Office），**光纤到桌面** FTTD（D 表示 Desk）等，如图 2-26 所示。由于光纤的带宽非常高，可以使用同一条光纤上网、打电话和收看有线电视。从 ONU 到用户的个人计算机一般使用以太网连接，使用 5 类线作为传输媒体。ONU 离用户越近，成本越高，但用户所获得的带宽也越高。因此，究竟选择何种接入方式，应当视具体情况而定。

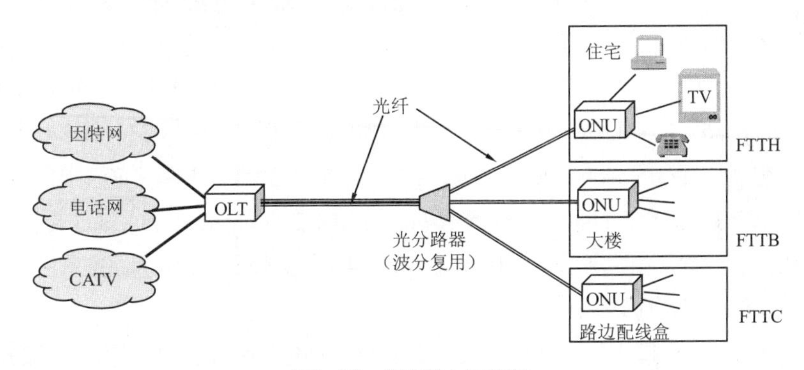

图2-26 光纤接入示意图

FTTH 是 20 年来人们不断追求的梦想，但由于成本、技术、需求等多方面的障碍，FTTH 过去一直没有得到大规模的应用。然而，近几年，由于用户需求的增长、政策上的扶持和技术的发展，在沉寂多年后，FTTH 再次成为热点，步入快速发展阶段。目前我国很多新建居民住宅都已开始光纤到户，并且在 2012 年 12 月中国住建部就已批准《住宅区和住宅建筑内光纤到户通信设施工程设计规定》，标志着中国的 FTTH 已进入真正的实施阶段。

2.6.5 以太网接入

各种政府机构、大型企业和大学校园的用户通常通过内部的局域网接入到因特网。这些单位的路由器往往通过租用电信运行商的公共传输网络连接到因特网核心路由器。实际上这些单位相当于 ISP，并为其用户提供接入服务。有线局域网目前基本上就是以太网，我们将在下一章详细讨论局域网技术。

由于以太网的低成本、高性能和使用方便，一些接入网运营商将其用于住宅接入网领域。但由于接入网是一个公用的网络环境，与局域网的私有网络环境有很大不同，需要解决远端馈电、接入端口的控制、用户间的隔离、计费等功能，因此在原有以太网技术的基础上（采用原有以太网的帧结构和接口）增加了很多新的内容，并形成了自己的标准。

2.6.6 无线接入

以上我们介绍的几种接入方法都属于有线接入。但在生活和工作节奏都加快了的今天，人们希望随时随地都能访问因特网。虽然用户可以携带笔记本电脑四处移动，但用户并不能在所有地方都有条件通过有线接入的手段连接到因特网。现在移动无线通信技术的迅速发展，使得用户利用无线接入的手段随时上网成为了可能。

目前有多种设备可以进行无线接入，大到台式计算机，小到手机。当前最常用的无线接入技术有两种。一种是通过**蜂窝移动通信系统**接入到因特网的广域无线接入方式，另一种是通过无线局域网接入到因特网的局域无线接入方式。下面我们简单介绍一下通过蜂窝移动通信系统接入到因特网的特点，而后者将在下一章中介绍。

我们知道，蜂窝移动通信经历了多次的更新换代。最初的第一代（1G[①]）蜂窝移动通信只能够提供模拟话音通信，但现已被淘汰了。后来发展到第二代（2G），其特点是以数字话音通信为主，也能提供短信、收发邮件和浏览网页的数据通信功能（速率不高）。常用的 2G 蜂窝移动通信标准有两种，一种是 GSM，另一种是使用码分多址 CDMA（严格说是 IS-95 CDMA）。第三代（3G）蜂窝移动通信与前两代的主要区别不仅在传输话音和数据的速度上提高了，而且还能够处理图像、视频流等多种媒体形式，并提供电话会议、电子商务等多种信息服务。目前有 3 个主流 3G 无线接口标准：欧洲的 WCDMA（W 表示宽带 Wideband）、美国的 CDMA2000 和我国提出的时分同步码分多址 TDS-CDMA。在 3G 广泛应用之前，还出现了过渡的 2.5G。简单地说，2.5G 与 2G 相比就是增加了能够提供数据传输服务的几种标准，例如，GPRS（General Packet Radio Service）、EDGE（Enhanced Data rates for GSM Evolution）等。当前，提供高速数据传输服务的第四代移动通信（4G）技术已在中国全面推广应用，而第五代移动通信（5G）正处在紧张的研发阶段。

据统计，截至 2016 年 12 月底，我国通过手机上网的网民人数已达 6.95 亿，增长的速度很快。

虽然手机上网最大的优点是移动性好，但手机的屏幕和键盘都较小，使用起来显然不如笔记本电脑方便。为了使一般计算机也能够利用蜂窝无线通信技术连接到因特网，移动无线上网卡（如 3G 或

① G 代表 Generation，是“代”的意思。

4G 上网卡）就应运而生了。无线上网卡就像一个 U 盘那样，使用 USB 接口。只要把无线上网卡插入到笔记本电脑或台式计算机中的 USB 接口，就可以通过蜂窝无线通信系统接入到因特网。图 2-27 所示的是一种 3G 上网卡，可以看出，这里面插入的就是一张 USIM 卡，大小和手机使用的 SIM 卡一样。我们知道，用户身份模块（Subscriber Identity Module，SIM）卡是插入到手机中使用的，而 USIM 卡是插入到无线上网卡中为计算机上网用的。USIM 的 U 表示 Universal（可译为“通用”）。移动无线上网卡的问世给移动用户带来了许多方便。只要处在移动手机信号的覆盖区域中，插入无线上网卡的计算机就能够接入到因特网。

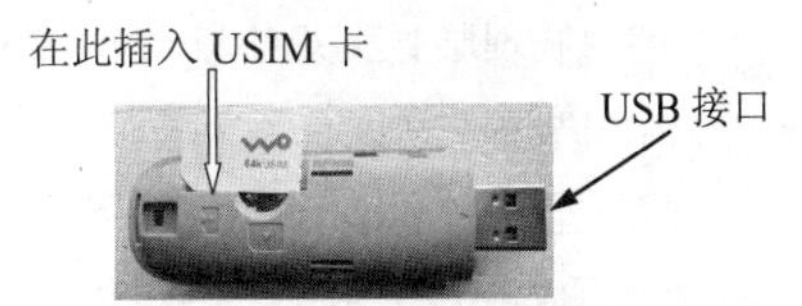

图2-27　一种3G上网卡

本章的重要概念

- 物理层协议的主要任务就是确定与传输媒体的接口有关的一些特性，如机械特性、电气特性、功能特性和过程特性。
- 一个数据通信系统可划分为三大部分，即源系统、传输系统和目的系统。源系统包括源点（或源站、信源）和发送器，目的系统包括接收器和终点（或目的站，或信宿）。
- 通信的目的是传送消息。话音、文字、图像等都是消息。数据是运送消息的实体。信号则是数据的电气或电磁表现。
- 根据信号中代表消息的参数的取值方式不同，信号可分为模拟信号（或连续信号）和数字信号（或离散信号）。代表数字信号不同离散数值的基本波形称为码元。
- 从通信双方信息交互的方式可以划分为单向通信（或单工通信）、双向交替通信（或半双工通信）和双向同时通信（或全双工通信）。
- 通常人们将数字数据转换成数字信号的过程称为编码，而将数字数据转换成模拟信号的过程称为调制。
- 来自信源的信号叫作基带信号。在数字信道上直接传输基带信号的方法称为基带传输。在很多情况下，需要使用载波进行调制，把基带信号的频率范围搬移到较高的频段以便在信道中传输。经过载波调制后的信号称为带通信号。
- 最基本的带通调制方法有调幅、调频和调相。
- 要提高数据在信道上的传输速率，可以使用更好的传输媒体，或使用先进的调制技术。但数据传输速率不可能被任意地提高。
- 信道的带宽或信道中的信噪比越大，则信息的极限传输速率就越高。
- 传输媒体可分为两大类，即导引型传输媒体（双绞线、同轴电缆或光纤等）和非导引型传输媒体（无线电、红外或大气激光等）。
- 常用的信道复用技术有频分复用、时分复用、统计时分复用、码分复用和波分复用（光的频分复用）。
- 最初在数字传输系统中使用的传输标准是 PCM 复用速率体制。现在高速的数字传输系统使用同步光纤网（SONET，美国标准）或同步数字系列（SDH，国际标准）。
- 用户到因特网的宽带接入方法主要有：非对称数字用户线 ADSL（用数字技术对现有的模拟电

话用户线进行改造）；光纤同轴混合网 HFC（在有线电视网的基础上开发的）；FTTx（即光纤到……）；以及无线宽带上网。

习　题

2-1　物理层要解决哪些问题？物理层协议的主要任务是什么？

2-2　规程与协议有什么区别？

2-3　物理层的接口有哪几个方面的特性？各包含些什么内容？

2-4　试给出数据通信系统的模型，并说明其主要组成构件的作用。

2-5　请画出数据流1 0 1 0 0 0 1 1的不归零编码、曼彻斯特编码和差分曼彻斯特编码的波形（从高电平开始）。

2-6　“比特/秒”和“码元/秒”有何区别？

2-7　假定某信道受奈氏准则限制的最高码元速率为20000码元/秒。如果采用幅移键控，把码元的振幅划分为16个不同等级来传送，那么可以获得多高的数据率（bit/s）？

2-8　假定用3 kHz带宽的电话信道传送64 kbit/s的数据，试问这个信道应具有多高的信噪比？

2-9　试解释以下名词：数据，信号，模拟信号，基带信号，带通信号，数字信号，码元，单工通信，半双工通信，全双工通信，串行传输，并行传输。

2-10　常用的传输媒体有哪几种？各有何特点？

2-11　为什么要使用信道复用技术？常用的信道复用技术有哪些？

2-12　试写出下列英文缩写的全文，并进行简单解释。

FDM，TDM，STDM，WDM，DWDM，CDMA，SONET，SDH，STM-1，OC-48

2-13　码分多址CDMA的复用方法有何优缺点？

2-14　共有4个用户进行CDMA通信。这4个用户的码片序列为：

A：（–1 –1 –1 +1 +1 –1 +1 +1）；B：（–1 –1 +1 –1 +1 +1 +1 –1）

C：（–1 +1 –1 +1 +1 +1 –1 –1）；D：（–1 +1 –1 –1 –1 –1 +1 –1）

现收到码片序列：（–1 +1 –3 +1 –1 –3 +1 +1）。问是哪些用户发送了数据？发送的是1还是0？

2-15　试比较ADSL、HFC及FTTx接入技术的特点。

2-16　为什么在ADSL技术中，在不到1 MHz的带宽中可以传送的速率却可以高达每秒几个兆比特？

2-17　判断以下正误。

（1）DSL和电话网拨号接入技术都要通过电话网经过电话交换机连接到ISP的路由器。

（2）通过ADSL上网的同时可以利用同一条电话线打电话。

（3）双绞线由两个具有绝缘保护层的铜导线按一定密度互相绞在一起组成，这样不容易被拉断。

（4）信道复用技术可以将多路信号复用到同一条传输线路上进行传输，而不会混淆，因此能将该传输线路的带宽成倍增加。

2-18　请比较电话网拨号上网和通过ADSL上网的区别。

03 第3章 数据链路层

数据链路层属于计算机网络的低层。数据链路层使用的信道主要有以下两种类型。

（1）**点对点信道**。这种信道使用一对一的点对点通信方式。

（2）**广播信道**。这种信道使用一对多的广播通信方式，因此过程比较复杂。广播信道上可以连接多个计算机，因此必须使用专用的共享信道协议来协调这些计算机的数据发送。

在这一章，我们首先介绍点对点信道所要讨论的基本问题，以及在这种信道上最常用的点对点协议 PPP。然后讨论信道共享技术和共享式以太网，以及数据链路层的分组交换设备网桥和以太网交换机。最后讨论了无线局域网。

本章的重点内容如下。

（1）数据链路层的三个重要问题：封装成帧、差错检测和可靠传输。

（2）因特网点对点协议实例 PPP 协议。

（3）广播信道的特点和媒体接入控制的概念，以及以太网的媒体接入控制协议 CSMA/CD。

（4）适配器、转发器、集线器、网桥、以太网交换机的作用及使用场合，特别是网桥和以太网交换机的工作原理。

（5）无线局域网的组成和 CSMA/CA 协议的要点。

3.1 使用点对点信道的数据链路层

本节讨论使用点对点信道的数据链路层。其中的某些概念是数据链路层中最基本的问题，对广播信道也是适用的。

3.1.1 数据链路层所处的地位

下面看一下两个主机通过互联网进行通信时数据链路层所处的地位（见图 3-1）。

图 3-1（a）表示用户主机 H_1 通过电话线上网，中间经过 3 个路由器（R_1，R_2 和 R_3）连接到远程主机 H_2。所经过的网络可以有多种，如电话网、局域网和广域网。当主机 H_1 向 H_2 发送数据时，从协议的层次上看，数据的流动如图 3-1（b）所示。主机 H_1 和 H_2 都有完整的 5 层协议栈，但路由器在转发分组时使用的协议栈只有下面的

3 层。数据进入路由器后要先从物理层上到网络层，在转发表中找到下一跳的地址后，再下到物理层转发出去。因此，数据从主机 H_1 传送到主机 H_2 需要在路径中的各结点的协议栈向上和向下流动多次，如图 3-1 中的浅灰色粗箭头所示。

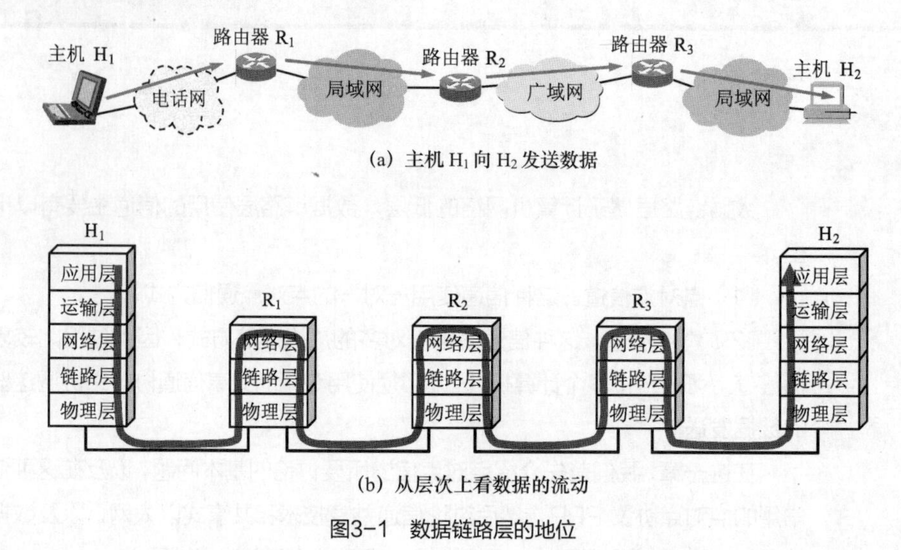

图3-1 数据链路层的地位

然而当我们专门研究数据链路层的问题时，在许多情况下我们可以只关心在协议栈中水平方向的各数据链路层。于是，当主机 H_1 向主机 H_2 发送数据时，我们可以想象数据就是在数据链路层从左向右沿水平方向传送，如图 3-2 中从左到右的粗箭头所示，即通过以下这样的链路：

H_1 的链路层→R_1 的链路层→R_2 的链路层→R_3 的链路层→H_2 的链路层

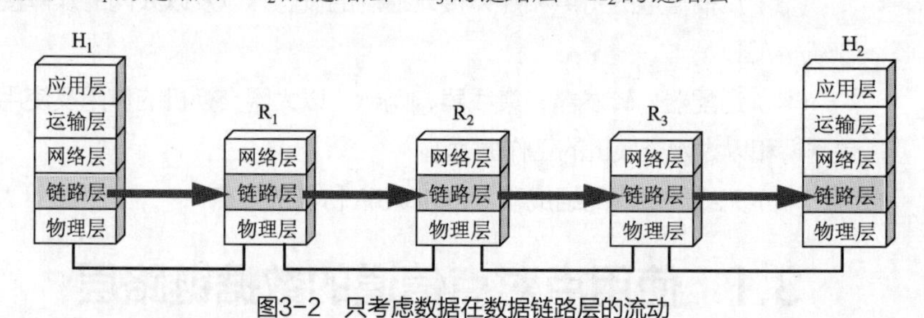

图3-2 只考虑数据在数据链路层的流动

图 3-2 指出，从数据链路层来看，H_1 到 H_2 的通信可以看成是由 4 段不同的链路层通信组成的，即 H_1→R_1、R_1→R_2、R_2→R_3 和 R_3→H_2。这 4 段不同的链路层可能采用不同的数据链路层协议。

3.1.2 数据链路和帧

我们在这里要明确一下，“链路”和“数据链路”并不是一回事。

链路（Link）就是从一个结点**到相邻结点**的一段物理线路，而中间没有任何其他的交换结点。在进行数据通信时，两台计算机之间的通信路径往往要经过许多段这样的链路。可见链路只是一条路径的组成部分。

数据链路（Data Link）则是另一个概念。这是因为当需要在一条线路上传送数据时，除了必须有一条物理线路外，还必须有一些必要的通信协议来控制这些数据的传输（这将在后面几节讨论）。若把实现这些协议的硬件和软件加到链路上，就构成了数据链路。这样的数据链路就不再是简单的物理链路而是个逻辑链路了。现在最常用的方法是使用**网络适配器**（如拨号上网使用**拨号适配器**，以及通过以太网上网使用**局域网适配器**）来实现这些协议的硬件和软件。一般的适配器都包括了数据链路层和物理层这两层的功能。

早期的数据通信协议曾叫作通信**规程**（Procedure）。因此在数据链路层，规程和协议是同义语。

下面再介绍数据链路层的协议数据单元——**帧**（Frame）。

数据链路层把网络层交下来的数据构成**帧**发送到链路上，以及把接收到的**帧**中的数据取出并上交给网络层。在因特网中，网络层协议数据单元就是 IP 数据报（或简称为**数据报**、**分组**或**包**）。

为了把主要精力放在点对点信道的数据链路层协议上，可以采用如图 3-3（a）所示的三层模型。在这种三层模型中，不管在哪一段链路上的通信（主机和路由器之间或两个路由器之间），我们都看成是结点和结点的通信（如图中的结点 A 和 B），而每个结点只考虑下三层——网络层、数据链路层和物理层。

点对点信道的数据链路层在进行通信时的主要步骤如下。

（1）结点 A 的数据链路层把网络层交下来的 IP 数据报添加首部和尾部封装成帧。

（2）结点 A 把封装好的帧发送给结点 B 的数据链路层。

（3）若结点 B 的数据链路层收到的帧无差错，则从收到的帧中提取出 IP 数据报上交给上面的网络层，否则丢弃这个帧。

数据链路层不必考虑物理层如何实现比特传输的细节。我们甚至还可以更简单地设想**好像是**沿着两个数据链路层之间的水平线路把帧直接发送到对方，如图 3-3（b）所示。

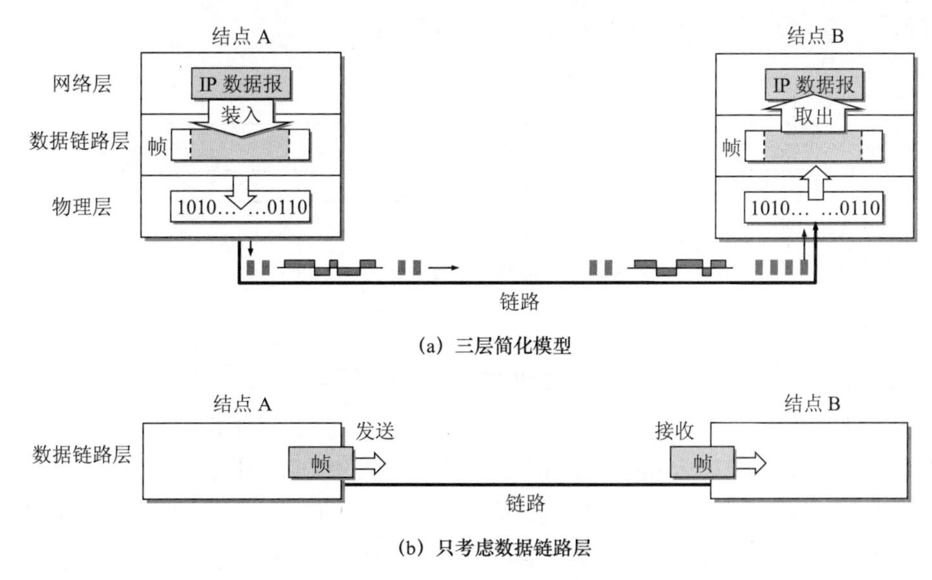

图3-3　使用点对点信道的数据链路层

3.1.3　封装成帧

数据链路层以帧为单位传输和处理数据。网络层的 IP 数据报必须向下传送到数据链路层，成为帧的数据部分，同时它的前面和后面分别添加上首部和尾部，封装成一个完整的帧。帧的长度等于帧的数据部分长度加上帧首部和帧尾部的长度。数据链路层必须使用物理层提供的服务来传输一个一个的帧。物理层将数据链路层交给的数据以比特流的形式在物理链路上传输。因此，数据链路层的接收方为了能以帧为单位处理接收的数据，必须正确识别每个帧的开始和结束，即进行**帧定界**。

首部和尾部的作用之一就是进行帧定界，同时也包括其他必要的控制信息。在发送帧时，是从帧首部开始发送的。各种数据链路层协议都要对帧首部和帧尾部的格式有明确的规定。虽然，为了提高帧的传输效率，应当使帧的数据部分的长度尽可能大些，但考虑到差错控制等多种因素，每一种链路层协议都规定了帧的数据部分长度的上限，即**最大传送单元**（Maximum Transfer Unit，MTU）。图 3-4 所示为帧的数据部分不能超过规定的 MTU 数值。

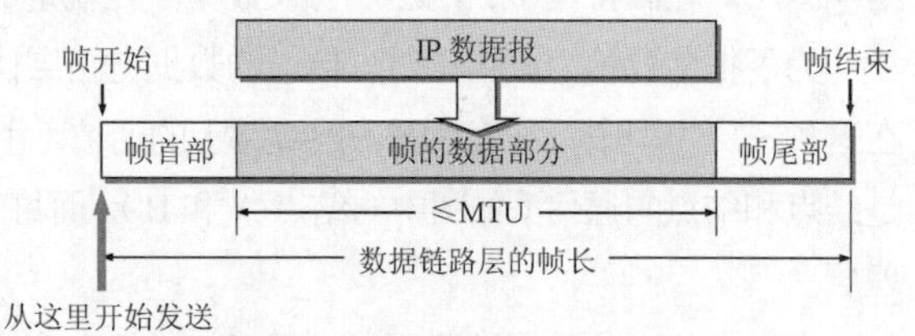

图3-4　用首部和尾部封装成帧

实现帧定界有多种方法。一种简单的方法就是在传输的帧和帧之间插入时间间隔，就好像在英文单词间插入空格一样。例如，我们后面将要讨论的以太网就采用了这种方法。不过并不是所有的物理层传输服务都会保证数据链路层发送帧的时间间隙。某些物理层链路会将传输数据间的间隔给“挤掉”，也有可能在一个帧的中间插入时间间隙。因此该方法不一定能适用所有场合。例如，物理链路采用面向字节的异步传输方式时，字节之间的时间间隔就不是固定的。除此之外，还可以在帧的首部设一个帧长度字段来定位一个帧的结束和下一个帧的开始。但如果帧长度字段在传输中出现差错，会导致后面一系列帧无法正确定界，因此在数据链路层较少使用。

一种常用的方法是在每个帧的开始和结束添加一个特殊的帧定界标志，标记一个帧的开始或结束。帧开始标志和帧结束标志可以不同也可以相同，如图 3-5 所示。

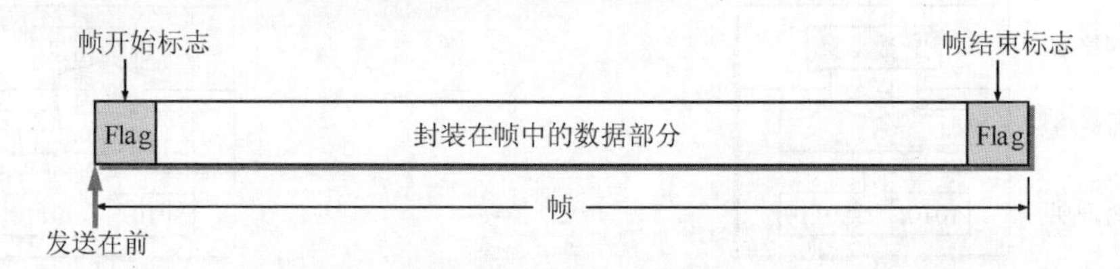

图3-5　用控制字符进行帧定界的方法举例

当物理链路提供的是面向字符的传输服务时（物理链路以字符为单位传输数据），帧定界标志可以使用某个特殊的不可打印的控制字符作为**帧定界符**。我们知道，ASCII 码是 7 位编码，一共可组合成 128 个不同的 ASCII 码，其中可打印的有 95 个，而不可打印的控制字符有 33 个。

由于帧的开始标志和结束标志使用专门的控制字符，所传输的数据中不能出现和用作帧定界的控制字符的比特编码一样的字节，否则就会出现帧定界的错误。当传送的是文本文件中的数据时（文本文件中的字符都是从键盘上输入的），帧的数据部分显然不会出现不可打印的帧定界控制字符。但当数据部分是非 ASCII 码文本的文件数据时（如二进制代码的计算机程序或图像等），情况就不同了。如果数据中的某个字节的二进制代码恰好和帧定界符一样（见图 3-6），数据链路层就会错误地“找到帧的边界”，把部分帧收下（误认为是完整的帧），而把剩下的那部分数据丢弃（这部分找不到帧定界控制字符“Flag”）。

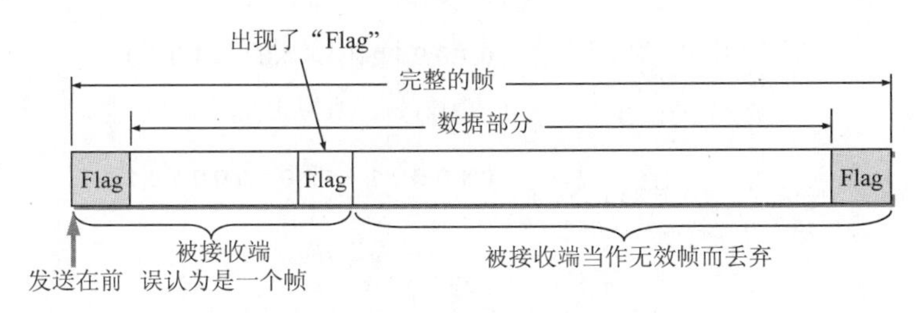

图3-6 数据部分恰好出现与Flag一样的代码

我们希望数据链路层提供的是一种“**透明传输**”的服务，即对上层交给的传输数据没有任何限制，就好像数据链路层不存在一样。像图 3-6 所示的帧的传输显然就不是“透明传输”，因为要发送的数据中不能出现帧定界字符。

为了解决透明传输问题，对于面向字符的物理链路，可以使用一种称为**字节填充**（Byte Stuffing）或**字符填充**（Character Stuffing）的方法。该方法的基本原理如图 3-7 所示，发送端的数据链路层在数据中出现的标记字符前面插入一个**转义字符**（例如，也用一种特殊的控制字符“ESC”），而在接收端的数据链路层对转义字符后面出现的标记字符不再解释为帧定界符，并且在将数据送往网络层之前删除这个插入的转义字符。如果转义字符也出现在数据当中，那么解决方法仍然是在转义字符的前面插入一个转义字符。因此，当接收端收到连续的两个转义字符时，就删除前面的一个。

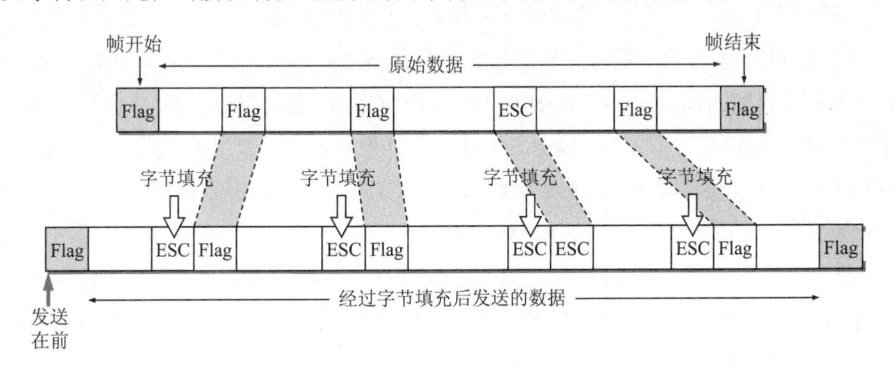

图3-7 用字节填充法解决透明传输的问题

当物理链路提供的是面向比特的传输服务时（物理链路传送连续的比特流），帧定界标志可以使用某个特殊的比特组合，例如，后面将要介绍的 PPP 协议所使用的“01111110”。由于帧的长度不再要求必须是整数个字节，可以采用开销更小的**比特填充**（Bit Stuffing）来实现透明传输。

图 3-8 以 PPP 协议采用的**零比特填充法**来说明比特填充是如何实现透明传输的。在发送端，先扫描整个信息字段（通常是用硬件实现，但也可用软件实现，只是会慢些）。只要发现有 5 个连续 1，则立即填入一个 0。因此经过这种零比特填充后的数据，就可以保证在信息字段中不会出现 6 个连续 1。接收端在收到一个帧时，先找到帧定界标志“Flag”以确定一个帧的边界，接着再用硬件对其中的比特流进行扫描。每当发现 5 个连续 1 时，就把这 5 个连续 1 后的一个 0 删除，以还原成原来的数据比特流（见图 3-8）。这样就保证了透明传输：在所传送的数据比特流中可以包含任意组合的比特模式，而不会引起对帧边界的判断错误。

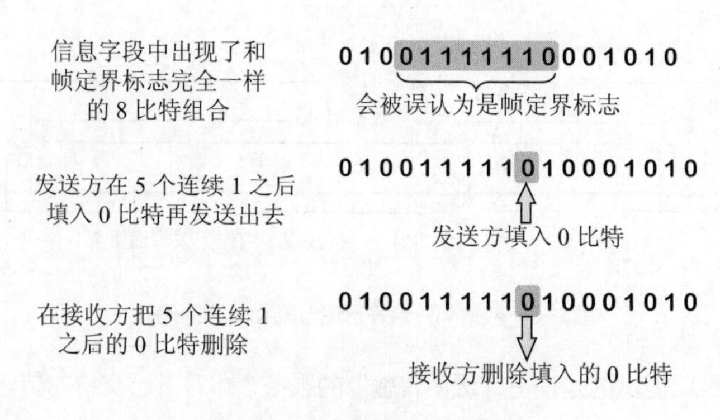

图3-8 零比特的填充与删除

3.1.4 差错检测

现实的通信链路都不会是理想的，比特在传输过程中可能会产生差错：1 可能会变成 0，而 0 也可能变成 1。这就叫作**比特差错**。比特差错是传输差错中的一种。本小节所说的“差错”，如无特殊说明，就是指“比特差错”。在一段时间内，传输错误的比特占所传输比特总数的比率称为**误码率**（Bit Error Rate，BER）。例如，误码率为 10^{-10} 时，表示平均每传送 10^{10} 个比特就会出现一个比特的差错。误码率与信噪比有很大的关系。如果设法提高信噪比，就可以使误码率减小。实际的通信链路并非理想的，它不可能使误码率下降到零。因此，为了保证接收到的数据是正确的，在计算机网络传输数据时，必须采用某种差错检测措施。虽然各种差错检测技术的具体方法差别很大，但它们最基本的原理是一样的。图 3-9 所示为利用**差错检测码**（Error-Dectecting Code，EDC）实现差错检测的基本原理。为了使接收方能检测出接收的数据是否出现了差错，发送方需要采用某种差错检测算法 f，用发送的数据 D 计算出差错检测码 $EDC = f(D)$，并将 EDC 随数据一起发送给接收方。接收方通过同样的算法计算接收数据 D' 的差错检测码 $f(D')$，如果接收到的差错检测码 $EDC' \neq f(D')$，则可以判断传输的数据中出现了差错，即检测出差错①。要注意的是，接收方未检测出差错并不代表传输的数据中一定没有出现差错，但出现差错的概率非常小。一般而言，为了提高差错检测的检错率，可以使用更长的差错检测码和更复杂的算法，当然也会导致更大的开销。

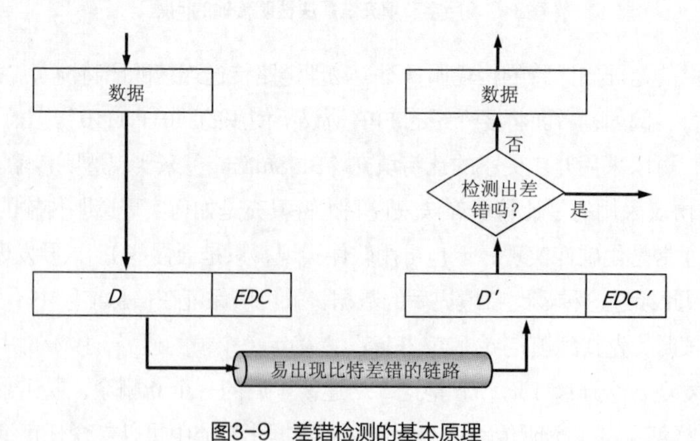

图3-9 差错检测的基本原理

① 在实际的实现中，接收方进行差错检测不一定要用与发送方同样的算法来生成差错检测码，但本质上是一样的。

在数据链路层，为了便于硬件检测差错，通常在帧的尾部设置一个差错检验字段存放整个帧（包含首部和数据）的差错检测码，这个差错检验字段常称为**帧检验序列**（Frame Check Sequence，FCS）。因此，要在数据链路层进行差错检验，就必须把数据划分为帧，每一帧都加上差错检测码，一帧接一帧地传送，然后在接收方逐帧进行差错检验。

在数据链路层通常使用**循环冗余检验**（Cyclic Redundancy Check，CRC）技术进行差错检测。CRC编码的基本原理如图3-10所示。发送方和接收方首先必须协商一个$r+1$比特的生成式G。算法要求G的最高位和最低位的比特为1。考虑d比特的数据D，发送方要选择一个合适的r比特**冗余码**R（即检错码），并将它附加到D上，使得得到的$d+r$比特模式用模2算术恰好能被G整除。接收方进行差错检测时，用G去除接收到的$d+r$比特，如果余数非零则检测出差错，否则认为数据正确。

在模2算术中，加法不进位，减法不借位，等价于按位异或（XOR），乘以2和除以2等价于左/右移位。

由于$D \cdot 2^r \text{ XOR } R = n \cdot G$，即$D \cdot 2^r = n \cdot G \text{ XOR } R$，因此可以利用式（3-1）来计算冗余码$R$。

$$R = \frac{D \cdot 2^r}{G} \text{的余数} \tag{3-1}$$

下面我们通过一个简单的例子来说明循环冗余检验的计算过程。现假定待传送的数据D = 101001（$d=6$），$G=1101$（即$r=3$）。经模2除法运算后的结果是：商$Q=110101$（这个商并没有什么用处），而余数$R=001$。这个余数R就作为冗余码拼接在数据D的后面发送出去。因此加上冗余码后发送的帧是101001001，共有$d+r$比特。

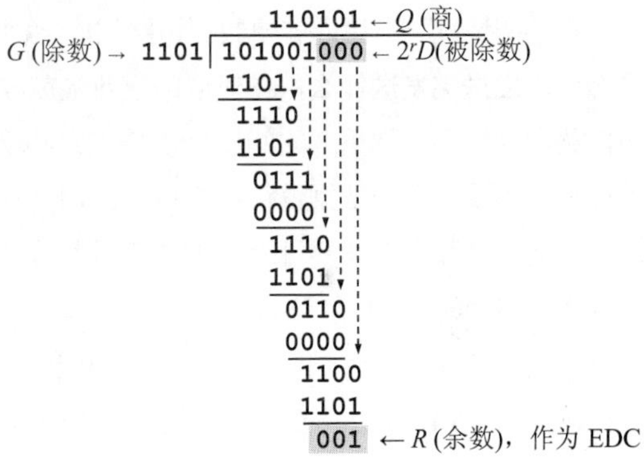

在接收端把接收到的数据除以同样的除数生成式G（模2运算），然后检查得到的余数R。如果在传输过程中无差错，那么经过CRC检验后得出的余数R肯定是0(读者可以自己验算一下。被除数现在是101001001，而除数是G = 1101，看余数R是否为0）。

```
                      110101  ← Q(商)
G(除数) →  1101 ) 101001000  ← 2^r D(被除数)
                   1101
                    1110
                    1101
                     0111
                     0000
                      1110
                      1101
                       0110
                       0000
                        1100
                        1101
                         001  ← R(余数)，作为EDC
```

图3-10 说明循环冗余检验原理的例子

但如果出现误码，那么余数R仍等于零的概率是非常小的。

总之，在接收端对收到的每一帧经过CRC检验后：

（1）若得出的余数$R=0$，则判定这个帧没有差错，就接受；

（2）若余数$R \neq 0$，则判定这个帧有差错（但无法确定究竟是哪一位或哪几位出现了差错），就丢弃。

CRC编码也称为**多项式编码**，因为该编码能够将要发送的比特串看作是系数为0和1的一个多项式，对比特串的模2算术被解释为多项式算术。在上面的例子中，可以用多项式$G(X)=X^3+X^2+1$表示上面的生成式$G=1101$（最高位对应于X^3，最低位对应于X^0）。多项式$G(X)$称为**生成多项式**。现在广泛使用的生成多项式$G(X)$有以下几种：

CRC-16 = $X^{16}+X^{15}+X^2+1$

CRC-CCITT = $X^{16}+X^{12}+X^5+1$

$$CRC\text{-}32 = X^{32}+X^{26}+X^{23}+X^{22}+X^{16}+X^{12}+X^{11}+X^{10}+X^{8}+X^{7}+X^{5}+X^{4}+X^{2}+X+1$$

CRC 有很好的检错能力，虽然计算比较复杂，但非常易于用硬件实现，因此被广泛应用于现代计算机网络的数据链路层。在数据链路层，发送端帧检验序列 FCS 的生成和接收端的 CRC 检验完全用硬件完成，处理很快，对数据传输的延误非常小。

最后需要强调的是，使用 CRC 这样的差错检测技术，只能检测出帧在传输中出现了差错，并不能纠正错误。虽然任何差错检测技术都无法做到检测出所有差错，但通常我们认为：**“凡是接收端数据链路层通过差错检测并接受的帧，我们都能以非常接近于 1 的概率认为这些帧在传输过程中没有产生差错”**。接收端丢弃的帧虽然曾**收到**了，但最终还是因为有差错被丢弃，即没有被**接受**。以上所述的可以**近似地**表述为（通常都是这样认为）：**“凡是接收端数据链路层接受的帧均无差错”**。

要想纠正传输中的差错可以使用冗余信息更多的**纠错码**（Error-Correcting Code）进行**前向纠错**（Forward Error Correction，FEC）。通过纠错码能检测数据中出现差错的具体位置，从而纠正错误。由于纠错码要发送更多的冗余信息，开销非常大，在计算机网络中较少使用。在计算机网络中通常采用马上将要讨论的检错重传方式来纠正传输中的差错，或者仅仅是丢弃检测到差错的帧，由上层协议去解决数据丢失的问题。

3.1.5 可靠传输

在某些情况下，我们需要数据链路层向上面的网络层提供**“可靠传输”**的服务。“可靠传输”就是要做到：**发送端发送什么，在对应的接收端就收到什么**。事实上，如何保证数据传输的可靠性是计算机网络中的一个非常重要的问题，也是各层协议均可选择的一个重要功能。本节所讨论的可靠传输基本原理并不仅局限于数据链路层，可以应用到计算机网络体系结构中各层协议之中。我们本章要讨论的无线局域网和第 5 章要讨论的 TCP 都用到了这些原理和方法来实现它们的可靠传输服务。

图 3-11 所示为可靠传输的一个基本模型。可靠传输协议为上层的对等实体间提供一条可靠信道（这里指的是广义的信道），即发送方上层实体通过该信道发送的分组都会正确地到达接收方上层实体，不会出现比特差错、分组丢失、分组重复，也不会出现分组失序。在可靠传输协议实体间的底层信道却是不可靠的，即分组可能出现差错、丢失、重复和失序。可靠传输协议就是要在不可靠的信道上实现可靠的数据传输服务。为了简单起见，这里仅讨论单向的可靠传输，读者可以很容易地将其扩展到双向可靠传输。要注意的是，为实现可靠的单向数据传输，可靠传输协议需要进行双向通信，因此底层的不可靠信道必须是双向的。

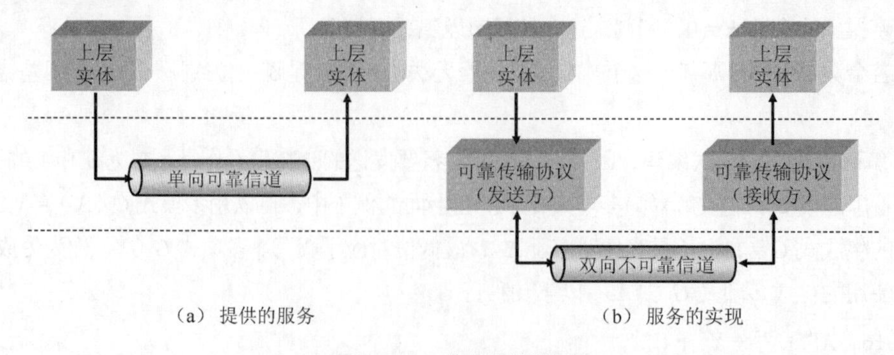

图3-11 可靠传输的模型

1. 停止等待协议

停止等待协议

在计算机网络中实现可靠传输的基本方法就是：如果发现错误就**重传**。因此，首先要解决的问题就是如何知道分组在传输过程中出现了差错。对于分组中的比特差错，接收方使用我们上节讨论的**差错检测**技术识别接收的分组中是否存在比特差错。为了让发送方知道是否出现了差错，接收方必须将是否正确接收分组的信息反馈给发送方。如图 3-12（a）所示（DATA 表示数据分组），当正确接收到一个分组时，向发送方发送一个**确认**分组 ACK（Acknowledgment），当接收到的分组出现比特差错时，丢弃该分组并发送一个**否认**分组 NAK（Negative Acknowledgment）。发送方收到 ACK 则可以发送下一个分组，而收到 NAK 则要重传原来的分组，直到收到 ACK 为止。由于发送方每发送完一个分组必须停下来等接收到确认后才能发送下一个分组，该协议被称为**停止等待（Stop-and-Wait，SW）协议**。

如果底层的信道会丢失分组，当数据分组或确认分组丢失时，发送方将会一直等待接收方的确认分组。为解决该问题，可以在发送方发送完一个数据分组时，启动一个**超时计时器**（Timeout Timer）。若到了超时计时器所设置的重传时间 t_{out} 而发送方仍收不到接收方的任何确认分组，则重传原来的分组（见图 3-12（b））。这就叫作**超时重传**。显然，超时计时器设置的重传时间应仔细选择。若重传时间太短，则在正常情况下也会在对方的确认信息到达发送方之前就过早地重传数据。若重传时间太长，则往往要白白等待很长时间。一般可将重传时间选为略大于“从发送方到接收方的平均往返时间”。在数据链路层点对点的往返时间比较确定，重传时间比较好设定，然而在运输层，由于端到端往返时间非常不确定，设置合适的重传时间有时并不容易，在学习 TCP 时我们将会仔细讨论该问题。

为了使协议实现起来更加简单，可以用超时重传来解决比特差错问题而完全不需要 NAK。当接收方收到有比特差错的分组时，仅仅将其丢弃，而发送方无需通过接收 NAK 而是通过超时来进行重传。不过使用 NAK 可以使发送方重传更加及时。

然而问题并没有完全解决。当确认分组丢失时，接收方会收到两个同样的数据分组，即**重复分组**。若接收方不能识别重复分组，则会导致另一种差错——**数据重复**，这也是一种不允许出现的差错。为了解决该问题，必须使每个数据分组带上不同的发送序号。每发送一个新的数据分组就把它的发送序号加 1。若接收方连续收到发送序号相同的数据分组，就表明出现了重复分组。这时应当丢弃重复的分组。但应注意，此时接收方还必须向发送方再补发一个确认分组 ACK（见图 3-12（c））。

我们知道，任何一个编号系统的序号所占用的比特数一定是有限的。因此，经过一段时间后，发送序号就会被重复使用。例如，当发送序号占用 3bit 时，就有 8 个不同的发送序号。因此，要进行编号就要考虑序号到底要占用多少个比特。序号占用的比特数越少，数据传输的额外开销就越少。若不考虑失序情况（后发送的分组比先发送的分组先到达），对于停止等待协议，由于每发送一个数据分组就停止等待，只要保证每发送一个新的数据分组，其发送序号与上次发送的分组的序号不同就可以了，因此用一个比特来编号就够了。数据链路层一般不会失序，但对于底层信道会出现分组失序的情况（如在运输层），作为习题留给大家思考（见习题 3-8）。

那么确认分组需不需要编号呢？如图 3-12（d）所示，由于往返时间的不确定性，有可能一个迟到的确认导致发送方过早超时。过早超时会使发送方收到重复的确认分组，发送方应该丢弃重复的确认分组，针对这种情况确认分组也应该使用序号。由于数据链路层点对点的往返时间比较确定，不太会出现过早超时情况，在数据链路层实现停止等待协议也可以不对确认分组进行编号。

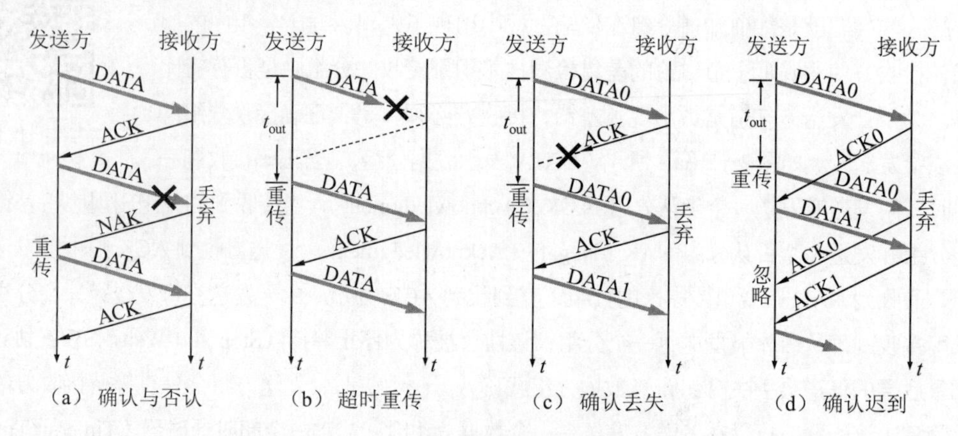

图3-12　从（a）到（d）不断完善的停止等待协议

使用上述的确认和重传机制，我们就可以在不可靠的信道上实现可靠的数据传输。像上述的这类通过确认和超时重传机制实现的可靠传输协议，常称为**自动请求重传**（Automatic Repeat reQuest，ARQ）协议。意思是重传的请求是自动进行的。因为不需要接收方显式地请求发送方重传某个出错的分组。这里要注意的是，发送方发送完一个分组后，必须暂时保留已发送的分组的副本（为重传时使用）。只有在收到相应的确认后才能清除该分组副本。保留复本、重传、确认和编号都是可靠传输协议实体自己的行为，而上层实体完全感觉不到这些。

2. **停止等待协议的算法描述**

为了对上面所述的停止等待协议有一个完整而准确的理解，下面给出此协议的算法，读者应弄清算法中的每一个步骤。

在发送方：

（1）从主机取一个数据帧；

（2）$V(S) \leftarrow 0$，　　{发送状态变量初始化}；

（3）$N(S) \leftarrow V(S)$，　　{将发送状态变量的数值写入发送序号 $N(S)$}，

将数据帧送交发送缓存；

（4）将发送缓存中的数据帧发送出去；

（5）设置超时计时器，　　{选择适当的超时重传时间 t_{out}}；

（6）等待，　　{等待以下（7）~（9）这三个事件中最先出现的一个}；

（7）若收到确认帧 ACK，且确认序号 $A(R) = V(S)$，则

从主机取一个新的数据帧，

$V(S) \leftarrow [V(S)+1] \bmod 2^N$，　　{更新发送状态变量，$N$ 为序号字段位数}，

转到（3）；

（8）若收到确认帧 ACK，且确认序号 $A(R) \neq V(S)$，则

转到（6），　　{重复确认，忽略}；

（9）若超时计时器时间到，则转到（4），　　　　{重传数据帧}。

在接收方：

（1）$V(R) \leftarrow 0$，　　　　{接收状态变量初始化，其数值等于欲接收的数据帧序号}；

（2）等待；

（3）当收到一个数据帧，就检查有无产生传输差错（如用 CRC），
　　若检查结果正确无误，则执行后续算法，
　　否则丢弃此数据帧，然后转到（2）；

（4）若 $N(S) = V(R)$，则执行后续算法，　　　　{收到发送序号正确的数据帧}，
　　否则丢弃此数据帧，然后转到（8），　　　　{收到重复数据帧，重发确认帧}；

（5）将收到的数据帧中的数据部分送交主机；

（6）生成新的确认帧 ACK，
　　$A(R) \leftarrow V(R)$，　　　　{将接收状态变量的数值写入确认序号 $A(R)$}；

（7）$V(R) \leftarrow [V(R)+1] \bmod 2^N$，　　　　{更新接收状态变量，准备接收下一个数据帧}；

（8）发送已生成的确认帧 ACK，并转到（2）。

从以上算法可知，停止等待协议中需要特别注意的地方，就是在收发两端各设置一个本地状态变量记录当前的发送序号或接收序号。状态变量的概念很重要，一定要弄清以下几点。

（1）每发送一个数据帧，都必须将发送状态变量 $V(S)$ 的值写到数据帧的发送序号 $N(S)$ 上。但只有收到一个序号正确的确认帧 ACK 后，才更新发送状态变量 $V(S)$ 一次并发送新的数据帧。

（2）在接收端，每接收到一个数据帧，就要将发送方在数据帧上设置的发送序号 $N(S)$ 与本地的接收状态变量 $V(R)$ 相比较。若二者相等就表明是新的数据帧（更新状态变量，生成并发送确认帧 ACK），否则为重复帧。

（3）在接收端，若收到一个重复帧，则丢弃它（即不做任何处理），且接收状态变量不变，但此时需向发送端重发上次的确认帧 ACK（序号不变）。

（4）发送方在发送完数据帧时，必须在其发送缓存中保留此数据帧的副本。这样才能在出差错时进行重传。只有在收到对方发来的确认帧 ACK 时，方可清除此副本。

（5）这里为了协议的简单性没有使用 NAK，但对于误码率比较高的点对点链路，使用 NAK 可以使发送方能更加及时地进行重传而不需要等待超时。

3. 停止等待协议的信道利用率

停止等待协议的优点是简单，但缺点是信道利用率太低。我们可以用图 3-13 来说明这个问题。为了简单起见，就假定在 A 和 B 之间有一条直通的信道来传送分组。

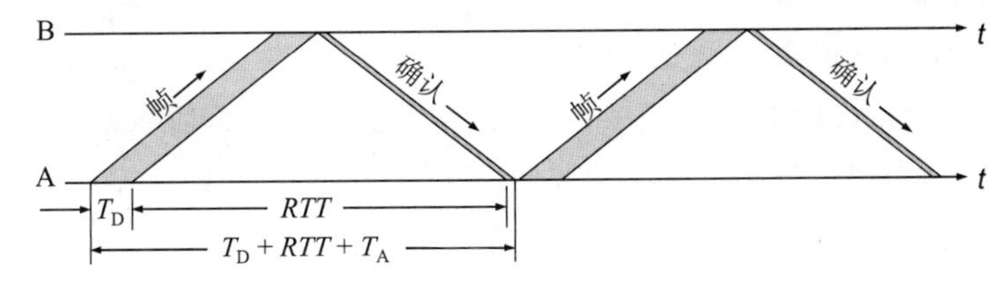

图3-13　停止等待协议的信道利用率太低

假定 A 发送分组需要的时间是 T_D。显然，T_D 等于分组长度除以数据率。再假定分组正确到达 B 后，B 处理分组的时间可以忽略不计，同时立即发回确认。假定 B 发送确认分组需要时间 T_A。如果 A 处理确认分组的时间也可以忽略不计，那么 A 在经过时间（$T_D + RTT + T_A$）后就可以再发送下一个分组，这里的 RTT（Round-Trip Time）是**往返时间**。因为仅仅是在时间 T_D 内才用来传送有用的数据（包括分组的首部），因此信道的利用率 U 可用下式计算：

$$U = \frac{T_D}{T_D + RTT + T_A} \tag{3-2}$$

请注意，更细致的计算还可以在上式分子的时间 T_D 内扣除传送控制信息（如首部）所花费的时间。但在进行粗略计算时，用近似的式（3-2）就可以了。

我们知道，式（3-2）中的 RTT 取决于所使用的信道。例如，假定 1 200 km 的信道的 RTT=20 ms。分组长度是 1 200 bit，发送速率是 1 Mbit/s。若忽略处理时间和 T_A（T_A 一般都远小于 T_D），则可算出信道的利用率 $U = 5.66\%$。但若把发送速率提高到 10 Mbit/s，则 $U = 5.96 \times 10^{-3}$。信道在绝大多数时间内都是空闲的。

从图 3-13 可看出，当 RTT 远大于分组发送时间 T_D 时，信道的利用率就会非常低。还应注意的是，这里还没有考虑出现差错后的分组重传。若出现重传，则对传送有用的数据信息来说，信道的利用率就还要降低。但是，当 RTT 远小于分组发送时间 T_D 时，信道的利用率还是非常高的，因此停止等待协议应用于后面将要讨论的无线局域网。

在 RTT 相对较大的情况下，为了提高传输效率，发送方可以不使用低效率的停止等待协议，而是采用**流水线传输**方式（见图 3-14）。流水线传输方式就是发送方可连续发送多个分组，不必每发完一个分组就停顿下来等待对方的确认。这样可使信道上一直有数据不间断地在传送。显然，这种传输方式可以获得很高的信道利用率。

4. 回退 N 帧协议

GBN 协议

当使用流水线传输方式时，发送方不间断地发送分组可能会使接收方或网络来不及处理这些分组，从而导致分组的丢失。发送方发送的分组在接收方或网络中被丢弃，实际上是对通信资源的严重浪费。因此发送方不能无限制地一直发送分组，必须采取措施限制发送方连续发送分组的个数。**回退 N 帧**（Go-back-N，GBN）协议在流水线传输的基础上利用**发送窗口**来限制发送方连续发送分组的个数，是一种**连续 ARQ 协议**。为此，在发送方要维持一个发送窗口。**发送窗口是允许发送方已发送但还没有收到确认的分组序号的范围，窗口大小就是发送方已发送但还没有收到确认的最大分组数**。实际上，发送窗口为 1 的 GBN 协议就是我们刚刚讨论过的停止等待协议。

以图 3-15（a）为例，发送窗口大小为 5，位于发送窗口内的 5 个分组都可连续发送出去，而不需要等待对方的确认。GBN 协议规定，发送方每收到一个确认，就把发送窗口向前滑动一个分组的位置。图 3-15（b）表示发送方收到了对第 1 个分组的确认，于是把发送窗口向前移动一个分组的位置。如果原来已经发送了前 5 个分组，那么现在就可以发送窗口内的第 6 个分组了。在协议的工作过程中发送窗口不断向前滑动，因此这类协议又称为**滑动窗口协议**。

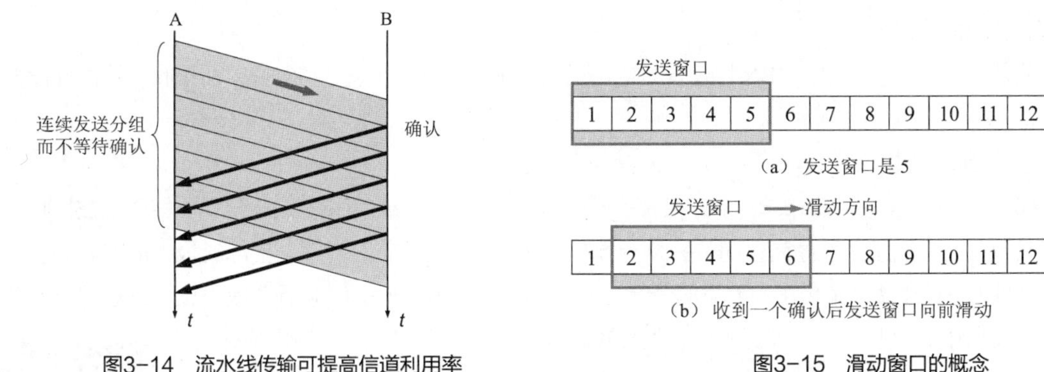

图3-14 流水线传输可提高信道利用率

图3-15 滑动窗口的概念

图 3-16 所示为当发送窗口大小为 4 时 GBN 协议的工作过程。

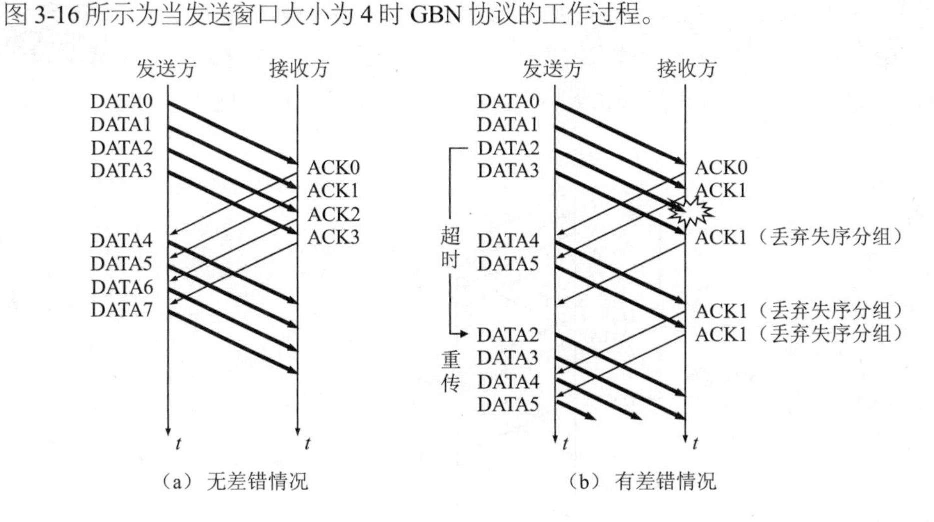

图3-16 GBN协议的工作过程

这里要注意以下 3 点。

（1）接收方只按序接收分组。如图 3-16（b）所示，虽然在出现差错的数据分组 DATA2 之后收到了正确的分组 DATA3、DATA4 和 DATA5，但都必须将它们丢弃，因为在没有正确接收 DATA2 之前，这些分组都是失序到达的分组。**当收到序号错误的分组，接收方除了将它们丢弃外，还要对最近按序接收的分组进行确认**。如果将接收方允许接收的分组序号的范围定义为**接收窗口**的话，GBN 协议的接收窗口的大小为 1。接收方只接收序号落在接收窗口内的分组并向前滑动接收窗口。

（2）在发送方，依然采用超时机制来重传出现差错或丢失的分组。由于接收方只接收按序到达的分组，一旦某个分组出现差错，其后连续发送的所有分组都要被重传（见图 3-16（b）），最多会重传窗口大小个分组。为简单起见，GBN 协议规定：一旦发送方超时，则立即重传发送窗口内所有已发送的分组。这就是 GBN 协议名称的由来，即一旦出错需要退回去重传已发送过的 N 个分组。

（3）接收方采用**累积确认**的方式。接收方对分组 n 的确认，表明接收方已正确接收到分组 n 及以前的所有分组。因此，接收方不一定要对收到的分组逐个发送确认，而是可以在收到几个分组后（由具体实现决定），对按序到达的最后一个分组发送确认。累积确认有优点也有缺点。优点是容易实现，即使确认丢失也可能不必重传（见习题 3-10）。但缺点是不能向发送方准确反映出接收方已经正确收到的所有分组的信息。

从以上 3 点可以看出，GBN 协议在 SW 协议的基础上只修改了发送方算法，而接收方算法并没变化。

5. 选择重传协议

GBN 协议存在一个缺点：一个分组的差错可能引起大量分组的重传，这些分组可能已经被接收方正确接收了，但由于未按序到达而被丢弃。显然对这些分组的重传是对通信资源的极大浪费。为进一步提高性能，可设法只重传出现差错的分组，但这时**接收窗口不再为 1**，以便先收下失序到达但仍然处在接收窗口中的那些分组，等到所缺分组收齐后再一并送交上层。这就是**选择重传**（Selective Repeat，SR）协议。注意，为了使发送方仅重传出现差错的分组，接收方不能再采用累积确认，而需要对每个正确接收到的分组进行**逐一确认**。显然，SR 协议比 GBN 协议要复杂，并且接收方需要有足够的缓存来暂存失序到达的分组。图 3-17 所示为当发送窗口和接收窗口大小均为 4 时的 SR 协议的工作过程。

SR 协议

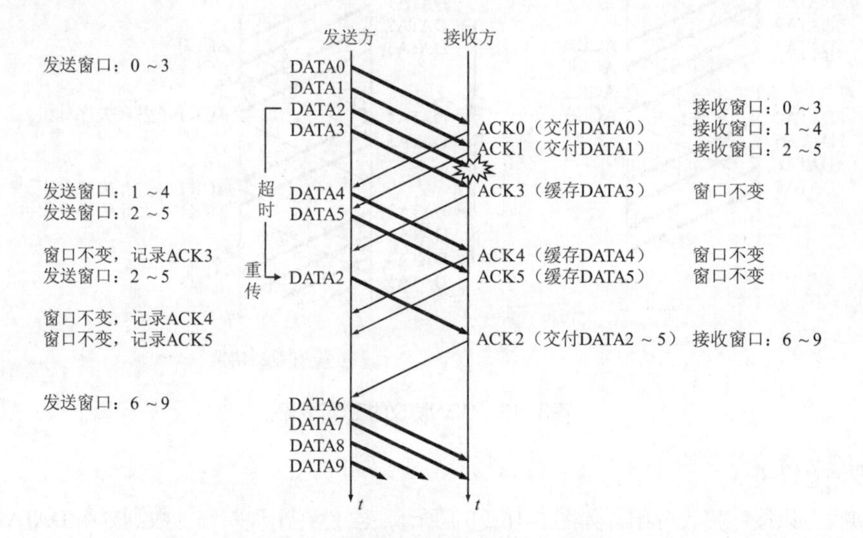

图3-17 SR协议的工作过程（窗口大小为4）

由图 3-17 中可以看出，当接收方正确收到失序的分组时，只要落在接收窗口内就先缓存起来并发回确认，如 DATA3、DATA4 和 DATA5，但是这些分组不能交付给上层。发送方在收到 ACK2 之前，发送窗口一直保持为 2~5，因此在发送完 DATA5 后只能暂停发送分组。发送方收到失序的 ACK3、ACK4 和 ACK5 后并不改变发送窗口，但要记录 DATA3、DATA4 和 DATA5 已被确认，因此只有 DATA2 被超时重传。注意，在 SR 中，ACK*n* 仅表示对分组 DATA*n* 的确认。接收方收到重传的 DATA2 后，将其和已缓存的 DATA3、DATA4 和 DATA5 一起交付给上层，并将接收窗口改为 6~9。发送方接收到盼望已久的 ACK2 后，将发送窗口改为 6~9，并又可以继续发送分组 DATA6~DATA9 了。将图 3-16 与图 3-17 进行比较，很容易发现，后者只重传了 DATA2 一个分组，而前者重传了 DATA2~DATA5 的 4 个分组。

6. 数据链路层的可靠传输

从以上的讨论可以看出，不可靠的链路加上适当的协议（例如，停止等待协议）就可以使链路层向上提供可靠传输服务。但付出的代价是数据的传输效率降低了，而且增加了协议的复杂性。因此，应当根据链路的具体情况来决定是否需要让链路层向上提供可靠传输服务。

由于过去的通信链路质量不好（表现为误码率高），在数据链路层曾广泛使用可靠传输协议，但随着技术的发展，现在的有线通信链路的质量已经非常好了。因通信链路质量不好而引起差错的概率已大大降低，因此，现在有线网络广泛使用的数据链路层协议一般都不使用确认和重传机制，即不要求数据链路层向上提供可靠传输服务。若数据链路层传输数据偶尔出现了差错，并且需要进行改正，则改正差错的任务就由上层协议（例如，运输层的 TCP 协议）来完成。实践证明，这样做可以提高通信效率，降低设备成本。但是在使用无线信道传输数据时，由于无线信道误码率较高，往往需要在数据链路层实现可靠传输服务以尽快恢复差错，为上层提供较好的传输服务。

3.2 点对点协议（PPP）

在通信线路质量较差的年代，能实现可靠传输的**高级数据链路控制**（High-level Data Link Control，HDLC）成为了当时比较流行的数据链路层协议。HDLC 是一个比较复杂的协议，实现了滑动窗口协议，并可支持点对点和点对多点两种连接方式。对于现在误码率已非常低的点对点有线链路，HDLC 已很少使用了，而简单得多的**点对点协议**（Point-to-Point Protocol，PPP）则是目前使用最广泛的点对点数据链路层协议。

我们知道，因特网用户通常都要连接到某个 ISP 才能接入到因特网。用户计算机和 ISP 进行通信时，所使用的数据链路层协议通常就是 PPP 协议（见图 3-18）。PPP 协议是 IETF 在 1992 年制定的。经过 1993 年和 1994 年的修订，现在的 PPP 协议已成为因特网的正式标准[RFC 1661, RFC 1662]。

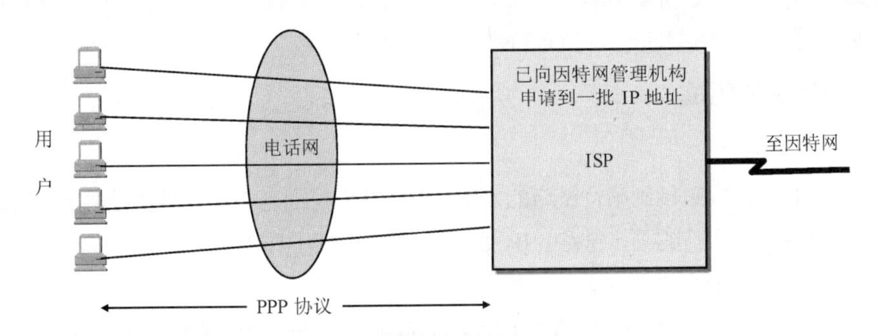

图3-18 应用PPP协议的一个例子

3.2.1 PPP的特点

PPP 的主要特点如下。

（1）**简单**。数据链路层的 PPP 非常简单：接收方每收到一个帧，就进行 CRC 检验。如 CRC 检验正确，就收下这个帧；反之，就丢弃这个帧。使用 PPP 的数据链路层向上不提供可靠传输服务。如需要可靠传输，则由运输层来完成。

（2）**封装成帧**。PPP 规定了特殊的字符作为**帧定界符**（即标志一个帧的开始和结束的字符），以便使接收端从收到的比特流中能准确地找出帧的开始和结束位置。

（3）**透明性**。PPP 能够保证数据传输的透明性。

（4）**多种网络层协议和多种类型链路**。PPP 能够**在同一条物理链路上同时支持多种网络层协议**（如 IP 和 IPX 等）的运行，以及能够在多种类型的点对点链路上运行。例如，一条拨号电话线路，一条 SONET/SDH 链路，一条 X.25 连接或者一条 ISDN 电路，这些链路可能是串行的或并行的，同步的或异步的，低速的或高速的，电的或光的等。PPP 可以用于用户 PC 到 ISP 接入服务器间的点对点接入链路，也可以用于路由器之间的专用线路。

这里特别要提到的是，在 1999 年公布的在以太网上运行的 PPP，即 PPP over Ethernet，简称为 PPPoE。这就是 PPP 能够适应多种类型链路的一个典型例子。PPPoE 使 ISP 可以通过 DSL、电路调制解调器、以太网等宽带接入技术以以太网接口的形式为用户（一个或多个用户）提供接入服务。我们将在 3.4 节讨论以太网。

（5）**差错检测**。PPP 能够对接收端收到的帧进行差错检测（但不进行纠错），并**立即丢弃有差错的帧**。若在数据链路层不进行差错检测，那么已出现差错的无用帧，就还要在网络中继续向前转发，因而会白白浪费许多的网络资源。

（6）**检测连接状态**。PPP 具有一种机制，能够及时（不超过几分钟）自动检测出链路是否处于正常工作状态。当出现故障的链路隔了一段时间后又重新恢复正常工作时，就特别需要有这种及时检测功能。

（7）**最大传送单元**。PPP 对每一种类型的点对点链路设置**最大传送单元** MTU 的标准默认值[①]。如果高层协议发送的分组过长并超过 MTU 的数值，PPP 就要丢弃这样的帧，并返回差错。需要强调的是，MTU 是数据链路层的帧可以载荷的**数据部分**的最大长度，而**不是帧的总长度**。

（8）**网络层地址协商**。PPP 提供了一种机制使通信的两个网络层（例如，两个 IP 层）实体能够通过协商知道或能够配置彼此的网络层地址。这对拨号连接的链路特别重要，因为在链路层建立了连接后，用户需要配置一个网络层地址，才能在网络层传送分组。

3.2.2 PPP的组成

PPP 有 3 个组成部分。

（1）一个将 IP 数据报封装到串行链路的方法。PPP 既支持面向字符的异步链路（无奇偶检验的 8 比特数据），也支持面向比特的同步链路。IP 数据报在 PPP 帧中作为信息部分被传输。这个信息部分的长度受最大传送单元 MTU 的限制。

（2）一个用来建立、配置和测试数据链路连接的**链路控制协议**（Link Control Protocol，LCP）。通信的双方可协商一些选项。在 RFC 1661 中定义了 11 种类型的 LCP 分组。

（3）一套**网络控制协议**（Network Control Protocol，NCP）[②]，其中的每一个协议支持不同的网络层协议，如 IP、OSI 的网络层、DECnet，以及 AppleTalk 等。

3.2.3 PPP的帧格式

1. 各字段的意义

PPP 的帧格式如图 3-19 所示。PPP 帧的首部和尾部分别为四个字段和两个字段。

---

① MTU 的默认值至少是 1 500 字节。在 RFC 1661 中，MTU 叫作**最大接收单元**（Maximum Receive Unit，MRU）。

② TCP 的早期版本也叫作 NCP，但它和这里所讨论的 NCP 没有关系。

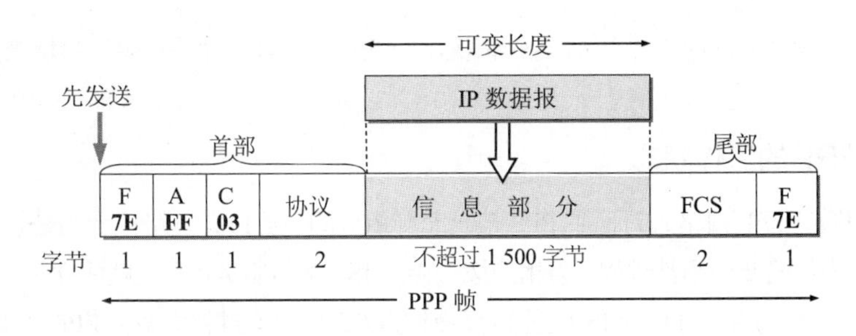

图3-19 PPP帧的格式

首部的第一个字段和尾部的第二个字段都是标志字段 F（Flag），规定为 0x7E（符号“0x”表示它后面的字符是用十六进制表示的。十六进制的 7E 的二进制表示是 01111110）。标志字段表示一个帧的开始或结束。因此标志字段就是 PPP 帧的定界符。连续两帧之间只需要用一个标志字段。如果出现连续两个标志字段，就表示这是一个空帧，应当丢弃。

首部中的地址字段 A 规定为 0xFF（即 11111111），控制字段 C 规定为 0x03（即 00000011）。最初曾考虑以后再对这两个字段的值进行其他定义，但至今也没有给出。可见这两个字段实际上并没有携带 PPP 帧的信息。

PPP 首部的第四个字段是 2 字节的协议字段。当协议字段为 0x0021 时，PPP 帧的信息字段就是 IP 数据报。若为 0xC021，则信息字段是 PPP 链路控制协议 LCP 的分组，而 0x8021 表示这是网络控制协议 NCP 的分组①。

信息字段的长度是可变的，不超过 1500 字节。

尾部中的第一个字段（2 字节）是使用 CRC 的帧检验序列 FCS。

2. 透明传输

当信息字段中出现和标志字段一样的比特组合（0x7E）时，就必须采取一些措施使这种形式上和标志字段一样的比特组合不出现在信息字段中。

当 PPP 采用异步传输时，它把转义符定义为 0x7D，并使用**字节填充**。RFC 1662 规定了如下所述的填充方法。

（1）把信息字段中出现的每一个 0x7E 字节转变成为 2 字节序列（0x7D, 0x5E）。

（2）若信息字段中出现一个 0x7D 的字节（即出现了和转义字符一样的比特组合），则把 0x7D 转变成为 2 字节序列（0x7D, 0x5D）。

（3）若信息字段中出现 ASCII 码的控制字符（即数值小于 0x20 的字符），则在该字符前面要加入一个 0x7D 字节，同时将该字符的编码加以改变。例如，出现 0x03（在控制字符中是“传输结束”ETX）就要把它转变为 2 字节序列（0x7D, 0x23）。

由于在发送端进行了字节填充，因此在链路上传送的信息字节数就超过了原来的信息字节数。但接收端在收到数据后再进行与发送端字节填充相反的变换，就可以正确地恢复出原来的信息。

PPP 用在 SONET/SDH 链路时，使用面向比特的同步传输（一连串的比特连续传送）而不是面向

① 在 2002 年 1 月以前，可以在 RFC 1700 中查出这些代码的值。但现在 RFC 3232 已把 RFC 1700 划归为陈旧的 RFC。读者可在网站 www.iana.org 上找到有关的代码值。

字符的异步传输（逐个字符地传送）。在这种情况下，PPP 采用前面介绍的**零比特填充**方法来实现透明传输。

3.2.4 PPP的工作状态

上一节我们通过 PPP 帧格式讨论了 PPP 帧是怎样组成的。但 PPP 链路一开始是怎样被初始化的？这里以拨号接入为例简要介绍其过程。当用户拨号接通 ISP 拨号服务器后，就建立了一条从用户 PC 到 ISP 的物理连接。这时，用户 PC 向 ISP 发送一系列的 LCP 分组（封装成多个 PPP 帧），以便建立 LCP 连接。这些分组及其响应选择了将要使用的一些 PPP 参数。接着还要进行网络层配置，NCP 给新接入的用户 PC 分配一个临时的 IP 地址。这样，用户 PC 就成为因特网上的一个有 IP 地址的主机了。

当用户通信完毕时，NCP 释放网络层连接，收回原来分配出去的 IP 地址。接着，LCP 释放数据链路层连接。最后释放的是物理层的连接。

上述过程可用图 3-20 的状态图来描述。

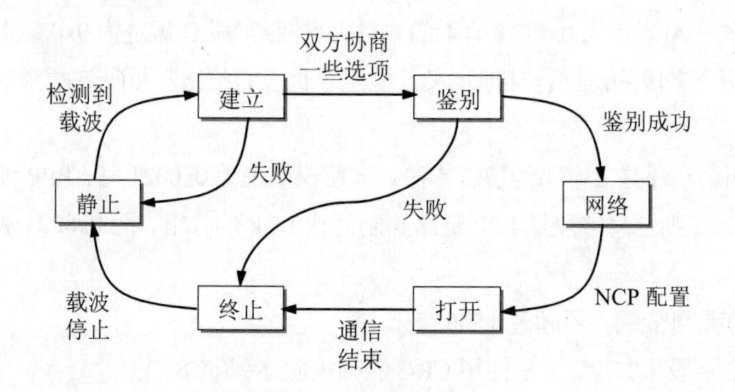

图3-20 PPP的状态图

PPP 链路的起始和终止状态永远是图 3-20 中的“**静止**”状态，这时并不存在物理层的连接。当检测到调制解调器的载波信号，并建立物理层连接后，PPP 就进入链路的“**建立**” 状态。这时 LCP 开始协商一些**配置选项**，即发送 LCP 的**配置请求帧**（Configure-Request）。这是个 PPP 帧，其协议字段配置为 LCP 对应的代码，而信息字段包含特定的配置请求。链路的另一端可以发送以下几种响应。

（1）**配置确认帧**（Configure-Ack）：所有选项都接受。

（2）**配置否认帧**（Configure-Nak）：所有选项都理解但不能接受。

（3）**配置拒绝帧**（Configure-Reject）：有的选项无法识别或不能接受，需要协商。

LCP 配置选项包括链路上的最大帧长、所使用的**鉴别协议**（Authentication Protocol）的规约（如果有的话），以及不使用 PPP 帧中的地址和控制字段（因为这两个字段的值是固定的，没有任何信息量，可以在 PPP 帧的首部中省略这两个字节）。

协商结束后就进入“**鉴别**”状态。若通信的双方鉴别身份成功，则进入“**网络**”状态。这就是 PPP 链路的两端互相交换网络层特定的网络控制分组。如果在 PPP 链路上运行的是 IP，则使用 **IP 控制协议** IPCP（IP Control Protocol）来对 PPP 链路的每一端配置 IP 模块（如分配 IP 地址）。和 LCP 分组封装成 PPP 帧一样，IPCP 分组也封装成 PPP 帧（其中的协议字段为 0x8021）在 PPP 链路上传送。当网络层配置完毕后，链路就进入可进行数据通信的“**打开**”状态。两个 PPP 端点还可发送**回送请求** LCP 分组

（Echo-Request）和**回送回答** LCP 分组（Echo-Reply）以检查链路的状态。数据传输结束后，链路的一端发出**终止请求** LCP 分组（Terminate-Request）请求终止链路连接，而当收到对方发来的**终止确认** LCP 分组（Terminate-Ack）后，就转到“**终止**”状态。当载波停止后则回到“**静止**”状态。

3.3 使用广播信道的数据链路层

广播信道可以进行一对多的通信，能很方便且廉价地连接多个邻近的计算机，因此曾经被广泛应用于局域网之中。由于用广播信道连接的计算机共享同一传输媒体，因此使用广播信道的局域网被称为共享式局域网。虽然随着技术的发展，交换技术的成熟和成本的降低，具有更高性能的使用点对点链路和链路层交换机的交换式局域网在有线领域已完全取代了共享式局域网，但由于无线信道的广播天性，无线局域网仍然使用的是共享媒体技术。实际上共享媒体技术最初就用于无线通信领域。

3.3.1 媒体接入控制

用广播信道连接多个站点（可以是主机或下一章要讨论的路由器），一个站点可以方便地给任何其他站点发送数据，但必须解决如果同时有两个以上的站点在发送数据时共享信道上信号冲突的问题。因此共享信道要着重考虑的一个问题就是如何协调多个发送和接收站点对一个共享传输媒体的占用，即**媒体接入控制**（Medium Access Control）或**多址接入**（Multiple Access）[①]问题。

媒体接入控制技术主要可以分为以下两大类方法。

（1）**静态划分信道**。典型技术主要有频分多址、时分多址和码分多址。这些技术利用在 2.4 节中已经介绍过的频分复用、时分复用和码分复用方法将共享信道划分为 N 个独立的子信道，每个站点分配一个专用的信道用于发送数据，并可在所有的信道上接收数据，从而保证站点无冲突地发送数据。显然这种固定划分信道的方法非常不灵活，对于突发性数据传输信道利用率会很低，通常在无线网络的物理层中使用，而不是在数据链路层中使用。

（2）**动态接入控制**。其特点是各站点动态占用信道发送数据，而不是使用预先固定分配好的信道。这里又分为以下两类。

随机接入。随机接入的特点是所有站点通过竞争，随机地在信道上发送数据。如果恰巧有两个或更多的站点在同一时刻发送数据，那么信号在共享媒体上就要产生**碰撞**（即发生了**冲突**），使得这些站点的发送都失败。因此，这类协议要解决的关键问题是如何尽量避免冲突及在发生冲突后如何尽快恢复通信。著名的共享式以太网采用的就是随机接入。

受控接入。受控接入的特点是结点不能随机地发送信息而必须服从一定的控制。这类协议的典型代表有集中控制的多点轮询协议和分散控制的令牌传递协议。在集中控制的多点轮询协议中有一个主站以循环方式轮询每个站点有无数据发送，只有被轮询到的站点才能发送数据。集中控制的最大缺点在于存在单点故障问题。而在分散控制的令牌传递协议中各站点是平等的，并连接成一个环形网络。令牌（一个特殊的控制帧）沿环逐站传递，接收到令牌的站点才有权发送数据，并且在发送完数据后将令牌传递给下一个站点。采用令牌传递协议的典型网络有令牌环网（IEEE 802.5）、令牌总线网（IEEE

① 也可翻译成“多点接入”“多路访问”或“多址访问”等。

802.4）和光纤分布式数据接口（Fiber Distributed Data Interface，FDDI）。不过这些网络由于市场竞争已逐步退出了历史舞台。

3.3.2 局域网

局域网是在 20 世纪 70 年代末发展起来的。局域网技术在计算机网络中占有非常重要的地位。局域网最主要的特点是：**网络为一个单位所拥有，且地理范围和站点数目均有限**。在局域网刚刚出现时，局域网比广域网具有较高的数据率、较低的时延和较小的误码率。但随着光纤技术在广域网中普遍使用，现在广域网也具有很高的数据率和很低的误码率。

最初，局域网主要用来连接单位内部的计算机，使它们能够方便地共享所有连接在局域网上的各种硬件、软件和数据资源。现在，局域网将各种企业、机构、校园中的大量用户接入到互联网中，并且网络中大部分的信息资源都集中在这些局域网中，而广域网往往只是充当连接众多局域网的远程链路。

1. 局域网拓扑

局域网可按网络拓扑进行分类。图 3-21（a）所示为**星形网**。由于**集线器**（hub）的出现和双绞线大量用于局域网中，星形以太网及多级星形结构的以太网获得了非常广泛的应用。图 3-21（b）所示为**环形网**，如前面介绍的令牌环网。图 3-21（c）所示为**总线网**，各站点直接连在总线上，总线两端的匹配电阻吸收在总线上传播的电磁波信号的能量，避免在总线上产生有害的电磁波反射。总线网以传统以太网最为著名。局域网经过了三十多年的发展，尤其是在快速以太网（100 Mbit/s）、吉比特以太网（1 Gbit/s）和 10 吉比特以太网（10 Gbit/s）相继进入市场后，以太网已经在局域网市场中占据了绝对优势。现在以太网几乎成为了局域网的同义词，因此本书主要以以太网技术为例来讨论局域网。

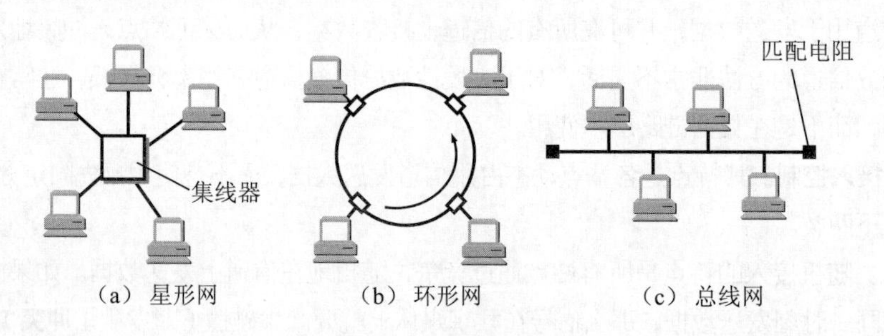

图3-21 局域网的拓扑

局域网可使用多种传输媒体。双绞线最便宜，现在 10 Mbit/s 甚至 100 Mbit/s 乃至 1 Gbit/s 的局域网都可使用双绞线。双绞线已成为局域网中的主流传输媒体。当数据率很高时，往往需要使用光纤作为传输媒体。

必须指出，局域网工作的层次跨越了数据链路层和物理层。由于局域网技术中有关数据链路层的内容比较丰富，因此我们就把局域网的内容放在数据链路层这一章中讨论，但这并不表示局域网仅仅和数据链路层有关。

2. 局域网体系结构

在局域网发展的初期，各种类型的网络相继出现，并且各自采用不同的网络拓扑和媒体接入控制技术。出于有关厂商在商业上的激烈竞争，IEEE 802 委员会[①]未能形成一个统一的、“最佳的”局域网标准，而是被迫制定了几个不同的局域网标准。为了使数据链路层能更好地适应多种局域网标准，IEEE 802 委员会就把局域网的数据链路层拆成两个子层，即**逻辑链路控制**（Logical Link Control，LLC）子层和**媒体接入控制**（Medium Access Control，MAC）子层。与接入到传输媒体有关的内容都放在 MAC 子层，而 LLC 子层则与传输媒体无关，不管采用何种传输媒体和 MAC 子层的局域网，对 LLC 子层来说都是透明的（见图 3-22）。LLC 子层可以为不同类型的网络层协议提供不同类型的数据传输服务，例如，无确认无连接服务、面向连接的可靠传输服务或带确认的无连接服务。

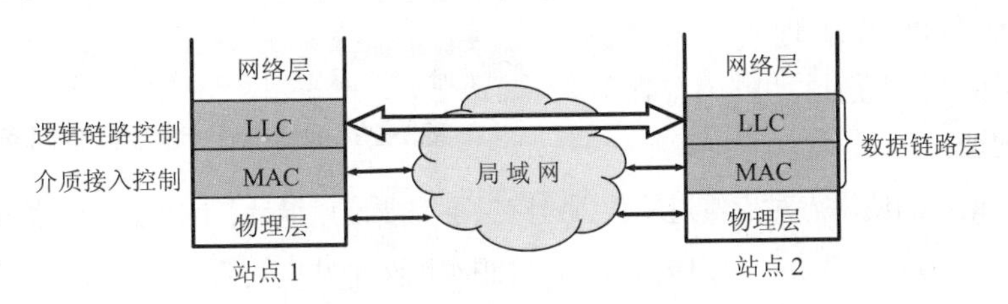

图3-22 局域网对LLC子层是透明的

然而到了 20 世纪 90 年代后，以太网在局域网市场中已取得了垄断地位，并且几乎成为了局域网的代名词，TCP/IP 体系经常使用的局域网只剩下 DIX Ethernet V2 而不是 IEEE 802.3 标准中的局域网，因此现在 IEEE 802 委员会制定的逻辑链路控制子层 LLC（即 IEEE 802.2 标准）的作用已经基本消失，很多厂商生产的适配器上就仅装有 MAC 协议而没有 LLC 协议。本章在介绍以太网时就不再考虑 LLC 子层。

3. 网络适配器

首先我们从一般的概念上讨论一下计算机是怎样连接到局域网上的。

计算机与外界局域网的连接是通过通信**适配器**（Adapter）。适配器本来是在主机箱内插入的一块网络接口板（或者是在笔记本电脑中插入的一块 PCMCIA 卡）。这种接口板又称为**网络接口卡**（Network Interface Card，NIC）或简称为“**网卡**”。由于目前多数计算机主板上都已经嵌入了这种适配器，不再使用单独的网卡了，因此本书使用适配器这个更准确的术语。适配器有自己的处理器和存储器（包括 RAM 和 ROM），是一个半自治的设备。适配器和局域网之间的通信是通过电缆或双绞线以串行传输方式进行的，而适配器和计算机之间的通信则是通过计算机主板上的 I/O 总线以并行传输方式进行的。因此，适配器的一个重要功能就是要进行数据串行传输和并行传输的转换。由于网络上的数据率和计算机总线上的数据率并不相同，因此在适配器中必须装有对数据进行缓存的存储芯片。要想使适配器能正常工作，还必须把管理该适配器的设备驱动程序安装在计算机的操作系统中。这个驱动程序以后就会告诉适配器，应当从存储器的什么位置上把多长的数据块发送到局域网，或者应当在存储器的什么位置上把局域网传送过来的数据块存储下来。适配器还要能够实现局域网数据链路层和物理层的协议。

① IEEE 802 委员会是专门制定局域网和城域网标准的机构。目前其下属的活跃工作组如下：802.1——局域网高层协议；802.3——以太网；802.11——无线局域网；802.15——无线个人区域网；802.16——宽带无线接入；802.17——弹性分组环（Resilient Packet Ring）；802.20——移动宽带无线接入（Mobile Broadband Wireless Access，MBWA）；802.21——媒体无关切换（Media Independent Handoff），其余的都已经暂时或完全停止了活动。所有 802 标准都可从因特网下载。

适配器接收和发送各种帧时不使用计算机的 CPU，这时 CPU 可以处理其他任务。当适配器收到有差错的帧时，就把这个帧丢弃而不必通知计算机。当适配器收到正确的帧时，它就使用中断来通知该计算机并交付给协议栈中的网络层。当计算机要发送 IP 数据报时，就由协议栈把 IP 数据报向下交给适配器，组装成帧后发送到局域网。图 3-23 表示适配器的作用。我们特别要注意，计算机的硬件地址（在后面讨论）就在适配器的 ROM 中，而计算机的软件地址——IP 地址（在 4.2.2 小节讨论），则在计算机的存储器中。

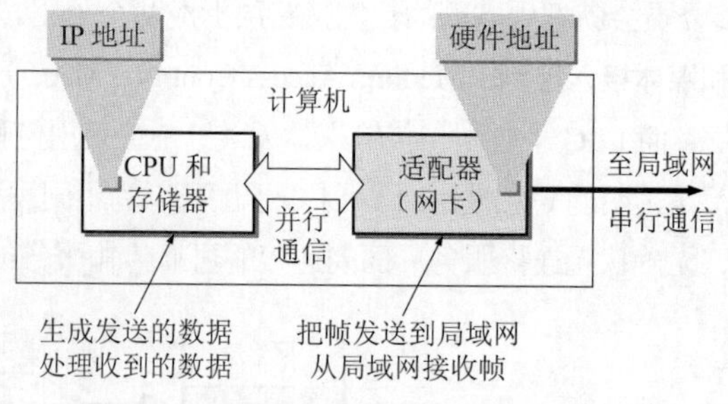

图3-23　计算机通过适配器和局域网进行通信

4. MAC 地址

前面我们讨论过的使用点对点信道的数据链路层不需要使用地址，因为连接在信道上的只有两个站点，但当多个站点连接在同一个广播信道上，要想实现两个站点的通信，则每个站点都必须有一个唯一的标识，即一个**数据链路层地址**。在每个发送的帧中必须携带标识接收站点和发送站点的地址。由于该地址用于媒体接入控制，因此被称为 **MAC 地址**。

802 标准为局域网规定了一种 48 位的全球地址（一般都简称为“地址”），是指局域网上的每一台计算机中**固化在适配器 ROM 中的地址**。实际上这个地址仅仅是一个适配器的标识符，它并不能告诉我们这个计算机所在的位置。因此，有以下两种情况。

（1）假定连接在局域网上的一台计算机的适配器坏了而我们更换了一个新的适配器，那么这台计算机的局域网“地址”也就改变了，虽然这台计算机的地理位置一点也没有变化，接入的局域网也没有任何改变。

（2）假定我们把位于南京的某局域网上的一台笔记本电脑携带到北京，并连接在北京的某局域网上。虽然这台计算机的地理位置改变了，但只要计算机中的适配器不变，那么该计算机在北京的局域网中的“地址”仍然和它在南京的局域网中的“地址”一样。

请注意，如果连接在局域网上的主机或路由器安装有多个适配器，那么这样的主机或路由器就有多个“地址”。更准确些说，这种 48 位“地址”应当是某个接口的标识符。

现在 IEEE 的**注册管理机构**（Registration Authority，RA）是局域网全球地址的法定管理机构，它负责分配地址字段的 6 个字节中的前三个字节（即高位 24 位）。世界上凡要生产局域网适配器的厂家都必须向 IEEE 购买由这三个字节构成的这个号（即地址块），这个号的正式名称是**组织唯一标识符**（Organizationally Unique Identifier，OUI），通常也叫作**公司标识符**（company_id）。例如，3Com 公司生产的适配器的 MAC 地址的前三个字节是 02-60-8C[①]。地址字段中的后三个字节（即低位 24 位）则是由厂家自行指派，称为**扩展标识符**（Extended Identifier），只要保证生产出的适配器没有重复地址即可。可见用一个地址块可以生成 2^{24} 个不同的地址。在生产适配器时，这种 6 字节的 MAC 地址已被固化在适配器的 ROM 中。因此，MAC 地址也叫作**硬件地址**或**物理地址**，是一种平面结构的地址（即没有层

① 这里的02-60-8C是十六进制数字在局域网地址中的一种标准记法。每4个二进制数字用一个十六进制数字表示，而每两个十六进制数字与它后面两个十六进制数字之间用连字符隔开。另一种记法是在 0x 后面写上一连串的十六进制数字，如 0x02608C。

次结构）[①]，不论适配器移动到哪里都不会改变。

IEEE 规定地址字段的第一字节的最低位为 I/G 位。I/G 表示 Individual/Group。当 I/G 位为 0 时，地址字段表示一个**单个站地址**。当 I/G 位为 1 时表示**组地址**，用来进行**多播**（以前曾译为组播）。因此，IEEE 只分配地址字段前三个字节中的 23 位。当 I/G 位分别为 0 和 1 时，一个地址块可分别生成 2^{23} 个单个站地址和 2^{23} 个组地址。需要指出，有的书把上述最低位写为"第一位"，但"第一"的定义是含糊不清的。这是因为在地址记法中有两种标准：第一种记法是把每一字节的**最低位**写在最左边（最左边的最低位是第一位），IEEE 802.3 标准就采用这种记法；第二种记法是把每一字节的**最高位**写在最左边（最左边的最高位是第一位）。在发送数据时，两种记法都是按照字节的顺序发送，但每一个字节中先发送哪一位则不同：第一种记法先发送最低位，第二种记法先发送最高位。

IEEE 还考虑到可能有人并不愿意向 IEEE 的 RA 购买 OUI。为此，IEEE 把地址字段第 1 字节的次低位规定为 G/L 位，表示 Global/Local。当 G/L 位为 0 时是**全球管理**（保证在全球没有相同的地址），厂商向 IEEE 购买的 OUI 都属于**全球管理**。当地址字段的 G/L 位为 1 时是**本地管理**，这时用户可任意分配网络上的地址。采用 2 字节地址字段时全都是本地管理。但应当指出，以太网几乎不使用这个 G/L 位。

这样，在全球管理时，对每一个站点的地址可用 46 位的二进制数字来表示（最低位为 0 和最低第 2 位为 1 时）。剩下的 46 位组成的地址空间可以有 2^{46} 个地址，已经超过 70 万亿个，可保证世界上的每一个适配器都可有唯一的地址。

当路由器通过适配器连接到局域网时，适配器上的硬件地址就用来标志路由器的某个接口。路由器如果同时连接到两个网络上，那么它就需要两个适配器和两个硬件地址。

适配器有**过滤功能**。适配器从网络上每收到一个 MAC 帧就先用硬件检查 MAC 帧中的目的地址。如果是发往本站的帧则收下，然后再进行其他处理，否则就将此帧丢弃，不再进行其他处理。这样做就不浪费主机的处理器和内存资源。这里"发往本站的帧"包括以下 3 种帧：

（1）**单播**（Unicast）帧（一对一），即收到的帧的 MAC 地址与本站的硬件地址相同；

（2）**广播**（Broadcast）帧（一对全体），即发送给本局域网上所有站点的帧（全 1 地址）；

（3）**多播**（Multicast）帧（一对多），即发送给本局域网上一部分站点的帧。

所有的适配器都至少应当能够识别前两种帧，即能够识别单播和广播地址。有的适配器可用编程方法识别多播地址。当操作系统启动时，它就把适配器初始化，使适配器能够识别某些多播地址。显然，只有目的地址才能使用广播地址和多播地址。

通常适配器还可设置为一种特殊的工作方式，即**混杂方式**（Promiscuous Mode）。工作在混杂方式的适配器只要"听到"有帧在共享媒体上传输就悄悄地接收下来，而不管这些帧是发往哪个站点的。请注意，这样做实际上是"窃听"其他站点的通信，而并不中断其他站点的通信。网络上的**黑客**（Hacker 或 Cracker）常利用这种方法非法获取网上用户的口令。

但混杂方式有时却非常有用。例如，网络维护和管理人员需要用这种方式来监视和分析局域网上的流量，以便找出提高网络性能的具体措施。有一种很有用的网络工具叫作**嗅探器**（Sniffer），就使用

① 地址有**平面地址**（Flat Address）和**层次地址**（Hierarchical Address）两大类。平面地址也叫作**非层次地址**，就是在分配地址时按顺序号一个个地挨着分配。层次地址是将整个地址再划分为几个部分，而每部分按一定的规律分配号码。像我们的电话号码就是一种层次号码，电信网中的交换机按照国家号→区号→局号→用户号的顺序可以准确地找到用户的电话。但局域网的 6 字节的地址是一种平面地址。适配器根据全部的 48 位地址决定接收或丢弃所收到的 MAC 帧。

了设置为混杂方式的网络适配器。此外，这种嗅探器还可帮助学习网络的人员更好地理解各种网络协议的工作原理。因此，混杂方式就像一把“双刃剑”，是利是弊要看你怎样使用它。

3.4 共享式以太网

以太网是美国施乐（Xerox）公司的Palo Alto研究中心（简称为PARC）于1975年研制成功的。那时，以太网是一种基带总线局域网，当时的数据率为2.94 Mbit/s。以太网用无源电缆作为总线来传送数据帧，并以曾经在历史上表示传播电磁波的**以太**（Ether）来命名。1976年7月，Metcalfe和Boggs发表他们的以太网里程碑论文。1980年9月，DEC公司、英特尔（Intel）公司和施乐公司联合提出了10 Mbit/s以太网规约的第一个版本DIX V1（DIX是这三个公司名称的缩写）。1982年又修改为第二版规约（实际上也就是最后的版本），即DIX Ethernet V2，成为世界上第一个局域网产品的规约。

在此基础上，IEEE 802委员会的802.3工作组于1983年制定了第一个IEEE的以太网标准IEEE 802.3，数据率为10 Mbit/s。802.3局域网对以太网标准中的帧格式做了很小的一点改动，但允许基于这两种标准的硬件实现可以在同一个局域网上互操作。以太网的两个标准DIX Ethernet V2与IEEE的802.3标准只有很小的差别，因此很多人也常把802.3局域网简称为“以太网”。但由于在802.3标准公布之前，DIX Ethernet V2已被大量使用，因此最后802.3标准并没有被广泛应用。本书仅讨论DIX Ethernet V2。

以太网目前已从传统的共享式以太网发展到交换式以太网，数据率已演进到每秒百兆比特、吉比特甚至10吉比特。本节先介绍最早流行的10 Mbit/s速率的共享式以太网。

CSMA/CD协议

3.4.1 CSMA/CD协议

本小节以10 Mbit/s总线型以太网为例讨论以太网的媒体接入控制协议CSMA/CD的基本原理。

最早的以太网是将许多站点都连接到一根总线上。当初认为这种连接方法既简单又可靠，因为在那个时代普遍认为：“有源器件不可靠，而无源的电缆线才是最可靠的”。

总线的特点是：当一个站点发送数据时，总线上的所有站点都能检测并接收到这个数据。这种就是广播通信方式。但我们并不总是要在局域网上进行一对多的广播通信。为了在总线上实现一对一的通信，可以使每个站点的适配器拥有一个与其他适配器都不同的地址。在发送数据帧时，在帧的首部写明接收站的地址。现在的电子技术可以很容易做到：仅当数据帧中的目的地址与适配器ROM中存放的硬件地址一致时，该适配器才能接收这个数据帧。适配器对不是发送给自己的数据帧就丢弃。这样，具有广播特性的总线上就实现了一对一的通信。

为了通信的简便，以太网采取了以下两种措施。

第一，采用较为灵活的**无连接**的工作方式，即不必先建立连接就可以直接发送数据。适配器对发送的数据帧**不进行编号，也不要求对方发回确认**。这样做的理由是局域网信道的质量很好，因通信质量不好产生差错的概率是很小的。因此，**以太网提供的服务是不可靠的交付，即尽最大努力的交付**。当目的站收到有差错的数据帧时（例如，用CRC查出有差错），就把帧丢弃，其他什么也不做。**对有差错帧是否需要重传则由高层来决定**。**但以太网并不知道这是重传帧，而是当作新的数据帧来**

发送。

第二，以太网采用基带传输，发送的数据都使用**曼彻斯特**（Manchester）**编码**的信号（见图 2-2）。曼彻斯特编码在每一个比特信号的正中间有一次电平的跳变，接收端可以很容易地利用这个比特信号的电平跳变来提取信号时钟频率，并与发送方保持时钟同步。但是曼彻斯特编码的缺点就是它所占的频带宽度比原始的基带信号增加了一倍（因为每秒信号的电平变化次数加倍了）。

剩下的一个重要问题就是如何协调总线上各站点的工作。我们知道，总线上只要有一个站点在发送数据，总线的传输资源就被占用。因此，**在同一时间只能允许一个站点发送数据**，否则各站点之间就会互相干扰，结果大家都无法正常发送数据。

以太网采用的协调方法是使用一种特殊的协议 CSMA/CD，它是**载波监听多址接入/碰撞检测**（Carrier Sense Multiple Access/Collision Detection）的缩写。下面是 CSMA/CD 协议的要点。

"多址接入"就是说明这是一种多址接入协议，许多站点以多址接入的方式连接在一根总线上。协议的实质是"载波监听"和"碰撞检测"。

"载波监听"就是"发送前先监听"，即每一个站点在发送数据之前先要检测一下总线上是否有其他站点在发送数据，如果有，则暂时不要发送数据，要等待信道变为空闲时再发送。其实总线上并没有什么"载波"[①]，"载波监听"就是用电子技术检测总线上有没有其他站点发送的数据信号。

"碰撞检测"就是"边发送边监听"，即适配器边发送数据边检测信道上的信号电压的变化情况，以便判断自己在发送数据时其他站是否也在发送数据。当几个站同时在总线上发送数据时，总线上的信号电压变化幅度将会增大（互相叠加）。当适配器检测到的信号电压变化幅度超过一定的门限值时，就认为总线上至少有两个站点同时在发送数据，表明信号发生了碰撞。所谓"碰撞"就是发生了冲突。因此"碰撞检测"也称为**"冲突检测"**。发生碰撞时，总线上传输的信号产生了严重的失真，无法从中恢复出有用的信息来。因此，每一个正在发送数据的站点，一旦发现总线上出现了碰撞，适配器就要立即停止发送，免得继续浪费网络资源，然后等待一段随机时间后再次发送。

既然每一个站点在发送数据之前已经监听到信道为**"空闲"**，那么为什么还会出现数据在总线上的碰撞呢？这是因为电磁波在总线上总是以有限的速率传播的。因此当某个站点监听到总线是空闲时，总线并非一定是空闲的。图 3-24 所示的例子可以说明这种情况。设图中的局域网两端的站点 A 和 B 相距 1 km，用同轴电缆相连。**电磁波在 1 km 电缆的传播时延约为** 5 μs（这个数字应当记住）。因此，A 向 B 发出的信号，在约 5 μs 后才能传送到 B。换言之，B 若在 A 发送的信号到达 B 之前发送自己的帧（因为这时 B 的载波监听检测不到 A 所发送的信号），则必然要在某个时间和 A 发送的信号发生碰撞。碰撞的结果是两个帧都变得无用。在局域网的分析中，常把总线上的**单程端到端传播时延**记为τ。发送数据的站点希望尽早知道是否发生了碰撞。那么，A 发送数据后，**最迟**要经过多长时间才能知道自己发送的数据和其他站点发送的数据有没有发生冲突？从图 3-24 中不难看出，这个时间最多是**两倍的总线端到端的传播时延**（2τ），或总线的**端到端往返传播时延**。由于局域网上任意两个站点之间的传播时延有长有短，因此局域网必须按最坏情况设计，即取总线两端的两个站点之间的传播时延（这两个站点之间的距离最大）为端到端传播时延。

① 历史上 CSMA 最初用于无线通信，在那里是有载波的。这里"载波监听"泛指监听信道上的信号。

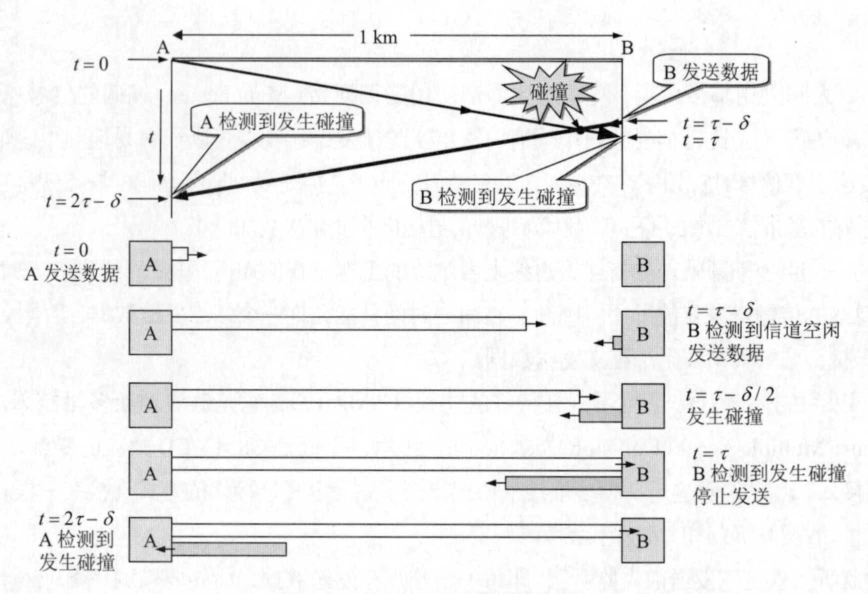

图3-24　传播时延对载波监听的影响

显然，在使用 CSMA/CD 协议时，一个站点**不可能同时进行发送和接收**，因此使用 CSMA/CD 协议的以太网不可能进行全双工通信，而只能进行**双向交替通信（半双工通信）**。

下面是图 3-24 中的一些重要的时刻。

在 $t=0$ 时，A 发送数据。B 检测到信道为空闲。

在 $t=\tau-\delta$ 时（这里 $\tau>\delta>0$），A 发送的数据还没有到达 B 时，由于 B 检测到信道是空闲，因此 B 发送数据。

经过时间 $\delta/2$ 后，即在 $t=\tau-\delta/2$ 时，A 发送的数据和 B 发送的数据发生了碰撞。但这时 A 和 B 都不知道发生了碰撞。

在 $t=\tau$ 时，B 检测到发生了碰撞，于是停止发送数据。

在 $t=2\tau-\delta$ 时，A 也检测到发生了碰撞，因而也停止发送数据。

A 和 B 发送数据均失败，它们都要推迟一段时间再重新发送。

从图 3-24 可看出，最先发送数据帧的 A 站，在发送数据帧后**至多**经过时间 2τ 就可知道所发送的数据帧是否遭受了碰撞。这就是 $\delta\rightarrow 0$ 的情况。因此以太网的端到端往返时间 2τ 称为**争用期**（Contention Period），它是一个很重要的参数，争用期又称为**碰撞窗口**（Collision Window）。这是因为一个站点在发送完数据后，只有通过争用期的“考验”，即**经过争用期这段时间还没有检测到碰撞，才能肯定这次发送不会发生碰撞**。

由此可见，**每一个站点在自己发送数据之后的一小段时间内，存在着遭遇碰撞的可能性**。这一小段时间是**不确定的**，它取决于另一个发送数据的站点到本站的距离，但不会超过总线的端到端往返传播时延，即一个争用期时间。显然，在以太网中发送数据的站点越多，端到端往返传播时延越大，发生碰撞的概率就越大，即以太网不能连接太多的站点，使用的总线也不能太长。**10 Mbit/s 以太网把争用期定为 512 比特发送时间，即 51.2 μs**，因此其总线长度不能超过 5 120 m，但考虑到其他一些因素，如信号衰减等，以太网规定总线长度不能超过 2 500 m。

发生碰撞的站点不能在等待信道变为空闲后就立即再发送数据，否则的话，会导致再次碰撞。以太网使用**截断二进制指数退避**（Truncated Binary Exponential Backoff）算法来解决碰撞后何时进行重传的问题。这种算法让发生碰撞的站点在停止发送数据后，**推迟**（这叫作**退避**）一个随机的时间再监听信道进行重传。如果重传又发生了碰撞，则将随机选择的退避时间范围扩大一倍。这样做是为了使重传时再次发生冲突的概率减小。具体的退避算法如下。

（1）重传应推后 r 倍的争用期。

争用期就是前面讲过的 2τ，即 512 比特时间。对于 10 Mbit/s 以太网就是 51.2 μs。

r 是个随机数，它是从离散的整数集合$\{0,1,\cdots,(2^k-1)\}$中随机取出的一个数。这里的参数 k 按下面的式（3-3）计算：

$$k = \text{Min}(\text{重传次数}, 10) \qquad (3\text{-}3)$$

可见，当重传次数 ≤10 时，参数 k = 重传次数；

但是，当重传次数 >10 时，$k = 10$。

（2）当重传达 16 次仍不能成功时（这表明同时打算发送数据的站太多，以致连续发生冲突），则丢弃该帧，并向高层报告。

例如，在第 1 次重传时，$k = 1$，随机数 r 从整数集合$\{0, 1\}$中选一个数。因此重传的站点可选择的重传推迟时间是 0 或 2τ，在这两个时间中随机选择一个。

若再发生碰撞，则在第 2 次重传时，$k = 2$，随机数 r 就从整数集合$\{0, 1, 2, 3\}$中选一个数。因此重传推迟的时间是在 $0, 2\tau, 4\tau$和 6τ这 4 个时间中随机选取一个。

同样，若再发生碰撞，则重传时 $k = 3$，随机数 r 就从整数集合$\{0, 1, 2, 3, 4, 5, 6, 7\}$中选一个数，以此类推。

若连续多次发生冲突，就表明可能有较多的站点参与争用信道，需要在比较大的范围内选择退避时间才能将各站点选择的发送时间错开，避免再次冲突。但在发生碰撞时各站点并不知道到底有多少站点参与了竞争，如果退避时间范围太大会导致平均的重传推迟时间太大，而使用上述动态退避算法能适应各种不同情况，在较短的时间内找到合适的退避时间范围。

我们还应注意到，当适配器发送一个新的帧时，并不执行退避算法，因此，当好几个适配器正在执行退避算法时，很可能有某一个适配器发送的新帧能够碰巧立即成功地插入到信道中，得到了发送权。

为了保证所有站点在发送完一个帧之前能够检测出是否发生了碰撞，帧的发送时延不能小于 2 倍的网络最大传播时延，即一个争用期，以太网规定**最短有效帧长**为 64 字节（见习题 3-26）。因此，以太网站点在发送数据时，如果帧的前 64 字节没有发生碰撞，那么后续的数据就不会发生碰撞。换句话说，如果发生碰撞，就一定是在发送的前 64 字节之内。由于一检测到碰撞就立即中止发送，这时已经发送出去的数据一定小于 64 字节，所以**凡长度小于 64 字节的帧都是由于碰撞而异常中止的无效帧**。收到了这种无效帧就应当立即丢弃。

需要指出的是，以太网的端到端时延实际上是小于争用期的一半（即 25.6 μs）。争用期被规定为 51.2 μs，不仅是考虑了以太网的端到端时延，而且还包括其他的许多因素，如可能存在的转发器所增加的时延，以及下面要讲到的强化碰撞的干扰信号的持续时间等。

以太网还采取一种叫作**强化碰撞**的措施。这就是当发送数据的站点一旦发现发生了碰撞时，除了立即停止发送数据外，还要再继续发送 32 比特或 48 比特的**人为干扰信号**（Jamming Signal），以便有足够多的碰撞信号使所有站点都能检测出碰撞（见图 3-25）。对于 10 Mbit/s 以太网，发送 32（或 48）比特只需要 3.2（或 4.8）μs。

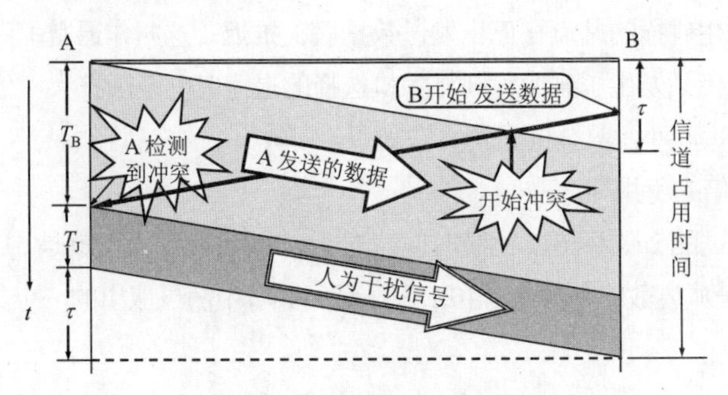

图3-25　人为干扰信号的加入

从图 3-25 中可以看出，A 站从发送数据开始到发现碰撞并停止发送的时间间隔是 T_B。A 站得知碰撞已经发生时所发送的强化碰撞的干扰信号的持续时间是 T_J。图中的 B 站在得知发生碰撞后，也要发送人为干扰信号，但为了简单起见，图 3-25 没有画出 B 站所发送的人为干扰信号。发生碰撞使 A 浪费时间 $T_B + T_J$。可是整个信道被占用的时间还要增加一个单程端到端的传播时延 τ。因此总线被占用的时间是 $T_B+T_J+\tau$。

以太网还规定了**帧间最小间隔**为 96 比特时间（9.6 μs），即所在站点在发送帧之前要等信道空闲 96 比特时间。这样做是用于接收方检测一个帧的结束，同时也使得所有其他站点都能有机会平等竞争信道并发送数据。

根据以上所讨论的，可以把 CSMA/CD 协议的要点归纳如下。

（1）适配器从网络层获得一个分组，加上以太网的首部和尾部（见后面的 3.4.4 小节），组成以太网帧，放入适配器的缓存中，准备发送。

（2）若适配器检测到信道空闲 96 比特时间，就发送这个帧。若检测到信道忙，则继续检测并等待信道转为空闲 96 比特时间，然后发送这个帧。

（3）在发送过程中继续检测信道，若一直未检测到碰撞，就顺利把这个帧成功发送完毕。若检测到碰撞，则中止数据的发送，并发送人为干扰信号。

（4）在中止发送后，适配器就执行指数退避算法，随机等待 r 倍 512 比特时间后，返回到步骤（2）。

3.4.2　共享式以太网的信道利用率

下面我们讨论一下共享式以太网的信道利用率。

假定一个 10 Mbit/s 以太网同时有 10 个站点在工作，那么每一个站点所能发送数据的平均速率似乎应当是总数据率的 1/10（即 1 Mbit/s）。其实不然，因为多个站点在以太网上同时工作就可能会发生碰撞。当发生碰撞时，信道资源实际上是被浪费了。

图 3-26 所示为以太网信道被占用情况的例子。一个站在发送帧时出现了碰撞。经过一个争用期 2τ 后（τ是以太网单程端到端传播时延），可能又出现了碰撞。这样经过若干个争用期后，一个站发送成功了。假定发送帧需要的时间是 T_0，它等于帧长除以发送速率。

我们应当注意到，成功发送一个帧需要占用信道的时间是 $T_0 + \tau$，比这个帧的发送时间要多一个单程端到端时延τ。这是因为当一个站点发送完最后一个比特时，这个比特还要在以太网上传播。在最极端的情况下，发送站在传输媒体的一端，而比特在媒体上传输到另一端所需的时间是τ。因此，必须在经过时间 $T_0 + \tau$ 后，以太网的传输媒体才完全进入空闲状态，才能允许其他站点发送数据。

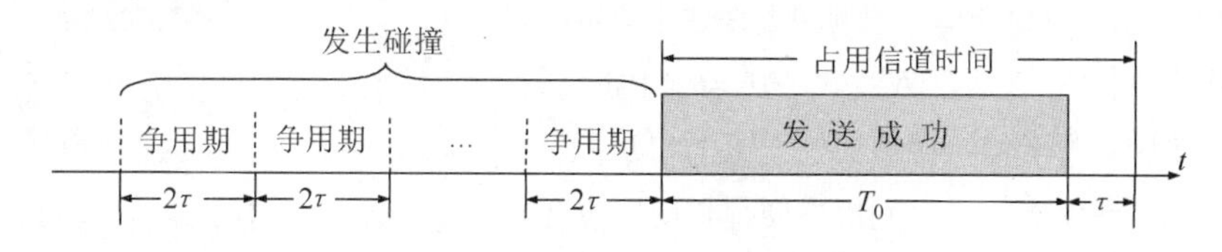

图3-26 以太网的信道被占用的情况

从图 3-26 可看出，要提高以太网的信道利用率，就必须减小τ与 T_0之比。在以太网中定义了参数 a，它是以太网**单程端到端时延τ与帧的发送时间 T_0之比**：

$$a = \frac{\tau}{T_0} \tag{3-4}$$

当 $a \to 0$ 时，表示只要一发生碰撞，就立即可以检测出来，并立即停止发送，因而信道资源被浪费的时间非常非常少。反之，参数 a 越大，表明争用期所占的比例增大，这就使得每发生一次碰撞就浪费了不少的信道资源，使得信道利用率明显降低。因此，以太网的**参数 a 的值应当尽可能小些**。从式（3-4）可看出，这就要求式（3-4）分子τ的数值要小些，而分母 T_0 的数值要大些。这就是说，当数据率一定时，**以太网的连线的长度受到限制**（否则τ的数值会太大），同时**以太网的帧长不能太短**（否则 T_0的值会太小，使 a 值太大）。

现在考虑一种极端**理想化**的情况。假定以太网上的各站发送数据碰巧都不会产生碰撞，并且总线一旦空闲就有某一个站点立即发送数据（显然出现这种理想情况的概率几乎为零，这是以太网信道资源得到充分利用的极限情况）。这样，发送一个帧占用线路的时间是 $T_0 + \tau$，而帧本身的发送时间是 T_0。于是我们可计算出极限信道利用率 $S_{\max}$ 为

$$S_{\max} = \frac{T_0}{T_0 + \tau} = \frac{1}{1 + a} \tag{3-5}$$

式（3-5）的意义是：虽然实际的以太网不可能有这样高的极限信道利用率，但式（3-5）指出了**只有当参数 a 远小于 1 才能得到尽可能高的极限信道利用率**。反之，若参数 a 远大于 1（即每发生一次碰撞，就要浪费了相对较多的传输数据的时间），则极限信道利用率就远小于 1，而这时实际的信道利用率就更小了。

通过以上对共享式以太网性能的分析，我们知道，当网络覆盖范围越大，即端到端时延越大，信道极限利用率越低，即网络性能越差。另外，端到端时延越大或连接的站点越多，都会导致发生冲突的概率变大，网络性能还会进一步降低。可见，共享式以太网只能作为一种局域网技术。

3.4.3 使用集线器的星形拓扑

传统以太网最初是使用粗同轴电缆，后来演进到使用比较便宜的细同轴电缆，最后发展为使用更便宜和更灵活的双绞线。这种以太网采用星形拓扑，在星形的中心则增加了一种可靠性非常高的设备，叫作**集线器**（Hub），如图 3-27 所示。每个站点需要用两对无屏蔽双绞线（做在一根电缆内），分别用

于发送和接收。双绞线的两端使用 RJ-45 插头。由于集线器使用了大规模集成电路芯片，因此集线器的可靠性就大大提高了。1990 年，IEEE 制定出星形以太网 10BASE-T 的标准 802.3i。“10” 代表 10 Mbit/s 的数据率，BASE 表示连接线上的信号是基带信号，T 代表双绞线（Twisted Pair）。实践证明，这比使用具有大量机械接头的无源电缆要可靠得多。由于使用双绞线电缆的以太网价格便宜和使用方便，因此粗缆和细缆以太网现在都已成为历史，并已从市场上消失了。

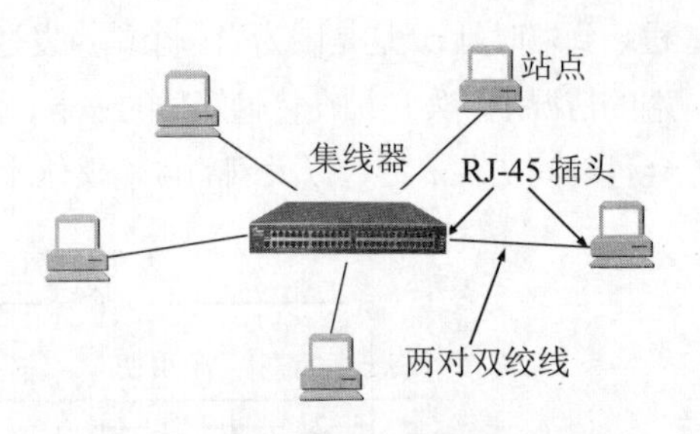

图3-27 使用集线器的双绞线以太网

但 10BASE-T 以太网的通信距离稍短，每个站点到集线器的距离不超过 100 m。这种性价比很高的 **10BASE-T 双绞线以太网的出现，是局域网发展史上的一座非常重要的里程碑**，它为以太网在局域网中的统治地位奠定了牢固的基础。

使双绞线能够传送高速数据的主要措施是把双绞线的绞合度做得非常精确。这样不仅可使特性阻抗均匀以减少失真，而且大大减少了电磁波辐射和无线电频率的干扰。在多对双绞线的电缆中，还要使用更加复杂的绞合方法。

集线器的一些特点如下。

（1）从表面上看，使用集线器的局域网在物理上是一个星形网，但由于集线器是使用电子器件来模拟实际电缆线的工作的，因此整个系统仍像一个传统以太网那样运行。也就是说，**使用集线器的以太网在逻辑上仍是一个总线网，各站点共享逻辑上的总线，使用的还是 CSMA/CD 协议**（更具体些，是各站点中的**适配器**执行 CSMA/CD 协议）。网络中的各站点必须竞争对传输媒体的控制，并且**在同一时刻至多只允许一个站点发送数据**。因此这种 10BASE-T 以太网又称为**星形总线**（Star-Shaped Bus）或**盒中总线**（Bus in a Box）。

（2）一个集线器有许多**接口**[①]，例如，8～16 个，每个接口通过 RJ-45 插头（与电话机使用的插头 RJ-11 相似，但略大一些）用两对双绞线与一个站点上的适配器相连（这种插座可连接 4 对双绞线，实际上只用 2 对，即发送和接收各使用一对双绞线）。因此，一个集线器很像一个**多接口的转发器**。

（3）**集线器工作在物理层**，它的每个接口仅仅**简单地转发比特**——收到 1 就转发 1，收到 0 就转发 0，**不进行碰撞检测**（每个比特的信号在转发之前会进行再生整形并重新定时）。若两个接口同时有信号输入（即发生碰撞），那么所有的接口都将收不到正确的帧。图 3-28 所示为具有三个接口的集线器的示意图。

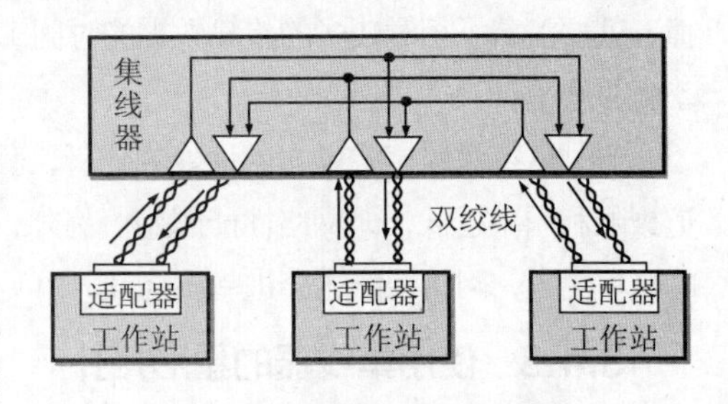

图3-28 具有三个接口的集线器

为提高可靠性，集线器一般都有一定的容错能力。例如，假定在以太网中有一个适配器出了故障，不停地发送以太网帧。这时，集线器可以检测到这个问题，在内部断开与出故障的适配器的连线，使整个以太网仍然

① 集线器的接口又称为**端口**（Port）。由于在运输层要经常使用软件**端口**（Port），它和集线器的端口是两回事。由于集线器的端口就是一个接口，为了避免混淆，我们就使用集线器接口这个名词。

能够正常工作。集线器上的指示灯还可显示网络上的故障情况，给网络的管理带来了很大的方便。

IEEE 802.3 标准还可使用光纤作为传输媒体，相应的标准是 10BASE-F 系列，F 代表光纤。它主要用作集线器之间的远程连接。

3.4.4 以太网的帧格式

常用的以太网 MAC 帧格式有两种标准，一种是 DIX Ethernet V2 标准（即以太网 V2 标准），另一种是 IEEE 的 802.3 标准。这里只介绍使用得最多的以太网 V2 的 MAC 帧格式（见图 3-29）。图中假定上层协议使用的是 IP 协议。实际上使用其他的协议也是可以的。

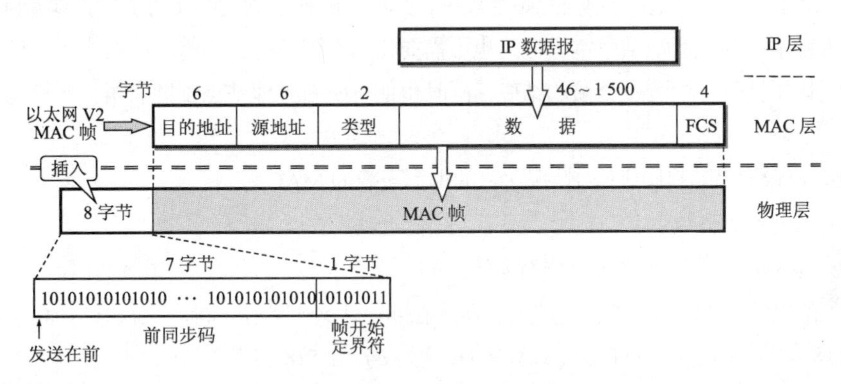

图3-29 以太网V2的MAC帧格式

以太网 V2 的 MAC 帧较为简单，由 5 个字段组成。前两个字段分别为 6 字节长的**目的地址**和**源地址**字段。第三个字段是 2 字节的**类型字段**，用来标志上一层使用的是什么协议，以便把收到的 MAC 帧的数据上交给上一层的这个协议。例如，当类型字段的值是 0x0800 时，就表示上层使用的是 IP 数据报。若类型字段的值为 0x8137，则表示上层是 Novell IPX 协议（一种非 TCP/IP 网络协议）。第四个字段是**数据字段**，其长度为 46～1 500 字节（46 字节是这样得出的：最小长度 64 字节减去 18 字节的首部和尾部就得出数据字段的最小长度）。最后一个字段是 4 字节的**帧检验序列** FCS（使用 CRC 检验）。当传输媒体的误码率为 1×10^{-8} 时，MAC 子层可使未检测到的差错小于 1×10^{-14}。

当数据字段的长度小于 46 字节时，MAC 子层就会在数据字段的后面加入一个整数字节的填充字段，以保证以太网的 MAC 帧长不小于 64 字节。我们应当注意到，MAC 帧的首部并没有指出数据字段的长度是多少。在有填充字段的情况下，接收端的 MAC 子层在剥去首部和尾部后就把数据字段和填充字段一起交给上层协议。现在的问题是：上层协议如何知道填充字段的长度呢（IP 层要丢弃没有用处的填充字段）？可见，上层协议必须具有识别有效的数据字段长度的功能。我们在下一章将会知道，当上层使用 IP 协议时，其首部就有一个“总长度”字段。因此，“总长度”加上填充字段的长度，应当等于 MAC 帧数据字段的长度。例如，当 IP 数据报的总长度为 42 字节时，填充字段共有 4 字节。当 MAC 帧把 46 字节的数据上交给 IP 层后，IP 层就把其中最后 4 字节的填充字段丢弃。

从图 3-29 可看出，在传输媒体上实际传送的要比 MAC 帧还多 8 个字节。这是因为当一个站点在刚开始接收 MAC 帧时，由于适配器的时钟尚未与到达的比特流达成同步，因此 MAC 帧的最前面的若干位就无法接收，结果使整个的 MAC 成为无用的帧。为了接收端迅速实现位同步，从 MAC 子层向下传到物理层时还要在帧的前面插入 8 字节（由硬件生成），它由两个字段构成。第一个字段是 7 个字节的**前同步码**（1 和 0 交替码），它的作用是使接收端的适配器在接收 MAC 帧时能够迅速调整其时钟频率，使它和发送端的时钟同步，也就是"实现位同步"（位同步就是比特同步的意思）。第二个字段是**帧开始定界符**，定义为 10101011。它的前六位的作用和前同步码一样，最后的两个连续的 1 就是告诉接收端适配器："MAC 帧的信息马上就要来了，请适配器注意接收"。MAC 帧的 FCS 字段的检验范围不包括前同步码和帧开始定界符。顺便指出，在使用 SONET/SDH 进行同步传输时则不需要用前同步码，因为在同步传输时收发双方的位同步总是一直保持着的。

以太网上传送数据时是以帧为单位传送的。以太网在传送帧时，各帧之间还必须有一定的间隙（96 比特时间）。因此，接收端只要找到帧开始定界符，其后面的连续到达的比特流就都属于同一个 MAC 帧。可见以太网不需要使用帧结束定界符，也不需要使用字节填充或比特填充技术来保证透明传输。帧间间隔除了用于接收方检测一个帧的结束，同时也使得所有其他站点都能有机会平等竞争信道并发送数据。

IEEE 802.3 标准规定凡出现下列情况之一的即为无效的 MAC 帧：

（1）帧的长度不是整数个字节；

（2）用收到的帧检验序列 FCS 查出有差错；

（3）收到的帧的 MAC 客户数据字段的长度不在 46 ~ 1 500 字节之间，考虑到 MAC 帧首部和尾部的长度共有 18 字节，可以得出有效的 MAC 帧长度为 64 ~ 1 518 字节。

对于检查出的无效 MAC 帧就简单地丢弃。以太网不负责重传丢弃的帧。

最后要提一下，IEEE 802.3 标准规定的 MAC 帧格式与上面所讲的以太网 V2 MAC 帧格式的区别主要有两点。

第一，IEEE 802.3 规定的 MAC 帧的第三个字段是"长度/类型"。当这个字段值大于 0x0600 时（相当于十进制的 1536），就表示"类型"。这样的帧和以太网 V2 MAC 帧完全一样。只有当这个字段值小于 0x0600 时才表示"长度"，即 MAC 帧的数据部分长度。

第二，当"长度/类型"字段值小于 0x0600 时，数据字段必须装入上面的 LLC 子层的 LLC 帧。

虽然现在市场上流行的都是以太网 V2 的 MAC 帧，但大家也常常不严格地称它为 IEEE 802.3 MAC 帧。

3.5 网桥和以太网交换机

在传统的共享式局域网中，所有站点共享一个公共的传输媒体。随着局域网规模的扩大，网络中站点数目的不断增加，网络通信负载加重时，网络效率将会急剧下降。随着技术的发展，交换技术的成熟和成本的降低，具有更高性能的交换式局域网在有线领域已完全取代了传统的共享式局域网。本节，我们先从扩展局域网的角度，讨论在物理层扩展以太网存在的问题和在数据链路层扩展以太网的数据链路层分组交换设备网桥，然后讨论使用以太网交换机的全双工交换式以太网。

3.5.1 在物理层扩展以太网

以太网两站点之间的距离不能太远（例如，10BASE-T 以太网的两个站点之间的距离不超过 200 m），否则站点发送的信号经过铜线的传输就会衰减到使 CSMA/CD 协议无法正常工作。在过去广泛使用粗缆或细缆以太网时，常使用工作在物理层的转发器来扩展以太网的地理覆盖范围。那时，两个网段可用一个**转发器**连接起来。IEEE 802.3 标准还规定，任意两个站点之间最多可以经过三个电缆网段。但随着双绞线以太网成为以太网的主流类型，扩展以太网的覆盖范围已很少使用转发器了。

现在，扩展站点和集线器之间的距离的一种简单方法就是使用光纤（通常是一对光纤）和一对光纤调制解调器，如图 3-30 所示。

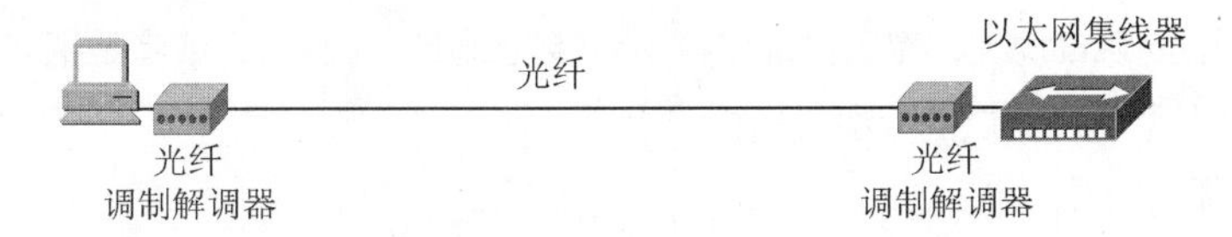

图3-30 站点使用光纤和一对光纤调制解调器连接到集线器

光纤调制解调器的作用就是进行电信号和光信号的转换。由于信号在光纤中衰减和失真很小，使用这种方法可以很容易地使站点和千米以外的集线器相连接。

单个集线器能连接的站点数非常有限，如果使用多个集线器，就可以连接成覆盖更大范围连接更多站点的多级星形结构的以太网。例如，一个学院的三个系各有一个 10BASE-T 以太网(见图 3-31(a))，可通过一个主干集线器把各系的以太网连接起来，成为一个更大的以太网（见图 3-31（b））。

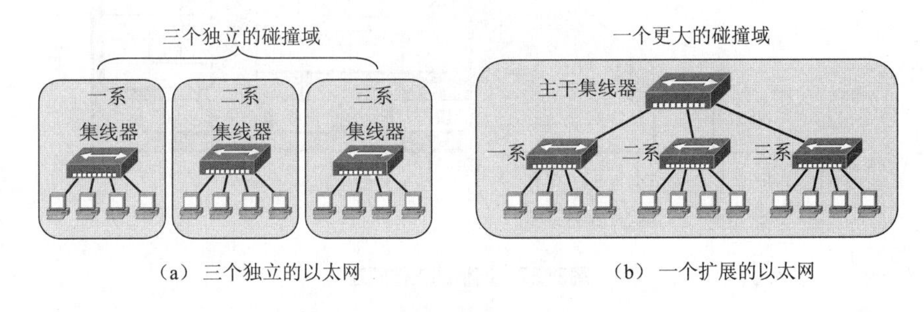

（a）三个独立的以太网　（b）一个扩展的以太网

图3-31 用多个集线器连成更大的以太网

但这种多级结构的集线器以太网也带来了一些缺点。

（1）如图 3-31（a）所示的例子，在三个系的以太网互连起来之前，每一个系的 10BASE-T 以太网是一个独立的**碰撞域**（Collision Domain，又称为**冲突域**），即在任一时刻，在每一个碰撞域中只能有一个站点在发送数据。每一个系的以太网的最大吞吐量是 10 Mbit/s，因此三个系总的最大吞吐量共有 30 Mbit/s。在三个系的以太网通过集线器互连起来后，就把三个碰撞域变成了一个碰撞域（范围扩大到三个系），如图 3-31（b）所示，而这时的最大吞吐量仍然是一个系的吞吐量 10 Mbit/s。这就是说，当某个系的两个站点在通信时所传送的数据会通过所有的集线器进行转发，使得其他系的内部在这时都不能通信（一发送数据就会碰撞）。

（2）如果不同的系使用不同的以太网技术（如数据率不同），那么就不可能用集线器将它们互连起来。如果在图 3-31 中，一个系使用 10 Mbit/s 的适配器，而另外两个系使用 10/100 Mbit/s 的适配器，那么用集线器连接起来后，大家都只能工作在 10 Mbit/s 的速率。集线器基本上是个多接口（即多端口）的转发器，它并不能把帧进行缓存。

总之，在物理层扩展的以太网仍然是一个碰撞域，不能连接过多的站点，否则平均吞吐量太低，且会导致大量的冲突。同时，不论是利用转发器、集线器还是光纤在物理层扩展以太网，都仅仅相当于延长了共享的传输媒体，由于以太网有争用期对端到端时延的限制，并不能无限扩大地理覆盖范围。

3.5.2 在数据链路层扩展以太网

用网桥可以在数据链路层扩展以太网。**网桥工作在数据链路层，采用存储转发方式**，它根据MAC帧的目的地址对收到的帧进行**转发**和**过滤**。当网桥收到一个帧时，并不是向所有的接口转发此帧，而是先检查此帧的目的MAC地址，然后再确定将该帧转发到哪一个接口，或者是把它丢弃（即过滤）。可见，网桥就是一种数据链路层的分组交换机。

1. 网桥的内部结构

网桥

图3-32所示为一个网桥的内部结构要点。最简单的网桥有两个接口[①]。复杂些的网桥可以有更多的接口。两个以太网通过网桥连接起来后，就成为一个覆盖范围更大的以太网，而原来的每个以太网就可以称为一个**网段**（Segment）。图3-32所示的网桥的接口1和接口2各连接到一个网段。

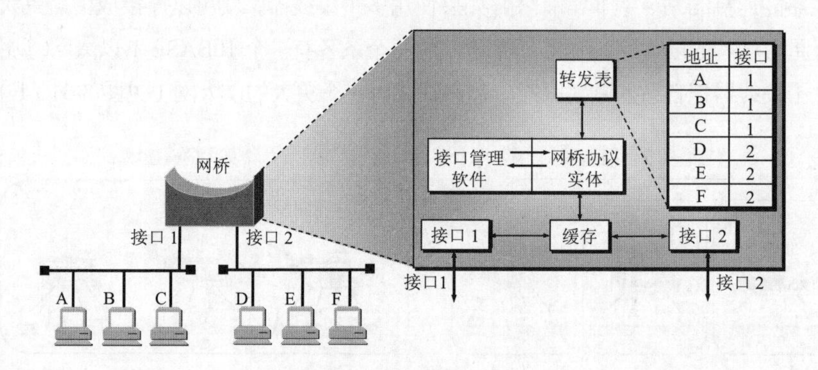

图3-32 网桥的工作原理

网桥依靠**转发表**来转发帧。转发表也叫作**转发数据库**或**路由目录**。至于转发表如何得出，我们将在后面第2小点“透明网桥”中讨论。在图3-32中，若网桥从接口1收到A发给E的帧，则在查找转发表后，把这个帧送到接口2转发到另一个网段，使E能够收到这个帧。若网桥从接口1收到A发给B的帧，就丢弃这个帧，因为转发表指出，转发给B的帧应当从接口1转发出去，而现在正是从接口1收到这个帧，这说明B和A处在同一个网段上，B能够直接收到这个帧而不需要借助于网桥的转发。当网桥收到一个广播帧时（目的MAC地址为全1的广播地址），会向除了接收接口以外的其他接口转发。

需要注意的是，网桥的接口在向某个网段转发帧时，就像一个站点的适配器向这个网段发送帧一样，要执行相应的媒体接入控制协议，对于以太网就是CSMA/CD协议。

网桥是通过内部的接口管理软件和网桥协议实体来完成上述操作的。

使用网桥可以带来以下好处。

（1）**过滤通信量，增大吞吐量**。网桥工作在链路层的MAC子层，可以使以太网各网段成为隔离开的碰撞域。如果把网桥换成工作在物理层的转发器，那就没有这种过滤通信量的功能。图3-33说明了这一概念。网桥B_1和B_2把三个网段连接成一个以太网，但它具有三个隔离开的碰撞域。

① 网桥的接口也常常称为**端口**（Port），但这和运输层的端口是两个不同的概念。

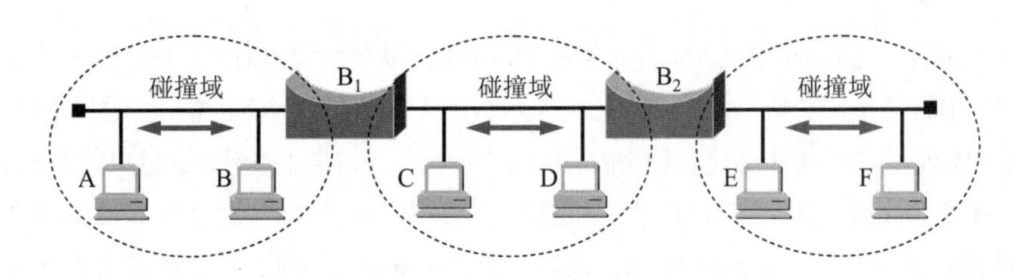

图3-33 网桥使各网段成为隔离开的碰撞域

我们可以看到，不同网段上的通信不会相互干扰。例如，A 和 B 正在通信，但其他网段上的 C 和 D，以及 E 和 F 也都可以同时通信。但如果 A 要和另一个网段上的 C 通信，就必须经过网桥 B_1 的转发，那么这两个网段上就不能再有其他的站点进行通信（但这时 E 和 F 仍然可以通信）。因此，若每一个网段的数据率都是 10 Mbit/s，那么三个网段合起来的最大吞吐量就变成 30 Mbit/s。如果把两个网桥换成集线器或转发器，那么整个网络仍然是一个碰撞域，当 A 和 B 通信时，所有其他站点都不能够通信，整个碰撞域的最大吞吐量只有 10 Mbit/s。

（2）**扩大了物理范围**。由于隔离了碰撞域，网络覆盖范围不受争用期对端到端传播时延的限制，同时也增加了整个以太网可容纳的站点数目。

（3）**提高了可靠性**。当网络出现故障时，一般只影响个别网段，网桥不会转发无效的 MAC 帧。

（4）**可互连不同物理层、不同 MAC 子层和不同速率**（如 10 Mbit/s 和 100 Mbit/s 以太网）**的以太网**。

不过，用网桥扩展以太网也还存以下不足。

（1）由于网桥对接收的帧要先存储和查找转发表然后才转发，而转发之前，还必须执行 CSMA/CD 算法（发生碰撞时要退避），这就**增加了时延**。

（2）在 MAC 子层并**没有流量控制功能**。当网络上的负荷很重时，网桥中的缓存的存储空间可能不够而发生溢出，以致产生帧丢失的现象。

（3）由于网桥会转发所有广播帧，只适合于用户数不太多（不超过几百个）和通信量不太大的以太网，否则有时还会因传播过多的广播信息而产生网络拥塞。这就是所谓的**广播风暴**。

尽管如此，网桥仍获得了很广泛的应用，因为它的优点还是主要的。

有时在两个网桥之间，还可使用一段点对点链路。图 3-34 说明了这种情况。

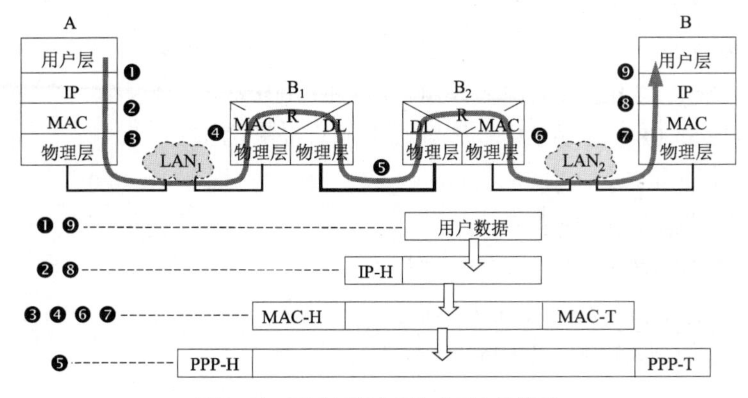

图3-34 两个网桥之间有点对点的链路

PPP—PPP协议；R—中继机制；H—首部；T—尾部

图 3-34 中的以太网 LAN_1 和 LAN_2 通过网桥 B_1 和 B_2，以及一段点对点链路相连。为了简单起见，我们把 IP 层以上看成是用户层，图中灰色粗线表示数据在各协议栈移动的情况。图 3-34 的下面部分，表示用户数据从站点 A 传到 B 经过各层次时，相应的数据单元首部的变化。这里只需要指出以下几点。

当 A 向 B 发送数据帧时，其 MAC 帧首部中的源地址和目的地址分别是 A 和 B 的硬件地址，相当于图中的❸和❹所对应的图。当网桥 B_1 通过点对点链路转发数据帧时，若链路采用 PPP 协议，则要在数据帧的头尾分别加上首部 PPP-H 和尾部 PPP-T（对应于图中的❺）。在数据帧离开 B_2 时，还要剥去这个首部 PPP-H 和尾部 PPP-T（如❻），然后经过以太网 LAN_2 到达 B。

请注意，网桥在转发帧时，**不改变帧的源地址**。

2. 透明网桥

透明网桥

目前使用得最多的网桥是**透明网桥**（Transparent Bridge）。“透明”是指局域网上的站点并不知道所发送的帧将经过哪几个网桥，因为网桥对各站点来说是看不见的，站点不需要做任何配置和修改。使用透明网桥连接各局域网，不需人工配置转发表，只要将透明网桥连接到各局域网即可，因此透明网桥是一种**即插即用设备**，其标准是 IEEE 802.1D。

透明网桥是通过一种自学习算法来逐步建立起自己的转发表的。其基本思想就是：**如果网桥现在能够从接口 x 收到从站点 A 发来的帧，那么以后就可以从接口 x 将一个目的地址为 A 的帧转发到站点 A**。所以网桥只要每收到一个帧，就将其源地址和进入网桥的接口号作为目的地址和转发接口记录到转发表中。当下次网桥接收到以该源地址为目的地址的帧时，就从这个接口转发出去。但是，在网桥学习到转发表各项之前，网桥是如何完成转发工作的呢？当网桥接收到一个帧，如果该帧的目的地址不在转发表中，则网桥向所有其他接口（所有非接收该帧的接口）转发该帧。

透明网桥处理该帧和建立转发表的算法具体如下。

（1）从接口 x 收到无差错的帧（如有差错即丢弃），在转发表中查找目的站 MAC 地址。

（2）如有，则查找出到此 MAC 地址应当走的接口 d，然后进行步骤（3），否则转到步骤（5）。

（3）如到这个 MAC 地址去的接口 d = x，则丢弃此帧（因为这表示不需要经过网桥进行转发）。否则从接口 d 转发此帧。

（4）转到步骤（6）。

（5）向除 x 以外的所有接口转发此帧（这样做可保证达到目的站）。

（6）如源站不在转发表中，则将源站 MAC 地址加入到转发表，登记该帧进入网桥的接口号和当前时间。然后转到步骤（8）。如源站在转发表中，则执行步骤（7）。

（7）更新转发表该项记录的时间。

（8）等待新的数据帧。转到步骤（1）。

这时，网桥就在转发表中登记以下三个信息。

（1）**站地址**：登记收到的帧的源 MAC 地址。

（2）**端口**：登记收到的帧进入该网桥的接口号。

（3）**时间**：登记收到的帧进入该网桥的时间（图 3-32 中的转发表省略了这一项）。

网桥在这样的转发过程中就可逐渐将其转发表建立起来。这里特别要注意的是，转发表中的 MAC

地址是根据源 MAC 地址写入的，但在进行转发时是将此 MAC 地址当作目的地址的。

在上述算法中，为什么网桥要记录帧进入该网桥的时间呢？因为局域网的拓扑经常会发生变化，例如，一个站点从一个网段移至另一个网段，或站点更换网卡等。为了使转发表能反映出整个网络的最新拓扑，网桥将每个帧到达网桥的时间登记下来，每经过一段时间就将转发表中陈旧的记录删除，以便在转发表中保留网络拓扑的最新状态信息。

3. 生成树协议

透明网桥即插即用，使用起来非常方便，但根据以上透明网桥学习转发表的工作原理，用透明网桥互连多个局域网时不能出现环路，否则有可能帧在环路中会不断地**兜圈子**。请看如图 3-35 所示的简单例子，这里用两个网桥将两个局域网 LAN_1 和 LAN_2 互连起来。设站 A 发送一个帧 F，它经过网桥 B_1 和 B_2（见箭头❶和❷）。假定帧 F 的目的地址均不在这两个网桥的转发表中，因此 B_1 和 B_2 都转发帧 F（见箭头❸和❹）。我们将经 B_1 和 B_2 转发的帧 F 在到达 LAN_2 以后，分别记为 F_1 和 F_2。接着 F_1 传到网桥 B_2（见箭头❺），而 F_2 传到了网桥 B_1（见箭头❻）。网桥 B_2 和网桥 B_1 分别收到 F_1 和 F_2 后，又将其转发到 LAN_1。结果引起帧在网络中不停地兜圈子，从而使网络资源不断地被白白消耗。

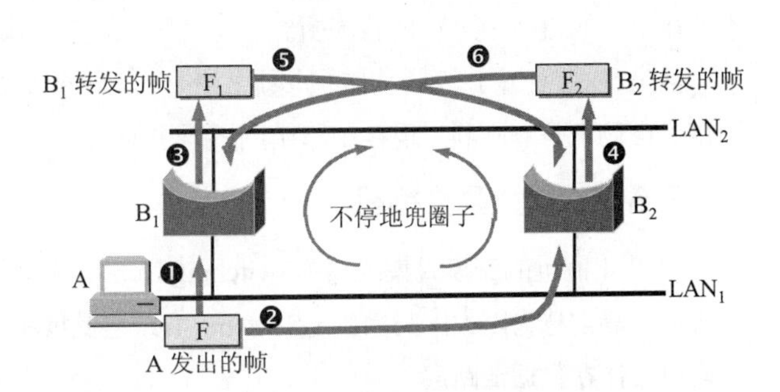

图3-35　网桥引起的兜圈子

然而，当网络比较复杂时，很容易因为误配导致网络出现以上环路，更重要的是，有时需要在两个局域网之间使用多个网桥形成冗余链路以增强网络的可靠性。为了避免帧在网络中不断地**兜圈子**。透明网桥使用了一个**生成树协议**（Spanning Tree Protocol，STP），通过互连在一起的网桥间彼此的通信，找出原来网络拓扑的一个连通子集（生成树），在这个子集里整个连通的网络中不存在环路，即在任何两个站点之间有且只有一条路径。一旦生成树确定了，网桥就会关闭不在生成树链路上的那些接口（这些接口不再接收和转发帧），以确保不存在环路。

为了使生成树能够反映网络拓扑发生的最新变化，各网桥要定期检查所有链路的状态。一旦网络中某条链路出现了问题，网桥就会恢复关闭的接口，并重新开始生成树的构造过程，形成新的生成树，保证网络的连通。

可见，用透明网桥互连的网络中冗余链路可以增强网络的可靠性，但并不能充分利用这些冗余链路（为的是消除兜圈子现象），同时每一个帧也不一定都能沿最佳的路由传送（因为网络的逻辑拓扑被限定为一棵树）。当互连的局域网的数目非常大时，生成树的算法可能要花费很多时间，因此用透明网桥互连的网络规模不宜太大。

4. 源路由网桥

透明网桥的最大优点就是容易安装，一接上就能工作。但是，网络资源的利用还不充分。因此，另一种由发送帧的源站负责路由选择的网桥就问世了，这就是**源路由**（Source Route）**网桥**。

源路由网桥是在发送帧时，把详细的路由信息放在帧的首部中。

这里的关键是源站用什么方法才能知道应当选择什么样的路由。

为了发现合适的路由，源站以广播方式向欲通信的目的站发送一个**发现帧**（Discovery Frame）作为探测之用。发现帧将在整个扩展的以太网中沿着所有可能的路由传送。在传送过程中，每个发现帧都记录所经过的路由。当这些发现帧到达目的站时，就沿着各自的路由返回源站。源站在得知这些路由后，从所有可能的路由中选择出一个最佳路由。以后，凡从这个源站向该目的站发送的帧的首部，都必须携带源站所确定的这一路由信息。

发现帧还有另一个作用，就是帮助源站确定整个网络可以通过的帧的最大长度。

源路由网桥对主机不是透明的，主机必须知道网桥的标识及连接到哪一个网段上。使用源路由网桥可以利用最佳路由。若在两个以太网之间使用并联的源路由网桥，则可使通信量较平均地分配给每一个网桥。用透明网桥则只能使用生成树，而使用生成树一般并不能保证所使用的路由是最佳的，也不能在不同的链路中进行负载均衡。

但是，源路由网桥对主机的不透明性也正是它的致命缺点。实践证明，即插即用的透明网桥最终取得了市场竞争的胜利，现在源路由网桥很少使用。

3.5.3 以太网交换机

交换机

1990年问世的**交换式集线器**（Switching Hub），可明显地提高以太网的性能。交换式集线器常称为以太网**交换机**（Switch）或**二层交换机**或**局域网交换机**，表明这种交换机**工作在数据链路层**。

“交换机”并无准确的定义和明确的概念，而现在的很多交换机已混杂了网桥和路由器的功能。著名网络专家Perlman认为：“交换机”应当是一个**市场名词**，通常指用硬件实现转发功能的分组交换设备，其转发速度比用软件实现要更加快速。目前使用的有线局域网基本上就是以太网，在局域网上下文中人们通常所说的“交换机”是局域网交换机的简称，并且指的就是以太网交换机。在本书中如果不特别说明，“交换机”就是以太网交换机。下面简单地介绍其特点。

从技术上讲，网桥的接口数很少，一般只有2～4个，而交换机通常都有十几个接口。**交换机实质上就是一个多接口的网桥**，在数据链路层根据MAC地址转发帧，和工作在物理层的转发器和集线器有很大的差别。此外，交换机的每个接口可以直接连接计算机也可以连接一个集线器或另一个交换机。当交换机直接与计算机或交换机连接时可以工作在全双工方式，并能同时连通许多对的接口，使每一对相互通信的计算机都能像**独占传输媒体**那样，**无碰撞地传输数据**，这时已无需使用CSMA/CD协议了。当交换机的接口连接共享媒体的集线器时，仍需要工作在半双工方式并要使用CSMA/CD协议。现在的交换机接口和计算机适配器都能自动识别这两种情况并切换到相应的方式。交换机和透明网桥一样，也是一种即插即用设备，其内部的转发表也是通过自学习算法自动地逐渐建立起来的。交换机由于使用了专用的交换结构芯片，并能实现多对接口的高速并行交换，可以大大提高网络性能。在逻辑上，我们认为网桥和交换机是等价的。

对于普通10 Mbit/s的共享式以太网，若共有N个用户，则每个用户占有的平均带宽只有总带宽（10 Mbit/s）的N分之一。在使用交换机时，虽然在每个接口的带宽还是10 Mbit/s，但由于一个用户在通信时是独占而不是和其他网络用户共享传输媒体的带宽，因此对于拥有N对接口的交换机的总容量为N×10 Mbit/s。这正是交换机的最大优点。

从共享式10BASE-T以太网转到交换式以太网（全部使用以太网交换机的网络）时，所有接入设备的软件和硬件、适配器等都不需要做任何改动。也就是说，所有接入的设备可以继续使用 CSMA/CD 协议。此外，只要增加交换机的容量，整个系统的容量是很容易扩充的。

以太网交换机一般都具有多种速率的接口，例如，可以具有 10 Mbit/s、100 Mbit/s 和 1 Gbit/s 的接口，以及多速率自适应接口，这就大大方便了各种不同情况的用户。

图 3-36 举出了一个简单的例子。图中的以太网交换机有三个 10 Mbit/s 接口分别和学院三个系的 10BASE-T 以太网相连，还有三个 100 Mbit/s 的接口分别和电子邮件服务器、万维网服务器及一个连接因特网的路由器相连。

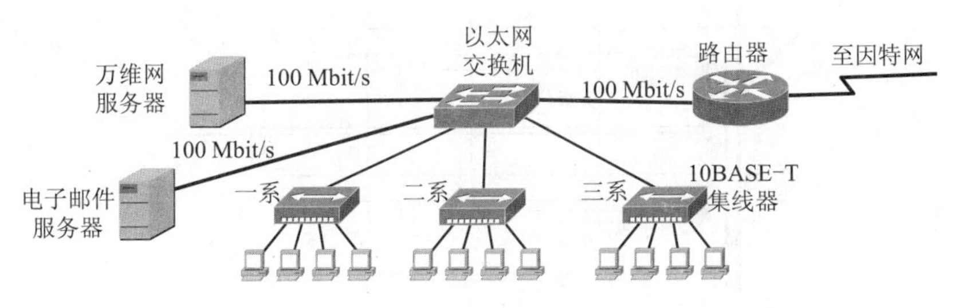

图3-36　用交换机扩展以太网

为了提高交换机的转发速度、减小转发时延，一些交换机采用**直通**（Cut-Through）的交换方式。直通交换不必把整个帧先缓存后再进行处理，而是在接收帧的同时就立即按帧的目的 MAC 地址决定该帧的转发接口，因而提高了帧的转发速度。如果在这种交换机的内部采用基于硬件的交叉矩阵，交换时延就非常小。直通交换的一个缺点是它不检查差错就直接将帧转发出去，因此有可能会将一些无效帧转发给其他的站点。要注意的是，当交换机的输出接口有帧排队时，仍然要将帧先缓存起来等输出接口空闲时再进行转发，即仍然需要进行存储转发。因此，**我们说一个交换机采用的是直通交换方式，并不表示它不会进行存储转发，而说一个交换机采用的是存储转发交换方式，是指该交换机仅采用存储转发方式进行交换**。另外，还有一些情况仍需要采用基于软件的存储转发方式进行交换。例如，当需要进行线路速率匹配、协议转换或差错检测时，有的交换机能支持两种交换方式，用户可以设置其工作的方式，或根据情况自动切换交换方式。

随着交换机成本的降低，由于其性能上的明显优势，交换式以太网基本上已取代了传统的共享式以太网。由于不再使用集线器，全部使用交换机的交换式以太网工作在无碰撞的全双工方式。

3.5.4　虚拟局域网（VLAN）

由于不能隔离广播流量、不支持网状拓扑结构和平面寻址的低效性，仍然不能用交换机连接过多的计算机。路由器（在下一章具体讨论）能隔离局域网之间的广播流量，并提供最佳的转发路由，大规模网络通常需要使用路由器来互连多个独立的局域网。利用**虚拟局域网**（Virtual LAN，VLAN）技术，管理员可以通过逻辑配置来建立多个逻辑上独立的虚拟网络，交换机就可以很方便地实现虚拟局域网。管理员可以将连接在交换机上的站点按需要划分为多个与物理位置无关的逻辑组，每个逻辑组就是一个 VLAN。属于同一 VLAN 的站点之间可以直接进行通信，而不属于同一 VLAN 的站点之间不能直接通信，连接在同一交换机上的两个站点可以属于不同的 VLAN，而属于同一 VLAN 中的两个站点可能连接在不同的交换机上。虚拟局域网其实只是局域网**给用户提供的一种服务**，而不是一种**新型局域网**。

图 3-37 所示为使用了 4 个交换机的网络拓扑。设有 10 个站点分布在三个楼层中，分别连接到各自所在楼层的交换机。但这 10 个站点根据工作需要被划分为三个工作组，也就是说划分为三个 VLAN，每个 VLAN 成员分布在不同的楼层。即：

$VLAN_1$：（A_1, A_2, A_3, A_4），$VLAN_2$：（B_1, B_2, B_3），$VLAN_3$：（C_1, C_2, C_3）。

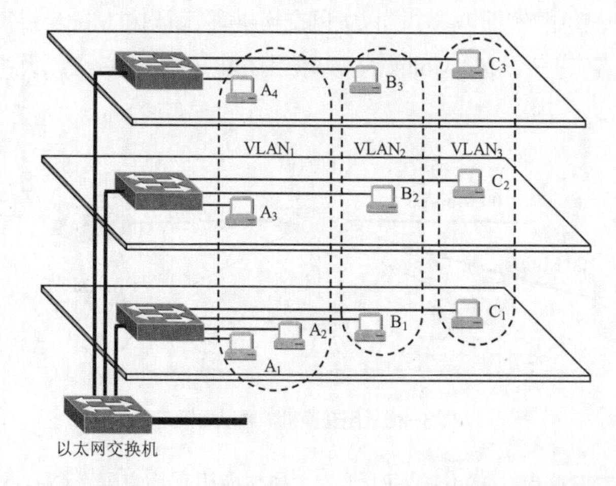

图3-37　三个虚拟局域网$VLAN_1$、$VLAN_2$和$VLAN_3$的构成

每个 VLAN 在逻辑上就如同一个物理上独立的局域网一样，VLAN 中的站点仅能与同一 VLAN 中的站点进行通信。例如，站点 B_1 ~ B_3 同属于虚拟局域网 $VLAN_2$。B_1 仅能接收到工作组内成员（B_2 和 B_3）发送的帧，虽然它们没有和 B_1 连在同一个交换机上。相反，B_1 接收不到与 B_1 连接在同一个交换机上的其他工作组成员（A_1、A_2 和 C_1）发送的帧，即使这些帧的目的 MAC 地址是 B_1 或广播地址。

虚拟局域网具有以下优点。

（1）简化网络管理。由于站点物理位置与逻辑分组无关，当站点从一个工作组迁移到另一个工作组时，网络管理员仅需调整 VLAN 配置即可，无需改变网络布线或将站点搬移到新的物理位置。

（2）控制广播风暴。当用交换机构建较大局域网时，大量的广播报文会导致网络性能下降，甚至会引发 **"广播风暴"**（网络因传播过多的广播信息而引起性能恶化）。VLAN 将广播报文限制在本 VLAN 之内，将大的局域网分隔成多个独立的广播域，可有效防止或控制广播风暴，提高网络整体性能。

（3）增强网络的安全性，便于管理员根据用户的安全需要隔离 VLAN 间的通信。

可以有多种技术来实现 VLAN，一种最常用的技术就是基于交换机接口的 VLAN。如图 3-38 所示，管理员可以将交换机的接口 1, 3, 5 配置为属于 $VLAN_1$，而将接口 2, 4, 6 配置为属于 $VLAN_2$。在逻辑上，交换机为每个 VLAN 维护一个转发表，并且仅在同一 VLAN 内的接口间才能转发帧，从而将一个物理的交换机划分成多个逻辑上独立的交换机。

如果某些 VLAN 要跨越多个交换机，最简单的方法是将两个交换机中属于同一 VLAN 的接口用网线连接起来即可。但这种简单的方法导致交换机之间需要多对接口用网线连接，即 n 个 VLAN 就需要 n 对接口连接。一种更好的互连 VLAN 交换机的方法是使用 **VLAN 干道**（Trunk）技术。如图 3-39 所示，管理员可以将交换机的某个接口配置为 Trunk 接口，将两个 VLAN 交换机用一对 Trunk 接口互连，由于 Trunk 接口可以同时属于多个 VLAN，因此多个 VLAN 可以共享同一条干道来传输各自的帧。同题是交换机如何知道从一个Trunk接口上接收到的一个帧是属于哪个VLAN的呢？IEEE定义了802.1Q标准对以太网帧格式进行了扩展，允许交换机在以太网帧格式中插入一个4字节的标识符（见图3-39、图3-40），称为VLAN **标记**（Tag），用来指明该帧来自于哪一个VLAN。当交换机需要将帧从Trunk接口转发出去时，将VLAN标记插入到帧中，当插入VLAN标记的帧要从非Trunk接口转发出去的时候，要将该VLAN标记删除。因此，802.1Q标准虽然修改了以太网的帧格式，但对所有用户站点是完全透明的，802.1Q标记帧仅在交换机间各VLAN复用的Trunk链路上使用。

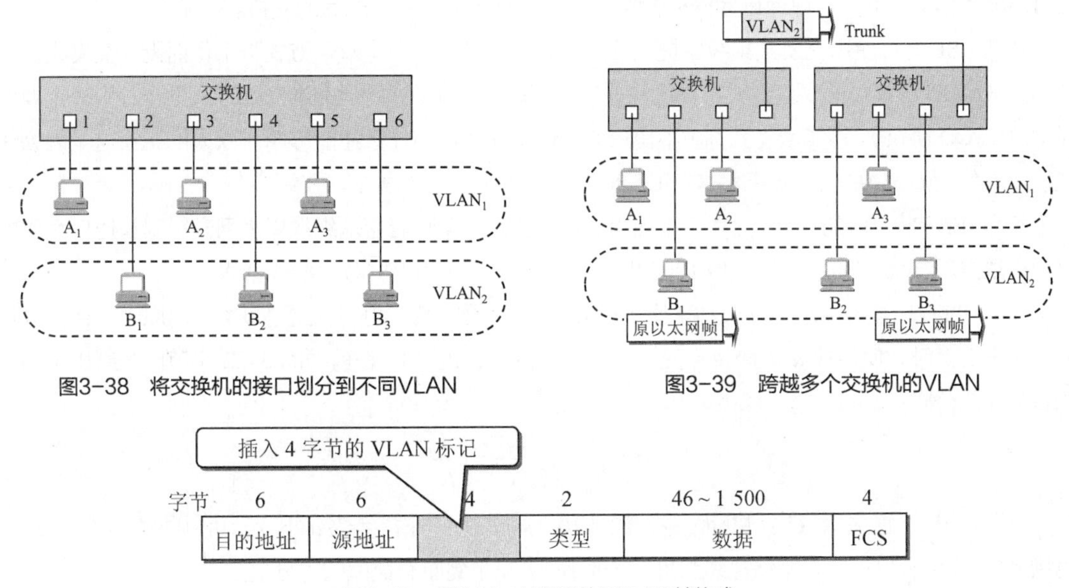

图3-38 将交换机的接口划分到不同VLAN

图3-39 跨越多个交换机的VLAN

图3-40 插入VLAN标记的802.1Q帧格式

要注意的是，当各站点被划分到不同的VLAN后，它们是不能直接进行通信的。因为每个VLAN在逻辑上都是独立的局域网。要想使这些站点能够互相通信就需要使用我们下一章要介绍的路由器将这些VLAN在第三层（即IP层）互连起来。这时，虽然位于不同VLAN的站点之间通过路由器的转发能够在IP层互相通信，但它们在数据链路层是不能直接通信的，并且处于不同的广播域之中。

3.6 以太网的演进

最初的以太网是由美国施乐（Xerox）公司的Palo Alto研究中心（简称为PARC）于1975年研制成功的。从标准以太网（10 Mbit/s，也称为传统以太网）开始逐步在有线局域网市场中占据了统治地位，数据率已演进到每秒百兆比特、吉比特、10吉比特，甚至100吉比特。由于历史原因，速率达到或超过100 Mbit/s的以太网被称为**高速以太网**，虽然现在100 Mbit/s对于大多数用户来说已不算是高速了。下面简单介绍高速以太网的发展。

3.6.1 100BASE-T以太网

在20世纪80年代，很少有人想到以太网还会升级。然而在1992年9月100 Mbit/s以太网的设想提出后仅过了13个月，100 Mbit/s以太网的产品就问世了。

100BASE-T 是在双绞线上传送 100 Mbit/s 基带信号的星形拓扑以太网，仍使用 IEEE 802.3 的 CSMA/CD 协议，它又称为**快速以太网**(Fast Ethernet)。用户只要更换一台适配器，再配上一个 100 Mbit/s 的集线器，就可很方便地由 10BASE-T 以太网直接升级到 100 Mbit/s，而不必改变网络的拓扑结构。所有在 10BASE-T 上的应用软件和网络软件都可保持不变。100BASE-T 的适配器有很强的自适应性，能够自动识别 10 Mbit/s 和 100 Mbit/s。

1995 年 IEEE 已把 100BASE-T 的快速以太网定为正式标准，其代号为 IEEE 802.3u，是对现行的 IEEE 802.3 标准的补充。快速以太网的标准得到了所有的主流网络厂商的支持。

100BASE-T 可使用交换式集线器提供很好的服务质量，可在全双工方式下工作而无冲突发生。因此，CSMA/CD 协议对全双工方式工作的快速以太网是不起作用的（但在半双工方式工作时则一定要使用 CSMA/CD 协议）。可能读者会问，不使用 CSMA/CD 协议为什么还能够叫作以太网呢？这是因为快速以太网使用的 MAC 帧格式仍然是 IEEE 802.3 标准规定的帧格式。

然而 IEEE 802.3u 的标准未包括对同轴电缆的支持。这意味着想**从细缆以太网升级到快速以太网的用户必须重新布线**。因此，现在 10/100 Mbit/s 以太网都是使用无屏蔽双绞线布线。

100 Mbit/s 以太网的新标准改动了原 10 Mbit/s 以太网的某些规定。这里最主要的原因是要在数据发送速率提高时，使参数 a 仍保持不变（或保持为较小的数值）。在前面的 3.4.2 小节已经给出了如下的参数 a 的公式：

$$a = \frac{\tau}{T_0} = \frac{\tau}{L/C} = \frac{\tau C}{L}$$

可以看出，当数据率 C （Mbit/s）提高到 10 倍时，为了保持参数 a 不变，可以将帧长 L （Bit）也增大到 10 倍，也可以将网络电缆长度（因而使 τ）减小到原有数值的十分之一。

在 100 Mbit/s 的以太网中采用的方法是保持最短帧长不变，但把一个网段的最大电缆长度减小到 100 m。但最短帧长仍为 64 字节，即 512 比特。因此 100 Mbit/s 以太网的争用期是 5.12 μs，帧间最小间隔现在是 0.96 μs，都是 10 Mbit/s 以太网的 1/10。

100 Mbit/s 以太网的新标准还规定了以下三种不同的物理层标准。

（1）100BASE-TX　使用两对 UTP 5 类线或屏蔽双绞线 STP，其中一对用于发送，另一对用于接收。

（2）100BASE-FX　使用两根光纤，其中一根用于发送，另一根用于接收。

在标准中，把上述的 100BASE-TX 和 100BASE-FX 合在一起称为 100BASE-X。

（3）100BASE-T4　使用 4 对 UTP 3 类线或 5 类线，这是为已使用 UTP 3 类线的大量用户而设计的。它使用 3 对线同时传送数据（每一对线以 $33\frac{1}{3}$ Mbit/s 的速率传送数据），用 1 对线作为碰撞检测的接收信道。

3.6.2 吉比特以太网

1996 年夏季，吉比特以太网（又称为**千兆以太网**）的产品已经问市。IEEE 在 1997 年通过了吉比特以太网的标准 802.3z，它在 1998 年成为了正式标准。

吉比特以太网的标准 IEEE 802.3z 有以下几个特点。

（1）允许在 1 Gbit/s 下全双工和半双工两种方式工作。

（2）使用 IEEE 802.3 协议规定的帧格式。

（3）在半双工方式下使用 CSMA/CD 协议（全双工方式不需要使用 CSMA/CD 协议）。

（4）与 10BASE-T 和 100BASE-T 技术向后兼容。

吉比特以太网可用作现有网络的主干网，也可在高带宽（高速率）的应用场合中（如医疗图像或 CAD 的图形等）用来连接工作站和服务器。

吉比特以太网的物理层共有以下两个标准。

（1）**1000BASE-X**（**IEEE 802.3z 标准**）。1000BASE-X 标准使用的媒体有三种。

1000BASE-SX：使用 850 nm 激光器和纤芯直径为 62.5 μm 和 50 μm 的多模光纤时，传输距离分别为 275 m 和 550 m。

1000BASE-LX：使用 1 300 nm 激光器和纤芯直径为 62.5 μm 和 50 μm 的多模光纤时，传输距离为 550 m。使用纤芯直径为 10 μm 的单模光纤时，传输距离为 5 km。

1000BASE-CX：使用两对短距离的屏蔽双绞线电缆，传输距离为 25 m。

（2）**1000BASE-T**（**802.3ab 标准**）。1000BASE-T 是使用 4 对 UTP 5 类线，传送距离为 100 m。

吉比特以太网工作在半双工方式时，就必须进行碰撞检测。由于数据率提高了，因此只有减小最大电缆长度或增大帧的最小长度，才能使参数 a 保持为较小的数值。若将吉比特以太网最大电缆长度减小到 10 m，那么网络的实际价值就大大减小。而若将最短帧长提高到 640 字节，则在发送短数据时开销又嫌太大。因此，吉比特以太网仍然保持一个网段的最大长度为 100 m，但采用了**载波延伸**（Carrier Extension）的办法，使最短帧长仍为 64 字节（这样可以保持兼容性），同时将争用期增大为 512 字节。凡发送的 MAC 帧长不足 512 字节时，就用一些特殊字符填充在帧的后面，使 MAC 帧的发送长度增大到 512 字节，这对有效载荷并无影响。接收端在收到以太网的 MAC 帧后，要把所填充的特殊字符删除后才向高层交付。当原来仅 64 字节长的短帧填充到 512 字节时，所填充的 448 字节就造成了很大的开销。

为此，吉比特以太网还增加一种功能称为**分组突发**（Packet Bursting）。这就是当很多短帧要发送时，第一个短帧要采用上面所说的载波延伸的方法进行填充。但随后的一些短帧则可一个接一个地发送，它们之间只需留有必要的帧间最小间隔即可。这样就形成一串分组的突发，直到达到 1 500 字节或稍多一些为止。当吉比特以太网工作在全双工方式时（即通信双方可同时进行发送和接收数据），不使用载波延伸和分组突发。

吉比特以太网交换机可以直接与多个图形工作站相连，也可用作百兆以太网的主干网，与百兆比特或吉比特集线器相连，然后再和大型服务器连接在一起。图 3-41 所示为吉比特以太网的一种配置举例。

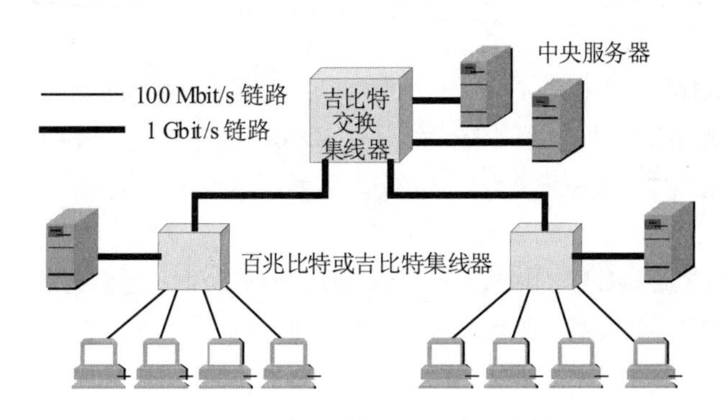

图3-41 吉比特以太网的配置举例

3.6.3 10吉比特和100吉比特以太网

10GE 的标准由 IEEE 802.3ae 委员会进行制定，10GE 的标准已在 2002 年 6 月完成。10GE 也就是万兆以太网。10GE 并非将吉比特以太网的速率简单地提高到 10 倍。这里有许多技术上的问题要解决。下面是 10GE 的主要特点。

10GE 的帧格式与 10 Mbit/s, 100 Mbit/s 和 1 Gbit/s 以太网的**帧格式完全相同**。10GE 还保留了 802.3 标准规定的**以太网最小和最大帧长**。这就使用户在将其已有的以太网进行升级时，仍能和较低速率的以太网很方便地通信。

10GE 只工作在全双工方式，因此**不存在争用问题，也不使用 CSMA/CD 协议**。这就使得 10GE 的传输距离不再受进行碰撞检测的限制而大大提高了，也就是说 10GE 已不再仅仅是一种局域网技术了，也可以用于广域连接。

在 2002 年制定的标准中，10GE **是使用光纤为传输媒体**。一共有三种传输媒体：

10GBASE-SR 使用 850 nm 激光器的多模光纤，传输距离不超过 300 m；

10GBASE-LR 使用 1 300 nm 激光器的单模光纤，传输距离不超过 10 km；

10GBASE-ER 使用 1 500 nm 激光器的单模光纤，传输距离不超过 40 km。

2004 年和 2006 年又分别制定了两个以铜线为传输媒体的标准 802.3ak 和 802.3an。下面是这两种传输媒体的主要性能。

10GBASE-CX4 使用 4 对双芯同轴电缆（Twinax），传输距离不超过 15 m。

10GBASE-T 使用 4 对无屏蔽 6A 类双绞线，传输距离不超过 100 m。

在 10GE 标准问世后不久，有关 40GE/100GE（40 吉比特以太网和 100 吉比特以太网）的标准 IEEE 802.3ba 在 2010 年 6 月公布了。每一种传输速率都有 4 种不同的传输媒体，这里就不一一介绍了。

需要指出的是，40GE/100GE 只工作在全双工的传输方式（因而不使用 CSMA/CD 协议），并且仍然保持了以太网的帧格式及 802.3 标准规定的以太网最小和最大帧长。100GE 在使用单模光纤传输时，仍然可以达到 40 km 的传输距离，但这是需要波分复用的，即使用 4 个波长复用一根光纤，每一个波长的有效传输速率是 25 Gbit/s，这样使得 4 个波长的总的传输速率达到 100 Gbit/s。40GE/100GE 可以用光纤进行传输，也可以使用铜缆进行传输（但传输距离很短，如 1 m 或不超过 10 m）。

现在以太网的工作范围已经从局域网（校园网、企业网）扩大到城域网和广域网，从而实现了端到端的以太网传输。这种工作方式的好处如下所述。

（1）以太网是一种经过实践证明的成熟技术，无论是因特网服务提供者 ISP 还是端用户都很愿意使用以太网。

（2）以太网的互操作性也很好，不同厂商生产的以太网都能可靠地进行互操作。

（3）在广域网中使用以太网时，其价格大约只有 SONET 的五分之一和 ATM 的十分之一。以太网还能够适应多种的传输媒体，如铜缆、双绞线及各种光缆。这就使具有不同传输媒体的用户在进行通信时不必重新布线。

（4）端到端的以太网连接使帧的格式全都是以太网的格式，而不需要再进行帧的格式转换，这就简化了操作和管理。但是，以太网和现有的其他网络，如帧中继或 ATM 网络，仍然需要有相应的接口才能进行互连。

以太网从 10 Mbit/s 到 10 Gbit/s 甚至 100 Gbit/s 的演进证明了以太网是：

（1）可扩展的；

（2）灵活的（多种媒体、全/半双工、共享/交换）；

（3）易于安装；

（4）稳健性好。

3.6.4 使用以太网进行宽带接入

现在人们也在使用以太网进行宽带接入因特网。为此，IEEE 在 2001 年初成立了 802.3EFM 工作组①，专门研究以太网的宽带接入技术问题。

以太网接入的一个重要特点是它可以提供双向的宽带通信，并且可以根据用户对带宽的需求灵活地进行带宽升级（例如，把 10 Mbit/s 的以太网交换机更新为 100 Mbit/s 甚至 1 Gbit/s 的以太网交换机）。当城域网和广域网都采用吉比特以太网或 10 吉比特以太网时，采用以太网接入可以实现端到端的以太网传输，中间不需要再进行帧格式的转换。这就提高了数据的传输效率且降低了传输的成本。

然而以太网的帧格式标准中，只有源地址字段而没有用户名字段，也没有让用户键入密码来鉴别用户身份的过程。任何带有内置网络适配器的计算机，只要用网线接入到一个以太网中，就可以自由访问连接在这个以太网中的其他主机。这对要使用以太网接入需要收费的因特网来说，显然是不行的。

于是有人就想办法把数据链路层的两个成功的协议结合起来，即把 PPP 协议中的 PPP 帧再封装到以太网中来传输。这就是 1999 年公布的 PPPoE（PPP over Ethernet），即在以太网上运行 PPP。现在的光纤宽带接入 FTTx 都要使用 PPPoE 的方式进行接入。

例如，如果使用光纤到大楼 FTTB 的方案，就在每个大楼的楼口安装一个光网络单元 ONU（实际上就是一个以太网交换机），然后根据用户所申请的带宽，用 5 类线（这已经变为铜线了）接到用户家中。如果上网的用户很多，那么还可以在每一个楼层再安装一个 100 Mbit/s 的以太网交换机。各大楼的以太网交换机通过光缆汇接到光结点汇接点。然后通过城域网连接到因特网的主干网。

使用这种方式接入到因特网时，在用户家中不再需要使用任何调制解调器。用户家中只有一个 RJ-45 的插口。用户把自己的 PC 通过 5 类网线连接到墙上的 RJ-45 插口中，然后在 PPPoE 弹出的窗口中键入在网络运营商购买的用户名（就是一串数字）和密码，就可以进行宽带上网了。请注意，使用这种以太网宽带接入时，从用户家中的 PC 到户外的第一个以太网交换机的带宽是能够得到保证的，因为这个带宽是用户独占的，没有和其他用户共享。但这个以太网交换机到上一级的交换机的带宽，是许多用户共享的。因此，如果过多的用户同时上网，则有可能使每一个用户分配到的带宽减少。这时，网络运营商就应当及时进行扩容，以保证用户的利益不受损伤。

顺便指出，当用户利用 ADSL 进行宽带上网时，从用户 PC 到家中的 ADSL 调制解调器之间，也是使用 RJ-45 和 5 类线（即以太网使用的网线）进行连接的，并且也是使用 PPPoE 弹出的窗口进行拨号连接的。但是用户 PC 发送的以太网帧到了 ADSL 调制解调器中，就转换成为 ADSL 使用的 PPP 帧。在用户家中墙上是通过 RJ-11 插口，用普通的电话线传送 PPP 帧。这已经和以太网没有关系了。因此这种上网方式不能称为以太网上网，而是利用电话线宽带接入到因特网。

---

① 通信网的数字化是从主干网开始的，最后剩下的一段模拟线路是用户线，因此，这一段用户线常称为通信线路数字化过程中的“最后一英里”。802.3EFM 中的“EFM”表示“Ethernet in the First Mile”，意思是从用户端开始算，“第一英里采用以太网”，也就是说，EFM 表示“采用以太网接入”。

3.7 无线局域网

在局域网刚刚问世后的一段时间，无线局域网的发展比较缓慢，其原因是价格贵、数据传输速率低、安全性较差，以及使用登记手续复杂（使用无线电频率必须得到有关部门的批准）。但自 20 世纪 80 年代末以来，由于人们工作和生活节奏的加快，以及移动通信技术的飞速发展，无线局域网也就逐步进入市场。无线局域网提供了移动接入的功能，这就给许多需要发送数据但又不能坐在办公室的工作人员提供了方便。当一个工厂跨越的面积很大时，若要将各个部门都用电缆连接成网，其费用可能很高。但若使用无线局域网，不仅节省了投资，而且建网的速度也会较快。另外，当大量持有便携式计算机的用户在一个地方同时要求上网时（如在图书馆或购买股票的大厅里），若用电缆连网，恐怕连铺设电缆的位置都很难找到，而用无线局域网则比较容易。无线局域网常简写为 WLAN（Wireless Local Area Network）。

请读者注意，**便携站**（Portable Station）和**移动站**（Mobile Station）表示的意思并不一样。便携站当然是便于移动的，但便携站在工作时其位置是固定不变的。而移动站不仅能够移动，而且还可以在移动的过程中进行通信（正在进行的应用程序感觉不到计算机位置的变化，也不因计算机位置的移动而中断运行）。移动站一般都是使用电池供电。

3.7.1 无线局域网的组成

无线局域网可分为两大类。第一类是**有固定基础设施的**，第二类是**无固定基础设施的**。"固定基础设施"是指预先建立起来的、能够覆盖一定地理范围的一批固定基站。大家经常使用的蜂窝移动电话就是利用电信公司预先建立的、覆盖全国的大量固定基站来接通用户手机拨打的电话。

1. 有固定基础设施的无线局域网

对于第一类有固定基础设施的无线局域网，最有名的就是 IEEE 802.11 无线局域网。实际上 802.11 既支持有固定基础设施的网络，也支持无固定基础设施的网络，但使用最多的是它的有固定基础设施的组网方式。

1997 年 IEEE 制定出无线局域网的协议标准 802.11，ISO/IEC 也批准了这一标准，其编号为 ISO/IEC 8802-11。802.11 是个非常复杂的标准，在 MAC 层使用 CSMA/CA 协议（在后面的 3.7.3 小节讨论）。凡使用 802.11 系列协议的局域网又称为 **Wi-Fi**（Wireless Fidelity，即无线保真度）①。由于 802.11 无线局域网的广泛应用，现在 Wi-Fi 几乎成为了无线局域网 WLAN 的同义词。

在有固定基础设施的组网方式中，802.11 使用一种星形网络拓扑，其中心的基站被称为**接入点**（Access Point，AP）。802.11 标准规定无线局域网的最小构件是**基本服务集**（Basic Service Set， BSS）。一个 BSS 包括一个基站和若干个移动站，本 BSS 内站点之间的通信及和本 BSS 以外的站点通信时，都必须通过本 BSS 的基站。在 802.11 标准中，**基站**（Base Station）就是基本服务集中的**接入点** AP。当网络管理员安装 AP 时，必须为该 AP 分配一个不超过 32 字节的**服务集标识符**（Service Set Identifier，SSID）和一个所使用的无线信道。SSID 其实就是使用该 AP 的无线局域网的名字。一个基本服务集 BSS 所覆盖的地理范围叫作一个**基本服务区**（Basic Service Area，BSA）。基本服务区 BSA 和无线移

① Wi-Fi 是非营利性国际组织 Wi-Fi 联盟（Wi-Fi Alliance）的一个标记。Wi-Fi 联盟对通过其互操作性测试的产品就发给"Wi-Fi 认证"这样的注册商标。Wi-Fi 可用作名词或形容词，写法也不统一，如 WiFi，Wifi，Wi-fi 等都能在文献中见到。

动通信的蜂窝小区相似。在无线局域网中，一个基本服务区 BSA 的范围的直径不超过 100 m。

一个基本服务集可以是孤立的，也可通过接入点连接到一个**分配系统**（Distribution System，DS），然后再连接到另一个基本服务集，这样就构成了一个**扩展的服务集**（Extended Service Set，ESS），如图 3-42 所示。分配系统的作用就是使扩展的服务集 ESS 对上层的表现就像一个基本服务集 BSS 一样，因此扩展服务集仍然是一个局域网。分配系统可以使用以太网（这是最常用的）、点对点链路或其他无线网络。扩展服务集还可为无线用户提供到非 802.11 无线局域网（例如，到有线连接的因特网）的接入。在一个扩展服务集内的几个不同的基本服务集也可能有相交的部分。在图 3-42 中的移动站 A 如果要和另一个基本服务集中的移动站 B 通信，就必须经过两个接入点 AP_1 和 AP_2，即 A→AP_1→AP_2→B。我们应当注意到，从 AP_1 到 AP_2 的通信是使用有线传输的。

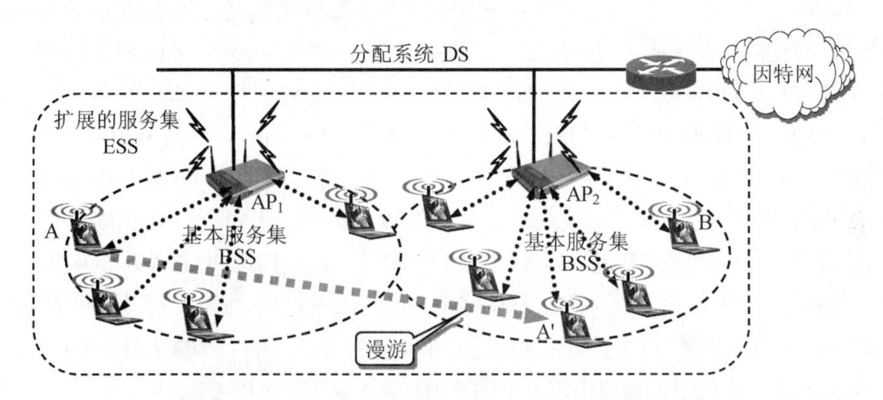

图3-42 IEEE 802.11的基本服务集BSS和扩展服务集ESS

图 3-42 还给出了移动站 A 从一个基本服务集漫游到另一个基本服务集，而仍然可保持与另一个移动站 B 的通信，但 A 在不同的基本服务集所使用的接入点改变了。基本服务集的服务范围是由移动站所发射的电磁波的辐射范围确定的，在图 3-42 中用一个椭圆形来表示基本服务集的服务范围，当然实际上的服务范围可能是很不规则的几何形状。

802.11 标准并没有定义如何实现漫游，但定义了一些基本的工具。例如，一个移动站若要加入到一个基本服务集 BSS，就必须先选择一个接入点 AP，并与此接入点建立**关联**（Association）。此后，这个移动站就可以通过该接入点来发送和接收数据。若移动站使用**重建关联**（Reassociation）服务，就可把这种关联转移到另一个接入点。若要终止这种关联服务，就应使用**分离**（Dissociation）服务。移动站与接入点建立关联的方法有两种。一种是被动扫描，即移动站等待接收接入点周期性发出的**信标帧**（Beacon Frame）。信标帧中包含若干系统参数（如服务集标识符 SSID、AP 的 MAC 地址及所支持的速率等）。另一种是主动扫描，即移动站主动发出**探测请求帧**（Probe Request Frame），然后等待从接入点发回的**探测响应帧**（Probe Response Frame）。当你在 Microsoft Windows XP 中“查看可用网络时”，将显示所在区域内每个 AP 的 SSID。用户可以选择其中的一个并与之建立关联。

由于无线信道的使用日益增多，现在出现了**无线因特网服务提供者**（Wireless Internet Service Provider，WISP）这一名词。用户可以通过无线信道接入到 WISP，然后再经过有线信道接入到因特网。现在许多地方（如办公室、机场、快餐店、旅馆、购物中心等）都能够向公众提供有偿或无偿的因特网 Wi-Fi 接入服务，这样的地点就叫作**热点**（Hot Spot）。热点也就是因特网公众无线接入点。

由于无线局域网已非常普及，因此现在无论是笔记本计算机或台式计算机，其主板上都已经内置了**无线局域网适配器**（也就是**无线网卡**。但不要和第 2 章介绍的 3G **无线上网卡**混淆），因而不需要再插入外置的无线网卡了。无线局域网的适配器能够实现 802.11 的物理层和 MAC 层的功能。只要在无线局域网信号覆盖的地方，用户就能够通过接入点 AP 连接到因特网。需要注意的是，在很多地方通过无线局域网接入到因特网是要付费的。但在一些特定环境（如一些机场、快餐店等），则有可能可免费通过无线局域网接入到因特网。北京目前在六大区域（西单、王府井、奥运中心区、金融街、燕莎及中关村大街）已开通了免费无线局域网，市民可在这些地区免费 Wi-Fi 上网（又称为 WLAN 上网，但不是 3G 上网）。以后北京将累计建设超过 20 万个这类无线局域网接入点。这些无线局域网接入点属于公益性免费无线服务。

若无线局域网不提供免费接入，那么用户就必须在和附近的接入点 AP 建立关联时，键入已经在网络运营商注册登记的用户密码（这时的通信是加密了的）。如键入正确，才能和在该网络中的 AP 建立关联。在无线局域网发展初期，这种接入加密方案称为 WEP （Wired Equivalent Privacy，意思是"有线等效保密"），它曾经是 1999 年通过的 IEEE 802.11b 的标准中的一部分。然而 WEP 的加密方案相对比较容易被破译，因此现在的无线局域网普遍采用了保密性更好的加密方案 WPA（WiFi Protected Access，意思是"无线局域网受保护的接入"）或其第二个版本 WPA2。现在 WPA2 是 2004 年颁布的标准 802.11n 中强制执行的加密方案，微软的 Windows XP 也支持 WPA2。当我们在 PC 的 Windows XP 屏幕上点击"开始"→"设置"→"网络连接"→"无线网络连接"，就会看见在当前无线局域网信号覆盖范围中的一些网络名称。在有的网络名称下面会显示"启用安全的无线网络（WPA）/（WPA2）"，这就表明对这个网络，只有在弹出的密码窗口中键入正确密码后，才能与其 AP 建立关联。不过，WPA2 方案也并非绝对可靠的，目前市场上有非法的"蹭网卡"销售，但其中很多种只能破译 WEP，要破译 WPA2 就困难得多。

2. 无固定基础设施的无线局域网

另一类无线局域网是无固定基础设施的无线局域网，它又叫作**自组网络**（ad hoc Network）[①]。这种自组网络没有上述基本服务集中的接入点 AP，而是由一些处于平等状态的移动站之间相互通信组成的临时网络。复杂的自组织网络支持结点间的多跳存储转发，如图 3-43 所示。图中移动站 A 和 E 通信时，是经过 A→B，B→C，C→D 和最后 D→E 这样一连串的存储转发过程。因此，在从源结点 A 到目的结点 E 的路径中的移动站 B，C 和 D 都是转发结点，这些结点都具有路由功能。由于自组网络没有预先建好的网络固定基础设施（基站），因此，自组网络的服务范围通常是受限的，而且自组网络一般也不和外界的其他网络相连接。802.11 的 ad hoc 模式允许在通信范围内的各站点间直接进行通信，组成一个无中心不与外界网络连接的自组网络，支持站点间的单跳通信，但在标准中并没有包括多跳路由功能。

自组网络通常是这样构成的：一些可移动的设备发现在它们附近还有其他的可移动设备，并且要求和其他移动设备进行通信。由于便携式计算机的大量普及，自组网络的组网方式已受到人们的广泛关注。

移动自组网络更强调站点的能动性，在军用和民用领域都有很好的应用前景。在军事领域中，由于战场上往往没有预先建好的固定接入点，但携带了移动站的战士就可以利用临时建立的移动自组网

① 拉丁语 ad hoc 本来的意思是"仅为此目的（for this purpose only）"，并且通常还有"临时的"含义。译成中文就是"**特定的**"。直译 ad hoc network 就是"**特定网络**"，但由于这种网络的组成并不需要使用固定的基础设施，因此可意译为"**自组网络**"，表明仅依靠移动站自身而不需要固定基站就能组成网络。

络进行通信。这种组网方式也能够应用到作战的地面车辆群和坦克群，以及海上的舰艇群、空中的机群。由于每一个移动设备都具有路由器的转发分组的功能，因此，分布式的移动自组网络的生存性非常好。在民用领域，开会时持有笔记本计算机的人可以利用这种移动自组网络方便地交换信息，而不受便携式计算机附近没有电话线插头的限制。当出现自然灾害时，在抢险救灾时利用移动自组网络进行及时的通信往往也是很有效的，因为这时事先已建好的固定网络基础设施（基站）可能已经都被破坏了。

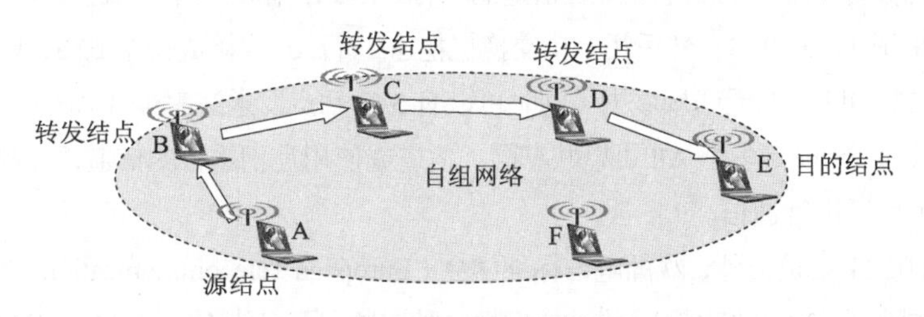

图3-43 具有多跳路由功能的自组网络

顺便指出，**移动自组网络和移动 IP 并不相同**。移动 IP 技术使漫游的主机可以用多种方式连接到因特网。漫游的主机可以直接连接到或通过无线链路连接到固定网络上的另一个子网。支持这种形式的主机移动性需要地址管理且增加协议的互操作性，但移动 IP 的核心网络功能仍然是基于在固定互联网中一直在使用的各种路由选择协议。移动自组网络是将移动性扩展到无线领域中的自治系统，它具有自己特定的路由选择协议，并且可以不和因特网相连。即使在和因特网相连时，移动自组网络也是以**残桩网络**（Stub Network）方式工作的。所谓“残桩网络”就是通信量可以进入残桩网络，也可以从残桩网络发出，但不允许外部的通信量穿越残桩网络。

3.7.2 802.11局域网的物理层

802.11 标准中物理层相当复杂，这里仅做简单介绍。根据物理层的不同（如工作频段、数据率、调制方式等），802.11 无线局域网可再细分为不同的类型。现在最流行的无线局域网是 802.11b。表 3-1 所示为 4 种常用的 802.11 无线局域网的物理层的简单比较。

表3-1 4种常用的802.11无线局域网的物理层

标 准	频 段	数 据 速 率	物理层	特 点
802.11b	2.4 GHz	最高 11 Mbit/s	DSSS[①]	价格最低，信号传播距离最远，且不易受阻碍，最高数据传输速率较低
802.11a	5 GHz	最高 54 Mbit/s	OFDM[①]	最高数据传输速率较高，支持更多用户同时上网，价格最高，信号传播距离较短，且易受阻碍
802.11g	2.4 GHz	最高 54 Mbit/s	OFDM	最高数据传输速率较高，支持更多用户同时上网，信号传播距离最远，且不易受阻碍，价格比 802.11b 贵
802.11n	2.4 GHz 5 GHz	最高 300 Mbit/s	MIMO[①] OFDM	使用多个发射和接收天线来允许更高的数据传输率，当使用双倍带宽（40 MHz）时速率可达 600 Mbit/s

① DSSS 表示 Direct Sequence Spread Spetrum（直接序列扩频），OFDM 表示 Orthogonal Frequency Division Multiplexing（正交频分复用，一种多载波并行调制技术）。MIMO 表示 Multiple-Input Multiple-Output（多输入多输出，在接收端和发送端采用多天线系统）。

以上 4 种标准都使用共同的媒体接入控制协议，都可以用于有固定基础设施的或无固定基础设施的无线局域网。

对于最常用的 802.11b 无线局域网，所工作的 2.4~2.485 GHz 频率范围中有 85 MHz 的带宽可用。802.11b 定义了 11 个部分重叠的信道，仅当两个信道号由 4 个或更多信道隔开时它们才无重叠。其中，信道 1，6 和 11 的集合是唯一的 3 个非重叠信道的集合。因此，在同一个区域上可以安装 3 个 AP，并分别给它们分配信道 1，6 和 11，然后用一个交换机把这 3 个 AP 连接成一个 ESS，则可构成一个总的传输速率最大为 33 Mbit/s 的无线局域网（同时可以有 3 个站点发送速率）。但请注意，并不是在同一区域只能配置最多 3 个 AP。多个 AP 可以共享同一信道或使用互相重叠的信道，并利用我们将要讨论的 MAC 协议竞争信道进行通信。

除 IEEE 的 802.11 委员会外，欧洲电信标准学会（European Telecommunications Standards Institute，ETSI）也为欧洲制定了无线局域网的标准，他们把这种局域网取名为 HiperLAN。ETSI 和 IEEE 的标准是可以互操作的。由于绝大多数人使用的无线局域网都是 802.11 无线局域网，若不特别指出，本书中“无线局域网”就指的是 802.11 无线局域网。

下面我们简要讨论 802.11 标准的 MAC 协议。

3.7.3 802.11局域网的MAC协议

CSMA/CA

1. 使用 CSMA/CA 协议

既然 CSMA/CD 协议已成功地应用于有线局域网，无线局域网能不能也使用 CSMA/CD 协议呢？在无线局域网中，仍然可以用 CSMA “先听后发” 的方法避免碰撞，即在发送数据之前先对传输媒体进行载波监听。如发现有其他站在发送数据，就推迟发送以免发生碰撞。但在无线局域网中进行“碰撞检测”存在以下问题。

（1）“碰撞检测”要求一个站点在发送本站数据的同时还必须不间断地检测信道。一旦检测到碰撞，就立即停止发送。但由于无线信道的传输条件特殊，其信号强度的动态范围非常大，因此在 802.11 适配器上接收到的信号强度往往会远远小于发送信号的强度（信号强度可能相差百万倍）。如要在无线局域网的适配器上实现碰撞检测，对硬件的要求非常高。

（2）更重要的是，即使我们能够在硬件上实现无线局域网的碰撞检测功能，由于无线电波传播的特殊性（下面将要讨论的隐蔽站问题），仍然无法避免碰撞发生。也就是说实现了碰撞检测也意义不大。

我们知道，无线电波能够向所有的方向传播，信号衰减非常快，传播距离有限。当电磁波在传播过程中遇到障碍物时，其传播还会受到阻碍。图 3-44 所示的例子表示了无线局域网的特殊问题。图中给出两个无线移动站 A 和 B，以及接入点 AP。我们假定无线电信号传播的范围是以发送站为圆心的一个圆形面积。

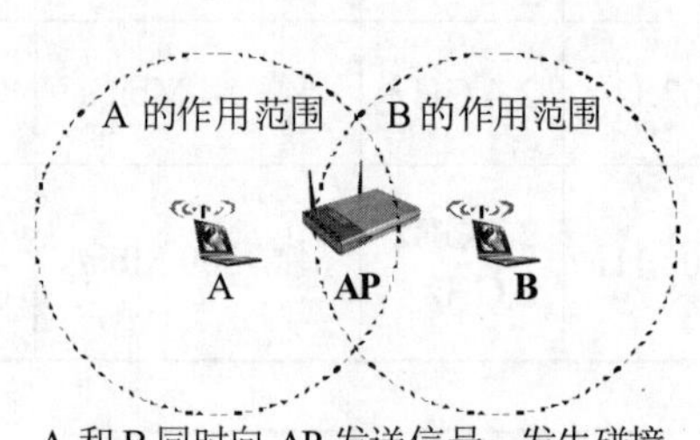

图3-44 无线局域网的隐蔽站问题

图 3-44 表示站点 A 和 B 同时向接入点 AP 发送数据。但 A 和 B 相距较远或有物体遮挡，彼此都接收不到对方发送的信号。当 A 和 B 都检测不到对方的无线信号时，就认为现在无线信道是空闲的，因而都向 AP 发送数据。结果 AP 同时收到 A 和 B 发来的数据，发生了碰撞。可见，在无线局域网中，即使在发送数据前未检测到传输媒体上有信

号，也不能保证数据能够发送成功。图 3-44 所示的问题叫作**隐蔽站问题**（Hidden Station Problem）。图中 A 和 B 互为隐蔽站，因为彼此都检测不到对方发送的信号。

有时，虽然 A 和 B 相距很近，但它们之间有障碍物，也有可能出现上述问题。

因此，无线局域网不能简单照搬有线局域网使用的 CSMA/CD，802.11 标准使用一种称为 CSMA/CA 的协议，即**载波监听多址接入/碰撞避免**（Carrier Sense Multiple Access/Collision Avoidance），在 CSMA 的基础上增加了一个**碰撞避免**（Collision Avoidance）功能，而不再实现碰撞检测功能。由于不可能避免所有的碰撞，且无线信道误码率较高，802.11 还使用了数据链路层确认机制来保证数据被正确接收。

实际上，802.11 的 MAC 层标准定义了两种不同的媒体接入控制方式：**分布式协调功能**（Distributed Coordination Function，DCF）和**点协调功能**（Point Coordination Function，PCF）。在 DCF 方式下，没有中心控制站点，每个站点使用 CSMA/CA 协议通过争用信道来获取发送权，这是 802.11 定义的默认方式。而 PCF 方式使用集中控制的接入算法（一般在接入点 AP 实现集中控制），是 802.11 定义的可选方式，在实际中很少使用，这里不再进行介绍。

2. 确认机制和帧间间隔

在考虑如何避免碰撞之前，我们先介绍 802.11 协议中的确认机制和帧间间隔。802.11 标准规定，所有的站点必须在持续检测到信道空闲一段指定时间后才能发送帧，这段时间通称为**帧间间隔**（InterFrame Space，IFS）。帧间间隔的长短取决于该站点要发送的帧的类型。高优先级帧需要等待的时间较短，因此可优先获得发送权，但低优先级帧就必须等待较长的时间。若低优先级帧还没来得及发送，而其他站的高优先级帧已发送到信道上，则信道变为忙态，因而低优先级帧就只能再推迟发送了。这样就减少了发生碰撞的机会。以下是常用的两种帧间间隔。

（1）**SIFS**，即**短**（Short）**帧间间隔**，是最短的帧间间隔，用来分隔开属于一次对话的各帧。一个站点应当能够在这段时间内从发送方式切换到接收方式。使用 SIFS 的帧类型有 ACK 帧、CTS 帧（在本节后面有介绍）、由过长的 MAC 帧分片后的数据帧[①]，以及所有回答 AP 探询的帧和在 PCF 方式中接入点 AP 发送出的任何帧。

（2）**DIFS**，即 **DCF 帧间间隔**，它比 SIFS 的帧间间隔要长得多，在 DCF 方式中用来发送数据帧和管理帧。

CSMA/CA 协议的确认机制如图 3-45 所示。要发送数据的站点先检测信道，若检测到信道空闲，则在等待 DIFS 时间后发送。目的站点若正确收到此帧，则经过时间间隔 SIFS 后，向源站发送确认帧 ACK。若源站在规定时间内没有收到确认帧 ACK（由重传计时器控制这段时间），就必须重传此帧，直到收到确认为止，或者经过若干次的重传失败后放弃发送。CSMA/CA 的确认机制可以认为是一种“间接碰撞检测”机制。

为什么信道空闲还要再等待呢？就是考虑到可能其他站有高优先级的帧要发送。如有，就要让高优先级帧先发送。例如，这里的确认帧 ACK 就是一种高优先级帧，以确保不被其他站发送的数据帧打断。

可以看出，802.11 无线局域网采用了停止等待协议来提供可靠传输服务。但 802.3 有线局域网的传

① 因为无线信道的误码率比有线信道的高得多，所以，无线局域网的 MAC 帧长应当短些，以便在出错重传时减小开销。这样，就必须将太长的帧进行分片。

输是不可靠的，发送方把数据发送出去就不管了（当然若检测到碰撞是必须重传的），至于可靠传输则由高层负责。

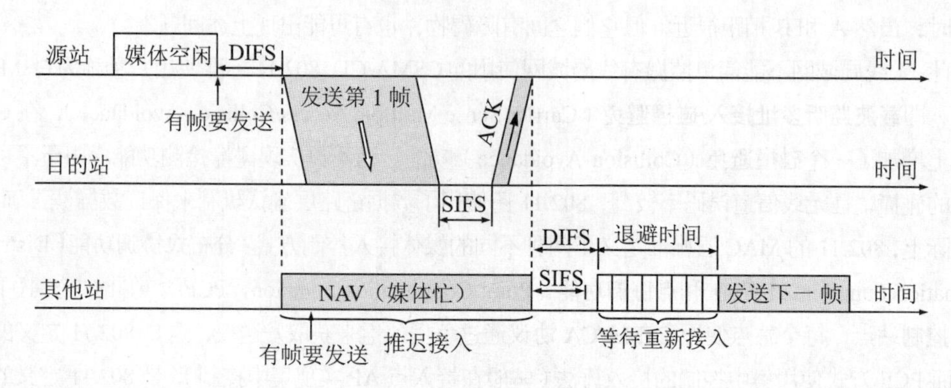

图3-45 CSMA/CA协议的工作原理

3. 退避算法

为了尽可能避免各种可能的碰撞，CSMA/CA 采用了一种不同于 CSMA/CD 的退避算法。图 3-45 指出，当信道从忙态变为空闲时，任何一个站要发送数据帧时，不仅都必须等待一个 DIFS 的间隔，而且还要退避一段随机的时间以后再次重新试图接入到信道。请读者注意，在以太网的 CSMA/CD 协议中，要发送数据的站点，在监听到信道变为空闲时就立即发送数据，同时进行碰撞检测。如果发生了碰撞，才执行退避算法。当一个站点在发送数据时，很可能有多个站点都在监听信道并等待发送数据，一旦信道空闲，如果不执行退避算法必然会导致多个站点几乎同时发送数据而发生碰撞。CSMA/CD 通过碰撞检测能及时停止发送碰撞了的无效帧，而 CSMA/CA 并没有像以太网那样的碰撞检测机制。为减少发生碰撞的概率，在 802.11 标准的 CSMA/CA 协议中，**当要发送帧的站点检测信道从忙态转为空闲时，就要执行退避算法**。在执行退避算法时，站点为**退避计时器**（Backoff Timer）设置一个随机的退避时间，当退避计时器的时间减小到零时，就开始发送数据（图 3-45 中所画的情况）。当退避计时器的时间还未减小到零时而信道又转变为忙态，这时就冻结退避计时器的数值，重新等待信道变为空闲，再经过时间 DIFS 后，继续启动退避计时器（从剩下的时间开始，在图 3-45 中没有画出这种情况）。

当发送站点没有接收到确认，重传帧时，也要执行退避算法，并且 802.11 标准也使用了二进制指数退避算法，要将随机选择退避时间的范围扩大一倍。

为了避免一个站点独占信道，当一个站点在成功发送完一个数据帧后（收到确认后），要连续发送下一个数据帧时也要执行退避算法。

因此，当一个站要发送数据帧时，仅在下面的情况下才不使用退避算法：检测到信道是空闲的，并且这个数据帧不是成功发送完上一个数据帧之后立即连续发送的数据帧。除此以外的以下情况，都必须使用退避算法：

（1）在发送帧之前检测到信道处于忙态时；

（2）在每一次重传一个帧时；

（3）在每一次成功发送后要连续发送下一个帧时。

4. 信道预约和虚拟载波监听

为尽可能减少碰撞的概率和降低碰撞的影响，802.11 允许要发送数据的站点对信道进行**预约**。具体的做法是这样的。如图 3-46 所示，源站在发送数据帧之前先发送一个短的控制帧，叫作**请求发送**（Request To Send，RTS），它包括源地址、目的地址和这次通信（包括相应的确认帧）所需的持续时间。当然，源站在发送 RTS 帧之前，必须先监听信道。若信道空闲，则等待一段时间 DIFS 后，就能够发送 RTS 帧了。若目的站正确收到源站发来的 RTS 帧，且媒体空闲，就发送一个响应控制帧，叫作**允许发送**（Clear To Send，CTS），它也包括这次通信所需的持续时间（从 RTS 帧中将此持续时间复制到 CTS 帧中）。源站收到 CTS 帧后，再等待一段时间 SIFS 后，就可发送其数据帧。若目的站正确收到了源站发来的数据帧，在等待时间 SIFS 后，就向源站发送确认帧 ACK。

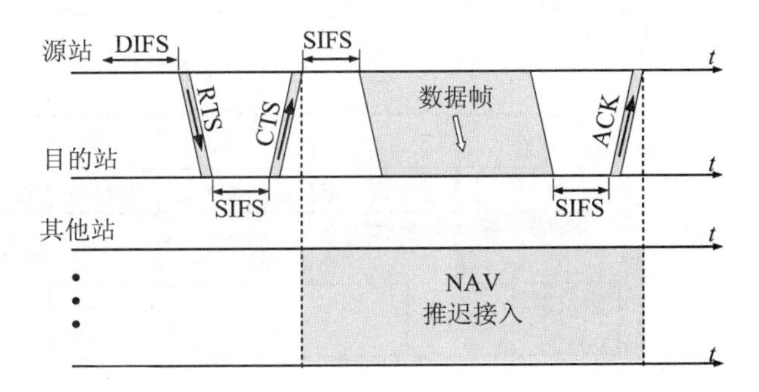

图3-46 发送RTS帧和CTS帧以避免碰撞

在图 3-46 中，除源站和目的站以外的其他各站，在收到 CTS 帧（或数据帧）后就推迟接入到无线局域网中。这样就保证了源站和目的站之间的通信不会受到其他站的干扰。如果 RTS 帧发生碰撞，源站就收不到 CTS 帧，需执行退避算法重传 RTS 帧。

由于 RTS 帧和 CTS 帧很短，发生碰撞的概率、碰撞产生的开销及本身的开销都很小。而对于一般的数据帧，其发送时延往往远大于传播时延（注意是局域网），碰撞的概率很大，且一旦发生碰撞而导致数据帧重发，则浪费的时间就很多，因此用很小的代价对信道进行预约往往是值得的。虽然如此，802.11 还是设置了 3 种情况供用户选择：（1）使用 RTS 帧和 CTS 帧；（2）只有当数据帧的长度超过某一数值时才使用 RTS 帧和 CTS 帧（显然，当数据帧本身就很短时，再使用 RTS 帧和 CTS 帧只能增加开销）；（3）不使用 RTS 帧和 CTS 帧。

实际上不仅 RTS 帧和 CTS 帧会携带通信需要持续的时间，数据帧也能携带通信需要持续的时间，这就是 802.11 的**虚拟载波监听**（Virtual Carrier Sense）机制。在 802.11 的帧中有一个**持续时间字段**，允许发送帧的站点把它要占用信道的时间（包括目的站发回确认帧所需的时间）及时通知给所有其他站点。当一个站点检测到正在信道中传送的 MAC 帧首部的“持续时间”字段时，就调整自己的**网络分配向量**（Network Allocation Vector，NAV）。NAV 指出了信道将被占用的时间，即使站点（如隐蔽站）在这段时间内可能检测不到信道忙，也不能访问信道，就**好像**是监听到信道忙一样。由于利用虚拟载波监听机制，站点只要监听到 RTS 帧、CTS 帧或数据帧中的任何一个，就能知道信道被占用的持续时间，而不需真正监听到信道上的信号，因此**虚拟载波监听机制能减少隐蔽站带来的碰撞问题**。例如，图 3-44 中的隐蔽站 B，虽然监听不到 A 发送给 AP 的 RTS 帧，但却能监听到 AP 应答给 A 的 CTS 帧，B 根据 CTS 帧中的持续时间修改自己的 NAV，在 NAV 指示的时间内虽然 B 监听不到 A 发送给 AP 的帧，也不会发送帧干扰 A 和 AP 的通信。

3.7.4 802.11局域网的MAC帧

802.11 的 MAC 帧共有三种类型，即**控制帧**、**数据帧**和**管理帧**。802.11 的帧格式比较复杂，我们这里仅讨论其数据帧的一些重要字段。

从图 3-47 中可以看出，802.11 数据帧由以下三大部分组成。

（1）MAC 首部，共 30 字节。帧的复杂性都在帧的首部。

（2）有效载荷，也就是帧的数据部分，最大长度为 2 312 字节。但通常 802.11 帧的长度都不超过 1 500 字节。

（3）帧检验序列 FCS，即帧的尾部，共 4 字节的 CRC 检验码。

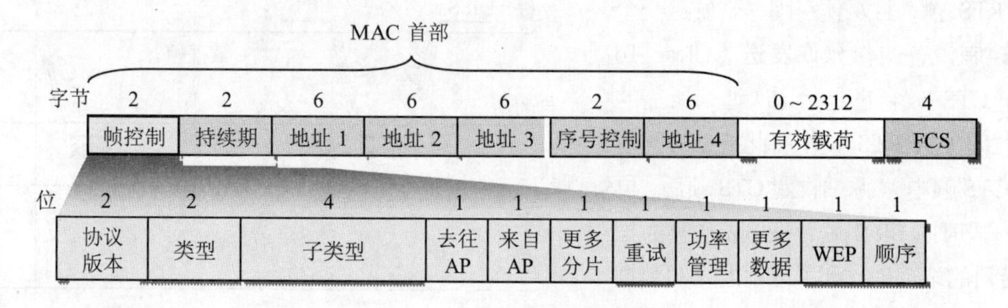

图3-47 802.11局域网的数据帧

1. 地址字段

802.11 数据帧最特殊的地方就是有 4 个地址字段。这 4 个地址的内容取决于帧控制字段中的“到 DS”（到分配系统）和“从 DS”（从分配系统）这两个字段的值，如表 3-2 所示。

表3-2 802.11数据帧地址字段的4种使用情况

到 DS	从 DS	地址 1	地址 2	地址 3	地址 4
0	0	目的地址	源地址	BSSID	—
0	1	目的地址	发送 AP 地址	源地址	—
1	0	接收 AP 地址	源地址	目的地址	—
1	1	接收 AP 地址	发送 AP 地址	目的地址	源地址

最常用的是中间两种情况。我们以图 3-48 为例说明这两种情况。

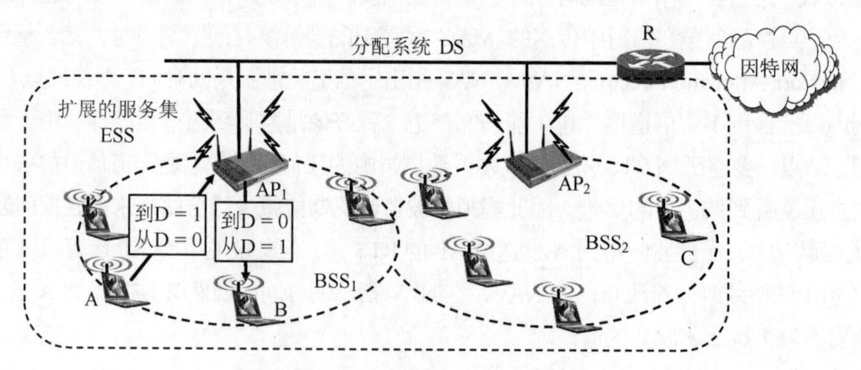

图3-48 站点A通过AP_1向B发送数据帧

注意

在有固定基础设施AP的BSS中，站点要和本BSS以内或以外的站点通信，都必须通过本BSS的AP，其实源站点也并不知道要通信的站点是否在本BSS以内。如果是和本BSS内的站点通信，如图3-48所示，站点A向B发送数据帧。首先A要把数据帧发送给AP_1，帧控制字段中的“到DS为1”且“从DS为0”，并且帧中地址1是AP_1的MAC地址[①]，地址2是A的MAC地址，地址3是B的MAC地址，而地址4没有被使用。

当 AP_1 将数据帧转发给站点 B 时，帧控制字段中的“到 DS 为 0”且“从 DS 为 1”，并且帧中地址 1 是 B 的 MAC 地址，地址 2 是 AP_1 的 MAC 地址，地址 3 是 A 的 MAC 地址，也不使用地址 4。

如果站点要和本 BSS 以外的站点通信，例如，站点 A 向位于 DS 的路由器 R 发送数据帧时，与以上类似。A 要把数据帧发送给 AP_1，如果分配系统 DS 是以太网，AP 会将 802.11 的帧转换为以太网帧发送给 R。这时以太网帧中的源地址和目的地址就是 A 和 R 的 MAC 地址。反之，当 R 发送响应给 A 时，以太网帧中的源地址和目的地址分别是 R 和 A 的 MAC 地址（注意没有 AP_1 的 MAC 地址），AP_1 收到后会将该帧转换为 802.11 帧发送给 A。因此，AP 具有网桥的功能。

读者可能会产生这样一个问题：为什么 802.11 帧中要携带 AP 的 MAC 地址，而在以太网帧中没有 AP 的地址也能正常工作呢？在以太网中，AP 与透明网桥一样，对各站点是透明的，在以太网帧中也不需要指出 AP 的 MAC 地址。在 802.11 局域网中，在站点的信号覆盖范围内可能会有多个 AP 共享同一物理信道，但站点只能与其中的一个 AP 建立关联，MAC 帧中需要携带 AP 的地址（其实就是所在 BSS 的 ID）明确指出转发该帧的 AP（即接收 AP 或发送 AP）。

帧控制字段中“到 DS”和“从 DS”都为 0 的情况用于 802.11 的**自组网络**模式。当通信的两个站点处于同一个独立 BSS 时，它们可以直接通信而不需要 AP 的转发，帧中的 BSSID 用于指出它们所在的 BSS。

帧控制字段中“到 DS”和“从 DS”都为 1 的情况用于连接多个 BSS 的分配系统也是一个 802.11 无线局域网的情况。例如，在图 3-48 中，如果 DS 也是 802.11 局域网，位于 BSS_1 的 A 站发送数据给 BSS_2 的 C 站，当 AP_1 通过无线 DS 将帧转发给 AP_2 时，帧控制字段中的“到 DS”和“从 DS”都为 1，并且帧中地址 1 是 AP_2 的 MAC 地址，地址 2 是 AP_1 的 MAC 地址，地址 3 是 C 的 MAC 地址，地址 4 是 A 的 MAC 地址。但如果 DS 是以太网，显然 AP_1 转发给 AP_2 的是以太网帧，帧中仅携带 A 和 C 的 MAC 地址。

2. 序号控制字段、持续期字段和帧控制字段

序号控制字段用来实现 802.11 的可靠传输。在停止等待协议中，我们已经知道要对数据帧进行编号，当接收方的确认丢失时，发送方会进行超时重传，接收方可以用序号来区别重复接收到的帧。

持续期字段用于实现 3.7.3 小节介绍的信道预约和虚拟载波监听功能。在 RTS 帧、CTS 帧或数据帧中用该字段指出将要占用信道的时间。

帧控制字段是最复杂的字段。其中“到 DS”和“从 DS”字段已经介绍了。类型和子类型字段用于区分不同类型的帧。802.11 帧共有三种类型：控制帧、数据帧和管理帧，而每种类型又分为若干种

① AP 的 MAC 地址在 802.11 标准中叫作**基本服务集标识符** BSSID，也是一个 48 位的地址。

子类型。例如，控制帧有 RTS，CTS 和 ACK 等几种不同的控制帧。控制帧和管理帧都有其特定的帧格式，这里从略。**有线等效保密字段**（Wired Equivalent Privacy，WEP）用于指示是否使用了 WEP 加密算法（将在 7.6.2 小节具体讨论 802.11 无线局域网的安全）。

3.7.5 其他无线计算机网络

最近几年还出现了几种无线计算机网络。这些计算机网络虽不是局域网，但制定这些网络标准的组织都是 IEEE802 委员会和 ETSI。这些计算机网络的发展情况值得我们关注。

（1）**无线个人区域网**（或**无线个域网**）（Wireless Personal Area Network，WPAN）。WPAN 就是在个人工作地方把属于个人使用的电子设备（如便携式计算机、掌上计算机及蜂窝电话等）用无线技术连接起来，整个网络的范围大约为 10 m。WPAN 可以是一个人使用，也可以是若干人共同使用（例如，一个外科手术小组的几位医生把几米范围内使用的一些电子设备组成一个无线个人区域网）。这些电子设备可以很方便地进行通信，就像用普通电缆连接一样。WPAN 的 IEEE 标准都由 IEEE 的 802.15 工作组制定，而欧洲的 ETSI 标准则把无线个人区域网取名为 HiperPAN。无线个人区域网实际上就是一个低功率、小范围、低速率的电缆替代技术，而前面所讲的 802.11 无线局域网则是一个大功率、中等范围、高速率的接入技术。**蓝牙**（Bluetooth）系统（802.15）就是早期 WPAN 的一个例子。蓝牙由爱立信公司于 1994 年推出，工作在 2.4 GHz 频段，数据传输速率可达 1 Mbit/s，通信范围为 10 m～30 m。现在几乎所有消费类电子设备都能支持蓝牙，从手机和笔记本计算机到耳机、打印机、键盘、鼠标、游戏机、音乐播放器、汽车导航仪等。蓝牙协议使这些设备能彼此发现并进行连接，使人们摆脱了传统电缆连接的繁琐。另一个重要标准是 802.15.3，也称为**超宽带**（Ultra-Wide Band，UWB），可支持高达 400 Mbit/s 的数据传输速率，允许小范围内传送 DVD 质量的多媒体视频信号。

（2）**无线城域网**（Wireless Metropolitan Area Network，WMAN）。WMAN 提供“最后一英里”的宽带无线接入（固定的、移动的和便携的），可用来代替现有的有线宽带接入（xDLC、HFC 或 FTTx）。WMAN 的典型传输距离至少比 802.11 网络大 10 倍以上，因此，WMAN 的基站要比 802.11 接入点更强大，使用更大的功率和更好的天线，并要进行更多的差错处理。WMAN 的标准有 IEEE 的 802.16 和 ETSI 的 HiperMAN，可在 10 GHz～66 GHz 频段提供高达 134 Mbit/s 的数据传输速率，通信距离可达 50 km 左右。为了促进和认证符合 IEEE802.16 和 ETSI HiperMAN 标准的宽带无线接入设备的兼容性和互操作性，WiMAX 论坛给通过一致性和互操作性测试的产品颁发“WiMAX 论坛证书”。WiMAX 是 Worldwide Interoperability for Microwave Access 的缩写（意思是“全球微波接入的互操作性”。按照发音，AX 表示 Access）。WiMAX 论坛成立于 2001 年 4 月，现在已有超过 150 家著名 IT 行业的厂商参加了这个论坛。在许多文献中，我们可以见到 WiMAX 常用来表示无线城域网 WMAN，这与 Wi-Fi 常用来表示无线局域网 WLAN 是类似的。

本章的重要概念

- 链路是从一个结点到相邻结点的一段物理线路，数据链路则是在链路的基础上增加了一些必要的硬件（如网络适配器）和软件（如协议的实现）。
- 数据链路层使用的信道主要有点对点信道和广播信道两种。

- 数据链路层传送的协议数据单元是帧。数据链路层的三个重要问题是：封装成帧、差错检测和可靠传输。
- 封装成帧要解决帧定界和透明传输问题。针对面向字符和面向比特的物理链路，可以分别采用字符填充法和比特填充法来解决透明传输问题。
- 循环冗余检验 CRC 是一种差错检测方法，而帧检验序列 FCS 是添加在数据后面的冗余码。仅使用差错检测还不能实现可靠传输。
- 实现可靠传输的基本机制包括差错检测、确认、超时重传、序号、发送窗口和接收窗口。
- 停止等待协议能够在不可靠的传输网络上实现可靠的通信。每发送完一帧就停止发送，等待对方的确认。在收到确认后再发送下一帧。若超过了一段时间仍然没有收到确认，就重传前面发送过的帧（认为刚才发送的帧丢失了），这就是超时重传。这种自动重传方式常称为自动请求重传 ARQ。为了区分重复帧，需要对帧进行编号。
- 回退 N 帧（Go-back-N，GBN）协议在流水线传输的基础上利用发送窗口来限制发送方连续发送分组的个数，是一种连续 ARQ 协议。为此，在发送方要维持一个发送窗口。发送窗口是允许发送方已发送但还没有收到确认的分组序号的范围，窗口大小就是发送方已发送但还没有收到确认的最大分组数。
- GBN 协议发送窗口为 N，接收窗口为 1，使用累积确认。由于接收方只接收按序到达的分组，一旦某个分组出现差错，其后连续发送的所有分组都要被重传。
- 选择重传协议只重传出现差错的分组，因此其接收窗口不为 1，以便先收下失序到达但仍然处在接收窗口中的那些分组，等到所缺分组收齐后再一并送交上层。为了使发送方仅重传出现差错的分组，接收方不能再采用累积确认，而需要对每个正确接收到的分组进行逐一确认。
- 点对点协议 PPP 是因特网点对点数据链路层使用得最多的一种协议，它的特点是：简单；只检测差错，而不是纠正差错；不使用序号，也不进行流量控制；可同时支持多种网络层协议。
- 共享通信媒体的方法有二：一是静态划分信道（各种复用技术），二是动态接入控制，包括随机接入和受控接入。共享通信媒体的问题又称为媒体接入控制或多址接入问题。
- IEEE 802 委员会把局域网的数据链路层拆成两个子层，即逻辑链路控制（LLC）子层（与传输媒体无关）和媒体接入控制（MAC）子层（与传输媒体有关）。但现在 LLC 子层已没有太大作用。
- 计算机与外界局域网的通信要通过通信适配器，它又称为网络接口卡或网卡。计算机的硬件地址就在适配器的 ROM 中。
- 以太网采用无连接的工作方式，对发送的数据帧不进行编号，也不要求对方发回确认。目的站收到有差错帧就把它丢弃，其他什么也不做。
- 以太网采用的媒体接入控制协议是具有碰撞检测的载波监听多址接入 CSMA/CD。协议的要点是：发送前先监听，检测到信道空闲就发送数据，同时边发送边监听，一旦发现信道上出现了信号碰撞，就立即停止发送。然后按照退避算法等待一段随机时间后再次发送。每一个站点在自己发送数据之后的一小段时间内，存在着遭遇碰撞的可能性。以太网上各站点都平等地争用以太网信道。

- 使用集线器的双绞线以太网在物理上是星形网，但在逻辑上则是总线形网。集线器工作在物理层，它的每个接口仅仅简单地转发比特，不进行载波监听和碰撞检测。
- 以太网的硬件地址，即 MAC 地址，实际上就是适配器地址或适配器标识符，与主机所在的地点无关。源地址和目的地址都是 48 位长。以太网的适配器有过滤功能，它只接收单播帧，或广播帧，或多播帧。
- 使用集线器、转发器可以在物理层扩展以太网（扩展后的以太网仍然是一个网络），在物理层扩展的以太网仍然是一个碰撞域，不能连接过多的站点，否则平均吞吐量太低，且会导致大量的冲突。同时，其地理覆盖范围受以太网有争用期对端到端时延的限制。
- 使用网桥可以在数据链路层扩展以太网（扩展后的以太网仍然是一个网络）。网桥在转发帧时，不改变帧的源地址。网桥的优点是：对帧进行转发和过滤，增大吞吐量；扩大了网络物理范围；提高了可靠性；可互连不同物理层、不同 MAC 子层和不同速率的以太网。网桥的缺点是：增加了时延；可能会产生广播风暴。
- 交换式集线器常称为以太网交换机、第二层交换机（工作在数据链路层）或简称为交换机。它就是一个多接口的网桥，当每个接口都直接与某台单主机或另一个交换机相连时，可工作在全双工方式。以太网交换机能同时连通许多对的接口，使每一对相互通信的主机都能像独占通信媒体那样，无碰撞地传输数据。
- 高速以太网有 100 Mbit/s 的快速以太网，1 Gbit/s 的吉比特以太网，10 Gbit/s 的 10 吉比特以太网，以及 40/100 吉比特以太网。在宽带接入技术中，用高速以太网进行接入也是一种可供选择的方法。
- IEEE 的 802.11 是无线局域网的标准。使用 802.11 系列协议的局域网又称为 Wi-Fi。802.11 无线局域网支持有固定基础设施和无固定基础设施两种模式。在有固定基础设施模式中，使用星形拓扑，各站点需要通过叫作接入点 AP 的中心结点与外界或互相进行通信。在无固定基础设施模式（ad hoc 模式）中，允许在通信范围内的各站点间直接进行单跳通信，组成一个无中心不与外界网络连接的自组网络。
- 802.11 无线局域网在 MAC 层使用 CSMA/CA 协议，以尽量减小碰撞发生的概率。不能使用 CSMA/CD 的原因是在无线局域网中无法实现碰撞检测。在使用 CSMA/CA 的同时，还使用停止等待协议。
- 为了尽可能地避免各种可能的碰撞，CSMA/CA 采用了一种不同于 CSMA/CD 的退避算法。当要发送帧的站点检测到信道从忙态转为空闲时，都要执行退避算法。
- 802.11 标准规定，所有的站在完成发送后，必须再等待一段帧间间隔时间才能发送下一帧。帧间间隔的长短取决于该站要发送的帧的优先级。
- 在 802.11 无线局域网的 MAC 帧首部中有一个持续期字段，用来填入在本帧结束后还要占用信道多少时间，其他站点通过该字段可实现虚拟载波监听。
- 802.11 标准允许要发送数据的站点对信道进行预约，即在发送数据帧之前先发送请求发送 RTS 帧。在收到响应允许发送 CTS 帧后，就可发送数据帧。

习 题

3-1 数据链路（即逻辑链路）与链路（即物理链路）有何区别？“电路接通了”与“数据链路接通了”的区别何在？

3-2 数据链路层包括哪些功能？试讨论数据链路层做成可靠的链路层有哪些优点和缺点。

3-3 网络适配器的作用是什么？网络适配器工作在哪一层？

3-4 如果不解决透明传输问题会出现什么问题？

3-5 要发送的数据为1101011011。采用CRC的生成多项式是 $P(X) = X^4 + X + 1$ 。试求应添加在数据后面的余数。

（1）数据在传输过程中最后一个1变成了0，问接收端能否发现？

（2）若数据在传输过程中最后两个1都变成了0，问接收端能否发现？

（3）采用CRC检验后，数据链路层的传输是否就变成了可靠的传输？

3-6 要发送的数据为101110。采用CRC的生成多项式是 $P(X) = X^3 + 1$ 。试求应添加在数据后面的余数。

3-7 停止等待协议需不需要为确认帧编号？试举例并画图说明理由。

3-8 考虑0/1比特交替停止等待协议（序号只有一位的停止等待协议），假定发送方和接收方之间的链路会造成帧失序。请画图说明该协议将不能应对所有出错情况（协议错误地收下或丢弃数据）。

3-9 信道带宽是4 kbit/s，传播延迟是20 ms，那么帧的大小在什么范围内时，停止等待协议才有至少50%的效率？

3-10 判断正误：“由于Go-Back-N协议采用的是累积确认，当某个确认分组丢失时，不一定会导致发送方重传”，并画图举例说明。

3-11 考虑GBN协议，当收到序号不对的分组，如果接收方仅仅将它们丢弃而不对最近按序接收的分组进行确认，会出现什么错误情况？请画图举例说明。

3-12 考虑在Go-Back-N协议中帧序号的长度问题。假设帧序号用3 bit，而发送窗口大小为8。试找出一种情况，使得在此情况下协议不能正确工作（考虑序号重用时造成的混乱，但不考虑信道失序情况）。

3-13 考虑选择重传协议中的上述问题，设编号用3 bit。再设发送窗口WT = 6 而接收窗口WR = 3。试找出一种情况，使得在此情况下协议不能正确工作。

3-14 一条链路传输带宽为2 Mbit/s，长度为10 000 km，信号传播速率为 2.0×10^5 km/s，分组大小为100 B，忽略应答帧大小。如果采用停止等待协议，问最大吞吐率（实际可达的最高平均数据速率）是多少？信道利用率是多少？如果采用滑动窗口协议，要想达到最高吞吐率，发送窗口最小是多少？

3-15 假定卫星信道的数据率为100 kbit/s，卫星信道的单程（即从发送方通过卫星到达接收方）传输时延为250 ms，每个数据帧长均为2 000 bit，忽略误码、确认字长、首部和处理时间等开销，为达到传输的最大效率，帧的序号至少多少位？此时信道最高利用率是多少？

3-16 使用1个64 kbit/s的卫星通道（端到端的传输延迟是270 ms）发送512字节的数据帧（在一个方向上），而在另一方向上返回很短的确认帧。滑动窗口协议的窗口大小分别为1、7、15和127时的最大吞吐率是多少？

3-17 PPP协议的主要特点是什么？为什么PPP不使用帧的编号？PPP适用于什么情况？为什么PPP协议不能使数据链路层实现可靠传输？

3-18 一个PPP帧的数据部分（用十六进制写出）是7D 5E FE 27 7D 5D 7D 5D 65 7D 5E。试问真正的数据是什么（用十六进制写出）？

3-19 PPP协议使用同步传输技术传送比特串0110111111111100。试问经过零比特填充后变成怎样的比特串？若接收端收到的PPP帧的数据部分是0001110111110111110110，问删除发送端加入的零比特后变成怎样的比特串？

3-20 PPP协议的工作状态有哪几种？当用户要使用PPP协议和ISP建立连接进行通信需要建立哪几种连接？每一种连接解决什么问题？

3-21 局域网的主要特点是什么？为什么局域网采用广播通信方式而广域网不采用呢？

3-22 常用的局域网的网络拓扑有哪些种类？现在最流行的是哪种结构？

3-23 什么叫作传统以太网？以太网有哪两个主要标准？

3-24 试说明10BASE-T中的“10”“BASE”和“T”所代表的意思。

3-25 以太网使用的CSMA/CD协议是以争用方式接入到共享信道。这与传统的时分复用TDM相比，优缺点如何？

3-26 在以太网帧中，为什么有最小帧长的限制？画图举例说明。

3-27 假定1 km长的CSMA/CD网络的数据率为1 Gbit/s。设信号在网络上的传播速率为200 000 km/s。求能够使用此协议的最短帧长。

3-28 假设两个结点在一个速率为R的广播信道上同时开始传输一个长度为L的分组。用t_{prop}表示这两个结点之间的传播时延。如果$t_{prop}>L/P$，会出现信号冲突吗（信号的叠加）？这两个结点能检测到冲突吗？为什么？通过该问题你能得出什么结论？

3-29 以太网不要求收到数据的目的站发回确认，为什么？

3-30 有10个站连接到以太网上。试计算以下三种情况下每一个站所能得到的带宽：

（1）10个站都连接到一个10 Mbit/s以太网集线器；

（2）10个站都连接到一个100 Mbit/s以太网集线器；

（3）10个站都连接到一个10 Mbit/s以太网交换机。

3-31 有一个使用集线器的以太网，每个站到集线器的距离为d，数据发送速率为C，帧长为12 500字节，信号在线路上的传播速率为2.5×10^8 m/s。距离d为25 m或2 500 m，发送速率为10 Mbit/s或10 Gbit/s。这样就有4种不同的组合。试利用式（3-4）分别计算这4种不同情况下参数a的数值，并进行简单讨论。

3-32 式（3-5）表示，以太网的极限信道利用率与连接在以太网上的站点数无关。能否由此推论出：以太网的利用率也与连接在以太网上的站点数无关？请说明你的理由。

3-33 使用CSMA/CD协议时，若线路长度为100 m，信号在线路上传播速率为2×10^8 m/s。数据的发送速率为1 Gbit/s。试计算帧长分别为512字节、1 500字节和64 000字节时的参数a的数值，并进行简单讨论。

3-34 在以太网中，两个站发送数据冲突，不考虑其他站，它们再次冲突的概率是多少？最多两次重传就成功的概率是多少？

3-35 在CSMA/CD中，为什么在检测到碰撞后要执行退避算法？再次重传碰撞为何要把随机选择退避时间的范围增加一倍？

3-36 简述局域网交换机与集线器的区别。

3-37 为什么集线器不能互连工作在不同速率的LAN网段，而以太网交换机却可以？

3-38 10 Mbit/s以太网升级到100 Mbit/s、1 Gbit/s甚至40/100 Gbit/s时，都需要解决哪些技术问题？为什么以太网能够在发展的过程中淘汰掉自己的竞争对手，并使自己的应用范围从局域网一直扩展到城域网和广域网？

3-39 以太网交换机有何特点？用它怎样组成虚拟局域网？

3-40 网桥的工作原理和特点是什么？网桥与转发器及以太网交换机有何异同？

3-41 图3-49表示有五个站分别连接在三个局域网上，并且用网桥B_1和B_2连接起来。每一个网桥都有两个接口（1和2）。在一开始，两个网桥中的转发表都是空的。以后有以下各站向其他的站发送了数据帧：A发送给E，C发送给B，D发送给C，B发送给A。试把有关数据填写在表3-3中。

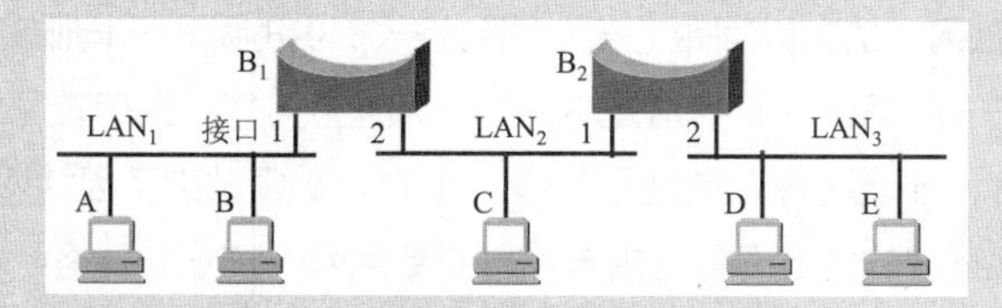

图3-49 习题3-41的图

表3-3 习题3-41的表

发送的帧	B_1的转发表		B_2的转发表		B_1的处理（转发？丢弃？登记？）	B_2的处理（转发？丢弃？登记？）
	地址	接口	地址	接口		
A → E						
C → B						
D → C						
B → A						

3-42 网桥中的转发表是用自学习算法建立的。如果有的站点总是不发送数据而仅仅接收数据，那么在转发表中是否就没有与这样的站点相对应的项目？如果要向这个站点发送数据帧，那么网桥能够把数据帧正确转发到目的地址吗？

3-43 假设结点A、B和C都连接到同一个共享式以太网上（通过它们的适配器）。如果A发送上千个IP数据报给B，每个封装的帧都是B的MAC地址，C的适配器会处理这些帧吗？如果会，C的适配器会将这些帧中的IP数据报传递给C的IP协议软件吗？如果A用MAC广播地址来发送帧，你的答案会有怎样的变化？

3-44 在以太网帧结构中有一个“类型”字段，简述其作用，在PPP帧的首部中哪个字段的功能与之最接近？

3-45 无线局域网的MAC协议有哪些特点？为什么在无线局域网中不能使用CSMA/CD协议而必须使用CSMA/CA协议？结合隐蔽站问题说明RTS帧和CTS帧的作用。

3-46 为什么在无线局域网上发送数据帧后要对方必须发回确认帧，而以太网就不需要对方发回确认帧？

3-47 802.11的MAC协议中的SIFS和DIFS的作用是什么？

3-48 试解释无线局域网中的名词：BSS、ESS、AP、DCF和NAV。

3-49 Wi-Fi和WLAN是完全相同的意思吗？请简单说明一下。

04 第4章 网络层与网络互连

本章讨论网络互连问题，也就是讨论多个网络通过路由器互连成为一个**互连网络**（**或互联网**）的各种问题。在介绍网络层提供的两种不同服务后，就进入本章的核心内容——网际协议 IP，这是本书的一项重点内容。只有较深入地掌握了 IP 协议的主要内容，才能理解因特网是怎样工作的。本章讨论了因特网几种常用的路由选择协议、网络层的关键设备路由器及虚拟专用网 VPN 和网络地址转换 NAT。最后简要地介绍 IP 多播、移动 IP、下一代网际协议 IPv6 和 IP 增强技术 MPLS。

本章最重要的内容如下。

（1）虚拟互连网络的概念。

（2）IP 地址的编址方式，以及 IP 地址与物理地址的关系。

（3）IP 数据报的转发流程。

（4）路由选择协议的工作原理。

4.1 网络层概述

网络层关注的是如何将分组从源主机沿着网络路径送达目的主机。为了将分组送达目的主机，有可能沿路要经过许多跳（Hop）中间路由器。为此，网络层必须知道整个网络的拓扑结构，并且在拓扑结构中选择适当的转发路径。同时，网络层还必须仔细地选择路由器，以避免发生某些通信链路或路由器负载过重，而其他链路和路由器空闲的情况。因此，网络中的每台主机和路由器都必须具有网络层功能，而网络层最核心的功能就是：**分组转发和路由选择**。

4.1.1 分组转发和路由选择

网络层的主要任务就是将分组从源主机传送到目的主机，可以将该任务细分为网络层的两种重要的功能。

1. **分组转发**

当一个分组到达某路由器的一条输入链路时，该路由器必须将该分组转发到适当的输出链路。为此，在每个路由器中需要有一个**转发表**（Forwarding Table），路由器在转发分组时，要根据到达分组首部中的转发标识在转发表中查询。查询该转发表的结果指出了该分组将被转发的路由器的链路接口。分组首部中的转发标识可能是该分组的目的地的地址或该分组所属连接的指示，这取决于具体的网络层协议。

2. 路由选择

当分组从发送方流向接收方时，网络层必须决定这些分组所采用的路由或路径，这就是**路由选择**（Routing）。路由选择的结果就是生成供分组转发使用的转发表。图 4-1 揭示了路由选择和分组转发间的重要关系。

路由选择可以是集中式的（例如，在某个网控中心执行，并向每个路由器下载选路信息），也可以是分布式的。路由选择可以是人工的（由网络操作员直接配置转发表），也可以是自动的。分布式自动路由选择要求在每台路由器上运行路由选择协议，互相交换路由信息并各自计算路由。实际上，路由选择直接生成的是**路由表**（Routing Table），然后再由路由表生成最终的转发表。路由表和转发表在用途和实现细节上有些不同，但我们在讨论路由选择的原理时不进行区别。

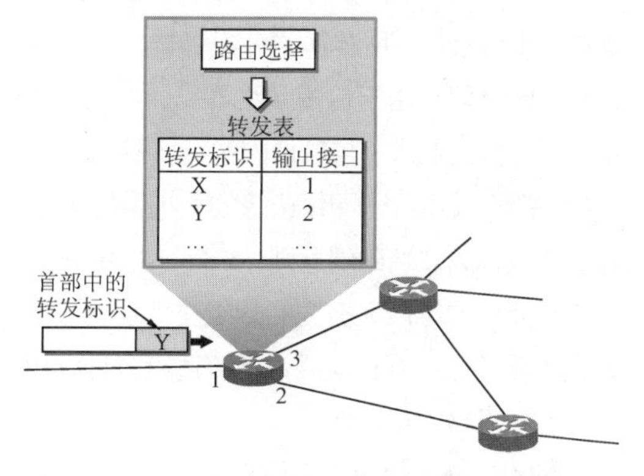

图4-1　路由选择和分组转发的关系

4.1.2　网络层提供的两种服务

网络层可以为用户提供面向连接的服务，也可以提供无连接的服务，但在迄今为止的所有主要的计算机网络体系结构中，网络层或提供主机到主机的无连接服务或提供主机到主机的面向连接服务，而不同时提供这两种服务。在网络层提供面向连接服务的计算机网络被称为**虚电路网络**（Virtual-Circuit Network），而在网络层提供无连接服务的计算机网络被称为**数据报网络**（Datagram Network）。在计算机网络领域，网络层应该向运输层提供怎样的服务（“面向连接”还是“无连接”）曾引起了长期的争论。

有些人认为应当借助于电信网的成功经验，让网络负责可靠交付。大家知道，传统电信网的主要业务是提供电话服务。电信网使用昂贵的程控交换机（其软件也非常复杂），用**面向连接**的通信方式，使电信网络能够向用户（实际上就是电话机）提供可靠传输的服务。因此他们认为，计算机网络也应模仿打电话所使用的面向连接的通信方式。当两台计算机进行通信时，也应当先建立连接（但在分组交换中是建立一条**虚电路**（Virtual Circuit，VC[①]），以保证双方通信所需的一切网络资源。然后双方就沿着已建立的虚电路发送分组。这样的分组的首部不需要填写完整的目的主机地址，而只需要填写这条虚电路的编号（一个不大的整数），因而减少了分组的开销。这种通信方式如果再使用可靠传输的网络协议，就可使所发送的分组无差错按序到达终点，当然也不丢失、不重复。在通信结束后要释放建立的虚电路。图 4-2（a）是虚电路网络提供面向连接服务的示意图。主机 H_1 和 H_2 之间交换的分组都必须在事先建立的虚电路上传送。

但因特网的先驱者却认为，电信网提供的端到端可靠传输的服务对电话业务无疑是很合适的，因为电信网的终端（电话机）非常简单，没有智能，无差错处理能力。因此电信网必须负责把用户电话机产生的话音信号可靠地传送到对方的电话机，使还原后的话音质量符合技术规范的要求。但计算机

① 虚电路表示这只是一条逻辑上的连接，分组都沿着这条逻辑连接按照存储转发方式传送，而并不是真正建立了一条物理连接。请注意，电路交换的电话通信是先建立了一条真正的连接。因此分组交换的虚连接和电路交换的连接只是类似，但并不完全一样。

网络的端系统是有智能的计算机。计算机有很强的差错处理的能力（这点和电话机有本质上的差别）。因此，因特网在设计上就采用了和电信网完全不同的思路。

因特网采用的设计思路是这样的：**网络层向上只提供简单灵活的、无连接的、尽最大努力（Best Effort）交付的数据报服务**[①]。网络在发送分组时不需要先建立连接。每一个分组（也就是 IP 数据报）独立发送，与其前后的分组无关（不进行编号）。**网络层不提供服务质量（Quality of Service，QoS）的承诺**。也就是说，所传送的分组可能出错、丢失、重复和失序（即不按序到达终点），当然也不保证分组交付的时限。由于传输网络不提供端到端的可靠传输服务，这就使网络中的路由器可以做得比较简单，而且价格低廉（与电信网的交换机相比较）。如果主机（即端系统）中的进程之间的通信需要是可靠的，那么就由位于网络边缘的主机中的运输层负责（包括差错处理、流量控制等）。因特网的这种设计思想被称为"**端到端原则（End-to-End Arguments）**"，即将复杂的网络处理功能置于因特网边缘，而将相对简单的尽最大努力的分组交付功能置于因特网核心。采用这种设计思路的好处是：网络的造价大大降低，运行方式灵活，能够适应多种应用。因特网能够发展到今日的规模，充分证明了当初采用这种设计思路的正确性。

图 4-2（b）给出了数据报网络提供无连接服务的示意图。主机 H_1 向 H_2 发送的分组各自独立地选择路由，并且在传送的过程中还可能丢失。每个分组中携带目的主机完整的地址信息。

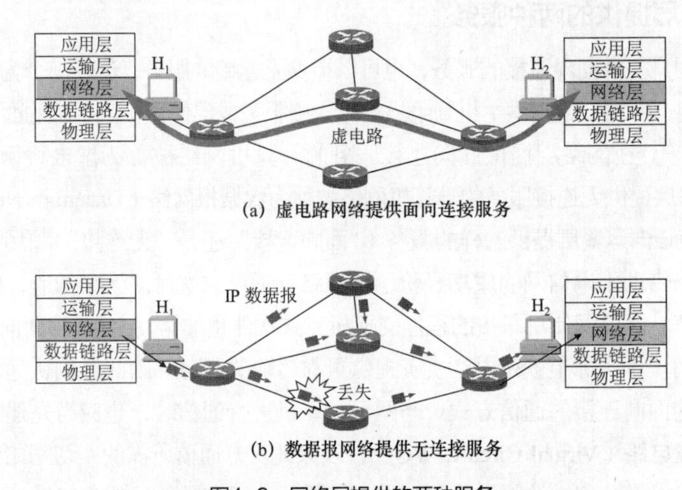

(a) 虚电路网络提供面向连接服务

(b) 数据报网络提供无连接服务

图4-2 网络层提供的两种服务

表 4-1 归纳了虚电路网络与数据报网络的主要对比。

表4-1 虚电路网络与数据报网络的对比

对比的方面	虚电路网络	数据报网络
思路	可靠通信应当由网络来保证	可靠通信应当由用户主机来保证
连接的建立	必须有	不需要
终点地址	仅在连接建立阶段使用，每个分组使用短的虚电路号	每个分组都有终点的完整地址

① 尽最大努力交付虽然并不表示路由器可以任意丢弃分组，但在网络层上的这种交付实质上就是不可靠交付。

续表

对比的方面	虚电路网络	数据报网络
分组的转发	属于同一条虚电路的分组均按照同一路由进行转发	每个分组独立选择路由进行转发
当结点出故障时	所有通过出故障的结点的虚电路均不能工作	出故障的结点可能会丢失分组，一些路由可能会发生变化
分组的顺序	总是按发送顺序到达终点	到达终点时不一定按发送顺序
服务质量保证	可以将通信资源提前分配给每一个虚电路，因此容易实现	很难实现

数据报网络在因特网中取得了巨大的成功，但作为因特网底层网络的很多广域分组交换网却都是虚电路网络，例如，曾经的 X.25 和逐渐过时的帧中继（Frame Relay，FR）、异步传输模式（Asynchronous Transfer Mode，ATM）。特别是随着因特网多媒体应用需求的迅速增长，人们越来越来关注如何让网络提供更好的服务质量，并且把目光再次投向了虚电路技术。例如，目前在因特网核心骨干网中广泛应用的**多协议标签交换**（Multiprotocol Label Switching，MPLS）技术就是将虚电路的一些特点与数据报的灵活性和健壮性进行结合。鉴于 TCP/IP 体系结构的因特网是一种数据报网络，本章主要的讨论都是围绕网络层如何传送 IP 数据报这个主题，但在本节我们有必要简要地介绍一下虚电路网络的一些基本原理。

4.1.3　虚电路网络

因特网是一个数据报网络，然而，许多其他网络体系结构包括 ATM、帧中继和 X.25 都是虚电路网络，它们在网络层使用连接，这些网络层连接被称为**虚电路**（Virtual Circuit，VC）。我们现在考虑在计算机网络中如何实现虚电路服务。

一条虚电路的组成如下：（1）源和目的主机之间的路径（即一系列链路和路由器）；（2）VC 号，沿着该路径的每段链路一个号码；（3）沿着该路径的每台路由器（即虚电路交换机，这里我们统一使用路由器这一名称）中的转发表表项。属于一条虚电路的分组将在它的首部携带一个 VC 号。因为一条虚电路在每段链路上可能具有不同的 VC 号，每台中间路由器在转发分组时必须用一个新的 VC 号替代原来的 VC 号，该新的 VC 号从转发表获得。

为了举例说明这一概念，考虑在图 4-3 中的网络。图中靠近路由器的号码是链路接口号。现在假定主机 H_1 请求该网络在它自己与主机 H_2 之间创建一条虚电路。同时假定该网络为该虚电路选择路径 H_1—R_1—R_3—R_5—H_2，并为这条路径上的这 4 段链路分配 VC 号 5、22、12 和 31。在这种情况下，当在这条虚电路中的分组离开主机 H_1 时，在该分组首部中的 VC 字段的值是 5；当它离开 R_1 时，该值是 22；当它离开 R_3 时，该值是 12；而当它离开 R_5 时，该值是 31。

当分组通过某路由器时，该路由器怎样决定 VC 号的更换呢？对于虚电路网络，每台路由器的转发表包括了输入 VC 号和输出 VC 号的对应关系。例如，表 4-2 所示为 R_3 中的转发表可能的内容。

当跨越一台路由器创建一条新的虚电路时，该路由器转发表中就增加一条新的表项。类似地，终止一条虚电路时，要删除沿着该路径每个路由器转发表中的相应表项。

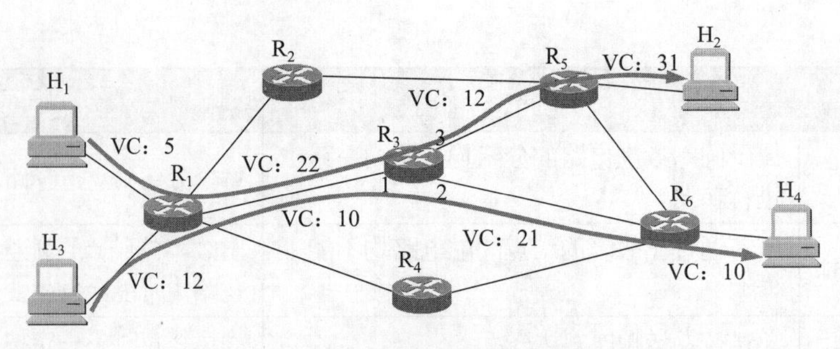

图4-3 一个简单的虚电路网络例子

表4-2 R_3的转发表

入接口	入 VC	出接口	出 VC
1	22	3	12
1	10	2	21
…	…	…	…

你也许想知道为什么一个分组沿着其路由在每段链路上不能保持相同的 VC 号。其原因主要有两个方面：第一，逐段链路的 VC 号减少了在分组首部 VC 字段的长度；第二，通过允许沿着该虚电路路径每段链路有一个不同的 VC 号，大大简化了虚电路的建立。路径上的每段链路可以在本地范围内选择一个唯一的 VC 号码，独立于沿着该路径的其他链路所选的号码。如果沿着某路径的所有链路要求一个共同的 VC 号的话，路由器（不仅仅是路径上的路由器）将不得不交换并处理大量的报文，以认可一个共同的 VC 号可用于这次连接（这个号码不能已被任何路由器的任何其他现有虚电路正在使用）。图 4-3 中还画出了主机 H_3 到主机 H_4 的一条虚电路。可以看出，VC 号不是全网唯一的，不同链路上不同虚电路的 VC 号是可以重复的，因为它们是完全独立的。

在虚电路网络中，该网络的路由器必须为进行中的连接维持连接状态信息。特别是，每当跨越一台路由器创建一个新连接，一个新的连接项必须加到该路由器转发表中；每当释放一个连接，必须从该表中删除该项。注意到即使没有 VC 号转换，仍有必要维持连接状态信息，该信息将 VC 号与输出接口号联系起来。

在虚电路网络中的通信有三个明确的阶段。

1. 虚电路建立

在建立阶段，发送方运输层与网络层联系，指定接收方地址，等待该网络建立虚电路。该网络层决定发送方与接收方之间的路径，即该虚电路的所有分组要通过的一系列链路与路由器。网络层也为沿着该路径的每条链路决定一个 VC 号。最后，网络层在沿着路径的每台路由器的转发表中增加一个表项。在虚电路建立期间，网络层还可以预留虚电路路径上的资源（如带宽等）。

2. 数据传送

一旦创建了虚电路，分组就可以开始沿该虚电路传送了。

3. 虚电路拆除

当发送方（或接收方）通知网络层它想终止该虚电路时，就启动这个阶段。此时网络层将通知网络另一侧的端系统结束呼叫，并更新路径上每台路由器中的转发表以表明该虚电路已不存在了。

在虚电路建立和拆除过程中，端系统向网络发送指示虚电路启动与终止的报文，以及路由器之间传递的用于建立虚电路（即修改转发表中的连接状态）的报文，被称为**信令报文**（Signaling Message），用来交换这些报文的协议常称为**信令协议**（Signaling Protocol）。

4.2　网际协议（IP）

网际协议（IP）是 TCP/IP 体系中两个最主要的协议之一，也是最重要的因特网标准协议之一。与 IP 协议配套使用的还有四个协议。

地址解析协议（Address Resolution Protocol，**ARP**）；

逆地址解析协议（Reverse Address Resolution Protocol，**RARP**）；

网际控制报文协议（Internet Control Message Protocol，**ICMP**）；

网际组管理协议（Internet Group Management Protocol，**IGMP**）。

图 4-4 画出了这四个协议和网际协议 IP 的关系。在这一层中，ARP 和 RARP 画在最下面，因为 IP 经常要使用这两个协议。ICMP 和 IGMP 画在这一层的上部，因为它们要使用 IP 协议。这四个协议将在后面陆续介绍。由于网际协议 IP 是用来使互连起来的许多计算机网络能够进行通信，因此 TCP/IP 体系中的网络层常常称为**网际层**（Internet Layer），或 **IP 层**。

在讨论网际协议 IP 之前，必须了解什么是异构网络互连和虚拟互连网络的概念。

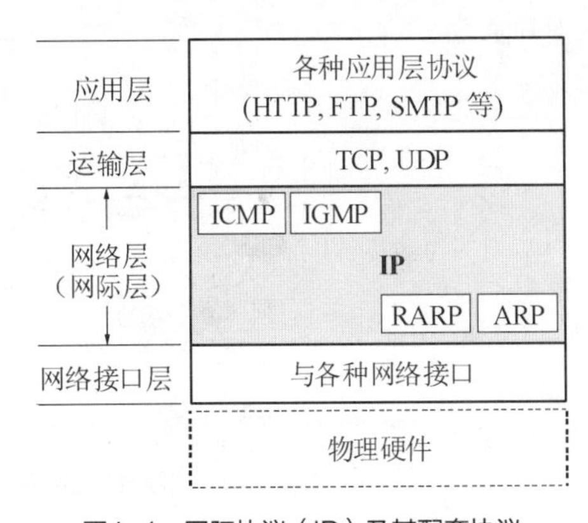

图4-4　网际协议（IP）及其配套协议

4.2.1　异构网络互连

如果要在全世界范围内把数以百万计的网络都互连起来，并且能够互相通信，那么这样的任务一定非常复杂。其中会遇到许多问题需要解决，如：不同的寻址方案，不同的最大分组长度，不同的网络接入机制，不同的超时控制，不同的差错恢复方法，不同的状态报告方法，不同的路由选择技术，不同的用户接入控制，不同的服务（面向连接服务和无连接服务），不同的管理与控制方式等。

能不能让大家都使用相同的网络，这样可使网络互连变得比较简单。答案是不行的。因为用户的需求是多种多样的，**没有一种单一的网络能够适应所有用户的需求**。另外，网络技术是不断发展的，网络的制造厂家也要经常推出新的网络，以在竞争中求生存。因此在市场上总是有很多种不同性能、不同网络协议的网络，供不同的用户选用。

从一般的概念来讲，将网络互相连接起来要使用一些**中间设备**。根据中间设备所在的层次，可以有以下四种不同的中间设备。

（1）物理层使用的中间设备叫作**转发器**（Repeater）；

（2）数据链路层使用的中间设备叫作**网桥**或**桥接器**（Bridge）；

（3）网络层使用的中间设备叫作**路由器**（Router）[①]；

（4）在网络层以上使用的中间设备叫作**网关**（Gateway），用网关连接两个不兼容的系统需要在高层进行协议的转换。

当中间设备是转发器或网桥时，这仅仅是把一个网络扩大了，而从网络层的角度看，这仍然是一个网络，一般并不称之为网络互连。网关由于比较复杂，目前使用得较少。因此现在我们讨论网络互连时，都是指用路由器进行网络互连和路由选择。路由器其实就是一台专用计算机，用来在互联网中进行路由选择。**由于历史的原因，许多有关 TCP/IP 的文献曾经把网络层使用的路由器称为网关**（在本书中，有时也这样用）。对此请读者加以注意。

TCP/IP 体系在网络互连上采用的做法是在网络层（即 IP 层）采用了标准化协议，但相互连接的网络则可以是异构的。图 4-5（a）表示有许多计算机网络通过一些路由器进行互连。由于参加互连的计算机网络都使用相同的**网际协议**（Internet Protocol，IP），因此可以把互连以后的计算机网络看成如图 4-5（b）所示的一个**虚拟互连网络**（internet）。所谓虚拟互连网络也就是逻辑互连网络，它的意思就是互连起来的各种物理网络的异构性本来是客观存在的，但是我们利用 IP 协议就可以使这些性能各异的网络**在网络层上看起来好像是一个统一的网络**。有时，为了避免歧义，我们把互连的底层网络称为**物理网络**。这种使用 IP 的虚拟互连网络可简称为 **IP 网**（IP 网是虚拟的，但平常不必每次都强调"虚拟"二字）。使用 IP 网的好处是，讨论在这种虚拟的 IP 网上的主机的通信，就好像在一个单个网络上通信一样，这些主机看不见互连的各网络的具体异构细节（如具体的编址方案、路由选择协议等），因而特别方便。

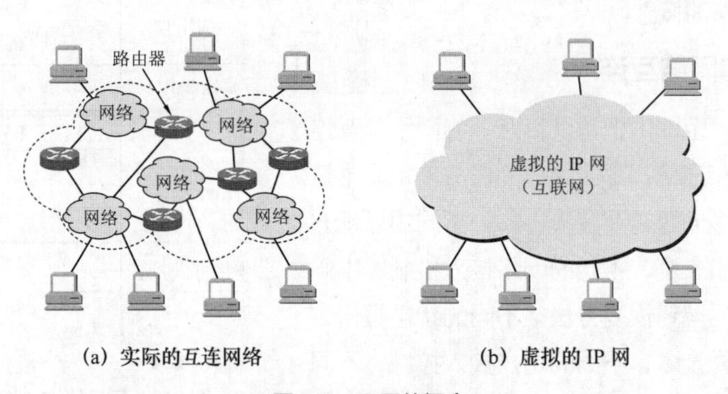

图4-5 IP网的概念

当很多异构网络通过路由器互连起来时，如果所有的网络都使用相同的 IP，那么在网络层讨论问题就显得很方便。现在用一个例子来说明。

在如图 4-6 所示的互联网中的源主机 H_1 要把一个 IP 数据报发送给目的主机 H_2。根据第 1 章中讲过的分组交换的存储转发概念，主机 H_1 先要查找自己的路由表，看目的主机是否就在本网络上。如是，则不需要经过任何路由器而是**直接交付**，任务就完成了。如不是，则必须把 IP 数据报发送给某个路由器（图中的 R_1）。R_1 在查找了自己的路由表[②]后，知道应当把数据报转发给 R_2 进行**间接交付**。这样一直

① 还有一种网桥和路由器的混合物**桥路器**（Brouter），它是兼有网桥和路由器功能的产品。实际上，严格的网桥或严格的路由器产品是较少见的。不过此名词用得不普遍。

② 更准确些说应是转发表。路由表和转发表的区别见后面 4.5 节的讨论。

转发下去，最后由路由器 R_5 知道自己是和 H_2 连接在同一个网络上，不需要再使用别的路由器转发了，于是就把数据报**直接交付**目的主机 H_2。图中画出了源主机、目的主机及各路由器的协议栈。我们注意到，主机的协议栈共有 5 层，但路由器在转发数据报时仅用到协议栈的下 3 层。图中还画出了数据在各协议栈中流动的方向（用灰色粗线表示）。我们还可注意到，在 R_4 和 R_5 之间使用了卫星链路，而 R_5 所连接的是个无线局域网。在 R_1 到 R_4 之间的 3 个网络则可以是任意类型的网络。总之，这里强调的是：**互联网可以由多种异构网络互连组成**。

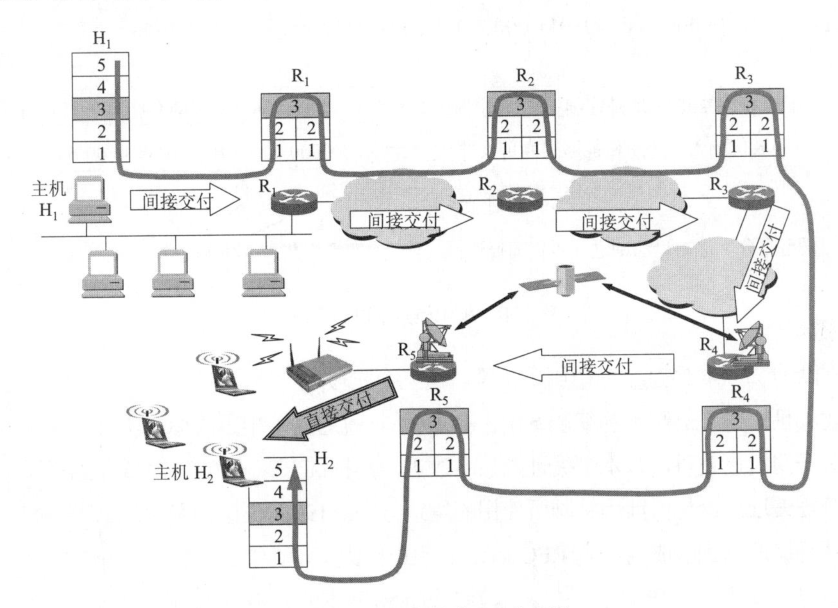

图4-6 分组在互联网中的传送

图中的协议栈中的数字 1~5 分别表示物理层、数据链路层、网络层、运输层和应用层。如果我们只从网络层考虑问题，那么 IP 数据报就可以想象是在网络层中传送（见图 4-7）。这样就不必画出许多完整的协议栈，使问题的讨论更加简单。

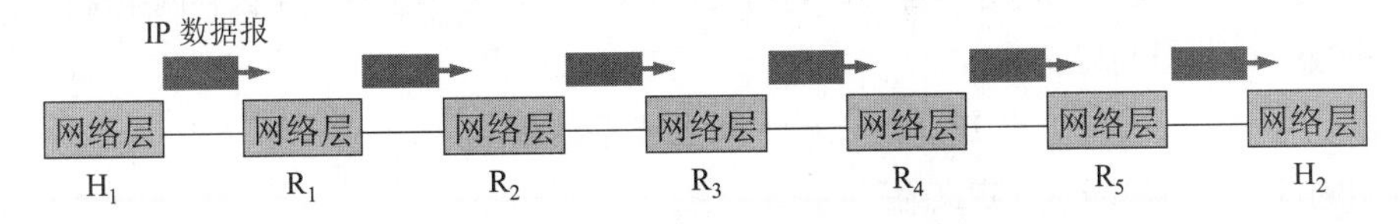

图4-7 从网络层看IP数据报的传送

有了虚拟互连网络的概念后，再讨论在这样的虚拟网络上如何寻址。

IP 地址

4.2.2 IP地址及编址方式

在 TCP/IP 体系中，IP 地址是一个最基本的概念，一定要把它弄清楚。有关 IP 最重要的文档就是 RFC 791，它很早就成为了因特网的正式标准。

整个因特网就是一个**单一的逻辑网络**。IP 地址就是给因特网上的每一个主机（或路由器）的每一个接口分配一个在全世界范围是唯一的 32 位的标识符。IP 地址的结构使我们可以在因特网上很方便地进行寻址。IP 地址现在由**因特网名字与号码分配机构**（Internet Corporation for Assigned Names and

Numbers，ICANN）进行分配[①]。ICANN 是总部设在美国加利福尼亚州的一个非营利性国际组织，是在美国商务部的提议下于 1998 年 10 月成立的，负责 IP 地址的分配、协议标识符的指派、顶级域名的管理及根域名服务器的管理等。但美国政府机构于 2014 年 3 月 14 日宣布将放弃对 ICANN 的管理权，这标志着因特网全球共治时代的到来。

为了提高可读性，我们常常把 32 位的 IP 地址中的每 8 位用其等效的十进制数字表示，并且在这些数字之间加上一个点。这就叫作**点分十进制记法**（Dotted Decimal Notation）。图 4-8 表示了这种方法。显然，128.11.3.31 比 10000000 00001011 00000011 00011111 读起来要方便得多。

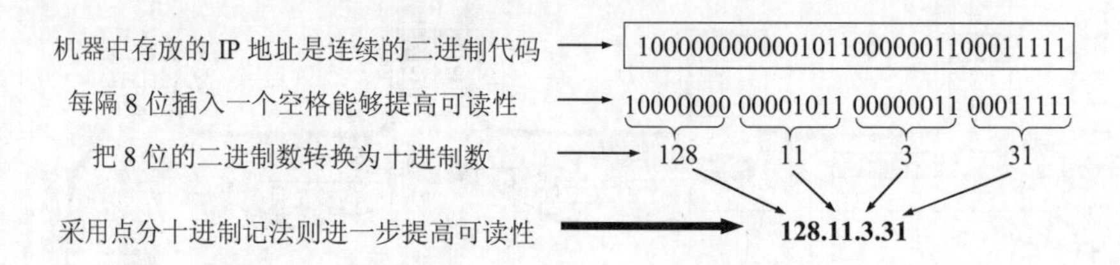

图4-8 采用点分十进制记法

IP 地址的编址方式共经过了三个历史阶段。这三个阶段如下所述。

（1）**分类编址**。这是最基本的编址方法，在 1981 年就通过了相应的标准协议。

（2）**划分子网**。这是对最基本的编址方法的改进，其标准 RFC 950 在 1985 年通过。

（3）**无分类编址**。这是目前因特网所使用的编址方法。1993 年提出后很快就得到推广应用。

虽然前两种编址方式已成为历史[RFC 1812]，但由于很多文献和资料都还使用传统的分类 IP 地址，因此我们在这里还要从分类 IP 地址讲起。本节先讨论最基本的分类 IP 编址。

1. 分类编址

分类编址方式将 IP 地址划分为若干个固定类，每一类地址都由两个固定长度的字段组成，其中第一个字段是**网络号**（Net-id），它标志主机（或路由器）所连接到的网络。一个网络号在整个因特网范围内必须是唯一的。第二个字段是**主机号**（Host-id），它标志该主机（或路由器）。一个主机号在它前面的网络号所指明的网络范围内必须是唯一的。由此可见，一个 IP 地址**在整个因特网范围内是唯一的**。

这种两级的 IP 地址可以记为：

IP 地址 ::= { <网络号>, <主机号>} （4-1）

上式中的符号“::=”表示“**定义为**”。

这种两级编址方式的好处是：第一，IP 地址管理机构在分配 IP 地址时**只分配网络号**（第一级），而剩下的主机号（第二级）则由得到该网络号的单位自行分配。这样就方便了 IP 地址的管理。第二，路由器**仅根据目的主机所连接的网络号来转发分组**（而不考虑目的主机号），这样就可以使路由表中的项目数大幅度减少，从而**减小了路由表所占的存储空间及查找路由表的时间**。

但是总共 32 位的 IP 地址到底应该拿出多少位作为网络号呢？分类编址方式设计了适用于不同规模网络的编址方案。图 4-9 给出了各类 IP 地址的网络号字段和主机号字段，这里 A 类、B 类和 C 类地

① 我国的 ISP 可向**亚太网络信息中心**（Asia Pacific Network Information Center，APNIC）申请 IP 地址（需缴费），而单个的用户再向 ISP 申请。

址都是**单播地址**（一对一通信），是最常用的，分别用于大、中、小3种规模的网络。

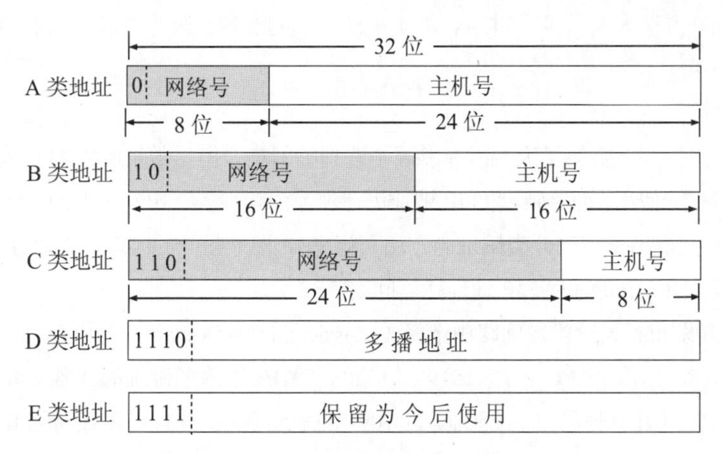

图4-9　IP地址中的网络号字段和主机号字段

从图4-9可以得出以下结论。

A类、B类和C类地址的网络号字段（在图中这个字段是灰色的）分别为1，2和3字节长，而在网络号字段的最前面有1~3位的**类别位**，其数值分别规定为0，10和110。

A类、B类和C类地址的主机号字段分别为3个、2个和1个字节长。

D类地址（前4位是1110）用于**多播**（一对多通信）。我们将在4.7节讨论IP多播。

E类地址（前4位是1111）保留为以后使用。

对于任意一个给定的IP地址，我们都可以通过该地址的前几位判断其类别，并准确地计算出其网络号和主机号。这对路由器根据目的网络号转发IP数据报是非常重要的。

由于主机IP地址中的网络号由所连接的网络决定，因此**IP地址实际上标志的是一个主机（或路由器）和一条链路的接口**。当一个主机同时连接到两个网络上时，该主机就必须同时具有两个相应的IP地址，其网络号必须是不同的。这种主机称为**多归属主机**（Multihomed Host）。由于一个路由器至少应当连接到两个网络，因此一个路由器至少应当有两个不同的IP地址。

2. 划分子网

分类编址方式表面上看起来非常合理，但在实际应用中，随着中小规模网络的迅速增长暴露出了明显的问题。一个C类地址空间仅能容纳254台主机（有两个地址用于特殊目的），对于许多组织的网络来说太小了。因此，很多组织申请B类地址。然而一个B类地址空间又太大了，可容纳65534台主机，导致大量的地址空间被浪费。例如，对于一个拥有1000台主机的组织，显然需要申请一个B类地址，这就会导致64000多个地址不能被其他组织使用。随着加入因特网的组织数量的迅速增加，很快IP地址就面临被分配完的危险。

为了解决上述问题，IETF提出了**划分子网**的编址改进方案。该方案从网络的主机号中借用不定长的若干位作为子网号subnet-id，当然主机号也就相应减少了同样的位数。于是两级IP地址就变为**三级IP地址**：网络号、子网号和主机号。也可以用以下记法来表示：

IP 地址 ::= { <网络号>, <子网号>, <主机号>}　　（4-2）

划分子网的编址方法大大减少了对 A、B 类地址空间的浪费，因为可以将大的 A、B 类地址空间划分给多个组织使用。

3. 无分类编址

划分子网在一定程度上缓解了因特网在发展中遇到的困难，但是数量巨大的 C 类地址因为地址空间太小并没有得到充分使用，而因特网的 IP 地址仍在加速消耗，整个 IPv4 的地址空间面临全部耗尽的威胁。为此，IETF 又提出采用**无分类编址**的方法来解决 IP 地址紧张的问题，同时还专门成立 IPv6 工作组负责研究新版本 IP 以彻底解决 IP 地址耗尽问题。

1993 年，IETF 发布了**无分类域间路由选择**（Classless Inter-Domain Routing，CIDR）（CIDR 的读音是“sider”）的 RFC 文档：RFC 1517~1519 和 1520。**CIDR 消除了传统的 A 类、B 类和 C 类地址，以及划分子网的概念**，因而可以更加有效地分配 IPv4 的地址空间，并且可以在新的 IPv6 使用之前允许因特网的规模继续增长。

CIDR 把 32 位的 IP 地址划分为两个部分。前面的部分是不定长的“**网络前缀**”（Network-Prefix）（或简称为“**前缀**”），代替分类编址中的“网络号”来指明网络，后面的部分则用来指明主机。因此 CIDR 使 IP 地址从三级编址（划分子网）又回到了两级编址，但这已是**无分类的两级编址**。它的记法是：

IP 地址 ::= {<网络前缀>, <主机号>}　　（4-3）

请注意，虽然形式上与分类编址的两级结构好像一样，但这里的网络前缀是不定长的。在分类编址中，给定一个 IP 地址，就确定了它的网络号和主机号。但在无分类编址中，由于网络前缀不定长，IP 地址本身并不能确定其网络前缀和主机号。为此，CIDR 采用了与 IP 地址配合使用的 32 位**地址掩码**（Address Mask）。地址掩码是由前面连续的一串 1 和后面连续的一串 0 组成，而 1 的个数就是网络前缀的长度。最初，地址掩码被用于划分子网，用来表示可变长子网号部分的长度，被称为**子网掩码**。虽然 CIDR 已不再使用子网，但人们已习惯使用**子网掩码**这一名词，因此 CIDR 使用的地址掩码也可继续称为**子网掩码**。

对应分类 IP 地址中 A 类地址的默认地址掩码是 255.0.0.0，B 类地址的默认地址掩码是 255.255.0.0，而 C 类地址的默认地址掩码是 255.255.255.0。

由路由器互连起来的每个网络有一个唯一的网络前缀（即网络号），并用主机号为全 0 的 IP 地址来表示该网络的网络地址。使用子网掩码的好处就是计算机能非常方便地利用子网掩码计算一个 IP 地址所在网络的网络地址：只要把子网掩码和 IP 地址进行逐位的“**与**”运算（AND），就立即得出其网络地址（主机号全为 0 的地址）。

【例 4-1】已知 IP 地址是 141.14.72.24，所在网络的子网掩码是 255.255.192.0。试求其网络地址。

【解】 子网掩码是 11111111 11111111 11000000 00000000。请注意，掩码的前两个字节都是全 1，因此网络地址的前两个字节可写为 141.14。子网掩码的第四字节是全 0，因此网络地址的第四字节是 0。可见本题仅需对地址中的第三字节进行计算。我们只要把 IP 地址和子网掩码的第三字节用二进制表示，就可以很容易地得出网络地址（见图 4-10）。

【例 4-2】在上例中，若子网掩码改为 255.255.224.0。试求网络地址，并讨论所得结果。

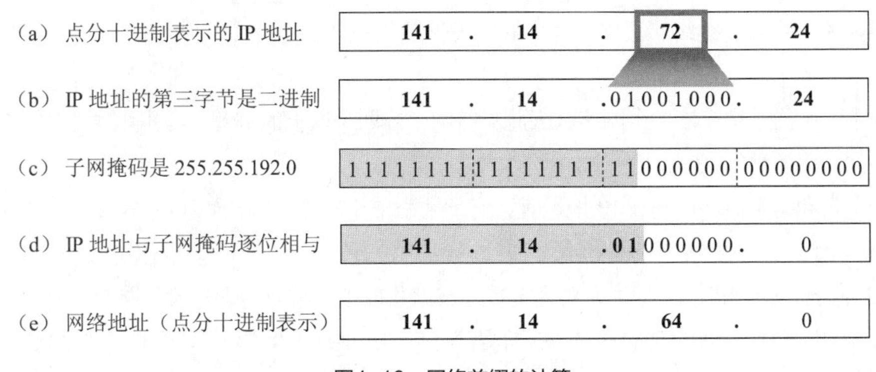

图4-10　网络前缀的计算

【解】用同样方法，可以得出网络地址是 141.14.64.0，和例 4-1 的结果完全一样（见图 4-11）。

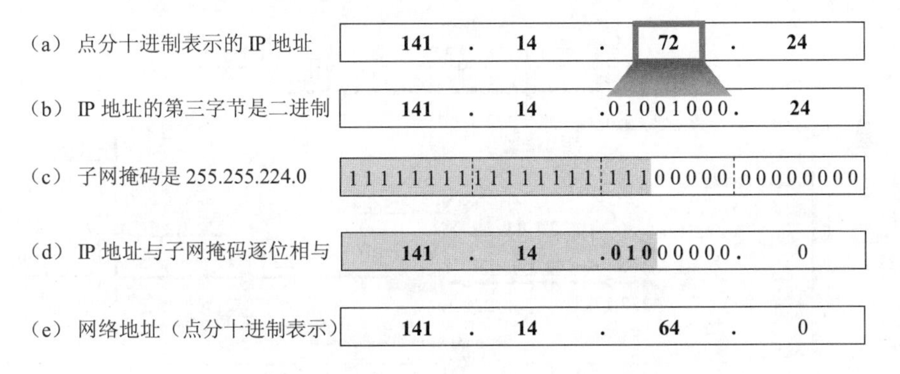

图4-11　不同的子网掩码得出相同的网络地址

这两个例子说明，同样的 IP 地址和不同的子网掩码可以得出相同的网络地址。但是，不同的子网掩码的效果是不同的。虽然这两个例子中的网络的地址空间起始地址是一样的，但最大地址是不一样的，各自容纳的最大主机数都是不一样的。因此，子网掩码是一个网络的重要属性。**在每个主机的网络连接属性中不仅要配置主机的 IP 地址，还要配置所在网络的子网掩码。**

CIDR 还使用**“斜线记法”**（Slash Notation），或称为 **CIDR 记法**，即在 IP 地址后面加上斜线“/”，然后写上网络前缀所占的位数。例如，/20 表示该 IP 地址的地址掩码是：11111111 11111111 11110000 00000000（255.255.240.0）。**斜线记法中，斜线后面的数字就是地址掩码中 1 的个数。**

图 4-12 所示的是使用 CIDR 编址的互联网的一个实例。在图中有以下几点需要注意。

（1）由路由器互连起来的每个网络有一个唯一的网络前缀，网络前缀是用一个 IP 地址和一个子网掩码共同确定的，可以用简单明了的 CIDR 记法来表示。主机号为全 0 的 IP 地址常表示该网络的网络地址。

（2）各网络的子网掩码可以不同，即网络前缀的长度可以不同，因此各自的地址空间大小也不相同。图 4-12 中 LAN_1，LAN_3 的地址空间大小为 256，LAN_2 的地址空间大小为 512，而 N_1、N_2 和 N_3 的地址空间大小只有 4。

（3）连接在同一个网络上的主机或路由器的 IP 地址的网络前缀必须与该网络的网络前缀一样。主机号全为 0 和全为 1 的 IP 地址有特殊用途（后面将要介绍），不能分配给主机或路由器使用。

（4）用网桥（它只在链路层工作）互连的网段仍然是一个物理网络，只能有一个网络地址或网络前缀。

（5）由于路由器总是连接多个网络，因此具有两个或两个以上的 IP 地址。即路由器的每一个接口都有一个不同网络前缀的 IP 地址。

（6）为主机和路由器接口配置 IP 地址时，必须要配置相应的子网掩码（图 4-12 中省略了）。

（7）当两个路由器直接相连时（例如，通过一条租用线路），在连线两端的接口处，可以分配也可以不分配 IP 地址。如分配了 IP 地址，则这一段连线就构成了一种只包含一段线路的特殊“网络”（如图中的 N_1、N_2 和 N_3）。之所以叫作“网络”是因为它有 IP 地址。但为了节省 IP 地址资源，对于这种仅由一段连线构成的特殊“网络”，现在也常常不分配 IP 地址。通常把这样的特殊网络叫作**无编号网络**（Unnumbered Network）或**匿名网络**（Anonymous Network）。

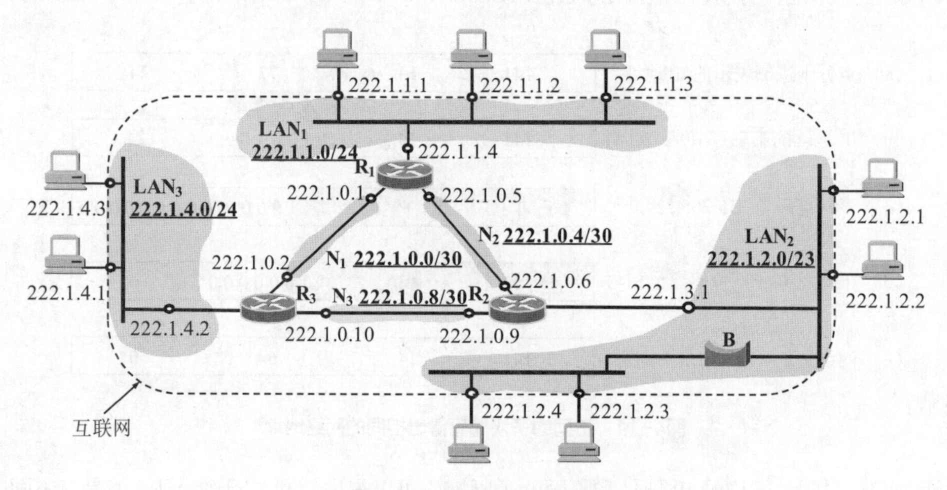

图4-12　互联网中的IP地址

在 CIDR 中，网络前缀不仅可以用来表示某个网络的网络地址，还可以用来表示连续的 IP 地址块。这就是为什么要使用“网络前缀”这一名称，而不继续使用“网络号”的原因。CIDR 把**网络前缀都相同的连续的 IP 地址组成一个“CIDR 地址块”**。我们只要知道 CIDR 地址块中的任何一个地址，就可以知道这个地址块的起始地址（即最小地址）和最大地址，以及地址块中的地址数。例如，已知 IP 地址 128.14.35.7/20 是某 CIDR 地址块中的一个地址，现在把它写成二进制表示，其中的前 20 位是网络前缀（用粗体和下划线表示出），而前缀后面的 12 位是主机号：

128.14.35.7/20 = **10000000 00001110 0010**0011 00000111

这个地址所在的地址块中的最小地址和最大地址可以很方便地得出：

最小地址	128.14.32.0	**10000000 00001110 0010**0000 00000000
最大地址	128.14.47.255	**10000000 00001110 0010**1111 11111111

不难看出，这个地址块共有 2^{12} 个地址（每一个 CIDR 地址块中的地址数一定是 2 的整数次幂）。我们可以用地址块中的最小地址和网络前缀的位数指明这个地址块。例如，上面的地址块可记为 128.14.32.0/20。在不需要指出地址块的起始地址时，也可把这样的地址块简称为“/20 地址块”。

因此斜线记法除了表示一个 IP 地址外，还提供了其他一些重要信息。例如，地址 192.199.170.82/27

不仅表示 IP 地址是 192.199.170.82，而且还表示这个地址块的网络前缀有 27 位，地址块包含 32 个 IP 地址。通过简单计算还可得出，这个地址块的最小地址是 192.199.170.64，最大地址是 192.199.170.95。具体的计算方法是这样的。找出地址掩码中 1 和 0 的**交界处**发生在地址中的哪一个字节，现在是第四个字节。因此只要把**这一个字节**用二进制表示，写成 01010010，取其前 3 位（这 3 位加上前 3 个字节的 24 位等于前缀的 27 位），再把后面 5 位都写成 0，即 010**00000**，等于十进制的 64。这就找出了地址块的最小地址。再把地址的第四字节的最后 5 位都置 1，即 010**11111**，等于十进制的 95，这就找出了地址块中的最大地址。

使用 CIDR 的一个好处就是可以更加有效地分配 IPv4 的地址空间，可根据客户的需要分配适当大小的 CIDR 地址块。然而在使用分类编址方式时，向一个组织分配 IP 地址，就只能以/8、/16 或/24 为单位来分配。这就很不灵活。

图 4-13 给出的是 CIDR 地址块分配的例子。假定某 ISP 已拥有地址块 206.0.64.0/18（相当于有 64 个 C 类网络）。现在某大学需要 800 个 IP 地址。ISP 可以给该大学分配一个地址块 206.0.68.0/22，它包括 1024（即 2^{10}）个 IP 地址，相当于 4 个连续的 C 类/24 地址块，占该 ISP 拥有的地址空间的 1/16。然后这个大学可自由地为各系分配地址块，而各系还可再划分本系的地址块。CIDR 的地址块分配有时不易看清，这是因为网络前缀和主机号的界限不是恰好出现在整数字节处。只要写出地址的二进制表示（从图 4-13 中的地址块的二进制表示中可看出，实际上只需要将其中的一个关键字节转换为二进制的表示即可），弄清网络前缀的位数，就不会把地址块的范围弄错。

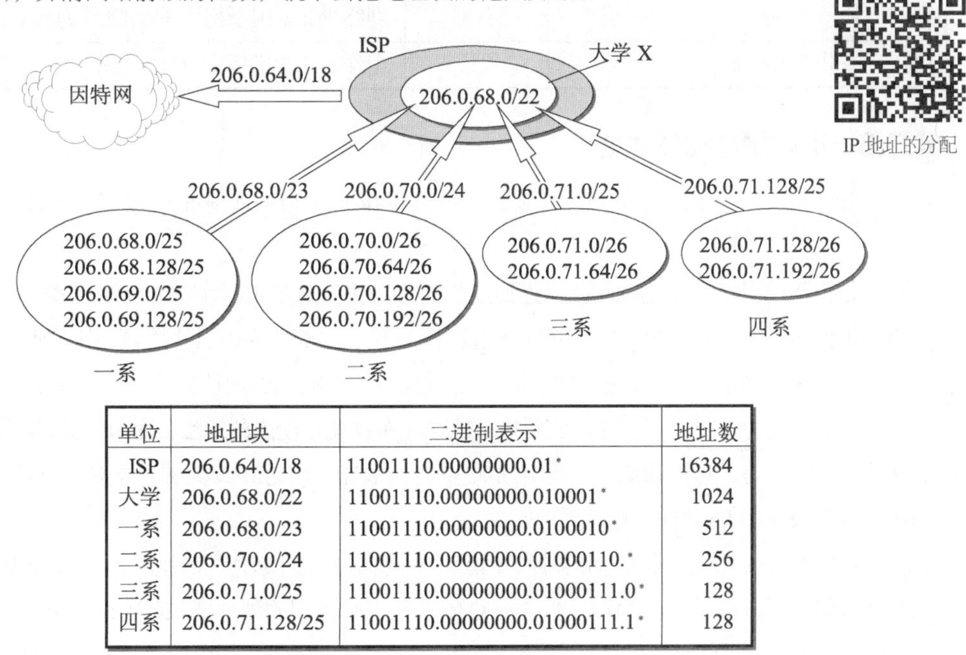

单位	地址块	二进制表示	地址数
ISP	206.0.64.0/18	11001110.00000000.01*	16384
大学	206.0.68.0/22	11001110.00000000.010001*	1024
一系	206.0.68.0/23	11001110.00000000.0100010*	512
二系	206.0.70.0/24	11001110.00000000.01000110.*	256
三系	206.0.71.0/25	11001110.00000000.01000111.0*	128
四系	206.0.71.128/25	11001110.00000000.01000111.1*	128

图4-13 CIDR地址块划分举例

4. 特殊的 IP 地址

虽然 CIDR 废弃了分类编址中的 A、B、C 类地址，但 D 类和 E 类地址仍然用于特殊目的不能分配给主机。D类地址为多播地址，只能作为目的地址使用。而E类地址为保留地址，供日后使用。

除此之外，网络前缀和主机号全为0或全为1的地址也不能分配给主机，在分配地址时要特别注意这一点。通常全0表示“**这个**（this）”，例如，网络前缀为全0的IP地址通常表示“**本网络**”的意思。而全1往往表示“**所有的**（all）”，例如，全1的主机号字段表示该网络上的所有主机。

另外，网络前缀为127（即01111111）的地址保留作为**环回测试**（Loopback Test）地址，用于本主机进程之间的通信。若主机发送一个目的地址为环回地址（如127.0.0.1）的IP数据报，则本主机中的协议软件就处理数据报中的数据，而不会把数据报发送到任何网络。目的地址为环回地址的IP数据报永远不会出现在任何网络上。

表4-3给出了不分配给主机的特殊IP地址，这些地址只能在特定的情况下使用。

表4-3　不分配给主机的特殊IP地址

网络前缀	主机号	源地址使用	目的地址使用	代表的意思
全0	全0	可以	不可	在本网络上的本主机（见6.7节DHCP协议）
全0	host-id	可以	不可	在本网络上的某个主机host-id
全1	全1	不可	可以	只在本网络上进行广播（各路由器均不转发）
net-id	全1	不可	可以	对net-id上的所有主机进行广播
net-id	全0	不可	不可	网络地址，用于标识网络前缀为net-id的网络
127	非全0全1	可以	可以	用作本地软件环回测试之用

4.2.3　IP地址与物理地址

在学习IP地址时，很重要的一点就是要弄懂主机的IP地址与**物理地址**（也称为**硬件地址**）[①]的区别。

互联网是由路由器将一些物理网络互连而成的逻辑网络。从源主机发送的分组在到达目的主机之前可能要经过许多不同的物理网络，在逻辑的互联网层次上主机和路由器使用它们的逻辑地址进行标识，而在具体的物理网络层次上，主机和路由器必须使用它们的物理地址标识。图4-14说明了这两种地址的区别。从层次的角度看，**物理地址是数据链路层和物理层使用的地址**，而**IP地址是网络层和以上各层使用的地址，是一种逻辑地址**（称IP地址是逻辑地址是因为IP地址是用软件实现的）。下面我们以局域网为例来说明IP地址与物理地址的关系。

在发送数据时，数据从高层传递到低层，然后才到通信链路上传输。使用IP地址的IP数据报一旦交给了数据链路层，就被封装成MAC帧。MAC帧在传送时使用的源地址和目的地址都是物理地址，这两个物理地址都写在MAC帧的首部中。

连接在通信链路上的设备（主机或路由器）在接收MAC帧时，其根据是MAC帧首部中的物理地

① 在局域网中，由于物理地址已固化在网卡上的ROM中，因此常常将物理地址称为**硬件地址**。因为在局域网的MAC帧中的源地址和目的地址都是硬件地址，因此硬件地址又称为**MAC地址**。在本书中，物理地址、硬件地址和MAC地址常常作为同义词。但应注意，有时，如在X.25网中，计算机的物理地址并不是固化在ROM中的。

址。在数据链路层看不见隐藏在 MAC 帧的数据中的 IP 地址。只有在剥去 MAC 帧的首部和尾部后，把 MAC 层的数据上交给网络层后，网络层才能在 IP 数据报的首部中找到源 IP 地址和目的 IP 地址。

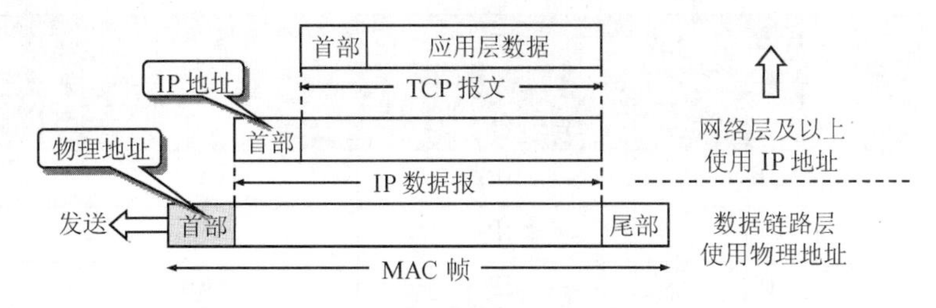

图4-14 IP地址与物理地址的区别

总之，**IP 地址放在 IP 数据报的首部，而物理地址则放在 MAC 帧的首部。在网络层和网络层以上使用的是 IP 地址，而数据链路层及以下使用的是物理地址**。在图 4-14 中，当 IP 数据报放入数据链路层的 MAC 帧中以后，整个的 IP 数据报就成为 MAC 帧的数据，因而在**数据链路层看不见数据报的 IP 地址**。

图 4-15（a）画的是三个局域网用两个路由器 R_1 和 R_2 互连起来。现在主机 H_1 要和主机 H_2 通信。这两个主机的 IP 地址分别是 IP_1 和 IP_2，而它们物理地址分别为 HA_1 和 HA_2（HA 表示 Hardware Address）。通信的路径是：H_1→经过 R_1 转发→再经过 R_2 转发→H_2。路由器 R_1 因同时连接到两个局域网上，因此它有两个物理地址，即 HA_3 和 HA_4。同理，路由器 R_2 也有两个物理地址 HA_5 和 HA_6。

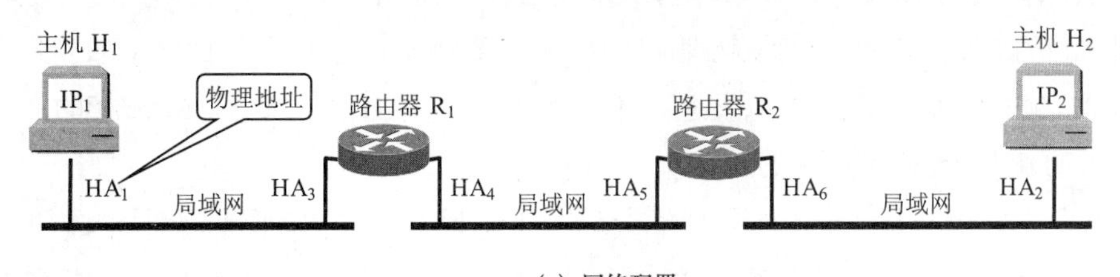

(a) 网络配置

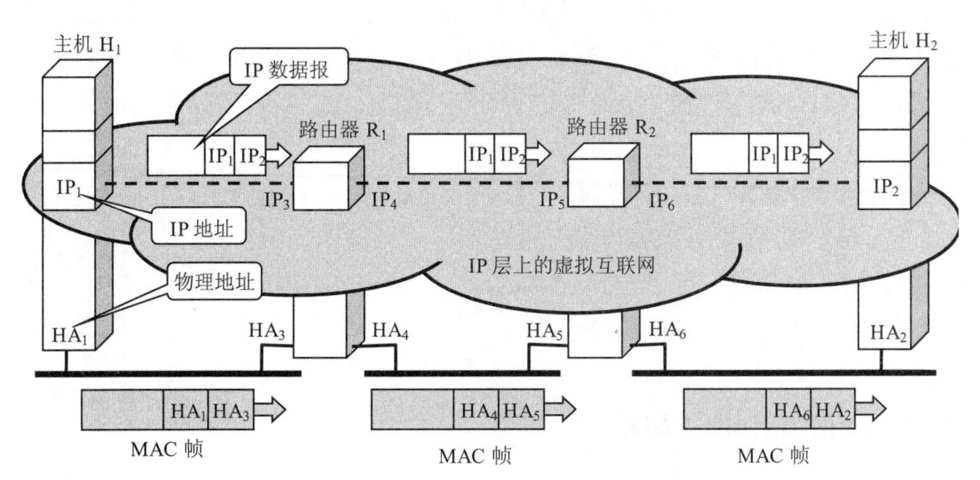

(b) 不同层次、不同区间的源地址和目的地址

图4-15 从不同层次上看IP地址和物理地址

图 4-15（b）特别强调了 IP 地址与物理地址的区别。表 4-4 归纳了这种区别。

表4-4　图4-15（b）中不同层次、不同区间的源地址和目的地址

	在网络层写入 IP 数据报首部的地址		在数据链路层写入 MAC 帧首部的地址	
	源地址	目的地址	源地址	目的地址
从 H_1 到 R_1	IP_1	IP_2	HA_1	HA_3
从 R_1 到 R_2	IP_1	IP_2	HA_4	HA_5
从 R_2 到 H_2	IP_1	IP_2	HA_6	HA_2

这里要强调指出以下几点。

（1）**在 IP 层抽象的互联网上只能看到 IP 数据报**。虽然 IP 数据报要经过路由器 R_1 和 R_2 的两次转发，但在它的首部中的源地址和目的地址**始终**分别是 IP_1 和 IP_2。图中的数据报上写的"从 IP_1 到 IP_2"就表示前者是源地址而后者是目的地址。数据报中间经过的两个路由器的 IP 地址并不出现在 IP 数据报的首部中。

（2）虽然在 IP 数据报首部有源站 IP 地址，但**路由器只根据目的站的 IP 地址转发 IP 数据报**。

（3）**在局域网的链路层，只能看见 MAC 帧**。IP 数据报被封装在 MAC 帧中。MAC 帧在不同网络上传送时，其 MAC 帧首部中的源地址和目的地址要发生变化。开始在 H_1 到 R_1 间传送时，MAC 帧首部中写的是从物理地址 HA_1 发送到物理地址 HA_3，路由器 R_1 收到此 MAC 帧后，在转发时要改变首部中的源地址和目的地址，将它们换成从物理地址 HA_4 发送到物理地址 HA_5。路由器 R_2 收到此帧后，再改变一次 MAC 帧的首部，填入从 HA_6 发送到 HA_2，然后在 R_2 到 H_2 之间传送。MAC 帧的首部的这种变化，在上面的 IP 层上也是看不见的。

（4）尽管互连在一起的网络的物理地址体系各不相同，**但 IP 层抽象的互联网却屏蔽了下层这些很复杂的细节。只要我们在网络层上讨论问题，就能够使用统一的、逻辑的 IP 地址研究主机和主机或路由器之间的通信**。上述的这种"屏蔽"概念是一个很有用、很普遍的基本概念。例如，计算机中广泛使用的图形用户界面使得用户只需简单地点击几下鼠标就能让计算机完成很多任务。实际上计算机要完成这些任务必须执行很多条指令。但这些复杂的过程全都被设计良好的图形用户界面屏蔽掉了，使用户看不见这些复杂过程。

以上这些概念是计算机网络的精髓所在，对这些重要概念务必仔细思考和掌握。

细心的读者会发现，还有两个重要问题还没有解决。

（1）主机或路由器怎样知道应当在 MAC 帧的首部填入什么样的物理地址？

（2）路由器中的路由表是怎样得出的？

第一个问题就是下一节所要讲的内容，而第二个问题将在后面的 4.4 节详细讨论。

4.2.4　地址解析协议（ARP）

在实际应用中，我们经常会遇到这样的问题：已经知道了一个机器（主机或路由器）的 IP 地址，需要找出其相应的物理地址；或反过来，已经知道了物理地址，需要找出相应的 IP 地址。地址解析协

议 ARP 和逆地址解析协议 RARP 就是用来解决这样的问题的。

由于现在的 DHCP 协议（见 6.7 节）已经包含了 RARP 协议的功能。因此现在已经没有人再使用单独的 RARP 协议了。因此这里不再进一步介绍 RARP 协议。下面就介绍 ARP 协议的要点。

我们知道，网络层使用的是 IP 地址，但在具体物理网络的链路上传送数据帧时，最终还是必须使用该物理网络的物理地址。但 IP 地址和下面物理网络的物理地址之间由于格式不同而不存在简单的映射关系（例如，IP 地址有 32 位，而局域网的物理地址是 48 位）。此外，在一个物理网络上可能经常会有新的主机加入进来，或撤走一些主机。更换网络适配器也会使主机的物理地址改变。在支持硬件广播的局域网中可以使用**地址解析协议**（Address Resolution Protocol，ARP）来解决 IP 地址与物理地址的动态映射问题。

ARP 解决这个问题的方法是在主机 ARP 高速缓存中应存放一个从 IP 地址到物理地址的映射表，并且这个映射表不断动态更新（新增或超时删除）。

每一个主机都设有一个 ARP **高速缓存**（ARP Cache），里面有**本局域网上**的各主机和路由器的 IP 地址到物理地址的映射表，这些都是该主机目前知道的一些地址。那么主机怎样知道这些地址呢？我们可以通过下面的例子来说明。

当主机 A 要向**本局域网**上的某个主机 B 发送 IP 数据报时，就先在其 ARP 高速缓存中查看有无主机 B 的 IP 地址。如有，就在 ARP 高速缓存中查出其对应的物理地址，再把这个物理地址写入 MAC 帧，然后通过局域网把该 MAC 帧发往此物理地址。

也有可能查不到主机 B 的 IP 地址的项目。这可能是主机 B 才入网，也可能是主机 A 刚刚加电，其高速缓存还是空的。在这种情况下，主机 A 就自动运行 ARP，然后按以下步骤找出主机 B 的物理地址。

（1）ARP 进程在本局域网上广播发送一个 ARP 请求分组，该分组被直接封装在数据链路层广播帧中（具体格式可参阅 RFC 826）。图 4-16（a）是主机 A 广播发送 ARP 请求分组的示意图。ARP 请求分组的主要内容是表明："我的 IP 地址是 209.0.0.5，物理地址是 00-00-C0-15-AD-18。我想知道 IP 地址为 209.0.0.6 的主机的物理地址。"

（2）在本局域网上的所有主机上运行的 ARP 进程都收到此 ARP 请求分组。

（3）主机 B 在 ARP 请求分组中见到自己的 IP 地址，就向主机 A 发送 ARP 响应分组，并写入自己的物理地址。其余的所有主机都不理睬这个 ARP 请求分组，如图 4-16（b）所示。ARP 响应分组的主要内容是表明："我的 IP 地址是 209.0.0.6，我的物理地址是 08-00-2B-00-EE-0A。"请注意：虽然 ARP 请求分组是数据链路层的广播，但 ARP 响应分组是普通的数据链路层单播，即从一个源地址发送到一个目的地址。

（4）主机 A 收到主机 B 的 ARP 响应分组后，就在其 ARP 高速缓存中写入主机 B 的 IP 地址到物理地址的映射。

当主机 A 向 B 发送数据报时，很可能以后不久主机 B 还要向 A 发送数据报，因而主机 B 也可能要向 A 发送 ARP 请求分组。为了减少网络上的通信量，主机 A 在发送其 ARP 请求分组时，就把自己的 IP 地址到物理地址的映射写入 ARP 请求分组。当主机 B 收到 A 的 ARP 请求分组时，就把主机 A 的这一地址映射写入主机 B 自己的 ARP 高速缓存中。以后主机 B 向 A 发送数据报时就很方便了。其实，所有接收到 ARP 广播的主机都会根据接收到的信息刷新自己的 ARP 高速缓存。

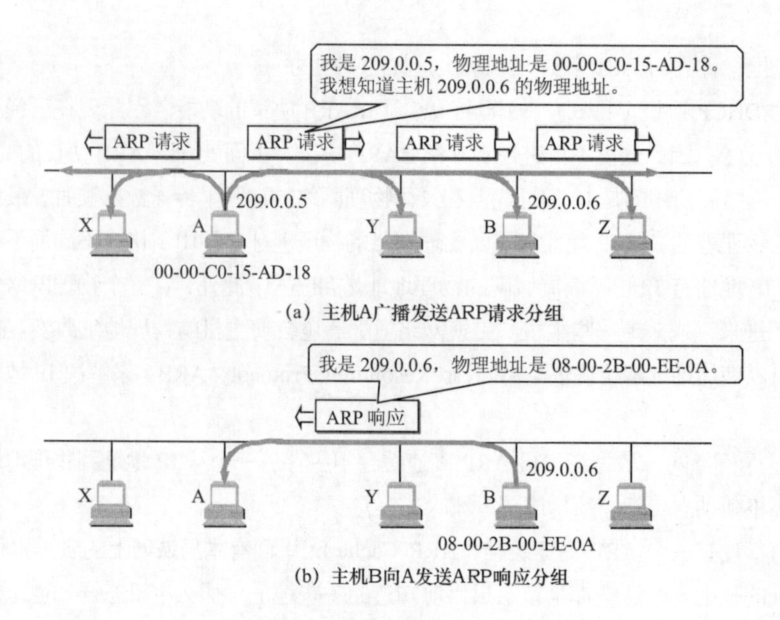

(a) 主机A广播发送ARP请求分组

(b) 主机B向A发送ARP响应分组

图4-16　地址解析协议ARP的工作原理

可见 ARP 高速缓存非常有用。如果不使用 ARP 高速缓存，那么任何一个主机只要进行一次通信，就必须在网络上用广播方式发送 ARP 请求分组，这就增大了网络的开销。ARP 把已经得到的地址映射保存在高速缓存中，这样就使得该主机下次再和具有同样目的地址的主机通信时，可以直接从高速缓存中找到所需的物理地址而不必再用广播方式发送 ARP 请求分组。

ARP 高速缓存中的每一个映射地址项目都设置有**生存时间**（例如，10～20min）。凡超过生存时间的项目就从高速缓存中删除掉。设置这种地址映射项目的生存时间是很重要的。设想有一种情况。主机 A 和 B 通信。A 的 ARP 高速缓存里保存有 B 的物理地址，但 B 的网络适配器突然坏了，B 立即更换了一块，因此 B 的物理地址就改变了。假定 A 还要和 B 继续通信。A 在其 ARP 高速缓存中查找到 B 原先的物理地址，并使用该物理地址向 B 发送数据帧。但 B 原先的物理地址已经失效了，因此 A 无法找到主机 B。但是过了一段不长的时间，A 的 ARP 高速缓存中已经删除了 B 原先的物理地址（因为它的生存时间到了），于是 A 重新广播发送 ARP 请求分组，又找到了 B。

请注意，ARP 用于解决**同一个局域网上**的主机或路由器的 IP 地址和物理地址的映射问题。如果所要找的主机和源主机不在同一个局域网上，例如，在图 4-15 中，主机 H_1 就无法解析出主机 H_2 的物理地址（实际上主机 H_1 也不需要知道固定主机 H_2 的物理地址）。主机 H_1 发送给 H_2 的 IP 数据报首先需要通过与主机 H_1 连接在同一个局域网上的路由器 R_1 来转发。因此主机 H_1 这时需要把路由器 R_1 的 IP 地址 IP_3 解析为物理地址 HA_3，以便能够把 IP 数据报传送到路由器 R_1。以后，R_1 从转发表找出了下一跳路由器 R_2，同时使用 ARP 解析出 R_2 的物理地址 HA_5。于是 IP 数据报按照物理地址 HA_5 转发到路由器 R_2。路由器 R_2 在转发这个 IP 数据报时用类似方法解析出目的主机 H_2 的物理地址 HA_2，使 IP 数据报最终交付主机 H_2。

从 IP 地址到物理地址的解析是自动进行的，**主机的用户对这种地址解析过程是不知道的**。只要主机或路由器要和本网络上的另一个已知 IP 地址的主机或路由器进行通信，ARP 协议就会自动地把这个 IP 地址解析为链路层所需要的物理地址。

下面我们归纳出使用 ARP 的 4 种典型情况。

（1）发送方是主机，要把 IP 数据报发送到本网络上的另一个主机。这时用 ARP 找到目的主机的物理地址。

（2）发送方是主机，要把 IP 数据报发送到另一个网络上的一个主机。这时用 ARP 找到本网络上的一个路由器的物理地址。剩下的工作由这个路由器来完成。

（3）发送方是路由器，要把 IP 数据报转发到本网络上的一个主机。这时用 ARP 找到目的主机的物理地址。

（4）发送方是路由器，要把 IP 数据报转发到另一个网络上的一个主机。这时用 ARP 找到本网络上的另一个路由器的物理地址。剩下的工作由这个路由器来完成。

在许多情况下需要多次使用 ARP。但这只是以上的几种情况的反复使用而已。

有的读者可能会产生这样的问题：既然在网络链路上传送的帧最终是按照物理地址找到目的主机的，那么为什么我们不直接使用物理地址进行通信，而是要使用逻辑的 IP 地址并调用 ARP 来寻找出相应的物理地址呢？

这个问题必须弄清楚。

由于全世界存在着各式各样的网络，**它们使用不同形式的物理地址**。要使这些异构网络能够互相通信就必须进行**非常复杂的物理地址转换工作**，而由用户或用户主机来完成这项工作几乎是不可能的事。但统一的 IP 地址把这个复杂问题解决了。连接到因特网的主机只需拥有统一的 IP 地址，它们之间的通信就像连接在同一个网络上那样简单方便，因为调用 ARP 的复杂过程都是由计算机软件自动进行的，并不需要用户参与。

因此，在虚拟的 IP 网络上用 IP 地址进行通信给广大的计算机用户带来很大的方便。

4.2.5 IP数据报的格式

IP 数据报的格式能够说明 IP 协议都具有什么功能。在 TCP/IP 的标准中，各种数据格式常常以 32 位（即 4 字节）为单位来描述。图 4-17 是 IP 数据报的完整格式。

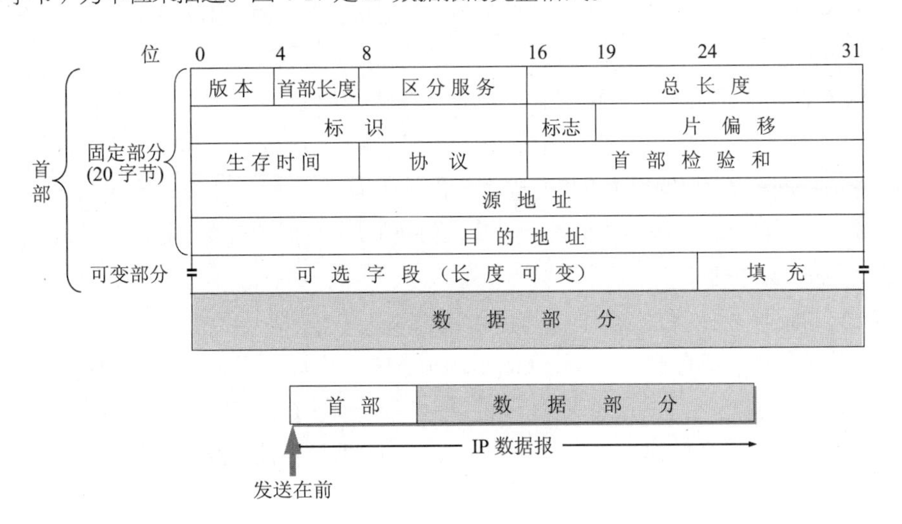

图4-17 IP数据报的格式

从图 4-17 中可以看出，一个 IP 数据报由首部和数据两部分组成。首部的前一部分是**固定长度**，共 20 字节，是所有 IP 数据报必须具有的。在首部的固定部分的后面是一些**可选字段**，其长度是可变的。下面介绍首部各字段的意义。

1. **IP 数据报首部的固定部分中的各字段**

（1）**版本**　占 4 位，指 IP 协议的版本。通信双方使用的 IP 协议的版本必须一致。目前广泛使用的 IP 协议版本号为 4（即 IPv4）。

（2）**首部长度**　占 4 位，可表示的最大十进制数值是 15。请注意，这个字段所表示数的单位是 32 位字（32 位字长是 4 字节），因此，当 IP 的首部长度为 1111 时（即十进制的 15），就达到最大值 60 字节。当 IP 分组的首部长度不是 4 字节的整数倍时，必须利用最后的填充字段加以填充。因此数据部分总在 4 字节的整数倍时开始，这对实现 IP 协议较为方便。最常用的首部长度就是 20 字节（即首部长度为 0101），这时不使用任何选项。

（3）**区分服务**　占 8 位，用来获得更好的服务。这个字段在旧标准中叫作**服务类型**（Type Of Service，TOS），但实际上一直没有被使用过。1998 年，IETF 把这个字段改名为**区分服务**（Differentiated Services，DS）。在一般的情况下都不使用这个字段[RFC 2474] [RFC 3168]。

（4）**总长度**　总长度指首部和数据之和的长度，单位为字节。总长度字段为 16 位，因此数据报的最大长度为 $2^{16}-1=65535$ 字节。

在 IP 层下面的每一种数据链路层都有其自己的帧格式，其中包括**帧格式中的数据字段的最大长度**，这称为**最大传送单元**（Maximum Transfer Unit，MTU）。当一个 IP 数据报封装成链路层的帧时，此数据报的总长度（即首部加上数据部分）一定不能超过下面的数据链路层的 MTU 值。

虽然使用尽可能长的数据报能使传输效率提高，但由于以太网的普遍应用，所以实际上使用的数据报长度很少超过 1500 字节。为了不使 IP 数据报的传输效率降低，有关 IP 的标准文档规定，所有主机和路由器必须能够处理的 IP 数据报长度不得小于 576 字节。当数据报长度超过网络所容许的最大传送单元 MTU 时，必须把过长的数据报进行分片后才能在网络上传送（见后面的“片偏移”字段）。这时数据报首部中的“总长度”字段不是指未分片前的数据报长度，而是指**分片后的每一个分片**的首部长度与数据长度的总和。

（5）**标识**（Identification）　占 16 位。IP 软件在存储器中维持一个计数器，每产生一个数据报，计数器就加 1，并将此值赋给标识字段。但这个“标识”并不是序号，因为 IP 是无连接服务，数据报不存在按序接收的问题。当数据报由于长度超过网络的 MTU 而必须分片时，这个标识字段的值就被复制到所有的数据报片的标识字段中。相同的标识字段的值使分片后的各数据报片最后能在目的地被正确地重装成为原来的数据报。

（6）**标志**（Flag）　占 3 位，但目前只有两位有意义。

标志字段中的最低位记为 **MF**（More Fragment）。MF = 1 即表示后面“**还有分片**”的数据报。MF = 0 表示这已是若干数据报片中的最后一个。

标志字段中间的一位记为 **DF**（Don’t Fragment），意思是“**不能分片**”。只有当 DF = 0 时才允许分片。

（7）**片偏移**　占 13 位。片偏移指出：较长的分组在分片后，某片在原分组中的相对位置。也就是说，相对于用户数据字段的起点，该片从何处开始。片偏移以 8 个字节为偏移单位。这就是说，每个分片的长度一定是 8 字节（64 位）的整数倍。

下面举一个例子。

【例 4-3】 一数据报的总长度为 3820 字节，其数据部分为 3800 字节长（使用固定首部），需要分片为长度不超过 1420 字节的数据报片。因固定首部长度为 20 字节，因此每个数据报片的数据部分长度不能超过 1400 字节。于是分为三个数据报片，其数据部分的长度分别为 1400、1400 和 1000 字节。原始数据报首部被复制为各数据报片的首部，但必须修改有关字段的值。图 4-18 给出分片后得出的结果（请注意片偏移的数值）。

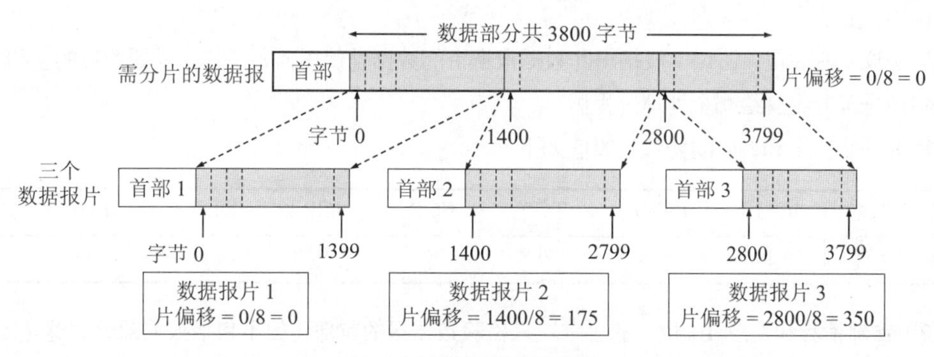

图4-18 数据报的分片举例

表 4-5 是本例中数据报首部与分片有关的字段中的数值，其中标识字段的值是任意给定的（12345）。具有相同标识的数据报片在目的站就可无误地重装成原来的数据报。

表4-5 IP数据报首部中与分片有关的字段中的数值

	总长度	标识	MF	DF	片偏移
原始数据报	3820	12345	0	0	0
数据报片 1	1420	12345	1	0	0
数据报片 2	1420	12345	1	0	175
数据报片 3	1020	12345	0	0	350

现在假定数据报片 2 经过某个网络时还需要再进行分片，即划分为数据报片 2-1（携带数据 800 字节）和数据报片 2-2（携带数据 600 字节）。那么这两个数据报片的总长度、标识、MF、DF 和片偏移分别为：820, 12345, 1, 0, 175；620, 12345, 1, 0, 275。

注意 IP数据报在传送中可能被多次分片，但分片的数据报仅在目的主机才被重装回原来的数据报。

（8）**生存时间** 占 8 位，生存时间字段常用的英文缩写是 TTL （Time To Live），表明是数据报在网络中的**寿命**。由发出数据报的源点设置这个字段。其目的是防止被错误路由的数据报无限制地在因特网中兜圈子（例如，从路由器 R_1 转发到 R_2，再转发到 R_3，然后又转发回到 R_1），因而白白消耗网络资源。最初的设计是以秒作为 TTL 值的单位。每经过一个路由器时，就把 TTL 减去数据报在路由器所消耗掉的一段时间。当 TTL 值减为零时，就丢弃这个数据报。

但后来就把 TTL 字段的**功能**改为**“跳数限制”**（**但名称不变**）。路由器在转发数据报之前就把 TTL 值减 1。若 TTL 值减小到零，就丢弃这个数据报，不再转发。因此，现在 TTL 的单位不再是秒，而是**跳数**。TTL 的意义是指明数据报在因特网中至多可经过多少个路由器。显然，数据报能在因特网中经过的路由器的最大数值是 255。若把 TTL 的初始值设置为 1，就表示这个数据报只能在本局域网中传送。因为这个数据报一传送到局域网上的某个路由器，在被转发之前 TTL 值就减小到零，因而就会被这个路由器丢弃。

（9）**协议**　占 8 位，协议字段指出此数据报携带的数据是使用何种协议，以便使目的主机的 IP 层知道应将数据部分上交给哪个处理过程。

常用的一些协议和相应的协议字段值如下①。

协议名	ICMP	IGMP	TCP	EGP	IGP	UDP	IPv6	OSPF
协议字段值	1	2	6	8	9	17	41	89

（10）**首部检验和**　占 16 位。这个字段**只检验数据报的首部，但不包括数据部分**。这是因为数据报每经过一个路由器，路由器都要重新计算一下首部检验和（一些字段，如生存时间、标志、片偏移等都可能发生变化）。不检验数据部分可减少计算的工作量。为了进一步减小计算检验和的工作量，IP 首部的检验和不采用复杂的 CRC 检验码而采用下面的简单计算方法。在发送方，先把 IP 数据报首部划分为许多 16 位字的序列，并把检验和字段置零。用反码算术运算②把所有 16 位字相加后，将得到的和的反码写入检验和字段。接收方收到数据报后，将首部的所有 16 位字再使用反码算术运算相加一次。将得到的和取反码，即得出接收方检验和的计算结果。若首部未发生任何变化，则此结果必为 0，于是就保留这个数据报。否则即认为出差错，并将此数据报丢弃。图 4-19 说明了这一过程。

该检验和的计算方法不仅用于 IP，还用于后面将要介绍的 UDP 和 TCP 等协议，常被称为**因特网检验和**（Internet Checksum）。这种检验和的检错性能虽然不如 CRC，但更易用软件实现。图 4-20 是一个计算因特网检验和的具体例子。

（11）**源地址**　占 32 位。

（12）**目的地址**　占 32 位。

---

① 原来如协议字段值这样的数值都是由因特网赋号管理局（Internet Assigned Numbers Authority，IANA）负责制定，并公布在有关的 RFC 文档中。后来由于因特网的商业化和国际化，美国决定用一个新的、私营的、非营利的国际机构——因特网名字与号码分配机构 ICANN（其网址为 www.icann.org）取代 IANA。但后来 ICANN 并没有取代 IANA,而是保留了 IANA，并且和 IANA 进行了分工。因此现在就出现了 IANA/ICANN 或 ICANN/IANA 这样的写法。这两个机构都负责 IP 地址和一些重要参数的管理。现在有关因特网上的重要的参数已经不在 RFC 文档公布[RFC 3232]，而应当到网址 www.iana.org 查询一个联机数据库。美国政府机构于 2014 年 3 月 14 日宣布将放弃对 ICANN 的管理权。

② 两个数进行二进制反码求和的运算很简单。它的规则是从低位到高位逐列进行计算。0 和 0 相加是 0，0 和 1 相加是 1，1 和 1 相加是 0，但要产生一个进位 1，加到下一列。若最高位相加后产生进位，则最后得到的结果要加 1。请注意，**反码**（One'S Complement）和**补码**（Two'S Complement）是不一样的。

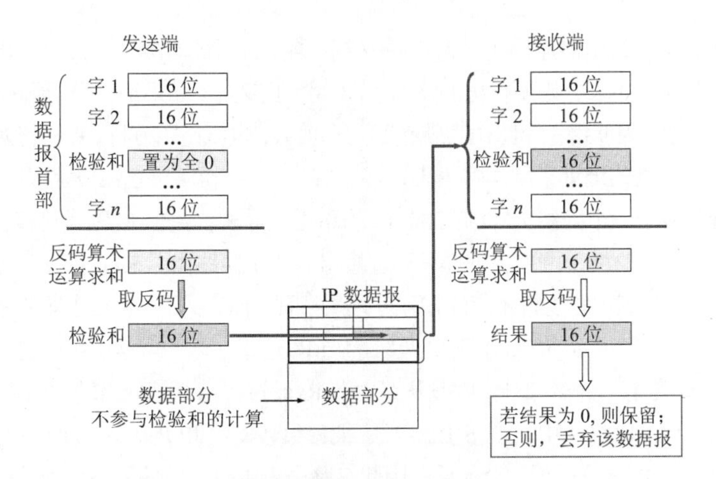

图4-19 IP协议对数据报首部进行差错检测的过程

```
                       10011001 00010011
                       00001000 01101000
                       10101011 00000011
                       00001110 00001011
                       00000000 00010001
                       00000000 00001111
                       00000100 00111111
                       00000000 00001101
                       00000000 00001111
                       00000000 00000000
                       01010100 01000101
                       01010011 01010100
                       01001001 01001110
                       01000111 00000000
                     ---------------------
                     10 10010110 11101011  →  普通求和得出的结果
加上溢出的10              10010110 11101101  →  二进制反码运算求和得出的结果
将得出的结果求反码        01101001 00010010  →  检验和
```

图4-20 计算因特网检验和的一个例子

2. IP 数据报首部的可变部分

IP 首部的可变部分就是一个选项字段。选项字段用来支持排错、测量及安全等措施，内容很丰富。此字段的长度可变，从 1 个字节到 40 个字节不等，取决于所选择的项目。某些选项项目只需要 1 个字节，它只包括 1 个字节的选项代码。但还有些选项需要多个字节，这些选项一个个拼接起来，中间不需要有分隔符，最后用全 0 的填充字段补齐成为 4 字节的整数倍。

增加首部的可变部分是为了增加 IP 数据报的功能，但这同时也使得 IP 数据报的首部长度成为可变的。这就增加了每一个路由器处理数据报的开销。实际上这些选项很少被使用。新的 IP 版本 IPv6 就把 IP 数据报的首部长度做成固定的。因此，这里不再继续讨论这些选项的细节。有兴趣的读者可参阅 RFC 791。

4.2.6 IP数据报的转发

1. 路由表

我们知道路由器是根据路由表转发 IP 数据报的，一个 IP 路由表到底包含哪些主要的信息呢？图 4-21（a）是一个路由表的简单例子。

IP 数据报的转发

有四个网络通过三个路由器连接在一起。每一个网络上都可能有成千上万个主机。可以想象，若按目的主机地址来制作路由表，则所得出的路由表就会过于庞大（如果每一个网络有 1 万台主机，四个网络就有四万台主机，因而每一个路由表就有四万个项目，也就是四万行。**每一行对应于一个主机**）。但若按目的主机所在**网络的地址**来制作路由表，那么每一个路由器中的路由表就只包含四个项目（即只有四行，**每一行对应于一个网络**）。以路由器 R_2 的路由表为例，由于 R_2 同时连接在网络 2 和网络 3 上，因此只要目的主机在这两个网络上，都可通过接口 0 或 1 由路由器 R_2 直接交付（当然还要利用地址解析协议 ARP 才能找到这些主机相应的物理地址），因此不需要下一跳路由器的地址。若目的主机在网络 1 中，则下一跳路由器应为 R_1，其 IP 地址为与 R_2 连接在同一网络中接口的地址 128.0.2.7。路由器 R_2 和 R_1 由于同时连接在网络 2 上，因此从路由器 R_2 通过接口 0 把分组转发到路由器 R_1 是很容易的。同理，若目的主机在网络 4 中，则路由器 R_2 应把分组转发给 IP 地址为 128.0.3.1 的路由器 R_3。注意，用一个 IP 地址并不能准确标识一个网络，因此在路由表中除了目的网络地址外还要有一个地址掩码（合起来等价于一个网络前缀）。

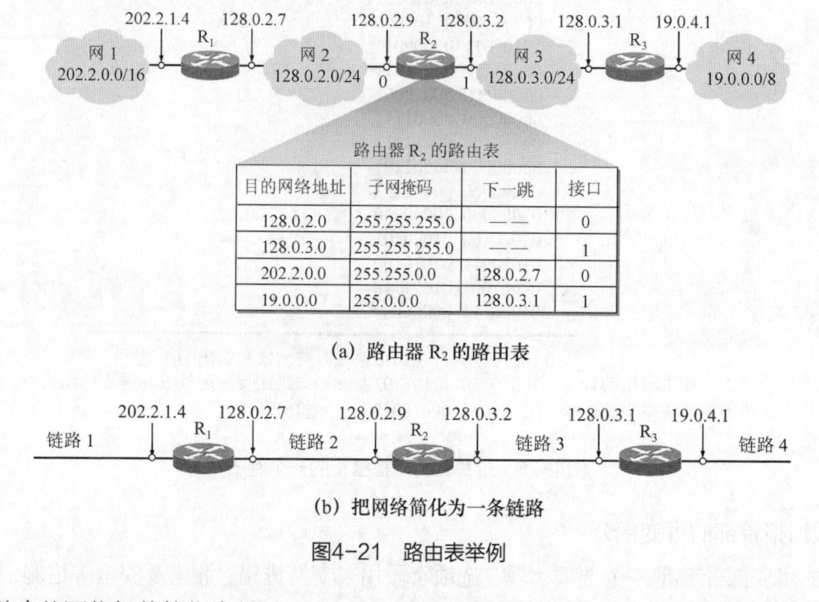

目的网络地址	子网掩码	下一跳	接口
128.0.2.0	255.255.255.0	——	0
128.0.3.0	255.255.255.0	——	1
202.2.0.0	255.255.0.0	128.0.2.7	0
19.0.0.0	255.0.0.0	128.0.3.1	1

(a) 路由器 R_2 的路由表

(b) 把网络简化为一条链路

图4-21 路由表举例

可以把整个的网络拓扑简化为如图 4-21（b）所示的那样。在简化图中，网络变成了一条链路，但每一个路由器旁边都注明其 IP 地址。使用这样的简化图，可以使我们不用关心某个网络内部的具体拓扑及连接在该网络上有多少台计算机，因为这些对于研究分组转发问题并没有什么关系。这样的简化图强调了在互联网上转发数据报时，是**从一个路由器转发到下一个路由器**。

由于路由器是根据路由表中的目的网络地址来确定下一跳路由器的，因此：

（1）IP 数据报最终一定可以找到目的主机所在目的网络上的路由器（可能要通过多次的间接交付）；

（2）只有到达最后一个路由器时，才试图向目的主机进行直接交付。

路由器还可采用**默认路由**（Default Route）以减少路由表所占用的空间和搜索路由表所用的时间。这种转发方式在一个网络只有很少的对外连接时是很有用的（例如，在因特网的 ISP 层次结构的边缘）。默认路由在主机发送 IP 数据报时往往更能显示出它的好处。我们在前面已经讲过，主机在发送每一个 IP 数据报时都要查找自己的路由表。如果一个主机连接的网络只有一个路由器和因特网连接，那么在这种情况下使用默认路由是非常合适的。例如，在图 4-22 的例子中，连接在网络 N_1 上的主机 H 的路由表只需要 3 个项目即可。第一个项目就是到本网络主机的路由，其目的网络就是本网络 N_1，因而不需要路由器转发，而是直接交付。第二个项目是到网络 N_2 的路由，对应的下一跳路由器是 R_2。第三个项目就是**默认路由**（后面我们将会学到如何添加这样一个表项）。只要目的网络不是 N_1 和 N_2，就一律选择默认路由，把数据报先间接交付路由器 R_1，让 R_1 再转发给下一个路由器，一直转发到目的网络上的路由器，最后进行直接交付。

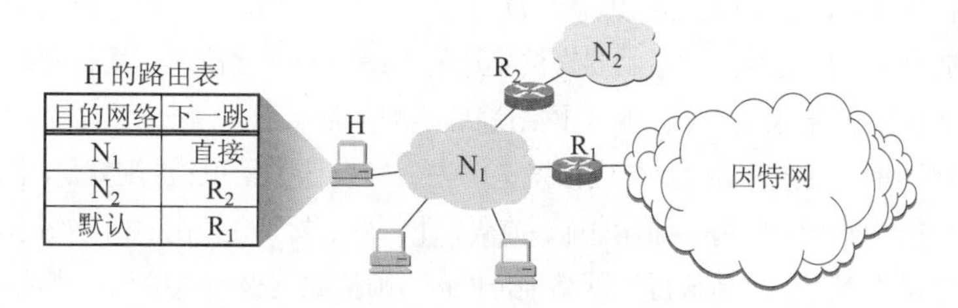

图4-22 路由器R_1充当网络N_1的默认路由器

2. IP 数据报的转发流程

我们用下面的例题来说明 IP 数据报是如何被转发到目的主机的。

【例 4-4】已知如图 4-23 所示的互联网，以及路由器 R_1 的路由表。现在主机 H_1 发送一 IP 数据报，其目的地址是 128.30.33.138。试讨论路由器 R_1 收到此数据报后查找路由表的过程。

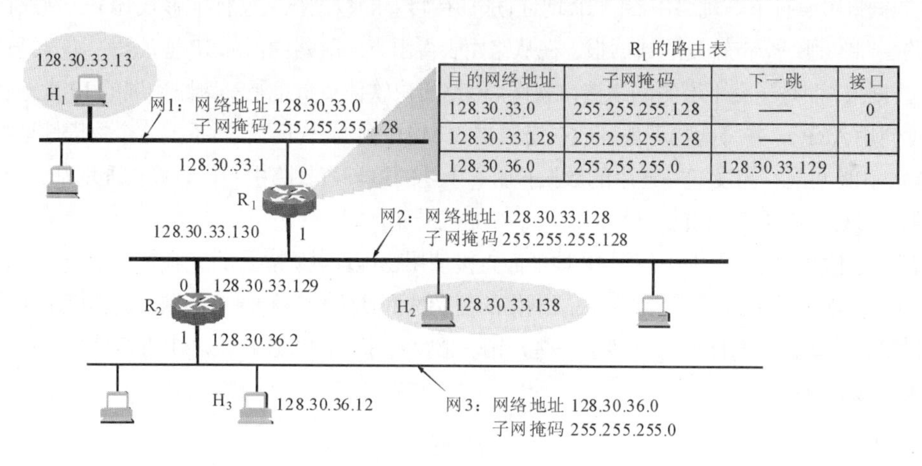

R_1 的路由表

目的网络地址	子网掩码	下一跳	接口
128.30.33.0	255.255.255.128	——	0
128.30.33.128	255.255.255.128	——	1
128.30.36.0	255.255.255.0	128.30.33.129	1

图4-23 主机H_1向H_2发送分组

【解】主机 H_1 发送数据报的目的地址是 H_2 的 IP 地址 128.30.33.138。主机 H_1 首先要进行的操作是把本网络的“子网掩码 255.255.255.128”与该数据报的目的地址 128.30.33.138 逐位相“与”（即逐位进行 AND 操作），得出 128.30.33.128，它不等于 H_1 的网络地址（128.30.33.0）。这说明 H_2 与 H_1 不在同一个网络上。因此 H_1 不能把数据报直接交付 H_2，而必须先传送给网络上的默认路由器 R_1，由 R_1 来转发。注意，在主机 H_1 的网络配置信息中有 IP 地址、子网掩码和默认路由器等信息。

路由器 R_1 在收到此数据报后，先找路由表中的第一行，看看这一行的网络地址和该分组的网络地址是否匹配。这就是用这一行（网 1）的“子网掩码 255.255.255.128”和收到的分组的“目的地址 128.30.33.138”逐位相“与”（即逐位进行 AND 操作），得出 128.30.33.128。然后和这一行给出的目的网络地址进行比较。但现在比较的结果是不一致（即不匹配）。

用同样方法继续往下找第二行。用第二行的“子网掩码 255.255.255.128”和该分组的“目的地址 128.30.33.138”逐位相“与”（即逐位进行 AND 操作），结果也是 128.30.33.128。但这个结果和第二行的目的网络地址相匹配，说明这个网络（网 2）就是收到的数据报所要寻找的目的网络。于是不需要再找下一个路由器进行间接交付了。R_1 把分组从接口 1 直接交付主机 H_2（它们都在一个网络上）。

我们总结一下路由器转发 IP 数据报的基本过程如下。

（1）从收到的数据报首部提取目的 IP 地址 D。

（2）先判断是否为直接交付。对路由器直接相连的网络逐个进行检查：用各网络的掩码和 D 逐位相“与”（AND 操作），看结果是否和相应的网络地址匹配。若匹配，则把分组进行直接交付（当然还需要把 D 转换成物理地址，把数据报封装成帧发送出去），转发任务结束；否则就是间接交付，执行（3）。

（3）对路由表中的每一行（目的网络地址，掩码，下一跳，接口），用其中的掩码和 D 逐位相“与”（AND 操作），其结果为 N。若 N 与该行的网络地址匹配，则把数据报传送给该行指明的下一跳路由器；否则，执行（4）。

（4）若路由表中有一个默认路由，则把数据报传送给路由表中所指明的默认路由器；否则，执行（5）。

（5）报告转发数据报出错。

这里我们应当强调指出，在 IP 数据报的首部中没有地方可以用来指明“下一跳路由器的 IP 地址”。在 IP 数据报的首部写上的 IP 地址是源 IP 地址和目的 IP 地址，而没有中间经过的路由器的 IP 地址。既然 IP 数据报中没有下一跳路由器的 IP 地址，那么待转发的数据报又怎样能够找到下一跳路由器呢？

当路由器收到一个待转发的数据报，在从路由表得出下一跳路由器的 IP 地址后，不是把这个地址填入 IP 数据报，而是送交下层的网络接口软件。网络接口软件负责把下一跳路由器的 IP 地址转换成物理地址（使用 ARP），并将此物理地址放在链路层的 MAC 帧的首部，然后根据这个物理地址找到下一跳路由器。由此可见，当发送一连串的数据报时，上述的这种查找路由表、计算物理地址、写入 MAC 帧的首部等过程，将不断地重复进行，造成了一定的开销。

那么，能不能在路由表中不使用 IP 地址而直接使用物理地址呢？不行。我们一定要清楚，使用逻辑的 IP 地址，本来就是为了隐蔽各种底层网络的复杂性而便于分析和研究问题，这样就不可避免地要付出些代价，例如，在选择路由时多了一些开销。但反过来，如果在路由表中直接使用物理地址，那就会带来更多的麻烦。

3. **路由聚合**

虽然路由表的每一行对应一个网络，但随着因特网迅速发展，越来越多的网络连接到因特网，路由表的表项将会越来越多，而路由器查找路由表的时间也会越来越长。采用**路由聚合**（Route Aggregation）可有效缓解这个问题。路由聚合又称**为地址聚合**，可以将路由表中的某些路由相同的表项合并为一个。如图 4-24 所示，对于路由器 R_2 来说，到网络 1、网络 2、网络 3 和网络 4 的下一跳路由器都是 R_1，而这四个网络的地址空间正好可以合并成一个 CIDR 地址块，因此在路由表中完全可以用一个网络前缀 140.23.7.0/24 来指示这四个网络的路由。为简洁起见，这里的路由表省略了接口，并用 CIDR 记法来表示掩码。

实际上这种地址聚合可以不断下去，多个路由相同的小的 CIDR 地址块可以聚合成大的地址块，大的地址块还可以聚合成更大的地址块，如图中 R_3 的路由表。如果合理的按照因特网 ISP 的层次结构来分配 IP 地址，利用路由聚合可以大大减少路由表的表项数目。靠近因特网边缘的路由器使用较长的网络前缀转发数据报，而靠近因特网核心的路由器使用较短的网络前缀转发数据报。在 1994 年和 1995 年，使用 CIDR 之前，因特网核心路由器的一个路由表就会超过 7 万个项目，而使用了 CIDR 后，在 1996 年核心路由器的路由表项目就只有 3 万多个。

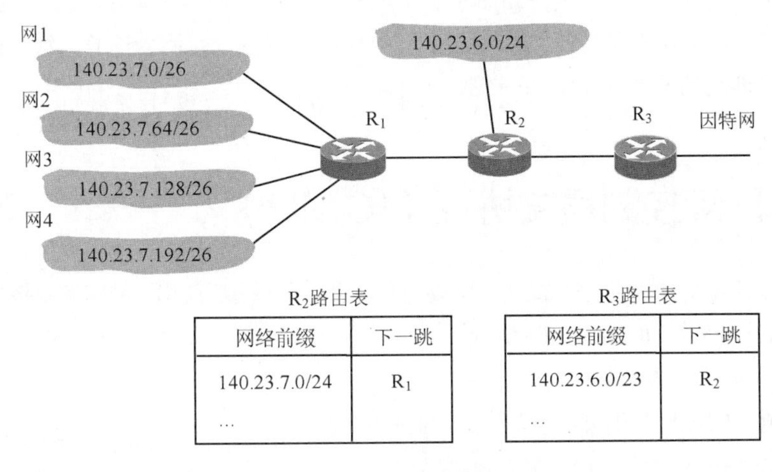

网络前缀	下一跳
140.23.7.0/24	R_1
…	

网络前缀	下一跳
140.23.6.0/23	R_2
…	

图4-24　路由聚合

4. **最长前缀匹配**

在使用 CIDR 时，由于采用了路由聚合功能，路由表中可能存在多个有包含关系的地址块前缀，这时在查找路由表时**可能会得到不止一个匹配结果**。这样就带来一个问题：我们应当从这些匹配结果中选择哪一条路由呢？

正确的答案是：**应当从匹配结果中选择具有最长网络前缀的路由**。这叫作**最长前缀匹配**（Longest-Prefix Matching），这是因为网络前缀越长，其地址块就越小，因而路由就越具体。最长前缀匹配又称为**最长匹配**或**最佳匹配**。为了说明最长前缀匹配的概念，我们仍以图 4-24 的例子来说明这个问题。如果在网 4 和路由器 R_2 之间存在一条直接连接的链路，则为了获得一条更近的路由，在 R_2 的路由表中可以增加一条直接到网 4 的项目，其网络前缀为 140.23.7.192/26。这时，对于所有到网 4 的目的地址在路由表中就会有两个项目被匹配，路由器会选择最长匹配的项目，并将数据报直接转发到网 4。

采用最长前缀匹配算法还可以使具有少量“空洞”的 CIDR 地址块被聚合起来，充分利用路由聚合来减小路由表的大小。在图 4-24 的例子中，如果网 4 没有连接在路由器 R_1 上而是直接连接在路由器 R_2 上，在 R_2 的路由表中可以依然保留网络前缀为 140.23.7.0/24 的项目，同样增加一个网络前缀为 140.23.7.192/26 的项目即可。虽然网 1、网 2 和网 3 的地址块聚合成 140.23.7.0/24 存在“空洞”地址块 140.23.7.192/26，但由于采用最长前缀匹配算法，路由表依然能正确工作。

另外，通过最长前缀匹配可以很方便地实现**特定主机路由**和**默认路由**。

虽然我们绝大多数情况希望能根据大的目的地址块来转发 IP 数据报，但有时会有这样一种特殊情况，即需要对特定的目的主机指明一个路由。这种路由叫作**特定主机路由**。采用特定主机路由可使网络管理人员能更方便地控制网络和测试网络，同时也可在需要考虑某种安全问题时采用这种特定主机路由。在对网络的连接或路由表进行排错时，指明到某一个主机的特殊路由就十分有用。采用最长前缀匹配很容易实现特定主机路由，只需要在路由表中加入一条前缀为“特定主机 IP 地址/32”的表项即可，因为只有目的地址为该特定主机的数据报才能与该表项最长前缀匹配，因而不会影响任何其他数据报的转发。

由于采用了最长前缀匹配，**默认路由**可以用网络前缀 0.0.0.0/0 来表示，因为该网络前缀的长度为 0，任何 IP 地址都能和它匹配，但只有在路由表中没有任何其他项目可以匹配的情况下才能与它匹配。

但最长前缀匹配算法也存在一个缺点，就是查找路由表花费的时间变长了，因为要遍历整个路由表才能找到最长匹配的前缀项。人们一直都在积极研究提高路由表查找速度的算法，并已提出了很多性能较好的算法。

4.3 网际控制报文协议（ICMP）

为了更有效地转发 IP 数据报和提高交付成功的机会，在网际层使用了**网际控制报文协议**（Internet Control Message Protocol，ICMP）。ICMP 允许主机或路由器报告差错情况和提供有关异常情况的报告。ICMP 是因特网的标准协议[RFC 792]。ICMP 报文作为 IP 层数据报的数据，加上数据报的首部，组成 IP 数据报发送出去。但通常我们把 ICMP 作为 IP 层的协议，而不是高层协议，因为它配合 IP 协议一起完成网络层功能。ICMP 报文格式如图 4-25 所示。

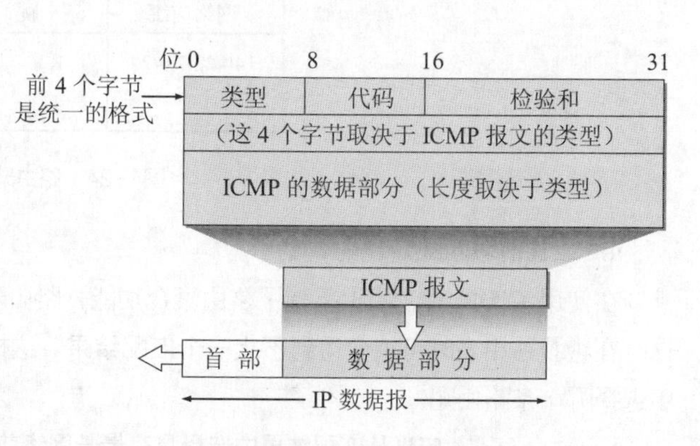

图4-25 ICMP报文的格式

4.3.1 ICMP报文的种类

ICMP 报文的种类有两种，即 **ICMP 差错报告报文**和 **ICMP 询问报文**。

ICMP 报文的前四个字节是统一的格式，共有三个字段，即类型、代码和检验和。接着的四个字节的内容与 ICMP 的类型有关。最后面是数据字段，其长度取决于 ICMP 的类型。表 4-6 给出了几种常用的 ICMP 报文类型。

表4-6 几种常用的ICMP报文类型

ICMP 报文种类	类型的值	ICMP 报文的类型
差错报告报文	3	终点不可达
	4	源点抑制（Source Quench）
	11	超时
	12	参数问题
	5	改变路由（Redirect）
询问报文	8 或 0	回送（Echo）请求或回答
	13 或 14	时间戳（Timestamp）请求或回答

现在已不再使用的 ICMP 报文有“信息请求与回答报文”“地址掩码请求与回答报文”和“路由器请求与通告报文”，这些报文就没有出现在表 4-6 中。

ICMP 报文的代码字段是为了进一步区分某种类型中的几种不同的情况。检验和字段用来检验整个 ICMP 报文。我们应当还记得，IP 数据报首部的检验和并不检验 IP 数据报的内容，因此不能保证经过传输的 ICMP 报文不产生差错。

1. ICMP 差错报告报文

ICMP 差错报告报文共有五种。

(1) **终点不可达** 当路由器或主机不能交付数据报时，就向源点发送终点不可达报文。具体可再根据 ICMP 的代码字段细分为目的网络不可达、目的主机不可达、目的协议不可达、目的端口不可达、目的网络未知、目的主机未知等。

(2) **源点抑制** 当路由器或主机由于拥塞而丢弃数据报时，就向源点发送源点抑制报文，使源点知道应当把数据报的发送速率放慢。

(3) **超时** 当路由器收到一个 IP 数据报，若目的地址不是自己，会将其 TTL 减 1 再转发出去，但当 TTL 减为零时（收到 TTL 为 1 的 IP 数据报），除丢弃该数据报外，还要向源点发送超时差错报告报文。另外，当终点在预先规定的时间内不能收到一个数据报的全部数据报片时，就把已收到的数据报片都丢弃，也会向源点发送超时差错报告报文。

(4) **参数问题** 当路由器或目的主机收到的数据报的首部中有的字段的值不正确时，就丢弃该数据报，并向源点发送参数问题报文。

(5) **改变路由（重定向）** 路由器把改变路由报文发送给主机，让主机知道下次应将数据报发送给另外的路由器（可通过更好的路由）。

下面对改变路由报文进行简短的解释。我们知道，在因特网的主机中也要有一个路由表。当主机要发送数据报时，首先是查找主机自己的路由表，看应当从哪一个接口把数据报发送出去。在因特网中，主机的数量远大于路由器的数量，出于效率的考虑，这些主机不和连接在网络上的路由器定期交换路由信息。在主机刚开始工作时，一般都在路由表中设置一个默认路由器的 IP 地址。不管数据报要发送到哪个目的地址，都一律先将数据报传送给网络上的这个默认路由器，而这个默认路由器知道到每一个目的网络的最佳路由（通过和其他路由器交换路由信息）。如果默认路由器发现主机发往某个目的地址的数据报的最佳路由不应当经过默认路由器而是应当经过网络上的另一个路由器 R 时，就用改变路由报文把这情况告诉主机。于是，该主机就在其路由表中增加一个项目：到某某目的地址应经过路由器 R（而不是默认路由器）。

所有的 ICMP 差错报告报文中的数据字段都具有同样的格式（见图 4-26）。把收到的需要进行差错报告的 IP 数据报的首部和数据字段的前 8 个字节提取出来，作为 ICMP 报文的数据字段，再加上相应的 ICMP 差错报告报文的前 8 个字节，就构成了 ICMP 差错报告报文。提取收到的数据报的数据字段的前 8 个字节是为了得到运输层的端口号（对于 TCP 和 UDP），以及运输层报文的发送序号（对于 TCP）。这些信息对源点通知高层协议是有用的（端口的作用将在 5.1.3 小节中介绍）。整个 ICMP 报文作为 IP 数据报的数据字段发送给源点。

下面是不应发送 ICMP 差错报告报文的几种情况。

对 ICMP 差错报告报文不再发送 ICMP 差错报告报文。

对第一个分片的数据报片的所有后续数据报片都不发送 ICMP 差错报告报文。

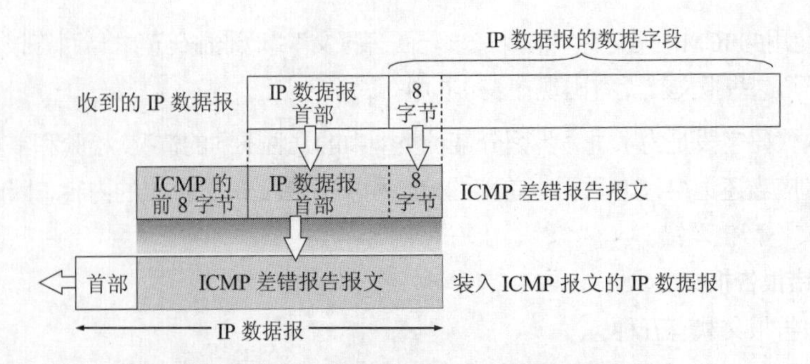

图4-26　ICMP差错报告报文的数据字段的内容

对具有多播地址的数据报都不发送 ICMP 差错报告报文。

对具有特殊地址（如 127.0.0.0 或 0.0.0.0）的数据报不发送 ICMP 差错报告报文。

2. ICMP 询问报文

常用的 ICMP 询问报文有两种。

（1）**回送请求和回答**　ICMP 回送请求报文是由主机或路由器向一个特定的目的主机发出的询问。收到此报文的主机必须给源主机或路由器发送 ICMP 回送回答报文。这种询问报文用来测试目的站是否可达及了解其有关状态。

（2）**时间戳请求和回答**　ICMP 时间戳请求报文是请某个主机或路由器回答当前的日期和时间。在 ICMP 时间戳回答报文中有一个 32 位的字段，其中写入的整数代表从 1900 年 1 月 1 日起到当前时刻一共有多少秒。时间戳请求与回答可用来进行时钟同步和测量时间。

4.3.2　ICMP的应用举例

ICMP 的一个重要应用就是**分组网间探测**（Packet InterNet Groper，PING），用来测试两个主机之间的连通性。PING 使用了 ICMP 回送请求与回送回答报文。PING 是应用层直接使用网络层 ICMP 的一个例子。它没有通过运输层的 TCP 或 UDP。

Windows 操作系统的用户可在接入因特网后进入命令行窗口（点击“开始”，点击“运行”，再键入“cmd”）。看见屏幕上的提示符后，就键入“ping *hostname*”（这里的 *hostname* 是要测试连通性的主机名或它的 IP 地址），按回车键后就可看到结果。

图 4-27 给出了从南京的一台 PC 到新浪网的邮件服务器 mail.sina.com.cn 的连通性的测试结果。PC 一连发出四个 ICMP 回送请求报文。如果邮件服务器 mail.sina.com.cn 正常工作而且响应这个 ICMP 回送请求报文（有的主机为了防止恶意攻击就不理睬外界发送过来的这种报文），那么它就发回 ICMP 回送回答报文。由于往返的 ICMP 报文上都有时间戳，因此很容易得出往返时间。最后显示出的是统计结果：发送到哪个机器（IP 地址），发送的、收到的和丢失的分组数（但不给出分组丢失的原因）。往返时间的最小值、最大值和平均值。从得到的结果可以看出，第三个测试分组丢失了。

另一个非常有用的应用是 traceroute（这是 UNIX 操作系统中的名字），它用来跟踪一个分组从源点到终点的路径。在 Windows 操作系统中这个命令是 tracert。下面简单介绍这个程序的工作原理。

traceroute 从源主机向目的主机发送一连串的 IP 数据报，数据报中封装的是无法交付的 UDP 用户数据报[①]。第一个数据报 P_1 的生存时间 TTL 设置为 1。当 P_1 到达路径上的第一个路由器 R_1 时，路由器

① 无法交付的 UDP 用户数据报使用了非法的端口号。端口号将在 5.2.2 小节介绍。

R_1先收下它，接着把 TTL 的值减 1。由于 TTL 等于零了，R_1就把P_1丢弃了，并向源主机发送一个 ICMP 超时差错报告报文。

```
C:\Documents and Settings\XXR>ping mail.sina.com.cn

Pinging mail.sina.com.cn [202.108.43.230] with 32 bytes of data:

Reply from 202.108.43.230: bytes=32 time=368ms TTL=242
Reply from 202.108.43.230: bytes=32 time=374ms TTL=242
Request timed out.
Reply from 202.108.43.230: bytes=32 time=374ms TTL=242

Ping statistics for 202.108.43.230:
    Packets: Sent = 4, Received = 3, Lost = 1 (25% loss),
Approximate round trip times in milli-seconds:
    Minimum = 368ms, Maximum = 374ms, Average = 372ms
```

图4-27 用PING测试主机的连通性

源主机接着发送第二个数据报P_2，并把 TTL 设置为 2。P_2先到达路由器R_1，R_1收下后把 TTL 减 1 再转发给路由器R_2。R_2收到P_2时 TTL 为 1，但减 1 后 TTL 变为零了，R_2就丢弃P_2，并向源主机发送一个 ICMP 超时差错报告报文。这样一直继续下去。当最后一个数据报刚刚到达目的主机时，数据报的 TTL 是 1。主机不转发数据报，也不把 TTL 值减 1。但因 IP 数据报中封装的是无法交付的运输层的 UDP 用户数据报，因此目的主机要向源主机发送 ICMP 终点不可达差错报告报文（见 5.2.2 小节）。当源主机收到 ICMP 终点不可达差错报告报文时，就知道数据报已到达目的主机，并停止继续发送。

这样，源主机达到了自己的目的，因为这些路由器和最后目的主机发来的 ICMP 报文正好给出了源主机想知道的路由信息——到达目的主机所经过的路由器的 IP 地址，以及到达其中的每一个路由器的往返时间。与 traceroute 的实现稍有不同，Windows 命令 tracert 在探测路由时发送的是 ICMP 回送请求报文而不是 UDP 用户数据报。图 4-28 是从南京的一个 PC 向新浪网的邮件服务器 mail.sina.com.cn 发出的 tracert 命令后所获得的结果。图中每一行有三个时间出现，是因为对应于每一个 TTL 值，源主机要发送三次同样的 IP 数据报。

我们还应注意到，从原则上讲，IP 数据报经过的路由器越多，所花费的时间也会越多。但从图 4-28 可看出，有时正好相反。这是因为因特网的拥塞程度随时都在变化，也很难预料到。因此，完全有这样的可能：经过更多的路由器反而花费更少的时间。

```
C:\Documents and Settings\XXR>tracert mail.sina.com.cn

Tracing route to mail.sina.com.cn [202.108.43.230]
over a maximum of 30 hops:

  1    24 ms    24 ms    23 ms  222.95.172.1
  2    23 ms    24 ms    22 ms  221.231.204.129
  3    23 ms    22 ms    23 ms  221.231.206.9
  4    24 ms    23 ms    24 ms  202.97.27.37
  5    22 ms    23 ms    24 ms  202.97.41.226
  6    28 ms    28 ms    28 ms  202.97.35.25
  7    50 ms    50 ms    51 ms  202.97.36.86
  8   308 ms   311 ms   310 ms  219.158.32.1
  9   307 ms   305 ms   305 ms  219.158.13.17
 10   164 ms   164 ms   165 ms  202.96.12.154
 11   322 ms   320 ms  2988 ms  61.135.148.50
 12   321 ms   322 ms   320 ms  freemail43-230.sina.com [202.108.43.230]

Trace complete.
```

图4-28 用tracert命令获得目的主机的路由信息

4.4 因特网的路由选择协议

本节将讨论几种常用的路由选择协议及其路由选择算法。

4.4.1 有关路由选择协议的几个基本概念

1. 理想的路由算法

路由选择协议的核心就是路由选择算法，即需要何种算法来获得路由表中的各项目。一个理想的路由选择算法应具有如下的一些特点。

（1）**算法必须是正确的和完整的**。这里，“正确”的含义是：沿着各路由表所指引的路由，分组一定能够最终到达的目的网络和目的主机。

（2）**算法在计算上应简单**。路由选择的计算不应使网络通信量增加太多的额外开销。

（3）**算法应能适应通信量和网络拓扑的变化**，这就是说，要有**自适应性**。当网络中的通信量发生变化时，算法能自适应地改变路由以均衡各链路的负载。当某个或某些结点、链路发生故障不能工作，或者修理好了再投入运行时，算法也能及时地改变路由。

（4）**算法应具有稳定性**。在网络通信量和网络拓扑相对稳定的情况下，路由算法应收敛于一个可以接受的解，而不应使得出的路由不停地变化。

（5）**算法应是公平的**。路由选择算法应对所有用户（除对少数优先级高的用户）都是平等的。例如，若仅仅使某一对用户的端到端时延为最小，但却不考虑其他的广大用户，这就明显地不符合公平性的要求。

（6）**算法应是最佳的**。路由选择算法应当能够找出最好的路由，使得分组平均时延最小而网络的吞吐量最大。虽然我们希望得到“最佳”的算法，但这并不总是最重要的。对于某些网络，网络的可靠性有时要比最小的分组平均时延或最大吞吐量更加重要。因此，**所谓“最佳”只能是相对于某一种特定要求下得出的较为合理的选择而已**。

一个实际的路由选择算法，应尽可能接近于理想的算法。在不同的应用条件下，对以上提出的 6 个方面也可有不同的侧重。

应当指出，路由选择是个非常复杂的问题，因为它是网络中的所有结点共同协调工作的结果。其次，路由选择的环境往往是不断变化的，而这种变化有时无法事先知道，例如，网络中出了某些故障。此外，当网络发生拥塞时，就特别需要有能缓解这种拥塞的路由选择策略，但恰好在这种条件下，很难从网络中的各结点获得所需的路由选择信息。

倘若从路由算法能否随网络的通信量或拓扑自适应地进行调整变化来划分，可划分为两大类，即**静态路由选择策略**与**动态路由选择策略**。静态路由选择也叫作**非自适应路由选择**，其特点是简单和开销较小，但不能及时适应网络状态的变化。对于很简单的小网络，完全可以采用静态路由选择，用人工配置每一条路由。动态路由选择也叫作**自适应路由选择**，其特点是能较好地适应网络状态的变化，但实现起来较为复杂，开销也比较大。因此，动态路由选择适用于较复杂的大网络。

2. 分层次的路由选择协议

因特网采用的路由选择协议主要是自适应的（即动态的）、分布式路由选择协议。因特网采用分层次的路由选择协议，主要有以下两个原因。

（1）因特网的规模非常大，现在就已经有几百万个路由器互连在一起。如果让所有的路由器知道所有的网络应怎样到达，则这种路由表将非常大，处理起来也太花时间。而所有这些路由器之间交换路由信息所需的带宽就会使因特网的通信链路饱和。

（2）许多单位不愿意外界了解自己单位网络的布局细节和本部门所采用的路由选择协议（这属于本部门内部的事情），但同时还希望连接到因特网上。

为此，因特网将整个互联网划分为许多较小的**自治系统**（Autonomous System），一般都记为 AS。RFC 4271 对自治系统 AS 有下面这样的描述。

自治系统 AS 的经典定义是在单一的技术管理下的一组路由器，而这些路由器使用一种 AS 内部的路由选择协议和共同的度量以确定分组在该 AS 内的路由，同时还使用一种 AS 之间的路由选择协议用以确定分组在 AS 之间的路由。自从有了这个经典定义后，使用多种内部路由选择协议和多种度量的 AS 也是很常见的。因此，现在对自治系统 AS 的定义是强调下面的事实：尽管一个 AS 使用了多种内部路由选择协议和度量，但重要的是**一个 AS 对其他 AS 表现出的是一个单一的和一致的路由选择策略**。

在目前的因特网中，一个大的 ISP 就是一个自治系统。这样，因特网就把路由选择协议划分为两大类。

（1）**内部网关协议**（Interior Gateway Protocol，**IGP**） 即在一个自治系统内部使用的路由选择协议，而这与在互联网中的其他自治系统选用什么路由选择协议无关。目前这类路由选择协议很多，如 RIP 和 OSPF 协议。

（2）**外部网关协议**（External Gateway Protocol，**EGP**） 若源主机和目的主机处在不同的自治系统中（这两个自治系统可能使用不同的内部网关协议），就需要在自治系统之间进行路由选择，使用一种协议将路由信息从一个自治系统传递到另一个自治系统中。这样的协议就是外部网关协议 EGP。目前因特网使用的外部网关协议就是 BGP 的版本 4（BGP-4）。

自治系统之间的路由选择也叫作**域间路由选择**（Interdomain Routing），而在自治系统内部的路由选择叫作**域内路由选择**（Intradomain Routing）。

图 4-29 是两个自治系统互连在一起的示意图。每个自治系统自己决定在本自治系统内部运行哪一个内部路由选择协议（例如，可以是 RIP，也可以是 OSPF）。但每个自治系统都有一个或多个路由器（图中的路由器 R_1 和 R_2）除运行本系统的内部路由选择协议外，还要运行自治系统间的路由选择协议（BGP-4）。

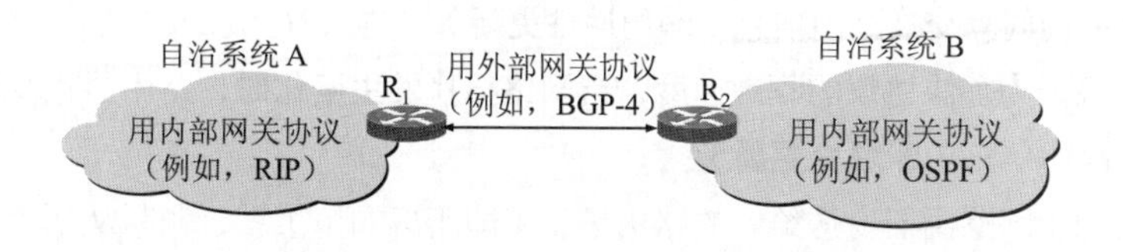

图4-29 自治系统和内部网关协议、外部网关协议

这里我们要指出，因特网的早期 RFC 文档中未使用“路由器”而是使用“网关”这一名词。但是在新的 RFC 文档中改为使用“路由器”这一名词。为便于读者查阅 RFC 文档，本书将根据情况有时也使用“网关”这一名词，以便和 RFC 的提法一致。

总之，使用分层次的路由选择方法，可将因特网的路由选择协议划分为：

内部网关协议 IGP：具体的协议有多种，如 RIP 和 OSPF 等；

外部网关协议 EGP：目前使用的协议就是 BGP。

下面对这两类协议分别进行介绍。

4.4.2 内部网关协议（RIP）

1. 工作原理

路由信息协议（Routing Information Protocol，RIP）是内部网关协议 IGP 中最先得到广泛使用的协议之一[RFC 1058]。RIP 是一种分布式的**基于距离向量的路由选择协议**，是因特网的标准协议，其最大优点就是简单。

RIP 协议要求网络中的每一个路由器都要维护从它自己到其他每一个目的网络的距离记录（这是**一组距离**，即“**距离向量**”）。RIP 协议将“**距离**”定义如下。

从一路由器到直接连接的网络的距离定义为 1。从一路由器到非直接连接的网络的距离定义为所经过的路由器数加 1。“加 1”是因为到达目的网络后就进行直接交付，而到直接连接的网络的距离已经定义为 1。例如，在前面讲过的图 4-21 中，路由器 R_1 到网 1 或网 2 的距离都是 1（直接连接），而到网 3 的距离是 2，到网 4 的距离是 3。

RIP 协议的“距离”也称为“**跳数**”（Hop Count）①，因为每经过一个路由器，跳数就加 1。RIP 认为好的路由就是它通过的路由器的数目少，即“距离短”。RIP 允许一条路径最多只能包含 15 个路由器。因此“距离”等于 16 时即相当于不可达。可见 **RIP 只适用于小型互联网**。

RIP 不支持在两个网络之间同时使用多条路由。RIP 选择一条具有最少路由器的路由（即最短路由），哪怕还存在另一条高速（低时延）但路由器较多的路由。

本节讨论的 RIP 协议和下一节要讨论的 OSPF 协议，都是分布式路由选择协议。它们的共同特点就是每一个路由器都要不断地和其他一些路由器交换路由信息。我们一定要弄清以下 3 个要点，即**和哪些路由器交换信息**？**交换什么信息**？**在什么时候交换信息**？

RIP 协议采用的是**距离向量**路由选择算法，其要点如下所述。

（1）**仅和相邻路由器交换信息**。如果两个路由器之间的通信不需要经过另一个路由器，那么这两个路由器就是相邻的。RIP 协议规定，不相邻的路由器不直接交换信息。

（2）路由器交换的信息是**当前本路由器所知道的全部信息，即自己的路由表**。也就是说，交换的信息是：“我到本自治系统中所有网络的（最短）距离，以及到每个网络应经过的下一跳路由器”。

（3）**按固定的时间间隔**交换路由信息（即**周期性更新**），例如，每隔 30s。然后路由器根据收到的路由信息更新路由表。为加快协议的收敛速度，**当网络拓扑发生变化时**，路由器也及时向相邻路由器通告拓扑变化后的路由信息（即**触发更新**）。

（4）路由器收到相邻路由器发送给它的路由信息（即距离向量）后，判断从哪个相邻路由器（或直接连接）到某个网络的距离最近，从而找出到每个目的网络的**最短距离**和下一跳路由器，最后更新路由表。

这里要强调一点：路由器在**刚刚开始工作时**，只知道到直接连接的网络的距离（此距离定义为 1）。接着，每一个路由器也只和**数目非常有限的**相邻路由器交换并更新路由信息。但经过若干次的更新后，

① 这里的“距离”实际上指的是“最短距离”，但为方便起见往往省略“最短”二字。

所有的路由器最终都会知道到达本自治系统中任何一个网络的最短距离和下一跳路由器的地址。看起来 RIP 协议有些奇怪，因为“我的路由表中的信息要依赖于你的，而你的信息又依赖于我的。”然而事实证明，在一般情况下，RIP 协议可以**收敛**（Convergence），并且过程也较快。这里“收敛”就是在自治系统中所有的结点都得到正确的路由选择信息的过程。

由于每一个路由器都要维护从它自己到其他每一个目的网络的距离记录，即距离向量，相邻路由器间交换的也是各自的距离向量，最后各自要根据相邻路由器的距离向量来更新自己的距离向量，因此这类路由选择算法被称为**距离向量**（Distance Vector, DV）路由选择算法。虽然使用距离向量算法的路由选择协议不只有 RIP 协议，但 RIP 协议是其中最著名的一个。下面就是在 RIP 协议中的距离向量算法的具体实现。

2. RIP 协议的距离向量算法

路由器每隔大约 30s（随机）向所有相邻路由器发送路由更新报文，并对**每一个相邻路由器**发送过来的路由更新报文，进行以下步骤。

（1）对地址为 X 的相邻路由器发来的路由更新报文，先修改此报文中的**所有项目**：把“下一跳”字段中的地址都改为 X，并把所有的“距离”字段的值加 1（见后面的解释 1）。每一个项目都有三个关键数据，即：到目的网络 N，距离是 d，下一跳路由器是 X。

（2）对修改后的路由更新报文中的每一个项目，进行以下步骤：

若原来的路由表中没有目的网络 N，则把该项目添加到路由表中（见解释 2），否则，查看路由表中目的网络为 N 的表项的下一跳路由器地址；

若下一跳路由器地址是 X，则把收到的项目替换原路由表中的项目（见解释 3），否则（即这个项目是：到目的网络 N，但下一跳路由器不是 X）；

若收到的项目中的距离 d 小于路由表中的距离，则进行更新（见解释 4），否则什么也不做（见解释 5）。

（3）若 180s（默认）没有收到某条路由项目的更新报文，则把该路由项目记为无效，即把距离置为 16（距离为 16 表示不可达），若再过一段时间，如 120s，还没有收到该路由项目的更新报文，则将该路由项目从路由表中删除。

（4）若路由表发生变化，向所有相邻路由器发送路由更新报文。

（5）返回。

上面给出的距离向量算法的基础就是 Bellman-Ford 算法（或 Ford-Fulkerson 算法）。这种算法的核心要点是以下结论：

设 X 是结点 A 到 B 的最短路径上的一个结点。若把路径 A→B 拆成两段路径 A→X 和 X→B，则每一段路径 A→X 和 X→B 也都分别是结点 A 到 X 和结点 X 到 B 的最短路径。

下面是对上述距离向量算法的 5 点解释。

解释 1：这样做是为了便于进行本路由表的更新。假设从位于地址 X 的**相邻**路由器发来的 RIP 报文的某一个项目是：“Net2, 3, Y”，意思是“我经过路由器 Y 到网络 Net2 的距离是 3”，那么本路由器就可推断出：“我经过 X 到网络 Net2 的距离应为 3 + 1 = 4”。于是，本路由器就把收到的 RIP 报文的这一个项目修改为“Net2, 4, X”，在下一步和路由表中原有项目进行比较时使用（只有比较后才能知道是否需要更新）。读者可注意到，收到的项目中的 Y 对本路由器是没有用的，因为 Y 不是本路由器的下一跳路由器地址。

解释 2：表明这是新的目的网络，应当加入到路由表中。例如，本路由表中没有到目的网络 Net2 的路由，那么在路由表中就要加入新的项目“Net2, 4, X”。

解释 3：为什么要替换呢？因为这是最新的消息，要以最新的消息为准。到目的网络的距离有可能增大或减小，但也可能没有改变。例如，不管原来路由表中的项目是“Net2, 3, X”还是“Net2, 5, X”，都要更新为现在的“Net2, 4, X”。

解释 4：例如，若路由表中已有项目“Net2, 5, P”，就要更新为“Net2, 4, X”。因为到网络 Net2 的距离原来是 5，现在减到 4，更短了。

解释 5：若距离更大了，显然不应更新。若距离不变，更新后得不到好处，因此也不更新。

RIP 协议让一个自治系统中的所有路由器都和自己的相邻路由器定期交换路由信息，并不断更新其路由表，使得从**每一个路由器到每一个目的网络的路由都是最短的**（即跳数最少）。这里还应注意：虽然所有的路由器最终都拥有了整个自治系统的全局路由信息，但由于每一个路由器的位置不同，它们的路由表也必然是不同的。

3. 坏消息传播得慢

RIP 协议有一个特点就是当一个路由器发现了更短的路由，那么这种更新信息就传播得很快，但是**当网络出现故障时，要经过比较长的时间才能将此信息传送到所有的路由器**。我们可以用个简单例子来说明。设三个网络通过两个路由器互连起来：路由器 R_1 连接网 1 和网 2，而路由器 R_2 连接网 2 和网 3。假定各路由器都已建立了各自的路由表。

现在假定路由器 R_1 到网 1 的链路出了故障，如图 4-30 所示。这时，网 2 和网 3 都无法通过 R_1 到达网 1。于是路由器 R_1 就把到网 1 的距离改为 16（16 就表示到网 1 不可达），并把这个更新信息发送给 R_2。但是，R_2 收到这个更新信息之前可能已经将自己的路由表发送给了 R_1，其中有一个项目是“我可以经过 R_1 到达网 1，距离是 2”。得出这条项目的根据是：因为 R_1 到网 1 的距离是 1，而 R_2 到 R_1 的距离是 1。

而 R_1 收到 R_2 的更新报文后，误以为可经过 R_2 到达网 1，于是也错误地以为“我可以经过 R_2 到达网 1，距离是 3”。然后把这个更新信息发送给 R_2。

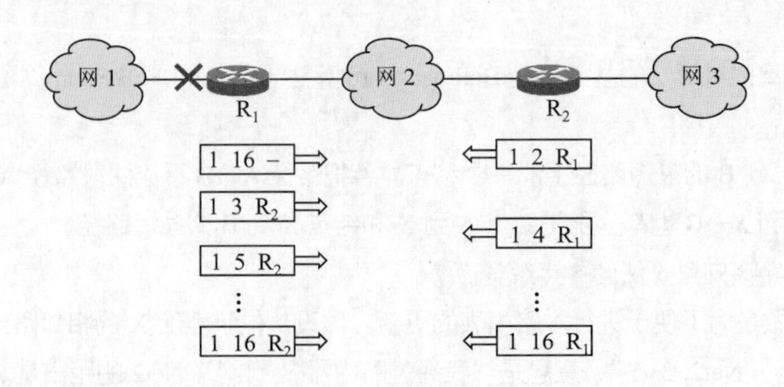

图4-30 坏消息传播得慢

同理，R_2 以后又发布自己的路由更新信息：“我可以经过 R_1 到网 1，距离是 4。”这样不断更新下去，直到 R_1 和 R_2 到网 1 的距离都增大到 16 时（如果 RIP 协议不定义 16 为无穷大，则该过程会一直进行下去），R_1 和 R_2 才知道网 1 是不可达的。RIP 的这一特点叫作：**好消息传播得快，而坏消息传播得慢**。网络出故障的传播时间往往需要较长的时间（如数分钟）。这是 RIP 的主要缺点之一。

该问题又称为循环路由问题或无穷计数问题，这是距离向量算法的一个固有问题。可以采取多种措施减少出现该问题的概率或减小该问题带来的危害。例如，限制最大路径距离为 15（16 表示不可达）；当路由表发生变化时就立即发送更新报文（即"触发更新"），而不仅是周期性发送；让路由器记录收到某特定路由信息的接口，而不让同一路由信息再通过此接口向反方向传送（"水平分割"方法）等。但这些措施都无法彻底解决该问题，因为在距离向量算法中，每个路由器都缺少到目的网络整个路径的完整信息，无法判断所选的路由是否出现了环路。

总之，RIP 最大的优点就是**实现简单，路由器开销较小**。但 RIP 的缺点也较多。首先，RIP 限制了网络的规模，它能使用的最大距离为 15（16 表示不可达）。其次，路由器之间交换的路由信息是路由器中的完整路由表，因而随着网络规模的扩大，开销也就增加。最后，"坏消息传播得慢"，使更新过程的收敛时间过长。因此，对于规模较大的网络就应当使用下一节所述的 OSPF 协议。然而，目前在规模较小的网络中，使用 RIP 的仍占多数。

现在较新的 RIP 版本是 1998 年 11 月公布的 RIP2 [RFC 2453]，已成为因特网标准协议。RIP2 可以支持可变长子网掩码和 CIDR。此外，RIP2 还提供简单的鉴别过程并支持多播。

RIP 协议使用运输层的用户数据报 UDP 进行传送（使用 UDP 的端口 520。端口的意义见 5.2.2 小节）。

4.4.3 内部网关协议（OSPF）

OSPF

1. OSPF 协议的基本特点

这个协议的名字是**开放最短路径优先**（Open Shortest Path First，OSPF）。它是为克服 RIP 的缺点在 1989 年开发出来的。OSPF 的基本原理很简单，但其具体实现却非常复杂。"**开放**"表明 OSPF 协议不是受某一家厂商控制，而是公开发表的。"**最短路径优先**"是因为使用了 Dijkstra 提出的**最短路径算法** SPF（见附录 A）。OSPF 的第二个版本 OSPF2 已成为因特网标准协议[RFC 2328]。

请注意：OSPF 只是一个协议的名字，**它并不表示其他的路由选择协议不是"最短路径优先"**。实际上，所有在自治系统内部使用的路由选择协议（包括 RIP 协议）都是要寻找一条"最短"的路径。

OSPF 最主要的特征就是使用分布式的**链路状态**（Link State, LS）路由选择算法，而不是像 RIP 那样的距离向量路由选择算法，其三个要点和 RIP 的都不一样。

（1）向本自治系统中**所有路由器**发送信息。这里使用的方法是**洪泛法**（Flooding），这就是路由器通过所有输出端口向所有相邻的路由器发送信息。而每一个相邻路由器又再将此信息发往其所有的相邻路由器（但不再发送给刚刚发来信息的那个路由器）。这样，最终整个区域中所有的路由器都得到了这个信息的一个副本。更具体的做法后面还要讨论。我们应注意，RIP 协议是仅仅向自己相邻的几个路由器发送信息。

（2）发送的信息就是与本路由器**相邻的所有路由器的链路状态**，但这只是路由器所知道的**部分信息**。所谓"链路状态"就是说明本路由器都和哪些路由器相邻，以及该链路的"**度量**"（Metric）。OSPF 将这个"度量"用来表示费用、距离、时延、带宽等。这些都由网络管理人员来决定，因此较为灵活。

为了方便就称这个度量为**“代价”**。

（3）当链路状态**发生变化时**，路由器向所有路由器用洪泛法发送此信息。为保证协议的可靠性，路由器也会周期性洪泛链路状态信息，但周期要比 RIP 大得多（至少 30min 以上），更长的周期可确保洪泛不会在网络上产生太大的通信量。因此，OSPF 不会像 RIP 那样，不管网络拓扑有无发生变化，路由器之间都要频繁地交换路由表的信息。

从上述的三个方面可以看出，OSPF 和 RIP 的工作原理相差较大。

由于每个路由器都会将自己所知的链路状态信息广播给所有其他路由器，因此所有的路由器最终都能建立一个**链路状态数据库**（Link-State Database），这个数据库实际上就是**全网的拓扑结构图**。这个拓扑结构图在全网范围内是**一致的**（这称为**链路状态数据库的同步**）。因此，每一个路由器都知道全网共有多少个路由器，以及哪些路由器是相连的，其代价是多少，等等。每一个路由器使用链路状态数据库中的数据，构造出自己的路由表（例如，使用 Dijkstra 的最短路径路由算法）。我们注意到，RIP 协议的每一个路由器虽然知道到所有的网络的距离及下一跳路由器，但却**不知道全网的拓扑结构**（只有到了下一跳路由器，才能知道再下一跳应当怎样走）。

OSPF 的链路状态数据库能较快地进行更新，使各个路由器能及时更新其路由表。OSPF 的**更新过程收敛得快**是其重要优点。

为了使 OSPF 能够用于规模很大的网络，OSPF 把一个自治系统再划分为若干个更小的范围，叫作**区域**（Area）。图 4-31 就表示一个自治系统划分为四个区域。每一个区域都有一个 32 位的区域标识符（用点分十进制表示）。当然，一个区域也不能太大，在一个区域内的路由器最好不超过 200 个。

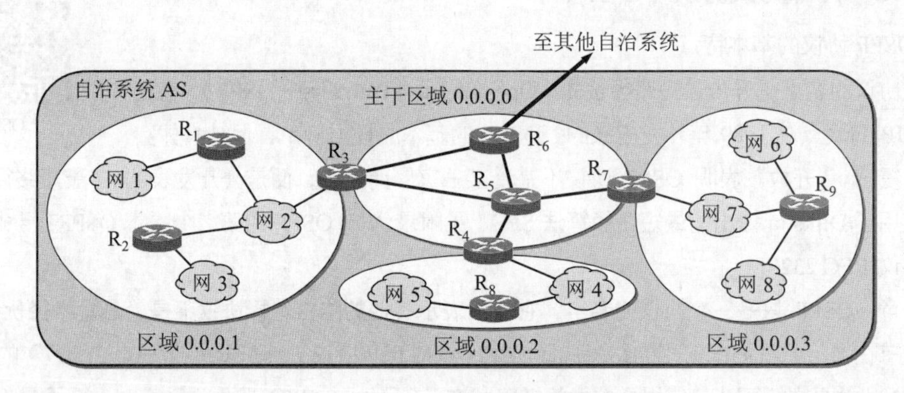

图4-31 OSPF划分为不同的区域

划分区域的好处就是把利用洪泛法交换链路状态信息的范围局限于每一个区域而不是整个的自治系统，这就减少了整个网络上的通信量。在一个区域内部的路由器只知道本区域的完整网络拓扑，而不知道其他区域的网络拓扑的情况。为了使每一个区域能够和本区域以外的区域进行通信，OSPF 使用**层次结构的区域划分**。在上层的区域叫作**主干区域**（Backbone Area）。主干区域的标识符规定为 0.0.0.0。主干区域的作用是用来连通其他在下层的区域。从其他区域来的信息都由**区域边界路由器**（Area Border Router）进行概括。在图 4-31 中，路由器 R_3、R_4 和 R_7 都是区域边界路由器，而显然每一个区域至少应当有一个区域边界路由器。在主干区域内的路由器叫作**主干路由器**（Backbone Router），如 R_3、R_4、R_5、R_6 和 R_7。一个主干路由器可以同时是区域边界路由器，如 R_3、R_4 和 R_7。在主干区域内还要有一个路由器专门和本自治系统外的其他自治系统交换路由信息。这样的路由器叫作**自治系统边界路由器**（如图中的 R_6）。

采用分层次划分区域的方法虽然使交换信息的种类增多了，同时也使 OSPF 协议更加复杂了。但这样做却能使每一个区域内部交换路由信息的流量大大减小，因而使 OSPF 协议能够用于规模很大的自治系统中。这里，我们再一次看到划分层次在网络设计中的重要性。

OSPF 不用 UDP 而是**直接用 IP 数据报传送**（其 IP 数据报首部的协议字段值为 89）。OSPF 构成的数据报很短。这样做可减少路由信息的流量。数据报很短的另一好处是可以不必将长的数据报分片传送。分片传送的数据报只要丢失一个，就无法组装成原来的数据报，导致整个数据报必须重传。

除了以上的几个基本特点外，OSPF 还具有下列的一些特点。

（1）OSPF 对不同的链路可根据 IP 分组的不同服务类型（TOS）而设置成不同的代价。例如，高带宽的卫星链路对于非实时的业务可设置为较低的代价，但对于时延敏感的业务就可设置为非常高的代价。因此，**OSPF 对于不同类型的业务可计算出不同的路由**。链路的代价可以是 1 ~ 65535 中的任何一个无量纲的数，因此十分灵活。商用的 OSPF 实现通常是根据链路带宽来计算链路的代价。这种灵活性是 RIP 所没有的。

（2）如果到同一个目的网络有多条相同代价的路径，那么可以将流量分配给这几条路径。这叫作多路径间的**负载平衡**（Load Balancing）。在代价相同的多条路径上分配流量是流量工程中的简单形式。RIP 只能找出到某个网络的一条路径。

（3）所有在 OSPF 路由器之间交换的分组（例如，链路状态更新分组）都具有**鉴别**的功能，因而保证了仅在可信赖的路由器之间交换链路状态信息。

（4）OSPF 支持可变长子网掩码和无分类的编址 CIDR。

（5）由于网络中的链路状态可能经常发生变化，因此 OSPF 让每一个链路状态都带上一个 32 位的**序号**，序号越大状态就越新。OSPF 规定，链路状态序号增长的速率不得超过每 5 秒 1 次。这样，全部序号空间在 600 年内不会产生重复号。

2. OSPF 的五种分组类型

OSPF 共有以下五种分组类型。

（1）**类型 1，问候**（Hello）分组，用来发现和维持邻站的可达性。

（2）**类型 2，数据库描述**（Database Description）分组，向邻站给出自己的链路状态数据库中的所有链路状态项目的摘要信息。

（3）**类型 3，链路状态请求**（Link State Request）分组，向对方请求发送某些链路状态项目的详细信息。

（4）**类型 4，链路状态更新**（Link State Update）分组，用洪泛法对全网更新链路状态。这种分组是最复杂的，也是 OSPF 协议最核心的部分。路由器使用这种分组将其链路状态通知给邻站。链路状态更新分组共有五种不同的链路状态[RFC 2328]，这里从略。

（5）**类型 5，链路状态确认**（Link State Acknowledgment）分组，对链路更新分组的确认。

OSPF 规定，每两个相邻路由器每隔 10s 要交换一次问候分组。这样就能确知哪些邻站是可达的。对相邻路由器来说，“可达”是最基本的要求，因为只有可达邻站的链路状态信息才存入链路状态数据库（路由表就是根据链路状态数据库计算出来的）。在正常情况下，网络中传送的绝大多数 OSPF 分组都是问候分组。若有 40s 内没有收到某个相邻路由器发来的问候分组，则可认为该相邻路由器是不可达的，应立即修改链路状态数据库，并重新计算路由表。

其他的四种分组都是用来进行链路状态数据库的同步。所谓**同步**就是指不同路由器的链路状态数据库的内容是一样的。两个同步的路由器叫作"**完全邻接的**"（Fully Adjacent）路由器。不是完全邻接的路由器表明它们虽然在物理上是相邻的，但其链路状态数据库并没有达到一致。

当一个路由器刚开始工作时，它只能通过问候分组得知它有哪些相邻的路由器在工作，以及到相邻路由器的链路"代价"。如果所有的路由器都把自己的本地链路状态信息对全网进行广播，那么各路由器只要将这些链路状态信息综合起来就可得出链路状态数据库。但这样做开销太大，因此 OSPF 采用下面的办法。

OSPF 让每一个路由器用数据库描述分组和相邻路由器交换本数据库中已有的链路状态摘要信息。摘要信息主要就是指出有哪些路由器的链路状态信息（及其序号）已经写入了数据库。经过与相邻路由器交换数据库描述分组后，路由器就使用链路状态请求分组，向对方请求发送自己所缺少的某些链路状态项目的详细信息。通过一系列的这种分组交换，全网同步的链路数据库就建立了。

在网络运行的过程中，只要一个路由器的链路状态发生变化，该路由器就要使用链路状态更新分组，用洪泛法向全网广播**链路状态更新**分组。OSPF 使用的是**可靠的洪泛法**，其要点如图 4-32 所示。设路由器 R 用洪泛法发出链路状态更新分组。图中用一些小的箭头表示更新分组。第一次先发给相邻的三个路由器。这三个路由器将收到的分组再进行转发时，要将其上游路由器除外。可靠的洪泛法是在收到更新分组后要发送确认（确认并不洪泛，每个路由器仅向上游邻居发送确认）。图中的空心箭头表示确认分组。

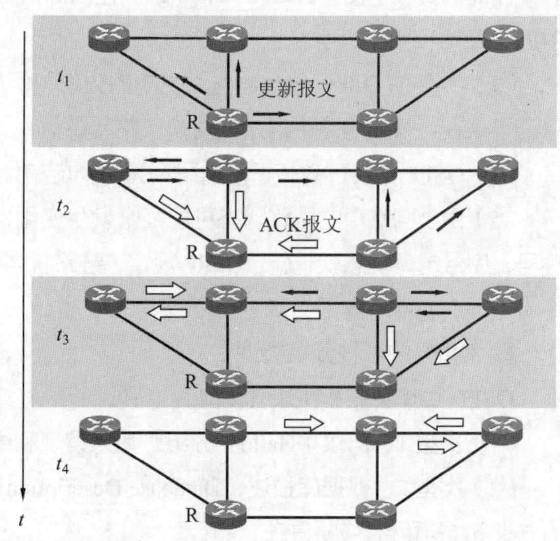

图4-32　用可靠的洪泛法发送更新分组

为了确保链路状态数据库与全网的状态保持一致，OSPF 还规定每隔一段时间，如 30min，要刷新一次数据库中的链路状态。

由于一个路由器的链路状态只涉及与相邻路由器的连通状态，因而与整个互联网的规模并无直接关系，同时将自治系统划分为小的区域可有效限制链路状态广播的范围。因此当互联网规模很大时，OSPF 协议要比距离向量协议 RIP 好得多。由于 OSPF 没有"坏消息传播得慢"的问题，据统计，其响应网络变化的时间小于 100 ms。

若 N 个路由器连接在一个以太网上，则每个路由器要向其他（$N-1$）个路由器发送链路状态信息，因而共有$(N-1)^2$个链路状态要在这个以太网上传送。OSPF 协议对这种多点接入的局域网采用了**指定路由器**（Designated Router）的方法，使广播的信息量大大减少。指定的路由器代表该局域网上所有的链路向连接到该网络上的各路由器发送状态信息。

BGP

4.4.4 外部网关协议（BGP）

1989 年，公布了新的外部网关协议——**边界网关协议**（Broder Gateway Protocol，BGP）。为简单起见，后面我们把 BGP-4 都简写为 BGP。现在的 BGP-4 是因特网草案标准协议[RFC 4271 ~ 4278]。

我们首先应当弄清，在不同 AS 之间的路由选择为什么不能使用前面讨论过的内部网关协议，如 RIP 或 OSPF?

我们知道，内部网关协议（如 RIP 或 OSPF）主要是设法使数据报在一个 AS 中尽可能有效地从源站传送到目的站。在一个 AS 内部也不需要考虑其他方面的策略。然而 BGP 使用的环境却有所不同。这主要是因为以下的两个原因。

第一，**因特网的规模太大，使 AS 之间路由选择非常困难**。连接在因特网主干网上的路由器，必须对任何有效的 IP 地址都能在路由表中找到匹配的目的网络。目前在因特网的主干网路由器中，一个路由表的项目数早已超过了 5 万个网络前缀。例如，如果使用链路状态协议，则每一个路由器必须维持一个很大的链路状态数据库。对于这样大的主干网用 Dijkstra 算法计算最短路径时花费的时间也太长。另外，由于 AS 各自运行自己选定的内部路由选择协议，并使用本 AS 指明的路径度量，因此，当一条路径通过几个不同 AS 时，要想对这样的路径计算出有意义的代价是不太可能的。例如，对某 AS 来说，代价为 1000 可能表示一条比较长的路由。但对另一 AS 代价为 1000 却可能表示不可接受的坏路由。因此，对于 AS 之间的路由选择，要用“代价”作为度量来寻找最佳路由也是很不现实的。比较合理的做法是在 AS 之间交换“**可达性**”信息（即“可到达”或“不可到达”）。例如，告诉相邻路由器：“到达目的网络 N 可经过 AS_x”。

第二，**AS 之间的路由选择必须考虑有关策略**。由于相互连接的网络的性能相差很大，如果根据最短距离（即最少跳数）找出来的路径，可能并不合适，也有的路径的使用代价很高或很不安全。还有一种情况，如 AS_1 要发送数据报给 AS_2，本来最好是经过 AS_3。但 AS_3 不愿意让这些数据报通过本 AS 的网络，因为“这是他们的事情，和我们没有关系”。但是，AS_3 愿意让某些相邻 AS 的数据报通过自己的网络，特别是对那些付了服务费的某些 AS 更是如此。因此，AS 之间的路由选择协议应当允许使用多种路由选择策略。这些策略包括政治、安全或经济方面的考虑。例如，我国国内的站点在互相传送数据报时不应经过国外兜圈子，特别是，不要经过某些对我国的安全有威胁的国家。这些策略都是由网络管理人员对每一个路由器进行设置的，但这些策略并不是 AS 之间的路由选择协议本身。还可举出一些策略的例子，如“仅在到达下列这些地址时才经过 AS_x”，“AS_x 和 AS_y 相比时应优先通过 AS_x”，等等。显然，使用这些策略是为了找出较好的路径而不是最佳路径。

由于上述情况，边界网关协议 BGP 只能是力求寻找一条能够到达目的网络且**比较好**的路由（不能兜圈子），而**并非要寻找一条最佳路由，但却需要能根据策略进行路由选择**。虽然 BGP 协议非常复杂，但其采用的**路径向量**（Path Vector, PV）路由选择算法本身却并不复杂，它与距离向量算法比较类似，但却没有“坏消息传播得慢”的问题。

路径向量算法的基本思想是：相邻结点间互相通告自己到所有目的地的路径信息，该路径信息中包括路径经过的结点列表，各结点通过这些路径信息选择一条到目的地经过结点数最少且不存在环路的路径。

下面我们简要介绍 BGP 协议的工作原理。

在配置 BGP 时，每一个 AS 的管理员要选择至少一个路由器作为该 AS 的“**BGP 发言人**”①。BGP 发言人负责在 AS 间交换路由信息。BGP 发言人往往就是 AS **边界路由器**，但也可以不是 AS 边界路由器。

一个 BGP 发言人与其他 AS 的 BGP 发言人要交换路由信息，就要先建立 TCP 连接（端口号为 179），然后在此连接上交换 BGP 报文以建立 BGP **会话**（Session），利用 BGP 会话交换路由信息，如增加了新的路由，或撤销过时的路由，以及报告出差错的情况等。使用 TCP 连接能提供可靠的传输服务。使用 TCP 连接交换路由信息的两个 BGP 发言人，彼此成为对方的**邻居**（Neighbor）或**对等方**（Peer），但请注意，BGP 对等方并不一定在物理上是相邻的（连接在同一个网络中）。

图 4-33 表示 BGP 发言人和 AS 的关系示意图。在图中画出了三个 AS 中的五个 BGP 发言人。每一个 BGP 发言人除了必须运行 BGP 协议外，还必须运行该 AS 所使用的内部网关协议，如 OSPF 或 RIP。

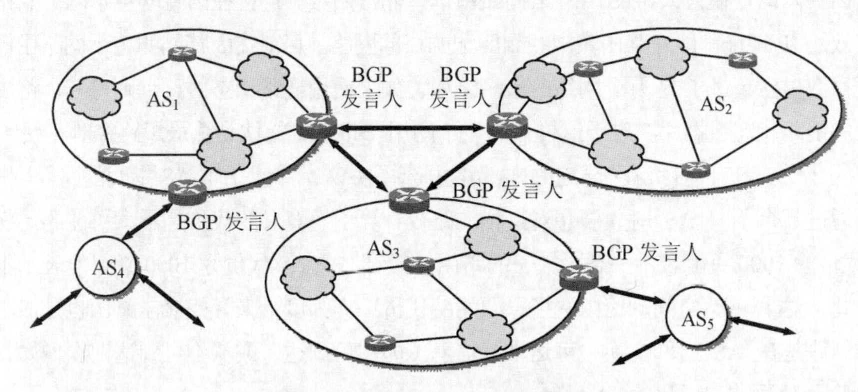

图4-33　BGP发言人和AS的关系

BGP 所交换的网络可达性的信息就是要到达某个网络（用网络前缀表示）所要经过的一系列 AS。当 BGP 发言人互相交换了网络可达性的信息后，各 BGP 发言人就根据所采用的策略从收到的路由信息中找出到达各 AS 的较好路由。图 4-34 表示从图 4-33 的 AS_1 上的一个 BGP 发言人构造出的 AS 连通图，它是树形结构，不存在回路。

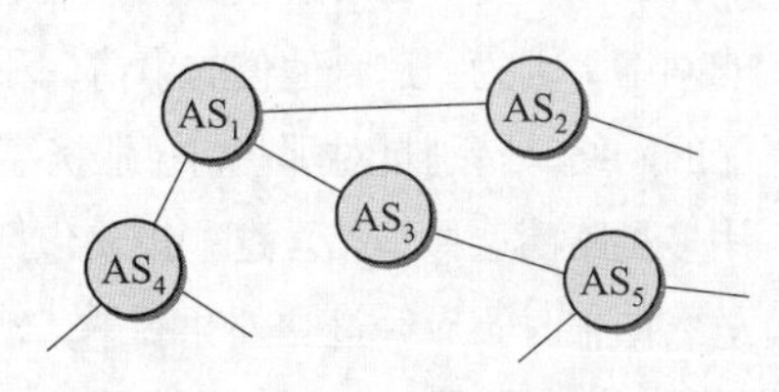

图4-34　AS的连通图举例

BGP 协议交换路由信息的结点数量级是**自治系统数**的量级，远小于整个因特网的**网络数**。因此要在许多**自治系统之间**寻找一条较好的路径不会耗费太多的时间。

BGP 支持 CIDR，交换的路由信息包括目的网络前缀、下一跳路由器（AS 边界路由器），以及到达该目的网络所要经过的各个自治系统序列。由于使用了路径向量的信息，就可以很容易地避免产生兜圈子的路由。如果一个 BGP 发言人收到了其他 BGP 发言人发来的路径通知，它就要检查一下本自治系统是否在此通知的路径中。如果在这条路径中，就不能采用这条路径（因为会兜圈子）。因此 BGP

① BGP 的文档中使用了一个新名词——BGP speaker（BGP 发言人）。“BGP 发言人”表明该路由器可以代表整个 AS 与其他 AS 交换路由信息。虽然 BGP 协议允许使用任何其他台计算机用作 BGP 发言人，但大多数 AS 实际上是在一个路由器上运行 BGP 协议的。

可以很容易地解决距离向量路由选择算法中的“坏消息传播得慢”这一问题。

由于路径向量信息包含经过的每个自治系统的ID，策略可以很方便地加入到路径的选择中。例如：不选择经过某个敌对国家自治系统的路径，或者，不向某个自治系统通告到某个网络路径等。

在BGP刚刚运行时，BGP对等方之间要交换整个的BGP路由表。但以后只需要在发生变化时更新有变化的部分。这样做对节省网络带宽和减少路由器的处理开销方面都有好处。

BGP-4使用以下四种报文。

（1）OPEN（打开）报文，用来与另一个BGP发言人建立对等关系，使通信初始化。

（2）UPDATE（更新）报文，用来通告某一路由的信息，以及列出要撤销的多条路由。

（3）KEEPALIVE（保活）报文，用来周期性地证实对等方的连通性。

（4）NOTIFICATION（通知）报文，用来发送检测到的差错。

在RFC 2918中增加了ROUTE-REFRESH报文，用来请求对等方重新通告。

若一个BGP发言人想与另一个AS的BGP发言人建立对等关系，就需要向对方发送OPEN报文，如果对方接受这种对等关系，就用KEEPALIVE报文响应。这样，两个BGP发言人的对等关系就建立了。

一旦对等关系建立了，就要继续维持这种关系。双方中的每一方都需要确信对方是存在的，且一直在保持这种对等关系。为此，这两个BGP发言人彼此要周期性地交换KEEPALIVE报文（一般每隔30s）。KEEPALIVE报文只有19字节长（只用BGP报文的通用首部），因此不会造成网络上太大的开销。

UPDATE报文是BGP协议的核心内容。BGP发言人可以用UPDATE报文撤销它以前曾经通知过的路由，也可以宣布增加新的路由。撤销路由可以一次撤销许多条，但增加新路由时，每个UPDATE报文只能增加一条。

4.5 路由器的工作原理

4.5.1 路由器的构成

路由器是一种具有多个输入端口和多个输出端口的专用计算机，其任务是转发分组。从路由器某个输入端口收到的分组，按照分组要去的目的地（即目的网络），把该分组从路由器的某个合适的输出端口转发给下一跳路由器。下一跳路由器也按照这种方法处理分组，直到该分组到达终点为止。路由器的转发分组正是网络层的主要工作。图4-35给出了一种典型的路由器的构成框图。

从图4-35可以看出，整个的路由器结构可划分为两大部分：**路由选择**部分和**分组转发**部分。

路由选择部分也叫作**控制部分**，其核心构件是路由选择处理机。路由选择处理机的任务是根据所选定的路由选择协议构造出路由表，同时经常或定期和相邻路由器交换路由信息而不断地更新和维护路由表。

分组转发部分是本节所要讨论的问题，它由三部分组成：**交换结构**、一组**输入端口**和一组**输出端口**（请注意：这里的端口就是硬件接口）。下面分别讨论各部分的组成。

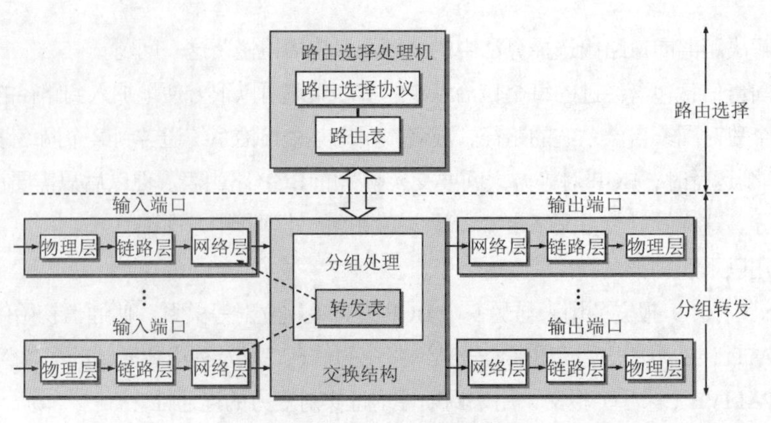

图4-35　典型的路由器的结构

1. 输入端口

请注意“转发”和“路由选择”是有区别的。在互联网中，**“转发”**就是路由器根据转发表把收到的 IP 数据报从路由器合适的端口转发出去。“转发”仅涉及一个路由器。但**“路由选择”**则涉及很多路由器，因为路由表是许多路由器协同工作的结果。这些路由器按照复杂的路由算法，得出整个网络的拓扑变化情况，因而能够动态地改变所选择的路由，并由此构造出整个的路由表。路由表一般仅包含从目的网络到下一跳（用 IP 地址表示）的映射，而转发表是依据路由表计算出来的。转发表必须包含完成转发功能所必须的信息。这就是说，在转发表的每一行必须包含从要到达的目的网络到输出端口和某些 MAC 地址信息（如下一跳的以太网地址）的映射。将转发表和路由表用不同的数据结构实现会带来一些好处，这是因为在转发分组时，转发表的结构应当使查找过程最优化，但路由表则需要对网络拓扑变化的计算最优化。路由表总是用软件实现的，但转发表则甚至可用特殊的硬件来实现。请读者注意，**在讨论路由选择的原理时，往往不去区分转发表和路由表的区别，而可以笼统地都使用路由表这一名词**。

在图 4-35 中，路由器的输入和输出端口里面都各有三个方框，分别代表物理层、数据链路层和网络层的处理模块。物理层进行比特的接收。数据链路层则按照链路层协议接收传送分组的帧。在把帧的首部和尾部剥去后，分组就被送入网络层的处理模块。若分组的接收者是路由器自己，则交给相应的上层协议去处理，特别是当这些分组是路由器之间交换路由信息的分组（如 RIP 或 OSPF 分组等）时，则把这种分组送交路由器的路由选择部分中的路由选择处理机。否则，网络层处理模块按照分组首部中的目的地址查找转发表，根据得出的结果，分组就经过交换结构到达合适的输出端口。一个路由器的输入端口和输出端口就做在路由器的**线路接口卡**上。

输入端口中的查找和转发功能在路由器的交换功能中是最重要的。为了使交换功能分散化，往往把复制的转发表放在每一个输入端口中（如图 4-35 中的虚线箭头所示）。路由选择处理机负责对各转发表的副本进行更新。这些副本常称为**“影子副本”**（Shadow Copy）。分散化交换可以避免在路由器中的某一点上出现瓶颈。

以上介绍的查找转发表和转发分组的概念虽然并不复杂，但在具体的实现中还是会遇到不少困难。问题就在于路由器必须以很高的速率转发分组。最理想的情况是输入端口的处理速率能够跟上线路把分组传送到路由器的速率。这种速率称为**线速**（Line Speed 或 Wire Speed）。可以粗略地估算一下。设线路是 OC-48 链路，即 2.5 Gbit/s。若分组长度为 256 字节，那么线速就应当达到每秒能够处理 100 万以上的分组。现在常用 Mpps（Million Packet Per Second，百万分组每秒）为单位来说明一个路由器对收到的分组的处理速率有多高。在路由器的设计中，怎样提高查找转发表的速率是一个十分重要的研究课题。

当一个分组正在查找转发表时，后面又紧跟着从这个输入端口收到另一个分组，这个后到的分组就必须在队列中排队等待，因而产生了一定的时延。图 4-36 给出了在输入端口的队列中排队的分组的示意图。

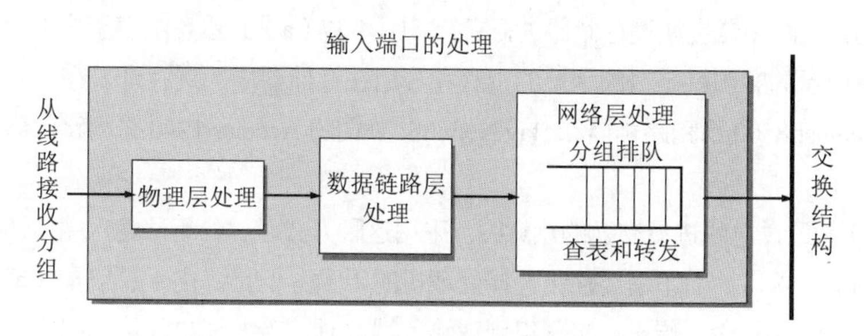

图4-36 输入端口对线路上收到的分组的处理

2. 交换结构

交换结构（Switching Fabric）又称为**交换组织**，是路由器的关键构件，它将某个输入端口进入的分组根据查表的结果从一个合适的输出端口转发出去。交换结构的速率对于路由器的性能是至关重要的。如果交换结构的速率跟不上所有输入端口分组的到达速率时，分组会因为等待交换而在输入队列中排队。因此，人们对交换结构进行了大量研究，以提高路由器的转发速度。图 4-37 给出了实现交换结构的三种基本方式的示意图。

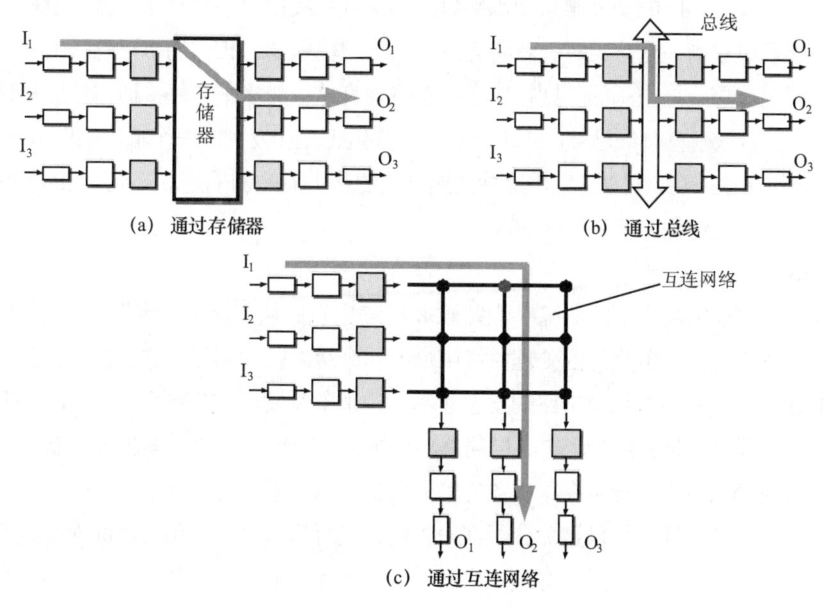

图4-37 三种基本交换结构的示意图

最早使用的路由器就是普通的计算机，用计算机的 CPU 作为路由器的路由选择处理机。路由器的输入和输出端口的功能和普通计算机的 I/O 设备一样，这时的路由器实际上就是一个安装了多个网络接口卡的计算机。当路由器的某个输入端口收到一个分组时，就用中断方式通知路由选择处理机，然后分组就从输入端口复制到存储器中。路由处理机从分组首部提取目的地址，查找路由表，再将分组复制到合适的输出端口的缓存中。采用这种方式分组要两次经过系统的总线（一次写和一次读）。若存储器的带宽（读或写）为每秒 m 个分组，那么路由器的交换速率（即分组从输入端口传送到输出端口的速率）一定小于 $m/2$ 分组每秒。这是因为存储器对分组的读和写需要花费同一个数量级的时间。

许多现代的低端路由器也通过存储器进行交换，图 4-37（a）的示意图表示分组通过存储器进行交换。与早期的路由器的区别就是目的地址的查找和分组在存储器中的缓存都是在输入端口中进行的。Cisco 公司的 Catalyst 8500 系列路由器和 Bay Network 公司的 Accelar 1200 系列路由器采用的就是共享存储器的方式。

图 4-37（b）是通过总线进行交换的示意图。采用这种方式时，分组从输入端口通过共享的总线直接传送到合适的输出端口，而不需要路由选择处理机的干预。但是，由于总线是共享的，因此在同一时间只能有一个分组在总线上传送。当分组到达输入端口时，若发现总线忙（因为总线正在传送另一个分组），则被阻塞而不能通过交换结构，并在输入端口排队等待。因为每一个要转发的分组都要通过这一条总线，路由器的转发带宽显然要受到总线速率的限制，要想实现无阻塞交换，交换总线的速率要大于所有输入端口速率的总和。现在的技术已经可以将总线的带宽提高到每秒吉比特的速率，因此许多的路由器产品都采用这种通过总线的交换方式。例如，Cisco 公司的 Catalyst 1900 系列路由器就使用了带宽达到 1 Gbit/s 的总线，而 5000 系列的背板总线带宽已达 32 Gbit/s。

图 4-37（c）所示的是通过**纵横交换结构**（Crossbar Switch Fabric）进行交换。这种交换结构常称为互连网络（Interconnection Network），它有 $2N$ 条纵横交叉的总线，可以使 N 个输入端口和 N 个输出端口相连接。通过控制相应的交叉结点使水平总线和垂直总线接通还是断开，将分组转发到合适的输出端口。当输入端口收到一个分组时，就将它发送到与该输入端口相连的水平总线上。若通向所要转发的输出端口的垂直总线是空闲的，则在这个结点将垂直总线与水平总线接通，然后将该分组转发到这个输出端口。但若该垂直总线已被占用（有另一个分组正在转发到同一个输出端口），则后到达的分组就被阻塞，必须在输入端口排队。采用这种交换方式的路由器的例子是 Cisco 公司的 12000 系列路由器，它使用的纵横交换结构的速率高达 60 Gbit/s。

3. 输出端口

我们再来观察在输出端口上的情况（见图 4-38）。输出端口从交换结构接收分组，然后把它们发送到路由器外面的线路上。在网络层的处理模块中设有一个缓冲区，实际上它就是一个队列。当交换结构传送过来的分组的速率超过输出链路的发送速率时，来不及发送的分组就必须暂时存放在这个队列中。数据链路层处理模块把分组加上链路层的首部和尾部，交给物理层后发送到外部线路。

从以上的讨论可以看出，分组在路由器的输入端口和输出端口都可能会在队列中排队等候处理，提高路由器查表和交换的性能可以避免分组在输入端口进行排队。若分组处理的速率赶不上分组进入队列的速率，则队列的存储空间最终必定减少到零，这就使后面再进入队列的分组由于没有存储空间而只能被丢弃。以前我们提到过的分组丢失就是发生在路由器中的输入或输出队列产生溢出的时候。

当然，设备或线路出故障也可能使分组丢失，但这种情况比较少见。

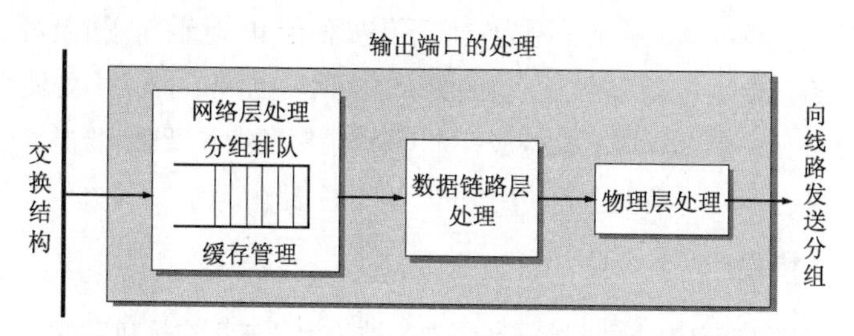

图4-38 输出端口把交换结构传送过来的分组发送到线路上

随着传输带宽的不断增长，对路由器的性能要求也在不断提高。通过物理器件性能的提高和路由器体系结构的不断改进，现代路由器的性能已得到了大幅度的提升。路由器已从最初使用通用功能器件到现在大量使用专用器件（例如，使用专用的网络处理器（Network Processor，NP）），体系结构的发展也已经过了 4 次大的变化：单机集中式总线结构、单机分布式共享总线结构、单机分布式纵横交换结构和多机互连的集群结构。

4.5.2 路由器与交换机的比较

现在我们已经学习了两种基于存储转发的分组交换设备，一种是工作在网络层，利用网络层地址转发分组的路由器；另一种则是在上一章学习的，工作在数据链路层，利用 MAC 地址转发分组的交换机。这两种分组交换设备的工作原理完全不同，各有优缺点，因此它们的应用场合有明显的不同。

交换机的最大优点是即插即用，并具有相对高的分组过滤和转发速度。即插即用是因为主机完全感觉不到交换机的存在（即对主机“透明”），网络管理员也无需进行特殊配置就可用它进行组网。转发速度快是因为交换机只需处理通过第二层传送上来的分组，而路由器还必须处理通过第三层传送上来的帧。

但交换机的缺点也是非常明显的：由于 MAC 地址是平坦的，一个大型交换机网络要求交换机维护大的转发表，也将要求在主机中维护大的 ARP 表，并会产生和处理大量的 ARP 广播。交换机对于广播风暴不提供任何保护措施，如果一台主机失去控制不断发送大量的以太网广播帧，交换机将会转发所有这些帧，导致整个以太网的崩溃。另外，交换机网络的逻辑拓扑结构被限制为一棵生成树，即使在物理上存在冗余链路，也不可能为每对主机提供最佳路径。

路由器的优缺点正好与交换机相反。其优点是能提供更加智能的路由选择，并能隔离广播域。在路由器互连的网络中，网络拓扑不再被限制为一棵生成树，并且可以通过路由选择协议为源和目的之间在多条冗余路径中选择一条最佳的路径。由于路由器的网络寻址是层次的（不像 MAC 寻址那样是平面的），无需在路由表中维护所有主机的信息。路由器不会无目的地转发广播分组，因此能为第二层的广播风暴提供隔离保护功能。

与交换机相比，路由器的缺点之一就是路由器不是即插即用的。网络管理员要为路由器的每个接口小心地配置 IP 地址，用户需要在他们的主机中配置默认路由器的 IP 地址。另外，路由器对每个分组处理时间通常比交换机更长，因为要进行从第一层到第三层的各种处理，其中包括比较复杂的最长前缀匹配，以及将 IP 数据报从一个数据链路层帧中取出再放入到另一个数据链路层帧中这些繁琐的处理。

既然交换机和路由器各有优缺点，那么什么时候应该用交换机、什么时候应该用路由器呢？包含几百台主机的小网络，交换机就足够了，因为它们不需要任何 IP 地址的配置就可以互连这些主机，并提供高性能的数据交换。但是包含几千台主机的更大的网络，通常在网络中要使用路由器（除了交换机之外）将整个网络划分成多个局域网并构成一个互连网络。这时，路由器提供更健壮的流量隔离和对广播风暴的控制，并在网络的主机之间使用更“智能的”路由。

4.5.3 三层交换机

需要说明的是，现在广泛应用于局域网环境中的被称为“三层交换机”的设备在逻辑上就是一个路由器和支持 VLAN 的二层交换机的集成体（见图 4-39）。三层交换机可以很方便地直接将多个 VLAN 在 IP 层（第三层）进行互连。三层交换机通常不具有广域网接口，主要用于在局域网环境中互连同构的以太网，并起到隔离广播域的作用。由于三层交换机所处理的都是封装在以太网帧中的 IP 数据报，可以对处理算法进行很多特殊的优化并尽量用硬件来实现，因此比传统路由器转发分组的速度要快。

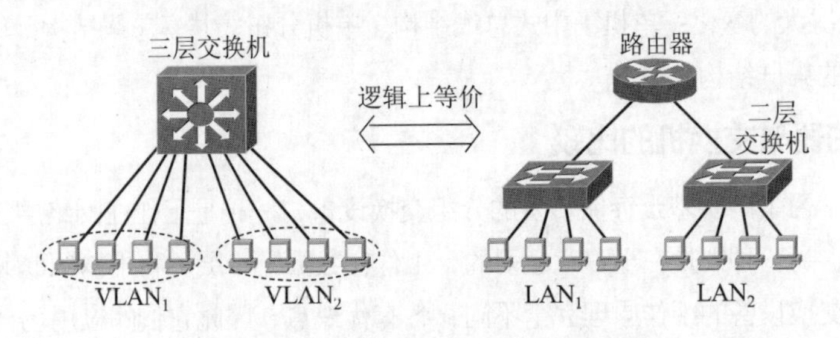

图4-39 三层交换机在逻辑上与路由器等价

这里简要介绍一种常用的三层交换机实现技术的基本原理。当一台主机通过三层交换机与另一个 VLAN 中的主机进行通信时，三层交换机在处理它们之间的第一个 IP 数据报时，完全与一个普通路由器一样，要根据目的 IP 地址使用最长前缀匹配算法查找路由表，获得下一跳 IP 地址，并使用 ARP 获取下一跳 IP 地址对应的 MAC 地址，然后将 IP 数据报转发出去。但三层交换机会将目的 IP 地址与下一跳 MAC 地址的映射关系记录在高速缓存中，当后续 IP 数据报到达时就不再通过最长匹配查找路由表了，而是根据目的 IP 地址直接从缓存中查找相应的下一跳 MAC 地址，并用自己的出口 MAC 地址和查找到的下一跳 MAC 地址直接替换包含该 IP 数据报的以太网帧的源和目的 MAC 地址（三层交换机连接的都是以太网），直接在第二层将帧转发出去。查找缓存、替换 MAC 地址全部由硬件完成，因此速度非常快，几乎没有第三层的处理（但要查看目的 IP 地址）。这就是所谓的“一次路由，多次转发/交换”。要注意的是，对于主机，在上述过程中完全感觉不到三层交换机和普通路由器的区别。

虽然三层交换机的转发性能比普通路由器要高，但通常接口类型单一（一般就是以太网接口），支持的路由选择协议也较少。而路由器则不同，它的设计初衷就是为了互连不同类型的异构网络，如局域网与广域网之间的连接、不同协议的网络之间的连接等。因此路由器的接口类型非常丰富。

在实际应用中，典型的做法是：处于同一个局域网中的各个子网的互连及局域网中 VLAN 间的路由，用三层交换机来代替普通路由器，实现广播域的隔离。而只有局域网与广域网互连，或广域网之间互连时才使用普通路由器。

在逻辑上三层交换机就是路由器，“三层交换机”只不过是一类路由器产品的商业名称。在本书其他地方，为避免混淆，我们使用术语“路由器”而不使用术语“三层交换机”，若不特别说明，“交换机”指的就是“二层交换机”，即工作在数据链路层的分组交换机。

VPN

4.6 VPN与NAT

4.6.1 虚拟专用网（VPN）

由于IP地址的紧缺，一个机构能够申请到的IP地址数往往远小于本机构所拥有的主机数。考虑到因特网并不很安全，一个机构内也并不需要把所有的主机接入到外部的因特网。实际上，在许多情况下，很多主机主要还是和本机构内的其他主机进行通信（例如，在大型商场或宾馆中，有很多用于营业和管理的计算机。显然这些计算机并不都需要和因特网相连）。假定在一个机构内部的计算机通信也是采用TCP/IP协议，那么从原则上讲，对于这些仅在机构内部使用的计算机就可以由本机构**自行分配**其IP地址。这就是说，让这些计算机使用仅在本机构有效的IP地址（这种地址称为**本地地址**），而不需要向因特网的管理机构申请全球唯一的IP地址（这种地址称为**全球地址**）。这样就可以大大地节约宝贵的全球IP地址资源。

但是，如果任意选择一些IP地址作为本机构内部使用的本地地址，那么在某种情况下可能会引起一些麻烦。例如，有时机构内部的某个主机需要和因特网连接，那么这种仅在内部使用的本地地址就有可能和因特网中某个IP地址重合，这样就会出现地址的二义性问题。

为了解决这一问题，RFC 1918指明了一些**专用地址**（Private Address）。这些地址只能用于一个机构的内部通信，而不能用于和因特网上的主机通信。换言之，专用地址只能用作本地地址而不能用作全球地址。**在因特网中的所有路由器，对目的地址是专用地址的数据报一律不进行转发**。RFC 1918指明的专用地址是：

（1）10.0.0.0到10.255.255.255（或记为10/8，它又称为24位块）；

（2）172.16.0.0到172.31.255.255（或记为172.16/12，它又称为20位块）；

（3）192.168.0.0到192.168.255.255（或记为192.168/16，它又称为16位块）。

采用这样的专用IP地址的互连网络称为**专用互联网**或**本地互联网**，或更简单些，就叫作**专用网**。显然，全世界可能有很多的专用互连网络具有相同的专用IP地址，但这并不会引起麻烦，因为这些专用地址仅在本机构内部使用。专用IP地址也叫作**可重用地址**（Reusable Address）。

有时一个很大的机构有许多部门分布在相距很远的一些地点，而在每一个地点都有自己的专用网。假定这些分布在不同地点的专用网需要经常进行通信。这时，可以有两种方法。第一种方法是租用电信公司的通信线路为本机构专用。这种方法的好处是简单方便，但线路的租金太高。第二种方法是利用公用的因特网作为本机构各专用网之间的通信载体，这样的专用网又称为**虚拟专用网**（Virtual Private Network，VPN）。

之所以称为“专用网”是因为这种网络是为本机构的主机用于机构内部的通信，而不是用于和网络外非本机构的主机通信[①]。如果专用网不同网点之间的通信必须经过公用的因特网，但又有保密的要

① 专用网为了自身的安全，原则上应当是与其他网络隔离的。但现在有些专用网考虑到有时还要和其他网络交换信息，也可以允许一些主机能够通过某些方式和其他网络相互通信。本节不考虑这种情况。

求，那么**所有通过因特网传送的数据都必须加密**。“虚拟”表示“好像是”，但实际上并不是，因为现在并没有使用专线而是通过公用的因特网来连接分散在各场所（Site）的本地网络。VPN 只是在效果上和真正的专用网一样。一个机构要构建自己的 VPN 就必须为它的每一个场所购买专门的硬件和软件，并进行配置，使每一个场所的 VPN 系统都知道其他场所的地址。

图 4-40 以两个场所为例说明如何使用 **IP 隧道技术**实现虚拟专用网。假定某个机构在两个相隔较远的场所建立了专用网 A 和 B，其网络地址分别为专用地址 10.1.0.0 和 10.2.0.0。现在这两个场所需要通过公用的因特网构成一个 VPN。显然，每一个场所至少要有一个路由器具有合法的全球 IP 地址，如图 4-40（a）中的路由器 R_1 和 R_2。这两个路由器和因特网的接口地址必须是合法的全球 IP 地址。路由器 R_1 和 R_2 在和专用网内部网络的接口地址则是专用网的本地地址。

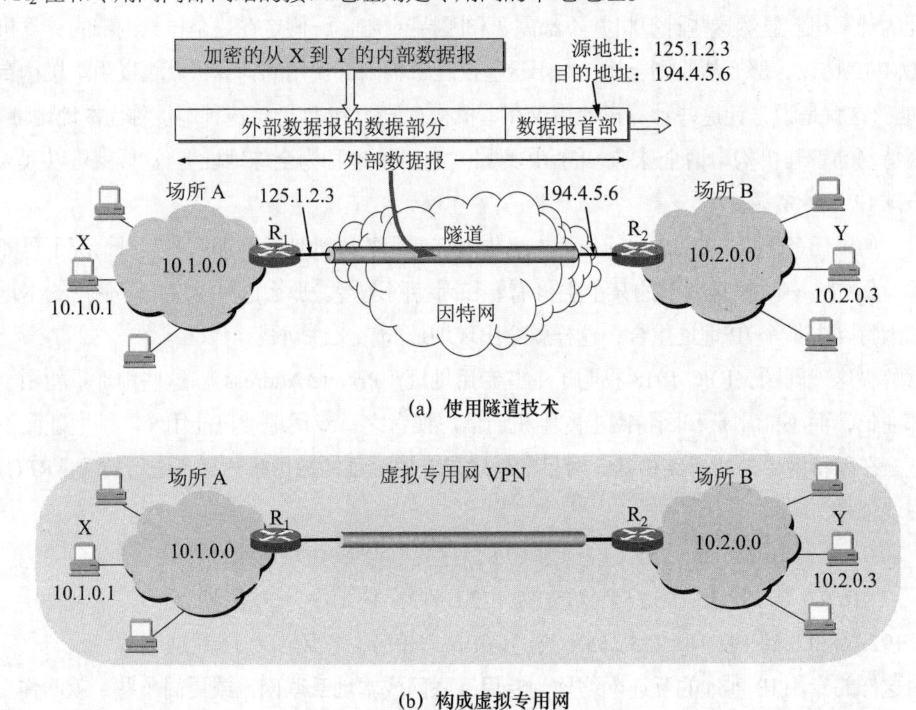

图4-40　用隧道技术实现虚拟专用网

在每一个场所 A 或 B 内部的通信量都不经过因特网。但如果场所 A 的主机 X 要和另一个场所 B 的主机 Y 通信，那么就必须经过路由器 R_1 和 R_2。主机 X 向主机 Y 发送的 IP 数据报的源地址是 10.1.0.1，而目的地址是 10.2.0.3。这个数据报先作为本机构的内部数据报从 X 发送到与因特网连接的路由器 R_1。路由器 R_1 收到内部数据报后，发现其目的网络必须通过因特网才能到达，就把整个的内部数据报进行加密（这样就保证了内部数据报的安全），然后重新加上数据报的首部，封装成为在因特网上发送的外部数据报，其源地址是路由器 R_1 的全球地址 125.1.2.3，而目的地址是路由器 R_2 的全球地址 194.4.5.6。路由器 R_2 收到数据报后将其数据部分取出进行解密，恢复出原来的内部数据报（目的地址是 10.2.0.3），交付主机 Y。可见虽然 X 向 Y 发送的数据报是通过了公用的因特网，但在效果上就好像是在本部门的专用网上传送一样。如果主机 Y 要向 X 发送数据报，那么所经过的步骤也是类似的。

请注意，数据报从 R_1 传送到 R_2 可能要经过因特网中的很多个网络和路由器。但从逻辑上看，在

R_1到R_2之间好像是一条直通的点对点链路，图4-40（a）中的“隧道”就是这个意思。这种隧道技术在计算机网络中经常会用到。如果将一个IP数据报直接封装到另一个IP数据报中进行传输的这种隧道技术被称为**IP-in-IP**。但由于VPN要保证传输数据的安全性，原始的IP数据报通常要先进行加密后再被封装传输，在7.6.3小节将要讨论的IPSec就能支持这种方式。

如图4-40（b）所示的由场所A和B的内部网络所构成的虚拟专用网VPN又称为**内联网**（Intranet或Intranet VPN，即内联网VPN），表示场所A和B都属于同一个机构。

有时一个机构的VPN需要有某些**外部机构**（通常就是合作伙伴）参加进来。这样的VPN就称为**外联网**（Extranet或Extranet VPN，即外联网VPN）。

请注意，内联网和外联网都采用了因特网技术，即都是基于TCP/IP协议的。

还有一种类型的VPN，就是**远程接入**VPN（Remote Access VPN）。我们知道，有的公司可能并没有分布在不同场所的部门，但却有很多流动员工在外地工作。公司需要和他们保持联系，有时还可能一起开电话会议。远程接入VPN可以满足这种需求。在外地工作的员工需要访问公司内部的专用网络时，只要在任何地点接入到因特网，运行驻留在员工PC中的VPN软件，在员工的PC和公司的主机之间建立VPN隧道，即可访问专用网络中的资源。由于外地员工与公司通信的内容是保密的，员工们感到好像就是使用公司内部的本地网络一样。

4.6.2　网络地址转换（NAT）

NAT

虽然因特网采用了无分类编址方式、动态分配IP地址等措施来减缓IP地址空间耗尽的速度，但由于因特网用户数目的激增，特别是大量小型办公室网络和家庭网络接入因特网的需求不断增加，IP地址空间即将面临耗尽的危险仍然没有被解除。1994年提出了一种**网络地址转换**（Network Address Translation，NAT）的方法再次缓解了IP地址空间耗尽的问题。NAT能使大量使用内部专用地址的专用网络用户共享少量外部全球地址来访问因特网上的主机和资源。这种方法需要在专用网络连接到因特网的路由器上安装NAT软件。装有NAT软件的路由器叫作NAT路由器，它至少有一个有效的外部全球地址IP_G。这样，所有使用本地地址的主机在和外界通信时都要在NAT路由器上将其本地地址转换成IP_G。

最基本的地址转换方法如图4-41所示，当内部主机X用其本地地址IP_X和因特网上的主机Y通信时，它所发送的数据报必须经过NAT路由器。NAT路由器从全球地址池中为主机X分配一个临时的全球地址IP_G，并记录在NAT转发表中，然后将数据报的源地址IP_X转换成全球地址IP_G，但目的地址IP_Y保持不变，然后发送到因特网。当NAT路由器从因特网收到主机Y发回的数据报时，根据NAT转换表，NAT路由器知道这个数据报是要发送给主机X的，因此NAT路由器将目的地址IP_G转换为IP_X，转发给最终的内部主机X。

但以上基本方法存在一个问题：如果NAT路由器具有N个全球IP地址，那么至多只能有N个内网主机能够同时和因特网上的主机进行通信。为支持更多主机能同时访问外网，有些NAT路由器利用报文中的其他字段来区分使用同一外部地址的多对通信。这些字段包括：协议字段、目的地址，甚至运输层的端口号（端口号将在5.1.3小节讨论）等。

例如，可以将内网主机访问的外网主机的IP地址也记录在NAT转发表中，则可以为多个访问不同外部主机的内部主机分配同一个全球IP地址。当NAT接收到外网主机的响应数据报时，通过源IP

地址和目的 IP 地址查找 NAT 转发表中的内网专用地址。这时，同时访问同一外网主机的内网主机数不能超过 NAT 路由器的全球地址数目。

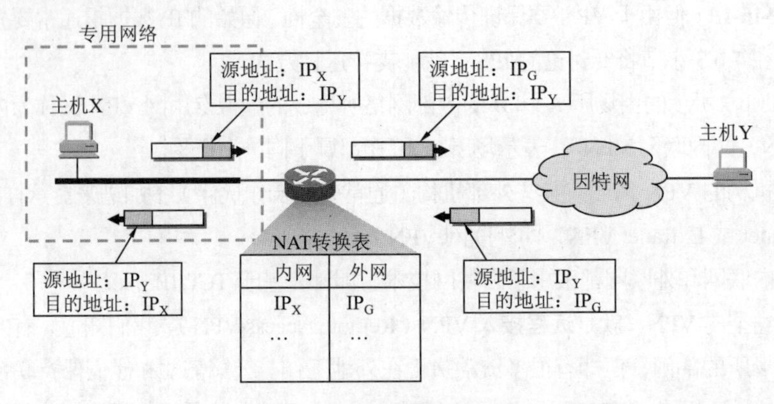

图4-41 NAT的基本方法

由于绝大多数的网络应用都是使用运输层协议 TCP 或 UDP 来传送数据，因此还可以利用运输层的端口号来区分不同的报文，甚至将端口号和 IP 地址一起进行转换。这样，用一个全球 IP 地址就可以使多个拥有本地地址的主机同时和因特网上的主机进行通信。这种将端口号和 IP 地址一起进行转换的技术叫作**网络地址与端口号转换**（Network Address and Port Translation，NAPT），但人们仍习惯将其称为 NAT。

图 4-42 说明了 NAPT 的基本工作原理（由于端口号的概念将在下一章讨论，建议学习完运输层的有关内容后再学习这部分内容）。当 NAPT 路由器收到来自内网主机 10.65.19.3 源端口号为 3356 的运输层分组时，不仅将内部 IP 地址转换为外部 IP 地址 210.24.46.5，而且还将源端口号也转换为一个新的端口号 5001（由 NAPT 路由器动态分配）。由于端口号字段有 16 比特，因此一个外部 IP 地址可支持 60000 多对内部主机与外部主机的通信。

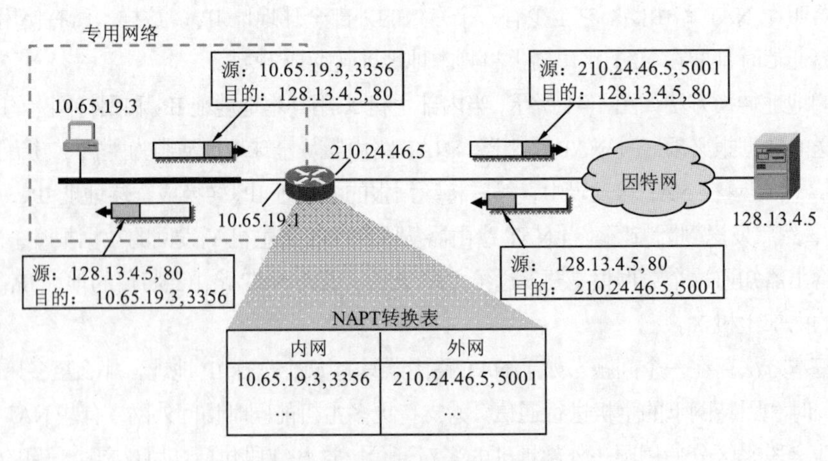

图4-42 网络地址与端口号转换

实际应用的 NAT 路由器基本上都具有 NAPT 功能，并且具体的地址转换细节比上面介绍的还要更复杂一些。

现在很多家庭使用一种被称为路由器的小型设备将多台计算机连接在因特网上。实际上这种家用小型路由器就是一个 NAT 路由器（并且都具有 NAPT 功能），但并不像我们前面介绍的路由器一样运行路由选择协议。这种家庭设备往往集成了 NAT、以太网交换机、无线接入点等多种功能。

虽然 NAT 的出现大大缓解了 IP 地址极度紧张的局面，但它对网络应用并不是完全透明的，会对一些网络应用产生影响。NAT 的一个重要特点就是通信必须由内部发起，因此拥有内部专用地址的主机不能直接充当因特网服务器。设想，因特网上的某台主机要发起通信访问一台位于 NAT 后的内网主机，当 IP 数据报到达 NAT 路由器时，NAT 路由器就不知道应当把目的 IP 地址转换成哪一个内网主机的 IP 地址。而一些 P2P 网络应用（第 6 章讨论）需要外网主机主动与内网主机进行通信，在通过 NAT 时会遇到问题，需要网络应用自己使用一些特殊的 NAT 穿越技术来解决该问题。

另外，由于 NAT 对外网屏蔽了内部主机的网络地址，能为专用网络的主机提供一定的安全保护。

4.7　IP多播

4.7.1　IP多播的基本概念

1988 年，Steve Deering 首次提出 IP 多播的概念。1992 年 3 月，IETF 在因特网范围首次试验 IETF 会议声音的多播，当时有 20 个网点可同时听到会议的声音。IP 多播是需要在因特网上增加更多的智能才能提供的一种服务。现在多播（Multicast，以前曾译为组播）已成为因特网的一个热门课题。这是由于有许多的应用需要由一个源点发送到许多个终点，即一对多的通信。例如，实时信息的交付（如新闻、股市行情等），软件更新，交互式会议等。随着因特网的用户数目的急剧增加，以及多媒体通信的开展，有更多的业务需要多播来支持。

与单播相比，在一对多的通信中，多播可大大节约网络资源。图 4-43（a）是视频服务器用单播方式向 90 个主机传送同样的视频节目。为此，需要发送 90 个单播，即同一个视频分组要发送 90 个副本。图 4-43（b）是视频服务器用多播方式向属于同一个多播组的 90 个成员传送节目。这时，视频服务器只需把视频分组当作多播数据报来发送，并且**只需发送一次**。路由器 R_1 在转发分组时，需要把收到的分组**复制**成 3 个副本，分别向 R_2、R_3 和 R_4 各转发 1 个副本。当分组到达目的局域网时，由于局域网具有硬件多播功能，因此**不需要复制分组**，在局域网上的多播组成员都能收到这个视频分组。

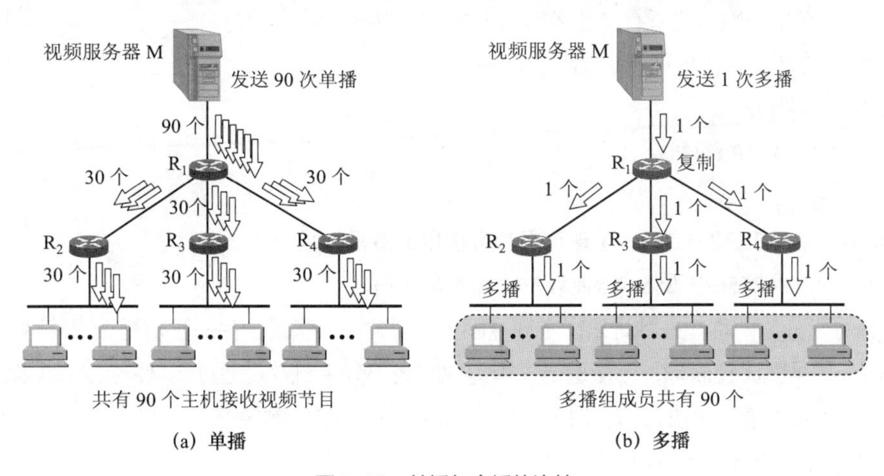

图4-43　单播与多播的比较

当多播组的主机数很大时（如成千上万个），采用多播方式就可明显地减轻网络中各种资源的消耗。在因特网范围的多播要靠路由器来实现，这些路由器必须增加一些能够识别多播数据报的软件。能够运行多播协议的路由器称为**多播路由器**（Multicast Router）。多播路由器当然也可以转发普通的单播 IP 数据报。

为了适应交互式音频和视频信息的多播，自 1992 年起，在因特网上开始试验虚拟的**多播主干网**（Multicast Backbone On the Internet，MBONE）。MBONE 可把分组传播给地点分散但属于一个组的许多个主机。由于因特网上绝大部分的已有路由器并不运行多播协议，MBONE 的任务就是利用我们在上一节学习的 IP-in-IP 隧道技术，将因特网上的多播路由器互连成一个虚拟的支持多播的网络。现在多播主干网已经有了相当大的规模。

在因特网的网络层进行的多播就叫作 **IP 多播**。IP 多播所传送的分组需要使用多播 IP 地址。

我们知道，在因特网中每一个主机必须有一个全球唯一的 IP 地址。如果某个主机现在想接收某个特定多播组的分组，那么怎样才能使这个多播数据报传送到这个主机呢？

显然，这个多播数据报的目的地址一定不能写入这个主机的 IP 地址。这是因为在同一时间可能有成千上万个主机加入到同一个多播组。多播数据报不可能在其首部写入这样多的主机的 IP 地址。在多播数据报的目的地址写入的是多播组的标识符，然后设法让加入到这个多播组的主机的 IP 地址与多播组的标识符关联起来。

其实多播组的标识符就是 IP 地址中的 D 类地址。D 类 IP 地址的前四位是 1110，因此 D 类地址范围是 224.0.0.0 到 239.255.255.255。我们就用每一个 D 类地址标志一个多播组。这样，D 类地址共可标志 2^{28} 个多播组。多播数据报也是"尽最大努力交付"，不保证一定能够交付多播组内的所有成员。因此，多播数据报和一般的 IP 数据报的区别就是它使用 D 类 IP 地址作为目的地址。

显然，**多播地址只能用于目的地址，而不能用于源地址**。此外，对多播数据报不产生 ICMP 差错报文。因此，若在 PING 命令后面键入多播地址，将永远不会收到响应。

D 类地址中有一些是不能随意使用的，因为有的地址已经被 IANA 指派为永久组地址了[RFC 3330]。例如：

224.0.0.0　基地址（保留）

224.0.0.1　在本子网上的所有参加多播的主机和路由器

224.0.0.2　在本子网上的所有参加多播的路由器

224.0.0.3　未指派

224.0.0.4　DVMRP 路由器

……

224.0.1.0 至 238.255.255.255　全球范围都可使用的多播地址

239.0.0.0 至 239.255.255.255　限制在一个组织的范围

IP 多播可以分为两种。一种是只在本局域网上进行的硬件多播，另一种则是在因特网的范围进行的多播。前一种虽然比较简单，但很重要，因为现在大部分主机都是通过局域网接入到因特网的。在因特网上进行多播的最后阶段，还是要把多播数据报在局域网上用硬件多播交付多播组的所有成员（见图 4-43（b））。下面就先讨论这种硬件多播。

4.7.2 在局域网上进行硬件多播

由于局域网支持硬件多播，只要把 IP 多播的地址映射成局域网的硬件多播地址，将 IP 多播数据报封装在局域网硬件 MAC 帧中，则可以很方便地利用硬件多播来实现局域网内的 IP 多播。

因特网号码指派管理局 IANA 将自己拥有的以太网地址块中从 01-00-5E-00-00-00 到 01-00-5E-7F-FF-FF 的多播地址块用于映射 IP 多播的地址。不难看出，该地址块只能和 D 类 IP 地址中的 23 位进行映射。D 类 IP 地址可供分配的有 28 位，可见在这 28 位中的前五位不能用来构成以太网硬件地址（见图 4-44）。例如，IP 多播地址 224.128.64.32（即 E0-80-40-20）和另一个 IP 多播地址 224.0.64.32（即 E0-00-40-20）转换成以太网的硬件多播地址都是 01-00-5E-00-40-20。由于多播 IP 地址与以太网硬件地址的映射关系不是唯一的，因此收到多播数据报的主机还要在 IP 层利用软件进行过滤，把不是本主机要接收的数据报丢弃。

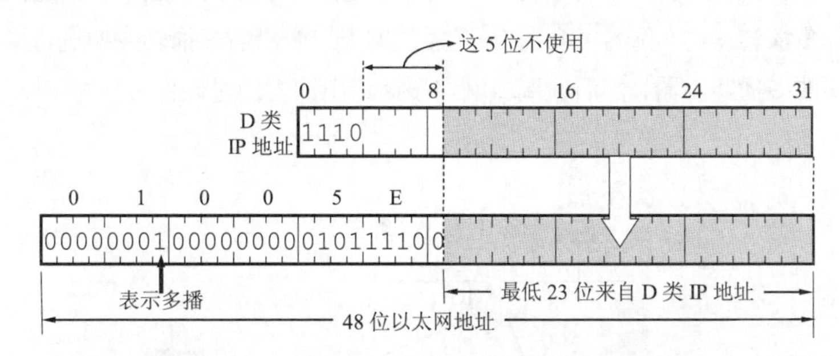

图4-44 D类IP地址与以太网多播地址的映射关系

下面简单介绍 IP 多播所需要的协议。

4.7.3 IP多播需要两种协议

当需要在因特网范围内跨越多个网络进行 IP 多播时，多播路由器必须根据 IP 多播地址将 IP 多播数据报转发到有该多播组成员的局域网。例如，在图 4-45 的例子中，标有 IP 地址的四个主机都参加了一个多播组，其组地址是 226.15.37.123。显然，多播数据报应当传送到路由器 R_1、R_2 和 R_3，而不应当传送到路由器 R_4，因为与 R_4 连接的局域网上现在没有这个多播组的成员。但这些路由器又怎样知道多播组的成员信息呢？这就需要使用一个协议，叫作**网际组管理协议**（Internet Group Management Protocol，IGMP）。

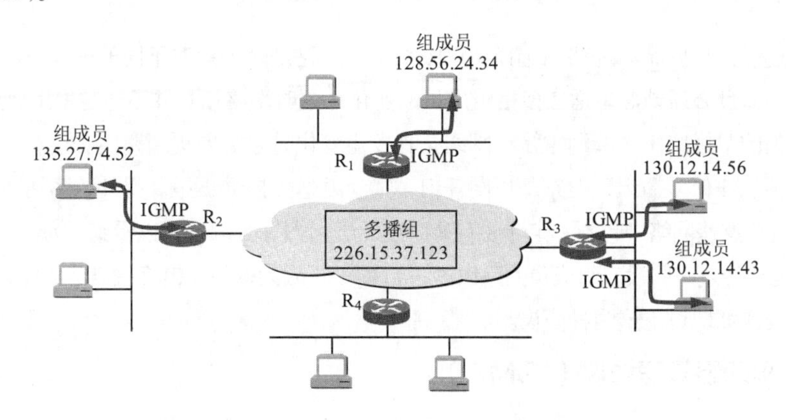

图4-45 IGMP使多播路由器知道多播组成员信息

图 4-45 强调了 IGMP 的**本地使用范围**。请注意，IGMP 并非在因特网范围内对所有多播组成员进行管理的协议。使用 IGMP 并不能知道 IP 多播组包含的成员数，也不知道这些成员都分布在哪些网络上，等等。IGMP 协议是让**连接在本地局域网**上的多播路由器知道**本局域网上**是否有主机（严格讲，是主机上的某个进程）参加或退出了某个多播组。

IGMP 使用 IP 数据报传递其报文（即 IGMP 报文加上 IP 首部构成 IP 数据报），但它也向 IP 提供服务。因此，我们不把 IGMP 看成是一个单独的协议，而是属于整个网际协议 IP 的一个组成部分。

显然，仅有 IGMP 协议是不能完成多播任务的。连接在局域网上的多播路由器还必须和因特网上的其他多播路由器协同工作，以便把多播数据报用最小代价传送给所有的组成员。这就需要使用**多播路由选择协议**。

多播路由选择协议的基本任务就是在多播路由器之间为每个多播组建立一个连接源和所有拥有该组成员的路由器的**多播转发树**（见图 4-46）。IP 多播数据报只要沿着多播转发树进行洪泛就能被传送到所有的拥有组成员的多播路由器，然后在局域网内多播路由器再通过硬件多播将 IP 多播数据报发送给所有组成员。

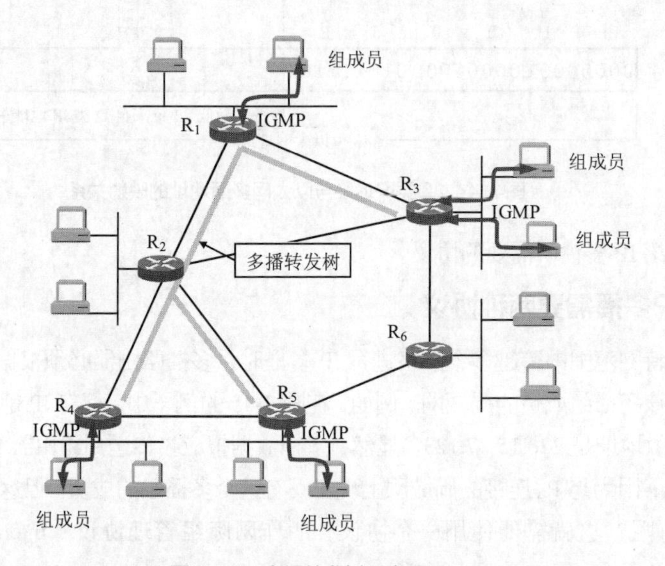

图4-46　多播转发树示意图

多播路由选择协议要比单播路由选择协议复杂得多。这是因为**针对不同的多播组，需要维护不同的多播转发树，而且必须动态地适应多播组成员的变化（这时网络拓扑并不一定发生变化）**。请注意，以前我们所讨论的单播路由选择通常是在网络拓扑发生变化时才需要更新路由。还有一种情况就是某个主机并没有参加任何多播组，但它却可向任何多播组发送多播数据报。另外，多播数据报会经过许多网络，但经过的这些网络中也不一定非要有多播组成员。从图 4-46 中可以看到，为保证覆盖所有组成员，多播树可能要经过一些没有组成员的路由器，如 R_2。正因为这些，IP 多播就成为比较复杂的问题。

下面我们较详细地讨论这两种协议。

4.7.4　网际组管理协议（IGMP）

IGMP 已历经了三个版本。1989 年公布的 RFC 1112（IGMPv1）早已成为了因特网的标准协议。

1997 年公布的 RFC 2236（IGMPv2，建议标准）对 IGMPv1 进行了更新。2002 年 10 月公布了 RFC 3376（IGMPv3，建议标准）。

IGMP 有三种类型的报文：**成员查询**报文、**成员报告**报文和**离开组**报文。与 ICMP 类似，IGMP 报文也是封装在一个 IP 数据报中传输的，其 IP 协议号为 2。为了提高 IGMP 的工作效率，所有的 IGMP 报文都是以 IP 多播数据报的方式发送的，目的组地址根据报文类型各有不同。也就是说 **IGMP 报文本身使用 IP 多播进行传送**。同时，为了避免封装了 IGMP 报文的 IP 多播数据报被路由器转发到其他网络，其 IP 数据报中的 **TTL 被设置为** 1。因此，IGMP 仅在本网络中有效。下面我们开始讨论 IGMP 是如何工作的。

1. 加入多播组

当一个主机要加入某个多播组时（实际上是该主机上有一个应用程序要加入该多播组），该主机会向本网络中的路由器发送一个 IGMP **成员报告**报文。成员报告中包含要加入的多播组的地址。多播路由器会维护一个**多播组列表**，该表记录了该路由器所知的在本网络中有多播组成员的多播组地址。若多播路由器收到一个未知多播组的成员报告时（即发送该成员报告的主机是本网络中该组的第一个成员），就会将该多播组的地址添加到它的多播组列表中。注意，并不会记录发送该成员报告的主机的 IP 地址。

成员报告报文的目的 IP 地址为所在多播组的组地址，因此该报文实际上会被本网络内的所有该组成员接收。若本网络内还有同组其他成员要发送成员报告加入该组，监听到该成员报告后就取消发送，因为每个网络的每组仅需要有一个成员发送成员报告即可。由于多播路由器被设置为接收所有的 IP 多播数据报，自然也会收到主机发送的成员报告。

2. 监视成员变化

为了监视多播组成员的动态变化，多播路由器会周期性地（默认每隔 125s）发送一个**成员查询**报文。这个报文被封装到目的地址为 224.0.0.1（本网络的所有系统）的 IP 多播数据报中，在本网络上的所有参加多播的主机和路由器都会接收该报文。收到该报文的任意多播组的成员将会发送一个成员报告报文作为应答。为了减少不必要的重复应答（一个多播组只需有一个应答即可），采用了一种**延迟响应**策略。收到成员查询的主机，并不是立即响应，而是等待一段随机的时间（1~10s）后再进行响应。如果在这段时间内监听到同组其他成员发送的成员报告（本网络中所有该组成员都能监听到），就取消响应行动。多播路由器如果长时间没有收到某个多播组的成员报告，则将该多播组从维护的多播组列表中删除，即认为在本网络中没有该组的成员。

考虑到同一网络中可能有不止一个的多播路由器，没有必要每个路由器都定期发送查询报文，IGMP 通过一个简单的选举算法在每个网络中推选出一个**查询路由器**来发送成员查询报文，而其他的路由器仅被动接收应答并更新自己的多播组列表。选举的方法是每个路由器若监听到 IP 地址比自己小的成员查询报文则退出选举，最后，网络中只有 IP 地址最小的多播路由器成为查询路由器并周期性发送成员查询报文。

3. 离开多播组

当主机要退出一个多播组时，可主动发送一个**离开组**报文而不必等待路由器的查询。这是 IGMPv2 在 IGMPv1 的基础上增加的一个可选功能，使多播路由器能够更快地发现有成员离开。离开组报文包含主机要退出的多播组地址，其 IP 数据报的目的地址是 244.0.0.2（本网络上所有路由器），但是路由器在收到离开组报文时不能立即将该多播组从列表中删除，因为在本网络中可能还有该组的其他成员。因此，多播路由器在收到离开组报文后立即向该组发送一个特殊 IGMP 成员查询报文（目的地址为该组地址）。若仍然没有收到该组的成员报告，才将该组从多播组列表中删除。

学习了用于加入和离开多播组的协议之后，我们现在更容易理解当前因特网的多播服务模型。在该多播服务模型中，任何主机都能加入位于网络层的一个多播组。一台主机只需向其相连的多播路由器发出一个 IGMP 成员报告报文即可。那个与因特网中其他多播路由器一起工作的多播路由器就可以向该主机交付多播数据报了。因此加入一个多播组是接收方驱动的。发送方不需要关注哪些接收方加入到多播组中，它也不能控制谁加入组和谁能接收发送到该组的数据报。在 IGMPv3 中，一个接收方可以通过成员报告指定一个允许接收或拒绝接收的源地址集合。

4.7.5 多播路由选择协议

我们已经知道多播路由选择的基本任务就是在多播路由器之间为每个多播组建立一个连接所有成员路由器（拥有该组成员的路由器）的**多播转发树**（见图 4-46）。目前有两种基本的方法来构建多播转发树。

- **基于源树**（Source-Based Tree）多播路由选择。该方法为一个多播组内的每个源构建一棵多播转发树，该转发树通常由每个成员路由器到源的最短路径构成。
- **组共享树**（Group-Shared Tree）多播路由选择。该方法在每个多播组中指定一个中心路由器，以此中心路由器为根建立一棵连接所有成员路由器的多播转发树。多播组内的所有源共享这同一棵多播转发树，源将多播分组通过单播 IP 隧道发送到中心路由器，再由中心路由器将多播分组在共享树上进行洪泛。

1. 基于源树多播路由选择

基于源树的多播路由选择最典型的算法就是**反向路径多播**（Reverse Path Multicasting，RPM）算法。该算法先利用**反向路径转发**（Reverse Path Forwarding，RPF）建立一个广播转发树，再利用**剪枝**（Pruning）算法将一些非成员的下游路由器剪除来获得一个多播转发树。

实现广播的最明显的技术就是**洪泛**（Flooding）法，该方法要求源结点向它的所有邻居发送该分组的副本。当一个结点接收了一个广播分组时，它复制该分组并向它的所有邻居（除了将该分组发送给它的那个邻居外）转发。显然，如果网络是连通的，这种方案最终将广播分组的副本交付给网络中的所有结点。虽然这种方案非常简单，但它具有一个明显且致命的缺点：如果网络中存在环路，则每个广播分组的一个或多个分组副本将无休无止地在这个环路上循环。这种无休止的广播分组的复制，将最终导致在该网络中产生大量的广播分组，使得网络带宽被完全占用。

反向路径转发 RPF 就是一种有效控制洪泛的方法。RPF 的基本思想简单且优雅。当一台路由器接收到具有给定源地址的广播分组时，仅当该分组到达的链路正好是位于它自己到源的最短单播路径上时，它才向其所有出链路（除了它接收的那个）转发分组。否则，该路由器只是丢弃入分组而不向任何它的出链路转发分组。之所以这种分组能够被丢弃，是因为该路由器能够确定在位于到源的最短路径上总会接收到这个分组的一个副本。

图 4-47 举例说明了 RPF 的工作原理（我们这里只考虑路由器）。假定用粗线画的链路表示从接收

方到源主机S的最短路径。路由器R_1最初广播一个源为S的分组到路由器R_2和R_3。路由器R_3将向路由器R_2和R_6转发它从路由器R_1接收到的源为S的分组（因为R_1位于到S的最短路径上）。R_3将忽略（丢弃而不转发）从任何其他路由器（如R_2或R_6）接收的源为S的分组。我们现在考虑路由器R_2，R_2将直接从R_1以及从R_3接收源为S的分组。因为R_3不在R_2自己到源（S）的最短路上，R_2将忽略来自R_3的任何源为S的分组。另外，当R_2接收到直接来自R_1的源为S的分组，它将向路由器R_3、R_5和R_4转发该分组。

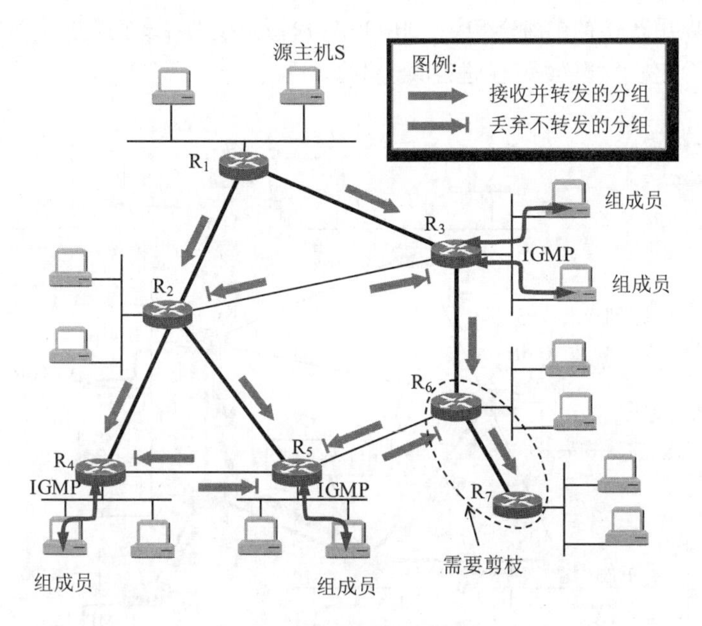

图4-47 反向路径转发与剪枝

RPF虽然很好地解决了转发环路的问题，但只是实现了广播，要实现真正的多播还要将像结点R_6和R_7这样的非成员结点从树上剪除掉，但要保留像结点R_2这样非成员结点，以保证多播转发树的连通性。因此，当树上某个路由器（如R_7）发现自己没有组成员，并且也没有下游路由器（即叶结点），则向上游路由器（如R_6）发送一个**剪枝报文**，将其从多播转发树上剪除。这时路由器R_6成为了叶结点（注意R_5不是R_6的下游路由器），如果R_6也没有组成员，则也会向上游路由器发送剪枝报文。当被剪枝的路由器通过IGMP又发现了新的组成员，则会向上游路由器发送一个**嫁接报文**，并重新加入到多播转发树中。

2. 共享树多播路由选择

建立共享树的一种方法就是基于中心的分布式生成树算法。该方法在每个多播组中指定一个中心路由器，以此中心路由器为根建立一棵连接所有成员路由器的生成树作为多播转发树。其他所有组成员路由器则向中心路由器单播**加入报文**（类似前面的嫁接报文）。加入报文使用单播选路朝着中心路由器转发，直到它到达一个已经属于生成树的结点或者直接到达该中心。在任一种情况下，加入报文走过的路径确定了一条从发起加入报文的边缘结点和中心之间的分支。这个新分支被嫁接到现有的生成树上。

图4-48举例说明了基于中心的生成树的建立过程。在该例中路由器R_5被选择作为该树的中心。假定路由器R_4首先加入树并向R_5发送加入报文，链路R_5—R_4成为初始的生成树。路由器R_3通过向R_5

发送它的加入报文来加入该生成树。假定单播路径从 R_3 路由到 R_5 要经过 R_6。在这种情况下，该加入报文导致路径 R_3—R_6—R_5 被嫁接到该生成树上，虽然 R_6 并没有组成员。路由器 R_2 接下来通过向 R_5 直接发送它的加入报文加入生成树。之后，路由器 R_7 通过向 R_5 发送它的加入报文来加入生成树。如果 R_7 到 R_5 的单播路径要通过 R_6，则因为 R_6 已经加入了生成树，R_7 的加入报文到达 R_6 将导致链路 R_7—R_6 立即被嫁接在该生成树上。最后，R_1 没有组成员不会向 R_5 发送加入报文，因此 R_1 不在生成树上。由于路由器 R_1 不在生成树上，当它收到源主机向该多播组发送的多播分组时，会将该多播分组封装到目的地址为中心路由器 R_5 的单播分组中，利用 IP-in-IP 隧道技术将该多播分组发送到 R_5，然后再由 R_5 将被封装的多播分组在多播转发树上进行洪泛多播。

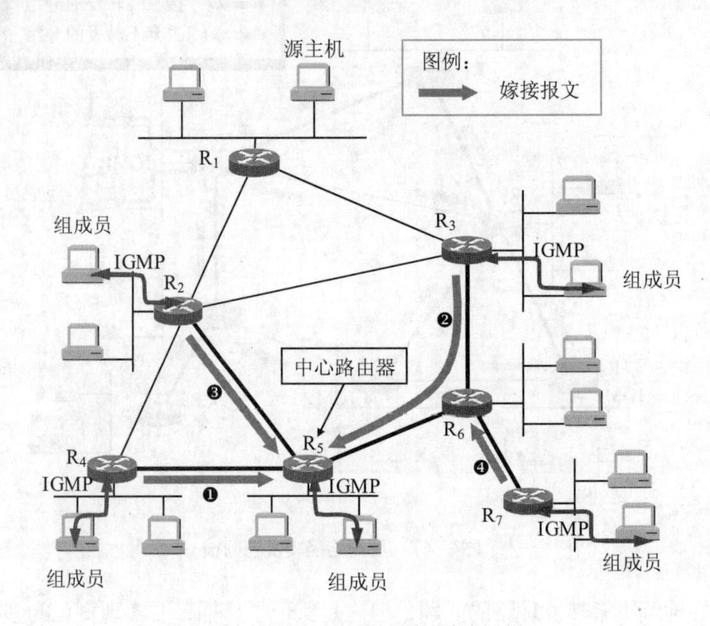

图4-48　基于中心的生成树的建立过程

3. 因特网的多播路由选择协议

目前还没有在整个因特网范围使用的多播路由选择协议。下面是一些建议使用的多播路由选择协议，其中前三个是基于源树的路由选择协议，而后两个则是基于中心共享树的路由选择协议。

距离向量多播路由选择协议（Distance Vector Multicast Routing Protocol，DVMRP）[RFC 1075]；

开放最短路径优先的多播扩展（Multicast Extensions to OSPF，MOSPF）[RFC 1585]；

协议无关多播-稀疏方式（Protocol Independent Multicast-Sparse Mode，PIM-SM）[RFC 2362]；

基于核心的转发树（Core Based Tree，CBT）[RFC 2189, 2201]；

协议无关多播-密集方式（Protocol Independent Multicast-Dense Mode，PIM-DM）[RFC 3973]。

需要指出的是，尽管 IETF 努力推动着全球多播主干网 Mbone 的建设，至今 IP 多播在因特网上还没有得到大规模的应用。这是因为改变一个部署广泛并成功运行的网络层协议是一件极为困难的事情。目前 IP 多播还主要只应用在一些局部的园区网络、专用网络或者虚拟专用网络中。另外，P2P 技术的广泛应用推动了应用层多播技术的发展，许多视频流公司和内容分发公司通过构建自己的应用层多播覆盖网络来分发它们的内容（我们将在 6.9.4 小节讨论这个问题）。不过以上多播路由选择的算法思想在应用层多播中依然适用。

4.8 移动IP

由于无线网络技术的发展，在移动中进行数据通信已成为可能。实际上，现在有成千上万的人在移动中使用计算机进行通信，如坐在火车或汽车内使用无线设备上网浏览网页、收发电子邮件或使用最近甚为流行的微信进行网上社交等。在本节我们讨论如何在网络层为移动主机提供不间断通信服务的问题。

4.8.1 移动性对网络应用的影响

现在先考虑这样一种情况，一个用户拿着无线移动设备在一个 Wi-Fi 服务区内走动，并且边走边通过 Wi-Fi 从网络上下载一个视频文件。显然用户是在移动中通信，但从网络层的角度看，该用户并没有在移动，因为用户并没有因移动改变了他所在的网络，用户的移动设备也没有改变它的 IP 地址。这种移动对于正在通信的应用程序来说是完全透明的，因为应用程序是通过 IP 地址在网络层以上进行通信的。

再考虑另一种情况，假定某用户在家中使用笔记本电脑上网。后来他关机并把笔记本电脑带到外地重新上网。这个用户和他使用的计算机在地理上都移动，都更换了位置。他在不同地点能够很方便地通过 DHCP 自动获取 IP 地址并配置自己的网络连接属性（我们将在 6.7 节讨论 DHCP）。虽然用户“移动”了，但这和我们将要讨论的移动 IP 也毫无关系。从本质上看，这个用户的上网和传统的在固定地点上网并没有本质的差异。用户在不同地点上网，使用了不同的 IP 地址，但这对于用户来说似乎并不重要，因为在使用像浏览器等这些客户端软件上网的时候，用户并不关心他所使用的 IP 地址是否发生了变化。但是对于为其他人提供持续服务的网络应用来说，这种移动显然会给应用带来很大的麻烦。我们在这里要讨论的是如何为用户在移动中的不间断通信提供服务。

最后，我们设想一下，如果你乘坐在一辆行驶的汽车上，该汽车正穿越于遍布 Wi-Fi 服务区的城市街道上，从一个网络不间断地进入另一个网络，而这时你正在下载一个大的 DVD 视频文件，你一定不希望因从一个网络切换到另一个网络而使你的下载任务被中断。但如果你的计算机在不停地变换自己的 IP 地址，你将不能顺利地完成这项下载任务。因为普通应用程序无法将数据发送给一个不断改变自己地址的主机。

但要在上述过程中保持你的计算机 IP 地址不变并不是一个简单的问题。因为我们前面已经强调过，IP 地址并不仅仅指明一个主机，而且还指明了主机所连接到的网络。当一个移动主机在改变地理位置时，由于所连接的网络不同（我们不可能在任何地点所接入的网络都具有同一个网络号），因此，当一个移动主机在异地接入到当地的网络时，其 IP 地址必然要改变。因为路由器的寻址是先通过目的 IP 地址中的网络号找到目的网络的，如果移动主机不改变自己的 IP 地址，所有发送到该 IP 地址的数据报都只会路由到移动主机原来所在的网络，而不会被转发到这个新接入的网络，也就是说，移动主机将不会收到发送给它的任何数据报。

4.8.2 移动IP的工作原理

移动 IP（Mobile IP, MIP）[RFC 3344]是 IETF 开发的一种技术，该技术在 IP 层为上层网络应用提供移动透明性。移动 IP 技术允许移动主机在网络之间漫游时仍然能保持其 IP 地址不变，此外，还提供机制使因特网中的其他主机能够将 IP 数据报正确发送到这个移动主机。

移动 IP 的设计者希望所采用的解决方法无需改变非移动主机的软件或因特网中大多数路由器的工作方式。这种方法在因特网中经常被采用。因为任何只有修改了大多数路由器或主机的软件才能工作的新技术，都难以被人们所接受。

实际上移动 IP 的基本思想在过去主要使用邮政信件进行通信的年代就已被经常使用。假设你原来和父母一起住在北京的家里，所有的朋友都按照你北京的住址寄信给你。你可能经常需要出差在外，这样就无法正常收到朋友们的信件。最简单的解决办法就是，你每到一个新的地方就把你的新地址通知你的父母，因为他们一直会在北京的家里。当有新的信件按照你北京的地址达到时，你父母直接把收到的信装进一个新的信封，按照你最新的外地地址转寄出去，就能到达你在外地的新住址了。移动 IP 采用的方法与此基本一样。

在移动 IP 中，每个移动主机都有一个默认连接的网络或初始申请接入的网络，被称为**归属网络**（Home Network）。移动主机在归属网络的 IP 地址被称为**归属地址**（Home Address）或**永久地址**（Permanent Address），因为这个地址在移动主机的整个移动通信过程中是始终不变的。在归属网络中代表移动主机执行移动管理功能的实体称为**归属代理**（Home Agent）。移动主机当前漫游所在的网络叫**外地网络**（Foreign Network）或**被访网络**（Visited Network）。在外地网络中帮助移动主机执行移动管理功能的实体称为**外地代理**（Foreign Agent），外地代理会为移动主机提供一个临时使用的属于外地网络的**转交地址**（Care-of Address）。移动 IP 的基本原理并不复杂，当移动主机外出漫游到外地网络时，由归属代理代收所有发给移动主机的数据报并利用转交地址将数据报通过 IP-in-IP 隧道转发给移动主机所在网络的外地代理，再由外地代理将数据报转交给移动主机。而以上这些过程**对于任何与移动主机进行通信的固定主机来说都是完全透明的**，也就是说，这些固定主机上不需要安装任何特殊的协议或软件来支持与移动主机的通信。

下面我们通过图 4-49 的例子详细说明移动 IP 的基本工作原理。需要注意的是，在图 4-49 中我们将归属代理和外地代理配置在路由器上，但它们也可以运行在其他主机或服务器上。

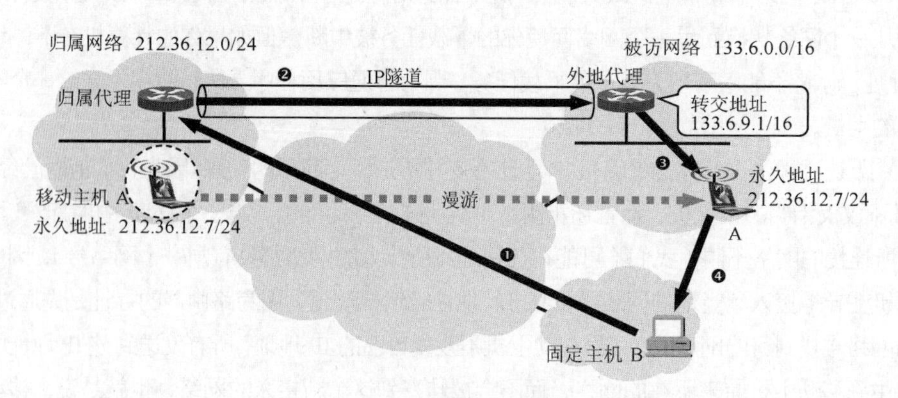

图4-49 移动IP中数据报的转发过程

1. 代理发现与注册

当一个永久地址为 212.36.12.7 的移动主机从它的归属网络漫游到一个外地网络时，移动主机会通过代理发现协议与该外地网络中的外地代理建立联系，并从外地代理获得一个属于该外地网络的转交地址 133.6.9.1，同时向外地代理注册自己的永久地址和归属代理的地址。外地代理会将移动主机的永久地址登记在自己的注册表中，并向移动主机的归属代理注册该转交地址（也可由移动主机直接进行注册）。归属代理会将移动主机的转交地址记录下来，此后，归属代理会代替移动主机接收所有发送给该移动主机的 IP 数据报，并利用我们前面讨论过的 IP 隧道技术将该数据报转发给移动主机。

2. 固定主机向移动主机发送数据报

当固定主机 B 要发送一个 IP 数据报给移动主机 A 时，与正常情况并没有什么不同，该 IP 数据报的目的地址为移动主机的永久地址，而源地址为自己的 IP 地址。该数据报显然会被路由到移动主机的归属网络，而归属代理会代替移动主机截获所有这些数据报（图 4-49 步骤❶），并将这些发往移动主机的 IP 数据报封装到一个新的 IP 数据报中转发出去，这个新的 IP 数据报的目的地址为移动主机的转交地址 133.6.9.1。

转交地址实际上就是外地代理的 IP 地址，因此外地代理会收到该 IP 数据报并将其中被封装的 IP 数据报取出。也就是说固定主机 B 发送给移动主机 A 的 IP 数据报通过从归属代理到外地代理的 IP 隧道被传送到隧道的末端并被外地代理取出（图 4-49 步骤❷）。外地代理将取出的 IP 数据报直接转发给位于外地网络中的移动主机 A（图 4-49 步骤❸）。以上就完成了从固定主机 B 到移动主机 A 的间接路由。

这里还有几个问题需要进一步澄清。

（1）归属代理如何截获目标为移动主机的 IP 数据报？

（2）转交地址到底是不是移动主机在外地网络中的地址？

（3）外地代理如何将被封装的 IP 数据报直接转发给移动主机？

对第一个问题，归属代理可以采用一种称为 **ARP 代理**的技术。当移动主机不在归宿网络时，归属代理会代替移动主机 A 以自己的 MAC 地址应答所有对移动主机 A 的 ARP 请求。为了使归属网络中各主机或路由器能尽快更新各自的 ARP 缓存，归属代理还会主动发送 ARP 广播，并声称自己是移动主机 A。这样，所有发送给移动主机 A 的 IP 数据报都会发送给归属代理。

对第二个问题，当外地代理和移动主机不是同一台机器时（我们先只讨论这种情况），图 4-49 所示的例子就是这种情况，**转交地址实际上是外地代理的地址而不是移动主机的地址**，因为转交地址既不会作为移动主机发送的 IP 数据报的源地址，也不会作为移动主机所接收的 IP 数据报的目的地址。转交地址仅仅是归属代理到外地代理的 IP 隧道的出口地址。**所有使用同一外地代理的移动主机都可以共享同一转交地址**。

对于第三个问题，由于外地代理从 IP 隧道中取出的被拆封的 IP 数据报的目的地址为移动主机的永久地址，因此外地代理不能采用 4.2.6 小节介绍的 IP 数据报转发的正常流程将其发送给移动主机，因为这样将会把该数据报又发送回移动主机的归属网络。实际上，外地代理在登记移动主机的永久地址时，会同时记录下它的 MAC 地址。当外地代理从隧道中取出目标为移动主机的 IP 数据报时，会在自己的代理注册表中查找移动主机的永久地址所对应的 MAC 地址，并将该 IP 数据报直接封装到目的 MAC 地址为移动主机的 MAC 帧中进行发送。

3. 移动主机向固定主机发送数据报

如果有 IP 数据报要从移动主机 A 发送给固定主机 B，则非常简单，移动主机 A 仅需要直接将源地址为其永久地址而目的地址为固定主机 B 的 IP 数据报按照正常的转发流程发送出去即可。由于 IP 路由器并不关心 IP 数据报中的源地址，因此该 IP 数据报会直接路由到固定主机 B，而无需再通过归属代理进行转发（图 4-49 步骤❹）。为此移动主机可以将外地代理作为自己的默认路由器，也可以通过代理发现协议从外地代理获取外地网络中路由器的地址，并将其设置为自己的默认路由器。

4. 同址转交地址

实际上，外地代理也可以直接运行在移动主机上，这时的转交地址被称为**同址转交地址**（Co-Located Care-of Address），也就是说转交地址既是外地代理的地址也是移动主机的地址，因为它们就是同一台机器。这样，移动主机自己将接收所有发往转交地址的 IP 数据报。当采用同址转交地址方式时，对于上面的第三个问题完全在移动主机内部完成。

采用同址转交地址方式时，移动主机上要运行额外的外地代理软件。这时外地网络需提供机制使移动主机能够自动获取一个外地网络的地址作为自己的 IP 地址，这通常需要使用将在 6.7 节讨论的 DHCP。

5. 三角形路由问题

细心的读者肯定已经发现图 4-49 所示的间接路由会引起 IP 数据报转发的低效性，该问题常被称为**三角形路由问题**（Triangle Routing Problem）。该问题是指即使在固定主机与移动主机之间存在一条更有效的路径，发往移动主机的数据报也要先发送给归属代理。设想一种极端的情况，如果固定主机 B 就在移动主机 A 所在的外地网络之中，B 发给 A 的数据报也要经过 A 的归属代理的转发。

解决这个问题的一种方法就是要求固定主机也要配置一个通信代理，固定主机发送给移动主机的数据报都要通过该通信代理转发。该通信代理先从归属代理获取移动主机的转交地址，之后所有发送给移动主机的数据报都利用转交地址直接通过 IP 隧道发送给移动主机的外地代理，而无需再通过归属代理进行转发。但这种解决方法以增加复杂性为代价，并对固定主机不再透明（因为要配置通信代理）。

4.8.3 移动IP的标准

当前移动 IP 的标准是 RFC 3344，该标准并不是一个替代现有 IP 的新协议，而是针对移动主机路由问题对现有 IP 协议（IPv4）的补充。该标准主要包括以下三个部分。

代理发现 定义归属代理或外部代理向移动主机通告其服务时所使用的协议，以及移动主机请求一个外部代理或归属代理的服务时所使用的协议。其中最重要的就是外部代理要将转交地址通告给移动主机。

信息注册 定义移动主机向外地代理注册或注销永久地址、归宿代理地址等信息，以及移动主机或外地代理向归宿代理注册或注销转交地址时所用的协议。

间接路由 定义了数据报由一个归属代理转发给移动主机的方式，包括转发数据报的规则、差错处理规则和几种不同的封装形式[RFC 2003, 2004]。

除了以上 3 个主要部分外，移动 IP 标准还考虑了广播、多播、移动路由器等情况和协议的安全性。

4.8.4 蜂窝移动通信网中的移动性管理

蜂窝移动通信网对移动性支持比移动 IP 有更长久的历史。我们的移动电话漫游到任何地方都只使用同一个电话号码，并且在移动过程中不用担心会中断通话（如果都在信号良好覆盖的地方）。实际上，蜂窝移动通信网采用了与移动 IP 类似但要更复杂一些的机制为用户提供移动性服务。

第三代移动通信三大主流标准之一的 CDMA2000 的分组域核心网（是一个 IP 网络）支持使用移动 IP 技术为数据业务提供移动性服务，而其他几个 3G 标准并没有使用移动 IP 技术，而是在 IP 层以下为用户提供移动性服务。但是这些 3G 网络的移动性管理都还仅仅是在该移动通信网络内部为移动设备提供移动性服务。到目前为止，移动 IP 技术还没有在整个因特网范围内进行大规模使用。

4.9 下一代的网际协议IPv6

4.9.1 解决IP地址耗尽的根本措施

IP 是因特网的核心协议。现在使用的 IP（即 IPv4）是在 20 世纪 70 年代末期设计的。因特网经过几十年的飞速发展，到 2011 年 2 月，IPv4 的地址已经耗尽了，ISP 已经不能再申请到新的 IP 地址块了。如何没有 NAT 技术的广泛应用，IPv4 早已停止发展了。但 NAT 仅仅是为延长 IPv4 使用寿命而推出的权宜之计，解决 IP 地址耗尽的根本措施就是采用具有更大地址空间的新版本的 IP，即 IPv6。

IETF 早在 1992 年 6 月就提出要制定**下一代的 IP**，即 IPng （IP Next Generation）。IPng 现正式称为 IPv6。1998 年 12 月发表的 RFC 2460 ~ 2463 已成为因特网草案标准协议。应当指出，换一个新版的 IP 并非易事。世界上许多团体都从因特网的发展中看到了机遇，因此，在新标准的制定过程中出于自身的经济利益而产生了激烈的争论。到目前为止，IPv6 还只是草案标准阶段。

及早开始过渡到 IPv6 的好处是：有更多的时间来规划平滑过渡；有更多的时间培养 IPv6 的专门人才；及早提供 IPv6 服务比较便宜。因此，现在有些 ISP 已经开始进行 IPv6 的过渡。

下面是 IPv6 的简介。

4.9.2 IPv6的基本首部

IPv6 仍支持无连接的传送，但将协议数据单元 PDU 称为**分组**，而不是 IPv4 的数据报。为方便起见，本书仍采用数据报这一名词。

IPv6 所引进的主要变化如下。

（1）**更大的地址空间**。IPv6 将地址从 IPv4 的 32 位增大到了 128 位，使地址空间增大了 2^{96} 倍。这样大的地址空间在可预见的将来是不会用完的。

（2）**扩展的地址层次结构**。IPv6 由于地址空间很大，因此可以划分为更多的层次，可以更好地反映因特网的拓扑结构，使得对寻址和路由层次的设计更具灵活性。

（3）**灵活的首部格式**。IPv6 数据报的首部和 IPv4 的并不兼容。IPv6 定义了许多可选的扩展首部，不仅可提供比 IPv4 更多的功能，而且还可提高路由器的处理效率，这是因为路由器对扩展首部不进行处理（除逐跳扩展首部外）。

（4）**改进的选项**。IPv6 允许数据报包含有选项的控制信息，因而可以包含一些新的选项。我们知道，IPv4 所规定的选项是固定不变的。

（5）**允许协议继续扩充**。这一点很重要，因为技术总是在不断地发展（如网络硬件的更新），而新的应用也还会出现。但我们知道，IPv4 的功能是固定不变的。

（6）**支持即插即用（即自动配置）**。IPv6 支持主机自动配置 IP 地址、路由器地址及其他网络配置参数。

（7）**支持资源的预分配**。IPv6 能为实时音视频等要求保证一定的带宽和时延的应用提供更好的服务质量保证。

IPv6 把首部长度变为固定的 40 字节，称为**基本首部**（Base Header）。将不必要的功能取消了，首部的字段数减少到只有八个（虽然首部长度增大了一倍）。此外，还取消了首部的检验和字段（考虑到数据链路层和运输层都有差错检验功能）。这样就加快了路由器处理数据报的速度。

IPv6 数据报在**基本首部**的后面允许有零个或多个**扩展首部**（Extension Header），再后面是数据，如图 4-50 所示。但请读者注意，所有的扩展首部都不属于数据报的首部。所有的扩展首部和数据合起来叫作数据报的**有效载荷**（Payload）或**净负荷**。

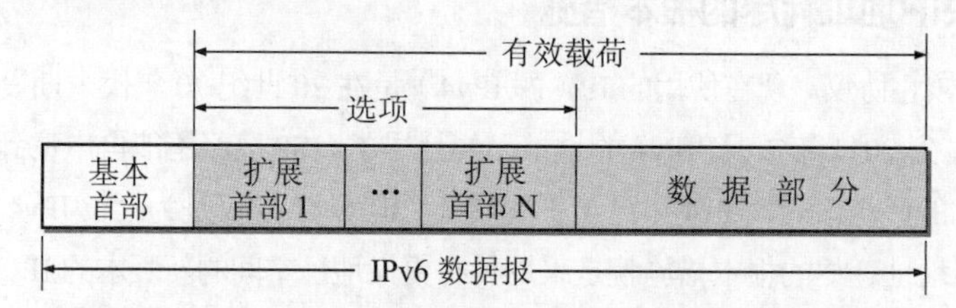

图4-50　具有多个可选扩展首部的IPv6数据报的一般形式

图 4-51 是 IPv6 数据报的基本首部。在基本首部后面是**有效载荷**，它包括运输层的数据和可能选用的扩展首部。下面解释 IPv6 基本首部中的各字段的作用。

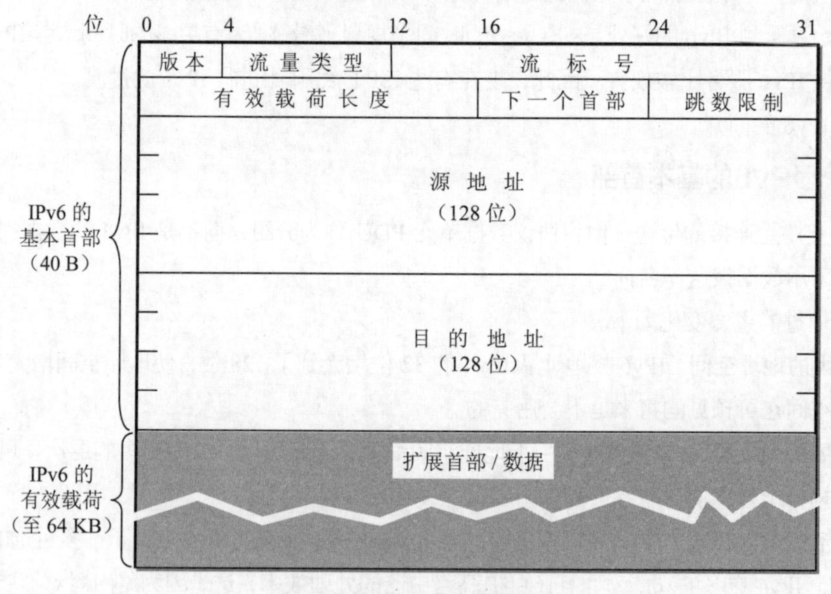

图4-51　IPv6的基本首部格式

（1）**版本**（Version）占 4 位。它指明了协议的版本，对 IPv6 该字段总是 6。

（2）**流量类型**（Traffic Class）占 8 位。这是为了区分不同的 IPv6 数据报的类别或优先级，与 IPv4 的 TOS 字段类似。目前正在进行不同的流量类型性能的实验。这个字段又称为**“区分服务”**。

（3）**流标号**（Flow Label）占 20 位。IPv6 的一个新的机制是支持资源预分配，并且允许路由器将每一个数据报与一个给定的资源分配相联系。IPv6 提出**流**（Flow）的抽象概念。**“流”就是互联网络上**

从特定源点到特定终点（单播或多播）的一系列数据报（如实时音频或视频传输），而在这个“流”所经过的路径上的路由器都保证指明的服务质量。所有属于同一个流的数据报都具有同样的流标号。

（4）**有效载荷长度**（Payload Length） 占 16 位。它指明 IPv6 数据报除基本首部以外的字节数（所有扩展首部都算在有效载荷之内）。这个字段的最大值是 64 KB。

（5）**下一个首部**（Next Header） 占 8 位。它指明其有效载荷中下一个首部的类型，作用相当于 IPv4 的协议字段或可选字段。

当 IPv6 数据报没有扩展首部时，下一个首部字段的作用和 IPv4 的协议字段一样，它的值指出了基本首部后面的数据应交付给 IP 上面的哪一个高层协议（例如，6 或 17 分别表示应交付给 TCP 或 UDP）。

当出现扩展首部时，下一个首部字段的值就标识后面第一个扩展首部的类型。

（6）**跳数限制**（Hop Limit） 占 8 位。用来防止数据报在网络中无限期存在。源站在每个数据报发出时即设定某个跳数限制。每个路由器在转发数据报时，要先将跳数限制字段中的值减 1。当跳数限制的值为零时，就要将此数据报丢弃。

（7）**源地址** 占 128 位。是数据报的发送站的 IP 地址。

（8）**目的地址** 占 128 位。是数据报的接收站的 IP 地址。

IPv6 为什么要使用扩展首部呢？是因为 IPv4 的数据报如果在其首部中使用了选项，那么沿数据报传送的路径上的每一个路由器都必须对这些选项进行一一检查，这就降低了路由器处理数据报的速度。然而，实际上，在一条路径途中的路由器上很多选项是不需要检查的。IPv6 把原来 IPv4 首部中选项的功能都放在扩展首部中，并将扩展首部留给路径两端的源站和目的站的主机来处理，而数据报途中经过的**路由器都不处理这些扩展首部**（只有一个首部例外，即逐跳选项扩展首部），这样就**大大提高了路由器的处理效率**。

在 RFC 2460 中定义了以下六种扩展首部：①逐跳选项；②路由选择；③分片；④鉴别；⑤封装安全有效载荷；⑥目的站选项。

每一个扩展首部都由若干个字段组成，它们的长度也各不同。但所有扩展首部的第一个字段都是 8 位的“下一个首部”字段。此字段的值指出了在该扩展首部后面的字段是什么。当使用多个扩展首部时，应按以上的先后顺序出现。高层首部总是放在最后面。

4.9.3 IPv6的编址

一般来讲，一个 IPv6 数据报的目的地址可以是以下三种基本类型地址之一。

（1）**单播**（Unicast） 单播就是传统的点对点通信。

（2）**多播**（Multicast） 多播是一点对多点的通信，数据报交付到一组计算机中的每一个。IPv6 没有采用广播的术语，而是将广播看作多播的一个特例。

（3）**任播**（Anycast） 这是 IPv6 增加的一种类型。任播的终点是一组计算机（例如，都属于同一个公司），但来自用户的数据报在交付时只交付给这组计算机中的任何一个，通常是距离最近的一个（例如，用户向公司请求服务，公司的这组计算机中的任何一个可以进行回答）。

IPv6 把实现 IPv6 的主机和路由器均称为**结点**，并将 IPv6 地址分配给结点上面的**接口**。一个接口可以有多个单播地址。一个结点接口的单播地址可用来唯一地标志该结点。

在 IPv6 中，每个地址占 128 位，地址空间大于 3.4×10^{38}。如果整个地球表面（包括陆地和水面）

都覆盖着计算机，那么 IPv6 允许每平方米拥有 7×10^{23} 个 IP 地址。如果地址分配速率是每微秒分配 100 万个地址，则需要 10^{19} 年的时间才能将所有可能的地址分配完毕。可见，在想象得到的将来，IPv6 的地址空间是不可能用完的。

128 的 IPv6 地址再用 IPv4 的点分十进制记法来表示显然已不够方便了。例如，一个用点分十进制记法的 128 位的地址：

104.230.140.100.255.255.255.255.0.0.17.128.150.10.255.255

为了使地址再稍简洁些，便于维护互联网的人易于阅读和操纵这些地址，IPv6 使用**冒号十六进制记法**（colon hexadecimal notation，简写为 colon hex），它把每个 16 位的值用十六进制值表示，各值之间用冒号分隔。例如，如果前面所给的点分十进制数记法的值改为冒号十六进制记法，就变成了：

68E6:8C64:FFFF:FFFF:0:1180:960A:FFFF

在十六进制记法中允许省去两个冒号之间的数中最前面的一串 0，如 000F 可缩写为 F。

冒号十六进制记法还包含两个技术使它尤其有用。首先，冒号十六进制记法可以允许**零压缩**（Zero Compression），即一连串连续的零可以为一对冒号所取代，例如：

FF05:0:0:0:0:0:0:B3

可以写成：

FF05::B3

为了保证零压缩有一个不含混的解释，规定在任意一个地址中只能使用一次零压缩。该技术对已建议的分配策略特别有用，因为会有许多地址包含连续的零串。

另外，冒号十六进制记法可结合有点分十进制记法的后缀。我们下面会看到这种结合在 IPv4 向 IPv6 的转换阶段特别有用。例如，下面的串是一个合法的冒号十六进制记法：

0:0:0:0:0:0:128.10.2.1

请读者注意，在这种记法中，虽然为冒号所分隔的每个值是一个 16 位值，但每个点分十进制部分的值则指明一个字节（8 位）的值。再使用零压缩即可得出：

::128.10.2.1

IPv6 和 IPv4 最重要的变化之一就是单播地址所使用的划分策略，以及由此产生的多级地址体系。IPv6 的地址体系采用多级体系是充分考虑到怎样使路由器可更快地查找路由。我们知道，采用 CIDR 后，IPv4 的地址形式上是两级结构，它的地址被划分为一个前缀和一个后缀。IPv6 扩展了地址的分级概念，它使用以下的 3 个等级（见图 4-52）。

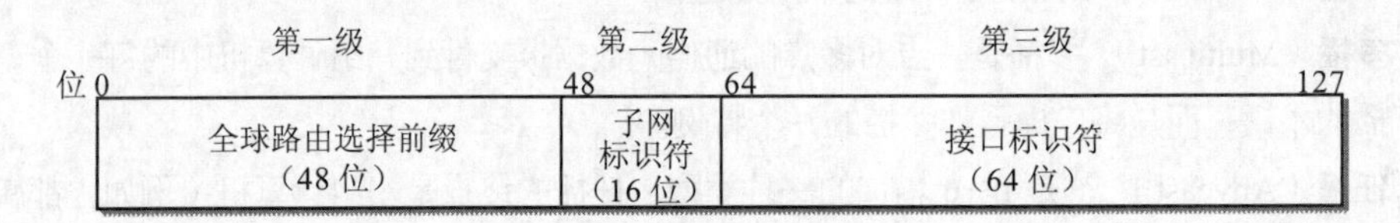

图4-52 IPv6单播地址的等级结构

（1）**全球路由选择前缀**（Global Routing Prefix） 第一级地址，占 48 位，分配给各公司和机构，用于因特网中路由器的路由选择，相当于 IPv4 分类地址中的网络号。

（2）**子网标识符**（Subnet ID） 第二级地址，占 16 位，用于各公司和机构创建自己的子网。

（3）**接口标识符**（Interface ID） 第三级，占 64 位，指明主机或路由器单个的网络接口，相当于 IPv4 分类地址中的主机号。

与 IPv4 不同，IPv6 地址的主机号字段有 64 位之多，足够大，因而可以将各种接口的硬件地址直接进行编码。这样，IPv6 可直接从 128 位地址的最后 64 位中提取出相应的硬件地址，而不需要使用地址解析协议进行地址解析了。IPv6 定义了各种形式的硬件地址映射到这 64 位接口标识符的方法，包括如何将 48 位的以太网硬件地址转换为 IPv6 地址的接口标识符。

4.9.4 从IPv4向IPv6过渡

因为现在整个因特网上使用老版本 IPv4 的路由器的数量太大，所以“规定一个日期，从这一天起所有的路由器一律都改用 IPv6”显然是不可行的。这样，向 IPv6 过渡**只能采用逐步演进的办法**，同时，还必须使新安装的 IPv6 系统能够**向后兼容**。这就是说，IPv6 系统必须能够接收和转发 IPv4 分组，并且能够为 IPv4 分组选择路由。

下面介绍两种向 IPv6 过渡的策略，即使用双协议栈和使用隧道技术[RFC 2473, 2529, 2893, 3056]。

双协议栈（Dual Stack）是指在完全过渡到 IPv6 之前，使一部分主机（或路由器）装有两个协议栈，一个 IPv4 和一个 IPv6。因此双协议栈主机（或路由器）既能够和 IPv6 的系统通信，又能够和 IPv4 的系统进行通信。双协议栈的主机（或路由器）记为 IPv6/IPv4，表明它具有两种 IP 地址：一个 IPv6 地址和一个 IPv4 地址。双协议栈主机在和 IPv6 主机通信时是采用 IPv6 地址，而和 IPv4 主机通信时就采用 IPv4 地址。

图 4-53 所示的情况是源主机 A 和目的主机 F 都使用 IPv6，所以 A 向 F 发送 IPv6 数据报，路径是 A→B→C→D→E→F。路由器 C 和 D 只使用 IPv4，因此它们不能转发 IPv6 数据报。由于 B 是 IPv6/IPv4 路由器，因此路由器 B 把 IPv6 数据报首部转换为 IPv4 数据报首部后发送给 C。等到 IPv4 数据报到达路由器 E 时（E 也是 IPv6/IPv4 路由器），再恢复成原来的 IPv6 数据报。请读者注意，IPv6 首部中的**某些字段却无法恢复**，例如，原来 IPv6 首部中的流标号 X 在最后恢复出的 IPv6 数据报中只能变为空缺。这种信息的损失是使用首部转换方法所不可避免的。

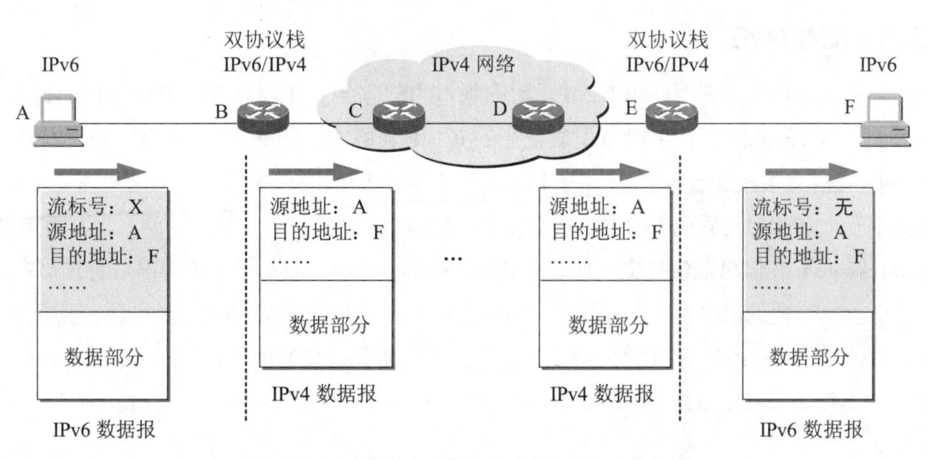

图4-53 使用双协议栈进行从IPv4到IPv6的过渡

向 IPv6 过渡的另一种方法是**隧道技术**（Tunneling）（原文的意思是**打隧道**）。如图 4-54 所示，给出了隧道技术的工作原理。这种方法的要点就是在 IPv6 数据报要进入 IPv4 网络时，将 IPv6 数据报封装成为 IPv4 数据报（整个的 IPv6 数据报变成了 IPv4 数据报的数据部分）。然后 IPv6 数据报就在 IPv4 网络的隧道中传输。当 IPv4 数据报离开 IPv4 网络中的隧道时，再将其数据部分（即原来的 IPv6 数据报）交给主机的 IPv6 协议栈。图 4-54（a）表示在 IPv4 网络中打通了一个从 B 到 E 的"IPv6 隧道"，路由器 B 是隧道的入口，而 E 是出口。图 4-54（b）表示数据报的封装要点。请读者注意，在隧道中传送的数据报的源地址是 B，而目的地址是 E。

要使双协议栈的主机知道 IPv4 数据报里面封装的数据是一个 IPv6 数据报，就必须把 IPv4 首部的协议字段的值设置为 41（41 表示数据报的数据部分是 IPv6 数据报）。

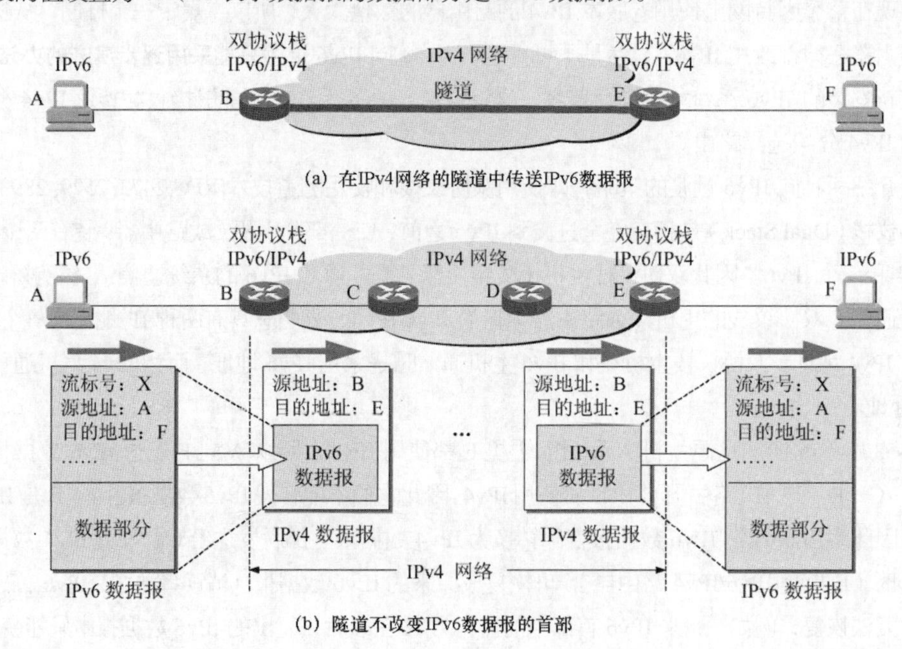

图4-54　使用隧道技术进行从IPv4到IPv6的过渡

4.9.5 ICMPv6

和 IPv4 一样，IPv6 也需要使用 ICMP。但旧版本的、适合于 IPv4 的 ICMP 并不能满足 IPv6 全部的要求。因此，IETF 也制定了与 IPv6 配套使用的 ICMP 新版本，即 ICMPv6[RFC 2461, 2463, 2710]。

ICMPv6 的报文格式和 IPv4 使用的 ICMP 的相似，即前四个字节的字段名称都是一样的，但 ICMPv6 把第五个字节起的后面部分作为报文主体。ICMPv6 把报文种类划分为两大类，即**差错报告报文**（Error Message）和**信息提供报文**（Informational Message），并取消了使用得很少的 ICMP 报文。差错报告报文的类型字段的最高位是 0，因此，其类型字段的值是 0 ~ 127。信息提供报文的类型字段的最高位是 1，其值是 128 ~ 255。在 RFC 2463 中定义了六种类型的 ICMPv6 报文，在 RFC 2461 中定义了五种类型的 ICMPv6 报文，而在 RFC 2710 中定义了三种类型的 ICMPv6 报文。表 4-7 是常用的几种 ICMPv6 报文。

从表 4-7 可以看出 ICMPv6 包括了原来 ARP 和 IGMP 的功能。邻站询问和邻站通告报文代替了原来的 ARP 协议，而多播听众发现报文代替了原来的 IGMP 协议。

表4-7 常用的几种ICMPv6报文

ICMP 报文种类	类型的值	ICMP 报文的类型
差错报告报文	1	目的站不可达
	2	分组太长
	3	时间超过
	4	参数问题
回送请求与回答报文	128	回送（Echo）请求
	129	回送回答
多播听众发现报文	130	多播听众查询
	131	多播听众报告
	132	多播听众完成
邻站发现报文	133	路由器询问
	134	路由器通告
	135	邻站询问
	136	邻站通告
	137	改变路由

我们知道，ICMP 是与 IPv4 协议配套使用的网络层其他四个协议之一（另外三个协议是 ARP, RARP 和 IGMP）。由于已将 ARP 和 IGMP 这两个协议的功能并入了 ICMPv6，并取消了 RARP 协议，因此与 IPv6 配套使用的网络层协议就只有 ICMPv6 一个协议。

ICMPv6 报文的前面是 IPv6 首部和零个或更多的 IPv6 扩展首部。在 ICMPv6 前面的一个首部中的“下一个首部字段”的值应当置为 58。请读者注意，这和 IPv4 中标志 ICMP 的值不同，在 IPv4 中标志 ICMP 的值是 1。

4.10 多协议标签交换（MPLS）

本节我们简要地讨论一种越来越流行的网络技术：**多协议标签交换**（Multiprotocol Label Switching, MPLS）[RFC 3031, RFC 3032]。MPLS 试图将虚电路的一些特点与数据报的灵活性和健壮性进行结合，其最初的目标是通过采用来自虚电路网络界的一个关键概念，即固定长度标签，来改善 IP 路由器的转发速度。一方面，MPLS 依靠 IP 地址和 IP 路由选择协议来工作。另一方面，MPLS 使能路由器（支持 MPLS 的路由器，常被称为**标签交换路由器**（Lable Switching Router，LSR））通过检查相对短的、固定长的标签来转发分组。这里的标签与虚电路中的虚电路号非常相似。

在开始讨论 MPLS 标签交换路由器如何利用标签进行转发之前，我们先来看看由 RFC 3032 定义的 MPLS 帧格式。图 4-55 显示了一个短的 MPLS 首部位于第二层（如 PPP 或以太网）首部和第三层（如 IP）首部之间。我们说“给一个 IP 数据报打上 MPLS 标签”就是指在 IP 首部之前插入一个 MPLS 首部。在 MPLS 首部中包含一个标签字段（它起着虚电路号类似的作用），3 比特保留用于试验，8 比特的寿命字段 TTL，以及单个 S 比特用于指示是否为第一个 MPLS 首部。MPLS 允许一个 IP 数据报被依次打上多个标签。当 S 为 1 表示这是第一个打上的标签，当 S 为 0 表示该 MPLS 首部后面还有一个 MPLS 首部，这有点儿类似于 IP-in-IP 隧道。在 IP 数据报的首部中，协议字段为 4 表示该数据报的数据也是一个 IP 数据报，即在该 IP 数据报首部后面还跟着一个 IP 数据报首部。利用 S 比特，可以很方便地实现多层嵌套的 MPLS 隧道和 VPN。

可以看出一个 MPLS 帧只能在两个 MPLS 标签交换路由器之间转发，因为当一个普通 IP 路由器在处理一个 MPLS 帧时，会在它期望发现 IP 首部的地方发现一个 MPLS 首部而引起混乱。多个相邻的 MPLS 标签交换路由器互连构成了一个 MPLS 域。在 MPLS 域中，标签交换路由器不需要提取 IP 首部中的目的地址并在转发表中执行最长前缀匹配的查找，而是通过在转发表中查找 MPLS 标签来转发 MPLS 帧，然后立即将数据报传递给适当的输出接口。我们通过讨论图 4-56 所示的一个简单例子来说明 MPLS 最基本的原理。

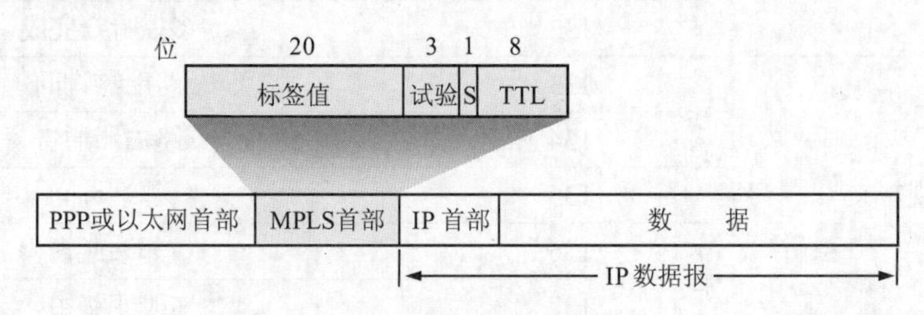

图4-55　MPLS首部

在图 4-56 的例子中，路由器 R_3 ~ R_6 都是 MPLS 标签交换路由器，构成了一个 MPLS 域，R_1 和 R_2 是标准的 IP 路由器。R_6 能够通过接口 0 到达网络 N_2（更一般的是由某个 IP 地址前缀标识的地址聚合），并为此分配入标签 7。R_6 会将此信息通告给 R_4 和 R_5。R_4 向 R_3 通告具有入标签 9 的 MPLS 帧将被路由到 N_2。路由器 R_5 向路由器 R_3 通告具有入标签 5 和 10 的 MPLS 帧将分别被路由到 N_2 和 N_1。

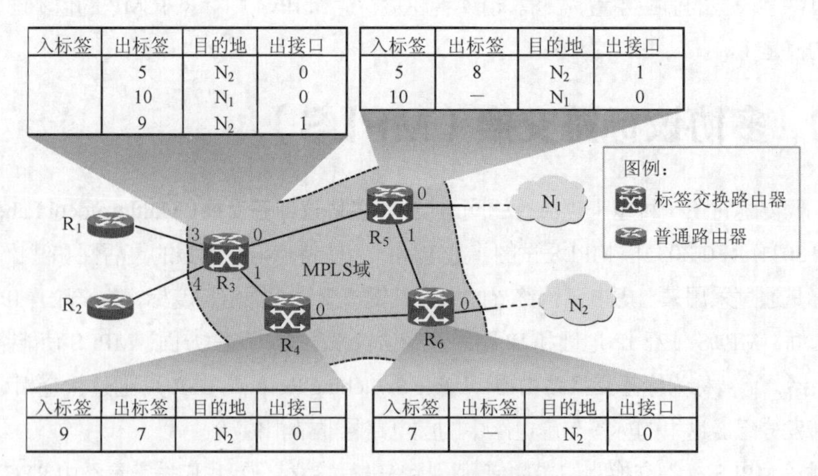

图4-56　MPLS帧的转发

当 IP 数据报通过一个 MPLS 域时，MPLS **入口标签交换路由器**会给它打上标签，而**出口标签交换路由器**会将打上的标签去掉。在图 4-56 的例子中，当 R_3 从 R_1 收到一个目的地为 N_1 的 IP 数据报，根据在转发表中找到的表项，在该 IP 数据报的前面插入一个标签为 10 的 MPLS 首部（成为一个 MPLS 帧），然后从接口 0 转发给 R_5。而 R_5 将该 MPLS 帧从接口 0 转发出去前要将插入的 MPLS 首部去掉，将 MPLS 帧还原为原来的 IP 数据报。

可以看出，在 MPLS 域中，标签交换路由器之间对 MPLS 帧的转发完全不需要查看 IP 数据报首部。MPLS 执行基于标签的交换，而不必考虑分组的 IP 地址。然而，MPLS 的真正优点和当前对 MPLS 感兴趣的原因并不在于能提高交换速度的潜在优势，而在于 MPLS 具有的流量管理能力。MPLS 提供了沿多条路径转发分组的能力，并能灵活地为某些流量指定其中的一条路径。例如，在图 4-56 中，R_3 到 N_2 具有两条 MPLS 路径，R_3 可以将来自 R_1 到 N_2 的 IP 数据报打上标签 5，而将来自 R_2 到 N_2 的 IP 数据报打上标签 9，这样可以轻松地使 R_1 到 N_2 的流量经过 R_5，而 R_2 到 N_2 的流量经过 R_4。显然标准的 IP 路由选择无法轻易完成以上功能，因为标准 IP 路由器不会根据流量的来源进行转发，IP 选路协议通常只会为目的地 N_2 指定单一的最小代价路径，而不是两条不同的路径。MPLS 的这种能力被称为**显式路由**，其应用之一就是**流量工程**（Traffic Engineering）。网络运维部门能够超越普通的 IP 选路，根据需要（策略、性能或某些其他原因）迫使某些流量沿着指定的路径到达给定的目的地，而另一些到达同一目的地的流量可以沿着另一条路径流动。

在 MPLS 中实现显式路由的方法是定义**转发等价类**（Forwarding Equivalence Class，FEC）。所谓“转发等价类”就是路由器按照同样方式转发的 IP 数据报的集合。这里“按照同样方式转发”表示从同样接口转发到同样的下一跳地址，并且具有同样的优先级等。FEC 和标签是一一对应的关系，即属于同一 FEC 的 IP 数据报在入口标签交换路由器会被打上同一标签值。划分 FEC 的方法非常灵活，由网络管理员来控制，可以根据 IP 数据报中目的 IP 地址、源 IP 地址、区分服务字段或入接口号等进行划分。例如，在图 4-56 的例子中，入口路由器 R_3 可以设置两个不同的 FEC：“入接口为 3，目的地址为 N_2”和“入接口为 4，目的地址为 N_2”，并且它们分别对应标签值 5 和 9。从而来自不同的方向的 IP 数据报即使目的地址完全相同也可能被强制转发到不同的路径。

MPLS 也可用于很多其他目的。MPLS 的显式路由有助于使网络在面对故障时更容易恢复。例如，可以预先计算一条从路由器 A 到路由器 B 的能避开某条特定链路 L 的路径。当链路 L 故障时，路由器 A 就可将所有目的地是 B 的流量经预先计算的那条路径发送。MPLS 还能用于实现**虚拟专用网**（Virtual Private Network，VPN）和改进网络的服务质量。MPLS 的具体细节非常复杂，这里仅对其基本原理作了非常简单介绍。作为一种 IP 增强技术，MPLS 已广泛应用于目前的因特网中，并发挥着越来越重要的作用。

本章的重要概念

- 网络层有两大核心功能，即分组转发和路由选择。分组转发就是路由器根据转发表将接收到的分组从某个接口转发出去；而路由选择是网络层决定分组转发路径的过程，并最终生成供分组转发的转发表。
- 在网络层提供面向连接服务的计算机网络被称为虚电路网络，而在网络层提供无连接服务的计算机网络被称为数据报网络，但这两种网络都采用的是分组交换。
- 一条虚电路由以下组成：源和目的主机之间的路径（即一系列链路和路由器）；沿着该路径的

每段链路的 VC 号码；沿着该路径的每台路由器中的转发表表项。

- TCP/IP 体系中的网络层向上只提供简单灵活的、无连接的、尽最大努力交付的数据报服务。网络层不提供服务质量的承诺，不保证分组交付的时限，所传送的分组可能出错、丢失、重复和失序。进程之间通信的可靠性由运输层负责。
- IP 网是虚拟的，因为从网络层上看，IP 网好像是一个统一的、逻辑的网络，而实际上是由异构网络互连而成的。IP 层虚拟的互联网屏蔽了下层网络很复杂的细节，使我们能够使用统一的、逻辑的 IP 地址处理主机之间的通信问题。
- 在互联网上的分组交付有两种：在本网络上的直接交付（不经过路由器）和到其他网络的间接交付（经过至少一个路由器，但最后一次一定是直接交付）。
- 一个 IP 地址在整个因特网范围内是唯一的。分类的 IP 地址包括 A 类、B 类和 C 类地址（单播地址），以及 D 类地址（多播地址）。E 类地址未使用。
- 分类的 IP 地址由网络号字段（指明网络）和主机号字段（指明主机）组成。网络号字段最前面的类别位指明 IP 地址的类别。
- IP 地址是一种分等级的地址结构。IP 地址管理机构在分配 IP 地址时只分配网络号，而剩下的主机号则由得到该网络号的单位自行分配。路由器仅根据目的主机所连接的网络号来转发分组。
- IP 地址标志一台主机（或路由器）和一条链路的接口。多归属主机同时连接到两个或更多的网络上。这样的主机同时具有两个或更多的 IP 地址，其网络号必须是不同的。由于一个路由器至少应当连接到两个网络，因此一个路由器至少应当有两个不同的 IP 地址。
- 按照因特网的观点，用转发器或网桥连接起来的若干个局域网仍为一个网络。
- 无分类域间路由选择 CIDR 是解决目前 IP 地址紧缺的一个好方法。CIDR 记法把 IP 地址后面加上斜线“/”，然后写上前缀所占的位数。前缀（或网络前缀）用来指明网络，前缀后面的部分是后缀，用来指明主机。CIDR 把前缀都相同的连续的 IP 地址组成一个“CIDR 地址块”。IP 地址的分配都以 CIDR 地址块为单位。
- CIDR 的 32 位地址掩码（或子网掩码）由一串 1 和一串 0 组成，而 1 的个数就是前缀的长度。只要把 IP 地址和地址掩码逐位进行“逻辑与（AND）”运算，就很容易得出网络地址。A 类地址的默认地址掩码是 255.0.0.0。B 类地址的默认地址掩码是 255.255.0.0。C 类地址的默认地址掩码是 255.255.255.0。
- 物理地址是数据链路层和物理层使用的地址，而 IP 地址是网络层和以上各层使用的地址，是一种逻辑地址（用软件实现的），在数据链路层看不见数据报的 IP 地址。
- 地址解析协议 ARP 把 IP 地址解析为物理地址，它解决同一个局域网上的主机或路由器的 IP 地址和物理地址的映射问题。ARP 的高速缓存可以大大减少网络上的通信量。
- 在因特网中，我们无法仅根据物理地址寻找到在某个网络上的某个主机。因此，从 IP 地址到物理地址的解析是非常必要的。
- IP 数据报分为首部和数据两部分。首部的前一部分是固定长度，共 20 字节，是所有 IP 数据报必须具有的（源地址、目的地址、总长度等重要字段都在固定首部中）。一些长度可变的可选字段放在固定首部的后面。

- IP 首部中的生存时间字段给出了 IP 数据报在因特网中所能经过的最大路由器数，可防止 IP 数据报在互联网中无限制地兜圈子。
- 采用无分类编址时，用一个 IP 地址并不能准确标识一个网络，因此在路由表中除了网络地址、下一跳外，还要有一个地址掩码（或子网掩码）。
- 路由聚合（把许多前缀相同的地址用一个来代替）有利于减少路由表中的项目，提高查表速度并减少路由器之间的路由选择信息的交换，从而提高了整个因特网的性能。
- “转发”是单个路由器的动作，而“路由选择”是许多路由器共同协作的过程，这些路由器相互交换信息，目的是生成路由表，再从路由表导出转发表。若采用自适应路由选择算法，则当网络拓扑变化时，路由表和转发表都能够自动更新。在许多情况下，可以不考虑转发表和路由表的区别，而都使用路由表这一名词。
- 自治系统（AS）就是在单一的技术管理下的一组路由器。一个 AS 对其他 AS 表现出的是一个单一的和一致的路由选择策略。
- 路由选择协议有两大类：内部网关协议（或自治系统内部的路由选择协议），如 RIP 和 OSPF；外部网关协议（或自治系统之间的路由选择协议），如 BGP-4。
- RIP 是分布式的基于距离向量算法的路由选择协议，只适用于小型互联网。RIP 按固定的时间间隔和相邻路由器交换信息。交换的信息是自己当前的路由表，即到本自治系统中所有网络的（最短）距离，以及到每个网络应经过的下一跳路由器。
- OSPF 是分布式的基于链路状态算法的路由选择协议，适用于大型互联网。OSPF 只在链路状态发生变化时，才用向本自治系统中的所有路由器用洪泛法发送与本路由器相邻的所有路由器的链路状态信息。“链路状态”指明本路由器都和哪些路由器相邻，以及该链路的“度量”。“度量”可表示费用、距离、时延、带宽等，可统称为“代价”。所有的路由器最终都能建立一个全网的拓扑结构图。
- BGP-4 是不同 AS 的路由器之间交换路由信息的协议，是一种路径向量路由选择协议。BGP 力求寻找一条能够到达目的网络（可达）且比较好的路由（不兜圈子），而并非要寻找一条最佳路由，但该路由需要满足某些管理上的策略。
- 网际控制报文协议 ICMP 是 IP 层的协议。ICMP 报文作为 IP 数据报的数据，加上首部后组成 IP 数据报发送出去。使用 ICMP 并不是实现了可靠传输。ICMP 允许主机或路由器报告差错情况和提供有关异常情况的报告。ICMP 报文的种类有两种，即 ICMP 差错报告报文和 ICMP 询问报文。
- ICMP 的一个重要应用就是分组网间探测 PING，用来测试两台主机之间的连通性。PING 使用了 ICMP 回送请求与回送回答报文。
- 虚拟专用网 VPN 利用公用的因特网作为本机构各专用网之间的通信载体。VPN 内部使用因特网的专用地址。一个 VPN 至少要有一个路由器具有合法的全球 IP 地址，这样才能和本系统的另一个 VPN 通过因特网进行通信。所有通过因特网传送的数据都必须加密。
- NAT 能使大量使用内部专用地址的专用网用户共享少量外部全球地址来访问因特网上的主机

和资源。NAT 的一个重要特点就是通信必须由内部发起，因此拥有内部专用地址的主机不能直接充当因特网服务器。

- 与单播相比，在一对多的通信中，IP 多播可大大节约网络资源。IP 多播使用 D 类 IP 地址。IP 多播需要使用 IGMP 协议和多播路由选择协议。
- 移动 IP 在 IP 层为上层网络应用提供移动透明性。移动 IP 技术允许移动主机在网络之间漫游时仍然能保持其 IP 地址不变。
- 要解决 IP 地址耗尽的问题，最根本的办法就是采用具有更大地址空间的新版本的 IP 协议，即 IPv6。
- IPv6 所带来的主要变化是：① 更大的地址空间（采用 128 位的地址）；② 灵活的首部格式；③ 改进的选项；④ 支持即插即用；⑤ 支持资源的预分配；⑥ IPv6 首部改为 8 字节对齐。
- IPv6 数据报在基本首部的后面允许有零个或多个扩展首部，再后面是数据。所有的扩展首部和数据合起来叫作数据报的有效载荷或净负荷。
- IPv6 数据报的目的地址可以是以下三种基本类型地址之一：单播、多播和任播。
- IPv6 的地址使用冒号十六进制记法。
- 向 IPv6 过渡只能采用逐步演进的办法，必须使新安装的 IPv6 系统能够向后兼容。向 IPv6 过渡可以使用双协议栈或使用隧道技术。
- MPLS 试图将虚电路的一些特点与数据报的灵活性和健壮性进行结合，其最初的目标是通过采用来自虚电路网络界的一个关键概念，即固定长度标签，来改善 IP 路由器的转发速度。
- MPLS 具有显式路由能力，用来支持流量工程：根据需要（策略、性能或某些其他原因）迫使某些流量沿着指定的路径到达给定的目的地，而另一些到达同一目的的流量可以沿着另一条路径流动。

习　题

4-1　网络层向上提供的服务有哪两种？试比较其优缺点。

4-2　请简述网络层的转发和选路两个重要功能的区别和联系。

4-3　虚电路服务与数据报服务的产生背景有什么不同？它们对网络结构有何影响？

4-4　在虚电路网络中为什么一个分组沿其路径的每条链路上不能保持相同的虚电路号？

4-5　网络互连有何实际意义？进行网络互连时，有哪些共同的问题需要解决？

4-6　作为中间设备，转发器、网桥、路由器和网关有何区别？

4-7　试简单说明下列协议的作用：IP, ARP和ICMP。

4-8　为什么ARP查询要在广播帧中发送，而ARP响应要用单播帧？

4-9　分类IP地址分为哪几类？各如何表示？IP地址的主要特点是什么？

4-10　对于分类编址方式，分别计算A、B、C三类网络各自可容纳的主机数量。

4-11　试说明IP地址与物理地址的区别。为什么要使用这两种不同的地址？

4-12　试辨认分类编址方式中以下IP地址的网络类别：

（1）128.36.199.3；

（2）21.12.240.17；

（3）183.194.76.253；

（4）192.12.69.248；

（5）89.3.0.1；

（6）200.3.6.2。

4-13　IP数据报中的首部检验和并不检验数据报中的数据。这样做的最大好处是什么？坏处是什么？

4-14　简述IP数据报首部中的寿命字段（TTL）的作用。

4-15　当某个路由器发现一IP数据报的检验和有差错时，为什么采取丢弃的办法而不是要求源站重传此数据报？计算首部检验和为什么不采用CRC检验码？

4-16　什么是最大传送单元MTU？它和IP数据报首部中的哪个字段有关系？

4-17　在因特网中将IP数据报分片传送的数据报在最后的目的主机进行组装。还可以有另一种做法，即数据报片通过一个网络就进行一次组装。试比较这两种方法的优劣。

4-18　一个3200位长的TCP报文传到IP层，加上160位的首部后成为数据报。下面的互联网由两个局域网通过路由器连接起来。但第二个局域网所能传送的最长数据帧中的数据部分只有1200比特。因此数据报在路由器必须进行分片。试问第二个局域网向其上层要传送多少比特的数据（这里的“数据”当然指的是局域网看见的数据）？

4-19　回答以下有关ARP的问题。

（1）有人认为：“在因特网中，当计算机A要与计算机B通信时，若A不知道计算机B的物理地址，要先通过ARP将B的IP地址解析为物理地址，然后再利用该物理地址向B发送报文。”这种说法正确吗？

（2）试解释为什么ARP高速缓存每存入一个项目就要设置10～20min的超时计时器。这个时间设置得太大或太小会出现什么问题？

（3）至少举出两种不需要发送ARP请求分组的情况（即不需要请求将某个目的IP地址解析为相应的物理地址）。

4-20　主机A发送IP数据报给主机B，途中经过了五个路由器（若连接的都是局域网）。试问在IP数据报的发送过程中总共使用了几次ARP？

4-21　某单位分配到地址块129.250.0.0/20。该单位有4000台机器，平均分布在16个不同的地点。试给每一个地点分配一个网络地址和子网掩码，并算出每个地点能分配给主机的IP地址的最小值和最大值。

4-22　一个数据报长度为4000字节（固定首部长度）。现在经过一个网络传送，但此网络能够传送的最大数据长度为1500字节。试问应当划分为几个短些的数据报片？各数据报片的数据字段长度、片偏移字段和MF标志应为何数值？

4-23　路由器转发IP数据报的基本过程。

4-24　有两个CIDR地址块208.128/11和208.130.28/22。是否有哪一个地址块包含了另一个地址？如果有，请指出，并说明理由。

4-25　有如下的四个/24地址块，试进行最大可能的聚合。

212.56.132.0/24

212.56.133.0/24

212.56.134.0/24

212.56.135.0/24

4-26 某主机的IP地址是227.82.157.177/20。试问该主机所连接的网络的网络前缀是什么？该网络的网络地址是什么？主机号占多少位？主机号的二进制表示是什么？

4-27 设某路由器建立了如表4-8所示的路由表（这三列分别是目的网络、子网掩码和下一跳路由器，若直接交付，则最后一列表示应当从哪一个接口转发出去）：

表4-8 某路由器的路由表

目的网络	子网掩码	下一跳
128.96.39.0	255.255.255.128	接口 0
128.96.39.128	255.255.255.128	接口 1
128.96.40.0	255.255.255.128	R_2
192.4.153.0	255.255.255.192	R_3
*（默认）	—	R_4

现共收到五个分组，其目的站IP地址分别为：

（1）128.96.39.10；

（2）128.96.40.12；

（3）128.96.40.151；

（4）192.4.153.17；

（5）192.4.153.90。

试分别计算这些分组转发的下一跳。

4-28 考虑某路由器具有如表4-9所示的路由表。

表4-9 某路由器的路由表

网络前缀	下一跳
142.150.64.0/24	A
142.150.71.128/28	B
142.150.71.128/30	C
142.150.0.0/16	D

（1）假设路由器接收到一个目的地址为142.150.71.132的IP分组，请确定该路由器为该IP分组选择的下一跳，并解释说明。

（2）在上面的路由表中增加一条路由表项，该路由表项使以142.150.71.132为目的地址的IP分组选择“A”作为下一跳，而不影响其他目的地址的IP分组转发。

（3）在上面的路由表中增加一条路由表项，使所有目的地址与该路由表中任何路由表项都不匹配的IP分组被转发到下一跳“E”。

（4）将142.150.64.0/24划分为四个规模尽可能大的等长子网，给出子网掩码及每个子网的主机IP地址范围。

4-29 如图4-57所示，某单位有两个局域网（各有120台计算机），通过路由器R_2连接到因特网，现获得地址块108.112.1.0/24，为这两个局域网分配CIDR地址块，并为路由器R_2的接口1、接口2分配地址（分配最小地址）。配置R_2的路由表（目的地址，子网掩码，下一跳），在R_1的路由表中增加一条项目使该单位的网络获得正确路由。

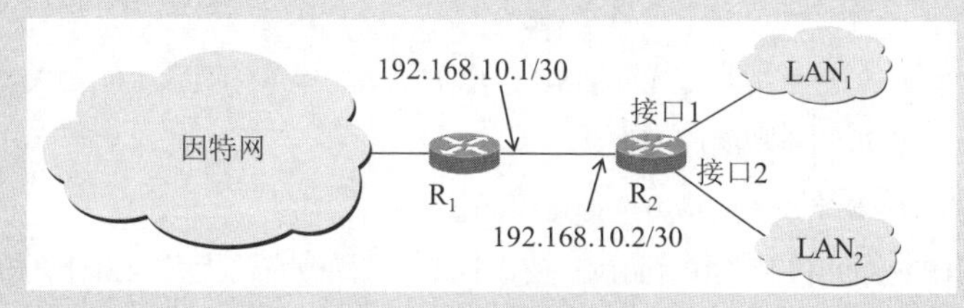

图4-57　习题4-29的图

4-30　一个自治系统有5个局域网，其连接图如图4-58所示。LAN_2 ~ LAN_5上的主机数分别为：91、150、3和15。该自治系统分配到的IP地址块为30.138.118/23。试给出每一个局域网的地址块（包括前缀）。

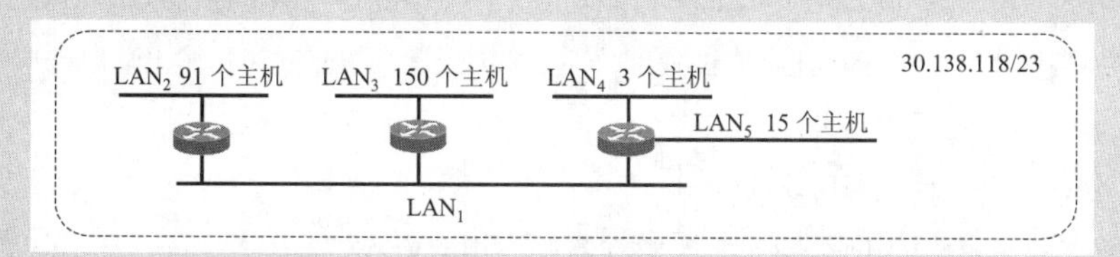

图4-58　习题4-30的图

4-31　已知某地址块中的一个地址是140.120.84.24/20。试问该地址块中的第一个地址是什么？这个地址块共包含有多少个地址？最后一个地址是什么？

4-32　某主机的IP地址为140.252.20.68，子网掩码为255.255.255.224，计算该主机所在子网的网络前缀（采用CIDR地址表示法a.b.c.d/x），该子网的地址空间大小和地址范围（含特殊地址）。

4-33　某组织分配到一个地址块，其中的第一个地址是14.24.74.0/24。这个组织需要划分为11个子网。具体要求是：具有64个地址的子网两个；具有32个地址的子网两个；具有16个地址的子网三个；具有4个地址的子网四个（这里的地址都包含全1和全0的主机号）。试设计这些子网。分配结束后还剩下多少个地址？

4-34　以下地址中的哪一个和86.32/12匹配？请说明理由。

（1）86.33.224.123；（2）86.79.65.216；（3）86.58.119.74；（4）86.68.206.154。

4-35　以下的地址前缀中的哪一个地址和2.52.90.140匹配？请说明理由。

（1）0/4；（2）32/4；（3）4/6；（4）80/4。

4-36　IGP和EGP这两类协议的主要区别是什么？

4-37　考虑RIP，假定网络中的路由器B的路由表有如下的项目（目的网络、距离、下一跳）：

N_1	7	A
N_2	2	C
N_6	8	F
N_8	4	E
N_9	4	F

现在B收到从C发来的路由信息（目的网络、距离）：（N_2, 4）、（N_3, 8）、（N_6, 4）、（N_8, 3）、（N_9, 5），试求路由器B更新后的路由表（详细说明每项的原因）。

4-38　考虑RIP，假定网络中的路由器A的路由表有如下的项目（目的网络、距离、下一跳）：

N_1	4	B
N_2	2	C
N_3	1	F
N_4	5	G

现在A收到从C发来的路由信息（目的网络、距离）：（N_1, 2）、（N_2, 1）、（N_3, 3）、（N_4, 7），试求路由器A更新后的路由表（详细说明每项的原因）。

4-39　试简述RIP、OSPF和BGP路由选择协议的主要特点。

4-40　RIP使用UDP，OSPF使用IP，而BGP使用TCP。这样做有何优点？为什么RIP周期性地和邻站交换路由信息而BGP却不这样做？

4-41　为何BGP可以避免"坏消息传播得慢"的问题？

4-42　比较交换机和路由器各自的特点和优缺点。

4-43　路由器的输入端口和输出端口都有排队功能，什么情况下分组会在输入端口排队，而什么情况下分组会在输出端口排队？如果能让路由器处理分组足够快，是否能使输入和输出端口都避免出现分组排队（假定输入/输出线路速率相同）？

4-44　简述IGMP和多播选路协议的作用。

4-45　什么是可重用地址和专用地址？什么是虚拟专用网VPN？

4-46　内联网（Intranet）和外联网（Extranet）是怎样的网络？它们的区别是什么？

4-47　考虑图4-41中的基本NAT方法，假设NAT路由器只拥有1个全球IP地址，若有多台专网主机想同时访问因特网上资源会出现什么问题？当采用NAPT情况又会怎样？

4-48　因特网的多播是怎样实现的？为什么因特网上的多播比以太网上的多播复杂得多？

4-49　IP多播为什么需要两种协议？这两种协议各自的主要功能是什么？

4-50　为什么IGMP要使用IP多播进行传输，并且其IP数据报的TTL被设置为1？

4-51　在IGMP中有了离开组报文和成员报告报文，是不是可以不需要路由器周期性发送成员查询报文了？请说明原因。

4-52　请说明IGMP中组成员对多播路由器成员查询报文进行延迟响应的作用。

4-53　多播路由选择有哪两种基本的方法？

4-54　为什么说移动IP对于任何与移动主机进行通信的固定主机来说都是完全透明的？

4-55　在移动IP中，若采用同址转交地址方式，请重画图4-49。

4-56　在移动IP中，若采用直接路由方式而不是三角形间接路由，请重画图4-49。

4-57　当前的移动IP标准包括哪三个主要部分？

4-58　从IPv4过渡到IPv6的方法有哪些？

4-59　在IPv4首部中有一个"协议"字段，但在IPv6的固定首部中却没有。这是为什么？

4-60　考虑图4-56中的MPLS网络，并假设路由器R_1和R_2也是MPLS标签交换路由器。若我们想执行这样的流量工程：从R_1到N_1的流量要经过R_3和R_5，而从R_2到N_2的流量则要经过R_3、R_4和R_6。请给出R_1和R_2中相应的MPLS转发表，并修改R_3的转发表。

05

第5章　运输层

前面章节介绍了如何将主机通过异构网络互联起来，实现主机到主机的通信。但实际上在计算机网络中进行通信的真正实体是位于通信两端主机中的进程。如何为运行在不同主机上的应用进程提供直接的通信服务是运输层的任务，运输层协议又称为端到端协议。运输层位于应用层和网络层之间，是整个网络体系结构中的关键层次之一，在学习时一定要深入掌握以下的重要概念。

（1）运输层为相互通信的应用进程提供逻辑通信。

（2）运输层的复用与端口的概念。

（3）无连接的 UDP 的特点。

（4）面向连接的 TCP 实现可靠传输的工作原理，以及 TCP 的滑动窗口、流量控制、拥塞控制和连接管理。

5.1　运输层协议概述

5.1.1　进程之间的通信

从通信和信息处理的角度看，**运输层**（也翻译为**传输层**）**向它上面的应用层提供端到端通信服务**，它属于面向通信部分的最高层，同时也是用户功能中的最低层。当位于网络边缘部分的两台主机使用网络核心部分的功能进行端到端的通信时，只有主机的协议栈才有运输层，而网络核心部分中的路由器在转发分组时都只用到下三层的功能。

下面通过图 5-1 的示意图来说明运输层的作用。设局域网 LAN_1 上的主机 A 和局域网 LAN_2 上的主机 B 通过互连的广域网 WAN 进行通信。既然我们的 IP 协议能够将源主机发送出的分组按照首部中的目的地址送交到目的主机，那么，为什么还需要再设置一个运输层呢？

从 IP 层来说，通信的两端是两个主机。IP 数据报的首部明确地标志了这两个主机的 IP 地址。然而严格地讲，两个主机进行通信实际上就是两个主机中的**应用进程互相通信**。IP 协议虽然能把分组送到目的主机，但是这个分组还停留在主机的网络层而没有交付给主机中的应用进程。从运输层的角度看，**通信的真正端点并不是主机而是主机中的进程**。因此从运输层来看，**端到端的通信**是应用进程之间的通信。在一个主机中经常有多个应用进程同时分别和另一个主机中的多个应用进程通信。例如，某用户在使用浏览器查找某网站的信息时，其主机的应用层运行浏览器客户进程。如果在浏览网页的同时，还要用电子邮件给网站发送反馈意见，那么主机的应用层就还要运行电子邮件的客户进程。在图 5-1 中，主机 A 的应用进程 AP_1 和主机 B 的应用进程 AP_3 通信，而与此同时，应用进程 AP_2 也和对方的应用进程 AP_4 通信。因此，运输层的一个很重要的功能就是**复用**（Multiplexing）和**分用**（Demultiplexing）。这里的“复用”是指在发送方不同的应用进程都可以使用同一个运输层协议传送数据（当然需要加上适当的首部），而“分用”是指接收方的运输层在剥去报文的首部后能够把这些数据正确交付到目的应用进程。图 5-1 中两个运输层之间有一个双向粗箭头，写明**“运输层提供应用进程间的逻辑通信”**。“逻辑通信”的意思是：运输层**之间的通信好像是沿水平方向传送数据，但事实上这两个运输层之间并没有一条水平方向的物理连接，要传送的数据是沿着图中上下多次的虚线方向传送的**。

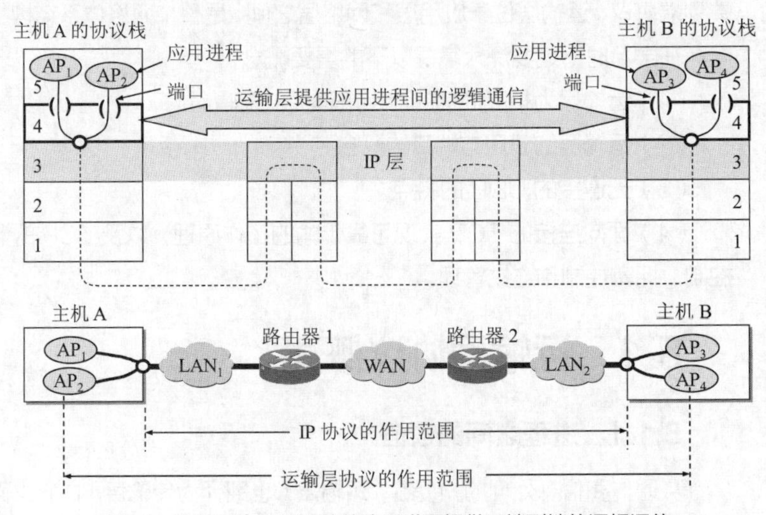

图5-1　运输层为相互通信的应用进程提供了端到端的逻辑通信

从这里可以看出网络层和运输层有很大的区别。**网络层是为主机之间提供逻辑通信，而运输层为应用进程之间提供端到端的逻辑通信**（图 5-2）。

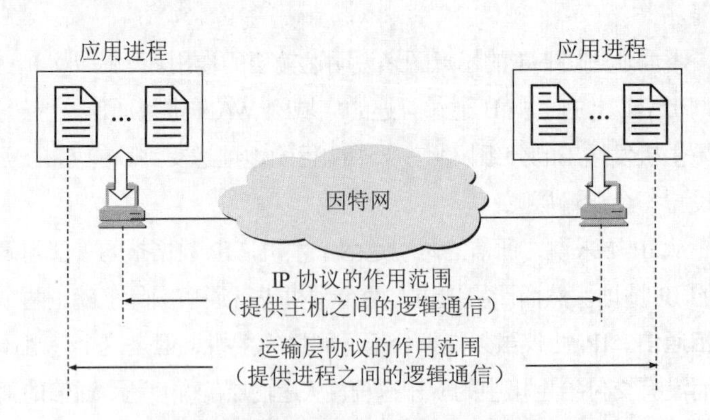

图5-2　运输层协议和网络层协议的主要区别

然而正如后面还要讨论的，运输层协议还可以在网络层协议之上实现许多其他重要功能，如可靠数据传输、流量控制、拥塞控制等。根据应用需求的不同，因特网的运输层为应用层提供了两种不同的运输协议，即**面向连接的 TCP** 和**无连接的 UDP**，这两种协议就是本章要讨论的主要内容。

我们要再次强调指出，**运输层向高层用户屏蔽了下面网络核心的细节**（如网络拓扑、所采用的路由选择协议等），**它使应用进程看见的就是好像在两个运输层实体之间有一条端到端的逻辑通信信道**，但这条逻辑通信信道对上层的表现却因运输层使用的不同协议而有很大的差别。当运输层**采用面向连接的 TCP 协议时，尽管下面的网络是不可靠的**（即只提供尽最大努力服务），但这种逻辑通信信道就相当于**一条全双工的可靠信道**。但当运输层采用**无连接的 UDP 协议**时，这种逻辑通信信道仍然是一条**不可靠信道**。

在网络中，两个进程要进行通信，必须有一个进程要主动发起通信，而另一个进程要事先准备好接受通信请求，这就是**客户-服务器**通信模式。在术语**客户-服务器**通信模式中，客户和服务器都是进行通信的应用进程，**客户是主动发起通信的进程，而服务器是被动接受通信请求的进程**。

5.1.2　因特网的运输层协议

我们知道，因特网的网络层为主机之间提供的逻辑通信服务是一种**尽最大努力交付的数据报服务**。也就是说，IP 报文在传送过程中有可能出错、丢失或失序。对于像电子邮件、文件传输、万维网以及电子银行等很多应用，数据丢失可能会造成灾难性的后果。因此，需要运输层为这类应用提供可靠的数据传输服务。但对于实时的多媒体应用，如实时音/视频，它们能够承受一定程度的数据丢失。在这些多媒体应用中，丢失少量的数据会对播放的质量产生一些小的影响，但不会造成致命的损伤。为实现可靠数据传输，运输层协议必须增加很多复杂的机制（我们很快就会学到），而这些机制非但不能为这些多媒体应用带来明显的好处，而且会带来一些不利因素。总之，单一的运输层服务很难满足所有应用的需求。

因特网（更一般地说是 TCP/IP 网络）为上层应用提供了两个不同的运输层协议（见图 5-3），即：

（1）**用户数据报协议**（User Datagram Protocol，**UDP**）[RFC 768]；

（2）**传输控制协议**（Transmission Control Protocol，**TCP**）[RFC 793]。

按照 OSI 的术语，两个对等运输实体在通信时传送的数据单位叫作**运输协议数据单元**（Transport Protocol Data Unit，TPDU）。但在因特网中，根据所使用的协议是 TCP 还是 UDP，分别称之为 **TCP 报文段**（Segment）和 **UDP 报文**或**用户数据报**。

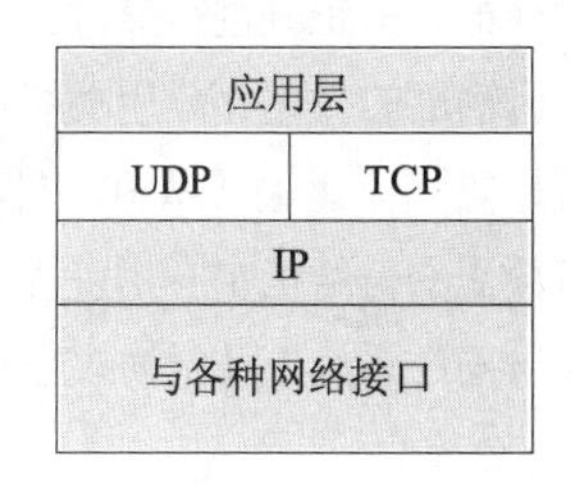

图5-3　TCP/IP网络中的运输层协议

UDP 在传送数据之前**不需要先建立连接**。接收方运输层在收到 UDP 报文后，不需要给出任何确认。虽然 UDP 不提供可靠交付，但在某些情况下 UDP 却是一种最有效的工作方式。

TCP 则**提供面向连接的服务**。在传送数据之前必须先建立连接，数据传送结束后要释放连接。TCP 不提供广播或多播服务。由于 TCP 要提供可靠的、面向连接的运输服务，因此不可避免地增加了许多开销，如确认、流量控制、计时器及连接管理等。这不仅使协议数据单元的首部增大很多，还要占用许多的处理机资源。

表 5-1 给出了一些应用和应用层协议主要使用的运输层协议（UDP 或 TCP）。

表5-1　使用UDP和TCP协议的各种应用和应用层协议

应　用	应用层协议	运输层协议
名字转换	DNS	UDP
文件传送	TFTP	UDP
路由选择协议	RIP	UDP
IP 地址配置	DHCP	UDP
网络管理	SNMP	UDP
远程文件服务器	NFS	UDP
IP 电话	专用协议	UDP 或 TCP
流式多媒体通信	专用协议	UDP 或 TCP
多播	IGMP	UDP
电子邮件	SMTP	TCP
远程终端接入	TELNET	TCP
万维网	HTTP	TCP
文件传送	FTP	TCP

5.1.3　运输层的复用与分用

前面已经提到过运输层的复用和分用功能。其实在日常生活中也有很多复用和分用的例子。假定一个机关的所有部门向外单位发出的公文都由收发室负责寄出，这相当于各部门都“复用”这个收发室。当收发室收到从外单位寄来的公文时，则要完成“分用”功能，即按照信封上写明的本机关的部门地址把公文正确进行交付。

运输层的复用和分用功能也是类似的。应用层所有的应用进程都可以通过运输层再传送到 IP 层，这就是复用。运输层从 IP 层收到数据后必须交付给指明的应用进程。这就是分用。运输层要能正确地将数据交付给指定应用进程，就必须给每个应用进程赋予一个明确的标志。在 TCP/IP 网络中，使用一种与操作系统无关的协议端口号（Protocol Port Number）（简称端口号）来实现对通信的应用进程的标志。

端口是应用层与运输层之间接口的**抽象**，端口号是应用进程的运输层地址。为此，在运输协议数据单元（即 TCP 报文段或 UDP 用户数据报）的首部中必须包含两个字段：**源端口号**和**目的端口号**。当运输层收到 IP 层交上来的数据，就要根据其目的端口号来决定应当通过哪一个端口上交给目的应用进程。图 5-4 中在应用层和运输层之间的小方框就代表端口。

对于不同的计算机，端口的具体实现方法可能有很大的差别，因为这取决于计算机的操作系统。因此端口的基本概念就是：应用层的源进程将报文发送给运输层的某个端口，而应用层的目的进程从端口接收报文。端口用一个 16 位**端口号**进行标志，但**端口号只具有本地意义**。在因特网不同计算机中，相同的端口号是**没有联系**的，并且 TCP 和 UDP 端口号之间也没有必然联系。IP 协议根据 IP 数据报中的协议字段定位要交付的运输层协议，而相应的运输层协议需要根据运输层协议数据单元中的目的端口号来确定要交付的应用进程[①]。16 位的端口号可以允许有 65535 个端口号，这个数目对一个计算机来说是足够用的。

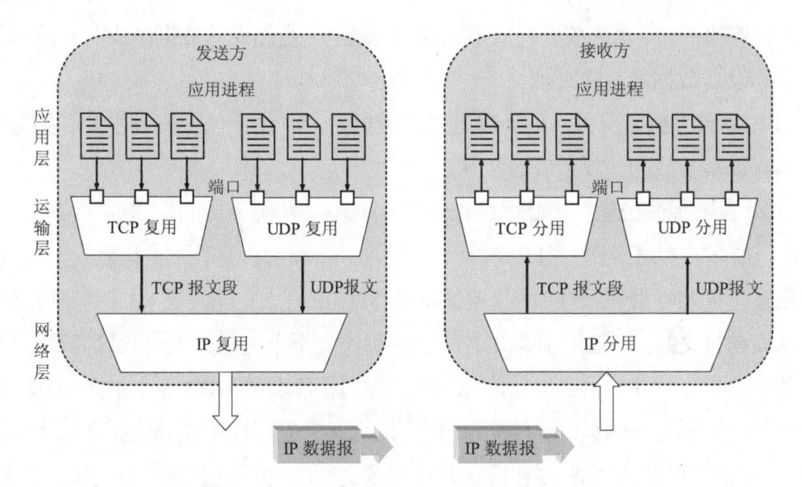

图5-4 端口在进程之间的通信中所起的作用

由此可见，两个计算机中的进程要互相通信，不仅要知道对方的 IP 地址（为了找到对方的计算机），而且还要知道对方的端口号（为了找到对方计算机中的应用进程）。我们知道应用进程间的通信采用的是客户-服务器通信模式，在应用层中的各种不同的服务器进程不断地监听它们的端口，以便发现是否有某个客户进程要和它通信。客户在发起通信请求时，必须先知道对方服务器的 IP 地址和端口号，而服务器总是可以从接收到的报文中获得客户的 IP 地址和端口号。为此运输层的端口号共分为下面的 3 类。

（1）**熟知端口**（Well-Known Port），其数值为 0~1023。这一类端口由**因特网赋号管理局**（Internet Assigned NumbersAuthority，IANA）负责分配给一些常用的应用层程序固定使用，因而所有用户进程都知道。当一种新的应用程序出现时要获得一个熟知端口，必须向 IANA 申请。例如:

应用程序	FTP	TELNET	SMTP	DNS	TFTP	HTTP	SNMP	SNMP （trap）
熟知端口	21	23	25	53	69	80	161	162

（2）**登记端口**，其数值为 1024~49151。这类端口 IANA 不分配也不控制，但可以在 IANA 注册登记，以防止重复使用。

（3）**动态端口**，其数值为 49152~65535。这类端口是留给客户进程选择作为临时端口。当客户进程发起通信前要先为自己选择一个未用的临时端口，通信结束后要释放该端口以便其他客户进程使用。

下面将分别讨论 UDP 和 TCP。UDP 比较简单，本章主要的篇幅是讨论 TCP。

5.2 用户数据报协议（UDP）

5.2.1 UDP概述

用户数据报协议 UDP 只在 IP 的数据报服务之上增加了有限的功能，这就是端口的功能（有了端

① 实际上定位已建立 TCP 连接的通信进程还需要源 IP 地址和源端口号。但在这里可暂不考虑这些细节，我们将在后面讨论具体的细节。

口，运输层就能进行复用和分用）和差错检测的功能。虽然UDP用户数据报只能提供不可靠的交付，但UDP在某些方面有其特殊的优点，如以下几方面。

（1）UDP是**无连接**的，即发送数据之前不需要建立连接（当然发送数据结束时也没有连接可释放），因此减少了开销和发送数据之前的时延。

（2）UDP使用**尽最大努力交付**，即不保证可靠交付，同时也不使用流量控制和拥塞控制，因此主机不需要维持具有许多参数的、复杂的连接状态表。

（3）由于UDP**没有拥塞控制**，因此网络出现的拥塞不会使源主机的发送速率降低。这对某些实时应用是很重要的。很多的实时应用（如IP电话、实时视频会议等）要求源主机以恒定的速率发送数据，并且允许在网络发生拥塞时丢失一些数据，但却不允许数据有太大的时延。UDP正好适合这种要求。

（4）UDP是**面向报文**的。这就是说，UDP对应用程序交下来的报文不再划分为若干个分组来发送，也不把收到的若干个报文合并后再交付给应用程序。应用程序交给UDP一个报文，UDP就发送这个报文；而UDP收到一个报文，就把它交付给应用程序。因此，应用程序必须选择合适大小的报文。若报文太长，UDP把它交给IP层后，IP层在传送时可能要进行分片，这会降低IP层的效率。反之，若报文太短，UDP把它交给IP层后，会使IP数据报的首部相对太大，这也降低了IP层的效率。

（5）UDP支持一对一、一对多、多对一和多对多的交互通信。

（6）用户数据报只有8个字节的首部开销，比TCP的20个字节的首部要短得多。

虽然某些实时应用需要使用没有拥塞控制的UDP，但当很多的源主机同时都向网络发送高速率的实时视频流时，网络就有可能发生拥塞，结果大家都无法正常接收。因此UDP不使用拥塞控制功能可能会引起网络产生严重的拥塞问题。

还有一些使用UDP的实时应用需要对UDP的不可靠的传输进行适当改进以减少数据的丢失。在这种情况下，应用进程本身可在不影响应用的实时性的前提下增加一些提高可靠性的措施，如采用前向纠错或重传已丢失的报文。

5.2.2 UDP报文的首部格式

UDP报文有两个字段：数据字段和首部字段。首部字段很简单，只有8个字节（图5-5），由四个字段组成，**每个字段都是两个字节**。各字段意义如下。

（1）**源端口**　源端口号。

（2）**目的端口**　目的端口号。

（3）**长度**　UDP用户数据报的长度。

（4）**检验和**　差错检验码，防止UDP用户数据报在传输中出错。

UDP报文首部中最重要的字段就是源端口和目的端口，它们用来标识UDP发送方和接收方。实际上，UDP通过二元组（目的IP地址，目的端口号）来定位一个接收方应用进程，而用二元组（源IP地址，源端口号）来标识一个发送方进程。二元组（IP地址，端口号）被称为**套接字（Socket）地址**。UDP的多路分用模型如图5-6所示。一个UDP端口与一个报文队列（缓存）关联，UDP根据目的端口号将到达的报文加到对应的队列。应用进程根据需要从端口对应的队列中读取整个报文。由于UDP没有流量控制功能，如果报文到达的速度长期大于应用进程从队列中读取报文的速度，则会导致队列溢出和报文丢失。要注意的是，与后面将要讨论的TCP不同，端口队列中的所有报文的目的IP地址和目的端口号相同，但源 IP 地址和源端口号并不一定相同。即不同源而同一目的地的报文会定位到同一队列。

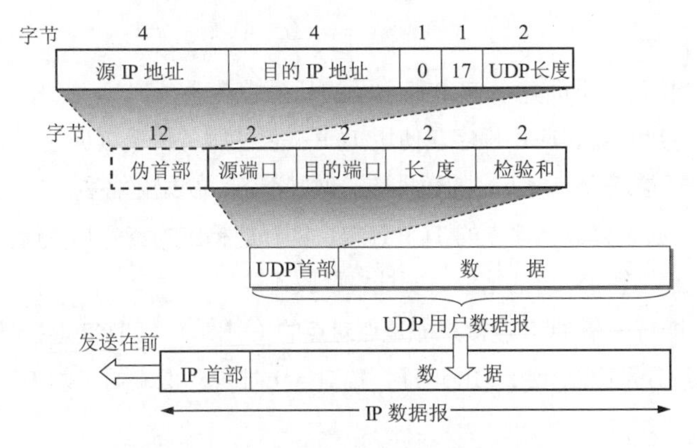

图5-5　UDP用户数据报的首部和伪首部

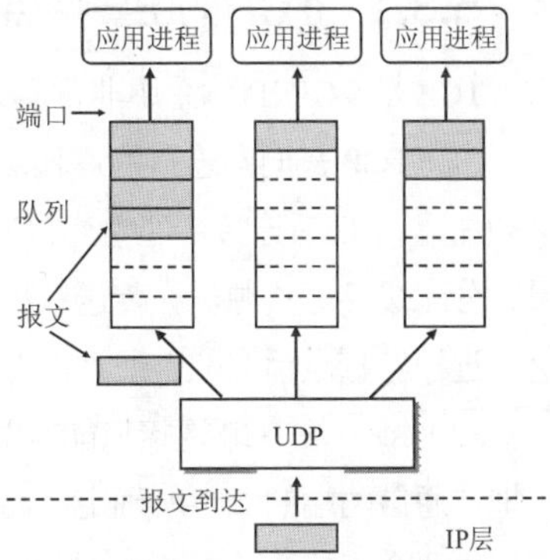

图5-6　UDP的多路分用模型

如果接收方 UDP 发现收到的报文中的目的端口号不正确（即不存在对应于该端口号的应用进程），就丢弃该报文，并由网际控制报文协议 ICMP 发送一个“端口不可达”差错报文给发送方。我们在 4.3.2 小节“ICMP 的应用举例”讨论 traceroute 时，就是让发送的 UDP 用户数据报故意使用一个非法的 UDP 端口，结果 ICMP 就返回“端口不可达”差错报文，因而达到了测试的目的。

UDP 用户数据报首部中检验和的计算方法有些特殊。在计算检验和时，要在 UDP 用户数据报之前增加 12 个字节的**伪首部**。所谓“伪首部”是因为这种伪首部并不是 UDP 用户数据报真正的首部。只是在计算检验和时，临时和 UDP 用户数据报连接在一起，得到一个临时的 UDP 用户数据报。检验和就是按照这个临时的 UDP 用户数据报来计算的。伪首部既不向下传送也不向上递交，而仅仅是为了计算检验和，防止报文被意外地交付到错误的目的地。图 5-5 的最上面给出了伪首部各字段的内容。

UDP 计算检验和的方法和计算 IP 数据报首部检验和的方法相似。但不同的是：IP 数据报的检验和只检验 IP 数据报的首部，但 UDP 的检验和是**把首部和数据部分一起都检验**。在发送方，首先是先把全零放入检验和字段。再把伪首部及 UDP 用户数据报看成是由许多 16 位的字串接起来。若 UDP 用户数据报的数据部分不是偶数个字节，则要填入一个全零字节（但此字节不发送）。然后按二进制反码计算出这些 16 位字的和。将此和的二进制反码写入检验和字段后，发送这样的 UDP 用户数据报。在接收方，把收到的 UDP 用户数据报连同伪首部（及可能的填充全零字节）一起，按二进制反码求这些 16 位字的和。当无差错时其结果应为全 1，否则就表明有差错出现，接收方就应丢弃这个 UDP 用户数据报（也可以上交给应用层，但附上出现了差错的警告）。这种简单的差错检验方法的检错能力并不强，但它的好处是简单，处理起来较快。

伪首部的第三字段是全零，第四个字段是 IP 首部中的协议字段的值。以前已讲过，对于 UDP，此协议字段值为 17。第五字段是 UDP 用户数据报的长度。这样的检验和，既检查了 UDP 用户数据报的源端口号、目的端口号及 UDP 用户数据报的数据部分，又检查了 IP 数据报的源 IP 地址和目的地址。

5.3　传输控制协议（TCP）

TCP 是 TCP/IP 体系中面向连接的运输层协议，它提供全双工的和可靠交付的服务。TCP 与 UDP

最大的区别就是：TCP是**面向连接**的，而UDP是**无连接**的。TCP比UDP要复杂得多，除了具有面向连接和可靠传输的特性外，TCP还在运输层使用了流量控制和拥塞控制机制。

5.3.1 TCP的主要特点

TCP是TCP/IP体系中非常复杂的一个协议。下面介绍TCP最主要的几个特点。

（1）TCP是面向连接的运输层协议。这就是说，应用程序在使用TCP提供的服务传送数据之前，必须先建立TCP连接。建立连接的目的是通信双方为接下来的数据传送做好准备，初始化各种状态变量，分配缓存等资源。在传送数据完毕后，必须释放已建立的TCP连接，即释放相应的资源和变量。这个过程与打电话类似：通话前要先拨号建立连接，通话结束后要挂机释放连接。

（2）每一条TCP连接只能有两端点，即每一条TCP连接只能是**点对点**的（一对一）。TCP连接唯一地被通信两端的端点所确定，而两个端点分别由二元组（IP地址、端口号）唯一标识，即一条TCP连接由两个套接字（Socket）地址标识。

（3）TCP提供**可靠交付**的服务。也就是说，通过TCP连接传送的数据无差错、不丢失、不重复，并且按序到达。

（4）TCP提供**全双工通信**。TCP允许通信双方的应用进程在任何时候都能发送数据。TCP连接的两端都设有发送缓存和接收缓存，用来临时存放双向通信的数据。在发送时，应用程序在把数据传送给TCP的缓存后，就可以做自己的事，而TCP在合适的时候把数据发送出去。在接收时，TCP把收到的数据放入缓存，上层的应用进程在合适的时候读取缓存中的数据。

（5）**面向字节流**。TCP中的“流”（Stream）指的是**流入到进程或从进程流出的字节序列**。“面向字节流”的含义是：虽然应用程序和TCP的交互是一次一个数据块（大小不等），但TCP把应用程序交下来的数据看成是一连串的**无结构的字节流**。TCP不保证接收方应用程序所收到的数据块和发送方应用程序所发出的数据块具有对应大小的关系（例如，发送方应用程序交给发送方的TCP共10个数据块，而接收方的应用程序是分四次（即四个数据块）从TCP接收方缓存中将数据读取完毕。但接收方应用程序收到的字节流必须和发送方应用程序发出的字节流完全一样。

图5-7是上述概念的示意图。发送方的应用进程按照自己产生数据的规律，不断地把数据块（其长短可能各异）陆续写入到TCP的发送缓存中。TCP再从发送缓存中取出一定数量的数据，将其组成TCP**报文段**（Segment）逐个传送给IP层，然后发送出去。图中表示的是在TCP连接上传送一个个TCP报文段，而没有画出IP层或链路层的动作。接收方从IP层收到TCP报文段后，先把它暂存在接收缓存中，然后等待接收方的应用进程从接收缓存中将数据按顺序读取。需要注意的是，接收方应用进程每次从接收缓存中读取数据时，是按应用进程指定的数量读取数据，而不是一次读取接收缓存中的一个完整的报文段或所有数据。只有当接收缓存中的数据量小于应用进程指定的读取量时，才返回给应用进程接收缓冲中所有的数据。当接收缓存中完全没有数据时，根据读取方式的不同，应用进程可能会一直等待，也可能直接返回。由此可见，TCP的接收方应用进程读取的数据块的边界与发送方应用进程发送的数据块边界毫无关系，也就是说TCP接收方在向上层交付数据时不保证能保持发送方应用进程发送数据块的边界。

为了突出示意图的要点，我们只画出了一个方向的数据流。实际上，只要建立了TCP连接，就能支持同时双向通信的数据流，并且一个TCP报文段可能包含上千个字节。

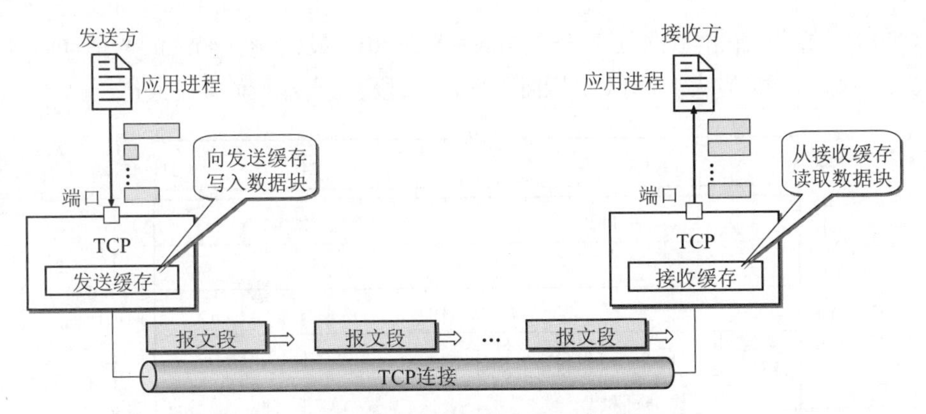

图5-7　TCP发送报文段的示意图

需要注意的是，图 5-7 中的 TCP 连接是一条**虚连接**，而不是一条物理连接。也就是说，TCP 连接是一种抽象的**逻辑连接**。这个概念非常重要，一定要逐步地深入理解。

TCP 报文段首先要传送到 IP 层，加上 IP 首部后，再传送到数据链路层，再加上数据链路层的首部和尾部后，才离开主机发送到物理链路。另外，TCP 连接仅存在于两个端系统中，而网络核心的中间设备（路由器、交换机等）完全不知道该连接的存在。TCP 连接的组成主要包括：通信两端主机上的缓存、状态变量，在这两台主机间的路由器和交换机没有为该连接分配任何缓存和变量。

与 UDP 的端口队列不同的是，TCP 的发送缓存和接收缓存都是分配给一个连接的，而不是一个端口。**TCP 的一个连接由四元组（源 IP 地址、源端口号、目的 IP 地址、目的端口号）标识**，即由源/目的套接字（socket）地址对标识。也就是说，来自不同源的 TCP 报文段，即使它们的目的 IP 地址和目的端口号相同，它们也不可能被交付到同一个 TCP 接收缓存中，因为它们在不同的 TCP "管道"中传输，到达不同"管道"出口的缓存。通常一个 TCP 服务器进程用一个端口号与不同的客户机进程建立多个连接，然后创建多个子进程分别用这些连接与各自的客户机进程进行通信。

5.3.2　TCP报文段的格式

TCP 虽然是面向字节流的，但 TCP 传送的数据单元却是报文段。TCP 报文段分为首部和数据两部分，而 TCP 的全部功能都体现在它首部中各字段的作用。因此，只有弄清 TCP 首部各字段的作用才能掌握 TCP 的工作原理。本节先大致介绍各字段的作用，然后在后续的几节详细讨论 TCP 的主要机制。图 5-8 是 TCP 报文段及其首部的格式。

TCP 报文段首部的前 20 个字节是固定的，后面有 $4N$ 个字节是根据需要而增加的选项（N 必须是整数）。因此 TCP 首部的最小长度是 20 字节。

首部固定部分各字段的意义如下所述。

（1）**源端口**和**目的端口**　各占两个字节。与 UDP 一样，该字段定义了在主机中发送和接收该报文段的应用程序的端口号，用于运输层的复用和分用。

（2）**序号**　占 4 字节。序号从 0 开始，到 $2^{32}-1$ 为止，共 2^{32}（即 4 294 967 296）个序号。TCP 是面向数据流的。TCP 传送的报文段可看成为连续的数据流。在一个 TCP 连接中传送的数据流中的**每一个字节都按顺序编号**。整个数据的起始序号在连接建立时设置。首部中的序号字段的值则指的是**本报文段**所发送的数据的第一个字节的序号。例如，一报文段的序号字段值是 301，而携带的数据共有 100

字节。这就表明：本报文段的数据的第一个字节的序号是 301，最后一个字节的序号是 400。显然，下一个报文段的数据序号应当从 401 开始，因而下一个报文段的序号字段值应为 401。

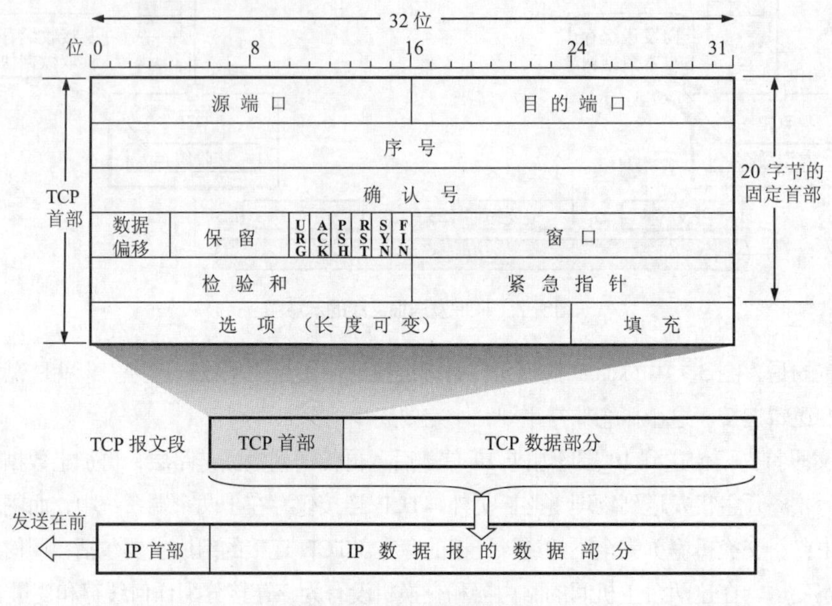

图5-8 TCP报文段的格式

（3）**确认号** 占 4 字节，是**期望收到对方的下一个报文段的第一个数据字节的序号**。TCP 提供的是双向通信，当一端发送数据时同时对接收到的对端数据进行确认。例如，B 正确收到了 A 发送过来的一个报文段，其序号字段值是 501，而数据长度是 200 字节，这表明 B 正确收到了 A 发送的序号在 501 ~ 700 的数据。因此，B 期望收到 A 的下一个数据序号是 701，于是 B 在发送给 A 的确认报文段中把确认号置为 701，表示对第 701 字节之前（不包括第 701 字节）的所有字节的确认。TCP 采用的是**累积确认**。

由于序号字段有 32 位长，可对 4 GB（即 4 千兆字节）的数据进行编号。这样就可保证在大多数情况下当序号重复使用时，旧序号的数据早已通过网络到达终点了。

（4）**数据偏移** 占 4 位，它指出 TCP 报文段的数据起始处距离 TCP 报文段的起始处有多远。这实际上就是 TCP 报文段首部的长度。由于首部长度不固定（因首部中还有长度不确定的选项字段），因此数据偏移字段是必要的。但应注意，“数据偏移”的单位不是字节而是 32 位字（即以 4 字节长的字为计算单位）。由于 4 位二进制数能够表示的最大十进制数字是 15，因此数据偏移的最大值是 60 字节，这也是 TCP 首部的最大长度。

（5）**保留** 占 6 位，保留为今后使用，但目前应置为 0。

下面有 6 个**标志位**说明本报文段的性质，它们的意义见（6）~（11）。

（6）**紧急** URG （URGent） 当 URG = 1 时，表明紧急指针字段有效。它告诉接收方 TCP 此报文段中有紧急数据，应尽快交付给应用程序（相当于高优先级的数据），而不要按序从接收缓存中读取。例如，已经发送了很长的一个程序要在远地的主机上运行。但后来发现了一些问题，需要取消该程序的运行。因此用户从键盘发出中断命令（Control + C）。如果不使用紧急数据，那么这两个字符将存储在接收 TCP 缓存的末尾。只有在所有的数据被处理完毕后这两个字符才被交付到接收应用进程。这样做就浪费了许多时间。

当 URG 置 1 时，发送应用进程就告诉发送 TCP 这两个字符是紧急数据。于是发送 TCP 就将这两个字符插入到报文段的数据的最前面，其余的数据都是普通数据。这时要与首部中**紧急指针**（Urgent Pointer）字段配合使用。紧急指针指出在本报文段中的紧急数据共有多少个字节。紧急数据到达接收方后，当所有紧急数据都被处理完时，TCP 就告诉应用程序恢复到正常操作。值得注意的是，即使窗口为零时也可发送紧急数据。URG 在实际中很少被使用。

（7）**确认** ACK　只有当 ACK = 1 时确认号字段才有效。当 ACK = 0 时，确认号无效。

（8）**推送** PSH（PUSH）　出于效率的考虑，TCP 可能会延迟发送数据或向应用程序延迟交付数据，这样可以一次处理更多的数据。但是当两个应用进程进行交互式的通信时，有时在一端的应用进程希望在键入一个命令后立即就能够收到对方的响应。在这种情况下，应用程序可以通知 TCP 使用推送（PUSH）操作。这时，发送方 TCP 把 PSH 置 1，并立即创建一个报文段发送出去，而不需要积累到足够多的数据再发送。接收 TCP 收到 PSH 置 1 的报文段，就尽快地交付给接收应用进程，而不再等到接收到足够多的数据才向上交付。

虽然应用程序可以选择推送操作，但现在多数 TCP 实现都是根据情况自动设置 PUSH 标志，而不是交由应用程序去处理。

（9）**复位** RST（ReSeT）　当 RST = 1 时，表明 TCP 连接中出现严重差错（如由于主机崩溃或其他原因），必须释放连接，然后再重新建立运输连接。RST 置 1 还用来拒绝一个非法的报文段或拒绝打开一个连接。RST 也可称为重建位或重置位。

（10）**同步** SYN　用来建立一个连接。当 SYN = 1 而 ACK = 0 时，表明这是一个连接请求报文段。对方若同意建立连接，则应在响应的报文段中使 SYN = 1 和 ACK = 1。因此，SYN 置为 1 就表示这是一个连接请求或连接接受报文。关于连接的建立和释放，后面还要进行讨论。

（11）**终止** FIN（FINal）　用来释放一个连接。当 FIN = 1 时，表明此报文段的发送方的数据已发送完毕，并要求释放运输连接。

（12）**窗口**　占两字节。窗口值指示发送该报文段一方的**接收窗口**大小，在 0 到 $2^{16}-1$ 之间。窗口字段用来控制**对方**发送的数据量（从确认号开始，允许对方发送的数据量），**单位为字节**。窗口字段反映了接收方接收缓存的可用空间大小，计算机网络经常**用接收方的接收能力的大小来控制发送方的数据发送量**。

例如，设确认号是 701，窗口字段是 1000。这表明，允许对方发送数据的序号范围为 701~1700。

（13）**检验和**　占两字节。检验和字段检验的范围包括首部和数据这两部分。和 UDP 用户数据报一样，在计算检验和时，要在 TCP 报文段的前面加上 12 字节的伪首部。伪首部的格式与图 5-5 中 UDP 用户数据报的伪首部一样。但应将伪首部第四个字段中的 17 改为 6（TCP 的协议号是 6），将第五字段中的 UDP 长度改为 TCP 长度。接收方收到此报文段后，仍要加上这个伪首部来计算检验和。

（14）**选项**　长度可变。这里我们只介绍一种选项，即**最大报文段长度**（Maximum Segment Size, MSS）[①]。MSS 告诉对方 TCP：“我的缓存所能接收的报文段的**数据字段**的最大长度是 MSS 个字节。”

① 最大报文段长度 MSS 这个名词**很容易引起误解**。MSS 是 TCP 报文段中的**数据字段的最大长度**。数据字段加上 TCP 首部才等于整个的 TCP 报文段。所以 MSS 并不是 TCP 报文段的最大长度，而是：

MSS = TCP 报文段长度 － TCP 首部长度

当没有使用选项时，TCP 的首部长度是 20 字节。

MSS 的选择并不太简单。若选择较小的 MSS 长度，网络的利用率就降低。设想在极端的情况下，当 TCP 报文段只含有 1 字节的数据时，在 IP 层传输的数据报的开销至少有 40 字节（包括 TCP 报文段的首部和 IP 数据报的首部）。这样，对网络的利用率就不会超过 1/41。到了数据链路层还要加上一些开销。但反过来，若 TCP 报文段非常长，那么在 IP 层传输时就有可能要分解成多个短数据报片。在目的站要将收到的各个短数据报片装配成原来的 TCP 报文段。当传输出错时还要进行重传。这些也都会使开销增大。一般认为，MSS 应尽可能大些，只要在 IP 层传输时不需要再分片就行。在连接建立的过程中，双方可以将自己能够支持的 MSS 写入这一字段。在以后的数据传送阶段，MSS 取双方提出的较小的那个数值。若主机未填写这项，则 MSS 的默认值是 536 字节长。因此，所有在因特网上的主机都应能接受的报文段长度是 536 + 20 = 556 字节。

5.3.3 TCP的可靠传输

TCP 的可靠传输

我们知道因特网的网络层服务是不可靠的，即通过 IP 传送的数据可能出现差错、丢失、乱序或重复。TCP 在 IP 的不可靠的尽最大努力服务的基础上实现了一种可靠的数据传输服务，保证数据无差错、无丢失、按序和无重复的交付。TCP 的可靠传输要用到我们在 3.1.5 小节学习过的一些可靠传输机制：差错检测、序号、确认、超时重传、滑动窗口等。由于在互联网环境中运输层端到端的时延往往是比较大的（相对分组的发送时延），因此不能采用在无线局域网中所使用的停止等待协议，而是采用了传输效率更高的基于流水线方式的滑动窗口协议。TCP 的可靠传输实现与我们在 3.1.5 小节学习的 GBN 协议有很多类似的地方，但又有一些不同。下面我们就仔细讨论在 TCP 中是如何实现可靠传输的①，并注意与 GBN 协议的不同。

1. 数据编号与确认

TCP 协议是**面向字节**的。TCP 把应用层交下来的长报文（这可能要划分为许多较短的报文段）看成是**一个个字节组成的数据流**，并**使每一个字节对应于一个序号**。注意，在 GBN 协议中是对每个分组进行编号的。在连接建立时，双方 TCP 要各自确定**初始序号**。TCP 每次发送的报文段的首部中的序号字段数值表示该报文段中紧接着首部后面的**第一个数据字节的序号**。

TCP 使用的是**累积确认**，即确认是**对所有按序接收到的数据的确认**。但请注意，接收方返回的确认号是已按序收到的数据的最高序号加 1。也就是说，**确认号表示接收方期望下次收到的数据中的第一个数据字节序号**。例如，已经收到了 1 ~ 700 号、801 ~ 1000 号和 1201 ~ 1500 号，而 701 ~ 800 号及 1001 ~ 1200 号的数据还没有收到，那么这时发送的确认序号应填入 701。

当 TCP 发送一报文段时，它同时也在自己的重传队列中存放这个报文段的一个副本。若收到确认，则删除此副本。若在规定时间内没有收到确认，则重传此报文段的副本。TCP 的确认并不保证数据已交付给了应用进程，而只是表明在接收方的 TCP 已按序正确收到了对方所发送的报文段。

由于 TCP 连接能提供全双工通信，因此通信中的每一方都不必专门发送确认报文段，而可以在传送数据时顺便把确认信息**捎带**传送。为此，TCP 采用了一种**延迟确认**的机制，即接收方在正确接收到数据时可能要等待一小段时间（一般不超过 0.5s）再发送确认。若这段时间内有数据要发送给对方，则可以**捎带**确认。也有可能在这段时间内又有数据到达，则可以同时对这两次到达的数据进行累积确

① TCP 的具体实现有很多版本，有很多非常复杂的细节，这里的讨论忽略了一些不是很重要的细节。

认。这样做可以减少发送完全不带数据的确认报文段，以提高 TCP 的传输效率。

接收方若收到有差错的报文段就丢弃（不发送否认信息）。若收到重复的报文段，也要丢弃，但要立即发回确认信息。这一点是非常重要的。

若收到的报文段无差错，只是未按序号顺序到达，那么应如何处理？在 GBN 协议中会丢弃所有未按序到达的分组，但是 TCP 对此未做明确规定，而是让 TCP 的实现者自行确定。可以像 GBN 协议一样将不按序的报文段丢弃，但多数 TCP 实现是先将其暂存于接收缓存内，待所缺序号的报文段收齐后再一起上交应用层。在互联网环境中，封装 TCP 报文段的 IP 数据报不一定是按序到达的，将失序的报文段先缓存起来可以避免不必要的重传。注意，不论采用哪种方法，接收方都要立即对已按序接收到的数据进行确认。

TCP 发送方每发送一个报文段，就会为这个报文段设置一个计时器。只要计时器设置的重传时间已经到了但还没有收到确认，就要重传这一报文段。我们知道，在 GBN 协议中，一旦发送方某个分组超时，则会重传发送窗口内所有已发送的分组。而在 TCP 中发送方只会重传超时的那一个报文段，如果后续报文段的确认能够在超时之前及时到达，则不会重传那些还没有超时的后续报文段。

2. 以字节为单位的滑动窗口

为了提高报文段的传输效率，TCP 采用**滑动窗口**协议。但与 GBN 协议不同的是，TCP 发送窗口大小的单位是**字节**，而不是分组数。TCP 发送方已发送的未被确认的字节数不能超过发送窗口的大小。

图 5-9 表示的是 TCP 滑动窗口概念（假设发送窗口的大小为 400 字节）。落入发送窗口内的是允许发送的字节，落在发送窗口外左侧的是已发送并被确认的字节，而落在发送窗口外右侧的是还不能发送的字节。收到确认后，发送窗口向右滑动，直到发送窗口的左沿正好包含确认序号的字节。

图 5-9（a）表示发送窗口确定为 400 字节，初始序号为 1，还没有发送任何字节，但可以发送序号为 1～400 的字节。发送方只要收到了对方的确认，发送窗口就可前移。TCP 发送方要维护一个指针。每发送一个报文段，指针就向前移动一个报文段的距离。当指针移动到发送窗口的最右端（即窗口前沿）时，就不能再发送报文段了。

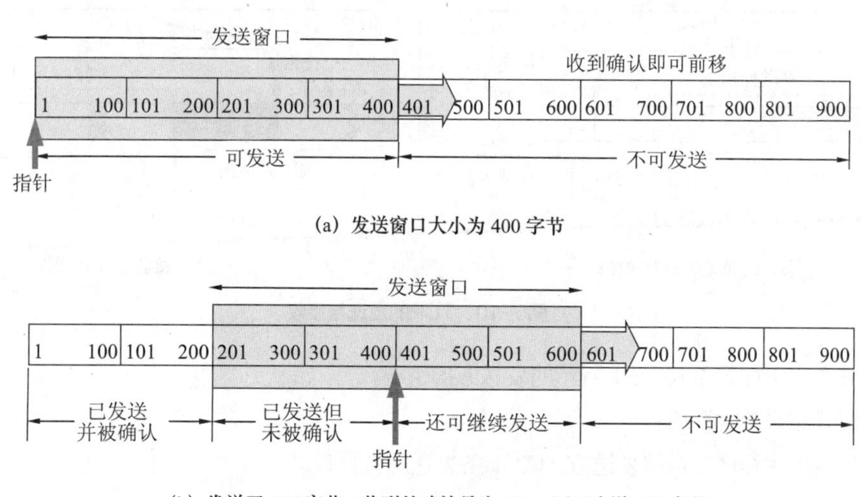

图5-9 TCP中的窗口概念

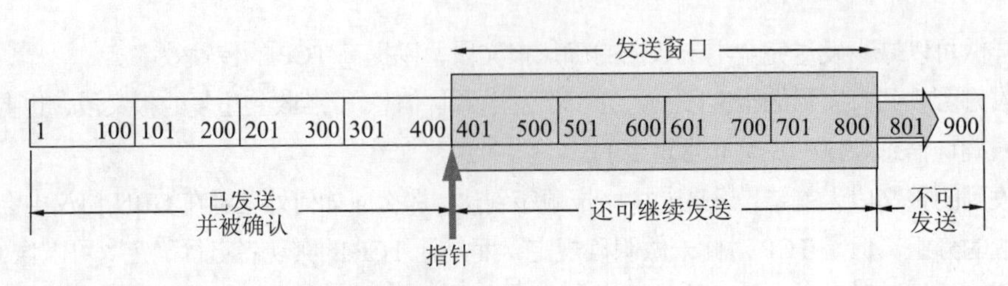

(c) 收到的确认号为 401，还可发送 400 字节

图5-9 TCP中的窗口概念（续）

图 5-9（b）表示发送方已发送了 400 字节的数据，但只收到对前 200 字节数据的确认。由于窗口右移，现在发送方还可以发送 200 字节（401～600）。

图 5-9（c）表示发送方收到了对方对前 400 字节数据的确认，发送方最多可再发送 400 字节的数据（401～800）。

在图 5-9 中假设发送窗口为 400 字节，并且一直没有改变。实际上，TCP 的发送窗口是会不断变化的。发送窗口的初始值在连接建立时由双方商定，但在通信的过程中，TCP 的流量控制和拥塞控制会根据情况动态地调整发送窗口上限值（可增大或减小），从而控制发送数据的平均速率。

我们在前面的图 5-7 中已讨论过 TCP 字节流的概念：发送方的应用进程把字节流写入 TCP 的发送缓存，接收方的应用进程从 TCP 的接收缓存中读取字节流。下面我们进一步讨论前面讲的窗口和缓存的关系。图 5-10 画出了发送方维持的发送缓存和发送窗口，以及接收方维持的接收缓存和接收窗口。这里首先要明确一点：缓存空间和序号空间都是有限的，并且都是循环使用的，最好是把它们画成圆环形，但这里为画图方便，我们还是把它们画成长条形，同时也不考虑循环使用缓存空间和序号空间的问题。

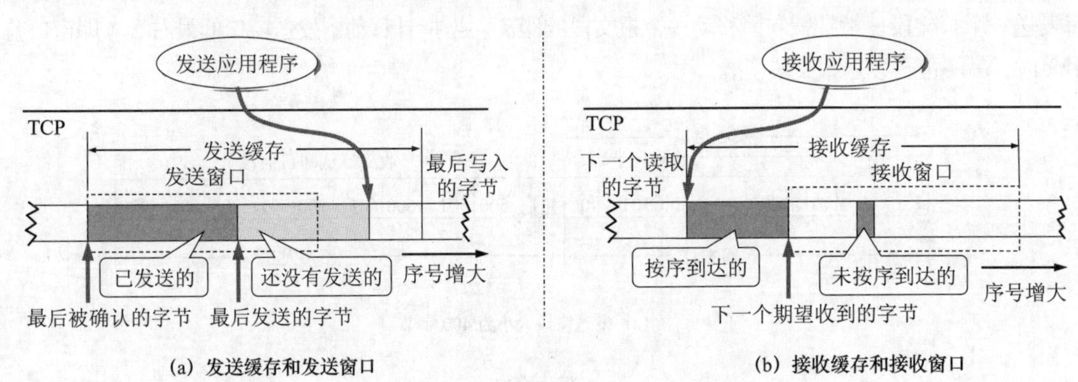

(a) 发送缓存和发送窗口　　　(b) 接收缓存和接收窗口

图5-10 TCP的发送与接收

我们先看一下如图 5-10（a）所示的发送方的情况。

发送缓存用来暂时存放：

（1）发送应用程序传送给发送方 TCP 准备发送的数据；

（2）TCP 已发送出去但尚未收到确认的数据。

发送窗口通常只是发送缓存的一部分。已被确认的数据应当从发送缓存中删除，因此发送缓存和发送窗口的后沿是重合的。发送应用程序最后写入发送缓存的字节序号减去最后被确认的字节序号，就是还保留在发送缓存的被写入的字节数。如果发送应用程序传送给 TCP 发送方的速度太快，可能会最终导致发送缓存被填满，这时发送应用程序必须等待，直到有数据从发送缓存中删除。

再看一下如图 5-10（b）所示的接收方的情况。

接收缓存用来暂时存放：

（1）按序到达的，但尚未被接收应用程序读取的数据；

（2）未按序到达的，但还不能被接收应用程序读取的数据。

如果收到的分组被检测出有差错，则要丢弃。如果接收应用程序来不及读取收到的数据，接收缓存最终就会被填满，使接收窗口减小到零。反之，如果接收应用程序能够及时从接收缓存中读取收到的数据，接收窗口就会增大，但最大不能超过接收缓存的大小。图 5-10（b）中还指出了下一个期望收到的字节号。这个字节号也就是接收方给发送方的报文段的首部中的确认号。

TCP 的重传机制

3. 超时重传时间的选择

前面已经讲到，TCP 的发送方在规定的时间内没有收到确认就要重传已发送的报文段。这种重传的概念很简单，但如何选择超时重传的时间却是 TCP 中非常重要也是较复杂的一个问题。

由于 TCP 的下层是互联网环境，发送的报文段可能只经过一个高速率的局域网，但也可能经过多个低速率的广域网，并且每个 IP 数据报所选择的路由还可能不同，不同时间网络拥塞情况也有所不同，因此往返时间是在不断变化的。图 5-11 画出了数据链路层和运输层的往返时间分布情况的对比。对于数据链路层，其往返时间的方差很小，因此将超时时间设置为比图 5-11 中的 T_1 大一点的值即可。但对于运输层来说，其往返时间的方差很大。如果把超时时间设置得太短（如为图中的 T_2），则很多报文段就会过早超时，引起很多报文段的不必要的重传，使网络负荷增大。但如果把超时时间设置得过长（如为图中的 T_3），则大量丢失的报文段不能被及时重传，降低了传输效率。因此，选择超时重传时间在数据链路层并不困难，但在运输层却不那么简单。

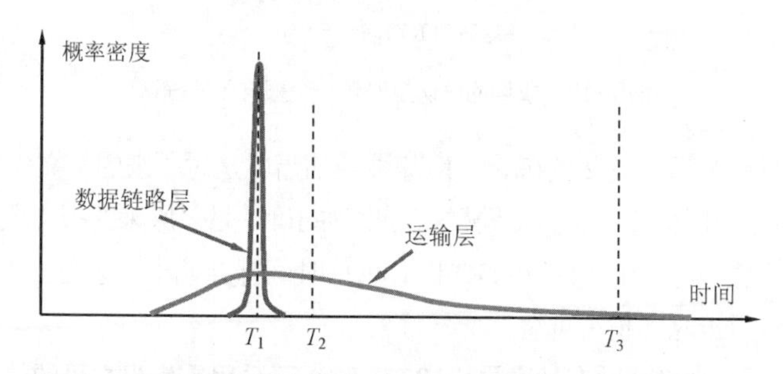

图5-11 数据链路层和运输层的往返时间概率密度曲线的比较

那么，运输层的超时计时器的超时重传时间究竟应设置为多大呢？

显然超时重传时间应比当前报文段的**往返时间**（Round-Trip Time，**RTT**）要长一些。针对互联网环境中端到端的时延是动态变化的特点，TCP 采用了一种自适应算法。该算法记录每一个报文段发出的时间，以及收到相应的确认报文段的时间。这两个时间之差就是**报文段的往返时间 RTT**。在互联网中，实际的 RTT 测量值变化非常大，因此需要用多个 RTT 测量值的平均值来估计当前报文段的 RTT。由于越近的测量值越能反映网络当前的情况，TCP 采用指数加权移动平均的算法对 RTT 测量值进行加权平均，得出**报文段的平均往返时间 RTT_S**（即平滑的往返时间，S 表示 Smoothed）。每测量到一个新的 RTT 样本，就按下式重新计算一次平均 RTT_S：

$$新的\ RTT_S = (1-\alpha)\times(旧的\ RTT_S)+\alpha\times(新的\ RTT\ 样本) \qquad (5\text{-}1)$$

在上式中，$0 \leqslant \alpha < 1$。若α很接近于 0，新的 RTT 样本对计算结果的影响不大，表示新算出的平均 RTT_S 和原来的值相比变化不大（RTT_S 值更新较慢）。若选择α接近于 1，则表示加权计算的平均 RTT_S 受新的 RTT 样本的影响较大（RTT_S 值更新较快）。典型的α值为 1/8。

显然，**计时器设置的超时重传时间**（Retransmission Time-Out，RTO）**应略大于上面得出的平均往返时间** RTT_S。由于互联网环境下端到端的往返时间的波动比较大，因此在计算 RTO 时要考虑实际测量值与平均往返时间的偏差。因此，RFC 2988 建议使用下式计算 RTO：

$$RTO = RTT_S + 4 \times RTT_D \qquad (5\text{-}2)$$

其中，RTT_D 是 RTT_S 和新的 RTT 样本间**偏差**的加权平均：

$$新的\ RTT_D = (1-\beta)\times(旧的\ RTT_D)+\beta\times|RTT_S - 新的\ RTT\ 样本| \qquad (5\text{-}3)$$

这里的β是小于 1 的系数，它的推荐值为 1/4。

实际往返时间的测量比上面的算法还要复杂一些。试看下面的例子。

如图 5-12 所示，发送方发送出一个报文段 1。设定的重传时间到了，还没有收到确认。于是重传此报文段。经过了一段时间后，收到了确认报文段。现在的问题是：**如何判定此确认报文段是对原来的报文段 1 的确认，还是对重传的报文段 2 的确认？**由于重传的报文段 2 和原来的报文段 1 完全一样，因此源站在收到确认后，就无法做出正确的判断，而正确的判断对确定平均 RTT_S 的值关系很大。

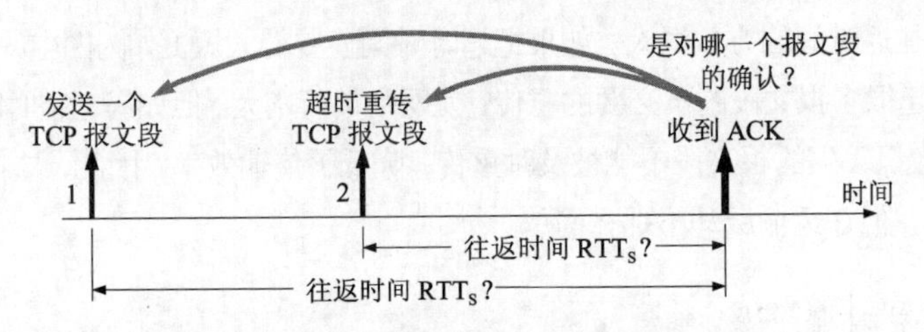

图5-12　收到的确认是对哪一个报文段的确认

若收到的确认是对重传报文段 2 的确认，但却被源站当成是对原来的报文段 1 的确认，那么这样计算出的 RTT_S 和超时重传时间就会偏大。同样，若收到的确认是对原来的报文段 1 的确认，但被当成是对重传报文段 2 的确认，则由此计算出的 RTT_S 和重传时间都会偏小。这就必然导致更多报文段的重传。这样就有可能导致重传时间越来越短。

因此，Karn 提出了一个算法：**在计算平均 RTT_S 时，不采用重传报文段的往返时间样本**。这样得出的 RTT_S 和重传时间就比较准确。

但是，这又引出了新的问题。设想出现这样的情况：如果报文段的时延突然增大了很多，则在原来得出的重传时间内不会收到确认报文段，于是就重传报文段。但根据 Karn 算法，不考虑重传的报文段的往返时间样本。这样，超时重传时间就无法更新，必然导致再次超时和再次重传，并且这种状态会一直持续到 RTT 变小为止。

因此要对 Karn 算法进行修正。方法是：报文段每重传一次，就将超时重传时间 RTO 增大一些。典型的做法是将 RTO 增大一倍（注意，并不增大 RTT_S）。当不再发生报文段的重传时，才根据式（5-1）

和式（5-2）计算超时重传时间。实践证明，这种策略较为合理。

4. 快速重传

超时触发重传存在的一个问题就是超时时间可能相对较长。由于无法精确估计实际的往返时间，超时重传时间 RTO 往往比实际的往返时间大很多。当一个报文段丢失时，发送方需要等待很长时间才能重传丢失的报文段，因而增加了端到端时延。幸运的是，有时一个报文段的丢失会引起发送方连续收到多个重复的确认，通过收到多个重复的确认可以快速地判断报文段可能已经丢失而不必等待重传计时器超时。**快速重传**就是基于该方法对超时触发重传的补充和改进。

下面结合一个例子来说明快速重传的工作原理（图 5-13）。

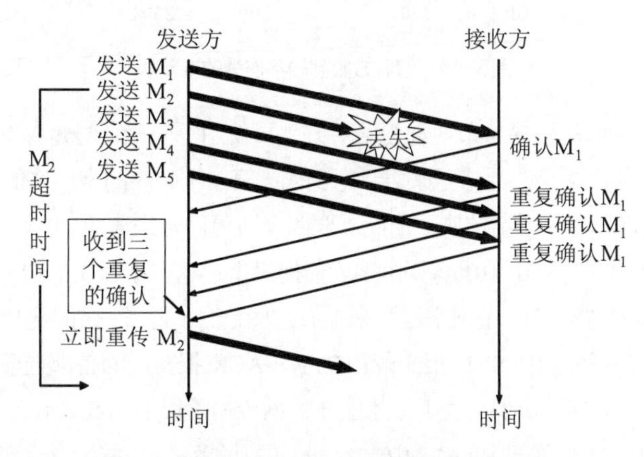

图5-13　快速重传的示意图

假定发送方发送了报文段 M_1 ~ M_5 共五个报文段。当接收方收到了 M_1 后，发出对 M_1 的确认。假定由于网络拥塞使 M_2 丢失了。接收方后来收到下一个 M_3，发现其序号不对，但仍收下放在缓存中，同时发出对最近按序接收的 M_1 确认（请注意，不能对 M_3 确认，因为 TCP 是累积确认，如果对 M_3 确认就表示 M_2 也已经收到了）。因为 TCP 不使用否定确认，当接收方收到失序报文段时，不能向发送方发回一个显式的否定确认，而只需对按序接收到的最后一个字节数据进行重复确认。当接收方收到 M_4 和 M_5 后，也还要分别发出对 M_1 的重复确认。这样，当发送方收到一连三个重复的确认后，就知道现在可能是网络出现了拥塞造成分组丢失，或是报文段 M_2 虽未丢失但目前正滞留在网络中的某处，可能还要经过较长的时延才能到达接收方。快速重传算法规定，发送方只要一连收到三个重复的确认，就应立即重传丢失的报文段 M_2（注意：重复确认的确认号正是要重传的报文段的序号），而不必继续等待为 M_2 设置的重传计时器的超时。不难看出，快速重传并非取消重传计时器，而是尽早重传丢失的报文段。

5. 选择确认

根据前面的讨论，我们知道 TCP 报文段的确认字段是一种累积确认，就是说，它只通告收到的最后一个按序到达的字节，而没有通告所有收到的失序到达的那些字节，虽然这些字节已经被接收方接收并暂存在接收缓存中。这些没有被确认的字节很可能因为超时而被发送方重传。为避免这些无意义的重传，一个可选的功能**选择确认**（Selective ACK，SACK）[RFC 2018]可以用来解决这个问题。选择确认允许接收方通知发送方所有正确接收了的但是失序的字节块，发送方可以根据这些信息只重传那些接收方还没有收到的字节块，这很像前面介绍的选择重传（SR）协议的工作方式。

我们通过一个例子来说明选择确认的工作原理。当 TCP 的接收方接收到失序的字节块时，就会使收到的数据字节流形成不连续的字节块（图 5-14）。可以看出，序号为 1 ~ 1000 的字节收到了，字节 1001 ~ 1500 还没有收到，但接下来的字节 1501 ~ 2000 和字节 2501 ~ 4000 却已经收到了，而中间的字节 2001 ~ 2500 也没有收到。

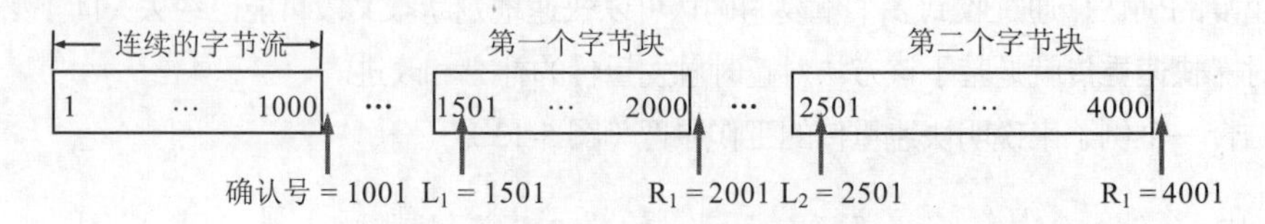

图5-14　接收方收到的不连续的字节块

接收方要将这些接收到的失序字节块通告给对方，只使用一个确认号是办不到的。从图 5-14 可以看出，每一个字节块需要用两个边界序号来表示。例如，第一个失序的字节块的左边界 L_1 为 1501，右边界 R_1 为 2001。这里有两个失序字节块，因此需要四个边界序号来表示。

但我们知道，TCP 的固定首部中没有哪个字段能提供上述这些字节块的边界信息，因此 TCP 在首部中提供了一个可变长的“SACK 选项字段”来存放这些信息。除此之外，要使用选择确认功能，在建立 TCP 连接时，双方还要分别在 SYN 报文段和 SYN + ACK 报文段的首部选项中都添加“允许 SACK 选项字段”，表示都支持选择确认功能。之后，才能在数据传输阶段使用 SACK 选项字段进行选择确认。

当使用选择确认时，TCP 首部中的“确认号字段”的功能和意义并没有改变，实际上 SACK 是对原来累积确认功能的一种补充，并可以和使用累积确认的超时重传与快速重传机制一起工作。目前多数 TCP 实现都支持选择确认功能。

TCP 的流量控制

5.3.4　TCP的流量控制

前面讲过，一条 TCP 连接的双方主机都为该连接设置了接收缓存。当该 TCP 连接接收到按序的字节后，它就将数据放入接收缓存。相关联的应用程序会从该缓存中读取数据，但应用程序不一定能马上将数据取走。事实上，接收方应用也许正忙于其他任务，需要过很长时间后才能去读取该数据。如果应用程序读取数据比较慢，而发送方发送数据很快、很多，则很容易使该连接的接收缓存溢出。

TCP 为应用程序提供了**流量控制（Flow Control）服务，以解决因发送方发送数据太快而导致接收方来不及接收，使接收方缓存溢出的问题**。

流量控制的基本方法就是接收方根据自己的接收能力控制发送方的发送速率。因此，可以说流量控制是一个速度匹配服务，即发送方的发送速率与接收方应用程序的读速率相匹配。利用滑动窗口机制可以很方便地控制发送方的平均发送速率。TCP 采用接收方控制发送方发送窗口大小的方法来实现在 TCP 连接上的流量控制。在 TCP 报文段首部的窗口字段写入的数值就是当前给对方设置的发送窗口数值的上限。这种**由接收方控制发送方**的做法，在计算机网络中经常使用。

发送窗口在连接建立时由双方商定。但在通信的过程中，接收方根据接收缓存中可用缓存的大小，随时动态地调整对方的发送窗口上限值（可增大或减小）。为此，TCP 接收方要维持一个**接收窗口**的变量，其值不能大于可用接收缓存大小。前面的图 5-10 已画出了接收缓存与接收窗口的关系。

在 TCP 报文段首部的窗口字段写入的数值就是当前接收方的接收窗口大小。TCP 发送方的发送窗口的大小必须小于该值。后面我们将会看到发送窗口的大小还要受拥塞窗口的限制，在这里我们只考虑流量控制对发送窗口的影响。

下面通过图 5-15 的例子说明利用可变窗口大小进行流量控制。只考虑 A 向 B 发送数据。假设在连接建立时，B 告诉 A："我的接收窗口 rwnd = 400"（这里 rwnd 表示 receiver window）。不过这个报文段在图中已经省略了。再假设每一个数据报文段所携带的数据都是 100 字节长，数据报文段序号的初始值为 1（见图中第一个箭头上的 seq = 1。图中右边的注释可帮助理解整个的过程）。请注意，图中大写的 ACK 表示首部中的 ACK 位，小写的 ack 表示确认号字段的值。B 向 A 发送的三个报文段标注了 ACK = 1，只有在 ACK 置为 1 时确认号字段才有意义。

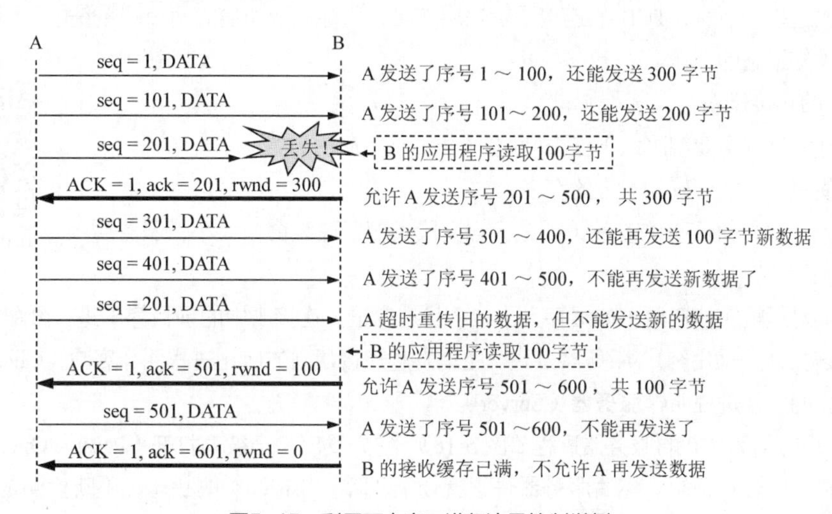

图5-15 利用可变窗口进行流量控制举例

应该注意，主机 B 进行了三次流量控制。第一次把窗口减小为 300 字节，第二次又把窗口减为 100 字节，最后把窗口减至 0，即不允许对方再发送数据了。在第一次调整接收窗口前，B 的应用程序从接收缓存中只读取了 100 字节，因此接收缓存还有 100 字节未被读取，可用缓存大小为 300 字节。同理，在第二次调整窗口前，应用程序又读取了 100 字节，而在第三次调整窗口前应用程序没有读取数据，最后没有可用的接收缓存，发送方不能再发送数据。这种暂停状态将持续到主机 B 的应用程序再次从接收缓存中读取数据为止。因为当接收方的接收缓存可用空间大小不再为 0 时，会主动将更新的窗口值发送给发送方。从该例中可以看出，接收方应用程序读取数据非常慢，但由于使用流量控制机制控制了发送方的发送速率，从而保证接收方缓存不会溢出。

但这里还存在一个问题：当接收方的可用接收缓存大小不再为 0 时，向发送方发送的窗口更新报文段丢失了会出现什么问题？如果接收方一直没有数据要发送给发送方，则发送方将会永远等下去。为防止因接收方发送给发送方的窗口变更报文段的丢失所导致的死锁状态，实际上，当窗口变为 0 时，如果发送方有数据要发送，则会周期性地（例如，60s）发送只包含 1 个字节数据的**窗口探测**（Window Probe）报文段，以便强制接收方发回确认并通告接收窗口大小。如果这时接收窗口大小非零，则会接收这个字节并对该字节进行确认，否则会丢弃该字节并对以前数据进行重复确认。

以上说明了 TCP 接收方是如何根据接收缓存的可用空间大小来控制 TCP 发送方的发送数据的速度，以保证接收缓存不会溢出。但如果接收方应用程序发送数据的速度长时间大于接收方应用程序接收数据的速度，在发送方会出现什么情况呢？从前面图 5-10（a）中所示的 TCP 发送缓存与发送窗口间的关系可以看出，最终会导致 TCP 发送方的缓存被填满。这时发送应用程序必须等待，直到发送缓存有可用的空间。可见，TCP 最终实现了发送应用程序的发送速率与接收应用程序的接收速率的匹配。

5.3.5 TCP的连接管理

TCP 是面向连接的协议。连接的建立和释放是每一次面向连接的通信中必不可少的过程。因此，TCP 连接就有三个阶段，即**连接建立**、**数据传送**和**连接释放**。建立连接的目的就是为接下来要进行的通信做好充分的准备工作，其中最重要的就是分配相应的资源。在通信结束之后显然要释放所占用的资源，即释放连接。注意，TCP 的连接是运输层连接，只存在于通信的两个端系统中，而网络核心的路由器完全不知道它的存在。

1. TCP 的连接建立

TCP 的连接管理

在连接建立过程中要解决以下三个问题：

（1）要使每一方能够确知对方的存在；

（2）要允许双方协商一些参数（如最大报文段长度，最大窗口大小，服务质量等）；

（3）能够对运输实体资源（如缓存大小，各状态变量，连接表中的项目等）进行分配和初始化。

TCP 的连接建立采用客户-服务器方式。主动发起连接建立的应用进程叫作**客户**（Client），而被动等待连接建立的应用进程叫作**服务器**（Server）。

设主机 B 中运行 TCP 的服务器进程（图 5-16），它先发出一个**被动打开**（Passive Open）命令，准备接受客户进程的连接请求。然后服务器进程就处于“**听**”（Listen）的状态，不断检测是否有客户进程要发起连接请求。如有，即做出响应。

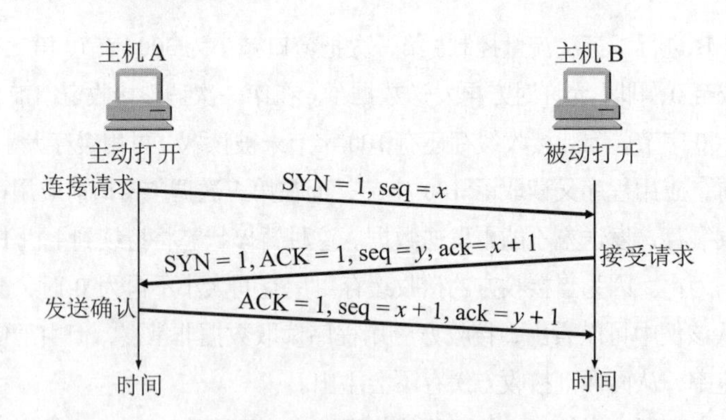

图5-16　用三次联络建立TCP连接

设客户进程运行在主机 A 中。它先向其 TCP 发出**主动打开**（Active Open）命令，表明要向某个 IP 地址的某个端口建立运输层连接。

主机 A 的 TCP 向主机 B 的 TCP 发出连接请求报文段，其首部中的同步位 SYN 应置 1，同时选择一个序号 seq = x，这表明下一个报文段的第一个数据字节的序号是 $x + 1$。

主机 B 的 TCP 收到连接请求报文段后，如同意，则发回连接请求确认。在确认报文段中应把 SYN

位和 ACK 位都置 1，确认号是 ack = $x + 1$，同时也为自己选择一个序号 seq = y。

主机 A 的 TCP 收到 B 接受连接请求的确认后，还要向 B 给出确认，其 ACK 置 1，确认号 ack = $y + 1$，而自己的序号 seq = $x + 1$。TCP 的标准规定，SYN = 1 的报文段（例如，A 发送的第一个报文段）不能携带数据，但要消耗掉一个序号。因此 A 发送的第二个报文段的序号应当是第一个报文段的序号加 1（虽然在第一个报文段中并没有数据）。注意，A 发送的第二个报文段中 SYN 是 0 而不是 1，ACK 位必须为 1。该报文段是对 B 的同步报文段的确认，但是一个普通报文段，可携带数据。若该报文段不携带数据，则按照 TCP 的规定，确认报文段不消耗序号。

运行客户进程的主机 A 的 TCP 通知上层应用进程，连接已经建立。

当运行服务器进程的主机 B 的 TCP 收到主机 A 的确认后，会通知其上层应用进程，连接已经建立。

连接建立采用的这种过程叫作**三次握手**（Three-Way Handshake）[①]。

为什么要发送这第三个报文段呢？这主要是为了防止已失效的连接请求报文段突然又传送到了主机 B，因而导致错误产生。

“已失效的连接请求报文段”是这样产生的。考虑这样一种情况。主机 A 发出连接请求，但因连接请求报文丢失而未收到确认。主机 A 于是再重传一次。后来收到了确认，建立了连接。数据传输完毕后，就释放了连接。主机 A 共发送了两个连接请求报文段，其中的第二个到达了主机 B。

现假定出现另一种情况，即主机 A 发出的第一个连接请求报文段并没有丢失，而是在某些网络结点滞留的时间太长，以致延误到在这次的连接释放以后才传送到主机 B。本来这是一个已经失效的报文段，但主机 B 收到此失效的连接请求报文段后，就误认为是主机 A 又发出一次新的连接请求。于是就向主机 A 发出确认报文段，同意建立连接。

主机 A 由于并没有要求建立连接，因此不会理睬主机 B 的确认，也不会向主机 B 发送数据。但主机 B 却以为运输连接就这样建立了，并一直等待主机 A 发来数据。主机 B 的许多资源就这样白白浪费了。

采用三次握手的办法可以防止上述现象的发生。例如，在刚才的情况下，主机 A 不会向主机 B 的确认发出确认，主机 B 收不到确认，连接就建立不起来。

2. TCP 的连接释放

在数据传输结束后，通信的双方都可以发出释放连接的请求。在连接释放过程中要释放为该连接分配的所有资源。

设图 5-17 中的主机 A 的应用进程先向其 TCP 发出连接释放请求，并且不再发送数据。TCP 通知对方要释放从 A 到 B 这个方向的连接，把发往主机 B 的报文段首部的 FIN 置 1，其序号 seq = u。由于 FIN 报文段要消耗一个序号，因此序号 u 等于 A 前面已传送过的数据的最后一个字节的序号加 1。

主机 B 的 TCP 收到释放连接通知后即发出确认，确认号是 ack = $u + 1$，而这个报文段自己的序号假定为 v（v 等于 B 前面已传送过的数据的最后一个字节的序号加 1）。主机 B 的 TCP 这时应通知高层应用进程，见图 5-17 中的箭头❶。这样，从 A 到 B 的连接就释放了，连接处于**半关闭**（Half-Close）状态，相当于主机 A 向主机 B 说：“我已经没有数据要发送了。但你如果还发送数据，我仍可以接收。”

此后，主机 B 不再接收主机 A 发来的数据。但若主机 B 还有一些数据要发往主机 A，则可以继续

① 这个广为流行的名称似乎不够准确。这里的“三次”是指：A 发送一个报文给 B，B 发回确认，然后 A 再加以确认，来回的联络共三次。叫“三次联络”似乎更准确些，但这里还是采用习惯译名“三次握手”。

发送（这种情况很少）。主机A只要正确收到数据，仍应向主机B发送确认。

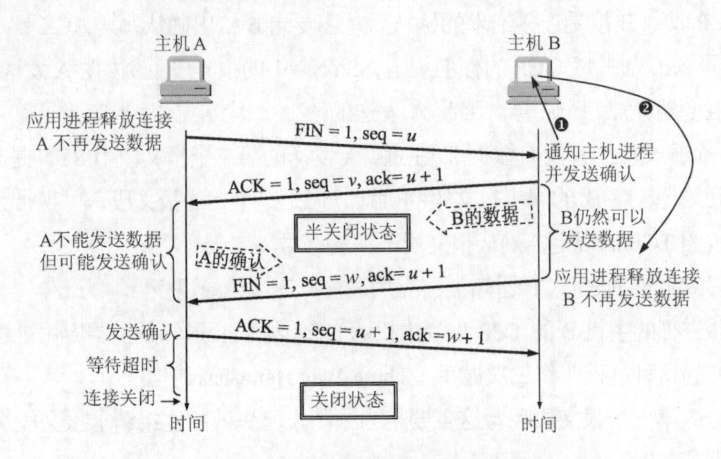

图5-17 TCP连接释放的过程

若主机B不再向主机A发送数据，其应用进程就通知TCP释放连接，见图5-17中的箭头❷。主机B发出的连接释放报文段必须使FIN=1，其序号为w（若在半关闭状态下B没有发送过数据，则$w=v$）。主机A必须对此发出确认，把ACK置1，确认号ack=w+1，而自己的序号是seq=u+1（因为根据TCP标准，前面发送过的FIN报文段要消耗一个序号）。这样才把从B到A的反方向连接释放掉。但此时，主机A的TCP并不能马上释放整个连接，还要再等待一个超时时间才能将整个连接释放。因为主机A的确认有可能丢失，这时B会重传FIN报文段。在这段超时时间内，若A又收到B重传的FIN报文段，A需要再次进行确认。收到A的最后确认，B才能最终将整个连接释放。若等待的这段超时时间内没有收到B的FIN报文段，主机A的TCP则向其应用进程报告，整个连接已经全部释放。

上述的连接释放过程是四次握手，也可以看成是两个二次握手。

3. TCP的有限状态机

图5-16和图5-17仅画出了连接建立和释放过程中最简单的情况，在实际运行中要考虑各种可能发生的情况，因此TCP连接状态的变化是非常复杂的。为了更清晰地看出TCP连接的各种状态之间的关系，图5-18给出了TCP连接管理的有限状态机。图中每一个方框即TCP可能具有的状态。状态之间的箭头表示可能发生的状态变迁。箭头旁边的字表明是什么原因引起这种变迁，或表明发生状态变迁后又出现什么动作。请注意有三种不同的箭头。粗实线箭头表示对客户进程的正常变迁。粗虚线箭头表示对服务器进程的正常变迁。所谓正常变迁即典型变迁。另一种细线箭头表示非典型变迁。下面对此进行简单解释。

一个TCP连接有两个端点。在TCP的有限状态机中，同时表示这两个端点的状态。对这一点，在分析状态变迁时应特别注意。

我们从连接还未建立时的关闭状态CLOSED开始。图5-18中的状态较多，最好先顺着粗实线箭头看下去，这是从客户进程开始的变迁过程。设一个主机的客户进程发起连接请求（主动打开），这时本地TCP实体就创建**传输控制模块**TCB①，发送一个SYN = 1的报文，因而进入SYN_SENT状态。应注

① TCB是**传输控制程序块**（Transmission Control Block），它存储了每一个连接中的一些重要信息，如TCP连接表，到发送和接收缓存的指针，到重传队列的指针，当前的发送和接收序号等。

意的是，可以有好几个连接代表多个进程同时打开，因此状态是针对每一个连接的。当收到来自进程的 SYN 和 ACK 时，TCP 就发送出三次握手中的最后的一个 ACK，接着就进入连接已经建立的状态 ESTABLISHED。这时就可以发送和接收数据了。

当应用进程结束数据传送时，就要释放已建立的连接。设运行客户进程的主机的本地 TCP 实体发送 FIN = 1 的报文，等待着确认 ACK 的到达。这时状态变为 FIN_WAIT_1（见主动关闭的虚线方框中左上角）。当运行客户进程的主机收到确认 ACK 时，则一个方向的连接已经关闭了，状态变为 FIN_WAIT_2。

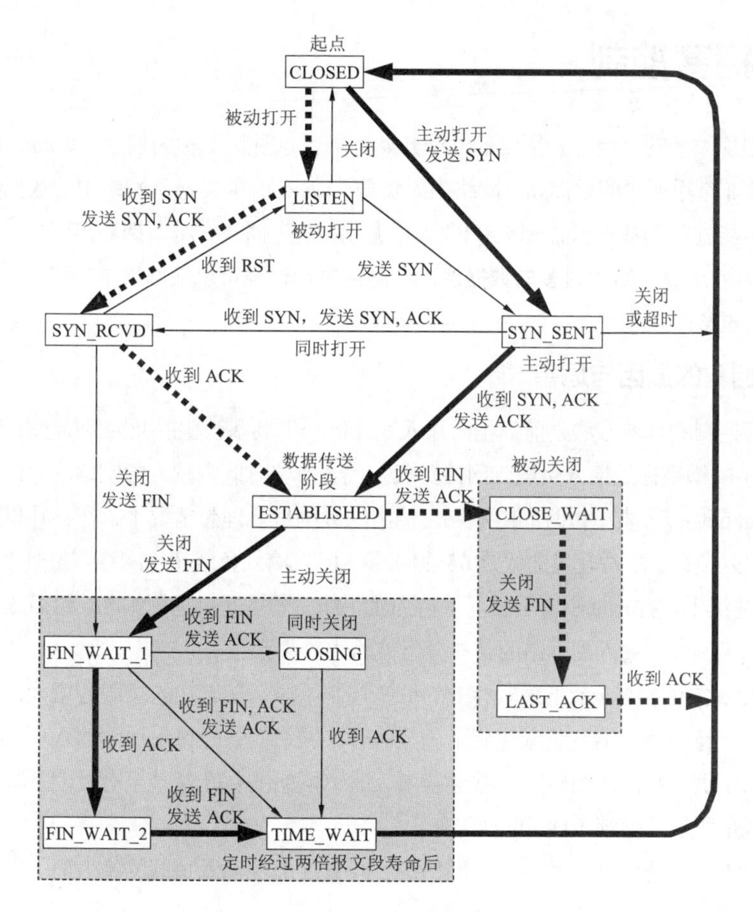

图5-18 TCP的有限状态机

当运行客户进程的主机收到运行服务器进程的主机发送的 FIN = 1 的报文后，就响应确认 ACK。这时另一条连接也关闭了。但是 TCP 还要等待一段时间（此时间取为报文段在网络中的寿命的两倍）才会删除原来建立的连接记录，返回到初始的 CLOSED 状态。这样做是为了保证原来连接上面的所有分组都从网络中消失了。

现在从服务器进程来分析状态图的变迁（看图中粗虚线箭头）。服务器进程发出被动打开，进入听状态 LISTEN。当收到 SYN = 1 的连接请求报文后，发送确认 ACK，并使报文中的 SYN = 1，然后进入 SYN_RCVD 状态。在收到三次握手中的最后一个确认 ACK 时，就转为 ESTABLISHED 状态，进入数据传送阶段。

当客户进程的数据已经传送完毕，就发送出 FIN = 1 的报文给服务器进程（见标有被动关闭的虚线方框），进入 CLOSE_WAIT 状态。服务器进程发送 FIN 报文段给客户进程，状态变为 LAST_ACK 状态。当收到客户进程的 ACK 时，服务器进程就释放连接，删除连接记录，状态回到原来的 CLOSED 状态。

还有一些状态变迁，如连接建立过程中的从 LISTEN 到 SYN_SENT 和从 SYN_SENT 到 SYN_RCVD。读者可分析在什么情况下会出现这样的变迁（见习题 5-22）。

5.4 拥塞控制

当网络中出现太多的分组时，网络的性能开始下降。这种情况称为**拥塞**（Congestion）。拥塞是分组交换网中一个非常重要的问题。如果网络中的**负载**（Load），即发送到网络中的数据量超过了网络的容量，即网络中能处理的数据量，那么在网络中就可能发生拥塞。所谓**拥塞控制**（Congestion Control）就是**防止过多的数据注入到网络中，这样可以使网络中的路由器或链路不致过载**。

TCP 的拥塞控制

5.4.1 拥塞的原因与危害

在介绍拥塞控制的基本方法之前，稍微深入地分析一下拥塞产生的原因及拥塞所带来的危害。

在图 5-19 中的横坐标是**输入负载**或**网络负载**，代表单位时间内输入给网络的分组数目。纵坐标是**吞吐量**（Throughput），代表单位时间内从网络输出的数据量。理想情况下，在吞吐量饱和之前，网络吞吐量应等于输入负载，故吞吐量曲线是 45°的斜线。但当输入负载超过网络容量时（由于网络资源的限制），在理想情况下，吞吐量不再增长而保持为水平线，即吞吐量达到饱和。这就表明输入负载中有一部分损失掉了（例如，输入到网络的某些分组被路由器丢弃了）。

但是，在实际的网络中，若不采取有效的拥塞控制手段，随着输入负载的增大，网络吞吐量的增长速率逐渐减小。特别是当输入负载达到某一数值时，网络的吞吐量反而随输入负载的增大而下降，这时网络就进入了拥塞状态。当输入负载继续增大时，网络的吞吐量甚至有可能下降到零，即网络已无法工作。这就是所谓的**死锁**（Deadlock）。

为什么当输入负载达到某一数值时，网络的吞吐量反而随输入负载的增大而下降呢？下面用一个简单例子来说明这个问题。

考虑如图 5-20 所示例子，A 到 B 的通信和 C 到 D 的通信（假定都使用 TCP 连接）共享路由器 R_1 到 R_2 之间的链路。不难看出，该网络**可能的**最大吞吐量受路由器 R_1 到 R_2 之间的链路容量的制约，即 100 Mbit/s。

先假定没有拥塞控制，而 A 和 C 都以链路最高速率 100 Mbit/s 持续地发送数据。由于 A 和 C 速率都是 100 Mbit/s，A 和 C 在 R_1 和 R_2 之间的共享链路上各自获得 50 Mbit/s 的带宽。但由于 R_2 到 D 的链路带宽只有 10 Mbit/s，C 在路由器 R_2 会损失 40 Mbit/s 的带宽（C 发送的分组在路由器 R_2 排队等候向 D 转发时被丢弃了）。虽然路由器 R_2 到 B 的带宽充足，但 A 却无法充分使用，只能用 50 Mbit/s 的速率传送数据。网络所能达到的实际吞吐量只有 60 Mbit/s。这就出现了网络拥塞所带来的典型问题，即网络性能变差，资源被浪费。出现该问题的本质原因是：C 有大量分组在路由器 R_2 处因网络拥塞被丢弃，虽然这些分组不能到达目的地，但却白白占用了其所经过链路的带宽和资源。由于这些无用分组占用了资源，使得 A 无法使用这些资源和带宽，导致资源的浪费。

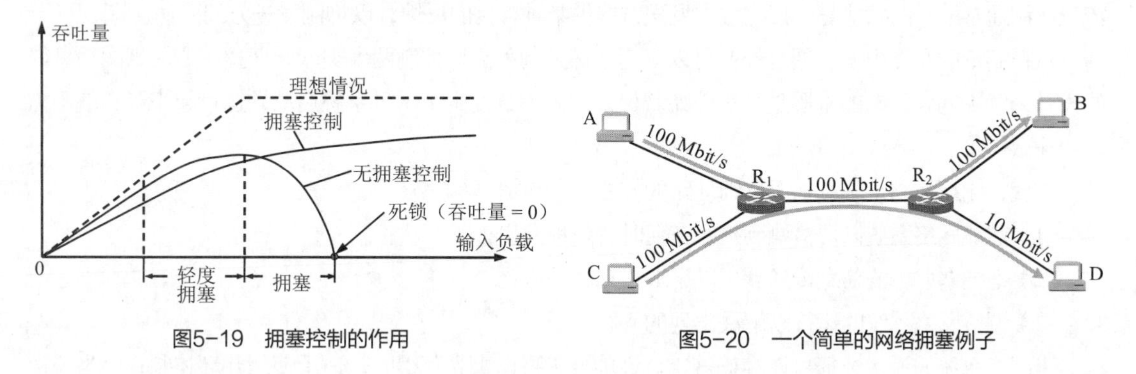

图5-19 拥塞控制的作用

图5-20 一个简单的网络拥塞例子

可见**当网络拥塞而丢弃分组时，该分组在其经过路径中所占用的全部资源（如链路带宽）都被白白浪费掉了**。

是不是简单增加某些资源就能彻底解决该问题呢？例如，增大路由器的输入输出缓存的大小。增大路由器缓存大小虽然有助于解决突发数据的问题，但有时会使网络性能变得更差。例如，在本例中，虽然大的缓存会推迟分组的丢弃，但最终由于 A 和 C 的持续地发送数据还是会被丢弃。而且这些被丢弃的分组占用资源（路由器缓存）的时间变长了，导致排队时延的增加。更糟糕的是，由于时延的增加，可能部分已正确到达目的地的分组因超时而导致被发送方重传，这些无用的重传又进一步使拥塞状况更加恶化。

有人可能想到，如果 R_2 和 D 间的链路带宽增大到 100 Mbit/s 则可以解决该问题。这似乎是找到了解决问题的关键，但实际上的网络比这要复杂得多，更重要的是无论是网络本身，还是网络的用户，以及输入到网络的流量分布都是在不断变化的。我们在设计时不可能准确预计到所有瓶颈。采取“头痛医头、脚痛医脚”的方法，通常不会有很明显的效果，这样的做法往往只是转移了瓶颈而已。当然，在设计网络时，尽量使资源分布均衡，无明显的瓶颈是有好处的，但不能完全解决网络拥塞问题，因为网络实际的通信情况是永远无法准确预测的。

既然网络拥塞是因为发送到网络中的数据量超过了网络的容量，要彻底解决分组交换网中的拥塞问题，就要想办法限制输入到网络中的负载，即控制源点的发送速率。在本例中，若 A 和 C 的发送速率分别为 90 Mbit/s 和 10 Mbit/s，则该网络的吞吐量就能够达到 100 Mbit/s（A 到 B：90 Mbit/s，C 到 D：10 Mbit/s）。

图 5-20 中所示的是一个非常简单的网络，对于复杂的网络，若不采取任何拥塞控制机制，甚至会出现图 5-19 中所示的死锁情况（见习题 5-38）。

5.4.2 拥塞控制的基本方法

拥塞控制和流量控制之间的区别是需要注意的，因为它们都需要控制源点的发送速率，因此容易混淆。拥塞控制的任务是防止过多的数据注入到网络中，使网络能够承受现有的网络负载。这是一个**全局性**的问题，涉及各方面的行为，包括所有的主机、所有的路由器、路由器内部的存储转发处理过程，以及与降低网络传输性能有关的所有因素。

与此相反，流量控制只与特定点对点通信的发送方和接收方之间的流量有关。它的任务是，确保一个快速的发送方不会持续地以超过接收方接收能力的速率发送数据，以防止接收方来不及处理数据。流量控制通常涉及的做法是，接收方向发送方提供某种直接的反馈，以抑制发送方的发送速率。

从控制论的角度出发，拥塞控制可以分为开环控制和闭环控制两大类。开环控制方法试图用良好的设计来解决问题，它的本质是从一开始就保证问题不会发生。一旦系统启动并运行起来了，就不需要中途做修正。

相反，闭环控制是一种基于反馈环路的方法，它包括三个部分：

（1）监测网络系统以便检测到拥塞在何时、何地发生；

（2）把拥塞发生的信息传送到可以采取行动的地方；

（3）调整网络系统的运行以解决出现的问题。

当网络系统的流量特征可以准确规定、性能要求可以事先获得时，适于使用开环控制；而当流量特征不能准确描述或者当系统不提供资源预留时，适于使用闭环控制。由于因特网中不提供资源预留机制，而且流量的特性不能准确描述，所以在因特网中拥塞控制主要采用闭环控制方法。在本书中仅讨论闭环控制方法。

有很多的方法可用来监测网络的拥塞。主要的一些指标是：由于缓存溢出而被丢弃的分组的百分比；平均队列长度；超时重传的分组数；平均分组时延；分组时延的标准差，等等。上述这些指标的上升都标志着拥塞的增长。

根据拥塞反馈信息的形式，又可以将闭环拥塞控制算法分为显式反馈算法和隐式反馈算法。在显式反馈算法中，从拥塞点（即路由器）向源点提供关于网络中拥塞状态的显式反馈信息。我们在ICMP中学过的源站抑制报文就是一种显式反馈信息。当因特网中一个路由器被大量的IP数据报淹没时，它可能丢弃一些数据报，同时可使用ICMP源站抑制报文通告源主机。源站收到后应该降低发送速率。不过当网络拥塞发生时，向网络注入这些额外的分组可能会“火上浇油”，因此在实际中很少使用。现在，因特网中的拥塞控制任务主要是在运输层上完成的。更好的显式反馈信息的方法是，在路由器转发的分组中保留一个比特或字段，用该比特或字段的值表示网络的拥塞状态，而不是专门发送一个分组。

在隐式反馈算法中，源端通过对网络行为的观察（如分组丢失与往返时间）来推断网络是否发生了拥塞，无需拥塞点提供显式反馈信息。TCP采用的就是隐式反馈算法。

需要说明的是，拥塞控制并不仅仅是运输层要考虑的问题。显式反馈算法就必须涉及网络层。虽然一些网络体系结构（如ATM网络）主要在网络层实现拥塞控制，但因特网主要利用隐式反馈在运输层实现拥塞控制。

不论采用哪种方法进行拥塞控制都是需要付出代价的。例如，在实施拥塞控制时，可能需要在结点之间交换信息和各种命令，以便选择控制的策略和实施控制。这样会产生额外的开销。有些拥塞控制机制会预留一些资源用于特殊用户或特殊情况，降低了网络资源的共享程度。因此，如图5-19所示，当网络输入负载不大时，有拥塞控制的系统吞吐量要低于无拥塞控制的系统吞吐量。但付出一定的代价是值得的，它会保证网络性能的稳定，不会因为输入负载的增长而导致网络性能的恶化甚至出现崩溃。

5.4.3 TCP的拥塞控制

在学习了拥塞控制的一般性原理后，我们再来研究 TCP 具体的拥塞控制机制。

TCP 采用的方法是让每一个发送方根据所感知到的网络拥塞的程度，来限制其向连接发送流量的速率。如果 TCP 发送方感知从它到目的地之间的路径上没有拥塞，则增加其发送速率（充分利用可用带宽）；如果该发送方感知在该路径上有拥塞，则降低其发送速率。该方法具体要解决以下三个问题：首先，TCP 发送方如何限制它的发送速率；其次，TCP 发送方如何感知从它到目的地之间的路径上存在拥塞；最后，当发送方感知到端到端的拥塞时，采用什么算法来改变其发送速率。

我们先讨论 TCP 发送方是如何限制其发送速率的。前面已经讲过，TCP 的流量控制利用接收方通告给发送方的**接收窗口** rwnd （Receiver Window）大小来限制发送窗口的大小。这个窗口大小就是接收方发给发送方的 TCP 报文段首部中的窗口字段的值。实际上 TCP 的发送方还维持一个叫作**拥塞窗口** cwnd （Congestion Window）的状态变量。拥塞窗口的大小取决于网络的拥塞程度，并且是动态变化的。TCP 发送方在确定发送报文段的速率时，既要根据接收方的接收能力，又要从全局考虑不要使网络发生拥塞。因此 TCP 发送方的发送窗口大小取接收方接收窗口和拥塞窗口的最小值，即应按以下公式确定：

$$\text{发送窗口的上限值} = \text{Min}(\text{rwnd}, \text{cwnd}) \tag{5-4}$$

式（5-4）告诉我们：当 rwnd < cwnd 时，是接收方的接收能力限制发送窗口的最大值。但当 cwnd < rwnd 时，则是网络的传输能力限制发送窗口的最大值。为了简化问题，在本节仅考虑拥塞窗口对发送窗口的限制。

TCP 发送方又是如何知道网络发生了拥塞呢？我们知道，当网络发生拥塞时，路由器就要丢弃分组。现在通信线路的传输质量一般都很好，因传输出差错而丢弃分组的概率是很小的（远小于 1 %）。因此检测到分组丢失就可以认为网络出现了拥塞。我们在介绍快速重传时就已经知道，发送方不一定要通过重传计时器超时才能发现分组的丢失，可以通过接收到三个重复确认就能判断有分组的丢失。因此，当重传计时器超时或者接收到三个重复确认时，TCP 的发送方就认为网络出现了拥塞。

当发送方感知到端到端的拥塞时，采用什么算法来改变其发送速率呢？1999 年公布的因特网建议标准[RFC 2581]定义了以下三种算法，即**慢启动**（Slow-Start）、**拥塞避免**（Congestion Avoidance）和**快速恢复**（Fast Recovery）。以后 RFC 2582 和 RFC 3390 又对这些算法进行了一些改进。由于 TCP 的拥塞控制的具体细节非常复杂，这里仅介绍这些算法的要点和基本原理。

1. 慢启动和拥塞避免

当主机刚开始发送数据时完全不知道网络的拥塞情况，如果立即把较大的发送窗口中的全部数据字节都注入到网络，那么就有可能引起网络拥塞。经验证明，较好的方法是通过试探发现网络的可用带宽，即**由小到大逐渐增大发送方的拥塞窗口数值，直到发生拥塞**。通常在刚刚开始发送报文段时可先将拥塞窗口 cwnd 设置为一个最大报文段 MSS 的数值①。而在每收到一个**对新的报文段的确认**后，将拥塞窗口增加至多一个 MSS 的数值。用这样的方法逐步增大发送方的拥塞窗口 cwnd，可以使分组注入到网络的速率更加合理。这就是**慢启动**算法。

下面用例子说明慢启动算法的原理。为了便于说明原理，我们用 MSS 作为窗口大小的单位，并且

① RFC 2581 规定在一开始 cwnd 应设置为不超过 2 × MSS 个字节，并且在一开始也不能超过两个报文段。但通常就将 cwnd 设置为一个 MSS。

每个报文段的长度都是一个 MSS。此外，还假定接收方窗口 rwnd 足够大，因此发送窗口只受发送方的拥塞窗口的制约。

在一开始发送方先设置 cwnd = 1，发送第一个报文段 M_0，接收方收到后确认 M_0。发送方收到对 M_0 的确认后，把 cwnd 从 1 增大到 2，于是发送方接着发送 M_1 和 M_2 两个报文段。接收方收到后发回对 M_1 和 M_2 的确认。发送方每收到一个对新报文段的确认，就将拥塞窗口加 1，因此现在发送方的 cwnd 又从 2 增大到 4，并可发送 $M_3 \sim M_6$ 共 4 个报文段（图 5-21）。在因特网中，通常发送时延远小于往返时间，因此每经过一个 RTT，发送方的平均发送速率几乎增加一倍，即随时间大约以指数方式增长。可见慢启动的“慢”并不是指 cwnd 的增长速率慢，而是指一开始发送速率很慢（cwnd = 1）。在不清楚网络实际负载的情况下，这样可以避免新的连接突然向网络注入大量分组而导致网络拥塞。这对防止网络出现拥塞是个非常有力的措施。快速增长发送速率的目的是使发送方能迅速获得合适的发送速率。

在慢启动阶段发送速率以指数方式迅速增长，若持续以该速度增长发送速率必然导致网络很快进入拥塞状态。因此当网络要接近拥塞时应降低发送速率的增长速率，避免网络拥塞。这可以使 TCP 连接在一段相对长的时间内保持较高的发送速率但又不使网络拥塞。为此，TCP 定义了一个状态变量，即**慢启动门限** ssthresh（即从慢启动阶段进入**拥塞避免**阶段的门限）。慢启动门限 ssthresh 的用法如下：

（1）当 cwnd < ssthresh 时，使用上述的慢启动算法；

（2）当 cwnd > ssthresh 时，停止使用慢启动算法而改用拥塞避免算法；

（3）当 cwnd = ssthresh 时，既可使用慢启动算法，也可使用拥塞避免算法。

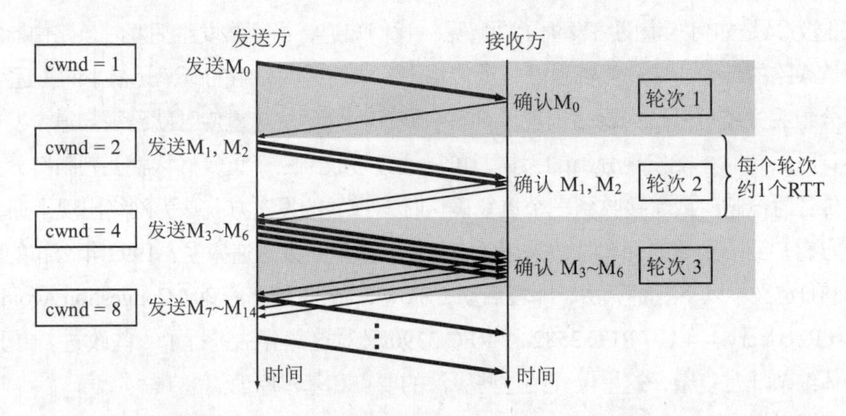

图5-21　发送方每收到一个确认就把窗口cwnd加1

具体的做法如下所述。

拥塞避免算法使发送方的拥塞窗口 cwnd 每经过大约一个往返时间 RTT 就增加一个 MSS 的大小。实际做法是，每收到一个新的确认，将 cwnd 增加 MSS ×（MSS / cwnd）。这样，拥塞窗口 cwnd 按线性规律缓慢增长，比慢启动算法的拥塞窗口增长速率缓慢得多。

无论在慢启动阶段还是在拥塞避免阶段，只要发送方发现网络出现拥塞（检测到分组丢失），就立即将拥塞窗口 cwnd 重新设置为 1，并执行慢启动算法。这样做的目的就是要迅速减少主机发送到网络中的分组数，使得发生拥塞的路由器有足够时间把队列中积压的分组处理完毕。在重新执行慢启动算法的同时，将慢启动门限 ssthresh 设置为出现拥塞时的发送窗口值（即接收方窗口和拥塞窗口中数值较小的一个）的一半（但不能小于 2）[1]。这样设置的考虑是：这一次在该窗口值发生拥塞，则下次很有可能在该窗口值再出现拥塞，因此当下次拥塞窗口又接近该值时，就要降低窗口的增长速率，进入拥塞避免阶段。

图 5-22 说明了上述拥塞控制的具体过程。

（1）当 TCP 连接进行初始化时，将拥塞窗口置为 1。前面已说过，**为了便于理解**，这里窗口单位不使用字节而使用**报文段**。假设慢启动门限初始值 ssthresh = 16 报文段。我们知道，发送方的发送窗口不能超过拥塞窗口 cwnd 和接收方窗口 rwnd 中的最小值。现在假定接收方窗口足够大，因此现在发送窗口的数值等于拥塞窗口的数值。

（2）在执行慢启动算法时，拥塞窗口 cwnd 的初始值为 1。以后发送方每收到一个对新报文段的确认 ACK，就将发送方的拥塞窗口加 1，然后开始下一次的传输（图 5-22 的横坐标是传输轮次）。一个“轮次”就是把拥塞窗口 cwnd 所允许发送的报文段都发送出去，并且都收到了对方的确认。“轮次”之间的间隔时间可以近似为一个 RTT。因此，拥塞窗口 cwnd 随着传输轮次按指数规律增长。当拥塞窗口 cwnd 增长到慢启动门限值 ssthresh 时（即当 cwnd = 16 时），就改为执行拥塞避免算法，拥塞窗口按线性规律增长。

（3）假定拥塞窗口的数值增长到 24 时，网络出现拥塞（分组丢失）。更新后的 ssthresh 值变为 12（即发送窗口数值 24 的一半），拥塞窗口再重新设置为 1，并执行慢启动算法。当 cwnd = 12 时改为执行拥塞避免算法，拥塞窗口按线性规律增长，每经过一个往返时间就增加一个 MSS 的大小。

可见，执行**拥塞避免**算法后，拥塞窗口呈线性增长，发送速率增长比较缓慢，以防止网络过早出现拥塞，并使发送方可以长时间保持一个合理的发送速率。这里要再强调一下，“拥塞避免”并不能避免拥塞，而是说把拥塞窗口控制为按线性规律增长，**使网络不容易立即出现拥塞**。

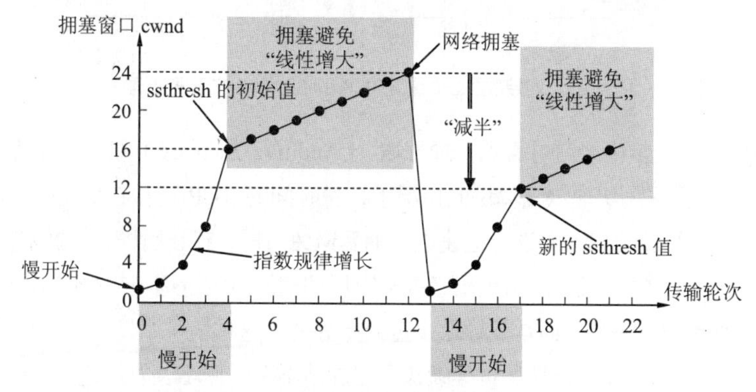

图5-22 慢启动和拥塞避免算法的实现举例

2. 快速恢复

实际上 TCP 检测到分组丢失有两种情况：重传计时器超时和收到连续三个重复的 ACK。上面的拥塞控制算法对这两种情况采取了同样的反应，即将拥塞窗口降低为 1，然后执行慢启动算法。但实际上这两种情况下网络拥塞程度是不一样的。当发送方收到连续三个重复的 ACK 时，虽然有可能丢失了一

① RFC 2581 给出了根据已发送出但还未被确认的数据字节数来设置 ssthresh 的新的计算公式。但许多教科书在讨论拥塞控制原理时，为简化问题仍使用原来的“将 ssthresh 设置为出现拥塞时的发送窗口值的一半”。

些分组，但这连续的三个重复ACK同时又表明丢失分组以外的另外三个分组已经被接收方接收了。因此，与发生超时事件的情况不同，网络还有一定的分组交付能力，拥塞情况并不严重。既然网络拥塞情况并不严重，将拥塞窗口直接降低为1则反应过于剧烈了，这会导致发送方要经过很长时间才能恢复到正常的传输速率。

为此，RFC 2581定义了与**快速重传**配套使用的**快速恢复**算法，其具体步骤如下。

（1）当发送方收到连续三个重复的ACK时，就重新设置慢启动门限ssthresh，将其设置为当前发送窗口的一半。这一点和慢启动算法是一样的。

（2）与慢启动不同之处是拥塞窗口cwnd不是设置为1，而是设置为新设置的慢启动门限ssthresh[①]，然后开始执行拥塞避免算法，使拥塞窗口缓慢地线性增长。

对于超时事件，由于后续的分组都被丢弃了，一直没有收到它们的确认而导致重传计时器超时（否则已经执行了快速重传而无需等到超时），显然网络存在严重的拥塞。对于这种情况重新执行慢启动有助于迅速减少主机发送到网络中的分组数，使发生拥塞的路由器有足够时间把队列中积压的分组处理完毕。

图5-23所示的是对接收到三个重复ACK和超时事件不同处理的情况示意图。

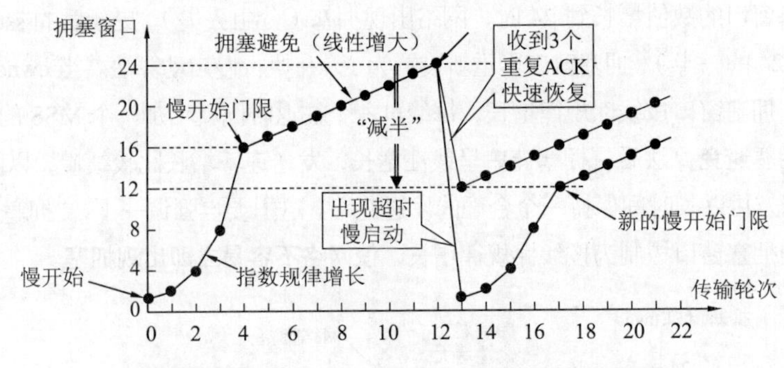

图5-23　对接收到3个重复ACK和超时事件的不同处理

在TCP拥塞控制的文献中经常可看见"**加性增**"（Additive Increase）和"**乘性减**"（Multiplicative Decrease）这样的提法。采用快速恢复算法的情况下，长时间的TCP连接在稳定的时候通常处于下面描述的不断重复状态。经过慢启动发送方迅速进入**拥塞避免**阶段，在该阶段，使拥塞窗口呈线性增长，即"加性增"，发送速率缓慢增长，以防止网络过早出现拥塞。当流量逐渐超过网络可用带宽时会出现拥塞，但由于发送速率增长缓慢，通常仅导致少量分组丢失。这种情况下发送方会收到三个重复ACK并将拥塞窗口减半，即"乘性减"，然后再继续执行"加性增"缓慢增长发送速率，如此重复下去。因此，对于长时间的TCP连接，在稳定时的拥塞窗口大小呈锯齿状变化（图5-24）。在这种"加性增、乘性减"的拥塞控制下，发送方的平均发送速率始终保持在较接近网络可用带宽的位置（慢启动门限之上）。

最后要说明的是，拥塞控制仍然是计算机网络中的一个研究热点，TCP及其拥塞控制算法也还在不断发展和变化。在这里我们仅讨论了目前流行的版本的基本原理和要点。

① 有的快速恢复实现是把拥塞窗口设置为ssthresh + 3 × MSS。

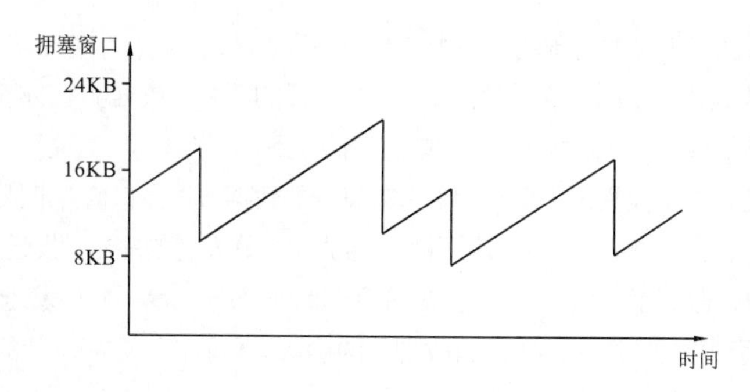

图5-24 TCP的“加性增、乘性减”拥塞控制

本章的重要概念

- 运输层提供应用进程间的逻辑通信，也就是说，运输层之间的通信并不是真正在两个运输层之间直接传送数据。运输层向应用层屏蔽了下面网络的细节（如网络拓扑、所采用的路由选择协议等），它使应用进程看见的就是好像在两个运输层实体之间有一条端到端的逻辑通信信道。
- 网络层为主机之间提供逻辑通信，而运输层为应用进程之间提供端到端的逻辑通信。
- 因特网的运输层主要有两个协议：TCP 和 UDP。它们都有复用和分用的功能。当运输层采用面向连接的 TCP 协议时，尽管下面的网络是不可靠的（只提供尽最大努力服务），但这种逻辑通信信道就相当于一条全双工通信的可靠信道。当运输层采用无连接的 UDP 协议时，这种逻辑通信信道仍然是一条不可靠信道。
- 运输层用一个 16 位端口号来标志一个端口。端口号只具有本地意义，它只是为了标志本计算机应用层中的各个进程在和运输层交互时的层间接口。在因特网的不同计算机中，相同的端口号是没有关联的。
- 两台计算机中的进程要互相通信，不仅要知道对方的 IP 地址（为了找到对方的计算机），而且还要知道对方的端口号（为了找到对方计算机中的应用进程）。
- 运输层的端口号分为服务器端使用的端口号（0 ~ 1023 指派给熟知端口，1024 ~ 49151 是登记端口号）和客户端暂时使用的端口号（49152 ~ 65535）。
- UDP 的主要特点是：① 无连接；② 尽最大努力交付；③ 面向报文；④ 无拥塞控制和流量控制；⑤ 支持一对一、一对多、多对一和多对多的交互通信；⑥ 首部开销小（只有 4 个字段：源端口、目的端口、长度、检验和）。
- UDP 通过二元组（目的 IP 地址，目的端口号）来定位一个接收方应用进程，而用二元组（源 IP 地址，源端口号）来标识一个发送方进程的。二元组（IP 地址，端口号）被成为套接字地址。
- TCP 的主要特点是：① 面向连接；② 每一条 TCP 连接只能是点对点的（一对一）；③ 提供可靠交付的服务；④ 提供全双工通信；⑤ 面向字节流。
- TCP 连接唯一地被通信两端的端点所确定，而两个端点分别由二元组（IP 地址、端口号）唯一标识，即一条 TCP 连接由两个套接字地址标识。
- TCP 报文段首部的前 20 个字节是固定的，后面有 4*N* 个字节是根据需要而增加的选项（*N* 是整数）。在一个 TCP 连接中传送的字节流中的每一个字节都按顺序编号。首部中的序号字段值则指的是本报文段所发送的数据的第一个字节的序号。

- TCP 首部中的确认号是期望收到对方下一个报文段的第一个数据字节的序号。若确认号为 N，则表明：到序号 $N-1$ 为止的所有数据都已正确收到。
- TCP 首部中的窗口字段指出了现在允许对方发送的数据量。窗口值并非固定不变。
- TCP 使用滑动窗口机制。发送窗口里面的序号表示允许发送的序号。发送窗口后沿的后面部分表示已发送且已收到了确认，而发送窗口前沿的前面部分表示不允许发送的。发送窗口后沿的变化情况有两种可能，即不动（没有收到新的确认）和前移（收到了新的确认）。发送窗口前沿由发送窗口后沿和窗口大小决定。
- 流量控制就是让发送方的发送速率不要太快，要让接收方来得及接收。TCP 采用接收方根据接收缓存大小控制发送方发送窗口大小的方法来实现在 TCP 连接上的流量控制。
- 在某段时间，若对网络中某一资源的需求超过了该资源所能提供的可用部分，网络的性能就要变坏。这种情况就叫作拥塞。拥塞控制就是防止过多的数据注入到网络中，这样可以使网络中的路由器或链路不致过载。
- 流量控制是一个端到端的问题，是接收端抑制发送端发送数据的速率，以便使接收端来得及接收。拥塞控制是一个全局性的过程，涉及所有的主机、所有的路由器，以及与降低网络传输性能有关的所有因素。
- 当网络拥塞而丢弃分组时，该分组在其经过路径中所占用的全部资源（如链路带宽）都被白白浪费掉了。
- 为了进行拥塞控制，TCP 的发送方要维持一个拥塞窗口 cwnd 的状态变量。拥塞窗口的大小取决于网络的拥塞程度，并且动态地在变化。发送方让自己的发送窗口取为拥塞窗口和接收方的接收窗口中较小的一个。
- TCP 的拥塞控制主要包括三种算法：慢启动、拥塞避免和快速恢复。
- 运输连接有三个阶段，即连接建立、数据传送和连接释放。
- 主动发起 TCP 连接建立的是客户进程，而被动等待连接建立的是服务器进程。TCP 的连接建立采用三次握手机制。服务器要确认客户的连接请求，然后客户要对服务器的确认进行确认。
- TCP 的连接释放采用四次握手机制。任何一方都可以在数据传送结束后发出连接释放的通知，待对方确认后就进入半关闭状态。当另一方也没有数据再发送时，则发送连接释放通知，对方确认后就完全关闭了 TCP 连接。

习 题

5-1 试说明运输层在协议栈中的地位和作用。运输层的通信和网络层的通信有什么重要区别？

5-2 当应用程序使用面向连接的TCP和无连接的IP时，这种传输是面向连接的还是无连接的？

5-3 接收方收到有差错的UDP用户数据报时应如何处理？

5-4 在“滑动窗口”概念中，“发送窗口”和“接收窗口”的作用是什么？如果接收方的接收能力不断地发生变化，则采取何种措施可以提高协议的效率？

5-5 简述TCP和UDP的主要区别。

5-6 为什么在TCP首部中有一个首部长度字段，而UDP的首部中就没有这个字段？

5-7 如果因特网中的所有链路都提供可靠的传输服务，TCP可靠传输服务将会是完全多余的吗？为什么？

5-8 解释为什么突然释放运输连接就可能会丢失用户数据，而使用TCP的连接释放方法就可保证不丢失数据。

5-9 试用具体例子说明为什么在运输连接建立时要使用三次联络。说明如不这样做可能会出现什么情况。

5-10 一个TCP报文段的数据部分最多为多少个字节？为什么？如果用户要传送的数据的字节长度超过TCP报文段中的序号字段可能编出的最大序号，问还能否用TCP来传送？

5-11 主机A和B使用TCP通信。在A接收到的报文段中，有这样连续的两个：ack = 120和ack = 100。这可能吗（前一个报文段确认的序号还大于后一个的）？试说明理由。

5-12 在使用TCP传送数据时，如果有一个确认报文段丢失了，也不一定会引起与该确认报文段对应的数据的重传。试说明理由。

5-13 请简要比较TCP的可靠传输实现与GBN协议的主要异同。

5-14 在5.3.3小节曾讲过，若收到的报文段无差错，只是未按序号，则TCP对此未作明确规定，而是让TCP的实现者自行确定。试讨论两种可能的方法的优劣：

（1）把不按序的报文段丢弃；

（2）先把不按序的报文段暂存于接收缓存内，待所缺序号的报文段收齐后再一起上交应用层。

5-15 设TCP使用的最大窗口为64 KB，即64 × 1024字节，而传输信道的带宽可认为是不受限制的。若报文段的平均往返时间为20 ms，问所能得到的最大吞量是多少？

5-16 试计算一个包括5段链路的运输连接的单程端到端时延。5段链路中有两段是卫星链路，有三段是广域网链路。每条卫星链路又由上行链路和下行链路两部分组成。可以取这两部分的传播时延之和为250 ms。每一个广域网的范围为1500 km，其传播时间可按150 000 km/s来计算。各数据链路速率为48 kbit/s，帧长为960 bit。

5-17 重复上题，但假定其中的一个陆地上的广域网的传输时间为150 ms。

5-18 TCP接收方收到三个重复ACK就执行快速重传。为什么不在收到对报文段的第一个重复ACK后就快速重传？

5-19 用TCP传送512字节的数据。设窗口为100字节，而TCP报文段每次也是传送100字节的数据。再设发送方和接收方的起始序号分别选为100和200，试画出类似于图5-15的工作示意图。从连接建立阶段到连接释放都要画上。

5-20 在如图5-17所示的连接释放过程中，主机B能否先不发送ack = u + 1的确认（因为后面要发送的连接释放报文段中仍有ack = u + 1这一信息）？

5-21 在如图5-17所示的连接释放过程中，主机A在发送完对B的连接释放请求报文段的确认后，为什么还要等待一段超时时间再彻底关闭连接？

5-22 在图5-18中，在什么情况下会发生从状态LISTEN到状态SYN_SENT，以及从状态SYN_SENT到状态SYN_RCVD的变迁？

5-23 是否TCP和UDP都需要计算往返时间RTT？

5-24 在TCP的往返时间的估计中，你认为为什么TCP忽略对重传报文段的往返时间测量值RTT样本。

5-25 什么是Karn算法？在TCP的重传机制中，若不采用Karn算法，而是在收到确认时都认为是对重传报文段的确认，那么由此得出的往返时间样本和重传时间都会偏小。试问：重传时间最后会减小到什么程度？

5-26　某个应用进程使用运输层的用户数据报UDP，然后继续向下交给IP层后，又封装成IP数据报。既然都是数据报，是否可以跳过UDP而直接交给IP层？哪些功能UDP提供了但IP没有提供？

5-27　使用TCP对实时话音数据的传输有没有什么问题？使用UDP在传送数据文件时会有什么问题？

5-28　TCP在进行拥塞控制时是以分组的丢失作为产生拥塞的标志。有没有不是因拥塞而引起的分组丢失的情况？如有，请举出三种情况。

5-29　一个应用程序用UDP，到了IP层将数据报再划分为4个数据报片发送出去。结果前两个数据报片丢失，后两个到达目的站。过了一段时间应用程序重传UDP，而IP层仍然划分为4个数据报片来传送。结果这次前两个到达目的站而后两个丢失。试问：在目的站能否将这两次传输的4个数据报片组装成为完整的数据报？假定目的站第一次收到的后两个数据报片仍然保存在目的站的缓存中。

5-30　为什么在TCP首部中有一个首部长度字段，而UDP的首部中就没有这个字段？

5-31　一个UDP用户数据报的数据字段为8192字节。要使用以太网来传送，试问应当划分为几个数据报片？说明每一个数据报片的数据字段长度和片偏移字段的值。

5-32　简述TCP流量控制和拥塞控制的不同。

5-33　在TCP的拥塞控制中，什么是慢启动、拥塞避免、快速重传和快速恢复算法？这里每一种算法各起什么作用？“加性增”和“乘性减”各用在什么情况下？

5-34　TCP使用慢启动和拥塞避免，设TCP的拥塞窗口阈值的初始值为8（单位为MSS）。从慢启动开始，当拥塞窗口上升到12时网络发生了超时。试画出每个“轮次”TCP拥塞窗口的演变曲线图（横坐标单位为“轮次”，纵坐标为拥塞窗口大小）。说明拥塞窗口每一次变化的原因（画15个“轮次”）。

5-35　通信信道带宽为1 Gbit/s，端到端时延为10 ms。TCP的发送窗口为65535字节。试问：可能达到的最大吞吐量是多少？信道的利用率是多少？

5-36　为什么TCP拥塞控制中对发送方收到3个重复ACK和超时事件采用不同的处理方法？

5-37　考虑图5-20中的例子，若将主机C到R_1的链路带宽提高到10 000 Mbit/s，则所能达到的最大吞吐量大约会是多少？

5-38　考虑图5-25的网络，路由器之间的链路带宽为100 Mbit/s，假设主机到路由器的链路带宽无限。主机A到C的连接经过R_2，B到D的连接经过R_3，C到A的连接经过R_4，D到B的连接过R_1。若无拥塞控制，各主机逐渐增大发送速率，会出现什么情况？

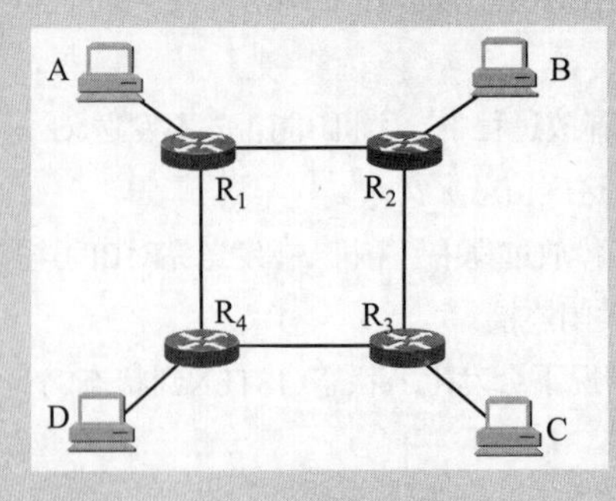

图5-25　习题5-38的图

06 第6章　网络应用

网络应用是计算机网络体系结构的最上层，是设计和建立计算机网络的最终目的，也是计算机网络中发展最快的部分。从早期的基于文本的应用（电子邮件、远程登录、文件传输、新闻组）到20世纪90年代将因特网带入千家万户的万维网，到今天流行的即时通信、P2P文件共享及各种音视频应用，网络应用一直层出不穷，直接影响着人类的工作、生活、文化、经济、政治乃至军事等方方面面。此外，计算设备的小型化和“无处不在”，宽带住宅接入和无线接入的日益普及和迅速发展，为未来更多的新型应用提供了广阔的舞台。

我们不可能一一讨论所有这些应用（也没有必要），在本章中，我们以一些经典的网络应用为例来学习有关网络应用的原理、协议和实现方面的知识。像云计算（Cloud Computing）这样非常复杂的网络应用需要专门的教材进行介绍，本书不进行深入讨论。

本章最重要的内容如下。

（1）网络应用程序的体系结构：客户/服务器体系结构和P2P体系结构。

（2）域名系统DNS——从域名解析出IP地址。

（3）万维网和HTTP协议、HTML协议。

（4）电子邮件的工作原理及相关协议：SMTP、POP3和IMAP。

（5）文件传送协议FTP的特点。

（6）动态主机配置协议DHCP的概念。

（7）P2P文件共享和文件分发的概念。

（8）多媒体网络应用中的一些重要技术和协议。

6.1　应用层概述

网络应用之所以能成为计算机网络中发展最快的部分，原因之一就是任何人都可以方便地开发并运行一个新的网络应用。因为网络应用程序只运行在端系统中，运输层已经为网络应用提供了端到端的进程间逻辑通信服务，网络应用开发者无需考虑各种复杂的网络核心设备（如路由器或链路层交换机）。只要你拥有几台联网的计算机就可以在上面开发并运行你自己的网络应用了。

那么，开发一种网络应用到底应该考虑哪些问题呢？这就是本节要讨论的内容。

6.1.1 网络应用程序体系结构

既然是网络应用，网络应用程序应该是运行在网络中不同的端系统上，通过彼此间的通信来共同完成某项任务。因此，开发一种新的网络应用首先要考虑的问题就是网络应用程序在各种端系统上的组织方式和它们之间的关系，即**网络应用程序体系结构**。目前流行的网络应用程序体系结构主要有：**客户/服务器体系结构**和**对等体系结构**。

1. 客户/服务器体系结构

在**客户/服务器**（Client/Server, C/S）**体系结构**中，包括一个总是运行着的**服务器程序**和许多有时运行的**客户程序**。客户进程通过网络向服务器进程请求服务，服务器进程可接受来自多个客户进程的请求，并进行响应以提供服务，而客户进程相互之间不直接进行通信。这里最主要的特征就是：**客户进程是服务请求方，服务器进程是服务提供方**。客户/服务器体系结构的另一个特征就是，服务器进程总是处于运行状态，并等待客户进程的服务请求。服务器进程具有固定端口号，而运行服务器程序的主机也具有固定的 IP 地址。

C/S 体系结构是因特网上传统的、同时也是最成熟的结构，很多我们熟悉的网络应用采用的都是 C/S 结构，包括万维网、电子邮件、文件传输 FTP 等。图 6-1 显示了客户/服务器体系结构。

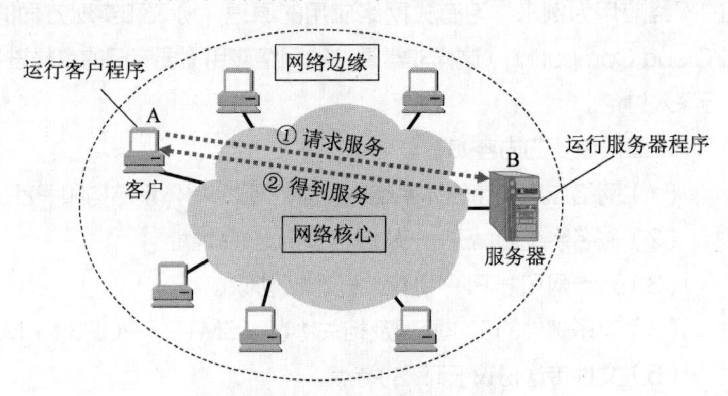

图6-1 客户/服务器体系结构

要说明的是，这里的**客户和服务器本来都指的是计算机程序**（软件，运行的程序称为进程）。但人们经常把运行客户程序的计算机也称为 Client（翻译为**客户机**或**客户计算机**），把运行服务器程序的计算机也称为 Server（翻译为**服务器**或**服务器计算机**）。服务器计算机通常是高性能计算机并且全天开机，而客户计算机通常是普通计算机，它不一定总是处于开机状态。根据上下文并不难判断"**客户机**"和"**服务器**"的具体含义，在讨论应用程序体系结构时通常不严格区分这两种概念。

基于 C/S 结构的应用服务通常是服务集中型的，即应用服务集中在网络中比客户计算机少得多的服务器计算机上。由于一台服务器计算机要为多个客户机提供服务，在 C/S 应用中，常会出现服务器计算机跟不上众多客户机请求的情况。例如，一个热门的万维网网站每分钟可能有成千上万的用户访问，仅运行一台计算机来提供如此大量的服务是不行的。为此，在 C/S 应用中，常用计算机群集（或服务器场）构建一个强大的虚拟服务器。为此，服务提供商需要购买、安装和维护服务器场。此外，服务提供商还必须为这些服务器提供足够带宽的网络连接。

2. 对等体系结构

在**对等**（Peer-to-Peer，P2P）**体系结构**中，没有固定的服务请求者和服务提供者，分布在网络中的应用进程是对等的，被称为**对等方**（有时将运行对等方软件的计算机也称为对等方）。对等方相互之间直接通信，每个对等方既是服务的请求者，又是服务的提供者。例如，在 P2P 文件共享应用中，当一个对等方从某个对等方下载某个歌曲文件时，可能另一个对等方同时也在从该对等方下载另一歌曲，或者下载该歌曲文件中的某数据块（已被该对等方下载了的）。基于 P2P 的应用是服务分散型的，因为服务不是集中在少数几个服务器计算机中，而是分散在大量对等方计算机中，这些计算机并不为服务提供商所有，而是为个人控制的桌面计算机和笔记本电脑，它们通常位于住宅、校园和办公室中。图 6-2 所示为 P2P 体系结构。

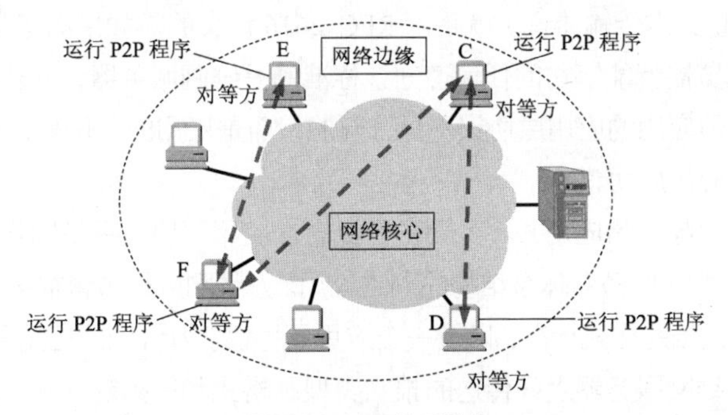

图6-2 P2P体系结构

P2P 体系结构的最突出特性之一就是它的**可扩缩性**（Scalability）（也翻译为**可扩展性**）。因为系统每增加一个对等方，不仅增加的是服务的请求者，同时也增加了服务的提供者，系统性能不会因规模的增大而降低。另外，P2P 体系结构具有成本上的优势，因为它通常不需要庞大的服务器设施和服务器带宽。为了降低成本，服务提供商对于将 P2P 体系结构用于应用的兴趣越来越大。

要说明的是，客户/服务器和 P2P 是网络应用程序的两种通用体系结构。许多实际的网络应用组织成客户/服务器和 P2P 体系结构的**混合体**（Hybrid）。

3. 容易混淆的两个概念

在这里有两个非常容易混淆的概念要说明。在 5.3.5 节中，我们也曾提到了进程间通信的**客户-服务器**通信模式，但不要将其与网络应用程序体系结构的**客户/服务器体系结构**相混淆。在讨论进程间通信时，**通信的一对进程中发起通信的进程也被称为客户或客户进程，而被动接受通信请求的进程也被称为服务器或服务器进程**，这种通信模式被称为**客户-服务器**通信模式。因此**客户/服务器**术语有时指的是网络应用程序体系结构，有时指的是进程通信的模式，这两者之间关系相近但并不完全对应。有时网络应用程序体系结构中的服务器在一次通信会话中会主动发起通信成为通信模式中的客户进程，例如，后面我们要学习的 FTP 应用中就有这样的情况。对于 P2P 应用，在讨论进程间通信模式时，通信的两个进程中总有一个是客户进程，而另一个是服务器进程。例如，在 P2P 文件共享中，当对等方 A 请求对等方 B 发送一个文件时，在这个特定的通信会话中对等方 A 是**客户**进程，而对等方 B 是**服务器**进程。

6.1.2 应用层协议

不论网络应用采用的是 C/S 体系结构还是 P2P 体系结构，客户机和服务器之间都要通过互相的通信来完成特定的网络应用任务。运输层已为应用进程提供了端到端的通信服务。但不同的网络应用其应用进程间需要有不同的通信规则，因此在运输层协议之上还需要有**应用层协议**（Application-Layer Protocol），其作用是定义运行在不同端系统上的应用进程间为实现特定应用而**互相通信的规则**。具体来说，应用层协议定义了：

交换的报文类型，如请求报文和响应报文；

各种报文类型的语法，如报文中的各个字段及其详细描述；

字段的语义，即包含在字段中的信息的含义；

进程何时、如何发送报文及对报文进行响应的规则。

因特网公共领域的标准应用的应用层协议是由RFC文档定义的，大家都可以使用。例如，万维网的应用层协议HTTP（超文本传输协议）就是由RFC 2616定义的。如果浏览器开发者遵守RFC 2616标准，所开发出来的浏览器就能够访问任何遵守该标准的万维网服务器，并获取相应的万维网页面。在因特网中还有很多其他应用的应用层协议不是公开的，而是专用的。例如，很多现有的P2P文件共享系统使用的就是专用应用层协议。

请注意，应用层协议与网络应用并不是同一个概念。应用层协议只是网络应用的一部分。例如，万维网应用是一种基于客户/服务器体系结构的网络应用。万维网应用包含很多部件，有万维网浏览器、万维网服务器、万维网文档的格式标准，以及一个应用层协议。万维网的应用层协议是HTTP，它定义了在万维网浏览器和万维网服务器之间传送的报文类型、格式和序列等规则。而万维网浏览器如何显示一个万维网页面，万维网服务器是用多线程还是用多进程来实现并不是HTTP定义的内容。

6.1.3 选择运输层协议

运输层向它上面的应用层提供端到端通信服务，应用层协议的报文需要利用运输层协议提供的通信服务来传输。因特网的运输层有两个主要的协议：TCP和UDP。TCP提供面向连接可靠的字节流服务，并实现了流量控制和拥塞控制机制；而UDP提供的是无连接的不可靠报文传送服务。UDP没有流量控制和拥塞控制机制，是一种轻量级运输层协议。

表6-1指出了一些流行的因特网应用所使用的运输层协议。可以看到，电子邮件、远程终端访问、万维网、文件传输都采用的是TCP协议。这些应用选择TCP协议的最主要的原因是TCP协议提供了可靠数据传输服务。另外，我们也可以看到，IP电话和流式多媒体应用多采用UDP。因为这些应用可以容忍一定的数据丢失，并且有最低发送速率的要求。另外，UDP没有拥塞控制机制，发送方可以以任何速率向网络注入数据。因此UDP成为这些应用的较好的选择。

表6-1　流行的因特网应用所使用的运输层协议

应　用	应用层协议	运输层协议
电子邮件	SMTP	TCP
远程终端访问	TELNET	TCP
万维网	HTTP	TCP
文件传送	FTP	TCP
IP电话	专用协议	通常用UDP
流式多媒体通信	专用协议	UDP或TCP

6.2 域名系统（DNS）

域名系统（Domain Name System，DNS）并不是直接和用户打交道的网络应用，而是为其他各种网络应用提供一种核心服务，即名字服务，使各种网络应用能够在应用层使用计算机的名字来进行交互，而不需要直接使用 IP 地址。因此，我们首先讨论许多网络应用都要使用的域名系统。

域名系统 DNS

6.2.1 域名系统概述

在因特网上，两个位于不同主机上的进程要互相进行通信必须使用 IP 地址。但用户在使用网络应用时，很难记住长达 32 位的二进制 IP 地址。即使是采用点分十进制记法也并不太容易记忆。相反，大家愿意使用某种易于记忆的主机名字。但对于机器来说，如路由器，处理等长的数字就要比处理不等长的字符串要高效得多。因此，在网络层为了更高效地查找转发地址，使用等长的 32 位 IP 地址来标志一台主机而不是使用不等长的主机名字。但在应用层为了便于用户记忆各种网络应用，更多的是使用主机名字。

早在 ARPANET 时代，整个网络上只有数百台计算机，那时使用一个叫作 hosts 的本地维护的文件，列出所有主机名字和相应的 IP 地址。只要用户输入一个主机名字，计算机就可很快地将这个主机名字转换成机器能够识别的二进制 IP 地址。

从理论上讲，在因特网中可以只使用一台计算机来回答所有主机名字到 IP 地址的查询。然而这种做法并不可取。因为随着因特网规模的扩大，这台计算机肯定会因过负荷而无法正常工作，而且这台计算机一旦出现故障，整个因特网就会瘫痪。1983 年因特网开始采用层次结构的命名树作为主机的名字（即域名），并使用分布式的**域名系统**（Domain Name System，DNS）[RFC 1034, 1035]。这两个文档早已成为因特网的正式标准。

因特网的域名系统 DNS 是一个联机分布式数据库系统，并采用客户/服务器体系结构。DNS 使大多数名字都在本地解析，仅少量解析需要在因特网上通信，因此系统效率很高。由于 DNS 是分布式系统，即使单个计算机出了故障，也不会妨碍整个系统的正常运行。

域名到 IP 地址的转换是由若干个域名服务器程序完成的。这种域名到 IP 地址的转换过程叫作**域名解析**。域名服务器程序在专设的主机上运行，而人们也常把运行该程序的主机称为**域名服务器**。

域名解析过程可简要地归纳如下：当某一个应用进程需要将主机名解析为 IP 地址时（请注意，这种过程通常都是自动进行的，用户对这一过程是感觉不到的），该应用进程就成为域名系统 DNS 的一个客户，并把待解析的域名放在 DNS 请求报文中，以 UDP 数据报方式发给本地域名服务器（使用 UDP 是为了减少开销）。本地的域名服务器在查找域名后，把对应的 IP 地址放在回答报文中返回。应用进程获得目的主机的 IP 地址后即可进行通信。

若本地域名服务器不能回答该请求，则此域名服务器就暂时成为 DNS 中的另一个客户，并向其他域名服务器发出查询请求。这种过程直至找到能够回答该请求的域名服务器为止。详细的查找过程，后面还要进一步讨论。

除了进行主机名到 IP 地址的转换外，DNS 还提供了一些重要的服务。

- **主机别名**。有些主机的主机名比较复杂，可以为该主机起多个简单易记的别名。应用程序可以调用 DNS 来获得主机别名对应的**规范主机名**（不是别名的主机名）及主机的 IP 地址。

- **负载分配**。DNS 允许用同一个主机名对应一个 IP 地址集合。DNS 服务器收到该主机名的解析请求时，随机或循环返回地址集合中的一个地址。一些热门网站，可以利用该服务将网站复制到多个服务器上，这些服务器共用同一个域名，从而实现在这些服务器上的负载分配。
- **反向域名解析**。有时某些应用需要将某个 IP 地址转换为域名，这可以通过后面提到的反向域来实现。

6.2.2 因特网的域名结构

早期的因特网使用了非等级的名字空间，其优点是名字简短。但当因特网上的用户数急剧增加时，用非等级的名字空间来管理一个很大的而且是经常变化的名字集合是非常困难的。因此因特网后来就采用了层次树状结构的命名方法，就像全球邮政系统和电话系统那样。采用这种命名方法，任何一个连接在因特网上的主机或路由器，都可以有一个**唯一的层次结构的名字**，即**域名**（Domain Name）。这里，**"域"**（Domain）是名字空间中一个可被管理的划分。域还可以继续划分为子域，如二级域、三级域等。

域名的结构由若干个分量组成，各分量之间用点（请注意，是小数点的点）隔开：

```
….三级域名.二级域名.顶级域名
```

各分量分别代表不同级别的域名。每一级的域名都由英文字母和数字组成（不超过 63 个字符，并且不区分大小写字母），级别最低的域名写在最左边，而级别最高的顶级域名则写在最右边。完整的域名不超过 255 个字符。域名系统既不规定一个域名需要包含多少个下级域名，也不规定每一级的域名代表什么意思。各级域名由其上一级的域名管理机构管理，而最高的顶级域名则由互联网名称与数字地址分配机构（the Internet Corporation for Assigned Names and Numbers，ICANN）进行管理。等级的命名方法便于维护名字的唯一性，并且也容易设计出一种高效的域名查询机制。需要注意的是，域名只是个**逻辑概念**，并不代表计算机所在的物理地点。

这里需要注意，域名中的"点"和点分十进制 IP 地址中的"点"没有任何关系。点分十进制 IP 地址中共有三个"点"，但域名中"点"的数目则不一定正好是三个。

顶级域名（Top Level Domain，TLD）分为三大类。

（1）**国家顶级域名** nTLD：采用 ISO 3166 的规定。如 cn 表示中国，us 表示美国，uk 表示英国，等等。

（2）**通用顶级域名** gTLD：最常见的通用顶级域名有七个，即：com（公司企业）、net（网络服务机构）、org（非营利性组织）、int（国际组织）、edu（美国教育机构）、gov（美国政府部门）、mil（美国军事部门）。

（3）**反向域** arpa：用于反向域名解析，用于将 IP 地址反向解析为域名。

在国家顶级域名下注册的二级域名均由该国家自行确定。例如，顶级域名为 jp 的日本，将其教育和企业机构的二级域名定为 ac 和 co，而不用 edu 和 com。

我国则将二级域名划分为**"类别域名"**和**"行政区域名"**两大类。

类别域名有七个，分别为：ac（科研机构）、com（工、商、金融等企业）、edu（教育机构）、gov（政府部门）、net（提供网络服务的机构）、mil（军事机构）和 org（非营利性组织）。

行政区域名34个，适用于我国的各省、自治区、直辖市。例如：bj为北京市、sh为上海市、js为江苏省，等等。

图 6-3 是因特网名字空间的结构，它实际上是一个倒过来的树，树根在最上面而没有名字。树根下面一级的结点就是最高一级的顶级域结点。在顶级域结点下面的是二级域结点。最下面的叶结点就是主机的域名。图 6-3 列举了一些域名作为例子。凡是在顶级域名 com 下注册的单位都获得了一个二级域名。图中的例子有：中央电视台，以及 IBM、惠普、摩托罗拉等公司。在顶级域名 cn（中国）下的二级域名的例子是：四个行政区域名香港、江苏省、上海市、北京市，以及我国规定的 6 个类别域名。这些二级域名是我国规定的，凡在其中的某一个二级域名下注册的单位就可以获得一个三级域名。图中给出的在 edu 下面的三级域名有：清华大学、北京大学、复旦大学、上海交通大学等。一旦某个单位拥有了一个域名，它就可以自己决定是否要进一步划分其下属的子域，并且不必将这些子域的划分情况报告上级机构。图中画出了在顶级域名 com 下的中央电视台自己划分的三级域名 mail。在清华大学下的四级域名的例子是：mail、csnetl、ep 等。域名树的树叶就是单台计算机的名字，它不能再继续往下划分子域了。在名字空间中每个域都是一个子树。

应当注意，虽然中央电视台和清华大学都各有一台计算机取名为 mail，但它们的域名并不一样，因为前者是 mail.cctv.com，而后者是 mail.tsinghua.edu.cn。因此，即使在世界上还有很多单位的计算机取名为 mail，但是它们在因特网中的域名却都必须是唯一的。

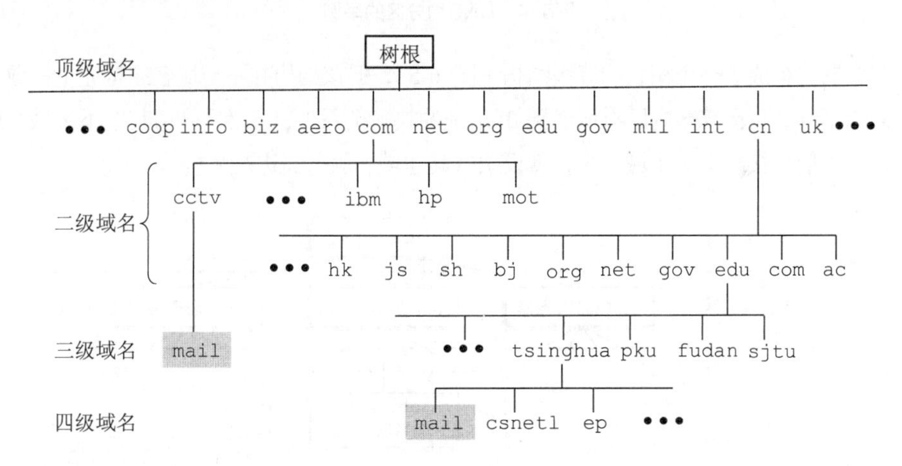

图6-3 因特网的名字空间

这里还要强调指出，因特网的名字空间是按照机构的组织来划分的，与物理的网络无关，与 IP 地址中的“子网”也没有关系。

6.2.3 域名服务器

名字空间相关信息（其中最重要的就是域名和 IP 地址的映射关系）必须保存在计算机中，供所有其他应用查询。显然不能将所有信息都存储在一台计算机中。DNS 的方法是将域名信息分布到叫作域名服务器的许多计算机上。DNS 将整个名字空间划分为许多不相交的**区**（Zone），每个区的域名信息由一个**权威域名服务器**（Authoritative Name Server）负责管理。

原则上名字空间中的每一个**域**都可以对应一个**区**。这样所有的权威域名服务器之间就构成了一种与域名树对应的域名服务器等级结构。但完全按照域来划分区，会导致太多很小的区。因此，实际的划分方法如图 6-4 所示。若一个域比较小，如 y.abc.com，其子域不需要再划分为区，则域 y.abc.com 与区 y.abc.com 的范围是相同的。若一个域比较大，如 abc.com，其子域，如 y.abc.com，可划分出来并委托给其他域名服务器管理，则区 abc.com 的范围只是域 abc.com 的一部分。因此，域和区是两个不同的概念。区是域名服务器直接管辖范围的单位，每个区有一个权威域名服务器。权威域名服务器的责任就是负责本管辖区的域名转换（显然，它必须知道本管辖区中所有主机的名字和 IP 地址），但其权限范围仅在本管辖区内。

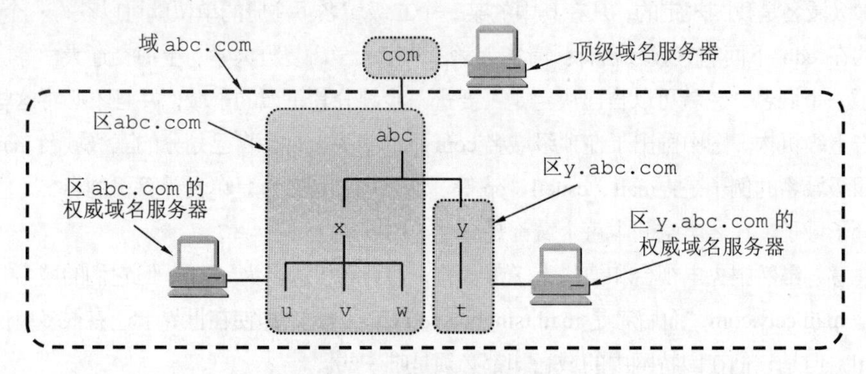

图6-4 DNS划分区的举例

域名服务器也构成了一个树状的等级结构（图 6-5），但该结构并不与域名结构完全一致。每一个域名服务器除了维护自己辖区内所有域名到 IP 地址的映射关系外，还必须知道其上下级域名服务器的信息。当自己不能直接解析某个域名时，就设法找其他域名服务器进行解析。

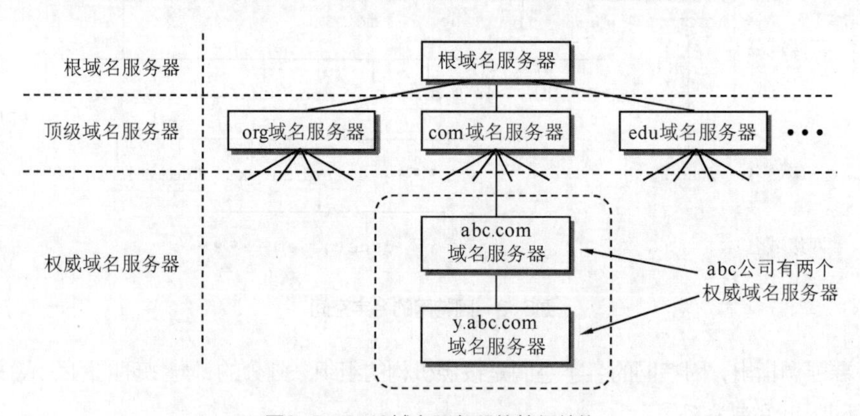

图6-5 DNS域名服务器的等级结构

域名服务器可划分为以下四种不同类型。

（1）**根域名服务器**：这是最高层次的域名服务器。根域名服务器并不直接管辖某个区的域名信息，但每个根域名服务器都知道所有的顶级域名服务器的域名及其 IP 地址。在因特网上共有 13 个不同 IP 地址的根域名服务器。尽管我们将这 13 个根域名服务器中的每一个都视为单个的服务器，但每台“服务器”实际上是由许多分布在世界各地的计算机构成的服务器群集。当本地域名服务器向根域名服务器发出查询请求时，路由器就把查询请求报文转发到离这个 DNS 客户最近的一个根域名服务器。这就加快了 DNS 的查询过程，同时也更合理地利用了因特网的资源。根域名服务器通常并不直接对域名进行解析，而是返回该域名所属顶级域名的顶级域名服务器的 IP 地址。

（2）**顶级域名服务器**（即 TLD 服务器）：这些域名服务器负责管理在该顶级域名服务器注册的所有二级域名。当收到 DNS 查询请求时就给出相应的回答（可能是最后的结果，也可能是下一级权威域名服务器的 IP 地址）。

（3）**权威域名服务器**：负责管理某个区的域名服务器。每一个主机的域名都必须在某个权威域名服务器处注册登记。因此权威域名服务器知道其管辖的域名与 IP 地址的映射关系。另外，权威域名服务器还知道其下级域名服务器的地址。

（4）**本地域名服务器**：本地域名服务器不属于图 6-5 所示的域名服务器的等级结构。当一个主机发出 DNS 查询报文时，这个查询报文就首先被送往该主机的本地域名服务器。本地域名服务器起着 DNS 代理的作用，会将该查询报文转发到域名服务器的等级结构中。每一个因特网服务提供者 ISP，一个大学，甚至一个大学里的系，都可以拥有一个**本地域名服务器**，它有时也称为**默认域名服务器**。本地域名服务器离用户较近，一般不超过几个路由器的距离，也有可能就在同一个局域网中。本地域名服务器的 IP 地址需要直接配置在需要域名解析的主机中。例如，在 Windows XP 网络连接属性中设置的 DNS 地址就是该主机本地域名服务器的 IP 地址。

为了提高域名服务器的可靠性，DNS 域名服务器都把数据复制到几个域名服务器来保存，其中的一个是**主域名服务器**（Master Name Server），其他的是**辅助域名服务器**（Secondary Name Server）。当主域名服务器出故障时，辅助域名服务器可以保证 DNS 的查询工作不会中断。主域名服务器定期把数据复制到辅助域名服务器中，而更改数据只能在主域名服务器中进行。这样就保证了数据的一致性。

6.2.4 域名解析的过程

DNS 可进行域名到 IP 地址解析，也可以将 IP 地址反向解析为域名，但最主要的功能是前者。本书仅介绍域名到 IP 地址的解析过程。这里要注意以下两点：第一，主机向本地域名服务器的查询一般都是采用**递归查询**（Recursive Query）。所谓递归查询就是如果本地域名服务器不知道被查询域名的 IP 地址时，那么本地域名服务器就以 DNS 客户的身份向某个根域名服务器继续发出查询请求报文（即替该主机继续查询），而不是让该主机自己进行下一步的查询；第二，本地域名服务器向根域名服务器查询时，是优先采用**迭代查询**（Iterative Query）。所谓迭代查询就是由本地域名服务器进行循环查询。当根域名服务器收到查询请求报文但并不知道被查询域名的 IP 地址时，这个根域名服务器就把自己知道的顶级域名服务器的 IP 地址告诉本地域名服务器，让本地域名服务器再向顶级域名服务器查询。顶级域名服务器在收到本地域名服务器的查询请求后，就告诉本地域名服务器下一步应当向哪一个权威域名服务器进行查询。这样查询下去，主机就知道了所要解析的域名的 IP 地址。图 6-6 用例子说明了这两种查询的区别。从理论上讲，任何 DNS 查询既可以采用递归查询也可以采用迭代查询。但由于递归查询对于被查询的域名服务器负担太大，通常采取的模式是：从请求主机到本地域名服务器的查询是递归查询，而其余的查询是迭代查询，即图 6-6（a）的模式。

假定域名为 m.xyz.com 的主机想知道域名为 y.abc.com 的另一个主机的 IP 地址（例如，主机 m.xyz.com 打算发送邮件给主机 y.abc.com。这时就需要知道主机 y.abc.com 的 IP 地址）。主机 m.xyz.com 先向其本地域名服务器 dns.xyz.com 进行递归查询，图 6-6（a）表示本地域名服务器采用迭代查询，而

图 6-6（b）表示本地域名服务器采用递归查询。整个的查询过程按照❶→❷→❸→❹→❺→❻→❼→❽的顺序。总共要使用 8 个 UDP 报文。这两个图中都没有画出主机 y.abc.com，但画出了管辖主机 y.abc.com 的权威域名服务器 dns.abc.com。

我们注意到，在图 6-6（a）的情况下，本地域名服务器经过三次迭代查询后，最后从权威域名服务器 dns.abc.com 得到了主机 y.abc.com 的 IP 地址。而在图 6-6（b）的情况下，本地域名服务器只需向根域名服务器查询一次，后面的几次查询都是在其他几个域名服务器之间进行的。只是在最后，本地域名服务器从根域名服务器得到了所需的 IP 地址。

为了提高 DNS 查询效率，并减轻根域名服务器的负荷和减少因特网上的 DNS 查询报文数量，在域名服务器中广泛地使用了**高速缓存**（有时也称为高速缓存域名服务器）。高速缓存用来存放最近查询过的域名以及从何处获得域名映射信息的记录。

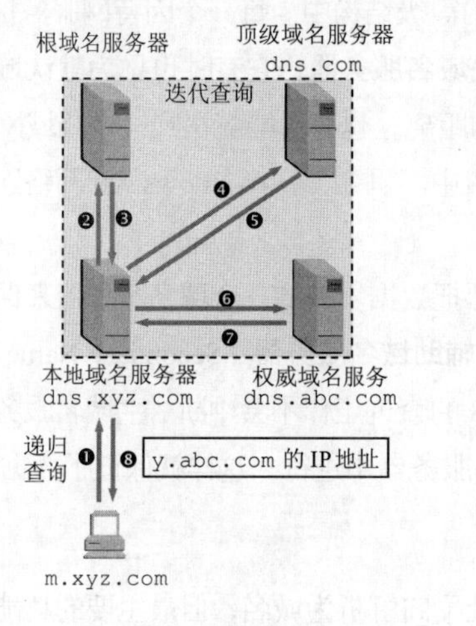

(a) 本地域名服务器采用迭代查询

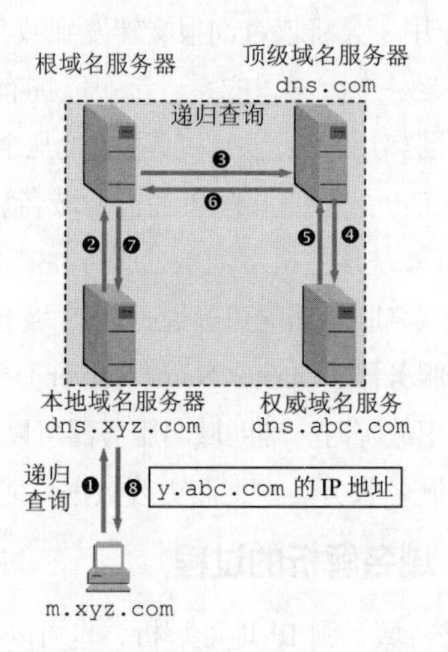

(b) 本地域名服务器采用递归查询

图6-6 DNS查询举例

例如，在图 6-6（a）的查询过程中，如果在不久前已经有用户查询过域名为 y.abc.com 的 IP 地址，那么本地域名服务器就不必再向根域名服务器重新查询 y.abc.com 的 IP 地址了，而是直接把高速缓存中存放的上次查询结果（即 y.abc.com 的 IP 地址）告诉用户。

假定本地域名服务器的缓存中并没有 y.abc.com 的 IP 地址，而是存放着顶级域名服务器 dns.com 的 IP 地址，那么本地域名服务器就不必向根域名服务器进行查询，而可以直接向 com 顶级域名服务器发送查询请求报文。这样不仅可以大大减轻根域名服务器的负荷，而且也能够使因特网上的 DNS 查询请求和回答报文的数量大为减少。

由于域名到 IP 地址的绑定有可能发生变化（但并不会经常改变），为保持高速缓存中的内容正确，域名服务器应为每项内容设置计时器，并处理超过合理时间的项目（例如，典型的数值是每个项目只存放 48 h）。当域名服务器已从缓存中删去某项信息后又被请求查询该项信息，就必须重新到授权管理该项目的域名服务器获取绑定信息。当权威域名服务器回答一个查询请求时，在响应中都指明绑定有效存在的时间值。增加此时间值可减少网络开销，而减少此时间值可提高域名解析的准确性。

不但在本地域名服务器中需要高速缓存，在主机中也很需要。许多主机在启动时从本地域名服务器下载名字和地址的全部数据库，维护存放自己最近使用的域名的高速缓存，并且只在从缓存中找不到欲解析的域名时才向本地域名服务器发送查询请求报文。维护本地域名服务器数据库的主机自然应该定期地检查域名服务器，以获取新的映射信息，而且主机必须从缓存中删掉无效的项。由于域名改动并不频繁，大多数主机不需花太多精力就能维护数据库的一致性。

DNS 的查询请求和回答报文使用 UDP 数据报进行发送，其具体格式这里就不介绍了，可参考 RFC 1034。

6.2.5 DNS资源记录

DNS 服务器以**资源记录**（Resource Record，RR）的形式存储主机名到 IP 地址的映射，每个 DNS 应答报文可能包含一条或多条资源记录。资源记录在逻辑上就是一个四元组（Name、Value、Type、TTL）。TTL 是该记录的生存时间，它决定了资源记录应当从缓存中删除的时间，而其他字段的内容与资源记录的类型有关。DNS 资源记录主要有以下几种类型。

- **主机记录**。Type=A，Name 是主机名，Value 是该主机名的 IP 地址。该记录提供标准的主机名到 IP 地址的映射。
- **域名服务器记录**。Type=NS，Name 是某个域的名称，Value 是该域的权威 DNS 服务器的主机名。该记录用于提供自顶而下的 DNS 查询链。某个域的权威域名服务器需要在其上级域名服务器注册一条域名服务器记录以及对应的主机记录。
- **主机别名记录**。Type=CNAME，Name 是主机别名，Value 是该别名的规范主机名。
- **邮件交换记录**。Type=MX，Name 是邮件服务器别名，Value 是该邮件服务器的规范主机名。通过使用邮件交换记录，一个单位的邮件服务器和其他服务器（如 Web 服务器）可以使用相同的别名。DNS 客户机为了获得邮件服务器的规范主机名，应当请求一条邮件交换记录。

6.3 万维网（WWW）

6.3.1 万维网概述

万维网（World Wide Web，WWW）并非某种特殊的计算机网络。**万维网是一个大规模的、联机式的信息储藏所，是运行在因特网上的一个分布式应用**，现在经常只用一个英文字 Web 来表示万维网。万维网利用网页之间的**链接**（或称为**超链接**，即隐藏在页面中指向另一个网页的位置信息）将不同网站的网页链接成一张逻辑上的信息网，从而使用户可以方便地从因特网上的一个站点访问另一个站点，主动地按需获取丰富的信息。图 6-7 说明了万维网网页之间的链接。

万维网（WWW）

图 6-7 画出了五个万维网上的站点，它们可以相隔数千千米，但都必须连接在因特网上。每一个万维网站点都存放了许多网页。在这些网页中有一些地方的文字是用特殊方式显示的（如用不同的颜色，或添加了下划线），而当我们将鼠标移动到这些地方时，鼠标的箭头就变成了一只手的形状。这就表明这些地方有一个**超链接**，如果我们在这些地方单击鼠标，就可以从这个文档链接到可能相隔很远的另一个网页，并将该网页传送过来且在我们的屏幕上显示出来。

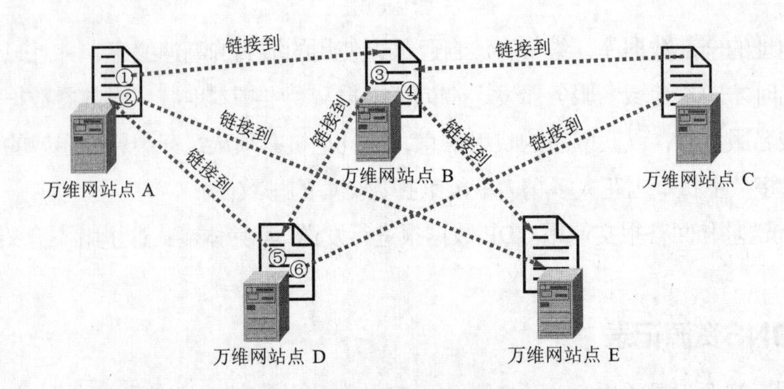

图6-7 万维网网页之间的链接

万维网是欧洲粒子物理实验室的 Tim Berners-Lee 最初于 1989 年 3 月提出的。1993 年 2 月，第一个图形界面的浏览器（Browser）开发成功，名字叫作 Mosaic。1995 年著名的 Netscape Navigator 浏览器上市。目前最流行的浏览器是微软公司的 Internet Explorer。万维网将因特网带入千家万户，普通百姓开始使用网络来获取信息和进行交流，而在此之前，因特网的主要使用者是研究人员、学者和大学生。万维网的出现使因特网的主机数按指数规律增长。因此，万维网的出现是因特网发展中的一个非常重要的里程碑。

万维网是一个分布式的**超媒体**（Hypermedia）系统，它是**超文本**（Hypertext）系统的扩充。一个超文本由多个信息源链接成，而这些信息源的数目实际上是不受限制的。利用一个链接可使用户找到另一个文档，而这又可链接到其他的文档（依次类推）。这些文档可以位于世界上任何一个接在因特网上的超文本系统中。超文本是万维网的基础。可见，超文本就是带有链接的文本，而这种链接也常称为**超文本链接**或**超链接**（Hyperlink），不过一般都使用更简洁的名词“链接”。

超媒体与超文本的区别是文档内容不同。超文本文档仅包含文本信息，而超媒体文档还包含其他多媒体对象，如图形、图像、声音、动画，甚至活动视频图像。

万维网以客户/服务器方式工作。上面所说的浏览器就是在用户主机上的万维网客户程序。万维网文档（或简称 Web 文档）所驻留的主机则运行服务器程序，因此这个主机也称为万维网服务器或 Web 服务器。**万维网浏览器向万维网服务器发出对某个万维网文档的请求，万维网服务器返回浏览器请求的万维网文档，浏览器将该文档在窗口中显示出来**。万维网文档显示在浏览器的窗口中就是我们所说的**网页**或**页面**。

从以上所述可以看出，万维网必须解决以下几个问题。

（1）怎样标志分布在整个因特网上的万维网文档？

（2）用什么样的协议来实现浏览器和万维网服务器间的文档请求和响应？

（3）如何在万维网文档中写入超链接？怎样使不同作者创作的不同风格的万维网文档都能在因特网上的各种主机上显示出来？

（4）怎样使用户能够很方便地找到所需的信息？

为了解决第一个问题，万维网使用**统一资源定位符**（Uniform Resource Locator，URL）来标志万维网上的各种文档，并使每一个文档在整个因特网的范围内具有唯一的标识符 URL。为了解决上述的第二个问题，就要使浏览器与万维网服务器之间的交互遵守严格的协议，这就是**超文本传送协议**

（HyperText Transfer Protocol，HTTP）。HTTP是一个应用层协议，它使用TCP连接进行可靠的传送。为了解决上述的第三个问题，万维网使用**超文本标记语言**（HyperText Markup Language，HTML），使得万维网页面的制作者可以很方便地用超链接从本页面的某处链接到因特网上的任何一个万维网页面，并且制作出来页面能够在任何浏览器的窗口中显示。

为了在因特网上使用万维网查找信息，用户可使用各种的**搜索工具**，或**搜索引擎**（Search Engine）。现在万维网上已有许多性能良好的搜索引擎。目前在全球使用最广泛的搜索引擎就是谷歌 Google（http://www.google.com），而在中国比较流行的中文搜索引擎是百度（http://www.baidu.com）。建议读者通过实践来掌握查找信息的方法。

下面我们将进一步讨论上述这些重要概念。

6.3.2　统一资源定位符（URL）

1. URL的格式

要访问万维网页面就需要地址。为了方便地访问在世界范围的文档，万维网使用定位符。统一资源定位符URL是在因特网上指明任何种类“资源”的标准，URL本质上就是一种应用层地址。

这里所说的“资源”是指在因特网上可以被访问的任何对象，包括文件目录、文件、文档、图像、声音，以及与因特网相连的任何形式的数据。

URL相当于一个文件名在网络范围的扩展。因此URL是与因特网相连的机器上的任何可访问对象的一个指针。由于访问不同对象所使用的协议不同，所以URL还指出访问某个对象时所使用的协议。这样，URL的一般形式由以下四个部分组成：

```
<协议>://<主机>:<端口>/<路径>
```

URL 最左边的<协议>指出访问该资源的协议。现在最常用的协议就是 http（超文本传送协议HTTP），其次是ftp（文件传送协议FTP）。

在<协议>后面是一个冒号和两个斜线，是规定的格式。再右边一项是<主机>，指出资源所在主机的域名或IP地址。而后面的<端口>和<路径>是访问资源的协议的端口号和资源在主机上的详细路径，有时可省略。

下面我们简单介绍使用得最多的一种URL。

2. 使用HTTP的URL

对于万维网的网站的访问要使用HTTP协议。HTTP的URL的一般形式是：

```
http://<主机>:<端口>/<路径>
```

HTTP的默认端口号是80，通常可省略。若再省略文件的<路径>项，则URL就指到因特网上的某个**主页**（home page）。主页是某个网站的默认网页。

例如，要查有关清华大学的信息，就可先进入到清华大学的主页，其URL为[1]

```
http://www.tsinghua.edu.cn
```

我们从清华大学的主页入手，就可以通过许多不同的链接找到所需的各种有关清华大学的信息。

更复杂一些的路径是指向层次结构的从属页面。例如：

① Tsinghua是清华大学创立时所用的拼音名字（那时拼音ts和现在的汉语拼音字母q的发音一样）。由于国外都早已知道Tsinghua这个名字，因此现在就不使用标准的汉语拼音qinghua。

```
http://www.tsinghua.edu.cn/chn/yxsz/index.htm
```

是清华大学的“院系设置”页面的URL。注意：上面的URL中使用了指向文件的路径，而文件名就是最后的index.htm。后缀htm（有时可写为html）表示这是一个用超文本标记语言HTML写出的文件。

虽然URL里面的字母不分大小写，但有的页面为了读者看起来方便，故意用了一些大写字母，实际上这对使用Windows的PC用户是没有关系的。

用户使用URL并非仅仅能够访问万维网的页面，而且还能够通过URL使用其他的因特网应用程序，如FTP等。更重要的是，用户在使用这些应用程序时，只使用一个程序，即浏览器。这显然是非常方便的。

6.3.3 超文本传送协议（HTTP）

1. HTTP的操作过程

HTTP协议定义了浏览器（即万维网客户进程）怎样向万维网服务器请求万维网文档，以及万维网服务器怎样把万维网文档传送给浏览器。

万维网的大致工作过程如图6-8所示。

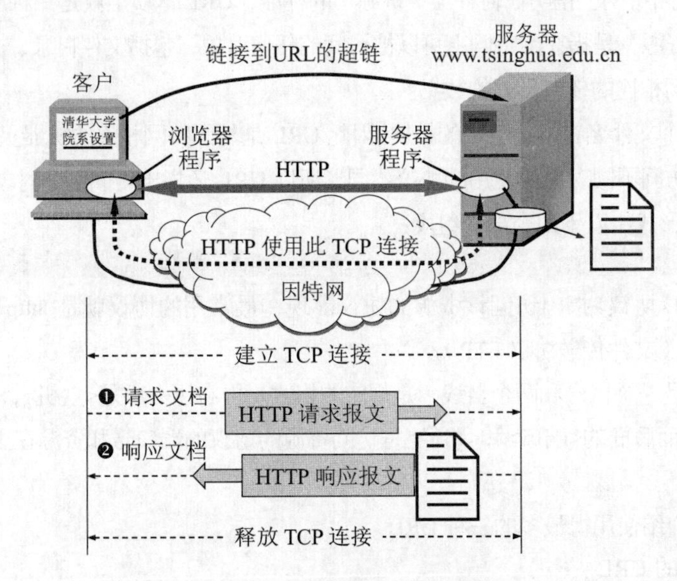

图6-8 万维网的工作过程

每个万维网网站都有一个服务器进程，它不断地监听TCP的端口80①，以便发现是否有浏览器向它发出连接建立请求。一旦监听到连接建立请求并建立了TCP连接之后，浏览器就向万维网服务器发出浏览某个页面的请求，服务器接着就返回所请求的页面作为响应。最后，TCP连接就被释放了。在浏览器和服务器之间的请求和响应的交互，必须按照规定的格式和遵循一定的规则。这些格式和规则就是超文本传送协议HTTP。

用户浏览页面的方法有两种。一种方法是在浏览器的地址窗口中键入所要找的页面的URL。另一种方法是在某一个页面中用鼠标单击某个超链接（在超链接的背后隐藏着指向某个页面的URL）。

① HTTP的默认端口是80，但也可指定其他端口。若指定其他端口，浏览器访问该网站文档使用的URL中必须指定该端口。

假定图 6-8 中的用户用鼠标单击了屏幕上的一个超链接。该链接指向了“清华大学院系设置”的页面，其 URL 是 http://www.tsinghua.edu.cn/chn/yxsz/index.htm。下面更具体地说明在用户单击鼠标后所发生的几个事件：

（1）浏览器分析链接指向页面的 URL；

（2）浏览器向 DNS 请求解析 www.tsinghua.edu.cn 的 IP 地址；

（3）域名系统 DNS 解析出清华大学服务器的 IP 地址为 166.111.4.100；

（4）浏览器与服务器建立 TCP 连接（在服务器端 IP 地址是 166.111.4.100，端口是 80）；

（5）浏览器发出取文件命令：GET /chn/yxsz/index.htm；

（6）服务器 www.tsinghua.edu.cn 给出响应，把文件 index.htm 发送给浏览器；

（7）释放 TCP 连接；

（8）浏览器显示“清华大学院系设置”文件 index.htm 中的内容。

HTTP 使用了面向连接的 TCP 作为运输层协议，保证了数据的可靠传输。HTTP 不必考虑数据在传输过程中被丢弃后又怎样被重传。虽然 HTTP 使用面向连接的 TCP，但 HTTP 协议本身是一个**无状态协议**。也就是说，HTTP 不要求服务器保留客户的任何状态信息。若服务器不保存任何客户状态信息，则同一个客户上一次对服务器的访问不会影响其对该服务器的下一次访问结果，因为服务器不记得曾经访问过的这个客户，也不记得曾经服务过多少次。HTTP 的无状态特性简化了服务器的设计，使服务器更容易支持大量并发的 HTTP 请求。

2. 非持续连接与持续连接

实际上一个万维网页面可能包含多个对象。多数万维网页面包含一个基本的 HTML 文件及几个引用对象，这些对象包括各种图像文件、Java 小程序、声音剪辑文件等。例如，某个万维网页面中有五张图片，那么这个万维网页面包含六个对象：一个基本 HTML 文件和五个图像文件，在基本 HTML 文件中包含其他五个图像文件的 URL。当浏览器向万维网服务器请求该页面（URL 标志的 HTML 文件）时，万维网服务器仅返回基本 HTML 文件。浏览器在解释并显示该 HTML 文件时，发现该文件所引用的五张图片的 URL，则又会向服务器发送五个请求，分别请求这五张图片的文件。

HTTP/1.0 协议采用的**非持续连接**方式，即一次请求/响应对应一个 TCP 连接。在非持续连接方式中，每次浏览器要请求一个文件都要与服务器建立 TCP 连接，当收到响应后就立即关闭连接。

下面我们估算一下，从浏览器请求一个万维网文档到收到整个文档所需的时间（见图 6-9）。在发送 HTTP 请求报文前，浏览器首先要和服务器建立 TCP 连接（这需要使用三次握手）当三次握手的前两部分完成后（即经过了一个 RTT 时间后），浏览器就把 HTTP 请求报文放在三次握手的第三部分中，作为 TCP 确认报文的数据发送给服务器（注意，前两部分不能携带数据）。服务器收到 HTTP 请求报文后，就把所请求的文档作为响应报文返回给客户。

从图 6-9 可看出，请求一个万维网文档所需的时间是该文档的传输时间（与文档大小成正比）加上两倍往返时间 RTT（一个 RTT 用于连接 TCP 连接，另一个 RTT 用于请求和接收万维网文档）。当 RTT 值较大时，请求一个较小的文档的开销就相对较大。

HTTP/1.0 的主要缺点就是每请求一个文档就要有两倍的 RTT 的开销。若一个万维网网页面上有很多引用的对象（如图片等），那么请求每一个对象都需要花费 2 × RTT 的时间。为了减小时延，浏览器通常建立多个并行的 TCP 连接同时请求多个对象。但是，每次建立新的 TCP 连接都要分配缓存和变量并初始化各种状态，在关闭连接时又要释放各种资源，特别是万维网服务器往往要同时服务于大量客户的请求，这样会使万维网服务器的负担很重。

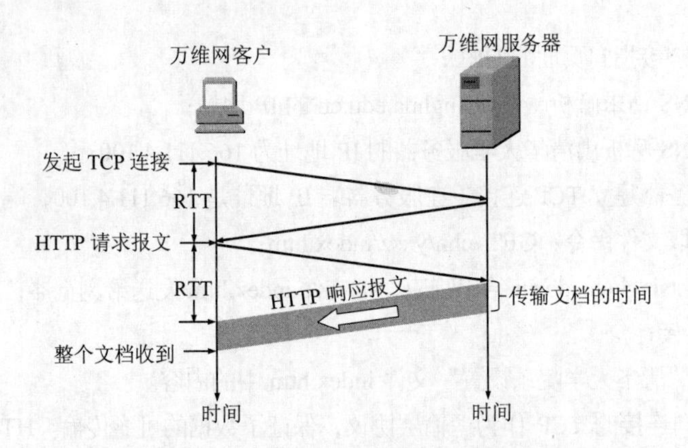

图6-9　请求一个万维网文档所需的时间

HTTP/1.1 协议使用**持续连接**，较好地解决了这个问题。所谓持续连接就是万维网服务器在发送响应后仍然保持这条连接，使同一个客户（浏览器）和该服务器可以继续在这条连接上传送后续的 HTTP 请求报文和响应报文。这并不局限于传送同一个页面上引用的对象，而是只要这些文档都在同一个服务器上就行。

为进一步提高效率，HTTP/1.1 协议的持续连接还可以使用**流水线方式**工作，即浏览器在收到 HTTP 的响应报文之前就能够连续发送多个请求报文。这样的一个接一个的请求报文到达服务器后，服务器就发回一个接一个的响应报文（这样就节省了许多个 RTT 时间）。流水线工作方式使 TCP 连接中的空闲时间减少，提高了下载文档的效率。

3. HTTP 的报文格式

HTTP 有两类报文：

（1）请求报文——从客户向服务器发送请求报文，如图 6-10（a）所示；

（2）响应报文——从服务器到客户的回答，如图 6-10（b）所示。

由于 HTTP 是**面向文本的**（Text-Oriented），因此在报文中的每一个字段都是一些 ASCII 码串，因而每个字段的长度都是不确定的。

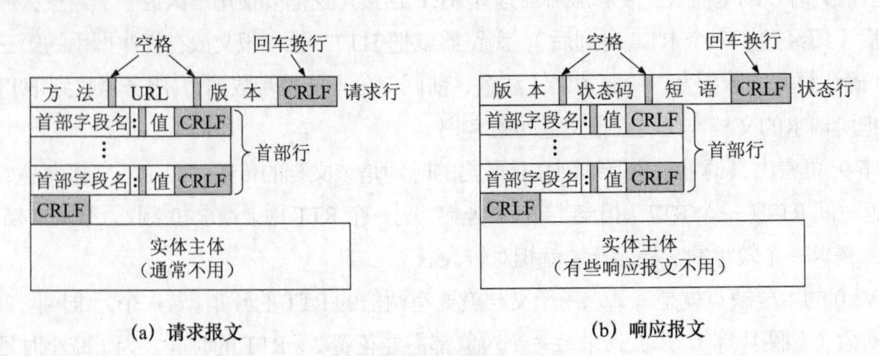

图6-10　HTTP的报文格式

HTTP 请求报文和响应报文都是由三个部分组成。可以看出，这两种报文格式的区别就是开始行不同。

（1）**请求行/状态行**，用于区分是请求报文还是响应报文。在请求报文中的第一行叫作**请求行**（Request-Line），而在响应报文中的第一行叫作**状态行**（Status-Line）。在第一行的三个字段之间都以空格分隔开，最后的“CR”和“LF”分别代表“回车”和“换行”。

（2）**首部行**，用来说明浏览器、服务器或报文主体的一些信息。首部可以有好几行，但也可以不使用。在每一个首部行中都有首部字段名和它的值，每一行在结束的地方都要有“回车”和“换行”。整个首部行结束时还有一空行将首部行和后面的实体主体分开。

（3）**实体主体**（Entity Body），在请求报文中一般都不用这个字段，而在响应报文中通常就是返回给客户的文档，但也可能没有这个字段。

下面先介绍 HTTP 请求报文最主要的一些主要特点。

请求报文的第一行“请求行”只有三个内容，即**方法**，**请求资源的 URL**，以及 HTTP 的**版本**。

所谓“**方法**”就是对所请求的对象进行的**操作**，因此**这些方法实际上也就是一些命令**。因此，请求报文的类型是由它所采用的方法决定的。表 6-2 给出了请求报文中常用的几种方法。

表6-2　HTTP请求报文的一些方法

方法（操作）	意　义
OPTION	请求一些选项的信息
GET	请求 URL 标志的文档
HEAD	请求 URL 标志的文档的首部
POST	向服务器发送数据
PUT	在指明的 URL 下存储一个文档
DELETE	删除 URL 所标志的文档
TRACE	用来进行环回测试的请求报文
CONNECT	用于代理服务器

在图 6-8 中的例子中，单击页面中的超连接“清华大学院系设置”，浏览器就会发送下面的 HTTP 请求报文：

```
GET /chn/yxsz/index.htm HTTP/1.1{请求行使用了相对 URL}
Host: www.tsinghua.edu.cn   {此行是首部行的开始。这行给出主机的域名}
Connection: close {告诉服务器发送完请求的文档后就可释放连接}
User-Agent: Mozilla/5.0   {表明用户代理是使用 Netscape 浏览器}
Accept-Language: cn  {表示用户希望优先得到中文版本的文档}
{请求报文的最后还有一个空行}
```

在请求行使用了相对 URL（即省略了主机的域名）是因为下面的首部行（第二行）给出了主机的域名。第三行是告诉服务器不使用持续连接，表示浏览器希望服务器在传送完所请求的对象后即关闭 TCP 连接。这个请求报文没有实体主体。

并不是所有请求报文都没有实体主体，当 HTTP 客户使用 POST 方法时，实体主体中会包含发送给 HTTP 服务器的数据。例如，当用户向搜索引擎提供搜索关键词时，这时浏览器会发送一个 POST

请求并在实体主体中包含用户在网页中输入的数据①。

再看一下 HTTP 响应报文的主要特点。

每一个请求报文发出后，都能收到一个响应报文。响应报文的第一行就是状态行。

状态行包括三项内容，即 HTTP 的版本，状态码，以及解释状态码的简单短语。

状态码（Status-Code）都是三位数字的，分为五大类共 33 种。例如：

1××表示通知信息的，如请求收到了或正在进行处理；

2××表示成功，如接受或知道了；

3××表示重定向，表示要完成请求还必须采取进一步的行动；

4××表示客户的差错，如请求中有错误的语法或不能完成；

5××表示服务器的差错，如服务器失效无法完成请求。

下面三种状态行在响应报文中是经常见到的。

```
HTTP/1.1 202 Accepted {接受}
HTTP/1.1 400 Bad Request  {错误的请求}
Http/1.1 404 Not Found{找不到页面}
```

若请求的网页从 http://www.ee.xyz.edu/index.html 转移到了一个新的地址，则响应报文的状态行和一个首部行就是下面的形式：

```
HTTP/1.1 301 Moved Permanently {永久性地转移了}
Location: http://www.xyz.edu/ee/index.html{新的 URL}
```

4. 在服务器上记录用户信息：Cookie

早期万维网的应用非常简单，即用户查看存放在不同服务器上的各种静态的文档。因此 HTTP 被设计为一种无状态的协议。这样可以简化服务器的设计。但现在用户可以通过万维网实现各种复杂的应用，如网上购物、电子商务等。这些应用往往需要万维网服务器能识别用户。例如，在网上购物时，一个顾客要购买多种商品。当他把选好的一件商品放入“购物车”后，他还要继续浏览和选购其他物品。因此，服务器需要记住用户的身份，使他再接着选购的商品能够放入同一个“购物车”中。有时某些网站可能需要限制某些用户的访问。要实现这些功能，万维网服务器必须能记住用户每次访问网站的状态信息。对无状态的 HTTP 进行状态化的技术中有一种被称为 Cookie，在 RFC 2109 中对 Cookie 进行了定义。Cookie 提供了一种机制使得万维网服务器能够“记住”用户，而无需用户主动提供用户标识信息。

我们来看一下 Cookie 是如何实现“购物车”功能的。当张三初次访问某个使用 Cookie 的网站时（图 6-11①），该网站的服务器就为张三产生一个唯一的 Cookie 识别码（例如，12345678），并以此为索引在服务器的后端数据库中创建一个项目，该项目用来记录有关张三访问该网站的各种信息（图 6-11②）。接着在给张三的 HTTP 响应报文中添加一个 Set-cookie 的首部行（图 6-11③）：

```
Set-cookie: 12345678
```

当张三收到该响应后，其浏览器就在一个特定的 Cookie 文件中添加一行，记录该服务器的域名和 Cookie 识别码（图 6-11④）。当张三继续浏览这个网站时，每发送一个 HTTP 请求报文，其浏览器都会从 Cookie 文件中取出该网站的识别码（图 6-11⑤），并放到 HTTP 请求报文的 Cookie 首部行中（图 6-11⑥）：

```
Cookie: 12345678
```

① 对于少量数据也可以包含在扩展的 URL 中并由 GET 方法发送给 HTTP 服务器。例如 URL“http://www.somesite.com/animalsearch?monkey&banana”中就包含了数据“monkey”和“banana”。

于是，这个网站就能够跟踪用户 12345678（张三）在该网站的活动（图 6-11⑦）。需要注意的是，服务器并不知道张三的姓名，但知道用户 12345678（更准确说是使用该浏览器的用户）在什么时间访问了哪些页面，选购了什么商品等。因此，在服务器后端数据库中能以该 Cookie 识别码为索引维护用户的“购物车”记录。

由于 Cookie 是保存在浏览器文件和服务器的数据库中，如果张三在几天后再次用这个浏览器访问该网站，服务器仍然能识别出该用户，并根据张三过去的访问记录为其推荐相关商品。

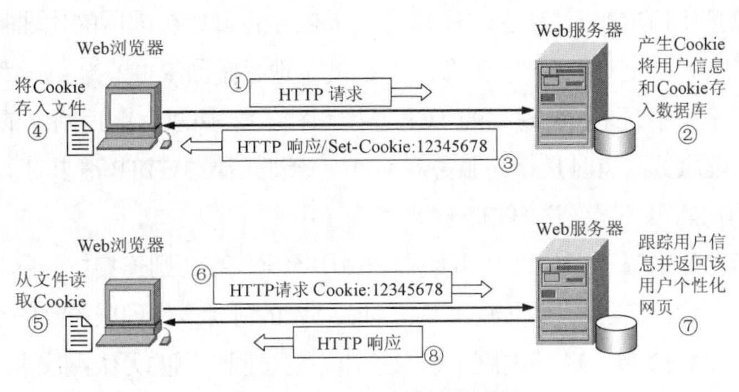

图6-11　Cookie的工作过程

5. 万维网缓存与代理服务器

在万维网中还可以使用缓存机制以提高万维网的性能。万维网缓存又称为 **Web 缓存**（Web Cache）可位于客户机，也可位于中间系统上，位于中间系统上的 Web 缓存又称为**代理服务器**（Proxy Server）。Web 缓存把最近的一些请求和响应暂存在本地磁盘中。当新请求到达时，若发现这个请求与暂时存放的请求相同，就返回暂存的响应，而不需要按 URL 的地址再次去因特网访问该资源。下面我们用例子说明代理服务器的作用。

图 6-12 是校园网使用代理服务器的两种情况。这时，访问因特网的过程是这样的。

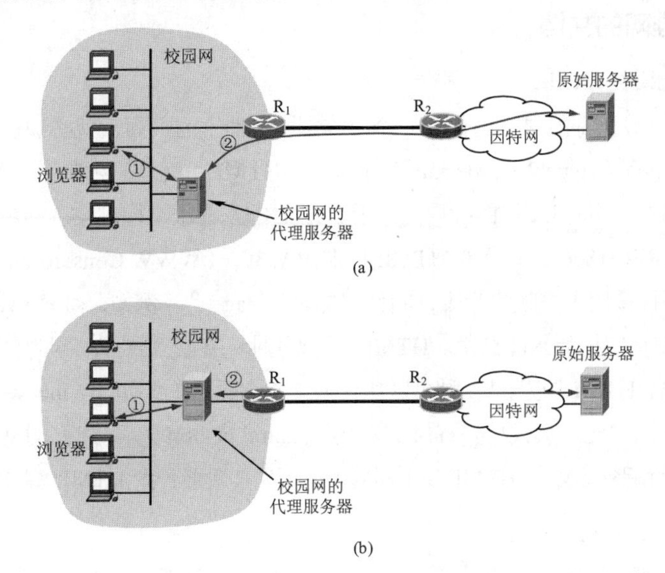

图6-12　代理服务器的作用

（1）校园网 PC 中的浏览器向因特网的服务器请求服务时，先与校园网的代理服务器（其 IP 地址要先配置在该 PC 中）建立 TCP 连接，并向代理服务器发出 HTTP 请求报文（图 6-12 中的①）。

（2）若代理服务器已经存放了所请求的对象，代理服务器就把这个对象放入 HTTP 响应报文中返回给 PC 的浏览器。

（3）否则，代理服务器就代表发出请求的用户浏览器，与因特网上的**原始服务器**（Origin Server）建立 TCP 连接（图 6-12 中的②），并发送 HTTP 请求报文。

（4）原始服务器把所请求的对象放在 HTTP 响应报文中返回给校园网的代理服务器。

（5）代理服务器收到这个对象后，先复制在自己的本地存储器中（留给今后使用），然后再把这个对象放在 HTTP 响应报文中，通过已建立的 TCP 连接（图 6-12 中的①），返回给请求该对象的浏览器。

我们注意到，代理服务器有时是作为服务器（当接受浏览器的 HTTP 请求时），但有时却作为客户机（当向因特网上的初始服务器发送 HTTP 请求时）。

在使用代理服务器的情况下，如果 Web 缓存的命中率比较高，则连接校园网和因特网的专线链路（R_1—R_2）上的通信量会大大减少，因而减小了访问因特网的时延。代理服务器的另一个作用就是可以用来隔离内外网络（图 6-12（b）），使内网主机仅能通过它访问外网的万维网服务器，内部网络可以使用专用 IP 地址，而只有代理服务器使用因特网全局 IP 地址，其作用类似于 NAT，但工作在应用层，是一个应用层网关。

实际上 Web 对象可能被缓存在从浏览器到原始服务器路径中的多个地方，但无论对象被缓存在哪里，都要确保不用过期版本的对象进行响应。通常，服务器为每个响应的对象设定一个修改时间和有效日期（Last-Modified 和 Expires 首部字段）。在对象到期之前，收到请求的 Web 缓存会直接将缓存的对象作为响应返回。而在到期之后（或没有 Expires），Web 缓存则会使用**条件 GET** 请求（携带 If-modified-since 首部字段）向原始服务器验证该对象是否存在最新版本。若该对象被修改过，则返回新版本的对象，否则，返回不包含实体主体且状态为“Not Modified”的响应报文（以减少传输的数据）。

6.3.4 万维网的文档

1. 超文本标记语言 HTML

要使任何一台计算机都能显示出任何一个万维网服务器上的页面，就必须解决页面制作的标准化问题。**超文本标记语言**（HyperText Markup Language，**HTML**）就是一种制作万维网页面的标准语言，它消除了不同计算机之间信息交流的障碍。由于 HTML 非常易于掌握且实施简单，因此它很快就成为万维网的重要基础[RFC 1866]。官方的 HTML 标准由 W3C （WWW Consortium）负责制定。

HTML 定义了许多用于排版的命令，叫作“标签”（tag）[①]。例如，<I>表示后面开始用斜体字排版，而</I>则表示斜体字排版到此结束。HTML 就把各种标签嵌入到万维网的页面中。这样就构成了所谓的 HTML 文档。HTML 文档是一种可以用任何文本编辑器（例如，Windows 的记事本 Notepad）创建的 ASCII 码文件。但应注意，仅当 HTML 文档是以.html 或.htm 为后缀时，浏览器才对这样的 HTML 文档的各种标签进行解释。如果 HTML 文档改换以.txt 为其后缀，则 HTML 解释程序就不对标签进行

① 在[MINGCI93]中，将tag和flag两个名词都译为“标志”。由于目前已有较多的作者将tag译为“标签”，并考虑到最好与flag的译名有所区别，故将 tag 译为**标签**。实际上“标签”的意思也还比较准确。因为一个 HTML 文档与浏览器所显示的内容相比，主要就是增加了许多的标签。

解释，而浏览器只能看见原来的文本文件。

当浏览器从服务器读取某个页面的 HTML 文档后，就按照 HTML 文档中的各种标签，根据浏览器所使用的显示器的尺寸和分辨率大小，重新进行排版并恢复出所读取的页面。

下面是一个简单例子，用来说明 HTML 文档中标签的作用。在每一个语句后面标签“<!--”“-->”之间的文字是注释，在浏览器中不会显示。

```
<HTML>                                <!--HTML 文档开始-->
<HEAD>                                <!--首部开始-->
    <TITLE>整个网页的标题</TITLE><!--文档的标题-->
</HEAD>                           <!--首部结束-->
<BODY>                                <!--主体开始-->
    <H1>这是一级标题</H1>             <!--主体的 1 级标题-->
    <P>这是第一个段落。</P>           <!--<P>和</P>之间是一个段落-->
    <P>这是第二个段落。</P>
</BODY>                           <!--主体结束-->
</HTML>                           <!--HTML 文档结束-->
```

HTML 允许在万维网页面中插入图片。一个页面本身带有的图像称为**内含图像**（Inline Image）。由于图像数据所占存储空间很大，通常并不将图像数据直接包含在 HTML 文件中，而是在 HTML 文件中通过图像标签引用某个图像文件。例如，下面的标签可以将目录“/bin/images”中的名为 image1.gif 的图像以居中的方式插入到某个 HTML 文档中：

```
<IMG SRC="/bin/images/image1.gif" ALIGN=MIDDLE>
```

最重要的是，HTML 还规定了如何在文档中插入超链接，这些超链接将万维网中的各种文档相互之间链接起来。任何一个项目（文字、图像）都可以通过**锚**（Anchor）标签指向要链接的其他文档。例如，下面的锚标签可以在某个 HTML 文档中插入一个到“新浪首页”页面的超链接：

```
<A HREF=http://www.sina.com/index.htm>新浪首页</A>
```

虽然完全可以用任何文本编辑器来编辑 HTML 文档，但使用“所见即所得”的 Web 页面制作工具能很方便地制作各种美观的页面。目前较为流行的网页制作工具有 FrontPage，DreamWeaver 等。

2. 动态文档

上面所讨论的只是万维网文档中最基本的一种，即**静态文档**（Static Document）。静态文档是指该文档创作完毕后就存放在万维网服务器中，在被用户浏览的过程中，内容不会改变。由于这种文档的内容不会改变，因此用户对静态文档的每次读取所得到的返回结果都是相同的。在万维网发展的早期，所有的文档都是静态的。然而，随着万维网技术的发展，越来越多的网页都是动态生成的，即动态文档。

所谓的**动态文档**（Dynamic Document），是指文档的内容是在浏览器访问万维网服务器时才由应用程序动态创建的，其内容通常来源于数据库，并根据客户请求报文中的数据动态生成的。当浏览器请求到达时，万维网服务器要运行另一个应用程序，并把控制转移到此应用程序。接着，该应用程序对浏览器发来的数据进行处理，并输出 HTTP 格式的文档，万维网服务器把应用程序的输出作为对浏览器的响应。图 6-13 描述了以上过程。由于对浏览器每次请求的响应都是临时生成的，因此用户通过动态文档所看到的内容可根据需要不断变化。可见动态文档的主要优点是具有报告当前最新信息的能力。

例如，动态文档可用来报告股市行情、天气预报或民航售票情况等内容。但动态文档的制作难度比静态文档要高，因为动态文档的开发不是直接编写文档本身，而是编写用于生成文档的应用程序，这就要求动态文档的开发人员必须会编程，而编写的程序还要通过大范围的测试，以保证输入的有效性。

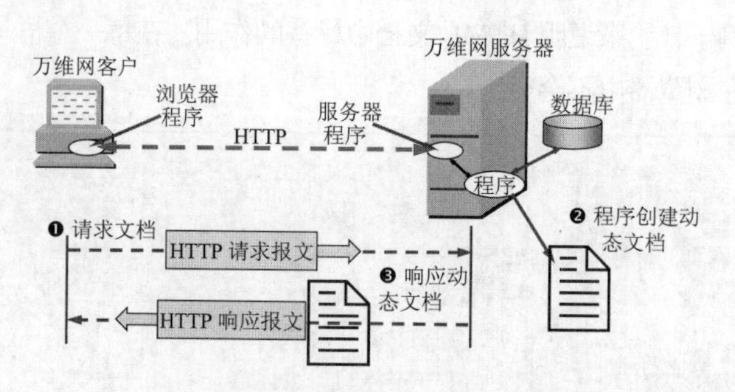

图6-13　万维网服务器返回动态文档

动态文档技术主要有 CGI （Common Gateway Interface）、PHP （PHP：Hypertext Preprocessor）[①]、JSP （Java Server Pages）和 ASP（Active Server Pages）等。

动态文档和静态文档之间的主要差别体现在服务器一端。这主要是文档内容的生成方法不同。而从浏览器的角度看，这两种文档并没有区别。动态生产的文档和静态文档的内容都遵循 HTML 所规定的格式，浏览器在显示这些内容时并不知道服务器送来的是哪一种文档。动态文档有时也叫作**服务器端活动文档**。

3. 活动文档

不论是静态文档还是动态文档，只要下载到浏览器上，其显示的页面就不会发生变化。要实现页面的不断变化就必须要求浏览器不断向万维网服务器请求新的页面。有一种能提供页面连续变化而无需不断请求服务器的技术就是**活动文档**（Active Document）技术。实际上一个活动文档就是一段程序或嵌入了程序脚本的 HTML 文档（图 6-14）。活动文档中的程序可以在浏览器中运行，从而产生页面的变化（例如，弹出下拉菜单或显示动画等）。由于所有的更新工作都由浏览器自己在本地完成，无需向服务器不断请求页面，因此可以提高应用的响应速度，并对网络带宽的要求也不会太高。

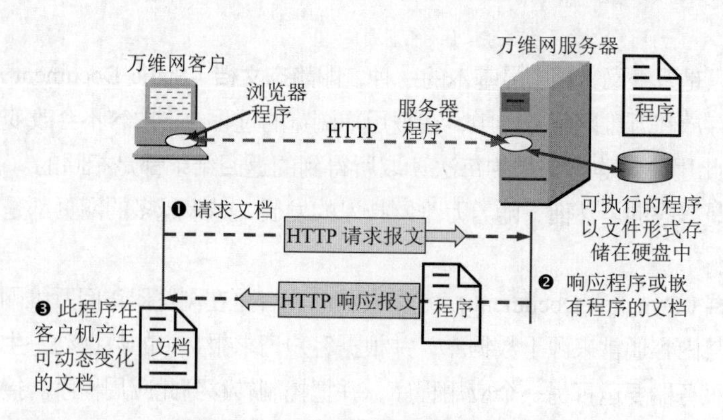

图6-14　万维网服务器返回活动文档

① PHP 是一种嵌入在 HTML 文档中的脚本语言，原本是“Personal Home Page”的缩写，但后来更名为“PHP：Hypertext Preprocessor”。

对于万维网服务器，活动文档和静态文档没有什么区别，活动文档仅在浏览器一端“活动”。活动文档有时也叫作**客户端动态文档**。有一点要注意的是，活动文档本身并不包括其运行所需的全部软件，大部分的支持软件是事先存放在浏览器中的。

活动文档技术主要有 Java applet, JavaScript, ActionScript 等。

实际上，现在万维网上的很多文档都是这三种文档的混合体。在这样的万维网页面中有一部分是用 HTML 编写的静态部分，一部分是用程序在服务器端动态生成的，还有一部分是可以在浏览器端运行的程序或程序脚本。人们习惯上将利用动态文档和活动文档实现可连续动态变化网页的技术统称为动态网页技术。

4. B/S 应用程序结构

随着动态网页技术的应用与发展，越来越多的网络应用采用基于万维网的方式，即利用浏览器以万维网页面的形式为用户提供人机界面。这就是所谓的 B/S （Browser/Server）应用程序结构，是一种特殊的 C/S 结构。其客户机是通用的浏览器软件，而服务器是万维网服务器和生成动态网页的 Web 应用程序。用户通过显示在通用浏览器中的动态页面执行各种操作，使用标准的 HTTP 协议访问服务器上的数据。这种方式的优点是用户不需要安装单独的应用程序就可以从不同的计算机访问远程服务器上的用户数据，并执行各种操作，实现了客户程序的零安装，简化了应用的开发、维护和使用。现在越来越多的网络应用采用这种 B/S 结构在万维网上为用户提供各种服务，例如，电子商务购物网站、万维网电子邮件、万维网搜索引擎、万维网地图、网上银行、网上投稿、博客等。

6.3.5 移动Web

随着无线网络技术的发展，人们越来越多地使用手持移动设备，如移动电话或 PDA （Personal Digital Assistant）访问万维网。这种在移动中访问网络的方式给人们的工作和生活带来了极大的便利。但是由于这些手持移动设备的特殊性使这种移动访问万维网的方式面临许多技术问题。因为绝大多数的 Web 网站的内容是为具有宽带连接并有强大显示能力的桌面计算机而设计的。在本节，我们简要讨论如何从移动设备访问 Web 网站的问题。这些技术还正在快速发展和演进之中，并被称为**移动 Web** （Mobile Web）技术。

相比普通台式计算机和笔记本电脑，用移动电话来浏览 Web 网页存在以下几个方面的问题：

（1）相对小的屏幕妨碍了大页面和大图像的显示；

（2）有限的输入能力使得文字输入（如 URL）很慢、很乏味；

（3）无线链路的网络带宽有限，尤其是蜂窝移动网络，费用还相对较高；

（4）网络的连通性不够稳定，网络连接时断时续；

（5）由于电池寿命、大小、散热及成本等诸多原因，导致计算能力有限。

这些困难意味着简单地把面向普通计算机的 Web 页面应用于移动 Web，很可能会导致一种令人懊恼的用户体验。

移动 Web 的早期方法采用了一种新的协议栈，这种协议栈是专门针对能力有限的无线设备而开发出来的。**无线应用协议**（Wireless Application Protocol，WAP）是这种策略的最知名的例子。经过各大移动电话厂商的努力，其中包括诺基亚、爱立信和摩托罗拉公司，1997 年 WAP 正式启动。然而，无线网络技术和智能手机的发展超出了他们的预想，在接下来的十年间，3G 网络的大量部署，以及移动电话有了更大的彩色触摸显示屏、更快的处理器和 802.11 无线功能，网络带宽和设备计算能力得到了巨大的提高。突然间，在移动电话上运行简单的 Web 浏览器变成了完全有可能的事情。虽然这些移动电话与台式机之间依然存在着一定的差距，并且这种差距可能永远也不会消除，但是当初推动一个单独协议栈的技术问题现在已经逐渐消失了。

当前更流行的方法是移动电话和桌面计算机运行相同的 Web 协议栈，即 IP、TCP 和 HTTP。将解决移动 Web 的重心放到如何使 Web 应用的内容能更友好地在移动设备上呈现。目前，主要通过以下三方面的努力来解决该问题。

1. 开发移动版本网页

为了吸引日益增长的移动用户群，现在越来越多的 Web 网站针对移动电话用户开发和设计**移动友好**（Mobile-Friendly）的 Web 页面内容。当用户使用移动设备上网浏览 Web 网站时，Web 服务器负责为用户提供移动版本的网页。在前面 HTTP 的报文结构的例子中，我们可以发现，在 HTTP 请求报文的首部行中有一个 User-Agent 首部，它标识了请求方所使用的浏览器软件版本。通过查看这个首部信息，Web 服务器能够检测出应该返回桌面版本的网页还是移动版本的网页。因此，当 Web 服务器接收到一个请求时，它可能首先查看请求报文的首部，然后给 iPhone 返回图像小、文字少和简单的导航页面，而给桌面计算机用户返回一个全功能的网页。

2. 使用内容转换技术

由于时间和成本的原因，并非所有网站都愿意为移动用户专门设计特制的网页，而移动用户却希望浏览的所有网页都能在自己的移动设备上友好显示。因此，一种互补的方法就是使用**内容转换**（Content Transformation）或**转码**（Transcoding）技术。在这种方法中，将一台计算机（转码服务器）设置在移动电话和 Web 服务器之间，它从移动电话获得请求，然后从 Web 服务器预取页面内容，最后把请求的内容转换成移动友好的内容。一种非常简单的转换方法是减小大幅图片的尺寸，将它重新格式化成一个分辨率较低的图片。当然还可以使用其他许多针对不同媒体简单而有用的转换方法。自从移动 Web 出现以来，转码技术的使用已经取得了一些成功。然而，当以上这两种方法都使用时，究竟是由 Web 服务器还是转码器来为移动内容做出决策，这存在着一种需要协调的关系。例如，一个 Web 网站针对移动 Web 可能会选择一种图像和文字的特殊组合，而转码器只对其中图像数据进行压缩处理。

3. 使用移动浏览器

移动浏览器，也叫作手机浏览器、微型浏览器、迷你浏览器或无线因特网浏览器，是用于手持移动设备如移动电话或 PDA 的 Web 浏览器。移动浏览器为手持设备的小型屏幕显示网页做了各种优化。移动浏览器软件必须很小并且高效以适应无线手持设备的低内存与低带宽。移动浏览器通常与转码器技术配合使用，以减少产生的流量。目前，移动浏览器市场竞争非常激烈，在全球最著名的移动浏览器是 Opera，而国内用户使用得较多的是 UC 浏览器。

6.3.6 万维网搜索引擎

在互联网发展初期，万维网网站相对较少，查找信息比较容易。然而随着互联网的迅猛发展，万维网上的信息呈爆炸性增长，用户要在信息海洋里查找所需的资料，就如大海捞针一般，如果不借助有效的信息检索工具很难找到所需的信息。目前人们在万维网上查找信息主要有两种方法：根据分类目录查找和根据关键词搜索。

一些人喜欢通过大型门户网站提供的分类目录查找感兴趣的内容。著名的门户网站有雅虎（www.yahoo.com）、新浪（www.sina.com）、搜狐（www.sohu.com）、网易（www.163.com）等。这些门户网站的维护人员收集各类网站的信息并将其分类编目，为用户提供访问的链接。分类目录的好处就是用户可以有针对性地逐级查询所需要的信息，但缺点是门户网站收录的网页数量有限，而且目录比较粗不能提供非常细粒度的信息查找。

提供更细粒度更大范围地搜索信息的方法是访问提供全文检索的**搜索引擎**（search engine）网站，例如，Google（谷歌）（www.google.com）和百度（www.baidu.com）。通过这类网站在万维网上搜索信息，用户只需要输入检索关键词就可以查询到包含该关键词的大量网页的条目。但由于返回的条目太多（往往几百万条，甚至上千万条），要从这些条目中迅速找到自己真正想要的信息却并不是一件容易的事情。优秀的搜索引擎网站检索信息更快、更全，并能按照更合理的方式对查到的网页进行排序，使用户能更快地找到所需的信息。

由于这两种方式各有利弊，许多网站往往同时提供分类目录查找和全文检索搜索的功能。利用分类目录查找信息的原理非常简单，因此本节我们简要介绍提供全文检索功能的搜索引擎的基本原理。

1. 搜索引擎的基本原理

搜索引擎实际上就是一个基于 B/S 结构的网络应用软件系统，从网络用户角度来看，它根据用户提交的类自然语言查询词或者短语，返回一系列很可能与该查询相关的网页信息，供用户进一步判断和选取。因此，搜索引擎要尽量提高响应时间、查全率、查准率和用户满意度四个指标，即用尽可能少的时间返回尽可能相关的网页信息列表，并将最可能满足用户需求的信息排在最前面。

为了有效地做到这一点，大规模搜索引擎大多包括以下三个主要环节：网页搜集、建立索引和检索排序。

（1）网页搜集

面对万维网上海量的网页数据和大量的用户查询，无法想象对于每一个查询都临时到万维网上进行“搜索”其速度将会慢到什么程度。因此，所有大规模搜索引擎都是事先通过网页搜集软件在万维网上自动搜集大量网页，并下载存储在本地存储系统中，供以后进行查询。我们知道万维网上的各种网页通过网页之间的超链关系构成了一个网状逻辑拓扑图，网页搜集软件可以按照先深或先广遍历算法在万维网上从一个网页查找到另一个网页，就好像蜘蛛在蜘蛛网（web 的英文原意就有蜘蛛网的意思）上爬行一样，因此网页收集软件往往被称为“蜘蛛”或“网络爬虫”。为保证搜集的网页的新鲜性，这种搜集活动需要定期重复执行。在因特网这种大规模网络上进行这种搜集活动通常开销非常大，需要耗费很多时间，两次搜集的间隔时间不会很短，因此有可能最新的网页在搜索引擎中检索不到，也有可能检索到的网页在网络上已经不再存在。如何更快更全地在万维网上搜集网页是搜索引擎的一个关键技术。

（2）建立索引

虽然搜集的网页已保存在本地存储系统中，但如果针对每个查询请求都直接到这些海量网页中去全文检索仍然太慢。实际上，虽然面对的是海量的网页，每个网页又都包含了大量的信息，但人类语言的词汇的种类相对来说要少得多，而且每个网页包含的词汇种类就更少了。因此有人就想到可以事先遍历每个网页，分析并记录每个网页包含的各种词汇及其所在位置，然后根据词汇反过来建立索引项记录包含该词汇的网页及该词汇在该网页中的位置。这样，以后根据关键词检索网页就非常迅速了。这种将文档以关键词作为索引建立起来的数据结构被称为**倒排表**（Inversion List），是进行快速全文检索的关键。

（3）检索排序

搜索引擎提供界面接受用户输入的查询短语，切分成关键词后，从索引词表和倒排文件中检索获得包含查询短语的网页并返回给用户。由于基于单个关键词的查询往往会返回太多的条目，用户可以通过输入尽量多的关键词来缩小搜索的范围以提高检索的效率。为进一步方便用户的查询，大多数搜索引擎都提供了高级查询方式，如完整短语查询、排除性查询、网页标题查询及各种查询运算符等。读者可以从搜索引擎网站的帮助页学习这些查询技巧。

为了使用户能从大量返回的网页条目中快速找到所需的信息，搜索引擎需要根据网页内容与用户查询条件的相关性对检索到的网页进行排序，将相关性最高的网页条目放在最前面。最简单的方法就是根据查询关键词在网页上出现的频率进行排序。当用户提供了多个关键词时，还要考虑这些关键词的权重等。Google 开创性地将网页的"重要性"也作为排序的一个重要指标。但是"重要性"如何评价呢？在人们评价学术论文的重要性时所用的一个标准就是"被引用多的就是重要的"。Google 的 PangeRank 算法借鉴了这一思想，认为被链接得越多的网页越重要，被越重要的网页链接的网页也越重要。PangeRank 算法可以快速高效地从大量网页间的链接关系中，计算出每个网页的重要性排名。Google 最终的检索结果综合考虑了网页的重要性和相关性，事实证明这是比较合理的。查询结果排序的好坏直接反映了搜索引擎的准确性。如何提高准确性是一个非常关键的问题，目前在这方面仍然有很多的研究。

2. 垂直搜索引擎和元搜索引擎

值得注意的是，目前还出现了很多**垂直搜索引擎**（Vertical Search Engine），它们针对某一特定领域、特定人群或某一特定需求提供搜索服务。垂直搜索采用的仍然是全文搜索技术，但被放到了一个行业知识的上下文中，在搜集网页时要分析网页主题并根据主题进行过滤或分类。由于检索的范围大大缩小，垂直搜索引擎可以在某一领域内进行更深更细致的搜索，因此相比谷歌、百度这样的通用搜索引擎，垂直搜索引擎的特点是"专、精、深"。目前热门的垂直搜索领域有购物、旅游、汽车、论坛、房产、求职、交友、图片等。

还有一类搜索引擎被称为**元搜索引擎**（Meta Search Engine）。元搜索引擎自己并不在万维网上搜集网页，而是在接受用户查询请求时，同时在其他多个搜索引擎上进行搜索，并将检索的结果进行综合处理后，以统一的格式返回给用户，因此是搜索引擎之上的搜索引擎。它的主要精力放在智能化处理搜索结果、个性化搜索功能的设置和用户检索界面的友好性上。元搜索引擎的查全率和查准率都比较高。

6.3.7 博客与微博

近年来，万维网的一种新的应用广为流行，这就是博客与微博。下面进行简单介绍。

1. 博客

建立网站就是万维网的一种应用，而博客（blog）其实和网站有相似的地方。博客的作者可以源源不断地往万维网上的个人博客里填充内容，供其他网民阅读。网民可以用浏览器上网阅读该博客后发表评论，也可以什么都不做。

博客是万维网日志（Web Log）的简称。也有人把blog进行音译，译为“部落格”或“部落阁”。还有人用“博文”来表示博客文章。

本来，网络日志是指个人撰写并在因特网上发布的、属于网络共享的个人日记。但现在它不仅可以是个人日记，而且可以有无数的形式和大小，也没有任何实际的规则。

现在博客已经极大地扩充了因特网的应用和影响，成为了所有网民都可以参与的一种新媒体，并使得无数的网民有了发言权，有了与政府、机构、企业，以及很多人交流的机会。在博客出现以前，网民是因特网上内容的消费者，网民在因特网上搜寻并下载感兴趣的信息。这些信息是其他人生产的，并把这些信息放在因特网的某个服务器上，供广大网民使用（也就是供网民消费）。但博客改变了这种情况，网民不仅是因特网上内容的消费者，而且还是因特网上内容的生产者。

从历史上看，weblog这个新词是Jorn Barger于1997年创造的。简写的blog（这是今天最常用的术语）则是Peter Merholz于1999年创造的。不久之后，有人把blog既当作名词，也当作动词，表示编辑博客或写博客。又过了一段时间，新名词blogger也出现了，它表示博客的拥有者，或博客内容的撰写者和维护者，或博客用户。

现在从一些著名的门户网站的主页上都可以很容易地进入到博客的页面，这让用户查看或发表自己的博客都是非常方便的。从图6-15可以看出，“博客”已经成为新浪网站的二级页面。

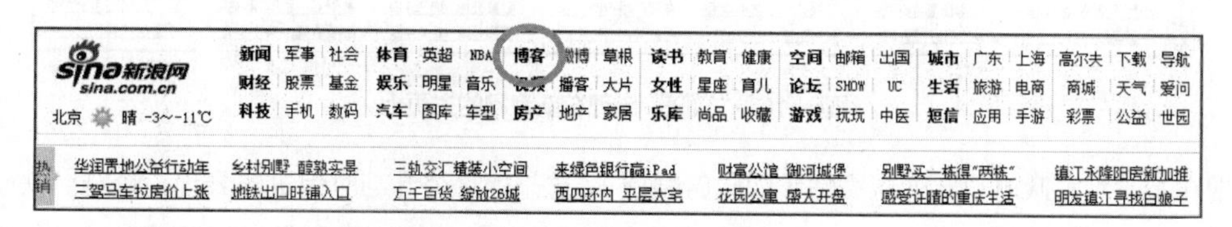

图6-15 “博客”出现在新浪网的主页上

当我们从新浪网站的主页进入到博客这个二级页面时，就可以看到各式各样的博客。也可以利用搜索工具寻找所需的博客。如果我们也在这个博客页面进行注册了，那么也可以随时把自己写的博客发表在这里，让别人来阅读。

但是，博客与个人网站还是有不少区别。这里最主要的就是建立个人网站不仅成本较高，需要租用个人空间、域名等，同时对建立网站的个人需要懂得HTML语言和网页制作等相关技术，但博客在这方面是不需要什么投资的，所需的技术仅仅是会上网和会用键盘或书写板输入汉字即可。因此网民用较短的时间就能够把自己写的博客发表在网上，而不像制作个人网站那样花费较多的时间。正因为写博客的门槛较低，广大的网民才有可能成为今天因特网上的信息制造者。

2. 微博

从字面上看，微博就是微型博客（Microblog），它的意思已经非常清楚。

但微博不同于一般的博客。微博只记录片段、碎语，三言两语，现场记录，发发感慨，晒晒心情，永远只针对一个问题进行回答。微博只是记录自己琐碎的生活，呈现给人看，而且必须很真实。微博中不必有太多的逻辑思维，很随便，很自由，有点像电影中的一个镜头。写微博比写其他东西简单多了，不需要标题，不需要段落，更不需要漂亮的词汇。2009年是中国微博蓬勃发展的一年，相继出现了新浪微博、139说客、9911、嘀咕网、同学网、贫嘴等微型博客。例如，新浪微博就是由中国最大的门户网站新浪网推出的微博服务，是中国目前用户数最多的微博网站，名人用户众多是新浪微博的一大特色，基本已经覆盖大部分知名文体明星、企业高管、媒体人士。用户可以通过网页、WAP 网、手机短信彩信、手机客户端、MSN 绑定等多种方式更新自己的微博。每条微博字数限制为 140 字，提供插入单张图片、视频地址、音乐功能。根据新浪微博的官方数据，截至 2017 年 3 月 31 日，新浪微博的月活跃用户数突破 3.4 亿，已超过推特（Twitter），成为全球用户规模最大的独立社会媒体公司。

博客或微博里的朋友常称为“博友”。微博也被人戏称为“围脖”，因此现在也有人把博友戏称为“脖友”。

从图 6-16 可以看出，在新浪网的主页上点击“微博”就可以看到各种微博。

微博是一种互动及传播性极快的工具，其实时性、现场感及快捷性往往超过所有媒体。这是因为微博对用户的技术要求门槛非常低，而且在语言的编排组织上，没有博客那么高。另外，微博开通的多种 API 使大量的用户可以通过手机、网络等方式来即时更新自己的个人信息。微博网站的即时通信功能非常强大，可以通过 QQ 和 MSN 直接书写。在没有网络的地方，只要有手机也可在事发现场即时更新自己的内容。

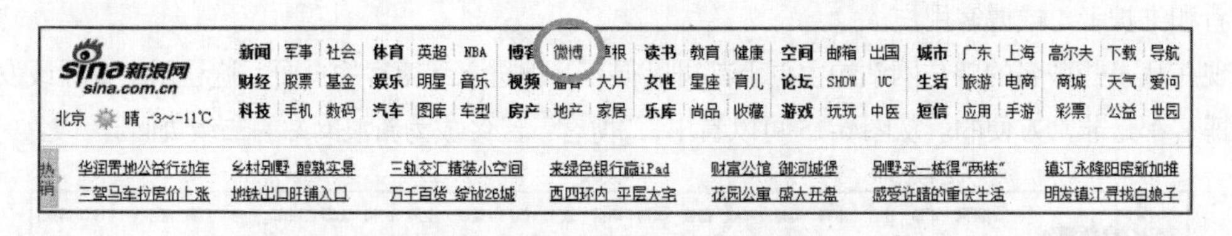

图6-16 “微博”出现在新浪网的主页上

现在不少地方政府也开通了微博（即政府微博），这是信息公开与时俱进的表现。政府可以通过官方微博，及时公布政情、资讯，获取与民众更多更直接更快的沟通，特别是在突发事件或者群体性事件发生的时候，微博已经成为政府新闻发布的一种重要手段。

我们正处在一个急剧变革的时代，人们需要用贯穿不同社会阶层的信息去了解社会、改变生活。在因特网上，微博的出现正好满足了广大网民的需求。微博的发布、转发信息的功能很强大，而微博的信息发布的门槛却又很低（用手机就可以发布），这将使这种一个人的“通信社”对整个社会的影响越来越大。

6.4 电子邮件

6.4.1 电子邮件系统的组成

电子邮件（E-mail）可以说是在因特网上最早流行的一种应用，并且仍然是当今因特网上最重要、最实用的应用之一。

大家知道，实时通信的电话有两个严重缺点：第一，电话通信的主叫和被叫双方必须同时在场；第二，一些不是十分紧迫的电话也常常不必要地打断人们的工作或休息。而电子邮件和邮政系统的寄信相似。电子邮件把邮件发送到收件人使用的 ISP 的邮件服务器，并放在其中的收件人**邮箱**（Mail Box）中，收件人可在方便时上网到 ISP 的邮件服务器中读取。这就相当于为用户设立了存放电子邮件的信箱，因此 E-mail 有时也称为“**电子信箱**”。电子邮件使用方便，而且还具有传递迅速和费用低廉的优点。电子邮件不仅可传送文字信息，而且还可附上声音和图像。由于电子邮件的广泛使用，现在许多国家已经正式取消了电报业务。在我国，电信局的电报业务也因电子邮件的普及而濒临消失。

电子邮件系统采用客户/服务器体系结构。图 6-17 给出了电子邮件系统的三个主要组成构件：**用户代理**、**邮件服务器**，以及**电子邮件所需的协议**。图中给出的协议是邮件发送协议 SMTP 和邮件读取协议 POP3。SMTP （Simple Mail Transfer Protocol）是**简单邮件传送协议**。POP3 是**邮局协议**（Post Office Protocol，POP）的第三个版本。

用户代理就是用户与电子邮件系统的接口，又称为**电子邮件客户机软件**。用户代理使用户能够通过一个很友好的接口（目前主要是用窗口界面）来撰写、发送、接收和阅读邮件。现在可供大家选择的用户代理有很多种。例如，微软公司的 Outlook Express 和我国张小龙制作的 Foxmail，都是很受欢迎的电子邮件用户代理。

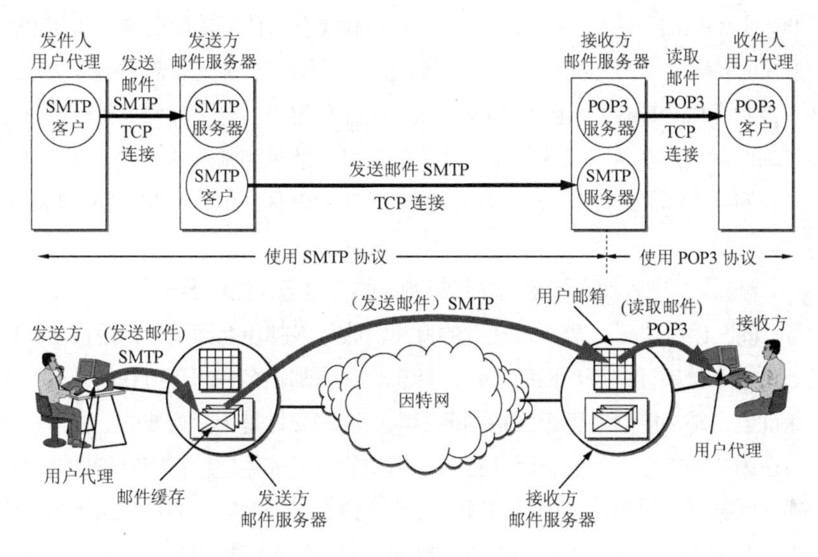

图6-17 电子邮件的最主要的组成构件

邮件服务器是电子邮件系统的基础设施。因特网上所有的 ISP 都有邮件服务器。邮件服务器的功能是发送和接收邮件，同时还要负责维护用户的**邮箱**。

下面结合图 6-17 讨论一封电子邮件的发送和接收过程。

（1）发件人调用自己主机中的用户代理来撰写和编辑要发送的邮件。

（2）发件人上网后，只要点击屏幕上的发送邮件的按钮，就把发送邮件的工作全都交给用户代理来完成。实际上，发送邮件有两个步骤：

用户代理的 SMTP 客户把邮件发给发送方邮件服务器的 SMTP 服务器；

发送方邮件服务器的 SMTP 客户把邮件发给接收方邮件服务器的 SMTP 服务器。

（3）以上两段的邮件发送都是使用客户/服务器方式，并且使用的都是 SMTP 协议。从图 6-17 可以看出，每一段的邮件发送都是在一对 SMTP 客户和 SMTP 服务器之间进行的。SMTP 客户发送邮件，而 SMTP 服务器接收邮件。

（4）接收方邮件服务器中的 SMTP 服务器进程收到邮件后，就把邮件放入收件人的用户邮箱中，等待收件人在他方便时进行读取。

（5）收件人在打算收信时，先开机上网，再调用主机中的用户代理，使用 POP3（或 IMAP）协议读取发送给自己的邮件。具体来说，用户代理中的 POP3 客户程序发起通信，即与接收方邮件服务器中的 POP3 服务器程序进行通信（在 TCP 连接的基础上），请求把邮件取回（如果有邮件的话）。邮件服务器的 POP3 服务器程序把收件人邮箱中的邮件一一发送给收件人。请注意，在图 6-17 中，POP3 服务器和 POP3 客户之间的箭头是表示邮件传送的方向，但它们之间的通信是由 POP3 客户发起的。

（6）请注意这里有两种不同的通信方式。一种是**“推”**（Push），SMTP 客户（通信的发起者）把邮件“推”给 SMTP 服务器。另一种是**“拉”**（Pull），POP3 客户（通信的发起者）把邮件从 POP3 服务器“拉”过来。

细心的读者可能会想到这样的问题：为什么发件方用户代理不能将邮件直接发送给收件方用户代理？这是因为用户代理所在的计算机不可能每天 24 h 不间断地运行，并且一直连接在因特网上（一般用户在不使用 PC 时就将机器关闭）。将直接发送、接收和缓存邮件的功能交给 24 h 开机的 ISP 邮件服务器，当用户方便时从邮件服务器的用户信箱中读取邮件，则是一种比较合理的方法。

电子邮件由**信封**（Envelope）和**内容**（Content）两部分组成。电子邮件的传输程序根据邮件信封上的信息来传送邮件。用户在从自己的邮箱中读取邮件时才能见到邮件的内容。在邮件的信封上，最重要的就是收件人的电子邮件地址（或电子信箱地址）。TCP/IP 体系的电子邮件系统规定**电子邮件地址**的格式如下：

收件人邮箱名@邮箱所在邮件服务器的域名

其中，符号“@”读作“at”，表示“在”的意思。收件人邮箱名又简称为**用户名**（User Name），是收件人自己定义的字符串标识符。但应注意，标志收件人邮箱名在邮箱所在的邮件服务器中必须是唯一的。这对保证电子邮件能够在整个因特网范围内的准确交付是十分重要的。由于一个邮箱所在邮件服务器的域名在因特网中是唯一的，因此每一个用户的电子邮件地址在因特网中也是唯一的。当一个用户向某个邮件服务器注册申请一个邮箱时，屏幕会弹出一个窗口，要用户自己取一个用户名。如果用户键入的用户名别人已经使用了，那么新注册的用户必须更换其用户名，直到这个邮件服务器认可为止。这样得到的电子邮件地址就能保证在因特网的范围内是唯一的。

6.4.2 简单邮件传送协议（SMTP）

早在 1982 年 SMTP 就已经成为因特网的正式标准[RFC 821]，以后又经过了多次修改，现在最新的是 2008 年公布的 RFC 5321。下面介绍 SMTP 的一些主要特点。

SMTP 规定了在两个相互通信的 SMTP 进程之间应如何交换信息。SMTP 使用客户/服务器方式通信，客户发送命令给服务器，服务器收到命令后发送应答给客户。SMTP 是一种“推”协议，负责发送邮件的 SMTP 进程是 SMTP 客户，而负责接收邮件的 SMTP 进程是 SMTP 服务器。

SMTP 规定了 14 条命令和 21 种应答信息。每条命令用四个字母组成，而每一种应答信息一般只有一行信息，由一个 3 位数字的代码开始，后面附上（也可不附上）很简单的文字说明。至于邮件内部的格式，邮件如何存储，以及邮件系统应以多快的速度来发送邮件，SMTP 并未做出规定。下面通过发送方和接收方的邮件服务器之间的 SMTP 通信的三个阶段介绍几个最主要的命令和响应信息。

1. 连接建立

发件人的邮件送到发送方邮件服务器的邮件缓存后，SMTP 客户就每隔一定时间（例如，30min）对邮件缓存扫描一次。如发现有邮件，就使用 SMTP 的熟知端口号码（25）与接收方邮件服务器的 SMTP

服务器建立 TCP 连接。在连接建立后，SMTP 服务器要发出“220 Service ready”(服务就绪)。然后 SMTP 客户向 SMTP 服务器发送 HELO 命令，附上发送方的主机名。SMTP 服务器若有能力接收邮件，则回答：“250 OK”，表示已准备好接收。若 SMTP 服务器不可用，则回答“421 Service not available”(服务不可用)。

如在一定时间内（如三天）发送不了邮件，邮件服务器会把这个情况通知发件人。

2. 邮件传送

邮件的传送从 MAIL 命令开始。MAIL 命令后面有发件人的地址。如：MAIL FROM: <xiexiren@tsinghua.org.cn>。若 SMTP 服务器已准备好接收邮件，则回答“250 OK”。否则，返回一个代码，指出原因。如：451（处理时出错），452（存储空间不够），500（命令无法识别）等。

下面跟着一个或多个 RCPT 命令，取决于把同一个邮件发送给一个或多个收件人，其格式为 RCPT TO: <收件人地址>。每发送一个命令，都应当有相应的信息从 SMTP 服务器返回，如：“250 OK”，表示指明的邮箱在接收方的系统中，或“550 No such user here”（无此用户），即不存在此邮箱。

RCPT 命令的作用就是：先弄清接收方系统是否已做好接收邮件的准备，然后才发送邮件。这样做是为了避免浪费通信资源，不致发送了很长的邮件而以后才知道是因地址错误而白白浪费了许多通信资源。

再下面就是 DATA 命令，表示要开始传送邮件的内容了。SMTP 服务器返回的信息是：“354 Start mail input; end with <CRLF>.<CRLF>”。这里<CRLF>是“回车换行”的意思。若不能接收邮件，则返回 421（服务器不可用），500（命令无法识别）等。接着 SMTP 客户就发送邮件的内容。发送完毕后，再发送<CRLF>.<CRLF>（两个回车换行中间用一个点隔开）表示邮件内容结束。实际上在服务器端看到的可打印字符只是一个英文的句点。若邮件收到了，则 SMTP 服务器返回信息“250 OK”，或返回差错代码。

虽然 SMTP 使用 TCP 连接试图使邮件的传送可靠，但它并不能保证不丢失邮件。没有端到端的确认返回到收件人处。差错指示也不保证能传送到收件人处，然而基于 SMTP 的电子邮件通常都被认为是可靠的。

3. 连接释放

邮件发送完毕后，SMTP 客户应发送 QUIT 命令。SMTP 服务器返回的信息是“221（服务关闭）”，表示 SMTP 同意释放 TCP 连接。邮件传送的全部过程即结束。

这里再强调一下，**使用电子邮件的用户看不见以上这些过程**，所有这些复杂过程都被电子邮件的用户代理屏蔽了。

上述 SMTP 客户机（C 表示）和 SMTP 服务器（S 表示）的交互过程如下：

```
S: 220 Service ready
C: HELO tsinghua.org.cn
S: 250 OK
C: MAIL FROM: <xiexiren@tsinghua.org.cn>
S: 250 OK
C: RCPT TO: <收件人地址>
S: 250 OK
…
C: DATA
```

```
S: 354 Start mail input; end with <CRLF>.<CRLF>
C: <邮件内容>
…
C: .
S: 250 OK
C: QUIT
S: 211（服务关闭）
```

6.4.3 电子邮件的信息格式

电子邮件的信息格式并不是由 SMTP 定义的，而是在 RFC 822 中单独定义的。这个 RFC 文档已在 2008 年更新为 RFC 5322。一个电子邮件分为**信封**和**内容**两大部分。邮件内容中的**首部**（Header）格式必须严格遵循标准的规定，而邮件的**主体**（Body）部分则让用户自由撰写。用户写好首部后，邮件系统将自动地将信封所需的信息提取出来并写在信封上。所以用户不需要填写电子邮件信封上的信息。

邮件内容首部包括一些关键字，后面加上冒号。最重要的关键字是：To 和 Subject。

“To:” 后面填入一个或多个收件人的电子邮件地址。在电子邮件软件中，用户把经常通信的对象姓名和电子邮件地址写到**地址簿**（Address Book）中。当撰写邮件时，只需打开地址簿，单击收件人名字，收件人的电子邮件地址就会自动地填入到合适的位置上。

“Subject:” 是邮件的**主题**。它反映了邮件的主要内容。主题类似于文件系统的文件名，便于用户查找邮件。

邮件首部还有一项是**抄送** “Cc:”。这两个字符来自 “Carbon copy”，意思是留下一个 “复写副本”。这是借用旧的名词，表示应给某某人发送一个邮件副本。

有些邮件系统允许用户使用关键字 Bcc （Blind Carbon Copy）来实现**盲抄送副本**。这是使发件人能将邮件的副本送给某人，但不希望此事为收件人知道。Bcc 又称为**暗送**。

首部关键字还有 “From” 和 “Date”，表示**发件人的电子邮件地址**和**发信日期**。这两项一般都由邮件系统自动填入。

另一个关键字是 “Reply-To”，即对方回信所用的地址。这个地址可以与发件人发信时所用的地址不同。例如，有时到外地借用他人的邮箱给自己的朋友发送邮件，但仍希望对方将回信发送到自己的邮箱。这一项可以事先设置好，不需要在每次写信时进行设置。

6.4.4 邮件读取协议POP3和IMAP

由于 SMTP 是一种 “推” 协议，不能用来完成读取邮件这样 “拉” 的任务。现在常用的邮件读取协议有两个，即**邮局协议第 3 版 POP3** 和**因特网邮件访问协议**（Internet Message Access Protocol，IMAP）。现分别讨论如下。

邮局协议 POP 是一个非常简单、但功能有限的邮件读取协议。现在使用的 POP3 是 1996 年公布的 [RFC 1939]，它已成为因特网的正式标准。POP3 可简称为 POP。

POP 也使用客户/服务器通信方式。在接收邮件的用户 PC 中的用户代理必须运行 POP 客户程序，而在收件人邮箱所在的邮件服务器中则运行 POP 服务器程序。当然，这个邮件服务器还必须运行 SMTP 服务器程序，以便接收发送方邮件服务器的 SMTP 客户程序发来的邮件。这些请参阅图 6-17。

当用户需要从邮件服务器的邮箱中下载电子邮件时，客户就开始读取邮件。客户（用户代理）在

TCP 端口 110 打开到服务器的连接，然后发送用户名和口令，访问邮箱。用户可以列出邮箱中的邮件清单，并逐个读取邮件文件。

POP3 有两种工作方式：下载并删除方式和下载并保留方式。下载并删除方式就是在每一次读取邮件后就把邮箱中的这个邮件删除。保存方式就是在读取邮件后仍然在邮箱中保存这个邮件。删除方式通常用在用户使用固定计算机工作的情况，用户在本地计算机中保存和管理所收到的邮件。下载并保留方式允许在不同的计算机上多次读取同一邮件。

虽然 POP3 提供了下载并保留方式，但它不允许用户在服务器上管理他的邮件，例如，创建文件夹，对邮件进行分类管理等。因此 POP3 用户代理采用的主要模式是将所有邮件下载到本地进行管理。这种方式对于经常使用不同计算机上网的移动用户来说是非常不方便的。

另一个读取邮件的协议是因特网邮件访问协议 IMAP，它可以解决上述问题，但要比 POP3 复杂得多。IMAP 和 POP 都按客户/服务器方式工作，但它们有很大的差别。现在较新的版本是 2003 年 3 月修订的版本 4，即 IMAP4 [RFC 3501]，它目前还只是因特网的建议标准。

在使用 IMAP 时，在用户的 PC 上运行 IMAP 客户程序，然后与接收方的邮件服务器上的 IMAP 服务器程序建立 TCP 连接。用户在自己的 PC 上就可以操控邮件服务器的邮箱，就像在本地操控一样，因此 IMAP 是一个联机协议。当用户 PC 上的 IMAP 客户程序打开 IMAP 服务器的邮箱时，用户就可看到邮件的首部。若用户需要打开某个邮件，则该邮件才传到用户的计算机上。用户可以根据需要为自己的邮箱创建便于分类管理的层次式的邮箱文件夹，并且能够将存放的邮件从某一个文件夹中移动到另一个文件夹中。用户也可按某种条件对邮件进行查找。在用户未发出删除邮件的命令之前，IMAP 服务器邮箱中的邮件一直保存着。这样就省去了用户 PC 硬盘上的大量存储空间。

IMAP 最大的好处就是用户可以在不同的地方使用不同的计算机（例如，使用办公室的计算机或家中的计算机，或在外地使用笔记本电脑）随时上网阅读和处理自己的邮件。IMAP 还允许收件人只读取邮件中的某一个部分。例如，收到了一个带有视像附件（此文件可能很大）的邮件，但为了节省时间或流量，可以先下载邮件的正文部分，待以后有时间或真的感兴趣再读取或下载这个很长的附件。这对于无线移动用户非常重要，使用 IMAP 客户端软件可减少处理邮件所使用的流量。

IMAP 的缺点是如果用户没有将邮件复制到自己的 PC 上，则邮件一直是存放在 IMAP 服务器上。用户如不能与 IMAP 服务器建立连接，则无法阅读自己邮箱中的邮件。

最后再强调一下，不要把邮件读取协议 POP 或 IMAP 与邮件传送协议 SMTP 弄混。发件人的用户代理向发送方邮件服务器发送邮件，以及发送方邮件服务器向接收方邮件服务器发送邮件，都是使用 SMTP 协议。而 POP 或 IMAP 则是用户代理从接收方邮件服务器上读取邮件所使用的协议。

6.4.5 基于万维网的电子邮件

随着动态网页技术的应用与发展，越来越多的应用采用基于万维网的方式，即利用浏览器以万维网页面的形式为用户提供人机界面[①]。今天，几乎所有著名的门户网站及许多大学或公司，都提供了基于万维网的电子邮件。现在越来越多的用户使用基于万维网的电子邮件，也就是说，不管在什么地方（网吧、宾馆或朋友家中），只要能够上网，通过浏览器登录（提供用户名和口令）邮件服务器万维网

① 这就是所谓的 B/S 应用程序结构，是一种特殊的 C/S 结构。其客户机是通用的浏览器软件，而服务器是万维网服务器和生成动态网页的各种应用程序。

网站就可以撰写、收发、阅读和管理电子邮件。采用这种方式的一个好处就是不用安装专门的用户代理程序，用普通的万维网浏览器访问邮件服务器万维网网站即可。这些网站通常都提供非常强大和方便的邮件管理功能，用户可以在该电子邮件服务器网站上管理和处理自己的邮件，而不需要将邮件下载到本地进行管理。这对于经常在不同地点上网收发邮件的用户是很方便的。

图 6-18 给出了基于万维网的电子邮件的工作特点。假定登录在网易（163）邮件服务器的用户 A 要向使用同一邮件服务器的用户 B 发送邮件。A 和 B 的电子邮件地址分别是 aaa@163.com 和 bbb@163.com。这时，A 和 B 都使用各自的浏览器登录到邮件服务器网站发送和接收邮件。从图 6-18（a）可以看出，A 和 B 在发送和接收邮件时与服务器之间都使用的是 HTTP 协议。在邮件的传送过程中，不需要使用前面讲过的 SMTP 和 POP3 协议。

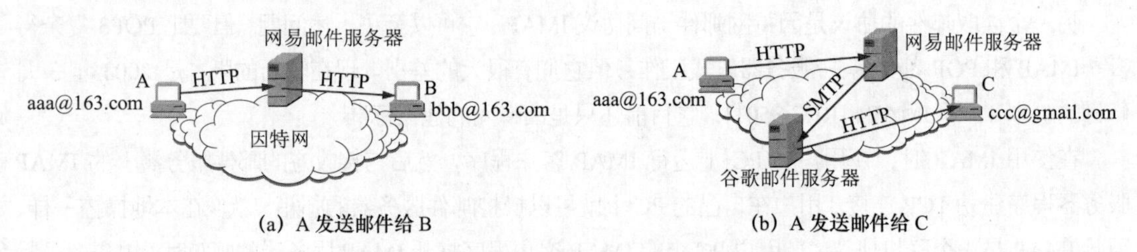

图6-18 基于万维网的电子邮件需要使用的协议

但是，当发信人和收信人使用的是不同的邮件服务器时，情况就改变了。例如，A 要给使用谷歌（Google）邮件服务器的 C 发送邮件。假定 C 的邮件地址是 ccc@gmail.com。从图 6-18（b）可以看出，A 发送邮件和 C 接收邮件仍然是使用 HTTP 协议，但从网易邮件服务器把邮件发送到谷歌邮件服务器则使用是 SMTP 协议。

这种工作模式与 IMAP 很类似，不同的是用户计算机上无需安装专门的用户代理程序，只需要使用通用的万维网浏览器。

6.4.6 通用因特网邮件扩展（MIME）

1. MIME 概述

由于 SMTP 限于传送 ASCII 码文本数据，不能传送可执行文件或其他的二进制对象。这显然不能满足传送多媒体邮件（如带有图片、音频或视频数据）的需要。并且许多其他非英语国家的文字（如中文、俄文，甚至带重音符号的法文或德文）也无法用 SMTP 传送。

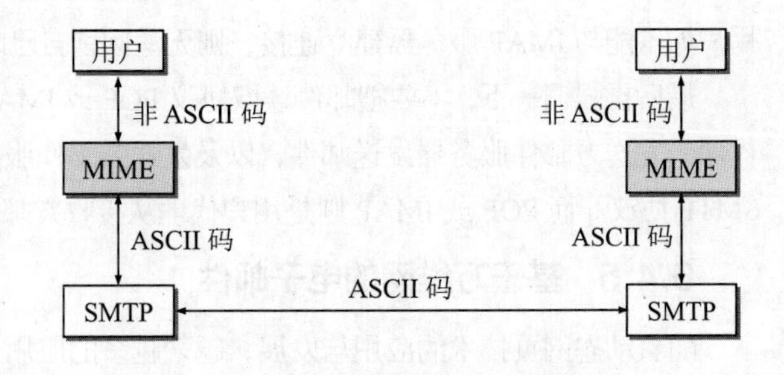

图6-19 MIME和SMTP的关系

为解决 SMTP 传送非 ASCII 码文本的问题，提出了**通用因特网邮件扩展**（Multipurpose Internet Mail Extensions，MIME）[RFC 2045～2049]。实际上 MIME 不仅仅用于 SMTP，也用于后来的同样面向 ASCII 字符的 HTTP。MIME 并没有改动或取代 SMTP，只是一个辅助协议。MIME 在发送方把非 ASCII 码数据转换为 ASCII 码数据，交给 SMTP 传送。在接收方再把收到的数据转换为原来的非 ASCII 码数据。图 6-19 表示 MIME 和 SMTP

的关系。

MIME 主要包括以下三部分内容。

（1）五个新的邮件首部字段，它们可包含在邮件首部中。这些字段提供了有关邮件主体的信息。

（2）定义了许多邮件内容的格式，对多媒体电子邮件的表示方法进行了标准化。

（3）定义了传送编码，可对任何内容格式进行转换，而不会被邮件系统改变。

为适应于任意数据类型和表示，每个 MIME 报文包含告知收件人数据类型和使用编码的信息。MIME 将增加的信息加入到邮件首部中。下面是 MIME 增加的五个新的邮件首部的名称及其意义（有的可以是选项）。

（1）MIME-Version：标志 MIME 的版本。现在的版本号是 1.0。若无此行，则为英文文本。

（2）Content-Description：这是可读字符串，说明此邮件是什么。和邮件的主题差不多。

（3）Content-Id：邮件的唯一标识符。

（4）Content-Transfer-Encoding：在传送时邮件的主体是如何编码的。

（5）Content-Type：说明邮件的性质。

上述的前三项的意思很清楚，因此下面只对上述的后两项进行介绍。

2. **内容传送编码**

下面介绍三种常用的**内容传送编码** Content-Transfer-Encoding。

最简单的编码就是 ASCII 码，而每行不能超过 1000 个字符。MIME 对这种由 ASCII 码构成的邮件主体不进行任何转换。

另一种编码称为 quoted-printable，这种编码方法适用于当所传送的数据中只有少量的非 ASCII 码，例如，汉字。这种编码方法的要点就是对于所有可打印的 ASCII 码，除特殊字符等号“=”外，**都不改变**。等号“=”和不可打印的 ASCII 码，以及非 ASCII 码的数据的编码方法是：先将每个字节的二进制代码用两个十六进制数字表示，然后在前面再加上一个等号“=”。例如，汉字的“系统”的二进制编码是：11001111 10110101 11001101 10110011（共有 32 位，但这四个字节都不是 ASCII 码），其十六进制数字表示为：CFB5CDB3。用 quoted-printable 编码表示为：=CF=B5=CD=B3，这 12 个字符都是可打印的 ASCII 字符，它们的二进制编码[①]需要 96 位，和原来的 32 位相比，增加开销达 200%。而等号“=”的二进制代码为 00111101，即十六进制的 3D，因此等号“=”的 quoted-printable 编码为“=3D”。

对于任意的二进制文件，可用 base64 编码。这种编码方法是先将二进制代码划分为一个个 24 位长的单元，然后将每一个 24 位单元划分为 4 个 6 位组。每一个 6 位组按以下方法转换成 ASCII 码。6 位的二进制代码共有 64 种不同的值，从 0 到 63。用 A 表示 0，用 B 表示 1，等等。26 个大写字母排列完毕后，接下去再排 26 个小写字母，再后面是 10 个数字，最后用+表示 62，而用/表示 63。当最后一组单元只有 8 位或 16 位时分别用两个连在一起的等号“==”和一个等号“=”将其填充为 24 位的单元。解码时对回车和换行都忽略，因此它们可在编码后的字符串中的任何地方插入。作为 base64 编码的例子，假设有二进制代码，共 24 位：01001001 00110001 01111001。先划分为 4 个 6 位组，即 010010

① GIF（Graphics Interchange Format）和 JPEG（Joint Photographic Expert Group）都是静止图像（如照片）压缩的标准，而 MPEG（Motion Picture Experts Group）是活动图像（如电影）的压缩标准。PostScript 是 Adobe Systems 开发的一种编程语言，用于描述打印出的页面。

010011 000101 111001。对应的 base64 编码为：STF5。最后，把 STF5 用 ASCII 编码进行发送，即 01010011 01010100 01000110 00110101。我们不难看出，24 位的二进制代码采用 base64 编码后变成了 32 位，增加开销 33.3%。当需要传送的数据大部分都是 ASCII 码时，最好还是采用 quoted-printable 编码。

3. 内容类型

MIME 标准规定 Content-Type 说明必须含有两个标识符，即内容**类型**（Type）和**子类型**（Subtype），中间用"/"分开。

MIME 标准定义了七个基本内容类型和 15 种子类型。除了内容类型和子类型，MIME 允许发件人和收件人自己定义专用的内容类型。但为避免可能出现名字冲突，标准要求为专用的内容类型选择的名字要以字符串 X-开始。表 6-3 列出了七种基本内容类型和 15 种子类型，以及简单说明[①]。

表6-3 可出现在MIME Content-Type说明中的类型及其意义

内容类型	子类型	说明
Text（文本）	plain	无格式的文本
	richtext	有少量格式命令的文本
Image（图像）	gif	GIF 格式的静止图像
	jpeg	JPEG 格式的静止图像
Audio（音频）	basic	可听见的声音
Video（视频）	mpeg	MPEG 格式的影片
Application（应用）	octet-stream	不间断的字节序列
	postscript	PostScript 可打印文档
Message（报文）	rfc822	MIME RFC 822 邮件
	partial	为传输将邮件分割开
	external-body	邮件必须从网上获取
multipart（多部分）	mixed	按规定顺序的几个独立部分
	alternative	不同格式的同一邮件
	parallel	必须同时读取的几个部分
	digest	每一个部分是一个完整的 RFC 822 邮件

MIME 的内容类型中的 multipart 是很有用的，因为它使邮件增加了相当大的灵活性。标准为 multipart 定义了四种可能的子类型，每个子类型都提供重要功能。

（1）mixed 子类型允许单个报文含有多个相互独立的子报文，每个子报文可有自己的类型和编码。mixed 子类型报文使用户能够在单个报文中附上文本、图形和声音，或者用额外数据段发送一个备忘录，类似商业信笺含有的附件。在 mixed 后面还要用到一个关键字，即 Boundary=，此关键字定义了分隔报文各部分所用的字符串（由邮件系统定义），只要在邮件的内容中不会出现这样的字符串即可。当某一行以两个连字符"--"开始，后面紧跟上述的字符串，就表示下面开始了另一个子报文。

（2）alternative 子类型允许单个报文含有同一数据的多种表示。当给多个使用不同硬件和软件系统的收件人发送备忘录时，这种类型的 multipart 报文很有用。例如，用户可同时用普通的 ASCII 文本和格式化的形式发送文本，从而允许拥有图形功能的计算机用户在察看图形时选择格式化的形式。

（3）parallel 子类型允许单个报文含有可同时显示的各个子部分（如图像和声音子部分必须一起播放）。

（4）digest 子类型允许单个报文含有一组其他报文（如从讨论中收集电子邮件报文）。

下面显示了一个 MIME 邮件，它包含有一个简单解释的文本和含有非文本信息的照片。邮件中第一部分的注解说明第二部分含有一张照片。

```
From: xiexiren@tsinghua.org.cn
To: xyz@public.bta.net.cn
MIME-Version: 1.0
Content-Type: multipart/mixed; boundary=qwertyuiop


--qwertyuiop
XYZ：
    你要的图片在此邮件中，收到后请回信。
                                        谢希仁
--qwertyuiop
Content-Type: image/gif
Content-Transfer-Encoding: base64
        ...data for the image （图像的数据）...
--qwertyuiop--
```

上面最后一行表示 boundary 的字符串后面还有两个连字符“--”，表示整个 multipart 的结束。

6.5　文件传送协议（FTP）

网络环境中的一项基本应用就是将文件从一台计算机中复制到另一台可能相距很远的计算机中，即文件传输。**文件传送协议**（File Transfer Protocol，FTP）[RFC 959]是因特网上使用得最广泛的文件传送协议。FTP 提供交互式的访问，允许客户指明文件的类型与格式（如指明是否使用 ASCII 码），并允许文件具有存取权限（如访问文件的用户必须经过授权，并输入有效的口令）。FTP 屏蔽了各计算机系统的细节，因而适合于在异构网络中任意计算机之间传送文件。文档 RFC 959 很早就成为了因特网的正式标准。

1. FTP 基本工作原理

在因特网发展的早期阶段，用 FTP 传送文件约占整个因特网的通信量的三分之一，而由电子邮件和域名系统所产生的通信量还要小于 FTP 所产生的通信量。只是到了 1995 年，WWW 的通信量才首次超过了 FTP。

初看起来，在两个主机之间传送文件是很简单的事情。其实这往往非常困难。原因是众多的计算机厂商研制出的文件系统多达数百种，且差别很大。经常遇到的问题是：

（1）计算机存储数据的格式不同；

（2）文件的目录结构和文件命名的规定不同；

（3）对于相同的文件存取功能，操作系统使用的命令不同；

（4）访问控制方法不同。

文件传送协议 FTP 只提供文件传送的一些基本的服务，它使用 TCP 可靠的运输服务。FTP 的主要功能是减少或消除在不同操作系统下处理文件的不兼容性。

FTP 基于客户/服务器体系结构。一个 FTP 服务器进程可同时为多个客户进程提供服务。FTP 的服务器进程由两大部分组成：一个**主进程**，负责接受新的请求；另外有若干个**从属进程**，负责处理单个请求。

主进程的工作步骤如下。

（1）打开熟知端口（端口号为 21），使客户进程能够连接上。

（2）等待客户进程发出连接请求。

（3）启动从属进程来处理客户进程发来的请求。从属进程对客户进程的请求处理完毕后即终止，但从属进程在运行期间根据需要还可能创建其他一些子进程。

（4）回到等待状态，继续接受其他客户进程发来的请求。主进程与从属进程的处理是并发进行。

FTP 的工作情况如图 6-20 所示。图中的服务器端有两个从属进程：**控制进程**和**数据传送进程**。为简单起见，服务器端的主进程没有画上。在客户端除控制进程和数据传送进程外，还有一个用户界面进程用来和用户接口。与前面讨论过的其他应用有很大的不同，在 FTP 的客户和服务器之间要建立两个连接：“**控制连接**”和“**数据连接**”。控制连接在整个会话期间一直保持打开，控制连接用于传送客户端发出各种命令，如用户标识、口令、改变远程目录、下载文件、上传文件等命令，以及服务器端的状态响应。但控制连接并不用来传送文件。**实际用于传输文件的是“数据连接”**。

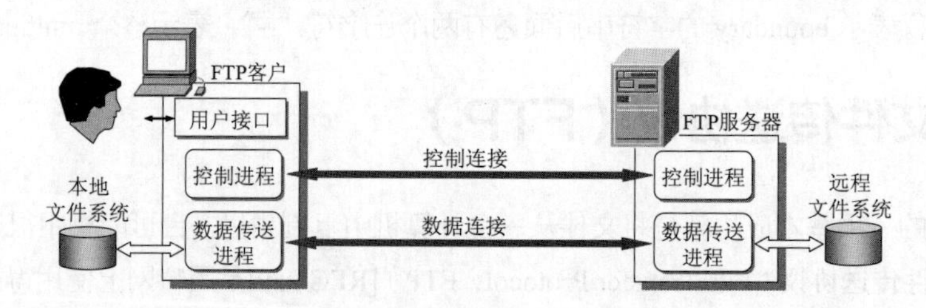

图6-20 FTP使用的两个TCP连接

FTP 的基本工作过程如下：FTP 的客户首先向 FTP 服务器的 21 端口发起一个 TCP 连接请求，建立控制连接。FTP 客户通过该控制连接发送用户的标识和口令，也发送改变远程目录等命令。当 FTP 服务器从该连接上收到一个文件传送的命令后（无论是上传还是下载），就从 20 端口发起一个到客户的数据连接。为此，在客户向服务器发送文件传送命令时，要告诉服务器其数据传送进程打开的端口。FTP 在数据连接上传送完一个文件后就关闭该连接。如果在同一个会话期间，用户还需要传送另一个文件，则需要打开另一个数据连接。因而在 FTP 应用中，控制连接贯穿了整个用户会话期间，但是针对会话中的每一次文件传送都需要建立一个新的数据连接（即数据连接是非持续的）。

FTP 服务器必须在整个会话期间保留用户的状态信息。特别地，服务器必须把特定的用户账户与控制连接联系起来，服务器必须跟踪每个用户在远程文件目录树上的当前位置。

2. FTP 命令和应答

FTP 的命令和应答在客户和服务器的控制连接上以 ASCII 码文本行形式传送。这就要求在每个命令或应答后都要跟回车换行符。从客户向服务器发送的 FTP 命令超过 30 种，表 6-4 给出了一些常用命令。

表6-4 常用的FTP命令

命　令	说　明
LIST <目录名>	列表显示文件或目录
PASS <口令>	用户登录口令
PORT <n1, n2 ,n3 ,n4 ,n5 ,n6>	客户端 IP 地址（n1.n2.n3.n4）和端口（n5 × 256 + n6）
QUIT	从服务器注销
RETR <文件名>	读取（下载）一个文件
STOR <文件名>	存储（上传）一个文件
USER <用户名>	用户登录用户名

通常每个 FTP 命令都产生一行应答，应答都是 ASCII 码形式的 3 位数字状态码，并跟有可选的状态信息。软件系统需要根据数字代码来决定如何应答，而状态信息是面向人工处理的。应答 3 位码中每一位数字都有不同的含义。一些典型的应答例子如下所示：

```
331 Username OK, password required.
125 Data connection already open; transfer starting.
425 Can’t open data connection.
221 Goodbye.
```

要说明的是，当用户在使用命令行方式的 FTP 客户端软件时，用户在命令行窗口内输入的命令与上述在控制连接中传送的命令并不相同。用户接口程序将用户输入的命令转换为一个或多个 FTP 命令并通过控制连接发送给服务器。不过现在人们更多使用图形界面的 FTP 客户端软件，如 QuiteFtp 等，或直接利用浏览器访问 FTP 服务器。

6.6 远程终端协议（TELNET）

远程终端又称为**远程登录**是网络中最早提供的一种应用，使用户能够在自己的主机上通过网络远程登录（当然要提供用户名和密码）到另一台主机上，远程操作远程主机上的程序和资源。

TELNET 是一个简单的远程终端协议，是因特网的正式标准[RFC 854]，几乎每个 TCP/IP 的实现都提供了这个功能。TELNET 以前应用得很多，但现在使用它的主要是网络工程技术人员而不是普通用户。专业人士使用它登录到远程设备，如服务器、路由器、交换机等进行一些调试、管理和配置工作。TELNET 也使用客户/服务器方式。在本地系统运行 TELNET 客户进程，而在远程主机则运行 TELNET 服务器进程。和 FTP 的情况相似，服务器中的主进程等待新的请求，并产生从属进程来处理每一个连接。

用户使用 TELNET 就可在其所在地通过 TCP 连接登录到远程主机上（使用主机名或 IP 地址）。TELNET 能将用户的击键传到远程主机，同时也能将远程主机的输出通过 TCP 连接返回到用户屏幕。这种服务是透明的，因为用户感觉到好像键盘和显示器是直接连在远程主机上。

如图 6-21（a）所示，当用户使用终端（通常由键盘、显示器和鼠标组成）登录到本地主机时，用户在键盘上的击键被终端驱动程序接收，并以字符的形式交付给操作系统。操作系统通过系统调用将字符作为输入传递给相应的应用程序。

当用户利用 TELNET 通过网络登录到远程主机时，如图 6-21（b）所示，用户在键盘上的击键被终端驱动程序接收，本地操作系统将击键产生的字符传递给 TELNET 客户进程。TELNET 客户进程使用网络协议将这些字符发送到运行在远程主机上的 TELNET 服务器，TELNET 服务器将这些字符通过**伪终端驱动程序**传递给相应的应用程序，就好像是直接从远程主机的键盘上键入的字符被传递给远程主机上运行的应用程序一样。

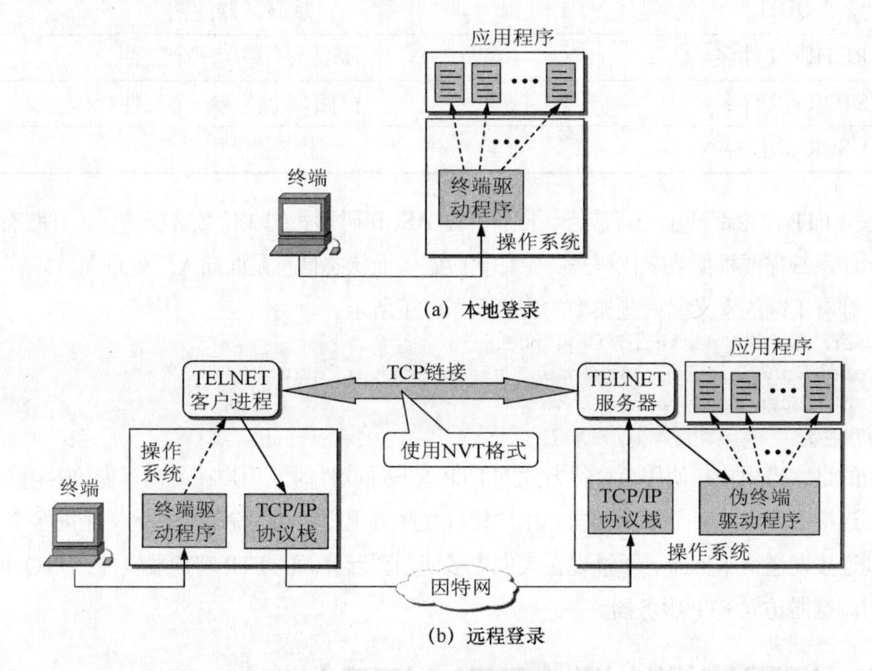

图6-21　本地登录和远程登录

TELNET 能够适应许多计算机和操作系统的差异。例如，对于文本中一行的结束，有的系统使用 ASCII 码的回车（CR），有的系统使用换行（LF），还有的系统使用两个字符，回车—换行（CR-LF）。又如，许多系统在中断一个程序时使用 Control-C（^C），但也有系统使用 ESC 按键。为了适应这种差异，TELNET 定义了数据和命令应怎样通过因特网。这些定义就是所谓的**网络虚拟终端**（Network Virtual Terminal，NVT）。客户进程把用户的击键和命令转换成 NVT 格式，传送到远程的服务器进程。服务器进程把收到的数据和命令从 NVT 格式转换成远程系统所需的格式。向用户返回数据时，服务器进程把远程系统的格式转换为 NVT 格式，本地客户进程再从 NVT 格式转换到本地系统所需的格式。

NVT 的格式定义很简单。所有的通信都使用 8 位的字节。在运转时，NVT 使用 7 位 ASCII 码传送数据，而当高位置 1 时用作控制命令。ASCII 码共有 95 个可打印字符（如字母、数字、标点符号）和

33 个控制字符。所有可打印字符在 NVT 中的意义和在 ASCII 码中一样。但 NVT 只使用了 ASCII 码的控制字符中的几个。

TELNET 为用户提供一个基于字符的远程终端仿真，用户只能使用命令行方式执行各种操作。类似的基于命令行的远程终端程序还有 UNIX 操作系统提供的 Rlogin。但随着个人计算机图形处理能力的增强，大多数操作系统都提供了基于窗体的**图形用户界面**（Graphical User Interface，GUI），现在人们更愿意使用基于鼠标操作的图形人机界面，因此出现了很多基于图形用户界面的远程终端软件。例如，微软的 Windows 操作系统就提供了基于图形用户界面的远程桌面服务。

6.7 动态主机配置协议（DHCP）

每一个使用 TCP/IP 协议簇的计算机都需要知道它的 IP 地址。现在已普遍使用无分类编址方式，还需要知道它的子网掩码。今天的大多数计算机还需另外两种信息：一个能够和其他网络进行通信的默认路由器的地址，以及一个 DNS 服务器的地址。总之，一台连接到因特网的计算机通常需要配置以下参数：

（1）IP 地址；

（2）子网掩码；

（3）默认路由器的 IP 地址；

（4）域名服务器的 IP 地址。

DHCP

一种办法是由计算机的使用者人工将这些参数配置在计算机的一个特定的配置文件中（通常在操作系统中会提供配置网络连接属性的图形界面），当计算机每次启动时读取该配置文件对相应协议软件进行参数配置。

有些计算机可能经常改变在网络上的位置（尤其是便携式计算机的大量使用，有时在家中上网，有时在办公室或实验室上网），用人工进行协议配置既不方便，又容易出错。因此，需要采用自动协议配置的方法。

动态主机配置协议（Dynamic Host Configuration Protocol，DHCP）提供了一种机制，称为**即插即用连网**（Plug-and-Play Networking）。这种机制允许一台计算机加入新的网络和获取 IP 地址而不用手工参与。DHCP 目前是因特网草案标准[RFC 2131, 2132]。

DHCP 对运行客户软件和服务器软件的计算机都适用。当运行客户软件的计算机移至一个新的网络时，就可使用 DHCP 获取其配置信息而不需要手工干预。DHCP 给运行服务器软件而位置固定的计算机指派一个永久地址，而当这台计算机重新启动时其地址不改变。

DHCP 使用客户/服务器方式。需要自动获取 IP 地址的主机（DHCP 客户）启动时在本网用 UDP 广播发送一个 DHCP **发现报文**（DHCPDISCOVER），其目的 IP 地址为 255.255.255.255。发送广播报文是因为现在还不知道 DHCP 服务器在什么地方，因此还要发现（DISCOVER）DHCP 服务器的 IP 地址。运行 DHCP 客户程序的主机目前还没有自己的 IP 地址，因此它把 IP 数据报中自己的源 IP 地址设为全 0。这样，在本地网络上的所有主机都能够收到这个广播报文，但只有 DHCP 服务器才对此广播报文进行应答。DHCP 服务器先在其数据库中根据收到报文的源 MAC 地址查找该计算机的配置信息。若找到，则返回找到的信息。若找不到，则从服务器的 IP 地址池（Address Pool）中取一个地址分配给该计算机。由于此时 DHCP 客户还没有分配到 IP 地址，DHCP 服务器通过 UPD 广播向 DHCP 客户应答一个 DHCP **提供报文**（DHCPOFFER），包含可以“提供”的 IP 地址等配置信息。

DHCP 客户可能会收到来自多个服务器的提供报文，需要选择其中的一个，并广播一个 DHCP **请求报文**（DHCPREQUEST）来正式请求该提供报文中提供的配置信息。提供该配置信息的服务器会对该请求报文用 DHCP **确认报文**（DHCPACK）进行确认，而其他 DHCP 服务器收到该请求报文后会释放预分配的资源。由于 DHCP 客户收到确认报文后才能使用提供报文中的配置信息，该确认报文也需要使用广播。

在一个拥有多个网络的组织中，通常并不愿意在每一个网络中都设置一个 DHCP 服务器，因为这样会使 DHCP 服务器的数量太多。通过 DHCP **中继代理**（Relay Agent）（通常运行在一台路由器上，如图 6-22 所示），可以让多个互连的网络共享同一个 DHCP 服务器。在 DHCP 中继代理中配置了 DHCP 服务器的 IP 地址信息。当 DHCP 中继代理收到主机 A 以**广播**形式发送的 DHCP 发现报文后，就以**单播**方式向 DHCP 服务器转发此报文，并等待其回答。收到 DHCP 服务器回答的 DHCP 提供报文后，DHCP 中继代理再将此 DHCP 提供报文发回给主机 A。需要注意的是，DHCP 报文是封装在运输层 UDP 的报文中传送的。DHCP 服务器使用的熟知端口号是 67，而 DHCP 客户使用的端口号是 68。

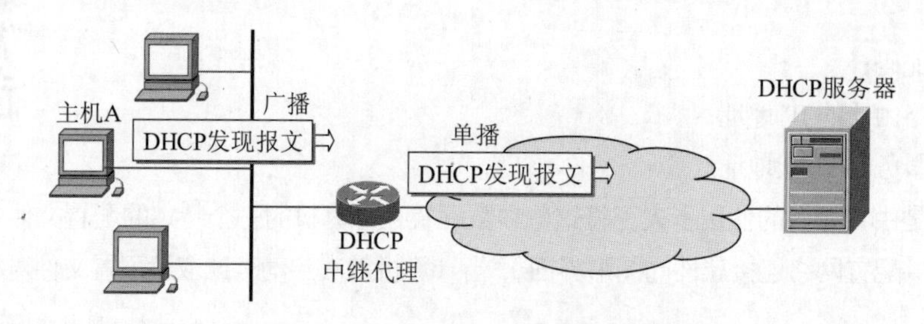

图6-22 DHCP客户、服务器和中继代理

DHCP 服务器分配给 DHCP 客户的 IP 地址是临时的，因此 DHCP 客户只能在一段有限的时间内使用这个分配到的 IP 地址。DHCP 协议称这段时间为**租用期**（Lease Period），但并没有具体规定租用期应取为多长或至少为多长，租用期的数值应由 DHCP 服务器自己决定。例如，一个校园网的 DHCP 服务器可把租用期设定为 1h。DHCP 服务器在给 DHCP 发送的提供报文的选项中给出租用期的数值。DHCP 客户也可在自己发送的报文中（例如，发现报文）提出对租用期的要求。

DHCP 很适合于经常移动位置的计算机，便于管理，并且可以使大量用户共享较少的 IP 地址。当计算机使用 Windows 操作系统时，若单击控制面板的网络图标就可以添加 TCP/IP 协议。然后单击“属性”按钮，在“IP 地址”这一项下面有两种方法可供选择：一种是“自动获得一个 IP 地址”，另一种是“指定 IP 地址”。若选择前一种，就表示是使用 DHCP 协议。

6.8 P2P文件共享

到目前为止，本章所介绍的应用都是基于客户/服务器体系结构的，它们要求有总是在运行着的基础设施服务器，例如，DNS 服务器、万维网服务器、邮件服务器等。与这些应用不同，基于 P2P 体系结构的应用是对等方之间直接进行通信，而且对等方主要运行于间断连接的主机上，如个人计算机，而不是运行于24h连续开机的服务器上。

目前，在因特网上流行的P2P应用主要包括P2P文件共享、即时通信、P2P流媒体、分布式存储等。限于篇幅，在这里我们仅以P2P文件共享为例来简单介绍P2P的应用。

对于文件共享应用，实际上有两个基本的问题要解决：如何查找到你需要的文件，以及如何从拥有该文件的主机下载该文件。我们先讨论后一个问题，即P2P文件分发（从文件拥有者角度看是将一个文件分发给多个对等方），该问题相对简单一些。

6.8.1 P2P文件分发

我们通过一个简单的例子来说明P2P方式在文件分发应用中的优势。该任务是将主机H_1中的一个长度为L的大文件分发给其余七台主机。假设文件传输的瓶颈是各主机的上载速率（习惯上，文件从其他主机发送到本主机叫作下载，而从本主机发送到其他主机叫作上载），并且再假定所有主机的上载速率都是R。对于客户/服务器方式，主机H_1为服务器，而其他主机为客户。显然主机H_1要依次把文件发送给所有其他主机，所需的时间是$7L/R$。可见采用客户/服务器方式，文件分发时间随客户机的数量呈线性增长。因此，基于客户/服务器方式的应用在面对大量用户访问时，服务器要承受极大的负担，并且消耗大量的服务器带宽。

在P2P文件分发中，每个对等方都能在收到文件后再将该文件分发给其余对等方，从而协助主机H_1进行分发，这样就大大缩短了文件分发的时间。例如，可以在$3L/R$时间内就把长度为L的文件分发给所有七台主机：

第1个L/R时间，$H_1 \to H_2$；

第2个L/R时间，$H_1 \to H_3$，$H_2 \to H_4$；

第3个L/R时间，$H_1 \to H_5$，$H_2 \to H_6$，$H_3 \to H_7$，$H_4 \to H_8$。

可以证明采用这种基本的P2P分发方式，文件分发时间随对等方数量呈对数增长（习题6-32）。显然，每个对等方都参与了文件的分发，它们既是服务的请求者，也是服务的提供者。参加的对等方越多，服务的提供者也就越多。因此，P2P方式比客户/服务器方式具有更好的可扩展性。

实际上，通过**分片**，即把文件划分为很多等长的小数据块进行分发，可以进一步加快文件分发的速度。因为一个对等方不必等整个文件全部收完就可以将该文件的部分数据块分发给其余对等方，提高了文件分发的并行性。这就是说，对每一个需要下载文件的主机来说，不仅可以从多个对等方下载数据块，而且还同时给多个对等方上载数据块。图6-23说明了这种情况。可以看出，数据块的传送途径不仅有A→B, A→C, A→D，而且还有B→C, B→D, C→B, C→D, D→B, D→C。

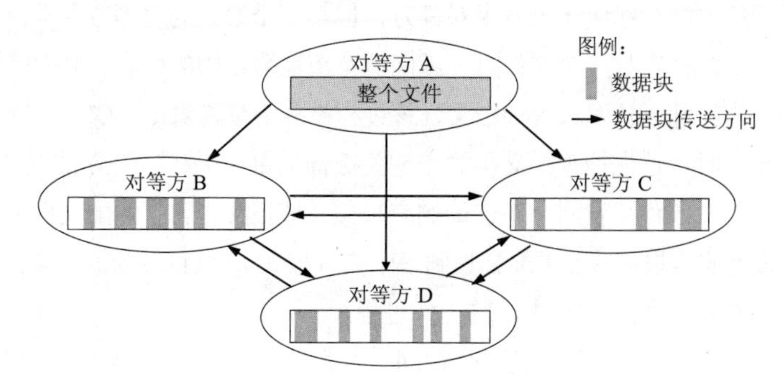

图6-23 对等方之间互相交换文件数据块

巧妙地设计分发算法可以大大提高整个系统文件分发的效率。在习题 6-33 中讨论了 P2P 文件分发时间的下界。在一个实际的 P2P 文件分发系统中，任意两个拥有不同数据块的对等方之间都可能互相传送数据块，并且不断有对等方加入其中或离开。下载某个文件的人越多，则拥有该文件数据块的对等方就越多，新加入的对等方就可以从更多的对等方下载该文件，因此有可能更快地下载完整个的大文件。这就是为什么使用 P2P 文件分发软件的用户会有“下载的人越多，下载速度越快”的体验。由于对等方随时都有可能离开，为避免所有下载同一文件的对等方都缺少同一数据块，每个文件的数据块下载顺序通常都是随机的。

6.8.2 在P2P对等方中搜索对象

现在我们来讨论文件共享中的另一个问题：如何找到你需要的文件。我们可以把该问题抽象为一个更普通的问题，即：如何找到你所感兴趣的对象。这里的对象可以是文件共享系统中的文件或文件的索引、即时通信系统中的某个好友或者某个特殊资源等。为讨论方便，我们以在 P2P 文件共享系统中搜索一个文件为例，来说明该问题。

1. 集中式目录

定位文件的一个最直接的办法就是提供一个集中式目录服务器，该服务器目录保存所有对等方的 IP 地址及其共享文件的名称。目录服务器要经常从每个活动的对等方那里收集这些信息，以保证信息的有效性。显然，这是一个典型的客户/服务器方式。世界上第一个流行的 P2P 文件共享软件 Napster 正是采用的这种方式来定位用户需要下载的 MP3 歌曲。但 Napster 下载文件的工作是在对等方之间直接进行的，即并没有专门存放 MP3 文件的服务器，实际上采用的是一种 P2P 与客户/服务器混合体系结构。目前很多应用程序都采用了这样的混合体系结构，如许多即时通信应用程序。使用集中式目录定位内容虽然非常简单，但存在客户/服务器方式所固有的缺点，即服务器成为整个系统的性能瓶颈和故障点。

2. 查询洪泛

一些 P2P 文件共享软件，如 Gnutella，没有使用集中式服务器来定位文件，而是在应用层把所有对等方组织成一个逻辑的网络，该网络被称为**覆盖网络**（Overlay Network）。在这个覆盖网络中，结点就是对等方，若两个对等方之间彼此知道并建立了某种联系，如建立了一条 TCP 连接，则这两个对等方就成为相邻结点，在它们之间形成了一条边。但应注意，在覆盖网络中，相邻的结点在物理上通常并不相邻，并且由一条 TCP 连接构成的边也不对应一条物理的链路。

尽管一个覆盖网络可能存在成千上万个对等方，但某一个给定的对等方通常仅与少量的对等方之间有连接。当一个对等方要查找某个文件时，就向这个覆盖网络中的所有相邻对等方发送查询报文，并且每个对等方向各自的邻居转发该查询报文，该过程被称为**查询洪泛**（Query Flooding）。当一个对等方收到一条查询报文时，首先检查报文中的查询关键词是否与所共享的文件匹配。如果存在匹配的文件，则沿查询报文的反向路径发回一条查询响应报文，该报文包含了匹配文件名和对等方地址等信息。当查询方收到查询响应报文后（可能会收到多个响应报文），就直接与拥有该文件的对等方进行联系，并下载文件。图 6-24 说明了查询洪泛的工作过程。

在一个大的覆盖网络上进行查询洪泛，会在网络中产生大量的流量。为解决该问题，Gnutella 的设计者使用了范围受限的查询洪泛。当对等方发送初始查询报文时，在报文的对等方计数字段中设置一个特定值（如 7）。每个对等方在转发查询报文时先把该字段减 1，当对等方收到对等方计数字段降为 0 的查询报文时，就停止转发该查询。用这种方法可以将查询洪泛限制在一个较小的范围内，从而减少了网络中的查询流量。由于不能搜索所有对等方，可能你所需要的文件存在于覆盖网络中，却不一定能找到它。

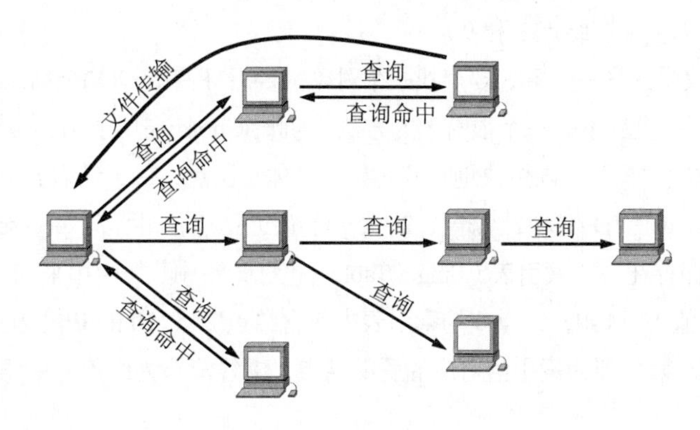

图6-24 查询洪泛工作过程

那么 Gnutella 是如何维护这样一个覆盖网络的呢？当一个对等方想要加入 Gnutella 覆盖网络时，首先至少要知道覆盖网络中一个结点。每个对等方会维护一个经常开机的对等方列表，初次安装运行的对等方，可以通过查询 Gnutella 网站获得该列表。当连接到覆盖网络中的一个结点后，通过该连接可以发现其他更多的结点，并根据策略自由选择某些结点作为邻居。

3. 分布式散列表

Gnutella 网络是一种**非结构化覆盖网络**，由于结点之间的边是随机形成的，在这样的网络中搜索对象，其搜索结果往往是不可靠的。这是因为，如果不穷尽所有结点，那么很可能某个你要找的对象就存在于覆盖网络中的某个结点上，但却不能找到。显然，对于搜索对象，这种非结构化覆盖网络的可扩展性比较差。现在介绍一种巧妙构造的覆盖网络，在该覆盖网络中可以将要查找的对象可靠地映射到网络中的特定结点（为该对象提供服务的结点），并且能有效路由到该结点。这种覆盖网络具有非常严格的拓扑结构，要求相邻结点的标识符 ID （Identification）之间有某种确定的数学关系，因此被称为**结构化覆盖网络**。

使用散列函数可以很容易地将名字映射到地址：hash（x）→ n。如果将对象 x 放置到结点 n 上，则想要查找 x，只需计算 x 的散列值就能确定它的位置。如果 n 就是结点的 IP 地址，则立刻就能路由到该结点。但这个简单的方法有一个致命问题：若结点 n 不存在，或结点 n 并不属于该覆盖网络怎么办？另外，虽然散列函数可以将对象均匀分布到 IP 地址空间，但实际的结点在 IP 地址空间中的分布并不均匀，会导致对象在结点上分布不均匀。

为解决这个问题，结构化覆盖网络将对象名（也可以是对象值，甚至是整个对象文件）和结点地址一起均匀地散列到一个大的 ID 空间中（如一个 128 位的 ID 空间）：

```
hash (object_name) → objid
hash (IP_addr) → nodeid
```

由于 ID 空间很大，一个对象在网络中通常找不到与其 ID 相同的结点，因此，每个对象保存在网络中与其 ID **最接近**的结点上。现在的问题是如何才能在网络中找到这个与其 ID 最接近的结点。目前已研究出很多算法，在这里仅介绍经典算法 Chord 的基本方法，该算法在 2001 年由麻省理工学院提出。

在逻辑上，Chord 将结点按 ID 从小到大沿顺时针排列成一个环形覆盖网络，如图 6-25 所示中结点 0, 2, 5, 10, 13, 15（为便于表示，以 4 位 ID 空间为例）。对象 x（指对象 ID 为 x 的对象）被放置在环上顺时针方向紧随 x（包括 x）的第一个结点，该结点定义为 x 的后继，并记为 successor（x）。如对象 8 被分配给结点 10（因为不存在结点 8 和 9）。

如果覆盖网络仅仅是这样一个环，要查找一个对象需要沿环遍历 $O(N)$个结点（N 为总结点数）。这是一个顺序查找的方法，显然不是一个很有效的方法。为此，Chord 在环上精心添加了一些“弦”（Chord 名称的由来），通过这些“弦”可以更快地找到对象。具体方法是，每个结点 n 不仅知道其环上的相邻结点，还知道沿顺时针与其 ID 相差 $2^{k-1}(k = 1, 2,\cdots, m)$的最近结点，即所有 successor($(n + 2^{k-1}) \bmod 2^m$)，并将这些结点的地址保存在一个**索引表**（Finger Table，也称为路由表）中用来加速对象的查找过程（m 为 ID 位数，k 为索引值）。例如，结点 0 的索引表中包含结点 2, 5, 10 的 IP 地址。图 6-25 中结点索引表的第 1 列为索引值，第 2 列为索引值对应的后继结点，虚线箭头为结点 0 的索引表中索引值对应的“弦”。

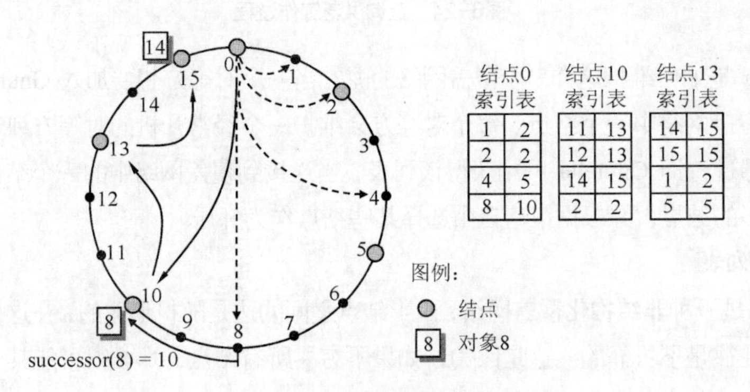

图6-25　一个简单的Chord环

为查找对象 x，结点在自己的索引表中寻找 ID 在 x 之前且最接近 x 的结点，将查找对象 x 的请求发送给该结点，这样每个结点递归地发送查找请求，直到找到对象 x 的前驱（successor（x）的前一个结点），从而最终找到存放对象 x 的结点 successor（x）。如 0 中，结点 0 要查找对象 14。先将查找请求发送给索引表中在 14 之前且最接近 14 的结点 10，结点 10 的索引表中在 14 之前且最接近 14 的结点是 13，而结点 13 索引表中没有在 14 之前且最接近 14 的结点，因此结点 13 为对象 14 的前驱，则结点 13 的下一个结点 15 为存放对象 14 的结点。因此，通过查找过程“结点 0→ 结点 10→ 结点 13→ 结点 15”，经过 3 步最终查找到对象 14。可以看出该查找方法类似于二分查找，查找一个对象的时间复杂度仅为 O（$\log_2 N$）步。

由于这类结构化覆盖网络能将一个对象散列到网络中的某个结点，并能有效路由到该结点从而找到该对象，这种技术被称为**分布式散列表**（Distributed Hash Table，DHT），因为从概念上讲，散列表分布在网络中的所有结点上。要注意的是，Chord 仅仅是实现 DHT 的众多算法中的一个。

由于篇幅原因，在此不准备详细讨论如何维护这样一个带弦的环形覆盖网络，仅为大家提供一点思路：通过对象查找功能，可以将新结点插入到其前驱和后继之间，然后要将本该由新结点负责的对象从其后继结点迁移到该新结点，最后还要修改一些结点的索引表。

DHT 结构化网络虽然解决了对象查询的可扩展问题，但由于其结构维护机制比较复杂，结点频繁加入或退出会导致较高的维护代价；另外，虽然 DHT 技术能够高效实现基于关键词的精确查询，但要实现基于内容的模糊查询还存在很多困难。在这些方面已有大量的研究，并且 DHT 技术已应用于 P2P、分布式存储、云计算等多种网络应用之中。

6.8.3 案例：BitTorrent

BitTorrent（简称为 BT）应该是目前中国最流行的 P2P 文件共享协议之一。实际上，BitTorrent 只是一个文件分发协议，它并没有解决如何搜索或定位文件的问题，而是把这个任务交给了万维网网站。一个用户要利用 BitTorrent 下载文件之前，先要从某个网站下载一个包含该文件相关信息的“.torrent”种子文件。该文件中包含一个称为**追踪器**（Tracker）的服务器结点（因特网上有很多追踪器）的地址，追踪器负责维护参与一个特定文件分发的所有对等方的信息。

在 BitTorrent 中，参与一个特定文件分发的所有对等方构成了一个 BT 群（Swarm），即一个独立的覆盖网络。当一个对等方加入 BT 群时，它向追踪器注册，并周期性地通知追踪器自己仍在群中。如果该文件保持很高的需求量（热度），不断会有新的对等方加入来替代离开的对等方，使群永远保持活力。一个特定的群可能在任意时刻拥有数以百计或数以千计的对等方。

初始时，群中仅有拥有该文件完整副本的对等方，当一个对等方加入群成为第二个对等方时，开始从第一个对等方下载该文件的数据块（一个数据块通常为 256 KB）。在下载过程中，该结点成为它已下载块的另一个源。当其他结点加入群时开始从多个对等方下载块，而不只是从第一个对等方下载。每个对等方按照一定策略从群中选择一定数量的对等方作为邻居，并与之交换所拥有的块（图 6-26）。在任何时刻，每个对等方都拥有来自该文件的块子集，且不同的对等方具有不同的块子集。为避免所有对等方都缺少同一个块的情况，每个对等方都优先下载被复制最少的那些块，从而均衡每个块在群中的复本数量，这样能更迅速地互相交换自己所拥有的块。

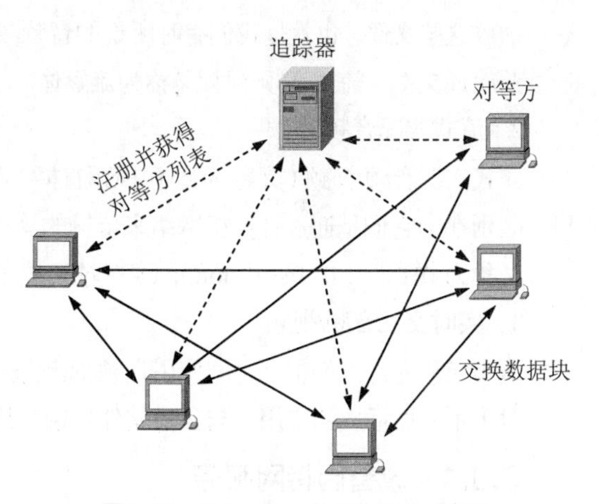

图6-26 BitTorrent的工作原理示意图

由于每个群需要一个追踪器服务器维护成员信息，因此 BitTorrent 采用的是 P2P 与客户/服务器混合体系结构。该追踪器是群覆盖网络的故障点和性能瓶颈。同时，提供跟踪器对于想通过 BitTorrent 提供文件的人来说是一件烦人的事。目前，新版本的 BitTorrent 已开始使用 DHT 来支持“无服务器网络”，即 BT 群可以不再依赖追踪器。具有无追踪器能力的 BT 软件不仅要实现 BitTorrent 对等方，还要实现一个对等方探测器，用来发现群中其他对等方。

对等方探测器构成它们自己的覆盖网络，并且这是一个 DHT 覆盖网络。注意，这个 DHT 覆盖网络不再仅限于某个群，而是由所有群共享的一个 DHT 覆盖网络。对等方探测器利用该 DHT 覆盖网络查找属于特定群的对等方。种子文件中包含一个由散列函数产生的群 ID。每个要加入某个群的对等方会将自己的信息注册到这个 DHT 覆盖网络中 ID 与该群 ID 最接近的探测器中。因此，一个对等方只要利用对等方探测器连接到 DHT 覆盖网络（通过 DHT 覆盖网中的任何一个对等方探测器），就可以找到该群所有其他对等方。

虽然新版本的 BitTorrent 并没有解决如何搜索文件的问题，但利用 DHT 使应用对服务器的依赖降到了很小。而另一个非常流行的文件共享应用程序**电骡**（eMule）已开始利用 DHT 覆盖网络在对等方中直接搜索用户要下载的文件。

6.9 多媒体网络应用

随着计算机网络的高速发展，网络应用已从最初的电子邮件、文件传输、万维网浏览逐步发展到 IP 电话、视频会议、视频点播、网络电视等多种形式的应用。这些集文本、图像、音频和视频等多种数据于一体的网络应用称为多媒体网络应用。多媒体网络应用往往数据量巨大，要求更高的网络带宽，并且与传统的弹性应用（如电子邮件、文件传输、网页浏览等）不同的是，对端到端时延和时延抖动高度敏感，但却可容忍少量的数据丢失。

在本节我们考虑三类多媒体应用：流式存储音频/视频、流式实况音频/视频和实时交互音频/视频。

1. 流式存储音频/视频

流式存储音频/视频是一些经过压缩并存储在服务器中的多媒体文件，客户端可以通过因特网边下载边播放这些文件，也就是我们有时所说的音频/视频点播。所谓“流式”，是指可以在下载文件的同时连续播放该文件。流式音频/视频又称为**流媒体**。

2. 流式实况音频/视频

流式实况音频/视频（又称为音频/视频直播）类似于传统的广播电台和电视台播放的音频和视频节目，区别在于它们是通过计算机网络来传输的。这样的应用主要包括网络广播电台和网络电视。网络电视又称为 IPTV （IP TeleVision），现在越来越多的人开始使用 IPTV 收看电视。

3. 实时交互音频/视频

这类应用允许人们相互之间使用音频/视频进行实时交互。典型的实例是网络电话和网络视频会议。

对于下载后播放的应用，与其他文件传输应用没有太多区别，在本节不予讨论。

6.9.1 改善因特网服务

实时多媒体数据的传输具有数据量巨大、对时延和时延抖动高度敏感及能容忍丢分组的特点。而当今因特网的网络层协议提供的是一种尽力而为服务，对分组的端到端时延、时延抖动和分组丢失率的范围等指标不做任何承诺。这对于实时多媒体应用的实现提出了巨大的挑战。在此我们讨论如何在应用层通过一些技术来克服当今因特网尽力而为服务所带来的一些问题，从而提高实时多媒体应用的性能。

1. 音/视频压缩

含有音频或视频的多媒体信息往往信息量巨大，会消耗大量的存储空间和网络带宽，导致很大的传输时延。因此在网上传送多媒体信息都无一例外地采用各种信息压缩技术。例如，在话音压缩方面的标准有移动通信的 GSM（13 kbit/s），IP 电话使用的 G.729（8 kbit/s）和 G.723.1（6.4 kbit/s 和 5.3 kbit/s）。立体声音乐的压缩技术有接近 CD 质量的 MP3 （Mpeg-1 audio layer-3）（128 kbit/s 或 112 kbit/s）。在视频压缩方面，有 VCD 质量的 MPEG 1（1.5 Mbit/s）和 DVD 质量的 MPEG 2（3~6 Mbit/s）。

2. 时延抖动消除

实时音频/视频源以恒定速率产生并发送分组，因而这些分组是**等时**（isochronous）的。但由于端到端的时延抖动，通过因特网到达接收方的分组则是非等时的（图 6-27）。

图6-27　等时分组通过因特网后变为非等时的

若接收方直接将这些非等时分组中的数据进行播放，会严重影响播放的质量。为此，可以在接收端设置适当大小的播放缓存，当缓存中的分组数达到一定数量后，再以恒定速率按顺序将这些分组的数据进行播放，这就是**延迟播放**。图 6-28 说明了缓存的作用。

图 6-28 只是消除时延抖动的原理性示意图。因为数据压缩等原因，实际上流媒体源发送的分组大小并不一样大。为了能等时播放流媒体数据，在发送分组时需要给每个分组打上一个**时间戳**（Timestamp）。通过时间戳，播放器可以准确地知道在什么时间播放哪个分组。

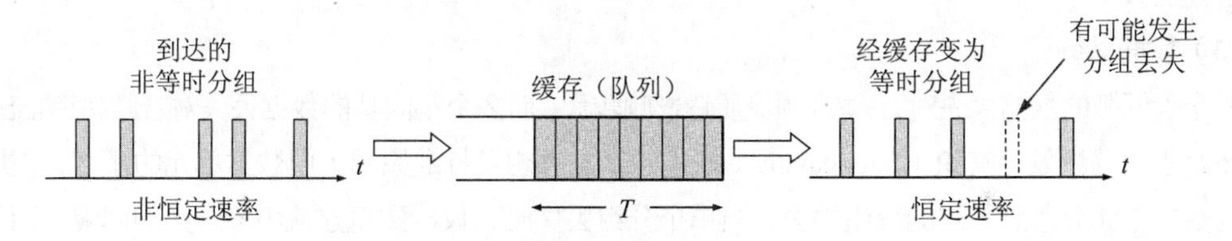

图6-28　缓存把非等时的分组变为等时的

利用缓存消除时延抖动的代价是增大了播放时延（图中 T）。当某个分组的时延太大而迟于播放时间到达，就必须丢弃。因此实际的应用需要在播放时延和分组丢失率之间进行折中。流式存储音频/视频能够容忍很大的播放时延，但对于实时交互音频/视频应用，大的播放时延是不可接受的。

3. 丢失分组恢复

在因特网中，因网络拥塞等原因会导致分组的丢失。数据丢失显然会直接影响多媒体的播放质量。虽然 TCP 可以有效解决分组丢失问题，但会导致比 UDP 大很多的时延抖动，这对于时延敏感的实时交互音频/视频应用往往是不可接受的。事实上，重传一个已经错过播放时间的分组是毫无意义的。因此，在实时多媒体应用中倾向于使用**前向纠错**或**数据恢复**等技术来重建丢失的分组，或采用**数据交织**技术来减少分组丢失对媒体流质量的影响，同时需要为每个分组加上**序号**以检测是否有分组丢失。这里仅简要介绍这几种技术的基本思想。

（1）前向纠错

前向纠错（Forward Error Correction，FEC）的基本思想是在原始分组流中添加冗余信息。对于少量的丢失分组，能够用这些冗余信息重建丢失数据。例如，在每发送 n 个数据块之后，发送一个冗余编码的块。这个冗余数据块是前 n 个数据块的异或。当这 n 个块中任何一个丢失了，接收方都能够完全重建丢失的块。图 6-29 说明了这一过程。

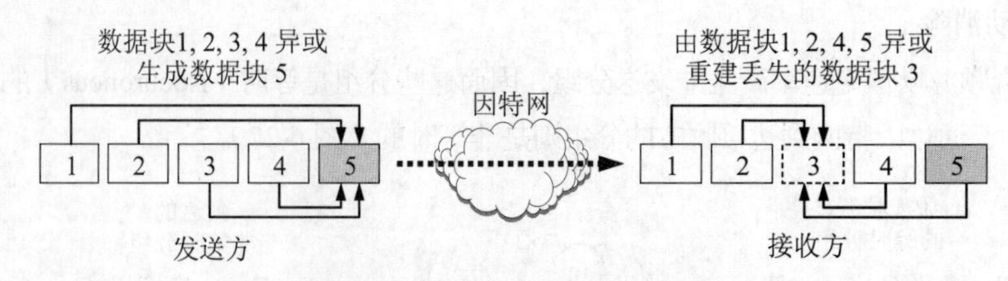

图6-29　通过冗余数据重建丢失分组

一种具有较小播放时延的前向纠错方法是，发送一个原始数据的低质量版本作为冗余数据。例如，每个分组携带上一分组数据的低分辨率数据。当前一分组丢失，可以用后一分组中的低分辨率数据来替代原来的数据，使播放质量保持在可接受的范围。前向纠错的代价是增大了一定的带宽消耗和播放时延。

（2）数据恢复

利用音视频流的短期自相似特性，当少量数据丢失时，接收方可以用收到的相邻数据来估算丢失数据的近似值，从而减少丢失数据对音视频播放质量的影响。最简单的方法就是用丢失分组的前一个分组来代替丢失分组。效果更好但计算量更大的方法是使用内插法，根据丢失分组的前后数据来估计它们之间的数据。

（3）数据交织

一个大间隙的数据丢失对音频/视频流质量影响较大，而多个小间隙的数据丢失对音频/视频流质量影响较小也更易恢复。**交织**（Interleaving）技术的基本思想是打乱原始流中数据单元的顺序，把原来连续的数据单元分散到不同的分组中去，当单个分组丢失时，仅导致重建流中多个小的间隔，而不是一个大的间隔。交织技术可以和前面的数据恢复技术结合使用。数据交织技术的开销较小，并且不增加流的带宽需求，但增大了播放时延。图 6-30 是其原理示意图。

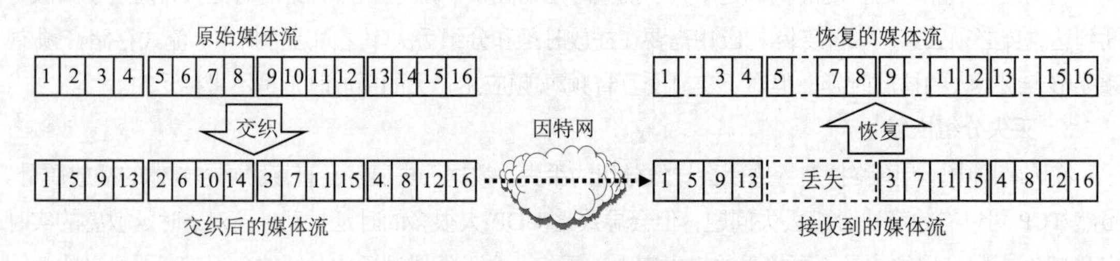

图6-30　数据交织的原理示意图

6.9.2　实时运输协议（RTP）

在上一节已讲到，TCP 并不适合传输实时多媒体数据。相比而言，UDP 更加适合于实时多媒体通信，但是 UDP 缺少实时多媒体网络应用所需的序号、时间戳等机制。因此有必要定义一种新的协议，为一些多媒体网络应用提供有用的字段。在 RFC 3550 中定义的**实时运输协议**（Real-time Transport Protocol，RTP）就是这样一个协议。RTP 能够用于传输多种格式的多媒体数据。RTP 协议分组封装在 UDP 报文中进行传输，在 UDP 之上为实时多媒体网络应用提供端到端的传输服务。下面介绍 RTP 分组首部中的主要字段（图 6-31）。

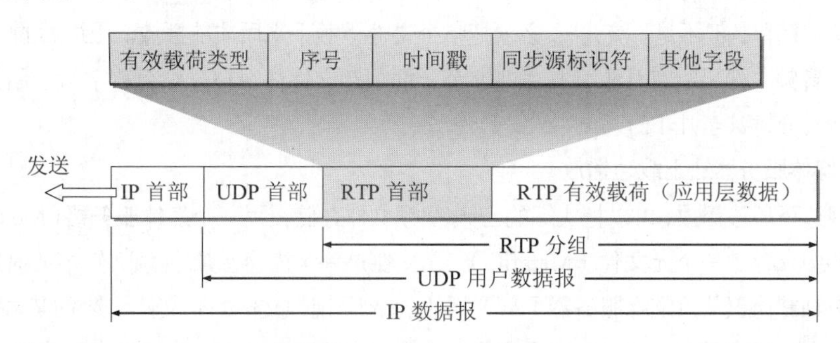

图6-31 RTP分组的主要字段

1. 有效载荷类型

有效载荷类型字段（7 位）指明音频/视频编码类型。接收方根据该字段把接收到的数据恢复成原始的音频/视频信号。RTP 能支持多种媒体格式。如 PCM, MP3, H.261/H.263，以及 MPEG1/2/4 等。

2. 序号

RTP 为产生的每一个分组设置一个连续递增的 16 位序号。接收方可以通过序号检测是否丢失了分组，然后通过丢失分组恢复技术重构丢失的数据，以实现数据播放的连续性。要注意的是，RTP 本身并不提供修复数据丢失的任何措施，而只是把数据丢失的信息提供给媒体应用，并由应用来决定如何处理。

3. 时间戳

时间戳字段（32 位）反映了 RTP 有效载荷中的第一个字节的采样时刻。接收方使用时间戳来消除网络中引入的分组时延抖动，使接收方能够以恒定速率播放媒体。时间戳还可用于视频应用中声音和图像的同步。

4. 同步源标识符

32 位的同步源标识符（Synchronous SouRCe Identifier，SSRC）用来标识 RTP 流的来源。SSRC 与 IP 地址无关，在新的 RTP 流开始时随机地产生。由于 RTP 使用 UDP 传送，因此可以有多个 RTP 流（例如，使用几个摄像机从不同角度拍摄同一节目所产生的多个 RTP 流）复用到一个 UDP 用户数据报中。接收端可以根据 SSRC 将收到的 RTP 流送到各自的终点。若随机产生的 SSRC 恰好已分配给了其他 RTP 流，则重新选择另一个 SSRC。

在 RFC 3550 中还定义了一个与 RTP 配合使用的**实时运输控制协议**（RTP Control Protocol，RTCP）。RTCP 协议的主要功能是：服务质量的监视与反馈、媒体间的同步等。

6.9.3 流式存储音频/视频

为了理解流式存储音频/视频的工作原理，下面我们从简单使用万维网服务器的先下载再播放方式开始，逐步进行改进来实现流式存储音频/视频。

1. 从万维网服务器下载后播放

压缩的音频/视频文件像其他文件一样存储在万维网服务器上，用户浏览器使用 HTTP 协议 GET 请求报文请求从服务器下载要播放的音频/视频文件。万维网服务器通过响应报文把文件发送到用户浏览器，然后浏览器借助于**媒体播放器**（Media Player）播放该文件，如图 6-32 所示。

这种方法很简单，但不是“流式”，必须把整个文件下载下来后才能播放。压缩后的音频/视频文件仍然非常大，音频文件可能有几十到几百兆字节，而视频文件往往超过几百兆字节。用户在文件播放之前需要等待几分钟甚至几小时。

2. 使用媒体服务器边下载边播放

为了实现边下载边播放，可以把实际的音频/视频文件存储在另一个**媒体服务器**（Media Server）上。万维网服务器中只存储一个**元文件**（Metafile）。元文件是一个描述音频/视频文件相关信息的小文件。浏览器使用 HTTP 协议从万维网服务器下载要播放的音频/视频文件的元文件，然后媒体播放器根据元文件中提供的音频/视频文件的 URL 和格式信息直接与媒体服务器建立连接，在下载音频/视频文件的同时进行播放。图 6-33 说明了这一过程。

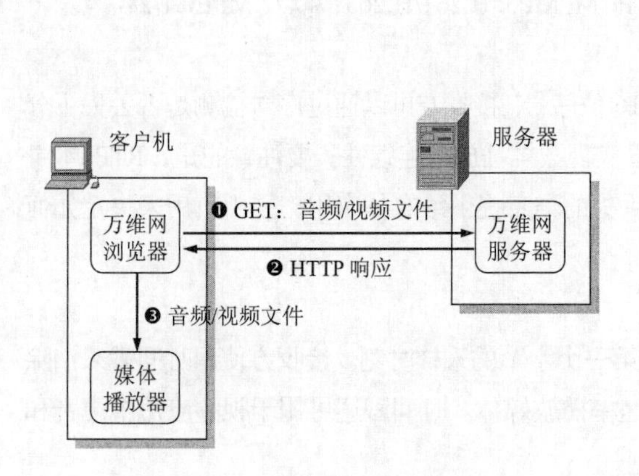

图6-32　从万维网服务器下载后播放

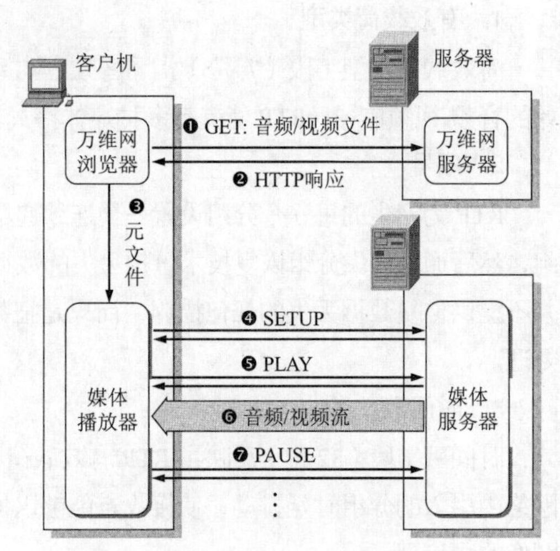

图6-33　从媒体服务器边下载边播放，同时使用RTSP控制播放

❶ 万维网浏览器使用 GET 报文接入到万维网服务器，请求下载音频/视频文件。

❷ 万维网服务器响应关于元文件的信息（如音频/视频文件的 URL 等）。

❸ 万维网浏览器把元文件传递给媒体播放器。

❹ 媒体播放器发送 SETUP 报文与媒体服务器建立连接，媒体服务器给出响应。

❺ 媒体播放器发送 PLAY 报文并开始播放（下载）。

❻ 音频/视频文件从媒体服务器开始下载。

❼ 媒体播放器发送暂停报文 PAUSE 控制流媒体数据的传送。

请注意，万维网浏览器和万维网服务器之间的交互使用的是 HTTP 协议。但媒体播放器和媒体服务器之间控制命令的交互（图中❹❺❼）使用的是**实时流协议**（Real-Time Streaming Protocol，RTSP）。RTSP 是一种带外控制协议，仅用来控制流式媒体的传送，但其本身并不直接传送流式媒体数据。借助于 RTSP 协议，用户在播放流式媒体时，就能像在影碟机上那样控制媒体的播放，如暂停/继续、快退、快进等。而音频/视频数据的传输（图中❻）则使用另外的流媒体传输协议，例如，可以使用前面介绍的实时运输协议 RTP 或其他基于 UDP 的流媒体传输协议。要说明的是，相比实时交互音频/视频，流式存储音频/视频的用户可以容忍较大的播放时延，因此很多应用仍然直接使用 TCP 来传送音频/视频数据。

3. 使用内容分发网络

虽然采用了各种高效的压缩技术，但随着视频流速率从数百 kbit/s 的低分辨率视频到几 Mbit/s 的 DVD 视频，将大量流式存储视频流按需传送到分布在世界各地的大量用户仍然是一个巨大的挑战。每个用户直接从一台视频服务器上下载并播放视频流存在两个明显的问题。首先，用户可能离服务器很远，会产生较大的时延和丢包率，从而影响播放质量；其次，对于热播视频，大量用户的**重复**下载势必会消耗大量的带宽，造成服务器周边网络的严重拥塞。**内容分发网络**（Content Distribution Network，CDN）提供了一种比较好的解决方法：提前将内容提供商的多媒体数据直接推送到靠近用户部署的多个冗余服务器上，使所有用户都可以从最靠近自己的服务器上获取数据。从而避免了大量重复数据的远程传输，大大改善整个系统的传输时延和网络流量。

一个 CDN 公司通常以下列方式为各种用户（通常是内容提供商）提供内容分发服务（图 6-34）。

（1）CDN 公司在整个因特网上安装数以百计的 CDN 服务器。这些 CDN 服务器通常部署在因特网用户密集区域，例如，靠近用户的 ISP 接入网中。

（2）内容提供商将初始服务器中需要 CDN 分发的数据（如视频）推送给 CDN 分发结点进行分发，CDN 分发结点依次将这些数据复制并推送到分布在世界各地的 CDN 服务器。内容提供商每次数据更新时都要执行该分发过程。

（3）当用户向内容提供商的原始服务器请求某个已分发的数据时，CDN 系统提供了一种机制迅速定位用户的位置，并将用户的请求重定向到最靠近该用户的 CDN 服务器或能为该用户提供最好服务的 CDN 服务器。

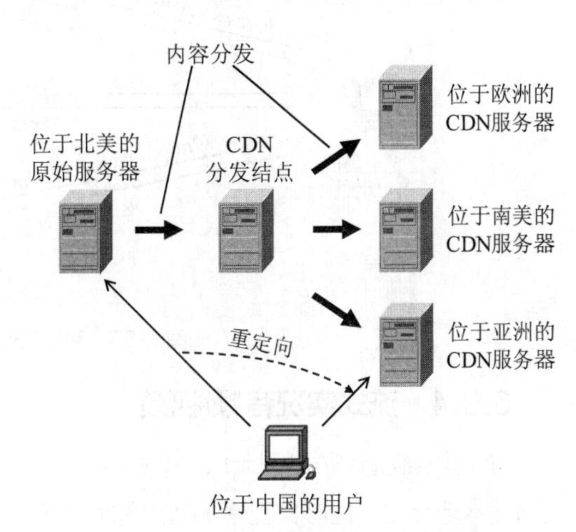

图6-34 CDN为用户提供内容分发服务

重定向用户的请求可以有多种方法，一种常用的方法是利用 DNS 的重定向功能来引导用户的浏览器访问正确的 CDN 服务器。我们应该记得，DNS 允许一个域名可以对应多个 IP 地址，DNS 服务器根据策略可以为该域名的地址解析请求返回多个 IP 地址中的一个。

下面我们通过一个例子来说明利用 DNS 进行重定向的过程。假设内容提供商的服务器为 www.video-provider.com，CDN 公司注册的域名为 cdn.com，在 CDN 的权威域名服务器中将所有 CDN 内容服务器的 IP 地址都映射到域名 www.cdn.com。内容提供商将所有的视频文件交给 CDN 进行分发，这些文件都复制到 CDN 内容服务器的路径/www.video-provider.com 下，并且要将内容提供商的原始服务器上所有引用这些视频文件的 HTML 文档中的 URL 加上前缀 http://www.cdn.com/。当浏览器向内容提供商服务器请求包含视频文件 tennis.mpg 的 Web 网页时，将会发生以下交互过程。

（1）浏览器向服务器 www.video-provider.com 发送对包含视频对象的基本 HTML 文档 www.video-provider.com/ sports/ tennis.htm 的请求，该服务器将该 HTML 文档返回给该浏览器，浏览器

在解析该 HTML 文档时，发现该文档中包含对象引用 http:// www.cdn.com/ www.video-provider.com/ sports/ tennis.mpg。

（2）浏览器通过 DNS 解析域名 www.cdn.com。该域名解析请求会发送到 CDN 的权威域名服务器 dns.cdn.com。该域名服务器根据域名解析请求者的 IP 地址（通常是用户主机所使用的本地 DNS 服务器的地址），返回一个最合适的 CDN 服务器（通常就是离请求者最近的服务器）的地址。

（3）浏览器向该 IP 地址发送对 http:// www.cdn.com/ www.video-provider.com/ sports/ tennis.mpg 的 HTTP 请求。以后，浏览器向 www.cdn.com 发送的后续请求都将使用这个 IP 地址。

图 6-35 说明了以上过程。可以看出，由于充分利用了 DNS 自身的功能，完成用户请求的重定向并不需要对 HTTP、DNS 及浏览器做任何改动。

图6-35　利用DNS实现用户请求的重定向

6.9.4　流式实况音频/视频

与流式存储音频/视频相比，流式实况音频/视频不再事先存储在服务器，客户机不能实现快进。但是通过本地存储，能够实现诸如暂停和回退等其他交互操作。由于不是按需点播，一个实况直播节目可能有大量用户在同时收听或收看，因此特别适合使用多播技术来实现流式实况音频/视频。

我们在第 4 章讨论的 IP 多播技术能够有效地完成向多个接收方分发实况音频/视频的任务。然而，到目前为止，IP 多播还没有得到大规模的应用，因此，今天的实况音频/视频的分发通常是通过应用层多播（使用 P2P 技术或在内容分发网 CDN 上）或多个独立的媒体服务器到客户机的单播流来实现的。在这里我们简要地介绍一下 P2P 应用层多播是如何实现流媒体分发的，但不准备深入讨论应用层多播问题本身。

P2P 应用层多播的基本思想是把对多播数据的路由选择、复制和转发任务，交给位于网络边缘的多播组成员主机来完成，而不是由网络核心的路由器来直接处理多播数据。成员主机之间的数据传输依然采用的是 IP 单播。图 6-36 说明了 IP 多播和 P2P 应用层多播的区别。

在基于 P2P 应用层多播的直播流媒体系统中，所有接收该媒体的对等方和媒体服务器一起构成了一个以媒体服务器为根的多播树，每个对等方需要完成以下三个基本任务：（1）客户机接收从其他对等方转发的媒体流数据，并进行播放；（2）作为转发节点，将所接收的媒体流数据转发给其他对等方；（3）通过彼此交换信息维护与其他某些对等方之间的连接关系，并建立路径转发表。

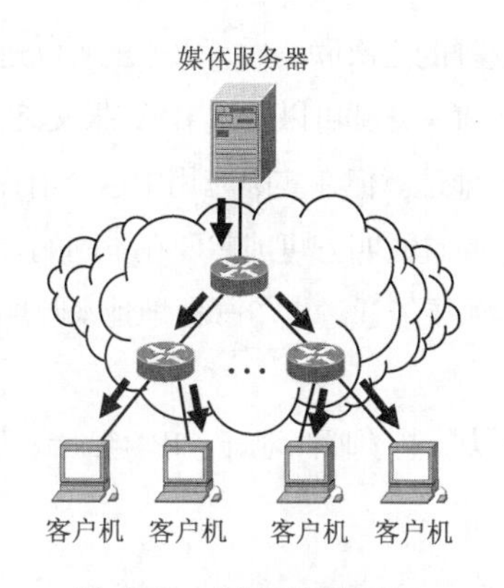

(a) 基于 IP 多播的流媒体直播

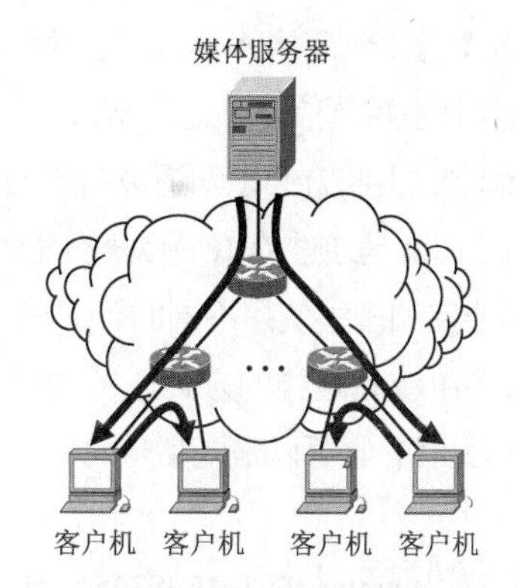

(b) 基于 P2P 应用层多播的流媒体直播

图6-36 用不同的多播技术来实现流媒体直播

应用层多播可以分为基于树的多播与基于网的多播。在基于树的多播中，结点组织成树结构，该方法中单点失效会导致整棵树的失效（这在 P2P 系统中会经常发生），需要较长的恢复时间。而在基于网的多播中，单个结点维护多个结点的状态信息，可以在各个结点间自由地交换内容，实现内容分发，可以克服基于树的多播的缺点，但结点间需要频繁地交换状态信息，因此具有较高的控制信息开销。

采用 P2P 应用层多播技术，每个对等方既是服务的请求者，也是服务的提供者，因而请求服务的用户越多，每个用户获得的媒体服务质量反而越高。

从图 6-36 不难看出，IP 多播的效率要比 P2P 应用层多播的效率要高，但是要在因特网范围内广泛应用 IP 多播的前提是所有路由器都要具有复杂的 IP 多播功能，这势必增加路由器的负担和实现的复杂性，因此 IP 多播并没有得到很好发展和广泛使用。事实上把过于复杂的功能引入到网络层，就违反了因特网设计的“端到端原则”，而 P2P 应用层多播正是将复杂的功能放在了位于网络边缘的端系统上，从而更易部署和实施。

PPLive 是当前最流行的因特网视频直播软件之一，其采用的技术就是 P2P 应用层多播。加入 PPLive 系统的用户越多，播放节目就越流畅。

6.9.5 实时交互音频/视频

典型的实时交互应用包括网络电话（也称为 IP 电话或 VoIP （Voice over IP））和网络视频会议。在这方面 IETF 和 ITU 制定了很多标准[RFC 3261-3266]，下面讨论其中用于网络电话的**会话发起协议**（Session Initiation Protocol，SIP）。

SIP 是一个由 IETF 制定的一套较为简单且实用的实时交互协议，能够用来定位用户、建立、管理和终止多媒体会话（呼叫），支持双方、多方或多播会话，但并不强制使用特定的编解码器和多媒体传输协议。SIP 的设计思想是“保持简单、傻瓜”原则，即 KISS （Keep It Simple and Stupid）。类似 HTTP，SIP 使用基于文本的报文格式，既可用 UDP 传输也可用 TCP 传输。

SIP 的会话共有三个阶段：建立会话、通信和终止会话。图 6-37 给出了一个 SIP 简单会话的例子。

在会话建立阶段，SIP 需要进行三次联络。首先主叫方向被叫方发出 INVITE 报文，该报文包含会话双方的地址信息、用于传送话音的临时端口号及话音编码方式等信息。被叫方如果接受呼叫，则发回 OK 响应报文，它包含用于传送话音的临时端口号及话音编码方式等信息。主叫方在收到 OK 响应后，还要再向被叫方发送一个确认 ACK 报文。经过这样的三次联络后，双方就可以进入通信阶段并使用 RTP 等协议传送实时多媒体信息。通信结束时，任何一方都可以发送 BYE 报文终止会话。

在以上简单会话中，主叫方必须知道被叫方的 IP 地址。但在实际应用中这个前提往往并不成立。因为被叫方的 IP 地址通常是通过 DHCP 动态分配的，而且被叫方可能需要在不同的计算机上接听电话（例如，在家里、办公室和车里使用不同的计算机）。如果能通过电子邮件地址来呼叫被叫方则是非常方便的。庆幸的是，SIP 支持这样的方式。

SIP 的地址非常灵活。它可以是电话号码，也可以是电子邮件地址、IP 地址或其他类型的地址，例如：

电话号码 sip:xyz@8613987654321

IPv4 地址 sip:xyz@201.13.145.78

E-mail 地址 sip:xyz@example.com

图 6-38 说明了 SIP 用电子邮件地址定位被叫方，并建立会话的基本过程。

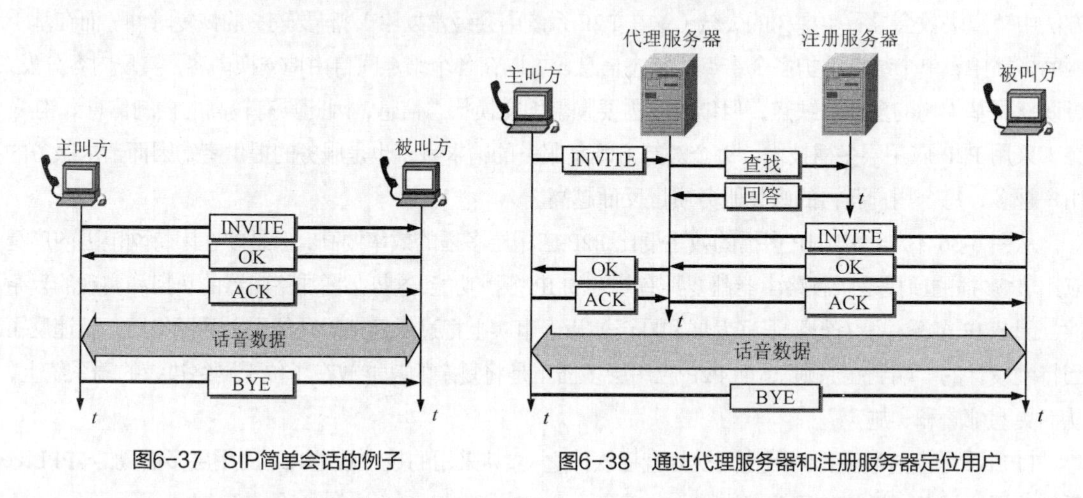

图6-37 SIP简单会话的例子　　图6-38 通过代理服务器和注册服务器定位用户

为了实现用户定位，SIP 使用了注册的概念。每个 SIP 用户都有一个相关联的 SIP 注册服务器。用户在任何时候使用 SIP 时，都应给 SIP 注册服务器发送一个 REGISTER 报文，向注册服务器报告现在使用的 IP 地址。当主叫方需要和该被叫方通信时，主叫方把包含被叫方电子邮件地址的 INVITE 报文发送给一个 SIP 代理服务器。代理服务器向注册服务器查找注册的被叫方的 IP 地址。代理服务器获得被叫方的 IP 地址后，把主叫方的 INVITE 报文转发给被叫方。通过代理服务器的转发，在主叫方和被叫方之间建立起 SIP 会话。

SIP 的注册服务器和 DNS 服务器非常类似：DNS 服务器把主机名解析成 IP 地址，而 SIP 注册服务器把 SIP 地址转换成 IP 地址。注册服务器和代理服务器通常运行在同一台主机上。

SIP 是一个非常丰富和灵活的协议。虽然我们仅讨论了比较简单的情况（主叫方和被叫方使用同一个代理服务器和注册服务器），实际上 SIP 能支持大量不同的复杂呼叫情况，不仅能用于网络电话，还能用于视频会议呼叫和基于文本的会话。事实上，SIP 已成许多即时通信应用的基本组件。与 SIP 功能类似，但更复杂的协议是国际电信联盟（International Telecommunication Union，ITU）制定的 H.323。

实际上，H.323 并不是一个单独的协议，而是一组协议。H.323 协议体系包括系统和构件的描述、呼叫模型的描述、呼叫信令过程、控制报文、复用、话音编解码器、视频图像编解码器，以及数据协议等内容。在 H.323 中类似 SIP 注册服务器的设备被称为**网守**（Gatekeeper）。

为了实现因特网端系统到公用电话网电话间的通信，需要在基于分组交换的因特网和基于电路交换的电话网之间部署若干**网关**（Gateway）（图 6-39），实现两个完全不同技术网络间的协议转换。

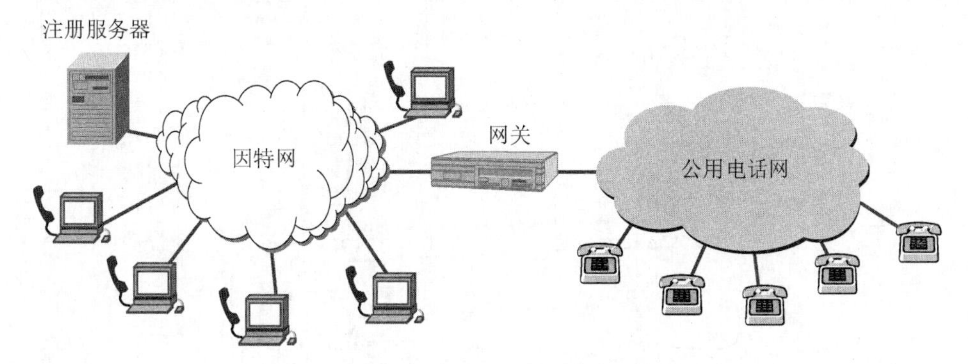

图6-39 通过网关实现因特网端系统和公用电话的互通

对于网络电话，我们必须提到一种极为流行的 P2P 应用程序——Skype。Skype 除了能提供 PC 到 PC 的因特网电话服务外，还提供 PC 到固定电话、固定电话到 PC 及 PC 到 PC 的视频会议服务。Skype 的用户定位采用了 P2P 技术，没有类似 SIP 的专门的注册服务器和代理服务器，因而其管理成本大大降低。Skype 使用自己专用的协议，而且所有话音、视频和控制分组都进行了加密以保证信息的安全性。自 2003 年 8 月推出以来，Skype 在短短 15 月内，Skype 已拥有超过 5000 万次的下载量，注册量超过 2000 万用户，并且还在以每天超过 15 万的速度增长。

6.10 网络应用编程接口

我们已经学习了很多重要的网络应用，下面讨论网络应用程序是如何编写的。大多数网络协议都是由软件实现的（特别是协议栈中的高层协议），而且绝大多数的计算机系统都将运输层以下的网络协议在操作系统的内核中进行实现。应用程序要想执行网络操作必须通过操作系统为应用程序操作网络所提供的接口，这个接口通常称为网络**应用编程接口**（Application Programming Interface，API）。

虽然每个操作系统都可以自由地定义自己的网络 API，但随着时间的推移，有些 API 获得了广泛的支持，例如，**套接字**（Socket）API。套接字 API 最初由加州大学伯克利分校的 UNIX 小组开发，现在几乎所有流行的操作系统都支持它。20 世纪 90 年代初，在伯克利套接字 API 的基础上，微软公司联合其他几家公司共同制定了一套 Windows 下的网络应用编程接口，即 Windows Socket 规范（简称 WinSock）。

套接字 API 定义了一组数据结构和操作。其中最重要的数据结构就是**套接字数据结构**（简称套接字）。套接字是一个非常复杂的数据结构，包括进行网络操作所需的各种资源（如缓存）、各种参数（地址、端口号、协议类型等）。应用程序在进行网络操作前必须首先调用套接字 API 中定义的操作创建套接字数据结构，以获得进行网络操作所需的资源。由于套接字数据结构位于操作系统内核，应用程序不能直接访问该数据结构，需要通过创建操作返回的**套接字描述符**来操作该数据结构。此后，应用程序所进行的网络操作（建立连接、收发数据、调整网络通信参数等）都必须以该描述符为参数调用套接字 API 中的操作来完成。在此以 TCP 应用为例说明如何使用套接字 API 进行网络应用编程。

6.10.1 TCP套接字编程

图 6-40 画出了一个 TCP 应用中客户端程序和服务器端程序调用套件字 API 的基本流程。

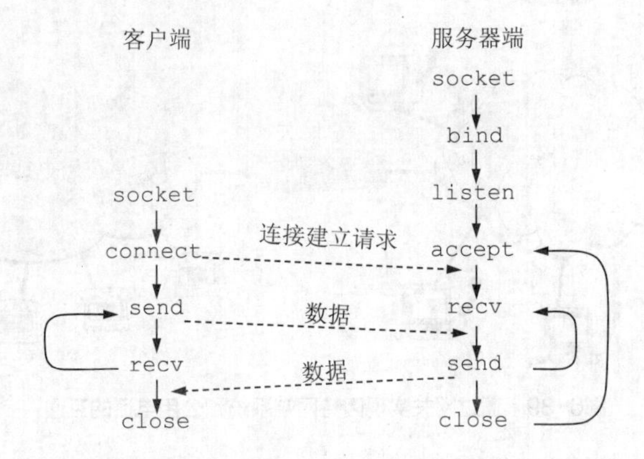

图6-40 TCP应用程序调用套接字API的基本流程

第一步是创建套接字：

```
int socket (int domain, int type, int protocol)
```

套接字 API 被设计成通用网络 API，可以支持各种底层协议集，而不仅仅是 TCP/IP 协议。domain 参数指示所使用的协议簇，如 PF_INET 表示因特网协议簇。type 参数指示通信类型，如 SOCK_STREAM 表示字节流，而 SOCK_DGRAM 表示数据报。protocol 参数指示所使用的具体协议，依赖于前两个参数，通常取 0，表示默认协议。因特网协议簇默认的字节流协议为 TCP，而数据报协议为 UDP。

下一步工作取决于是客户端还是服务器端程序。

对于客户端程序，应用程序执行主动打开操作：

```
int connect (int socket, struct sockaddr *address, int addr_len)
```

应用程序调用 connect 操作，主动发起到 address 参数（包括 IP 地址和端口号）指示的服务器的连接请求，直到 TCP 连接建立成功后才返回。

而对于服务器端程序，工作要复杂一些，需要调用以下三个操作来完成被动打开并准备接受连接的操作：

```
int bind (int socket, struct sockaddr *address, int addr_len)
int listen (int socket, int backlog)
int accept (int socket, struct sockaddr *address, int *addr_len)
```

其中，bind 操作在新创建的套接字中指定服务器程序使用的地址参数（包括 IP 地址和端口号），然后用 listen 操作将套接字设置为被动模式，并设置该套接字存放客户端连接请求的队列长度，最后 accept 操作采用阻塞方式在 bind 操作指定的 IP 地址和端口号上等待接受客户端的连接请求。一旦连接建立成功，该操作返回一个用于在该连接上进行操作的**新套接字**的描述符，此后在该连接上进行收发数据都要使用这个新套接字的描述符，而原套接字可以继续用来等待新的客户端连接请求。我们称原套接字为**监听套接字**，而称新套接字为**连接套接字**，如图 6-41 所示。当服务器程序采用多进程或多线程方式工作时，用 accept 操作可以与多个客户进程同时建立多个并行的连接，每个连接对应一个**连接套接字**，而**监听套接字**专门用来等待新的客户端连接请求。

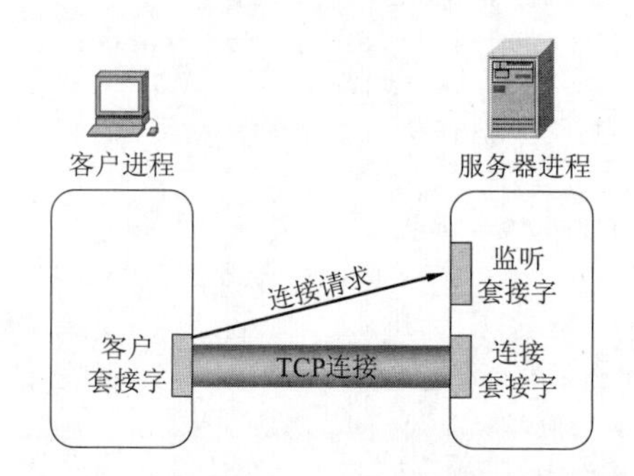

图6-41 客户套接字、监听套接字和连接套接字

建立连接后，应用程序就可以调用以下操作发送和接收数据：

```
int send (int socket, char *message, int msg_len, int flags)
int recv (int socket, char *buffer, int buf_len, int flags)
```

第一个操作使用指定的套接字 socket 发送数据 message，而第二个操作从指定的套接字 socket 上将接收到的数据放入指定的缓存 buffer。这两个操作都使用一组标记 flags 来控制操作的特定细节。recv ( ) 返回值如果大于 0，是实际接收到的字节数，如果等于 0 表示连接已终止。因为 TCP 连接不保证报文边界，接收方通常需要循环调用 recv ( ) 并要自己检测报文的边界。注意，对于服务器程序，这两个操作必须使用连接套接字。

通信结束后，关闭套接字：

```
int close (int socket)
int closesocket (int socket) (Windows Socket API)
```

该操作释放套接字及相关资源，对于 TCP 还要先释放连接。

6.10.2 一个简单的代码实例

下面给出一个非常简单的 TCP 应用的代码实例①。客户端启动后主动连接服务器端并向服务器发送字符串“Hello World!”。服务器接收并显示这个字符串。

服务器端代码：

```
1    // TcpServer.c
2
3    #include <stdio.h>
4    #include <winsock2.h>
5    #pragma comment (lib, "ws2_32.lib")
6
7    int main ()
8    {
9           WSADATA wsaData;
10          WSAStartup (0x202, &wsaData) ; //加载 WinSock 动态链接库
```

① 以下程序代码使用的是 Windows 操作系统的套接字 API：Windows Socket 2.0。

```
11      //创建监听套接字
12      SOCKET s;
13      s = socket (AF_INET, SOCK_STREAM, 0) ;
14      // 设置服务器端地址
15      struct sockaddr_in serveraddr;
16      memset ( (void *) &serveraddr, 0, sizeof (serveraddr) ) ;
17      serveraddr.sin_family = AF_INET;
18      serveraddr.sin_addr.s_addr = htonl (INADDR_ANY) ; //选择服务器的任一 IP 地址
19      serveraddr.sin_port = htons (8888) ;
20      // 将服务器端地址与监听套接字绑定
21      bind (s, (struct sockaddr *) &serveraddr, sizeof (serveraddr) ) ;
22      listen (s, 10) ;
23      // 接受连接请求并获得连接套接字
24      SOCKET ss;
25      ss = accept (s, NULL, NULL) ;
26      closesocket (s) ;// 关闭监听套接字
27      // 显示接收的字符串
28      char buf[13];
29      recv (ss, buf, 13, 0) ;
30      printf ("%s\n", buf) ;
31      // 关闭连接套接字
32      closesocket (ss) ;
33      WSACleanup () ; //注销并释放所有套接字资源
34      return 0;
35  }
```

客户端代码：

```
1   // TcpClient.c
2
3   #include <stdio.h>
4   #include <winsock2.h>
5   #pragma comment (lib, "ws2_32.lib")
6
7   int main ()
8   {
9         WSADATA wsaData;
10        WSAStartup (0x202, &wsaData) ; //加载 WinSock 动态链接库
11        // 创建客户端套接字
12        SOCKET s;
13        s = socket (AF_INET, SOCK_STREAM, 0) ;
14        // 设置服务器端地址
15        struct sockaddr_in serveraddr;
16        memset ( (void *) &serveraddr, 0, sizeof (serveraddr) ) ;
17        serveraddr.sin_family = AF_INET;
18        serveraddr.sin_addr.s_addr = inet_addr ("127.0.0.1") ; //环回测试地址
19        serveraddr.sin_port = htons (8888) ;
20        // 连接服务器端
21        connect (s, (struct sockaddr *) &serveraddr, sizeof (serveraddr) ) ;
22        // 发送字符串
23        send (s, "Hello World!", 13, 0) ;
```

```
24        // 关闭客户端套接字
25        closesocket (ss) ;
26        WSACleanup () ; //注销并释放所有套接字资源
27        return 0;
28    }
```

本章的重要概念

- 应用层协议是为了解决某一类应用问题，而问题的解决又是通过位于不同主机中的多个应用进程之间的通信和协同工作来完成的。应用层规定了应用进程在通信时所遵循的协议。应用层的许多协议都是基于客户/服务器方式的。客户是服务请求方，服务器是服务提供方。
- 开发一种新的网络应用首先要考虑的问题就是网络应用程序在各种端系统上的组织方式和它们之间的关系，即网络应用程序体系结构。目前流行的网络应用程序体系结构主要有客户/服务器体系结构和对等体系结构。
- 域名系统DNS是因特网使用的命名系统，用来把便于人们使用的机器名字转换为IP地址。DNS是一个联机分布式数据库系统，并采用客户/服务器方式。
- 域名到IP地址的解析是由分布在因特网上的许多域名服务器程序（即域名服务器）共同完成的。因特网采用层次树状结构的命名方法，任何一台连接在因特网上的主机或路由器都有一个唯一的层次结构的名字，即域名。域名只是个逻辑概念，并不代表计算机所在的物理地点。域名中的点和点分十进制IP地址中的点无关。
- 域名服务器分为根域名服务器、顶级域名服务器、权威域名服务器和本地域名服务器。
- 域名服务器中广泛地使用了高速缓存（即高速缓存域名服务器）。高速缓存用来存放最近查询过的域名，以及从何处获得域名映射信息的记录。由于使用了高速缓存，大多数名字都可在本地进行解析，仅少量解析需要在因特网上通信。
- 万维网是一个大规模的、联机式的信息储藏所，是运行在因特网上的一个分布式应用。万维网利用网页之间的链接（或称为超链接，即隐藏在页面中指向另一个网页的位置信息）将不同网站的网页链接成一张逻辑上的信息网。
- 万维网的客户程序向因特网中的服务器程序发出请求，服务器程序向客户程序送回客户所要的万维网文档。在客户程序主窗口上显示出的万维网文档称为页面。
- 万维网使用统一资源定位符URL来标志万维网上的各种文档。URL的一般形式由以下四个部分组成：

  <协议>://<主机>:<端口>/<路径>

- 万维网客户程序与服务器程序之间进行交互所使用的协议是超文本传送协议HTTP。HTTP使用TCP连接进行可靠传送。但HTTP协议本身是无连接、无状态的。HTTP/1.1协议使用了持续连接（分为非流水线方式和流水线方式）。
- 超文本标记语言HTML是一种制作万维网静态页面的标准语言。
- 万维网静态文档是指在文档创作完毕后就存放在万维网服务器中，在被用户浏览的过程中，内容不会改变。动态文档是指文档的内容是在浏览器访问万维网服务器时才由应用程序动态创建的。活动文档就是一段程序或嵌入了程序脚本的 HTML 文档，该程序可以在浏览器中运行，并使浏览器屏幕连续更新。

- 一个电子邮件系统有三个主要组成构件，即用户代理、邮件服务器及邮件协议（包括邮件发送协议，如 SMTP，和邮件读取协议，如 POP3）。用户代理和邮件服务器都要运行这两种协议。
- SMTP 协议用于从用户代理到邮件服务器及在邮件服务器之间的邮件传送。但用户代理从邮件服务器读取邮件时，则要使用 POP3（或 IMAP）协议。
- 基于万维网的电子邮件使用户能够使用浏览器来收发电子邮件。用户浏览器和邮件服务器之间的邮件传送使用 HTTP 协议，而在邮件服务器之间邮件的传送使用 SMTP 协议。
- 文件传送协议 FTP 使用 TCP 可靠的运输服务来传送文件。FTP 使用客户/服务器方式。一个 FTP 服务器进程可同时为多个客户进程提供服务。FTP 的服务器进程由两大部分组成：一个主进程，负责接受新的请求；另外有若干个从属进程，负责处理单个请求。
- 在进行文件传输时，FTP 的客户和服务器之间要建立两个并行的 TCP 连接：控制连接和数据连接。FTP 客户所发出的传送请求通过控制连接发送给服务器端的控制进程，但控制连接并不用来传送文件。实际用于传输文件的是数据连接。
- 通过 DHCP 协议，计算机可以从 DHCP 服务器动态获取 IP 地址、子网掩码、默认网关、DNS 服务器等网络配置信息，并对网络接口进行自动配置。
- 在 P2P 文件分发应用中，每个对等方都参与了文件的分发，它们既是服务的请求者，也是服务的提供者。参与的对等方越多，服务的提供者也就越多。因此，P2P 方式比客户/服务器方式具有更好的可扩展性。
- 使用 P2P 文件分发时，把文件划分为很多等长的小数据块进行分发，可加快文件分发的速度。
- 使用范围受限查询洪泛可有效地减少网络中的查询流量，但不能保证查找的可靠性：虽然要找的对象存在，但却不一定能找到。
- 在 P2P 对等方中搜索对象的技术主要有集中式目录、查询洪泛和 DHT。
- 常用的多媒体应用有流式存储音频/视频、流式实况音频/视频和实时交互音频/视频。
- 要提高实时多媒体应用的性能，可以使用音频和视频压缩技术、时延抖动消除技术，以及丢失分组恢复技术。
- CDN 技术提前将内容提供商的多媒体数据直接推送到靠近用户部署的多个冗余服务器上，使所有用户都可以从最靠近自己的服务器上获取数据，从而避免了大量重复数据的远程传输，大大改善整个系统的传输时延和网络流量。
- 运行在 UDP 之上的实时运输协议 RTP，使用 UDP 传输多种格式的多媒体数据，并加上序号、时间戳和同步源标识符。
- 媒体服务器使用基于 UDP 的流媒体传输协议（如 RTP）来传输音频/视频数据。实时流协议 RTSP 是一种带外控制协议，用来控制流式媒体的传送，但其本身并不直接传送流式媒体数据。
- SIP 是一个简单且实用的实时交互协议，能够用来定位用户、建立、管理和终止多媒体会话，并支持双方、多方或多播会话，但不强制使用特定的编解码器和多媒体传输协议。
- 为了实现因特网端系统到公用电话网电话间的通信，需要在基于分组交换的因特网和基于电路交换的电话网之间部署若干网关，实现两个完全不同技术网络间的协议转换。

- 应用程序要想执行网络操作必须通过操作系统为应用程序操作网络所提供的接口，这个接口通常称为网络应用编程接口。最有名的网络应用编程接口就是套接字应用编程接口（socket API）。

习 题

6-1 简述应用层协议定义的内容。

6-2 因特网的域名结构是怎样的？这样的结构有什么优点？

6-3 域名系统为什么不只使用一个域名服务器，而需要有很多服务器组成的分布式层次结构？

6-4 域名系统的主要功能是什么？域名系统中的根服务器和权威服务器有何区别？权威服务器与管辖区有何关系？

6-5 举例说明域名解析的过程。域名服务器中的高速缓存的作用是什么？

6-6 DNS有哪两种域名解析方式？简述这两种方式区别和特点。

6-7 为什么通常从请求主机到本地域名服务器的查询采用的是递归查询，而其余的查询采用迭代查询？

6-8 对同一个域名向DNS服务器发出好几次的DNS请求报文后，每一次得到IP地址都不一样。这可能吗？

6-9 根据所学原理，你认为部署一个DNS权威域名服务器必须做哪些基本配置？

6-10 解释以下名词。各英文缩写词的原文是什么？

WWW、URL、HTTP、HTML、浏览器、超文本、超媒体、超链、页面、动态文档、活动文档。

6-11 假定一个超链从一个万维网文档链接到另一个万维网文档时，由于万维网文档上出现了差错而使得超链指向一个无效的计算机名字，这时浏览器将向用户报告什么？

6-12 假定在同一Web服务器上的某HTML文件引用了三个非常小的对象（如图片）。忽略发送时间，往返时间为RTT，不考虑连接释放时间，在下列各种情况下将该页面完整接收下来需要多长时间？

（1）采用非并行TCP连接的HTTP非持续连接方式；

（2）采用并行TCP连接的HTTP非持续连接方式；

（3）采用HTTP持续连接非流水线方式；

（4）采用HTTP持续连接流水线方式。

6-13 考虑一个电子商务网站需要保留每一个客户的购买记录。描述如何使用Cookie机制来完成该功能。

6-14 简述Web缓存的作用和工作原理。

6-15 请进行一个实验：把你的计算机与网络断开，用脱机方式访问几个你经常访问的Web网站，看能不能够正常显示这些页面。在你的计算机中找到你浏览器的高速缓存的文件夹，看看里面存放了多少个页面？

6-16 试比较万维网静态文档、动态文档和活动文档的区别。

6-17 试述电子邮件的最主要的组成部件。用户代理UA的作用是什么？没有UA行不行？

6-18 电子邮件的信封和内容在邮件的传送过程中起什么作用？

6-19　电子邮件的地址格式是怎样的？请说明各部分的意思。

6-20　试简述SMTP通信的三个阶段的过程。

6-21　试述邮局协议POP的工作过程。在电子邮件中，为什么必须使用POP和SMTP这两个协议？IMAP与POP有何区别？

6-22　MIME与SMTP的关系是怎样的？什么是quoted-printable编码和base64编码？

6-23　一个二进制文件共3072字节长。若使用base64编码，并且每发送完80字节就插入一个回车符CR和一个换行符LF，问一共发送了多少个字节？

6-24　电子邮件系统使用TCP传送邮件。为什么有时我们会遇到邮件发送失败的情况？为什么有时对方会收不到我们发送的邮件？

6-25　当我们用浏览器访问某个网站时，如果输入的网站地址错误，浏览器会立即提示出现了错误，为什么我们在发送电子邮件时，当收件人地址写错时并不能立即得到错误信息呢？

6-26　用户经常需要在不同的地方和不同的主机上接收和发送电子邮件，使用哪种邮件访问方式比较合适？

6-27　文件传送协议FTP的主要工作过程是怎样的？主进程和从属进程各起什么作用？

6-28　某用户利用FTP从远程主机下载了三个文件，在FTP客户机和FTP服务器之间至少要建立最少几次TCP连接？为什么？

6-29　假设在因特网上有一台FTP服务器，其域名为ftp.jfjlgdx.edu.cn，IP地址为212.56.121.23，FTP服务器进程在默认端口守候并支持匿名访问（用户名：anonymous，口令：guest）。如果某个用户直接用服务器域名访问该FTP服务器，并从该服务器下载文件File1和File2，请给出FTP客户进程与FTP服务器进程之间的交互过程。

6-30　如果一台计算机要接入到因特网，那么它必须配置哪些协议参数？DHCP协议的作用是什么？

6-31　简述DHCP的工作过程。为什么要使用广播？

6-32　一台服务器采用P2P文件分发方式把一个大文件（长度为L）分发给n台客户机。假设文件传输的瓶颈是各主机的上行速率R，并且每个对等方只能在接收完整个文件后才能向其他对等方转发。请计算文件分发到所有对等方的最短时间。

6-33　重新考虑上题文件分发任务，但可以将这个非常大的文件划分为一个个非常小的数据块进行分发，即一个对等方在下载完一个数据块后就能向其他对等方转发，并同时可下载其他数据块。不考虑分块增加的控制信息，试计算整个大文件分发到所有对等方的最短时间。

6-34　在P2P对等方中搜索文件的方式主要有哪几种？简述各自的优缺点。

6-35　考虑一个5位ID空间的Chord覆盖网络，该覆盖网络有结点1, 4, 7, 12, 15, 20, 27。假设结点1要查找对象16，请写出查找步骤，并给出相关结点的索引表。

6-36　常用的多媒体应用（流式存储音频/视频、流式实况音频/视频和实时交互音频/视频）都各有何特点？

6-37　试简述RTP协议和SIP协议的要点。

6-38　在万维网中寻找两个流式存储音频或视频网站。用Wireshark软件分析：

（1）该站点是否使用了元文件？

（2）音频/视频是利用UDP还是TCP进行传输的？

（3）是否使用了RTP？

（4）是否使用了RTSP？

6-39 TCP接收缓冲区和媒体播放器的播放缓冲区在作用上有什么区别？

6-40 RTP协议能否为应用层提供可靠传输服务？请说明理由。

6-41 在RTP分组首部中为什么要使用序号、时间戳？

6-42 试比较CDN与Web缓存的相似之处和区别。

6-43 请说明IP多播和应用层多播的区别。为什么目前流式实况音频/视频应用多采用应用层多播技术来实现？

6-44 在SIP协议中，SIP注册服务器的作用是什么？

6-45 考察6.10.2节中TCP服务器代码的第28、29行。如果客户机发送一个比较长的字符串（如2000字节），如何修改这两行代码才能正确接收完客户机发送的字符串，并说明原因。

6-46 判断正误。

（1）在浏览器和Web服务器之间使用流水线方式持续连接的话，一个TCP报文段可能携带两个不同的HTTP服务请求报文。

（2）高质量视频传输属于能容忍数据丢失的网络应用。

（3）假设用户请求由某些文本和两幅图片组成的Web页面（不使用内含图像文档）。对于这个页面，浏览器将会发送一个请求报文并接收三个响应报文。

（4）由于P2P文件共享系统采用的是对等体系结构，因此在该系统中的一次通信会话中不存在客户机进程和服务器进程的概念。

（5）全球目前有十几个根域名服务器，世界上任何一个联网计算机的域名都可以在其中至少一个根域名服务器的数据库中直接查询得到。

（6）两个不同的Web页面（例如，www.mit.edu/research.html及www.mit.edu/students.html）可能通过同一个持续连接发送。

07 第7章 网络安全

随着计算机网络的发展和广泛应用，当今全球几乎所有的计算机系统都已通过网络互联起来，并且无论是组织还是个人越来越依赖这些系统存储和传输信息。而病毒、黑客、电子窃听和电子欺诈使得网络中的安全问题日趋严重。本章将对计算机网络的安全问题进行初步的讨论，并介绍一些基本的安全技术，包括如何保护信息不被泄露，保证数据的真实性，保护系统不受来自网络的攻击等。最后，讨论了几种常见的网络攻击的机制和相应的防范措施。

本章最重要的内容如下。

（1）网络安全威胁及安全服务的概念。

（2）对称密钥密码体制与公钥密码体制的特点。

（3）实现信息机密性、完整性和实体鉴别的安全机制。

（4）网络各层的安全协议。

（5）防火墙的概念。

7.1 网络安全概述

网络安全涉及三个方面：安全威胁、安全服务和安全机制。本节先讨论前两个方面，后面几节具体讨论各种安全机制。

7.1.1 安全威胁

计算机网络面临的安全威胁主要分为两大类，即**被动攻击**和**主动攻击**。从攻击对象来看，又可分为对通信本身的攻击和利用网络对计算机系统的攻击。图 7-1 所示的是对网络通信的四种最基本的攻击形式。

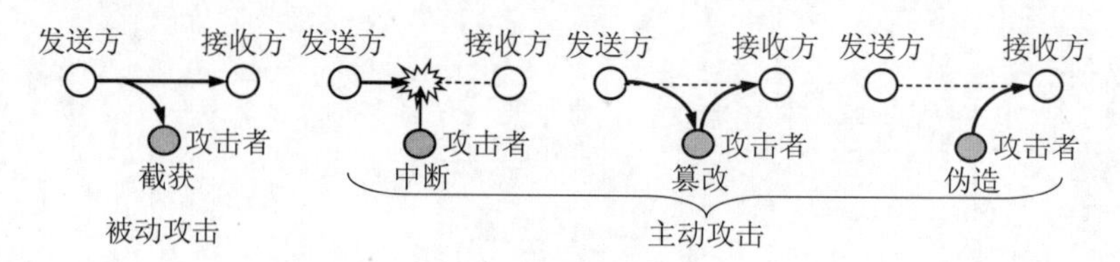

图7-1 对网络通信的四种最基本的攻击形式

（1）**截获**（Interception）：攻击者从网络上窃听他人的通信内容。

（2）**中断**（Interruption）：攻击者有意中断他人在网络上的通信。

（3）**篡改**（Modification）：攻击者故意篡改网络上传送的报文。

（4）**伪造**（Fabrication）：攻击者伪造信息在网络上传送。

在被动攻击中，攻击者只是观察和分析网络中传输的数据流而不干扰数据流本身。通过窃听手段，攻击者可以截获电话、电子邮件和传输的文件中的敏感信息，而不被发现。即使通信的内容被加密，攻击者不能直接从内容中获取机密信息，也可以通过观察分组的协议控制信息部分来了解正在通信的协议实体的地址和身份。通过研究分组的长度和传输的频度来了解所交换的数据的性质。这种被动攻击称为**流量分析**（Traffic Analysis）。

主动攻击是指攻击者对传输中的数据流进行各种处理。如有选择地更改、删除、延迟或改变消息的顺序，以获得非授权的效果。攻击者可以主动发送伪造的信息或伪装自己的身份与被攻击者通信。除了中断、篡改和伪造外，还有一种**重放攻击**将截获的报文再次发送以产生非授权的效果。

拒绝服务（Denial of Service，DoS）**攻击**是一种很难防范的利用网络对计算机系统的主动攻击。攻击者通过发送巨量恶意报文使目标系统或网络崩溃，阻止系统为合法用户提供正常服务。攻击者甚至还可利用系统漏洞先非法控制因特网上成百上千的主机（这些主机被称为**僵尸**），然后从这些僵尸主机上同时向某个目标系统发起猛烈攻击。这就是**分布式拒绝服务**（Distributed Denial of Service，DDoS）**攻击**。例如，2000 年 2 月 7 日至 9 日美国几个著名网站遭 DDoS 攻击，使这些网站的服务器一直处于“忙”的状态，因而拒绝向发出请求的客户提供正常服务。

网络在方便人们远程访问计算机系统的同时，也给攻击者远程非法访问计算机系统带来了极大的便利性。攻击者通过破解管理员口令、利用系统漏洞获取管理员权限等手段入侵到计算机系统内部，对信息资源进行非法访问或对信息系统进行恶意破坏。这类攻击被称为**远程入侵**，所有连接在因特网上的计算机系统都面临被非法入侵的危险。

还有一种特殊的主动攻击就是**恶意程序**（Rogue Program）攻击。恶意程序种类繁多，并且可以通过网络在计算机系统间进行传播，对计算机系统的安全造成了巨大的威胁。目前主要有以下几种。

（1）**计算机病毒**（Computer Virus）：一种会“传染”其他程序的程序。“传染”是通过修改其他程序把自身或其变种复制进去完成的。

（2）**计算机蠕虫**（Computer Worm）：一种通过网络的通信功能主动将自身从一个结点发送到另一个结点，并启动运行的程序。

（3）**特洛伊木马**（Trojan Horse）：或简称为木马，是一种在表面功能掩护下执行非授权功能的程序。例如，一个伪造成编辑器软件的特洛伊木马程序，在用户编辑一个机密文件时偷偷将该文件内容通过网络发送给攻击者，以窃取机密信息。计算机病毒有时也以特洛伊木马的形式出现。

（4）**逻辑炸弹**（Logic Bomb）：一种当运行环境满足某种特定条件时执行其他特殊功能的程序。如一个编辑程序，平时运行正常，但当系统时间为 13 日又为星期五时，它就会删去系统中所有的文件，这种程序就是一种逻辑炸弹。

这里讨论的计算机病毒是狭义的，也有人把所有的恶意程序泛指为计算机病毒。例如，1988 年 10 月的“Morris 病毒”入侵美国因特网。舆论说它是“计算机病毒入侵美国计算机网”，而计算机安全专家却称之为“因特网蠕虫事件”。

被动攻击由于不涉及对数据的更改，所以很难察觉，对付被动攻击主要采用密码技术进行预防，而不是检测。与被动攻击相反，完全防止主动攻击非常困难，因为物理通信设施、软件和网络本身潜在的弱点具有多样性。不过主动攻击容易检测，因此对付主动攻击除了采取访问控制等预防措施外，还需要采用各种检测技术及时发现并阻止攻击，同时对攻击源进行追踪，并利用法律手段对其进行打击。

7.1.2 安全服务

为防止以上安全威胁，在计算机网络中需要提供以下基本安全服务。

机密性（Confidentiality）：确保计算机系统中的信息或网络中传输的信息不会泄露给非授权用户。这是计算机网络中最基本的安全服务。

报文完整性（Message Intergrity）：确保计算机系统中的信息或网络中传输的信息不被非授权用户篡改或伪造。后者要求对报文源进行鉴别。

不可否认性（Nonrepudiation）：防止发送方或接收方否认发送或接收过某信息。在电子商务中这是一种非常重要的安全服务。

实体鉴别（Entity Authentication）：通信实体能够验证正在通信的对端实体的真实身份，确保不会与冒充者进行通信。请注意鉴别与授权（Authorization）是不同的概念。授权涉及的问题是：实体所进行的行为是否被允许（如是否可以对某文件进行读或写等）。

访问控制（Access Control）：系统具有限制和控制不同实体对信息源或其他系统资源进行访问的能力。系统必须在鉴别实体身份的基础上对实体的访问权限进行控制。

可用性（Availability）：确保授权用户能够正常访问系统信息或资源。很多攻击都会导致系统可用性的损失，拒绝服务攻击是可用性最直接的威胁。

从7.2节开始介绍实现以上安全服务的各种安全机制。

7.2 机密性与密码学

机密性应该是密码学最早的应用领域，我们在后面几节将会看到密码学技术和鉴别、报文完整性及不可否认性等是紧密相关的，可以说密码学就是计算机网络安全的基础。本节介绍密码学的一些最基本的概念及其在机密性方面的应用。

我们通过计算机网络传输数据时，如果无法防止他人窃听，可以利用密码学技术将发送的数据变换成对任何不知道如何做逆变换的人都不可理解的形式，从而保证了数据的机密性。这种变换被称为**加密**（Encryption），被加密的数据被称为**密文**（Ciphertext），而加密前的数据被称为**明文**（Plaintext）。接收方必须能通过某种逆变换将密文重新变换回原来的明文，该逆变换被称为**解密**（Decryption）。密码学家很早就发现，加密和解密过程可以以一个**密钥**（Key）为参数，并且加密和解密过程可以公开，而只有密钥需要保密。即**只有知道密钥的人才能解密密文，而任何人，即使知道加密或解密算法也无法解密密文**。采用该原则的一个原因是如果你依靠密码算法保密，一旦算法失密就必须放弃该算法。这意味着要频繁地修改密码算法，而开发一个新的算法是非常困难的事情。另外，密钥空间可以很大，用密钥将密码算法参数化，同一个算法可以为大量用户提供加密服务。图7-2是数据加密的一般模型。

待加密的**明文** X 用**加密算法** E 和**加密密钥** KA 得到**密文**。用公式可把加密过程写成下面的式（7-1）。有时我们也说，明文经过 E 运算就转换为密文。

$$Y = E_{KA}(X) \tag{7-1}$$

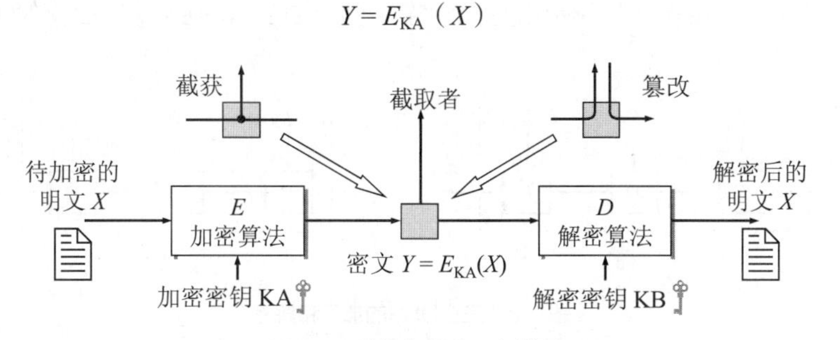

图7-2 数据加密的一般模型

机密性与密码学

在传送密文的过程中可能会出现密文截取者。密文传送到接收端后，利用**解密算法** D 和**解密密钥** KB 可解出明文 X。用公式可把解密过程写成下面的式（7-2）。因此，密文经过 D 运算就还原为原来的明文。

$$D_{KB}(Y) = D_{KB}(E_{KA}(X)) = X \tag{7-2}$$

请注意，加密密钥和解密密钥可以相同，也可以不同，取决于采用的是**对称密钥密码体制**还是**公开密钥密码体制**。

截取者又称为**攻击者**，或**入侵者**。如果不论截取者获得了多少密文，在密文中都没有足够的信息来唯一地确定出对应的明文，则这一密码体制称为**无条件安全的**，或称为**理论上是不可破的**。在无任何限制的条件下，目前几乎所有实用的密码体制均是可破的。因此，人们关心的是要研制出**在计算上（而不是在理论上）是不可破的密码体制**。如果一个密码体制中的密码不能被可以使用的计算资源破译，则这一密码体制称为**在计算上是安全的**。一般来说，通过使用长的密钥可以有效增加破解密文的难度，但同时也使得加密和解密的使用者的计算量加大。

7.2.1 对称密钥密码体制

所谓**对称密钥密码体制**是一种**加密密钥与解密密钥相同的密码体制**。在这种加密系统中，两个参与者共享同一个秘密密钥，如果用一个特定的密钥加密一条消息，也必须要使用相同的密钥来解密该消息。该系统又称为**对称密钥系统**。

数据加密标准（Data Encryption Standard，DES）是对称密钥密码的典型代表，由 IBM 公司研制，于 1977 年被美国定为联邦信息标准后，在国际上引起了极大的重视。ISO 曾把 DES 作为数据加密标准。DES 使用的密钥为 64 位（实际密钥长度为 56 位，有 8 位用于奇偶校验）。

DES 是一个优秀的密码算法，目前还没有发现比蛮力攻击更好的破解方法。但随着计算机运算速度的快速提高，56 位长的密钥已显得太短。56 位长的密钥意味着共有 2^{56} 种可能的密钥，也就是说，共约有 7.6×10^{16} 种密钥。假设一台计算机 1 μs 可执行一次 DES 加密，同时假定平均只需搜索密钥空间的一半即可找到密钥，那么破译 DES 要超过 1 千年。但现在利用并行计算技术已经设计出搜索 DES 密钥的专用芯片。例如，在 1999 年有一批在因特网上合作的人借助于一台价值不到 25 万美元的专用计算机，在略大于 22h 的时间就破译了 56 位密钥的 DES。

为解决 DES 密钥太短的问题，人们提出了**三重 DES**（Triple DES, 3DES），并在 1985 年成为美国的一个商用加密标准[RFC 2420]。3DES 在加密时，用三个密钥，执行三次 DES 算法：即 E 运算→D 运算→E 运算。解密时，按相反顺序使用这三个密钥，执行 D 运算→E 运算→D 运算（图 7-3）。

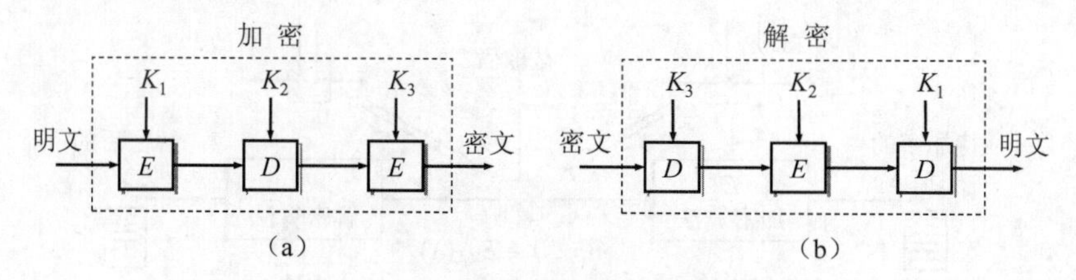

图7-3　三重DES的加密和解密

3DES 使用现有的 DES 算法，并且当三个密钥相同时，效果就和 DES 一样。这有利于逐步推广使用 3DES。也可以仅使用两个密钥，即 $K_1 = K_3$，相当于密钥长度为 112 位，这对于多数商业应用也已经足够长了。目前还没有关于攻破三重 DES 的报道。

由于 IBM 最初设计 DES 时是为了用硬件来实现，DES/3DES 的软件实现较慢。3DES 目前正在被 2001 年发布的高级加密标准（Advanced Encryption Standard，AES）所替代。AES 能够使用 128 位、192 位和 256 位长的密钥，用硬件和软件都可以快速实现。它不需要太多内存，因此适用于小型移动设备。美国国家标准与技术研究所 NIST 估计，如果用 1s 破解 56 位 DES 的计算机来破解一个 128 位的 AES 密钥的话，要用大约 149 万亿年的时间才有可能完成破解。

7.2.2　公钥密码体制

在对称密钥系统中，两个参与者要共享同一个秘密密钥。但怎样才能做到这一点呢？一种是事先约定，另一种是用信使来传送。在高度自动化的大型计算机网络中，用信使来传送密钥显然是不合适的。如果事先约定密钥，就会给密钥的管理和更换都带来了极大的不便。后面我们将会介绍如何使用复杂的**密钥分发中心**（Key Distribution Center，KDC）来解决该问题。然而采用公钥密码体制可以比较容易地解决这个问题。

公钥密码体制的概念是由 Stanford 大学的研究人员 Diffie 与 Hellman 于 1976 年提出的。**公钥密码体制使用不同的加密密钥与解密密钥。**

在公钥密码体制中，**加密密钥**（即**公钥**）PK 是公开信息，而**解密密钥**（即**私钥**）SK 是需要保密的，因此私钥也叫作**秘密密钥**。加密算法 E 和解密算法 D 也都是公开的。虽然私钥 SK **是由公钥 PK 决定的，但却不能根据 PK 计算出 SK。**

公钥算法有以下主要特性。

（1）发送方用加密密钥 PK 对明文 X 加密后，在接收方用解密密钥 SK 解密，即可恢复出明文，或写为：

$$D_{SK}(E_{PK}(X)) = X \tag{7-3}$$

加密密钥是公钥，而解密密钥是接收方专用的私钥，对其他人都保密。

此外，加密和解密的运算可以对调，即 $E_{PK}(D_{SK}(X)) = X$。

（2）加密密钥不能用它来解密，即

$$D_{PK}(E_{PK}(X)) \neq X \tag{7-4}$$

（3）在计算机上可以容易地产生成对的 PK 和 SK。

（4）从已知的 PK 在计算上不可能推导出 SK，即从 PK 到 SK 是“计算上不可能的”。

（5）加密算法和解密算法都是公开的。

由于加密密钥不能用来解密，并且从加密密钥不能推导出解密密钥，因此加密密钥可以公开。例如，参与者 A 可以在报纸上公布自己的加密密钥（即公钥），而解密密钥（即私钥）自己秘密保存。任何参与者都可以获得该公钥，并用来加密发送给参与者 A 的信息，而该信息只能由 A 解密。可见采用公钥密码体制更易解决密钥分发的问题。

公钥密码体制提出不久，人们就找到了三种公钥密码体制。目前最著名的是由美国三位科学家 Rivest、Shamir 和 Adleman 于 1976 年提出，并在 1978 年正式发表的 **RSA 算法**，它是基于数论中大数分解问题的算法。

公钥密码体制有许多很好的特性，它不仅可以用于加密，还可以很方便地用于鉴别和数字签名。但不幸的是，目前的公钥密码算法比对称密码算法要慢好几个数量级。因此，对称密码被用于绝大部分加密，而公钥密码则通常用于**会话密钥**的建立。例如，参与者 A 要发送大量秘密信息给 B。A 首先选择一个用于加密数据本身（如采用 DES 或 AES 算法）的密钥，由于该密钥仅用于该次会话，被称为会话密钥。因为对称密钥由双方共享，A 必须将该会话密钥通过秘密渠道告知 B。为此，A 用 B 的 RSA 公钥加密该会话密钥后发送给 B，B 收到加密的会话密钥后用自己的私钥解密后得到会话密钥。此后，A 和 B 之间就可以用该会话密钥加密通信的数据。

最后我们要强调一下，任何加密方法的安全性取决于密钥的长度，以及攻破密文所需的计算量，而不是简单地取决于加密的体制。因此我们不能简单地认为，公钥密码体制和传统加密体制相比，哪一种密码体制的安全性更加优越。

7.3 完整性与鉴别

有时，通信双方并不关心通信的内容是否会被人窃听，而只关心通信的内容是否被人篡改或伪造，这就是**报文完整性**问题。报文完整性验证又称为**报文鉴别**，即鉴别报文的真伪。例如，路由器之间交换的路由信息不一定要求保密，但要求能检测出被篡改或伪造的路由信息。

很多情况，通信的双方需要验证通信对端的真实身份。例如，当客户在因特网上远程登录某银行的网上银行时，银行服务器要验证客户所声称的身份的真实性，而客户也需要验证登录的确实是该银行的网站。这时就需要**实体鉴别**。实体鉴别（经常简称为鉴别）就是一方验证另一方身份的技术。

7.3.1 报文摘要和报文鉴别码

使用加密通常可达到报文鉴别的目的，因为伪造的报文解密后一般不能得到可理解的内容。但简单采用这种方法，计算机很难自动识别报文是否被篡改。另外，对于不需要保密而只需要报文鉴别的网络应用，对整个报文的加密和解密，会使计算机增加很多不必要的负担（加密和解密要花费相当多的 CPU 时间）。

更有效的方法是使用**报文摘要**（Message Digest，MD）来进行报文鉴别（见图 7-4）。发送方将可

变长度的报文 m 经过报文摘要算法运算后，得出固定长度的报文摘要 $H(m)$。然后对 $H(m)$进行加密，得出 $E_K(H(m))$，并将其附加在报文 m 后面发送出去。接收方把 $E_K(H(m))$解密还原为 $H(m)$，再把收到的报文进行报文摘要运算，看结果是否与解密还原的 $H(m)$一样。如不一样，则可断定收到的报文不是发送方产生的。报文摘要的优点就是：仅对短得多的定长报文摘要 $H(m)$进行加密比对整个长报文 m 进行加密要简单得多，但对鉴别报文 m 来说，其效果是一样的。密钥 K 仅在通信双方之间共享，没有第三方能用伪造报文 m'产生出 $E_K(H(m'))$。附加在报文上用于鉴别报文真伪的码串，如上面的 $E_K(H(m))$，被称为**报文鉴别码**（Message Authentication Code，**MAC**）。

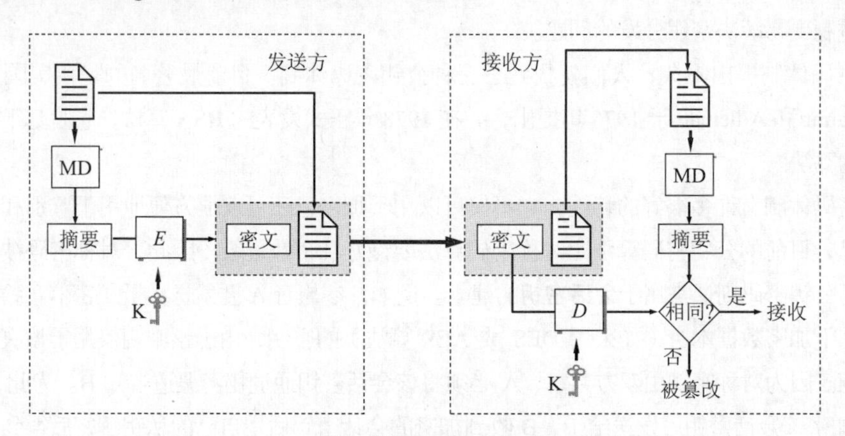

图7-4　用加密的报文摘要进行报文鉴别

报文摘要和差错检验码都是**多对一**（Many-to-One）的**散列函数**（Hash Function）的例子。但要抵御攻击者的恶意篡改，报文摘要算法必须满足以下条件：

报文摘要和报文鉴别码

（1）任意给定一个报文摘要值 x，若想找到一个报文 y 使得 $H(y)= x$，则在**计算上是不可行的**；

（2）若想找到任意两个报文 x 和 y，使得 $H(x)= H(y)$，则在**计算上是不可行的**。

上述的两个条件表明：若$(x, H(x))$是发送方产生的报文和报文摘要对，则攻击者不可能伪造出另一个报文 y，使得 y 与 x 具有同样的报文摘要。

满足以上条件的散列函数称为**密码散列函数**或**安全散列函数**，因为无法把报文摘要还原为原文，可以把密码散列函数运算看成是没有密钥的加密运算。

要注意的是，差错检验码通常并不满足以上条件。例如，Bob 希望 Alice 给他电汇 9213 美元，为此发送给 Alice 一条消息："SEND9213.BOB"，并用前面介绍的用于 UDP 差错检测的因特网检验和算法生产 16 位的报文摘要来生成报文鉴别码，以防止消息被篡改。但可惜的是，攻击者可以轻易地将该消息篡改为"SEND1293.BOB"而不会被发现，因为这两个不同的字符串的摘要是完全一样的（习题 7-10），后果可能是导致 Bob 的一次重要交易的失败。通过这个例子可以看出，虽然差错检验码可以检测出报文的随机改变，但却无法抵御攻击者的恶意篡改，因为攻击者可以很容易地找到差错检验码与原文相同的其他报文，从而达到攻击目的。

目前广泛应用的报文摘要算法有 MD5 [RFC 1321]和**安全散列算法 1**（Secure Hash Algorithm, SHA-1）。MD5 输出 128 位的摘要，SHA-1 输出 160 位的摘要。SHA-1 比 MD5 更安全些，但计算起来比 MD5 要慢。

细心的读者可能会发现对于图 7-4 中的报文鉴别过程，其实并不需要将报文鉴别码解密出来就可以进行报文鉴别。接收方只需采用与发送方一样的运算，将收到的报文进行摘要，然后加密再与报文鉴别码进行比较即可。也就是说**报文鉴别码的计算并不需要可逆性**。利用这个性质可以设计出比使用加密运算更简单但更高效的报文鉴别码算法。

实际上利用密码散列函数的特殊性质，无需对报文摘要加密就可以实现对报文的鉴别，前提是通信双方共享一个称为**鉴别密钥**的秘密比特串 s。发送方用 s 与报文 m 级连生成 $m+s$，并计算散列 $H(m+s)$。然后将 $H(m+s)$作为报文鉴别码 MAC 附加到报文 m 上，一起发送给接收方。接收方利用 s 和收到的报文 m 重新计算 MAC，与接收到的 MAC 进行比较，从而实现对报文的鉴别。由于攻击者不知道 s，也不能从截获的 MAC 中计算出 s（条件 1），因此不能为伪造报文 m'产生 $H(m'+s)$。直接使用密码散列函数实现报文鉴别码的技术又称为**散列报文鉴别码**（Hashed MAC，HMAC）①。图 7-5 所示的是直接使用密码散列函数实现报文鉴别码进行报文鉴别的示意图。

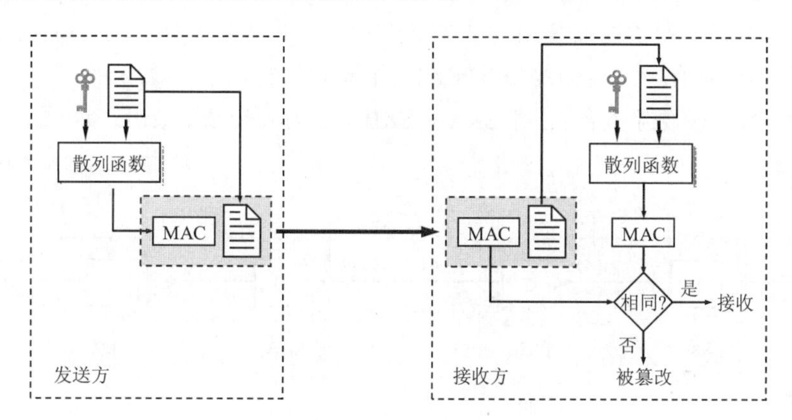

图7-5 直接使用密码散列函数实现报文鉴别码

7.3.2 数字签名

数字签名

在日常生活中，可以根据亲笔签名或印章来证明书信或文件的真实来源。但在计算机网络中传送的文电又如何盖章呢？这就是**数字签名**（Digital Signature）所要解决的问题。数字签名必须保证以下三点：

（1）接收方能够核实发送方对报文的数字签名；

（2）发送方事后不能抵赖对报文的数字签名；

（3）任何人包括接收方都不能伪造对报文的签名。

现在已有多种实现数字签名的方法。但采用公钥算法要比采用对称密钥算法更容易实现。下面就来介绍这种数字签名技术。

发送方 A 用其私钥（即解密密钥）SKA 对报文 X 进行运算，将结果 $D_{SKA}(X)$传送给接收方 B。读者可能要问：报文 X 还没有加密，怎么能够进行解密呢？其实“解密”仅仅是一个数学运算。发送方

① HMAC 也是一种具体的散列报文鉴别码算法的名称，该算法所使用的方法还要稍微复杂一些，需要两次使用散列函数进行运算。

此时的运算并非想将报文X加密而是为了进行数字签名。B收到报文$D_{SKA}(X)$后，用已知的A的公钥（即加密密钥）对报文$D_{SKA}(X)$进行运算，得出$E_{PKA}(D_{SKA}(X))=X$。因为除A外没有别人能具有A的解密密钥SKA，所以除A外没有别人能产生密文$D_{SKA}(X)$，而任何伪造的报文经E_{PKA}运算后都不会得到可理解的内容。这样，B就核实了报文X的确是A签名发送的（见图7-6）。

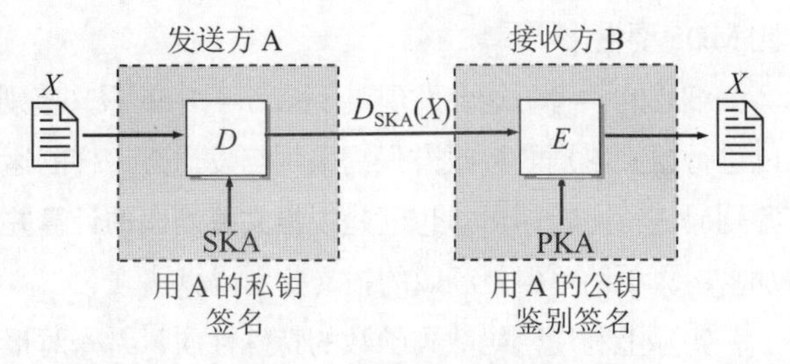

图7-6　数字签名的实现

若A要抵赖曾发送报文给B，B可把X及$D_{SKA}(X)$出示给具有权威的第三方。第三方很容易用PKA去证实A确实发送X给B。反之，若B把X伪造成X'，则B不能在第三方前出示$D_{SKA}(X')$。这样就证明了B伪造了报文。可见数字签名实现了对报文来源的鉴别。我们知道公钥密码算法的计算代价非常大，对整个报文进行数字签名是一件非常耗时的事情。更有效的方法是**仅对报文摘要进行数字签名**。

上述过程仅对报文进行了签名，对报文X本身却未保密。因为截获$D_{SKA}(X)$并知道发送方身份的任何人，通过查阅手册即可获得发送方的公钥PKA，因而能得知电文内容。若采用如图7-7所示的方法，则可同时实现秘密通信和数字签名。图中SKA和SKB分别为A和B的私钥，而PKA和PKB分别为A和B的公钥。

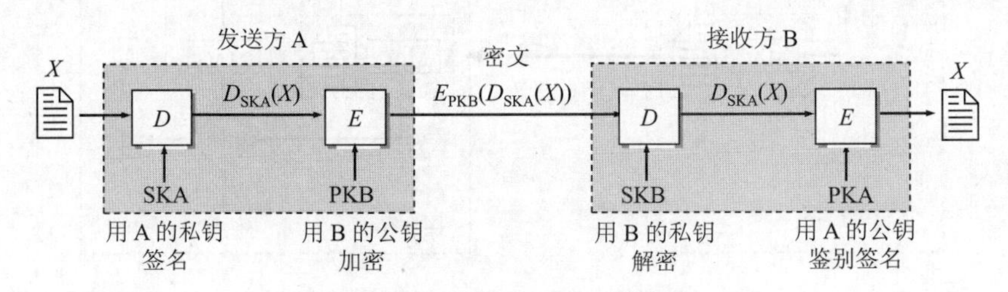

图7-7　具有保密性的数字签名

7.3.3　实体鉴别

实体鉴别（经常简称为鉴别）就是一方验证另一方身份的技术。一个实体可以是人、客户/服务器进程等。这里仅讨论如何鉴别通信对端实体的身份，即验证正在通信的对方确实是所认为的通信实体，而不是其他的假冒者。进行通信实体鉴别需要使用鉴别协议。鉴别协议通常在两个通信实体之间传输实际数据或者进行访问控制之前运行，是很多安全协议的重要组成部分或前奏。

实体鉴别

一种最简单的实体鉴别方法就是，利用用户名/口令。但直接在网络中传输用户名/口令是不安全的，因为攻击者可以在网络上截获该用户名/口令，因此在实体鉴别过程中需要使用加密技术。如图7-8所示，参与者A向B发送有自己身份信息（例如，用户名和口令）的报文，并且使用双方共享的对称密钥K_{AB}进行加密。为简洁起见，这里用$K(m)$表示通过密钥K对信息m加密。B收到此报文后，用K_{AB}解密即可验证A的身份。

但不幸的是，这种简单的鉴别方法具有明显的漏洞。因为攻击者C从网络上截获该报文后，完全不用破译该报文而仅仅直接将该报文发送给B，就可以使B误认为C就是A。这就是**重放攻击**（Replay

Attack）。

为了对付重放攻击，可以使用**不重数**（Nonce），即一个不重复使用的大随机数，也称为“一次一数”。图 7-9 给出了使用不重数进行鉴别的过程。

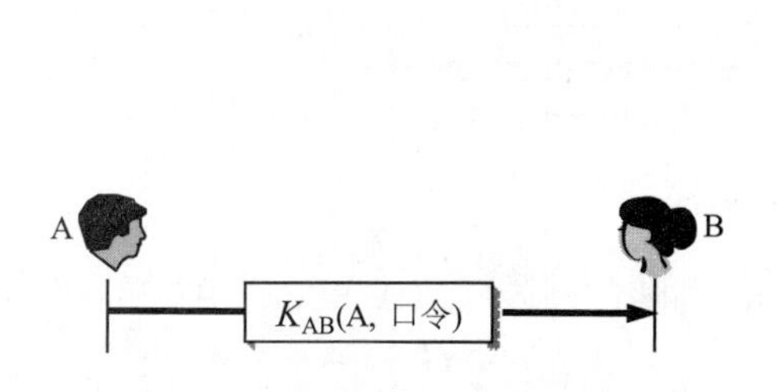

图7-8 对用户名/口令加密进行实体鉴别

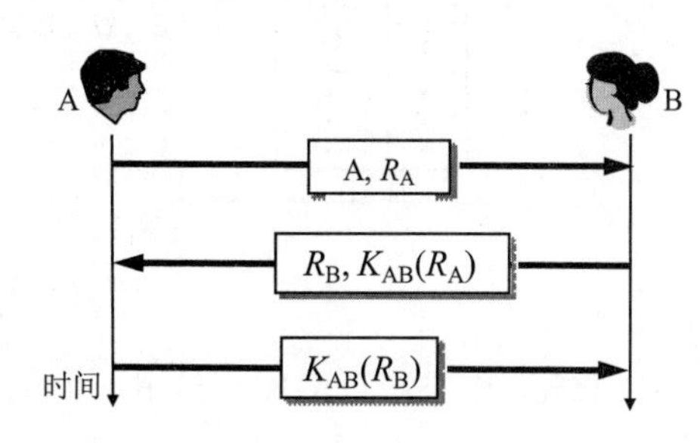

图7-9 使用不重数进行实体鉴别

在图 7-9 中，A 首先用明文发送其身份和一个不重数 R_A 给 B。接着，B 在响应 A 的报文中用共享的密钥 K_{AB} 加密 R_A，并同时也给出了自己的不重数 R_B。最后，A 再用加密的 R_B 响应 B。A 和 B 分别通过验证对方返回的加密的不重数实现双向的身份鉴别。由于不重数不能重复使用，攻击者 C 无法利用重放攻击来冒用 A 或 B 的身份。这种使用不重数进行实体鉴别的协议又称为**挑战－响应**（Challenge-Response）协议。

同样，使用公钥加密算法也能实现实体鉴别。这时，通信双方可以利用自己的私钥对不重数进行签名，而用对方的公钥来鉴别对方签名的不重数，从而实现通信双方身份的鉴别。

7.4 密钥分发与公钥认证

由于密码算法是公开的，密钥系统的安全性依赖于密钥的安全保护。在对称密钥密码体制中，通信双方要共享同一个秘密的密钥，如何将密钥分发到通信的双方是一个需要解决的问题。显然密钥必须通过安全的通路进行分发。例如，可以派非常可靠的信使携带密钥分发给互相通信的各用户。这种方法称为**网外分发**。但随着用户的增多和通信量的增大，密钥更换频繁（密钥必须定期更换才能做到可靠），派信使的办法将不再适用。因此必须解决**网内密钥自动分发**的问题。对于公钥密码体制，虽然不需要共享密钥，公钥可以发布在报纸或网站上，但如何验证该公钥确实是某实体真正的公钥仍然是一个问题。这些问题的解决都可以通过使用一个可信的中介机构得到解决。对于对称密钥密码体制，这个可信的中介机构就是**密钥分发中心**（Key Distribution Center，KDC）。而对于公钥密码体制，则通过**认证中心**（Certification Authority，CA）来实现公钥的签发和认证。

7.4.1 对称密钥的分发

对称密钥的分发问题在于如何在通信双方之间共享密钥。目前常用的对称密钥分发方式是设立**密钥分发中心**。KDC 是一个大家都信任的机构，其任务就是给需要进行秘密通信的用户临时分发一个会话密钥。图 7-10 是 KDC 进行密钥分发的基本过程。我们假定用户 A 和 B 都是 KDC 的登记用户，他们分别拥有与 KDC 通信的主密钥 KA 和 KB。密钥分发需要三个步骤（如图中带箭头直线上的①，②和③所示）。

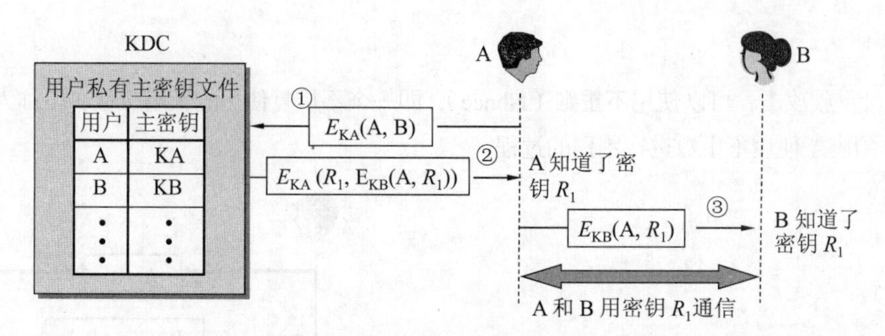

图7-10　KDC密钥分发协议

① 首先，用户 A 向 KDC 发送用自己私有的主密钥 KA 加密的报文 E_{KA}（A, B），说明想和用户 B 通信。

② KDC 用随机数产生一个"**一次一密**"密钥 R_1 供 A 和 B **这次**的通信使用，然后向 A 发送回答报文，这个回答报文用 A 的主密钥 KA 加密，报文中有密钥 R_1 和请 A 转发给 B 的报文 E_{KB}（A, R_1），但报文 E_{KB}（A, R_1）是用 B 的私有主密钥 KB 加密的，因此 A 无法知道报文 E_{KB}（A, R_1）的内容（A 没有 B 的主密钥 KB，也不需要知道此报文的内容）。

③ 当 B 收到 A 转发的报文 E_{KB}(A, R_1)，并使用自己的私有主密钥 KB 解密后，就知道 A 要和它通信，同时也知道和 A 通信时所使用的密钥 R_1。

此后，A 和 B 就可使用这个一次一密的密钥 R_1 进行本次通信了。

KDC 还可在报文中加入时间戳，防止报文的截取者利用以前已记录下的报文进行重放攻击。密钥 R_1 是一次性的，因此保密性较高。而 KDC 分配给用户的主密钥，如 KA 和 KB，都应定期更换以减少攻击者破译密钥的机会。RFC 1510 描述了目前最出名的密钥分发协议 Kerberos，它是美国麻省理工学院（MIT）开发出的。

7.4.2　公钥的签发与认证

在公钥体制中，如果每个用户都具有其他用户的公钥，就可实现安全通信。看来好像可以随意公布用户的公钥。其实不然。设想用户 A 要欺骗用户 B，A 可以向 B 发送一份伪造是 C 发送的报文。A 用自己的私钥进行数字签名，并附上 A 自己的公钥，谎称这公钥是 C 的。B 如何知道这个公钥不是 C 的呢？显然，这需要有一个值得信赖的机构将公钥与其对应的实体（人或机器）进行**绑定**（Binding）。这样的机构就叫作**认证中心**，它一般由政府出资建立。需要发布公钥的用户可以让 CA 为自己的公钥签发一个**证书**（Certificate），里面有公钥及其拥有者的身份标识信息（人名、公司名或 IP 地址等）。CA 首先通过检查身份证等方式核实用户真实身份，然后为用户产生私钥公钥对并生成证书，最后用 CA 的私钥对证书进行数字签名。该证书即可以通过网络发送给任何希望与之通信的实体或存放在服务器由用户自由下载，当然私钥需要用户自己秘密保存。任何用户都可从可信的地方（如代表政府的报纸）获得认证中心 CA 的公钥，并用这个公钥验证某个证书的真伪。一旦证书被鉴别是真实的，则可以相信证书中的公钥确实属于证书中声称的用户。

由一个 CA 来签发全世界所有的证书显然是不切实际的，这会带来负载过重和单点故障问题。一种解决方案就是将许多CA组成一个层次结构的基础设施，即**公钥基础设施**（Public Key Infrastructure，PKI），在全球范围内为所有因特网用户提供证书的签发与认证服务。图 7-11 是这种层次结构的一个例子。

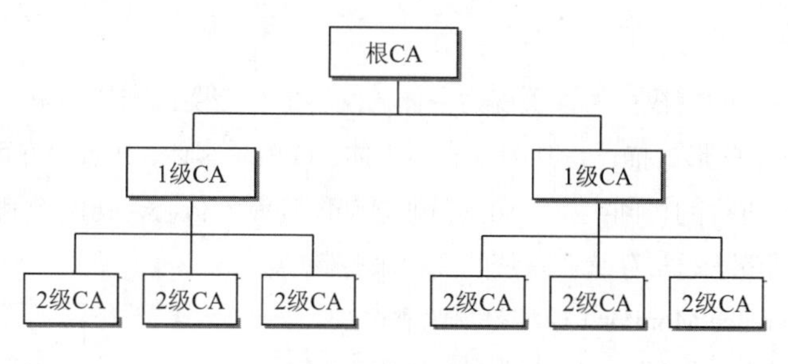

图7-11 PKI层次结构

下级CA的证书由其上级CA签发和认证。最顶级的根CA能验证所有1级CA的证书，各个1级CA可以在一个很大的地理区域或逻辑区域内运作，而2级CA可以在一个相对较小的区域内运作。

所有用户都信任该层次结构中最顶级的CA，但可以信任也可以不信任中间的CA。用户可以在自己信任的CA获取个人证书，当要验证来自不信任CA签发的证书时，需要到上一级验证该CA的证书的真伪，如果上一级CA也不可信任则需要到更上一级进行验证，一直追溯到可信任的一级CA。这一过程最终有可能一直追溯到根CA。

7.5 访问控制

访问控制（Access Control）是在保障授权用户能获取所需资源的同时拒绝非授权用户的安全机制，是保证网络资源不被非法使用和非法访问的重要手段。

7.5.1 访问控制的基本概念

在信息系统中，用户在通过身份鉴别进入系统后，只能访问授权范围内的资源，而不能毫无限制地对系统中的资源进行访问。身份鉴别常常被视为信息系统的第一道安全防线，因为身份鉴别可以将未授权用户屏蔽在信息系统之外。相应地，访问控制可以看作信息系统的第二道安全防线，对进入系统的合法用户进行监督和限制，解决"合法用户在系统中对各类资源以何种权限访问"的问题。

实施访问控制的依据是用户的访问权限。用户访问权限的授予一般遵循**最小特权原则**。最小特权原则指的是基于用户完成工作的实际需求为用户赋予权限，用户不会被赋予超出其实际需求的权限。最小特权原则可以有效防范用户滥用权限所带来的安全风险。

访问控制包括主体、客体、访问及访问策略等基本要素。

（1）主体

主体（Subject）指访问活动的发起者。主体可以是某个用户，也可以是代表用户执行操作的进程、服务和设备等。

（2）客体

客体（Object）指访问活动中被访问的对象。凡是可以被操作的信息、文件、设备、资源、服务等都可以认为是客体，例如，网络中的某台服务器。

（3）访问

访问指的是对资源各种类型的使用，例如，读取、修改、创建、删除、执行、发送、接收等操作。不同的系统有不同的访问类型。

（4）访问策略

访问策略体现了系统的授权行为，表现为主体访问客体时需要遵守的约束规则。访问控制策略可以采用三元组（S, O, P）的形式描述，其中 S 表示主体，O 表示客体，P 表示**许可**（Permission）。P 明确了允许主体对客体所进行的访问类型。访问策略是访问控制的核心，访问控制依据访问策略限制主体对客体的访问。访问策略通常存储在系统的授权服务器中。

访问监控器（Reference Monitor）模型是最为著名的描述访问控制的抽象模型。按照访问监控器模型的描述（见图 7-12），在系统中出现访问请求时，访问监控器对访问请求进行裁决，它向授权服务器进行查询，根据其中存储的访问策略决定主体对客体的访问是否被允许。

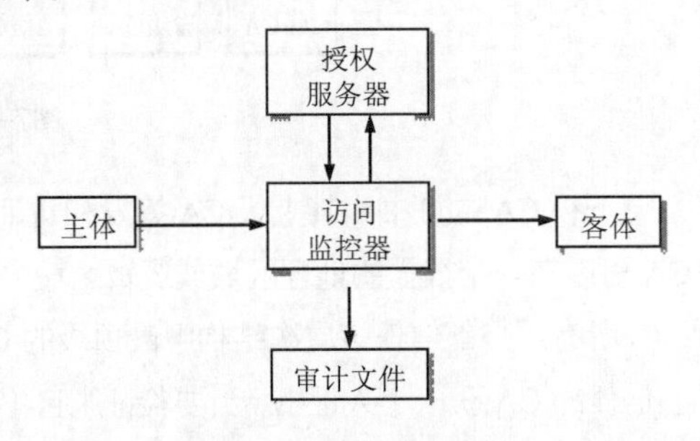

图7-12　访问监控器模型

在访问监控器模型中，有一个负责审计的功能模块。审计是访问控制的必要补充。审计将记录与访问有关的各类信息，包括主体、客体、访问类型、访问时间及访问是否被允许等信息。管理员通过查看审计记录，能够详细了解系统中访问活动的具体情况，主要可以掌握三个方面的信息。一是哪些主体对哪些资源的访问请求被拒绝。主体发出大量违规的访问请求往往是攻击、破坏活动的征兆，需要引起特别的关注。二是访问策略是否得到了严格执行。如果规则在配置或者执行过程中存在失误，一些违反访问策略的访问请求可能被许可。通过查看审计记录可以发现此类情况，亡羊补牢。三是可以提供访问活动的证据，为事后追查、追究提供依据。

7.5.2　访问控制策略

访问控制策略典型地可分为三类：**自主访问控制**（Discretionary Access Control，DAC），**强制访问控制**（Mandatory Access Control，MAC）和**基于角色的访问控制**（Role Based Access Control，RBAC）。

1. 自主访问控制策略

自主访问控制通常基于主客体的隶属关系，“自主”指的是客体的拥有者可以自主地决定其他主体对其拥有的客体所进行访问的权限。自主访问控制具有很强的灵活性，但是存在一些明显的缺陷：权限管理过于分散，容易出现漏洞；无法有效控制被攻击主体破坏系统安全性的行为。

木马程序利用自主访问控制的以上缺陷，可以轻松破坏系统的安全性。例如，用户 A 对文件 a 具有读权限。攻击者 B 为了非法获取该文件，编写了一个木马程序，并诱骗用户 A 运行该程序。当用户 A 运行木马程序时，木马程序获得用户 A 的访问权限，能够读取文件 a 的内容，并将该文件的内容写入到新创建的文件 b 中，然后用户 A 将文件 b 的读取权限授予给用户 B，则用户 B 将非法读取到文件 a 的内容。

2. 强制访问控制策略

自主访问控制的最大特点是自主，即资源的拥有者对资源的访问策略具有决策权，因此是一种限制比较弱的访问控制策略。这种策略给用户带来灵活性的同时，也带来了安全隐患。

强制访问控制与自主访问控制不同，它不允许一般的主体进行访问权限的设置。在强制访问控制中，主体和客体被赋予一定的安全级别，普通用户不能改变自身或任何客体的安全级别，通常只有系统的安全管理员可以进行安全级别的设定。系统通过比较主体和客体的安全级别来决定某个主体是否能够访问某个客体。

下读和上写是在强制访问控制策略中广泛使用的两项原则。

- **下读原则**：主体的安全级别必须高于或等于被读客体的安全级别，主体读取客体的访问活动才能被允许。
- **上写原则**：主体的安全级别必须低于或等于被写客体的安全级别，主体写客体的访问活动才能被允许。

下读和上写原则限制了信息只能由低级别的对象流向高级别或同级别的对象，能有效防止木马等恶意程序的窃密攻击。例如，用户 A 的安全级别高于文件 a，而用户 B 的安全级别低于文件 a，因此用户 A 可以读取文件 a，而用户 B 却不能读取文件 a。即使用户 A 运行了用户 B 编写的木马程序，但由于该木马程序具有用户 A 同样的安全级别，虽然木马程序可以读取文件 a，却不能将文件 a 的安全级别修改成用户 B 可读的安全级别，也无法将其内容写入到安全级别比用户 A 低的文件中。因此，用户 B 无法读取到文件 a 中的信息。

3. 基于角色的访问控制策略

基于角色的访问控制策略旨在降低安全管理的复杂度。在信息系统中为用户赋予什么样的访问权限往往取决于用户在工作中承担的角色（Role）。RBAC 的核心思想就是根据安全策略划分不同的角色，用户不再直接与许可关联，而是通过角色与许可关联。

在 RBAC 中，一个用户可以拥有多个角色，一个角色也可以赋予多个用户；一个角色可以拥有多种许可，一种许可也可以分配给多个角色。许可指明了对某客体可以进行的访问类型。

RBAC 通过角色的概念实现了用户和访问权限的逻辑分离。给角色配置许可的工作一般比较复杂，需要一定的专业知识，可以由专门的技术人员来承担，而为用户赋予角色则较为简单，可以由一般管理人员来执行。角色与许可之间的关系比角色与用户的关系要更加稳定，当一个用户的职责发生变化时或需要为一个新的用户授权时，只要修改或设置用户的角色即可。因此将用户和访问权限进行逻辑分离能够减小授权的复杂性，增强权限的可管理性，减少因授权失误导致安全漏洞的风险。

7.6 网络各层的安全实例

在前面各节中，我们学习了利用密码学技术实现机密性、完整性、数字签名和实体鉴别等安全服务的基本方法。在本节我们将讨论这些方法在网络各层的具体应用实例。这些安全应用实例涉及从物理层到应用层的所有层次。

读者可能会存在这样的疑惑：为什么需要在网络的各层都提供安全服务，而不是仅在最底层或最高层提供安全服务？通常低层协议的安全服务会为所有上层协议提供安全性，但层次越低，提供的安全性越通用，受众面越广，安全防护的粒度也就越粗。例如，在 IP 层的安全机制可以为所有主机间提供安全通信服务，但却无法保证用户间电子邮件的安全性。因为利用电子邮件通信的双方并不直接在 IP 层上进行通信，电子邮件需要通过中间的邮件服务器的转发。

反过来，是不是只要在应用层提供安全服务就足够了呢？网络应用种类繁多，出于开发成本、维护成本和使用成本的考虑，可能大多数用户只希望网络为各种应用提供基本的安全性保护就可以了，不一定需要每种网络应用都使用自己专用的安全协议。总之，不同用户对安全性会有不同的要求。另外，像拒绝服务这类破坏系统可用性的攻击，仅靠应用层的安全机制是无法防范的。因此，在网络的不同层次都需要相应的安全机制，需要用户根据具体情况和需求去选择。

7.6.1 物理层实例：信道加密机

信道加密技术是在物理层提供通信数据的机密性和完整性的方法。这项技术在计算机网络出现之前（甚至在数字通信之前）就已经存在了。信道加密机位于通信结点（如路由器）前端，将通信结点发送的所有数据都进行加密处理，然后再发送到物理链路上。信道加密机一般用于点对点链路，并成对使用。信道加密是一种物理层的链路级加密（链路级加密也可以在数据链路层进行），网络中每段链路上的加密是独立实现的。图 7-13 是信道加密机应用的一个例子。

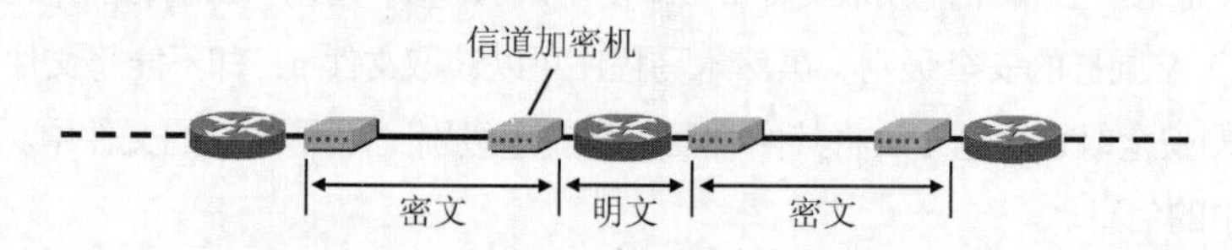

图7-13 利用信道加密机保护通信链路的安全

使用信道加密技术的一个好处就是对上层协议几乎没有任何影响（即具有很好的透明性），为通过该链路的所有数据提供安全保护。由于链路上传输的协议数据单元中的控制信息和数据信息都被加密了，掩盖了源地址和目的地址，因此还能防止各种形式的流量分析。信道加密机完全使用硬件加密技术，速度快，不需要传送额外的数据，采用这种技术不会减少网络的有效带宽。

但由于分组是以明文形式在各结点内部进行加密的，所以结点本身必须是安全的。一般认为网络的源点和终点在物理上都是安全的，但所有的中间结点（包括可能经过的路由器）则未必都是安全的。因此，在网络互连的情况下，仅采用信道加密是不能保证端到端通信的安全性的，只能用于保护网络局部链路的通信安全。因此，在实际应用中通常只在容易被窃听的无线链路上（如卫星链路）或者在军用网络等专用网络的通信链路（如 SDH 专线）穿过不安全区域时使用信道加密技术，更多的情况是在网络层以上使用端到端的加密技术为用户提供安全通信服务。

7.6.2 数据链路层实例：802.11i

随着 802.11 无线局域网技术应用的日益广泛，无线网络的安全问题越来越受到人们的关注。网络的安全性主要体现在访问控制和数据加密两个方面。访问控制保证只有授权用户才能对网络资源进行访问，而数据加密则保证发送的数据只能被所期望的用户所接收和理解。在无线通信方式下，电磁波在自由空间中辐射传播，只要在无线接入点 AP 信号覆盖的范围内，所有的无线终端都可以接收到无线信号。如果没有相应的安全机制，任何终端都可以随意接入到网络中，使用网络资源或窃听所有的通信。因此 802.11 无线局域网的安全保密问题就显得尤为突出。802.11 无线局域网主要在数据链路层为用户提供安全性。

1. 早期无线局域网的安全机制

早期的 IEEE 802.11 的无线局域网的安全机制比较简单，主要使用以下几种安全机制为用户提供极其有限的安全保护。

（1）SSID 匹配

该机制提供了一种无加密的鉴别服务，主要以服务集标识符（Service Set ID，SSID）作为最基本的鉴别方式。试图接入无线局域网的终端必须配置与 BSS 中接入点 AP 相同的 SSID。当网络管理员安装 AP 时，必须为该 AP 分配一个不超过 32 字节的名字，这个名字就是 SSID。通常 AP 会周期性广播 SSID，无线终端通过扫描功能查看当前区域内的 SSID，并选择要接入的网络。当 AP 采用无加密鉴别方式时，要禁用 SSID 广播，此时用户要手工设置无线终端的 SSID 才能接入相应的网络。SSID 在客户端和 AP 之间以明文形式传输，就是一种简单的不加密的口令鉴别。这种鉴别方式显然不能防止窃听和冒充，只是提供了一种非常弱的访问控制机制。

（2）MAC 地址过滤

一些厂商的接入点提供了使用 MAC 地址过滤来进行简单的访问控制。管理员可以为接入点 AP 设置一个允许接入无线局域网的 MAC 地址列表，也可以设置要拒绝接入的 MAC 地址列表。只有 MAC 地址被规则允许的无线终端发送的帧，才能被 AP 接收和转发。由于攻击者可以通过无线网络信息流来侦听有效的 MAC 地址，并通过配置无线局域网网卡也使用同样的 MAC 地址来接入网络，所以 MAC 地址过滤和服务集标识符 SSID 一样，也只能提供最简单的访问控制功能。

（3）有线等效保密 WEP

有线等效保密（Wired Equivalent Privacy，WEP）算法是一种可选的数据链路层安全机制，用来提供实体鉴别、访问控制、数据加密和完整性检验等。WEP 采用对称共享密钥加密技术，它需要管理员预先在终端和接入点 AP 中配置共享的 WEP 密钥（静态 WEP 密钥）。一方使用这个密钥对数据进行加密，另一方使用相同的共享密钥对接收到的密文进行解密。该加密算法和共享密钥即用于实体鉴别，也用于数据通信。WEP 采用我们在 7.3 节介绍的挑战——响应鉴别协议进行相互间的实体鉴别。

在 WEP 中，没有密钥分发机制，不产生临时的通信密钥，包括鉴别在内的所有通信过程都使用同一共享密钥，并且所有接入到该服务集的终端都使用这同一个密钥。WEP 采用的加密算法强度较低，国内外众多研究已从理论和实践上证明了 WEP 加密存在严重的安全隐患。

2. IEEE 802.11i

IEEE 802.11 于 1999 年发布后不久，就开始了研究具有更强安全性机制的、新型的、改进的 802.11 版本。这个新标准被称为 802.11i，在 2004 年最终得到批准。虽然 WEP 提供了相对弱的加密，执行鉴别仅有单一机制，并且没有密钥分发机制，但 IEEE 802.11i 却提供了强得多的加密形式，主要包括一种可扩展的鉴别机制的集合，更强的加密算法，以及一种密钥分发机制。IEEE 802.11i 的商业名称为 WPA2（WiFi Protected Access 2，意思是“无线局域网受保护的接入”的第二个版本），而 WPA 是 802.11i 的一个子集，在 802.11i 正式发布前，作为无线局域网安全的过渡标准，代替 WEP 为 802.11 无线局域网提供更强的安全性。

当前无线局域大多都支持 WPA 或 WPA2，但应该尽量使用 WPA2。当我们在 PC 的 Windows XP 屏幕上单击“开始”→“设置”→“网络连接”→“无线网络连接”，就会看见在当前无线局域网信号覆盖范围中的一些网络名称。在有的网络名称下面会显示“启用安全的无线网络（WPA）/（WPA2）”，这就表明对这个网络，只有在弹出的密码窗口中键入正确密码后，才能与其 AP 建立关联。

图 7-14 描述了 802.11i 的框架。除了无线终端和接入点外，802.11i 定义了一台鉴别服务器

（Authentication Server，AS），AP 能够与它通信。将鉴别服务器与 AP 分离，使得一台鉴别服务器服务于许多 AP，集中在一台服务器中做出有关鉴别和接入的决定，降低了 AP 的成本和复杂性。在 802.11i 中，终端和 AP 间建立起安全通信的过程分为四个阶段。

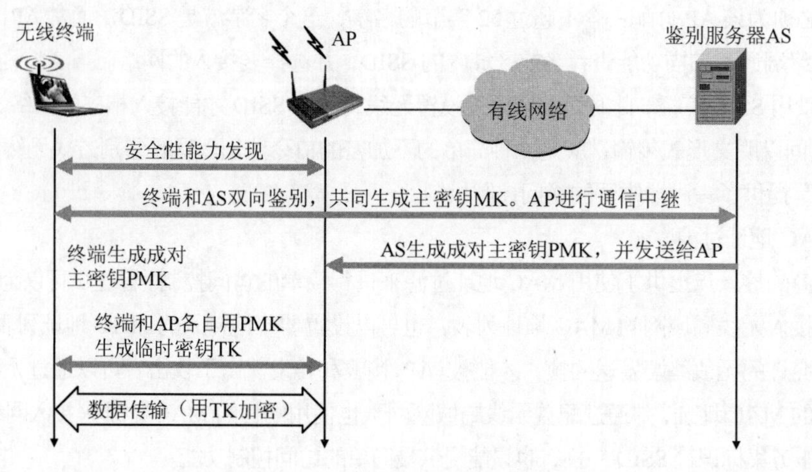

图7-14　802.11i的基本交互过程

（1）安全性能力发现。在发现阶段，AP 通告它的存在并能够向无线终端提供鉴别和加密的方式。该终端则请求它希望的特定鉴别和加密方式。尽管终端和 AP 这时已经交换了报文，但该终端还没有被鉴别，也没有用于数据通信的加密密钥，因此在该终端通过无线信道能够与任何远程主机通信之前，还需要进行几个其他步骤。

（2）相互鉴别和主密钥（Master Key，MK）生成。鉴别发生在无线终端和鉴别服务器之间。在这个阶段，接入点基本上只是起到通信中继的作用，在终端和鉴别服务器之间转发报文。**扩展的鉴别协议**（Extensible Authentication Protocol，EAP）[RFC 2284]定义了一种端到端的报文格式，用于终端和鉴别服务器之间的双向鉴别过程。实际上，EAP 是一个鉴别框架，并未指定具体的鉴别协议。使用 EAP，鉴别服务器能够选择若干方式中的一种来执行鉴别，主要是利用公钥加密技术（包括不重数加密和报文摘要）在终端和鉴别服务器之间进行互相鉴别，并生成为双方所共知的一个主密钥 MK。

（3）成对主密钥（Pairwise Master Key，PMK）生成。MK 是一个仅为该终端和鉴别服务器所知的共享密钥（在 WEP 中，所有终端都共享同一密钥），它们彼此再来生成一个次密钥，即成对主密钥 PMK，用于 AP 和终端共同使用。鉴别服务器将该 PMK 发送给 AP，这时终端和 AP 具有一个共享的密钥，并彼此相互鉴别。

（4）临时密钥（Temporal Key，TK）生成。使用 PMK，无线终端和 AP 现在能够生成用于通信的临时密钥 TK（即会话密钥）。TK 将被用于执行经无线链路向任意远程主机发送数据的链路级的数据加密。

802.11i 提供了几种加密形式，包括一种基于**高级加密标准**（Advanced Encryption Standard，AES）的加密方案和 WEP 加密的强化版本**临时密钥完整性协议**（Temporal Key Integrity Protocol，TKIP）。

IEEE 802.11i 考虑到不同的用户和不同的应用安全需要，如企业用户需要很高的安全保护（企业级），否则可能会泄露非常重要的商业机密；而家庭用户往往只是使用网络来浏览网页、收发电子邮件等，这些用户对安全的要求相对较低。为了满足不同要求用户的需要，规定了两种应用模式：

企业模式：通过使用鉴别服务器和复杂的安全鉴别机制来保护无线网络的通信安全；

家庭模式（包括小型办公室）：也称为个人模式，在 AP（或者无线路由器）及连接无线网络的无线终端上配置**预设共享密钥**（Pre-Shared Key，PSK）来保护无线链路的通信安全。

3. WAPI

在我国，针对 WLAN 安全隐患，早在 2003 年就正式发布了中国无线局域网安全标准**无线局域网鉴别和保密基础架构**（WLAN Authenticaion Privacy Infrastructure，WAPI）。WAPI 安全系统采用公钥密码技术，鉴别服务器 AS 负责证书的签发、验证与吊销等，无线终端与无线接入点上都要安装 AS 签发的证书。当无线终端接入网络时，必须通过 AS 进行双向鉴别，并生成会话密钥对数据传输进行保护。虽然 WAPI 功能强大，但与 IEEE 802.11i 并不兼容，目前支持 WAPI 的设备还比较少。

7.6.3 网络层实例：IPsec

IPsec 是为因特网网络层提供安全服务的一组协议[RFC 2401~2411]。IPsec 是一个协议名称，是 IP security（意思是 IP 安全）的缩写。这个协议相当复杂，在此仅介绍其最基本的原理。IPsec 可以以两种不同的方式运行：**传输方式**和**隧道方式**，如图 7-15 所示。

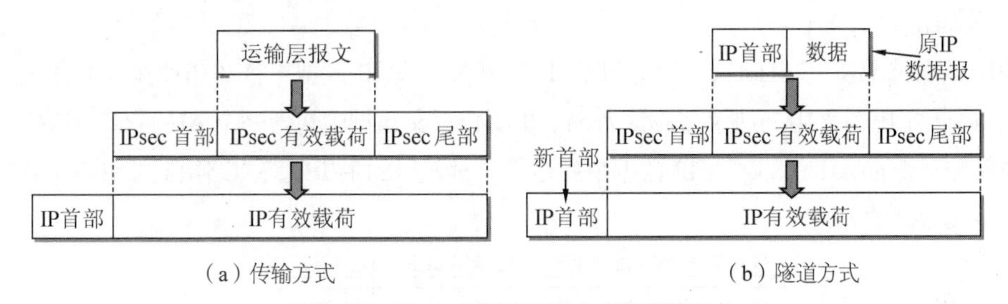

图7-15 IPsec协议的传输方式和隧道方式

在**传输方式**下，IPsec 保护运输层交给网络层传递的内容，即只保护 IP 数据报的有效载荷，而不保护 IP 数据报的首部。传输方式通常用于主机到主机的数据保护，如图 7-16 所示。发送主机使用 IPsec 加密来自运输层的有效载荷，并封装成 IP 数据报进行传输。接收主机使用 IPsec 解密 IP 数据报，并将它传递给运输层。使用 IPsec 时还可以增加鉴别功能，或仅仅进行鉴别而不加密。

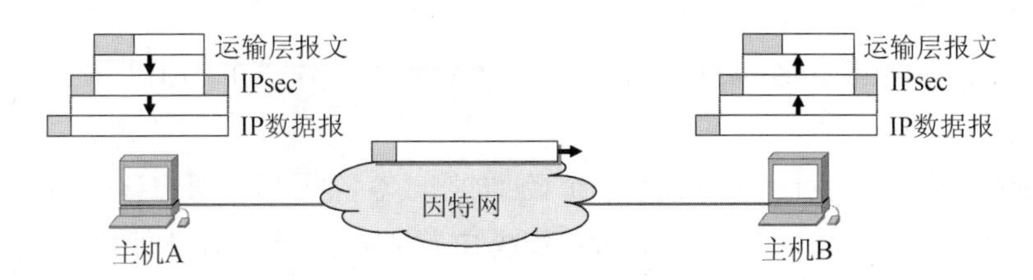

图7-16 IPsec协议的传输方式

在**隧道方式**下，IPsec 保护包括 IP 首部在内的整个 IP 数据报，为了对整个 IP 数据报进行鉴别或加密，要为该 IP 数据报增加一个新的 IP 首部，而将原 IP 数据报作为有效载荷进行保护。隧道方式通常用于两个路由器之间，或一个主机与一个路由器之间，如图 7-17 所示。IPsec 的隧道方式常用来实现**虚拟专用网** VPN。

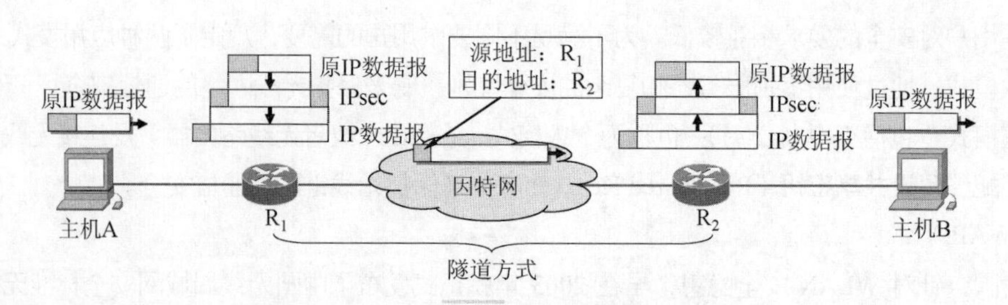

图7-17 IPsec协议的隧道方式

在 IPsec 协议簇中有两个主要的协议：**鉴别首部协议**（Authentication Header protocol，AH）和**封装安全载荷协议**（Encapsulation Security Payload protocol，ESP）。AH 协议提供源鉴别和数据完整性服务，但不提供机密性服务。ESP 协议同时提供了鉴别、数据完整性和机密性服务。

在两个结点之间用 AH 或 ESP 进行通信之前，首先要在这两个结点之间建立一条网络层的逻辑连接，称为**安全关联**（Security Association，SA）。通过安全关联，双方确定将采用的加密或鉴别算法，以及各种安全参数，并在 SA 建立时产生一个 32 位的**安全参数索引**（Security Parameter Index，SPI）。目的结点根据 IPsec 报文中携带的 SPI 将其与特定 SA 使用的加密算法和密钥等相关联。

1. 鉴别首部协议 AH

在使用鉴别首部协议 AH 时，源结点把 AH 首部插入到 IP 数据报首部和被保护的数据之间（见图 7-18），同时将 IP 首部中的协议字段置为 51，指明该报文数据中包含一个 AH 首部。在传输过程中，中间路由器并不查看 AH 首部，当 IP 数据报到达终点时，目的主机或终点路由器才处理 AH 字段，以鉴别源和报文数据的完整性。

图7-18 在IP报文中的AH首部

AH 首部中的一些主要字段如下。

（1）**下一个首部**。标志紧接 AH 首部的下一个首部的类型（如 TCP，UDP，IP 等）。

（2）**安全参数索引 SPI**。标志一个安全关联 SA。

（3）**序号**。该 SA 中每个数据报的序号，当建立 SA 时起始序号为 0。AH 协议用该序号防止重放攻击。

（4）**鉴别数据**。一个可变长字段，包含一个经过加密或签名的报文摘要。该报文摘要对整个 IP 数据报进行鉴别，但不包括在传输中会发生改变的那些 IP 首部字段，如生存时间 TTL 等。

2. 封装安全载荷协议 ESP

在使用 ESP 时，IP 数据报首部的协议字段置为 50，指明其后紧接着的是一个 ESP 首部（图 7-19）。在 ESP 首部中，包含一个**安全关联参数索引** SPI 字段和一个**序号**字段。在 ESP 尾部中包含下一个首部字段和填充数据。鉴别数据和 AH 中的鉴别数据的作用一样，但不对 IP 首部进行鉴别。ESP 对有效载荷和 ESP 尾部进行了加密，因此 ESP 既提供鉴别和数据完整性服务，又提供机密性服务。

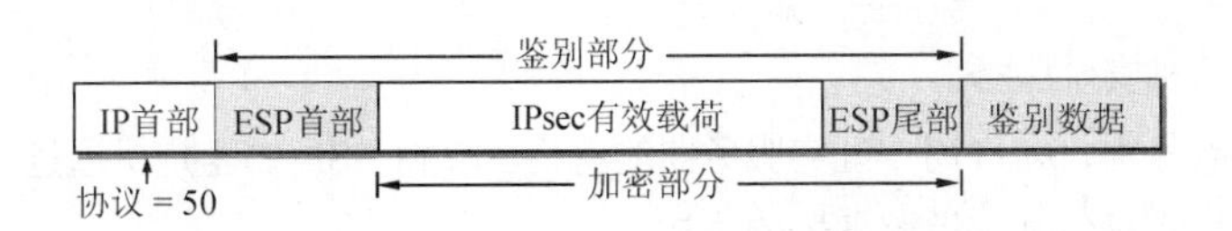

图7-19 在IP报文中的ESP各字段

7.6.4 运输层实例：SSL/TLS

当万维网能够提供网上购物时，安全问题就马上被提到桌面上来了。当一位顾客在网上在线购物时，他会要求得到下列安全服务。

（1）顾客需要确保服务器属于真正的销售商，而不是属于一个冒充者（例如，一个钓鱼网站），因为顾客不希望将他的信用卡账号交给一位冒充者。同样，销售商也可能需要对顾客进行鉴别。

（2）顾客与销售商需要确保报文的内容（例如，账单）在传输过程中没有被篡改。

（3）顾客与销售商需要确保诸如信用卡账号之类的敏感信息不被冒充者窃听。

像上述这些安全服务，需要使用运输层的安全协议。现在广泛使用的有两个协议：

SSL （Secure Socket Layer），译为**安全套接字层**。

TLS （Transport Layer Security），译为**运输层安全**。

实际上，为方便起见，大家都是使用上述的英文缩写词。下面简单介绍这两个协议的特点。

SSL 协议是 Netscape 公司在 1994 年开发的安全协议，广泛应用于基于万维网的各种网络应用（但不限于万维网应用）。SSL 作用在端系统应用层的 HTTP 和运输层之间，在 TCP 之上建立起一个安全通道，为通过 TCP 传输的应用层数据提供安全保障。

1995 年，Netscape 公司把 SSL 转交给 IETF，希望能够把 SSL 进行标准化。于是 IETF 在 SSL 3.0 的基础上设计了 TLS 协议，为所有基于 TCP 的网络应用提供安全数据传输服务。现在使用最多的运输层安全协议是 TLS 1.0，但新的版本 TLS 1.2 已经公布了[RFC 5246, 5746, 5878]。

图 7-20 表示 SSL/TLS 处在应用层和运输层之间。在应用层中使用 SSL/TLS 最多的就是 HTTP，但并不局限于 HTTP。当用浏览器查看普通网站的网页时，HTTP 就直接使用 TCP 连接，这时 SSL/TLS 不起作用。但当用信用卡进行网上支付而键入信用卡密码时，支持 SSL/TLS 的 Web 服务器会提供一个使用 SSL/TLS 的安全网页，浏览器访问该网页时就需要运行 SSL/TLS 协议。这时，HTTP 会调用 SSL/TLS 对整个网页进行加密。这时网页上会提示用户，在网址栏原来显示 http 的地方，现在变成了 https。在协议名 http 后面加上 s 代表 security，表明现在使用的是提供安全服务的 HTTP 协议。

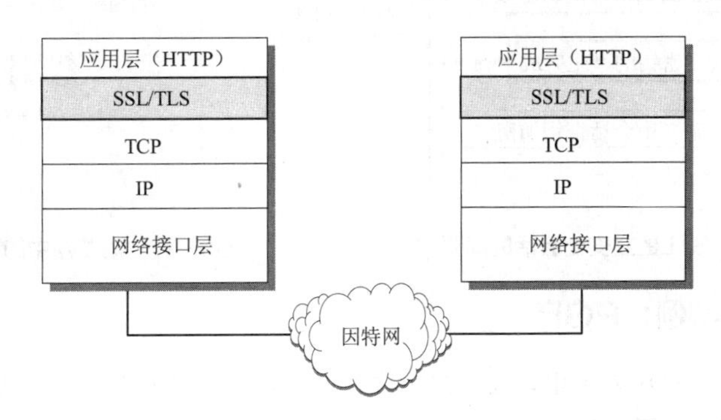

图7-20 SSL和TLS在协议栈中的位置

SSL 提供以下三种安全服务。

（1）SSL 服务器鉴别，允许用户证实服务器的身份。支持 SSL 的客户机通过验证来自服务器的证书来鉴别服务器的真实身份并获得服务器的公钥。

（2）SSL 客户鉴别，SSL 的可选安全服务，允许服务器证实客户的身份。

（3）加密的 SSL 会话，对客户和服务器间发送的所有报文进行加密，并检测报文是否被篡改。

下面以万维网应用为例来说明 SSL 的工作过程。

销售商 B 的万维网服务器使用 SSL 为顾客提供安全的在线购物。为此，万维网服务器使用 SSL 的默认服务端口 443 来取代普通万维网服务的 80 端口，并且该安全网页 URL 中的协议标识用 https 替代 http。当顾客单击该网站链接建立 TCP 连接后，先进行浏览器和服务器之间的握手协议，完成加密算法的协商和会话密钥的传递，然后进行安全数据传输。其简要过程如图 7-21 所示（实际步骤要复杂得多）。

（1）**协商加密算法**。浏览器 A 向服务器 B 提供一些可选的加密算法，B 从中选定自己所支持的算法，并告知 A。

（2）**服务器鉴别**。服务器 B 向浏览器 A 发送一个包含其公钥的数字证书，A 使用该证书的认证机构 CA 的公开发布的公钥对该证书进行验证。

（3）**会话密钥计算**。由浏览器 A 随机产生一个秘密数，用服务器 B 的公钥进行加密后发送给 B。双方根据协商的算法产生一个共享的对称会话密钥。

（4）**安全数据传输**。双方用会话密钥加密和解密它们之间传送的数据，并验证其完整性。

现在 SSL 和 TLS 已广泛用在各种浏览器中。例如，当我们单击 IE 浏览器菜单的“工具”并选择“选项”时，再单击弹出的对话框中的“高级”选项，就可看到屏幕显示的默认选项是使用 SSL 3.0 和 TLS 1.0（见图 7-22）。

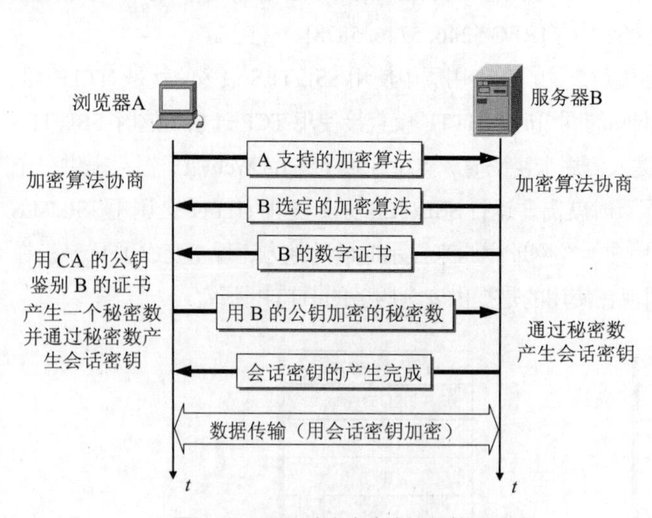

图7-21　SSL建立安全会话的简要过程

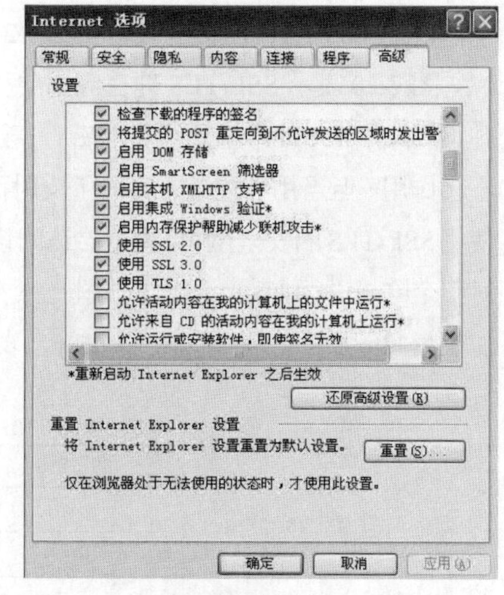

图7-22　浏览器中的选项SSL 3.0和TLS 1.0

7.6.5　应用层实例：PGP

在应用层实现安全相对较为简单，特别是当因特网的通信只涉及两方，如电子邮件的情况。在本节，我们介绍在应用层为电子邮件提供安全服务的协议 PGP。

PGP（Pretty Good Privacy）是由 Phil Zimmermann 于 1995 开发的一个安全电子邮件软件。它是一个完整的电子邮件安全软件包，包括加密、数字签名和压缩等功能，为用户提供机密性、完整性、发件人鉴别和不可否认四种安全服务。虽然 PGP 已被广泛使用，但 PGP 并不是因特网的正式标准。PGP 通过报文摘要和数字签名技术为电子邮件提供完整性和不可否认，使用对称密钥和公钥的组合加密来提供机密性。图 7-23 和图 7-24 说明了 PGP 是如何利用散列函数、发件方私钥、收件方公钥和一次性密钥实现安全电子邮件的。

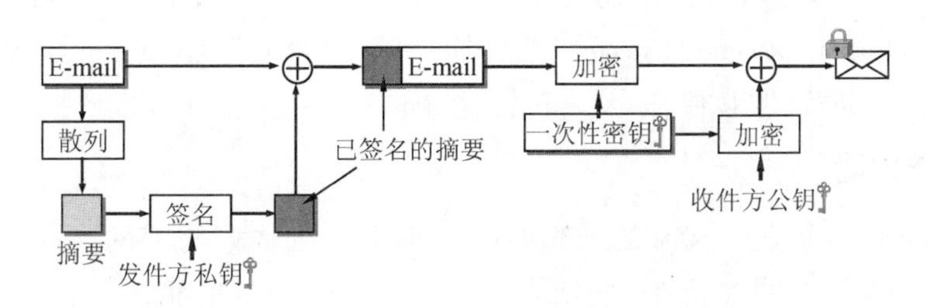

图7-23 PGP发件方处理过程

PGP 发件方用散列函数得到邮件摘要，并用其私钥进行签名，然后用生成的一次性密钥对邮件及其摘要进行加密。由于收件方不知道该一次性密钥，因此用收件方公钥对其进行加密后与加密的邮件及其摘要一起发送给收件方。

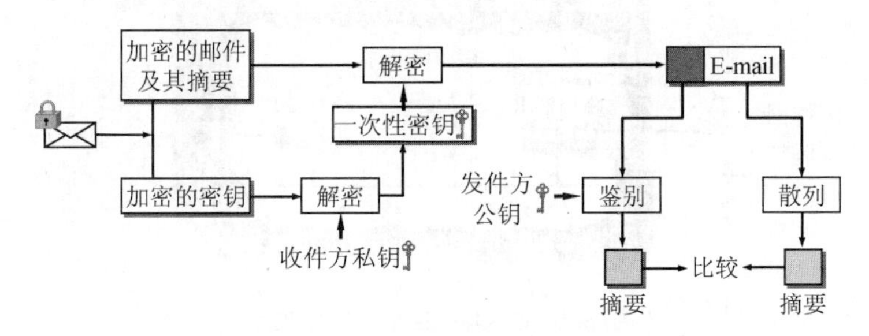

图7-24 PGP收件方处理过程

PGP 收件方首先用自己的私钥解密一次性密钥，然后用该密钥解密被加密的邮件及其摘要。最后用发件方的公钥验证和摘要验证邮件的完整性，并对发件方进行鉴别。在 PGP 中，发件方和收件方是如何获得对方的公钥呢？当然，最安全的办法是双方面对面直接交换公钥，但在大多数情况下这并不现实。因此可以通过认证中心 CA 签发的证书来验证公钥持有者的合法身份。在 PGP 中不要求使用 CA，而允许用一种第三方签署的方式来解决该问题。例如，如果用户 A 和用户 B 分别和第三方 C 之间已经互相确认对方拥有的公钥属实，则 C 可以用其私钥分别对 A 和 B 的公钥进行签名，为这两个公钥进行担保。当 A 得到一个经 C 签名 B 的公钥时，可以用已确认的 C 的公钥对 B 的公钥进行鉴别。不过，用户发布其公钥的最常见的方式还是把公钥发布在他们的个人网页上或仅仅通过电子邮件进行分发。具体采用哪种方式发布自己的公钥取决于用户对安全性的要求。

7.7 系统安全：防火墙与入侵检测系统

恶意用户或软件通过网络对计算机系统的入侵或攻击已成为对计算机安全最严重的威胁之一。用户入侵包括利用系统漏洞进行未授权登录，或者授权用户非法获取更高级别权限。软件入侵方式包括通过网络传播病毒、蠕虫和特洛伊木马。此外还包括阻止合法用户正常使用服务的拒绝服务攻击等。而上一节讨论的一些安全机制都不能有效解决以上安全问题。例如，加密技术并不能阻止植入了“特洛伊木马”的计算机系统通过网络向攻击者泄露秘密信息。**防火墙**（Firewall）作为一种访问控制技术，通过严格控制进出网络边界的分组，禁止任何不必要的通信，从而减少潜在入侵的发生，尽可能降低这类安全威胁所带来的安全风险。由于防火墙不可能阻止所有入侵行为，作为系统防御的第二道防线，**入侵检测系统**（Intrusion Detection System）通过对进入网络的分组进行深度分析与检测发现疑似入侵行为的网络活动，并进行报警以便进一步采取相应措施。

7.7.1 防火墙

防火墙（Firewall）是把一个组织的内部网络与其他网络（通常就是因特网）隔离开的软件和硬件的组合。根据访问控制策略，它允许一些分组通过，而禁止另一些分组通过。访问控制策略由使用防火墙的组织根据自己的安全需要自行制订。图 7-25 是防火墙在互连的网络中的位置。一般将防火墙内的网络称为**“可信网络”**（Trusted Network），而将外部的因特网称为**“不可信网络”**（Untrusted Network）。

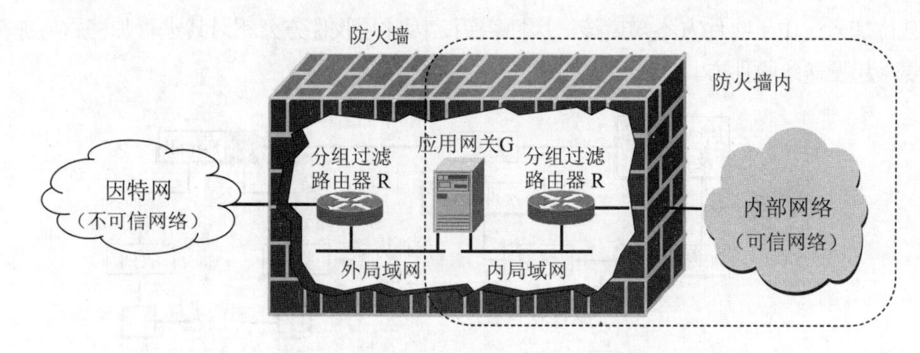

图7-25 防火墙在互连网络中的位置

1. 防火墙的基本原理

根据所采用的技术，防火墙一般分为两类，即分组过滤路由器和应用级网关。

（1）分组过滤路由器

分组过滤路由器是一种具有分组过滤功能的路由器，它根据过滤规则对进出内部网络的分组执行转发或者丢弃（即过滤）。过滤规则基于分组的网络层或运输层首部的信息，例如，源/目的 IP 地址、源/目的端口、协议类型、标志位等。我们知道，TCP 的端口号指出了在 TCP 上面的应用层服务。例如，端口号 23 是 TELNET，端口号 119 是 USENET，等等。所以如果在分组过滤器中将所有目的端口号为 23 的**入分组**（Incoming Packet）都进行阻拦，那么所有外单位用户就不能使用 TELNET 登录到本单位的主机上。同理，如果某公司不愿意其雇员在上班时花费大量时间去看因特网的 USENET 新闻，就可以将目的端口号为 119 的**出分组**（Outgoing Packet）阻拦住，使其无法发送到因特网。通常，过滤规则以**访问控制列表**（Access Control List，ACL）的形式存储在路由器中，管理人员可以通过命令配置访问控制列表中的规则。表 7-1 是一个简单的 ACL 例子。

表7-1 一个简单的ACL例子

编号	方向	源地址	目的地址	协议	源端口	目的端口	处理方法
1	出	内网地址	因特网地址	TCP	>1023	80	允许通过
2	入	因特网地址	内网地址	TCP	80	>1023	允许通过
3	入	211.1.1.1	内网地址	任意	任意	任意	拒绝通过
4	入	外网地址	10.65.19.10	TCP	>1023	25	允许通过
5	出	10.65.19.10	因特网地址	TCP	25	>1023	允许通过

分组过滤可以是无状态的，即独立地处理每一个分组，例如，表 7-1 所示的 ACL。更复杂的分组过滤路由器支持有状态的分组过滤，即要跟踪每个连接或会话的通信状态，并根据这些状态信息来决定是否转发分组。例如，一个目的地是某个客户动态分配端口（该端口无法事先包含在规则中）的进入分组被允许通过的唯一条件是：该分组是该端口发出的合法请求的一个响应。这样的规则只能通过有状态的检查来实现。

分组过滤路由器的优点是简单、高效，且对于用户是透明的，但不能对高层数据进行过滤。例如，不能禁止某个用户对某个特定应用进行某个特定的操作，也不能支持应用层用户鉴别等。这些功能需要使用应用级网关技术来实现。

（2）应用级网关

应用级网关也称为**代理服务器**（Proxy Server），它在应用层通信中扮演报文中继的角色。一种网络应用需要一个应用级网关，例如，在前面介绍过的万维网缓存就是一种万维网应用的代理服务器。在应用级网关中可以实现基于应用层数据的过滤和高层用户鉴别。

所有进出网络的应用程序报文都必须通过应用级网关。当用户通过应用级网关访问内网或外网资源时，应用级网关可以要求对用户的身份进行鉴别，然后根据用户身份对用户行为进行访问控制。

当某应用客户进程向服务器发送一份请求报文时，先发送给应用级网关，应用级网关在应用层打开该报文，查看该请求是否合法（可根据应用层用户标识符或其他应用层信息）。如果请求合法，应用级网关以客户进程的身份将请求报文转发给原始服务器。如果不合法，报文则被丢弃。例如，一个邮件网关在检查每一个邮件时，根据邮件地址或邮件的其他首部，甚至是报文的内容（如有没有某些像“导弹”“核弹头”等关键词）来确定该邮件能否通过防火墙。

应用级网关也有一些缺点。首先，每种应用都需要一个不同的应用级网关（可以运行在同一台主机上）。其次，在应用层转发和处理报文，处理负担较重。另外，对应用程序不透明，需要在应用程序客户端配置应用级网关地址。

通常可将这两种技术结合使用，图 7-25 所画的防火墙就同时具有这两种技术。它包括两个分组过滤路由器和一个应用级网关，它们通过两个局域网连接在一起。

2. 个人防火墙

以上讨论的防火墙以保护内部网络为目的，又称为**网络防火墙**，主要是由负责网络安全的管理员配置和使用，普通计算机用户较少接触。对普通用户而言，接触更多的是**个人防火墙**。个人防火墙，指的是一种安装在用户计算机上的应用程序，其作用类似分组过滤器，对用户计算机的网络通信行为进行监控。与网络防火墙不同，个人防火墙只保护单台计算机。在用户计算机进行网络通信时，个人防火墙将执行预设的分组过滤规则，拒绝或允许网络通信。

在配置完善的情况下，个人防火墙可以较好地阻止网络中的黑客或恶意代码攻击用户计算机，也有助于用户发现主机感染的木马等恶意程序。例如，用户在计算机上安装了一个新的网络游戏软件，该软件需要通过网络接收数据，防火墙会报警并询问用户阻止连接还是允许连接。如果用户选择允许连接，个人防火墙会为程序创建一个例外，如果该程序以后需要进行网络通信，则防火墙不会再报警，而是允许该软件从网络接收数据。

个人防火墙相对于网络防火墙而言，结构和实现都比较简单，在网络安全领域更多的是对网络防火墙的研究。

3. 防火墙的局限性

在网络边界位置部署防火墙，对于提高内网安全能够起到积极的作用，但是防火墙技术并不能解决所有的网络安全问题，我们要清楚它在安全防护方面的一些局限性。

（1）防火墙所发挥的安全防护作用在很大程度上取决于防火墙的配置是否正确和完备。用户要根据自己的情况制定严密的访问控制规则，阻止内网和外网间一切可疑的、未授权的或者不必要的通信，才能将安全风险降低到最低。

（2）一些利用系统漏洞或网络协议漏洞进行的攻击，防火墙难以防范。攻击者通过防火墙允许的端口对服务器的漏洞进行攻击，一般的分组过滤防火墙基本上无力保护，应用级网关也必须具有识别该特定漏洞的条件下才可能阻断攻击。

（3）防火墙不能有效防止病毒、木马等通过网络的传播。由于查杀恶意代码计算开销非常大，与网络宽带化对防火墙的处理速度的要求之间存在巨大的矛盾，因此防火墙对恶意代码的查杀能力非常有限。

（4）防火墙技术自身存在的一些不足。例如，分组过滤器不能防止 IP 地址和端口号欺骗，而应用级网关自身也可能有软件漏洞而存在被渗透攻击的风险。

7.7.2 入侵检测系统

防火墙试图在入侵行为发生之前阻止所有可疑的通信。但事实是不可能阻止所有的入侵行为，有必要采取措施在入侵已经开始，但还没有造成危害或在造成更大危害前，及时检测到入侵，以便尽快阻止入侵，把危害降低到最小。**入侵检测系统**（Intrusion Detection System，IDS）正是这样一种技术。IDS 对进入网络的分组执行深度分组检查，当观察到可疑分组时，向网络管理员发出告警或执行阻断操作（由于 IDS 的“误报”率通常较高，多数情况不执行自动阻断）。IDS 能用于检测多种网络攻击，包括网络映射、端口扫描、DoS 攻击、蠕虫和病毒、系统漏洞攻击等。

入侵检测方法一般可以分为基于特征的入侵检测和基于异常的入侵检测两种。

基于特征的 IDS 维护一个所有已知攻击标志性特征的数据库。每个特征就是一个与某种入侵活动相关联的行为模式或规则集，这些特征可能基于单个分组的首部字段值或数据中特定比特串，或者与一系列分组有关。当发现有与某种攻击特征匹配的分组或分组序列时，则认为可能检测到某种入侵行为。这些特征通常由网络安全专家生成，机构的网络管理员定制并将其加入到数据库中。被用于入侵检测的攻击特征必须具有很好的区分度，即这种特征出现在攻击活动中，而在系统正常的运行过程中通常不会出现。

基于特征的IDS只能检测已知攻击，对于未知攻击则束手无策。基于异常的IDS通过观察正常运行的网络流量，学习正常流量的统计特性和规律，当检测到网络中流量某种统计规律不符合正常情况时，则认为可能发生了入侵行为。例如，当攻击者在对内网主机进行ping搜索时，或导致ICMP ping报文突然大量增加，与正常的统计规律有明显不同。但区分正常流和统计异常流是一个非常困难的事情。至今为止，大多数部署的IDS主要是基于特征的，尽管一些IDS包括了某些基于异常的特性。

现在很多研究致力于将机器学习方法应用于入侵检测系统，让机器自动学习某种网络攻击的特征或者正常流量的模式。这种智能的方法可以大大减小对网络安全专家的依赖。

不论采用什么检测技术都存在“漏报”和“误报”情况。如果“漏报”率比较高，则只能检测到少量的入侵，给人以安全的假象。对于特定IDS，可以通过调整某些阈值或参数来降低“漏报”率，但同时会增大“误报”率。“误报”率太大会导致大量虚假警报，网络管理员需要花费大量时间分析报警信息，甚至会因为虚假警报太多对报警“视而不见”，使IDS形同虚设。因此，误报率和漏报率是评价入侵检测系统效能的重要依据。

7.8 网络攻击及其防范

在学习了加密、报文鉴别、实体鉴别、密钥分发、安全协议、防火墙和入侵检测系统等技术后，我们现在讨论几种常见的网络攻击的机制及如何利用各种安全机制进行防范。为表述简洁，在本节中攻击者既指发起网络攻击的人，但更多的时候又指的是攻击人所使用的攻击程序。

7.8.1 网络扫描

在实施网络攻击前，对攻击目标的信息掌握得越全面、具体，越能合理、有效地根据目标的实际情况确定攻击策略和攻击方法，网络攻击的成功率也越高。网络扫描技术是获取攻击目标信息的一种重要技术，能够为攻击者提供大量攻击所需的信息。这些信息包括目标主机的IP地址、工作状态、操作系统类型、运行的程序及存在的漏洞等。**主机发现**、**端口扫描**、**操作系统检测**和**漏洞扫描**是网络扫描的4种主要类型。

1. 主机发现

主机发现是进行网络攻击的前提。只有确定了目标主机的IP地址，才能采用各种攻击手段对其发起攻击。进行主机发现的主要方法是利用ICMP协议。由于每台主机都运行了ICMP协议，攻击者向主机发送ICMP查询报文时，主机会用ICMP应答报文进行响应，攻击者从而知道该主机正在运行。例如，攻击者可以利用Ping命令对某个目标地址块中的所有IP地址进行连通性测试来发现运行的目标主机。防范这种Ping扫描的方法之一是配置防火墙不允许通过ICMP查询报文。为了规避防火墙对ICMP查询报文的过滤，攻击者可能会向目标主机发送一些首部字段不正确的IP数据报，当主机接收到首部字段不正确的数据报时会向源响应一个ICMP差错报告。通常防火墙不会过滤ICMP差错报告，否则主机将失去进行差错报告的功能，而影响正常的网络通信。

2. 端口扫描

攻击者在主机发现的基础上，可以进一步获取主机信息以便进行有针对性的网络攻击。一些网络应用服务总是使用固定的运输层端口。例如，HTTP 使用 TCP 的 80 端口，而 DNS 使用 UDP 的 51 端口。通过端口扫描能够使攻击者掌握主机上所有端口的工作状态，进而推断主机上开放了哪些网络服务。由于活跃的 TCP 端口会对接收到的连接请求进行响应，因此攻击者通过尝试与目标端口建立连接来检测 TCP 端口是否处于工作状态。对于无连接的 UDP，攻击者向目标端口发送 UDP 数据报，如果目标端口处于工作状态，通常不会做出任何响应（因为攻击者发送的 UDP 数据报的内容通常不会满足接收方的要求），但如果目标端口处于关闭状态，主机将会返回 ICMP 端口不可达的差错报告，攻击者据此推断该 UDP 端口是否处于工作状态。

3. 操作系统检测

主机使用的操作系统不同，其存在的安全漏洞可能完全不同。检测远程主机的操作系统类别主要有三种方法：一是获取操作系统**旗标**（Banner）信息。当客户机向服务器发起连接时，服务器往往会返回各自独特的欢迎信息。根据这些信息攻击者可以推断出服务器的操作系统类别；二是获取主机端口状态信息。不同操作系统通常会有一些默认开放的服务，这些服务会打开特定的端口进行网络监听。因此端口扫描的结果可用于推断主机操作系统的类别；三是分析 TCP/IP 协议栈指纹。虽然 RFC 文档严格规定了各种协议的语法、语义和时序，但并没有规定所有实现细节，不同的协议实现在细节上会有所不同。例如，在 TCP 标准中没有规定初始窗口的大小。通常，各种 TCP 实现都会将初始窗口大小设置为一个固定的默认值。但在不同操作系统的 TCP 实现中，这个默认值各有不同。通过分析协议数据单元或协议交互过程中的这些细节可以较准确地推断出目标主机的操作系统类别。这些协议实现细节的独特特征被称为协议指纹。

4. 漏洞扫描

漏洞是信息系统在硬件、软件、协议的具体实现和系统安全策略等方面存在的缺陷和不足。漏洞的存在使得攻击者有可能在未授权的情况下访问系统，甚至对系统进行破坏。漏洞扫描对于计算机管理员和攻击者而言都有重要意义。漏洞扫描分为基于主机的漏洞扫描和基于网络的漏洞扫描，这里只讨论基于网络的漏洞扫描。利用前面的端口扫描和操作系统检测可以掌握目标系统上运行的操作系统和应用服务，根据这些信息在事先建立的漏洞库中查找匹配的漏洞，然后根据不同漏洞具体细节向目标系统发送探测分组，并从返回的结果准确判定目标系统是否存在可利用的漏洞。攻击者往往会针对具体漏洞开发专用的漏洞扫描软件。

5. 网络扫描的防范

防范网络扫描主要有以下措施：一是关闭闲置及危险端口，只打开确实需要的端口；二是使用 NAT 屏蔽内网主机地址，限制外网主机主动与内网主机进行通信；三是设置防火墙，严格控制进出分组，过滤不必要的 ICMP 报文；四是使用入侵检测系统及时发现网络扫描行为和攻击者 IP 地址，配置防火墙对该地址的分组进行阻断。网络扫描的行为特征比较明显，例如，在短时间内对一段地址中的每个地址和端口号发起连接等。很多防火墙也具有识别简单网络扫描的功能。但网络攻防是矛与盾的较量，很多攻击者也在研究如何隐蔽自己的攻击行为，例如，调整扫描次序、减缓扫描速度、利用虚假源地址及分布式扫描等。这些对防火墙和入侵检测系统提出了更高的要求。

网络管理员也可利用网络扫描工具对系统进行定期自查，以便及时发现漏洞、关闭危险端口并安装安全漏洞补丁。从因特网可以下载各种网络扫描工具，例如，Nmap、Queso、SuperScan 等。这些网络扫描工具已成为网络安全的“双刃剑”。一方面网络攻击者用它们来发现攻击目标，另一方面安全管理员可以用它们来检测自己系统的安全性。

7.8.2 网络监听

网络监听是攻击者直接获取信息的有效手段。如果数据在网络中明文传输（绝大部分情况都是这样），攻击者可以从截获的分组中分析出账号、口令等敏感信息。例如，远程终端 Telnet 就是使用明文传输登录的用户名和口令，存在极大的安全风险。即使网络通信经过了加密，攻击者还可以尝试密码破译。如果通信用户的加密算法比较脆弱或密钥过于简单，攻击者很可能破译出明文。

1. 分组嗅探器

用于网络监听的工具通常称为**分组嗅探器**（Packet Sniffer），它是运行在与网络相连的设备上的程序，它被动接收所有流经这个设备的网络适配器的链路层帧。在因特网上可以免费下载许多优秀的分组嗅探器软件，例如，被网络管理员经常使用的 Wireshark 就是一种分组嗅探器。我们已经知道工作在混杂方式的网络适配器会接收所有接口上能监听到的 MAC 帧，而不论这些帧的目的 MAC 地址是否指向自己。在共享式局域网中，分组嗅探器将适配器设置为混杂方式，就可以监听到网络中所有的通信。但是现在的局域网基本上都是使用交换机的交换式局域网，分组嗅探器通常仅能接收到发送给自己的帧或广播帧。为了能监听到网络中的其他通信内容必须采取一些特殊的手段。

2. 交换机毒化攻击

交换机的转发表空间是有限的，并且总是保留最新记录的表项。攻击者向交换机发送大量具有不同虚假源 MAC 地址的帧，这些虚假 MAC 地址表项会填满交换机的转发表，使真正需要被保存的 MAC 地址被更新淘汰。这样该交换机就不得不广播大多数的帧，因为在交换机的转发表中找不到这些帧的目的 MAC 地址。这时，分组嗅探器就能监听到网络中其他主机的通信了。

3. ARP 欺骗

我们知道在网络层以上使用 IP 地址标识主机，而在数据链路层使用 MAC 地址进行通信。攻击者能利用 ARP 的安全缺陷冒充其他主机的 MAC 地址来非法截取通信数据。ARP 为了提高协议的工作效率，减少不必要的网络通信量，主机对接收到的所有 ARP 报文（不论是 ARP 请求报文还是响应报文）都会根据其中的信息更新自己的 ARP 缓存。攻击者可以广播或向特定主机发送一个 ARP 请求报文或响应报文，并声称被攻击主机的 IP 地址对应的 MAC 地址就是自己的 MAC 地址，收到该 ARP 报文的主机将会信以为真。例如，攻击者 C 希望监听主机 A 与 B 之间的通信。为了达到此目的，C 向 A 发送欺骗 ARP 报文，声称自己是 B，而同时又向 B 发送欺骗 ARP 报文，声称自己是 A。之后，A 发送给 B 的分组会发送给 C，C 截取后再转发给 B，而 B 发送给 A 的分组也会发送给 C，C 同样截取后再转发给 A。这样，A 和 B 的所有通信都会被 C 监听，而 A 和 B 完全不知道 C 的存在。这实际上是一种**中间人攻击**。攻击者往往利用 ARP 欺骗将自己伪装成某个路由器，从而能监听到所有流经该路由器的所有通信，其危害极大。

4. 网络监听的防范

为了防止网络监听，首先要尽量使用交换机而不是集线器，在交换机环境中攻击者更难实施监听。同时很多交换机具备一些安全功能。例如，针对交换机毒化攻击，对于具有安全功能的交换机可以在某个端口上设置允许学习的源 MAC 地址数量的上限，当该端口学习的 MAC 地址数量超过限定数量时，交换机还会产生相应的违例动作，如丢弃帧并进行报警等。网络管理员还可以禁用交换机的自学习功能，将 IP 地址、MAC 地址与交换机的端口进行静态绑定，限制非法主机接入，使攻击者无法实施交换机毒化攻击，也使 ARP 欺骗等攻击手段难以实施。针对 ARP 欺骗可以对于要重点保护的主机或路由器使用静态 ARP 表，而不再依据 ARP 请求或响应报文进行动态更新。由于分组嗅探只能在局域网中进行，因此划分更细的 VLAN 有助于限制攻击者监听的范围。最后，对付网络监听的最有效的办法是进行数据加密，避免使用 Telnet 这些不安全的软件。通过使用实体鉴别技术可以很好地防范中间人攻击。

7.8.3 拒绝服务攻击

拒绝服务（Denial of Service，DoS）**攻击**是攻击者最常使用的一种行之有效且难以防范的攻击手段，是针对系统可用性的攻击，主要通过消耗网络带宽或系统资源（如处理器、磁盘、内存等）导致网络或系统不胜负荷，以至于瘫痪而停止提供正常的网络服务或使服务质量显著降低，或通过更改系统配置使系统无法正常工作（如更改路由器的路由表）来达到攻击的目的。大多数情况下，拒绝服务攻击指的是前者。如果处于不同位置的多个攻击者同时向一个或多个目标发起拒绝服务攻击，或者一个或多个攻击者控制了位于不同位置的多台主机，并利用这些主机对目标同时实施拒绝服务攻击，则称这种攻击为**分布式拒绝服务**（Distributed Denial of Service，DDoS）攻击，它是拒绝服务攻击最主要的一种形式。

拒绝服务攻击主要以网站、路由器、域名服务器等网络基础设施为攻击目标，因此危害非常大，能给被攻击者造成巨大的经济损失。例如，在 2000 年 2 月 7 日至 11 日间发生的著名网站（包括 Yahoo, Amazon, Buy.com 和 eBay 等）攻击事件造成了上亿美元的损失；2009 年 5 月 19 日发生的江苏、安徽、广西、海南、甘肃、浙江六省电信互联网络瘫痪事件（“5・19”网络瘫痪案）造成了无法估量的经济损失。

1. 基于漏洞的 DoS 攻击

这类拒绝服务攻击主要是利用协议本身或其软件实现中的漏洞，向目标发送一些非常特殊的分组，使目标系统在处理时出现异常，甚至崩溃。这类攻击又称为**剧毒包攻击**。例如，有一种称为死亡之 Ping 的攻击，攻击者向目标系统发送超长的 ICMP 回送请求报文，该 ICMP 报文中数据的长度超过了 RFC 标准中规定的 IP 数据报的最大长度，一些系统在接收到这样意想不到的报文时会发生内存分配错误，导致堆栈崩溃，系统死机。防范基于漏洞的拒绝服务攻击最有效的方法就是及时为操作系统安装修补系统漏洞的安全补丁。

2. 基于资源消耗的 DoS 攻击

更多的拒绝服务攻击是通过向攻击目标发送大量的分组，从而耗尽目标系统资源来达到瘫痪目标的目的。在所谓的 SYN 洪泛攻击中，攻击者向目标服务器发送大量的 TCP SYN 分组（连接请求），而这些分组的源地址都是伪造的不同的 IP 地址。服务器不能区分合法的 SYN 分组和欺骗的 SYN 分组，试图为每个 SYN 分组建立 TCP 连接，为其分配缓存和相关资源，并向这些伪造的 IP 地址发送 TCP SYN + ACK 分组进行响应。但攻击者不会对这些分组进行响应来完成第三次握手。这会导致服务器维护大量未完成的连接，当这些半连接的数量超过了系统允许的上限时，系统不会再接受任何连接请求，包括正常用户发送的连接请求。

另一个类似的攻击是向被攻击主机发送IP报文分片，但是从不发送完组成一个数据报的所有分片。被攻击主机一直缓存收到的部分分片，并徒劳地等待收齐一个数据报的所有分片，随着时间的推移，耗费越来越多的缓存，直到系统崩溃。

Smurf攻击采用了一种被称为**反射攻击**的间接攻击方法，通过向被攻击主机所在的网络发送大量的ICMP回送请求报文（即Ping），这些请求报文的目的地址为该网络的广播地址，而源地址为被攻击主机的IP地址，最终导致该网络中的所有主机作为反射结点将应答都发往被攻击主机。这可能导致目标网络拥塞或目标主机崩溃，无法对外提供服务。反射攻击具有放大攻击流量的功能，因为攻击源发送的一个分组经反射后将变成多个分组，反射网络中主机越多，这种放大效果越好。防止被反射攻击所利用的方法是配置路由器过滤所有到本网的特定网络广播数据报。

3. 分布式DoS攻击

基于资源消耗的拒绝服务攻击需要向目标主机发送大量的分组，通过单个源一般很难达到效果。在分布式DoS攻击中，攻击者先通过非法入侵手段控制因特网上的许多主机（例如，通过嗅探口令、漏洞渗透、木马等方式），然后在每个被控主机中安装并运行一个从属程序，该从属程序静静等待攻击者主控程序的指令。当有大量这样的从属程序运行后，主控程序则会向这些从属程序发出攻击指令，指示这些从属程序同时向目标系统发起DoS攻击。这种分布式的DoS攻击往往能产生巨大的流量来淹没目标系统的网络带宽或直接导致目标系统资源耗尽而崩溃。很多DDoS攻击还结合反射攻击技术进一步将攻击流量进行放大，产生足以使目标系统立即崩溃的超巨量的攻击流量。

4. DoS攻击的防范

到目前为止，还没有一种完全有效地抵抗DoS攻击的技术和方法，特别是基于大规模流量攻击的DDoS更难防范。目前应对DoS攻击的主要方法有以下几种。

一是利用网络防火墙对恶意分组进行过滤。例如，为了防范Smurf攻击而将防火墙配置为过滤掉所有ICMP应答请求报文。但对于像SYN洪泛这类攻击很难区分哪些是恶意分组。一些防火墙可以动态检测到指定服务器上半连接的数量，当该数量超过预设的阈值时将丢弃向该服务器的其他连接请求以保护内部服务器免受TCP SYN攻击。

二是在入口路由器进行源端控制。通常参与DoS攻击的分组使用的源IP地址都是假冒的，因此如果能够防止IP地址假冒就能够防止此类的DoS攻击。通过某种形式的源端过滤可以减少或消除假冒IP地址的现象。例如，路由器检查来自与其直接连接的网络分组的源IP地址，如果源IP地址非法，即与该网络的网络前缀不匹配，则丢弃该分组。现在越来越多的路由器开始支持源端过滤，但这种简单的源端过滤并不能彻底消除IP地址假冒，因为攻击者仍然可以冒充ISP网络中的任意一台主机。同时要通过源端过滤来防范DoS攻击，必须使因特网上所有的路由器都具有这样的功能才能达到防范的目的，而目前能支持源端过滤的路由器毕竟是少数，源端过滤并没有被所有路由器强制执行。

三是追溯攻击源。近年来的大量研究工作致力于路由器对流经的IP数据报首部进行标记的技术，通过该标记可以追溯到DoS攻击数据报的源头。一旦确定了参与攻击的源主机，就把它隔离起来。但这个过程通常很慢，而且需要人工干预，因此目前主要用于事后追查及为采取相应的法律手段提供依据。

四是进行DoS攻击检测。及时检测DoS攻击对于减轻攻击所造成的危害非常必要。入侵检测系统可以通过分析分组首部特征和流量特征检测正在发生的DoS攻击，并进行预警。

总之，DoS攻击是最容易实现却又最难防范的攻击手段。上述措施只能部分地减轻DoS攻击所造成的危害，而不能从根本上解决问题。

本章的重要概念

- 计算机网络上的通信面临的安全威胁可分为两大类，即被动攻击（如截获）和主动攻击（如中断、篡改、伪造）。主动攻击的类型有更改报文流、拒绝服务、伪造初始化、恶意程序（病毒、蠕虫、木马）等。
- 计算机网络中需要提供的基本安全服务有机密性、报文完整性、不可否认性、实体鉴别、访问控制和可用性等。
- 密码学是计算机网络安全的基础，是实现机密性、报文完整性、实体鉴别及不可否认性的技术基础。
- 加密就是将发送的数据变换成对任何不知道如何做逆变换的人都不可理解的形式，从而保证了数据的机密性。被加密的数据被称为密文，而加密前的数据被称为明文。解密就是通过某种逆变换将密文重新变换回原来的明文。现代密码系统要加密和解密过程以密钥为参数，并且加密和解密过程可以公开，而只有密钥需要保密。即只有知道密钥的人才能解密密文，而任何人，即使知道加密或解密算法也无法解密密文。
- 如果不论截取者获得了多少密文，都无法唯一地确定出对应的明文，则这一密码体制称为无条件安全的（或理论上是不可破的）。在无任何限制的条件下，目前几乎所有实用的密码体制均是可破的。如果一个密码体制中的密码不能在一定时间内被可以使用的计算资源破译，则这一密码体制称为在计算上是安全的。
- 对称密钥密码体制是加密密钥与解密密钥相同的密码体制（如数据加密标准 DES）。这种加密的保密性仅取决于对密钥的保密，而算法是公开的。
- 公钥密码体制（又称为公开密钥密码体制）使用不同的加密密钥与解密密钥。加密密钥（即公钥）是向公众公开的，而解密密钥（即私钥或秘钥）则是需要保密的。加密算法和解密算法也都是公开的。
- 目前最著名的公钥密码体制是RSA体制，它是基于数论中的大数分解问题的体制。
- 任何加密方法的安全性取决于密钥的长度，以及攻破密文所需的计算量，而不是简单地取决于加密的体制（公钥密码体制或传统加密体制）。
- 数字签名必须保证能够实现以下三项功能：（1）报文鉴别，即接收方能够核实发送方对报文的数字签名；（2）不可否认，即发送者事后不能抵赖对报文的签名；（3）不可伪造，任何人包括接收方都不能伪造对报文的签名。
- 实体鉴别是要验证通信的对方的确是自己所要通信的对象，而不是其他的冒充者。
- 报文摘要MD是进行报文鉴别的一种简单方法。目前广泛使用的是MD5。
- 密钥管理包括密钥的产生、分配、注入、验证和使用。密钥分配（或密钥分发）是密钥管理中最大的问题。密钥必须通过最安全的通路进行分配。目前常用的密钥分配方式是设立密钥分配中心 KDC。KDC 是大家都信任的机构，其任务就是给需要进行秘密通信的用户临时分配一个仅使用一次的会话密钥。

- 认证中心 CA 是一个值得信赖的机构，用来将公钥与其对应的实体（人或机器）进行绑定。每个实体都有 CA 签发的证书，里面有公钥及其拥有者的标识信息（人名或 IP 地址）。此证书被 CA 进行了数字签名。任何用户都可从可信的地方（如代表政府的报纸）获得认证中心 CA 的公钥。
- 访问控制是在保障授权用户能获取所需资源的同时拒绝非授权用户的安全机制，访问控制包括主体、客体、访问及访问策略等基本要素。
- 访问控制策略典型地可分为三类：自主访问控制、强制访问控制和基于角色的访问控制。
- IEEE 802.11i 是无线局域网的安全标准，为无线用户提供实体鉴别、访问控制、数据保密与完整性等安全功能，其商业名称为 WPA2 （WiFi Protected Access 2）。
- IPsec 是为因特网网络层提供安全服务的一组协议。IPsec 可以以两种不同的方式运行：（1）传输方式，IPsec 只保护 IP 报文的有效载荷，而不保护 IP 报文的首部，通常用于主机到主机的数据保护；（2）隧道方式，IPsec 保护包括 IP 首部在内的整个 IP 数据报，通常用于两个路由器之间，或一个主机与一个路由器之间的数据保护。
- SSL 最新的版本是 SSL 3.0，它是保护万维网 HTTP 通信量公认的事实上的标准。微软的浏览器 IE 目前也使用 SSL。后来 IETF 在 SSL 的基础上设计了运输层安全协议 TLS。但当需要使用加密的浏览器时，就需要使用安全的浏览器。这时就要使用运输层安全协议 SSL/TLS 和应用层的 HTTPS。
- PGP 是安全电子邮件软件（不是因特网的正式标准）。PGP 通过报文摘要和数字签名技术为电子邮件提供完整性和不可否认，使用对称密钥和公钥的组合加密来提供机密性。
- 防火墙是把一个组织的内部网络与其他网络（通常就是因特网）隔离开的软件和硬件的组合，目的是实施访问控制策略。防火墙里面的网络称为“可信的网络”，而把防火墙外面的网络称为“不可信的网络”。防火墙的功能有两个：一个是阻止（主要的），另一个是允许。
- 防火墙技术一般分为分组过滤路由器和应用级网关两类：分组过滤路由器是一种具有分组过滤功能的路由器，它根据过滤规则对进出内部网络的分组执行转发或者丢弃（即过滤）；应用级网关在应用层通信中扮演报文中继的角色，可以实现基于应用层数据的过滤和高层用户鉴别。
- 入侵检测方法一般可以分为基于特征的入侵检测和基于异常的入侵检测两种。
- 拒绝服务（DoS）攻击是攻击者最常使用的一种行之有效且难以防范的攻击手段，是针对系统可用性进行攻击，主要通过消耗网络带宽或系统资源（如处理器、磁盘、内存等）导致网络或系统不堪负荷，以至于瘫痪而停止提供正常的网络服务或使服务质量显著降低，或通过更改系统配置使系统无法正常工作（如更改路由器的路由表）来达到攻击的目的。
- 分布式拒绝服务（DDoS）攻击中，处于不同位置的多个攻击者同时向一个或多个目标发起拒绝服务攻击，或者一个或多个攻击者控制了位于不同位置的多台主机，并利用这些主机对目标同时实施拒绝服务攻击。DDoS 攻击是 DoS 攻击最主要的一种形式。

习　题

7-1　计算机网络中的安全威胁都有哪些？需要哪些安全服务？

7-2　请说明授权（Authorization）与鉴别（Authentication）的区别。

7-3　对称密钥密码体制与公钥密码体制的特点各如何？各有何优缺点？

7-4　考虑n个用户两两间的秘密通信问题。如果使用对称密钥密码体制，需要多少密钥？若使用公钥密码体制，则需要多少对密钥？

7-5　你能设计出一个简单的对称密钥加密算法吗？请大致评估一下你的加密算法的强度。

7-6　在对称密钥系统中，通信双方要共享同一秘密密钥，需要通过安全通道分发密钥。而在公钥系统中，公钥无需保密，是否就不存在密钥分发的问题？试举一例说明原因。

7-7　比较对称密钥密码体制与公钥密码体制中密钥分发的异同。

7-8　为什么需要进行报文鉴别？报文的保密性与完整性有何区别？什么是MD5？

7-9　为什么报文鉴别技术中要使用报文摘要？什么报文摘要要使用密码散列函数？使用普通散列函数会有什么问题？

7-10　计算字符串“SEND1293.BOB”和“SEND9213.BOB”的因特网检验和，看是否完全一样的。

7-11　比较数字签名与报文鉴别码技术的异同。

7-12　请修改图7-9中的鉴别协议，使用公钥密码加密算法来实现不重数鉴别协议。

7-13　如果采用信道加密机对网络中所有链路都进行加密，并且所有中间结点（如路由器）也是安全的，是不是就不需在网络其他层次提供安全机制了？

7-14　查看一个无线接入点AP的安全配置，看看它都支持几种安全机制。

7-15　IPSec有哪两种运行方式？请简述它们的区别。

7-16　因特网的网络层是无连接的，而IPSec是因特网网络层的安全协议，它也是无连接的吗？

7-17　有了IPSec在网络层提供安全服务，为什么还需要运输层和应用层的安全协议？

7-18　使用IPSec或SSL能代替PGP为电子邮件提供安全服务吗？

7-19　试述防火墙的基本工作原理和所提供的功能。

7-20　是不是在部署了防火墙后，内网的主机就都安全了？

7-21　有了防火墙为什么还需要入侵监测系统？

7-22　入侵检测方法一般可以分为哪两种？它们之间的区别是什么？

7-23　为什么攻击者在进行网络攻击前通常要进行网络扫描？网络扫描有哪几种主要的类型？

7-24　在交换式局域网中用嗅探器进行网络监听的困难是什么？交换机毒化攻击的基本原理是什么？如何防范？

7-25　DDoS是如何产生巨量攻击流量的？为什么难以防范？

附录A 最短路径算法——Dijkstra算法

在路由选择算法中都要用到求最短路径算法。最出名的求最短路径算法有两个，即 Bellman-Ford 算法和 Dijkstra 算法。这两种算法的思路不同，但得出的结果是相同的。我们在下面只介绍 Dijkstra 算法，它的已知条件是整个网络拓扑和各链路的长度。

应注意到，若将已知的各链路长度改为链路时延或费用，这就相当于求任意两结点之间具有最小时延或最小费用的路径。因此，求最短路径的算法具有普遍的应用价值。

下面以图 A-1 的网络为例来讨论这种算法，即寻找从源结点到网络中其他各结点的最短路径。为方便起见，设源结点为结点 1。然后一步一步地寻找，每次找一个结点到源结点的最短路径，直到把所有的点都找到为止。

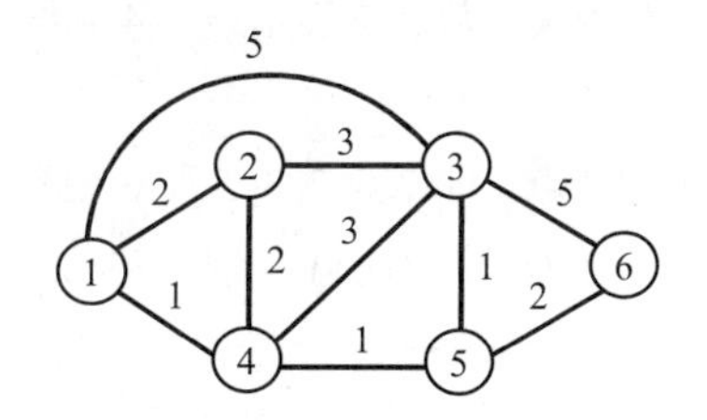

图A−1 求最短路径算法的网络举例

令 $D(v)$为源结点（记为结点 1）到某个结点 v 的距离，它就是从结点 1 沿某一路径到结点 v 的所有链路的长度之和。再令 $l(i, j)$为结点 i 至结点 j 之间的距离。整个算法只有以下两个部分。

（1）初始化。令 N 表示网络结点的集合。先令 $N = \{1\}$。对所有不在 N 中的结点 v，写出

$$D(v)=\begin{cases} l(1,v) & \text{若结点}v\text{与结点1直接相连} \\ \infty & \text{若结点}v\text{与结点1不直接相连} \end{cases}$$

在用计算机进行求解时，可以用一个比任何路径长度大得多的数值代替∞。对于上述例子，可以使 $D(v) = 99$。

（2）寻找一个不在 N 中的结点 w，其 $D(w)$值为最小。把 w 加入到 N 中。然后对所有不在 N 中的结点 v，用$[D(v), D(w)+ l(w, v)]$中的较小的值去更新原有的 $D(v)$值，即

$$D(v) \leftarrow \text{Min}[D(v), D(w)+ l(w, v)] \tag{A-1}$$

（3）重复步骤（2），直到所有的网络结点都在 N 中为止。

表 A-1 是对图 A-1 的网络进行求解的详细步骤。可以看出，上述的步骤（2）共执行了五次。表中

带圆圈的数字是在每一次执行步骤（2）时所寻找的具有最小值的 $D(w)$ 值。当第 5 次执行步骤（2）并得出了结果后，所有网络结点都已包含在 N 之中，整个算法即告结束。

表A-1　计算图A-1的网络的最短路径

步骤	N	D(2)	D(3)	D(4)	D(5)	D(6)
初始化	{1}	2	5	1	∞	∞
1	{1, 4}	2	4	①	2	∞
2	{1, 4, 5}	2	3	1	②	4
3	{1, 2, 4, 5}	②	3	1	2	4
4	{1, 2, 3, 4, 5}	2	③	1	2	4
5	{1, 2, 3, 4, 5, 6}	2	3	1	2	④

现在我们对以上的最短路径树的找出过程进行一些解释。

因为选择了结点 1 为源结点，因此一开始在集合 N 中只有结点 1。结点 1 只和结点 2, 3 和 4 直接相连，因此在初始化时，在 $D(2)$，$D(3)$和 $D(4)$下面就填入结点 1 到这些结点相应的距离，而在 $D(5)$和 $D(6)$下面填入∞。

下面执行步骤 1。在结点 1 以外的结点中，找出一个距结点 1 最近的结点 w，这应当是 $w = 4$，因为在 $D(2)$，$D(3)$和 $D(4)$中，$D(4)= 1$，它的之值最小。于是将结点 4 加入到结点集合 N 中。这时，我们在步骤 1 这一行和 $D(4)$这一列下面写入①，数字 1 表示结点 4 到结点 1 的距离，数字 1 的圆圈表示结点 4 在这个步骤加入到结点集合 N 中了。

接着就要对所有不在集合 N 中的结点（即结点 2, 3, 5 和 6）逐个执行式（A-1）。

对于结点 2，原来的 $D(2)= 2$。现在 $D(w)+ l(w, v)= D(4)+ l(4, 2)= 1 + 2 = 3 > D(2)$。因此结点 2 到结点 1 距离不变，仍为 2。

对于结点 3，原来的 $D(3)= 5$。现在 $D(w)+ l(w, v)= D(4)+ l(4, 3)= 1 + 3 = 4 < D(3)$。因此结点 3 到结点 1 的距离要更新，从 5 减小到 4。

对于结点 5，原来的 $D(5)= \infty$。现在 $D(w)+ l(w, v)= D(4)+ l(4, 5)= 1 + 1 = 2 < D(5)$。因此结点 5 到结点 1 的距离要更新，从∞减小到 2。

对于结点 6，现在到结点 1 的距离仍为∞。

步骤 1 的计算到此就结束了。

下面执行步骤 2。在结点 1 和 4 以外的结点中，找出一个距结点 1 最近的结点 w。现在有两个结点（结点 2 和 5）到结点 1 的距离一样，都是 2。我们选择结点 5（当然也可以选择结点 2，最后得出的结果还是一样的）。以后的详细步骤这里就省略了，读者可以自行完成剩下的步骤。

最后就得出以结点 1 为根的最短路径树。图 A-2 给出了各步骤执行后的结果。从最短路径树可清楚地找出从源结点（结点 1）到网内任何一结点的最短路径。图 A-2 还给出了在结点 1 的路由表。此路由表指出对于发往某个目的结点的分组，**从结点 1 发出后的下一跳结点**（在算法中常称为“后继结点”）和距离。当然，像这样的路由表，在所有其他各结点中都有一个。但这就需要分别以这些结点为源结点，重新执行算法，然后才能找出以这个结点为根的最短路径树和相应的路由表。

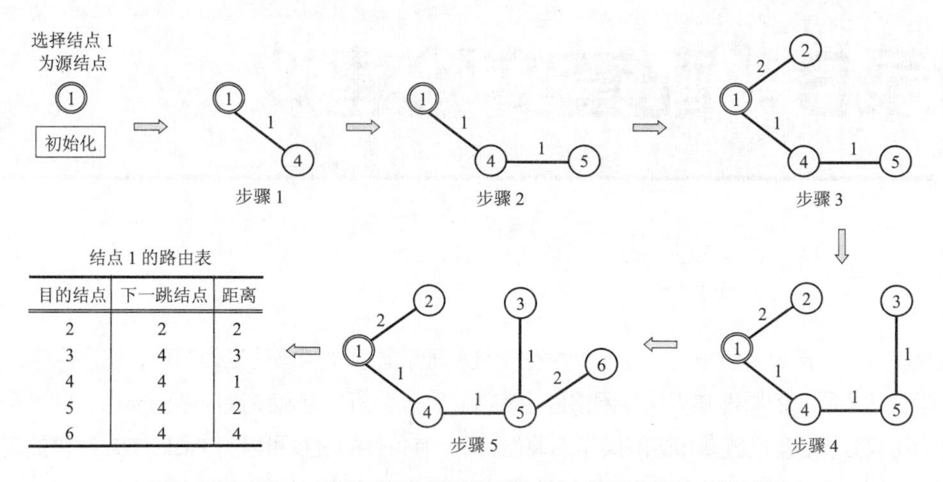

目的结点	下一跳结点	距离
2	2	2
3	4	3
4	4	1
5	4	2
6	4	4

图A-2 用Dijkstra算法求出最短路径树的各个步骤和在结点1的路由表

附录B 配套实验建议

建议安排以下部分实验项目，以帮助学生验证和理解计算机网络的工作原理，熟悉网络应用实践技能，学会运用所学的原理知识指导网络应用实践，提高分析问题和解决问题的能力。以下实验项目主要分为协议分析、模拟仿真和实网操作三大类。对于有条件的院校可以将 PacketTracer 模拟实验环境替换成实际网络环境，但相应的实验学时可能要加倍。

实验1 简单局域网组网

建议学时：1

实验目的

（1）掌握 RJ-45 双绞线的制作方法。

（2）掌握用以太网交换机将几台主机组成小型局域网的技能与方法。

（3）掌握基本网络连接属性的配置和测试网络连通性的基本方法。

实验条件

（1）以太网交换机、运行 Windows 2008 Server/XP/7 操作系统的 PC。

（2）双绞线、RJ-45 插头、压线钳、测线器。

实验内容

（1）按照 EIA/TIA-568B 标准制作 RJ-45 直通双绞线，并用测线器测试双绞线和 RJ-45 插头（水晶头）的连接性。

（2）使用制作的 RJ-45 双绞线将主机与以太网交换机连接，将几台主机组成一个小型局域网。

（3）根据教师分配的 IP 地址和子网掩码配置主机的网络连接属性。

（4）使用 IPconfig 命令查看网络适配器的配置信息。

（5）使用 Ping 命令测试网络的连通性。

实验2 使用网络模拟器PacketTracer

建议学时：1

实验目的

（1）掌握安装和配置网络模拟器软件 PacketTracer 的方法。

（2）掌握使用 PacketTracer 模拟网络场景的基本方法。

（3）掌握在 PacketTracer 模拟网络场景中进行网络连通性测试和观测分析网络运行的方法。

实验条件

（1）运行 Windows 2008 Server/XP/7 操作系统的 PC。

（2）PacketTracer 5.3 软件安装包。

实验内容

（1）安装网络模拟器 PacketTracer 5.3。

（2）识别 PacketTracer 中的网络设备、线缆类型，并用模拟器构建一个由交换机连接多个主机的网络场景。

（3）在模拟环境中配置各主机的网络连接属性并测试网络连通性。

（4）学会使用模拟方式查看传输的分组，并分析以太网帧格式。

实验3 交换机与集线器

建议学时：2

实验目的

（1）比较集线器与交换机的本质区别。

（2）深入理解交换机的工作原理。

实验条件

（1）运行 Windows 2008 Server/XP/7 操作系统的 PC。

（2）PC 上已安装 PacketTracer 5.3 软件。

实验内容

（1）在模拟环境中分别配置使用集线器的共享式局域网和使用交换机的交换式以太网，并配置各主机的网络连接属性。

（2）在模拟方式下分别测试两个网络的连通性，并观察集线器和交换机行为的不同。

（3）学习如何查看和清空交换机转发表，并在模拟方式下观察交换机如何处理已知目的 MAC 地址的单播帧和未知目的 MAC 地址的单播帧，以及转发表内容的变化。

（4）在模拟方式下观察交换机如何处理广播。

实验4 虚拟局域网（VLAN）

建议学时：2

实验目的

（1）掌握基本的交换机配置命令。

（2）理解 VLAN 的作用和基本工作原理。

实验条件

（1）运行 Windows 2008 Server/XP/7 操作系统的 PC。

（2）PC 上已安装 PacketTracer 5.3 软件。

实验内容

（1）在模拟环境中配置由两台交换机连接多台主机的局域网，配置各主机网络连接属性，并测试各主机的连通性。

（2）学习交换机基本的配置命令，并使用基于端口划分 VLAN 的方法在每个交换机上划分两个 VLAN（vlan1, vlan2）。

（3）使用两条网线分别将两个交换机上的相同 VLAN 连接在一起。

（4）测试属于同一 VLAN 和不同 VLAN 的主机间的连通性，并在模拟方式下观察分组传输和丢弃的过程。

（5）配置两个交换机的干道（Trunk）端口，使用一条网线连接两台交换机，并重做（4）的内容。

（6）在模拟方式下分析干道上传输的帧结构和非干道上传输的帧结构的不同。

实验5　无线局域网

建议学时：2

实验目的

（1）掌握无线局域网的基本组成和设备连接关系。

（2）学习使用无线 AP 配置无线局域网的基本技能。

实验条件

（1）运行 Windows 2008 Server/XP/7 操作系统的 PC。

（2）PC 上已安装 PacketTracer 5.3 软件。

实验内容

（1）在模拟环境中部署一个由无线 AP、交换机和若干主机组成的分配系统（将 AP 连接在交换机上）。

（2）在无线 AP 上配置 SSID、信道和 WPA2-PSK 密码。

（3）选择两台主机将其以太网网卡更换为无线网卡，并配置 SSID 和 WPA2-PSK 密码，连接无线 AP。

（4）配置各主机 IP 地址，并测试无线主机与无线主机、无线主机与有线主机的连通性。

（5）在模拟方式下查看无线链路上和有线链路上的帧格式，分析 802.11 帧的地址字段与以太网帧的地址字段的不同。

实验6　使用Wireshark进行协议分析

建议学时：2

实验目的

（1）掌握使用 Wireshark 俘获并分析网络协议交互过程、协议数据单元格式的基本技能。

（2）通过协议分析深入理解 Ethernet II 帧结构、IP 数据报结构。

（3）深入理解硬件地址与物理地址的关系和 ARP 协议的工作过程。

实验条件

（1）运行 Windows 2008 Server/XP/7 操作系统的 PC。

（2）每台 PC 通过双绞线与局域网相连。

（3）Wireshark 1.6.5 或更高版本软件安装包（可以从 http://www.wireshark.org/免费下载）。

实验内容

（1）安装 Wireshark 软件，以分析 ICMP 为例，学习使用 Wireshark 俘获分组、设置过滤条件、查看各层次协议数据单元格式等基本技巧。

（2）使用 Ipconfig 命令查看主机网卡的物理地址。

（3）学习使用 ARP 命令查看和清除 arp 缓存。

（4）用 Ping 命令测试两台主机间的连通性，并用 Wireshark 软件俘获并分析整个通信过程，分析 ARP 协议的交互过程，分析以太网帧格式、ARP 报文格式、IP 数据报格式和 ICMP 报文格式。

实验7 子网划分与路由器配置

建议学时：2

实验目的

（1）熟练掌握 CIDR 地址分配方法。

（2）深入理解路由表和数据报转发过程，掌握配置静态路由的方法。

（3）掌握为路由器配置 RIPv2 的方法，并深入理解 RIPv2 协议的工作过程。

实验条件

（1）运行 Windows 2008 Server/XP/7 操作系统的 PC。

（2）PC 上已安装 PacketTracer 5.3 软件。

实验内容

（1）教师设置一个校园网场景（路由器构成网状拓扑），并分配 IP 地址块，要求学生合理划分子网，为各子网、路由器接口分配 IP 地址，并在 PacketTracer 中构建模拟网络环境。

（2）为路由器、主机配置网络连接属性，并测试不同子网中的主机间的连通性。

（3）配置路由器静态路由表，再测试不同子网中主机间的连通性，并学习使用 tracert 命令测试源到目的的路径。

（4）删除某冗余链路，再测试不同子网中主机间的连通性。

（5）在路由器上配置 RIPv2 路由选择协议，并测试不同子网中主机间的连通性，再重做（4）的内容。

（6）在模拟方式下观察网络中 RIPv2 协议报文的定期交互过程。

（7）在模拟方式下观察网络误配置时分组的传输和丢弃情况，如主机默认网关没有配置、路由器接口子网掩码不正确等。

实验8 分析TCP协议

建议学时：2

实验目的

（1）掌握使用 Wireshark 统计工具分析 TCP 踪迹文件的技能。

（2）通过协议分析深入理解 TCP 协议的连接管理、可靠数据传输、流量控制和拥塞控制的基本原理。

实验条件

（1）运行 Windows 2008 Server/XP/7 操作系统的 PC。

（2）每台 PC 通过双绞线与校园网相连，或者具有适合的踪迹文件。

（3）每台 PC 运行 Wireshark 协议分析器。

实验内容

（1）俘获本机与远程服务器的 TCP 踪迹文件。

（2）利用 TCP 流图分析 TCP 建立连接和释放连接的过程。

（3）利用 TCP 流图分析 TCP 序号/确认号和流量控制的工作过程。

（4）利用 TCP 吞吐量图分析 TCP 拥塞控制的过程。

实验9　DNS、DHCP和邮件服务器

建议学时：4

实验目的

（1）掌握在 Windows 2008 Server 上配置 DNS 服务器、DHCP 服务器的方法，深入理解 DNS 和 DHCP 的工作过程。

（2）掌握 MDaemon 邮件服务器安装、配置和管理的基本方法，深入理解 SMTP 和 POP3 的工作过程。

实验条件

（1）运行 Windows 2008 Server 操作系统的 PC，Windows 2008 Server 安装光盘。

（2）每台 PC 通过双绞线与局域网相连。

（3）每台 PC 运行 Wireshark 协议分析器。

（4）MDaemon 邮件服务器软件安装包，Foxmail 邮件客户端软件安装包。

实验内容

（1）在 Windows 2008 Server 上安装 DNS 服务器，配置 DNS 服务器，为各主机分配域名并添加资源记录。

（2）为各主机配置网络连接属性，包括配置默认的域名服务器地址。

（3）使用 Ping 命令和 Nslookup 工具测试 DNS 服务器配置的正确性，学会使用 IPconfig 命令清空 DNS 缓存。

（4）在 Windows 2008 Server 上安装 DHCP 服务器，配置 DHCP 服务器（包括 IP 地址范围、子网掩码、默认网关、DNS 服务器和租约期）。

（5）各主机将网络连接属性配置为“采用自动获得 IP 地址”测试 DHCP 服务器。

（6）使用 Wireshark 分析 DHCP 的工作过程。

（7）安装 MDaemon 邮件服务器软件。

（8）在 DNS 服务器中为邮件服务器添加 MX 邮件交换器记录。

（9）配置 MDaemon 邮件服务器，创建用户。

（10）安装 Foxmail 邮件客户端软件，并测试 MDaemon 邮件服务器。

（11）使用 Wireshark 分析 SMTP 和 POP3 的工作过程。

实验10　简单网络应用程序开发

建议学时：4

实验目的

（1）通过简单的网络应用程序开发，加深对套接字 API 的理解，了解 Windows 环境下使用 Socket API 开发一个网络应用程序的基本方法。

（2）通过简单文件传输应用程序的开发，深入理解 TCP 面向字节流的概念。

实验条件

（1）运行 Windows 2008 Server/XP/7 操作系统的 PC。

（2）每台 PC 通过双绞线与局域网相连。

（3）应用程序开发环境。推荐使用 Code::Blocks 集成开发环境。Code::Blocks 是一个开源、免费、跨平台（支持 Windows、GNU/Linux、Mac OS X 以及其他类 UNIX）、简单易用、支持插件扩展的 C/C++ 集成开发环境。

实验内容

（1）安装并熟悉应用程序开发环境。

（2）在开发环境中输入 6.10.2 节中的 TCP 客户端和服务器端代码示例，编译并执行该程序示例。

（3）开发一个简单的文件传输服务器端和客户端程序，客户端可以利用 TCP 连接将一个大的指定文件发送到服务器端并保存在服务器端指定路径下。

（4）编译并执行文件传输服务器端和客户端源代码。

实验11　路由器访问控制列表

建议学时：2

实验目的

（1）掌握利用路由器访问控制列表保护内网主机安全的基本方法。

（2）通过实验理解分组过滤防火墙的功能和基本原理。

实验条件

（1）运行 Windows 2008 Server/XP/7 操作系统的 PC。

（2）PC 上已安装 PacketTracer 5.3 软件。

实验内容

（1）根据教师要求的网络场景和安全要求，在 PacketTracer 中构建模拟网络环境，并设计分组过滤条件。

（2）为路由器、主机配置网络连接属性，并测试连通性。

（3）为路由器配置标准访问控制列表和扩展访问控制列表。

（4）测试网络安全性要求。

附录C　英文缩写词

ACK（ACKnowledgement）确认（3.1.5）

ACL（Access Control List）访问控制列表（7.7.1）

ADSL（Asymmetric Digital Subscriber Line）非对称数字用户线（2.6.2）

AES（Advanced Encryption Standard）高级加密标准（7.2.1）（7.6.2）

AH（Authentication Header）鉴别首部（7.6.3）

AN（Access Network）接入网（2.6）

AON（All Optical Network）全光网（2.5.3）

AP（Access Point）接入点（3.7.1）

API（Application Programming Interface）应用编程接口（6.10）

APNIC（Asia Pacific Network Information Center）亚太网络信息中心（4.2.2）

ARP（Address Resolution Protocol）地址解析协议（4.2.4）

ARQ（Automatic Repeat reQuest）自动请求重传（3.1.5）

AS（Autonomous System）自治系统（4.4.1）

ASON（Automatic Switched Optical Network）自动交换光网络（2.5.3）

ATM（Asynchronous Transfer Mode）异步传输模式（4.1.2）

ATU（Access Termination Unit）接入端接单元（2.6.2）

ATU-C（Access Termination Unit Central Office）端局接入端接单元（2.6.2）

ATU-R（Access Termination Unit Remote）远端接入端接单元（2.6.2）

BER（Bit Error Rate，BER）误码率/误比特率/比特差错率（3.1.4）

BGP（Border Gateway Protocol）边界网关协议（4.4.4）

BSA（Basic Service Area）基本服务区（3.7.1）

BSS（Basic Service Set）基本服务集（3.7.1）

BT（BitTorrent）一种 P2P 文件分发程序（6.8.3）

C/S（Client/Server）客户/服务器（1.3.1）（6.1.1）

CA（Certification Authority）认证中心（7.4.2）

CATV（Community Antenna TV, CAble TV）有线电视（2.6.3）

CBT（Core Based Tree）基于核心的转发树（4.7.5）

CDM（Code Division Multiplexing）码分复用（2.4.3）

CDMA（Code Division Multiplex Access）码分多址（2.4.3）

CDN（Content Distribution Network）内容分发网络（6.9.3）
CGI（Common Gateway Interface）通用网关接口（6.3.4）
CIDR（Classless Inter-Domain Routing）无分类域间路由选择（4.2.2）
CNGI（China Next Generation Internet）中国下一代互联网（1.2.2）
CNNIC（Network Information Center of China）中国互联网络信息中心（1.7）
CRC（Cyclic Redundancy Check）循环冗余检验（3.1.4）
CSMA/CA（Carrier Sense Multiple Access / Collision Avoidance）载波监听多址接入/碰撞避免（3.7.3）
CSMA/CD（Carrier Sense Multiple Access / Collision Detection）载波监听多址接入/碰撞检测（3.4.1）
CTS（Clear To Send）允许发送（3.7.3）
DAC（Discretionary Access Control）自主访问控制（7.5.2）
DCF（Distributed Coordination Function）分布协调功能（3.7.3）
DDoS（Distributed Denial of Service）分布式拒绝服务（7.1.1）
DES（Data Encryption Standard）数据加密标准（7.2.1）
DHT（distributed hash table）分布式散列表（6.8.2）
DIFS（Distributed Coordination Function IFS）分布协调功能帧间间隔（3.7.3）
DMT（Discrete Multi-Tone）离散多音调（2.6.2）
DNS（Domain Name System）域名系统（6.2.1）
DoS（Denial of Service）拒绝服务（7.1.1）
DS（Differentiated Services）区分服务（4.2.5）
DS（Distribution System）分配系统（3.7.1）
DSL（Digital Subscriber Line）数字用户线（2.6.2）
DSLAM（DSL Access Multiplexer）数字用户线接入复用器（2.6.2）
DSSS（Direct Sequence Spread Spectrum）直接序列扩频（3.7.2）
DVMRP（Distance Vector Multicast Routing Protocol）距离向量多播路由选择协议（4.7.5）
DWDM（Dense WDM）密集波分复用（2.4.2）
EAP（Extensible Authentication Protocol）扩展的鉴别协议（7.6.2）
EDFA（Erbium Doped Fiber Amplifier）掺铒光纤放大器（2.3.1）
EDGE（Enhanced Data rates for GSM Evolution）增强型数据速率 GSM 演进（2.6.6）
EGP（External Gateway Protocol）外部网关协议（4.4.1）
EIA（Electronic Industries Association）美国电子工业协会（2.3.1）
ESP（Encapsulating Security Payload）封装安全有效载荷（7.6.3）
ESS（Extended Service Set）扩展的服务集（3.7.1）
ETSI（European Telecommunications Standards Institute）欧洲电信标准学会（3.7.2）
EUI（Extended Unique Identifier）扩展的唯一标识符（3.3.2）
FCS（Frame Check Sequence）帧检验序列（3.1.4）
FDDI（Fiber Distributed Data Interface）光纤分布式数据接口（3.3.1）

FDM（Frequency Division Multiplexing）频分复用（2.4.1）
FEC（Forwarding Equivalence Class）转发等价类（4.10）
FEC（Forward Error Correction）前向纠错（6.9.1）
FR（Frame Relay）帧中继（4.1.2）
FSK（Frequency-Shift Keying）频移键控（2.2.2）
FTP（File Transfer Protocol）文件传送协议（6.5）
FTTB（Fiber To The Building）光纤到大楼（2.6.4）
FTTC（Fiber To The Curb）光纤到路边（2.6.4）
FTTD（Fiber To The Desk）光纤到桌面（2.6.4）
FTTH（Fiber To The Home）光纤到户（2.6.4）
FTTO（Fiber To The Office）光纤到办公室（2.6.4）
FTTZ（Fiber To The Zone）光纤到小区（2.6.4）
GBN（Go-back-N）回退 N 帧（协议）（3.1.5）
GIF（Graphics Interchange Format）可交换的图像文件格式（6.4.6）
GPRS（General Packet Radio Service）通用分组无线服务（2.6.6）
GPS（Global Position System）全球定位系统（1.8）
GSM（Global System for Mobile）全球移动通信系统（2.4.3）（2.6.6）
GUI（Graphical User Interface）图形用户界面（6.6）
HDLC（High-level Data Link Control）高级数据链路控制（3.2）
HDSL（High speed DSL）高速数字用户线（2.6.2）
HFC（Hybrid Fiber Coax）光纤同轴混合（网）（2.6.3）
HTML（HyperText Markup Language）超文本标记语言（6.3.1）
HTTP（HyperText Transfer Protocol）超文本传送协议（6.3.1）
IaaS（Infrastructure as a Service）基础设施即服务（1.8）
IAB（Internet Architecture Board）因特网体系结构委员会（1.2.3）
IANA（Internet Assigned Numbers Authority）因特网赋号管理局（4.2.5）
ICANN（Internet Corporation for Assigned Names and Numbers）因特网名字与号码分配机构（4.2.2）
ICMP（Internet Control Message Protocol）网际控制报文协议（4.3）
IDS（Intrusion Detection System）入侵检测系统（7.7.2）
IETF（Internet Engineering Task Force）因特网工程部（1.2.3）
IFS（InterFrame Space）帧间间隔（3.7.3）
IGMP（Internet Group Management Protocol）网际组管理协议（4.7.3）
IGP（Interior Gateway Protocol）内部网关协议（4.4.1）
IMAP（Internet Message Access Protocol）因特网邮件访问协议（6.4.4）
IoT（Internet of Things）物联网（1.8）
IP（Internet Protocol）网际协议（4.2）

IPng（IP Next Generation）下一代的 IP（4.9.1）

IPsec（IP security）IP 安全（协议）(7.6.3)

IPTV（IP TeleVision）网络电视（6.9）

IPX（Internet Packet Exchange）Novell 公司的一种连网协议（3.2.1）

IRTF（Internet Research Task Force）因特网研究部（1.2.3）

ISM（Industrial, Scientific, and Medical）工业、科学与医药（2.3.2）

ISO（International Organization for Standardization）国际标准化组织（1.6.2）

ISOC（Internet Society）因特网协会（1.2.3）

ISP（Internet Service Provider）因特网服务提供者（1.2.2）

IT（Information Technology）信息技术（1.8）

ITU（International Telecommunication Union）国际电信联盟（1.8）(2.3.2)

ITU-T（ITU Telecommunication Standardization Sector）国际电信联盟电信标准化部门（2.5.2）

JPEG（Joint Photographic Expert Group）联合图像专家组，一种图像压缩标准（6.4.6）

KDC（Key Distribution Center）密钥分发中心（7.4.1）

LAN（Local Area Network）局域网（1.4.2）(3.3.3)

LCP（Link Control Protocol）链路控制协议（3.2.2）

LLC（Logical Link Control）逻辑链路控制（3.3.2）

LSR（Label Switching Router）标签交换路由器（4.10）

MAC（Medium Access Control）媒体接入控制（3.3.2）

MAC（Mandatory Access Control）强制访问控制（7.5.2）

MAN（Metropolitan Area Network）城域网（1.4.2）

MBONE（Multicast Backbone On the Internet）多播主干网（4.7.1）

MD（Message Digest）报文摘要（7.3.1）

MIME（Multipurpose Internet Mail Extensions）通用因特网邮件扩展（6.4.6）

MIP（Mobile IP）移动 IP（4.8.2）

MOSPF（Multicast extensions to OSPF）开放最短通路优先的多播扩展（4.7.5）

MPEG（Motion Picture Experts Group）动态图像专家组（6.9.1）

MPLS（MultiProtocol Label Switching）多协议标签交换（4.10）

MRU（Maximum Receive Unit）最大接收单元（3.2.1）

MSS（Maximum Segment Size）最大报文段长度（5.3.2）

MTU（Maximum Transfer Unit）最大传送单元（3.1.3）

NAK（Negative Acknowledgment）否认（3.1.5）

NAT（Network Address Translation）网络地址转换（4.6.2）

NAV（Network Allocation Vector）网络分配向量（3.7.3）

NCP（Network Control Protocol）网络控制协议（3.2.2）

NGI（Next Generation Internet Initiative）下一代因特网计划（1.2.2）

NIC（Network Interface Card）网络接口卡、网卡（3.3.2）

NSF（National Science Foundation）（美国）国家科学基金会（1.2.2）

NVT（Network Virtual Terminal）网络虚拟终端（6.6）

OC（Optical Carrier）光载波（2.5.2）

OSI/RM（Open Systems Interconnection Reference Model）开放系统互连参考模型（1.6.2）

OSPF（Open Shortest Path First）开放最短路径优先（4.4.3）

OTN（Optical Transport Network）光传送网（2.5.3）

OUI（Organizationally Unique Identifier）组织唯一标识符（3.3.2）

P2P（Peer-to-Peer）对等（1.3.1）（6.1.1）（6.8）

PaaS（Platform as a Service）平台即服务（1.8）

PAN（Personal Area Network）个人区域网（1.4.2）

PCF（Point Coordination Function）点协调功能（3.7.3）

PCM（Pulse Code Modulation）脉冲编码调制（2.5.1）

PDA（Personal Digital Assistant）个人数字助理（6.3.5）

PDU（Protocol Data Unit）协议数据单元（1.6.3）

PGP（Pretty Good Privacy）一种电子邮件加密技术（7.6.5）

PIM–DM（Protocol Independent Multicast–Dense Mode）协议无关多播-密集方式（4.7.5）

PIM–SM（Protocol Independent Multicast–Sparse Mode）协议无关多播-稀疏方式（4.7.5）

PING（Packet InterNet Groper）分组网间探测（4.3）

POP（Post Office Protocol）邮局协议（6.4.4）

PPP（Point-to-Point Protocol）点对点协议（3.2）

PSK（Phase Shift Keying）相移键控（2.2.2）

PSK（Pre-Shared Key）预设共享密钥（7.6.2）

QAM（Quadrature Amplitude Modulation）正交振幅调制（2.2.2）

QoS（Quality of Service）服务质量（4.1.2）

RARP（Reverse Address Resolution Protocol）逆地址解析协议（4.2）

RBAC（Role Based Access Control）基于角色的访问控制（7.5.2）

RFC（Request For Comments）请求评论（1.2.3）

RFID（Radio Frequency IDentification）射频识别（1.8）

RIP（Routing Information Protocol）路由信息协议（4.4.2）

RPF（Reverse Path Forwarding）反向路径转发（4.7.5）

RPM（Reverse Path Multicasting）反向路径多播（4.7.5）

RSA（Rivest, Shamir and Adleman）一种公开密钥算法的名称，用三个人名合成（7.2.2）

RTCP（RTP Control Protocol）实时运输控制协议（6.9.2）

RTO（RetransmissionTime-Out）超时重传时间（5.3.3）

RTP（Real-time Transport Protocol）实时运输协议（6.9.2）

RTS（Request To Send）请求发送（3.7.3）

RTSP（Real-Time Streaming Protocol）实时流协议（6.9.3）

RTT（Round-Trip Time）往返时间（3.1.5）

SA（Security Association）安全关联（7.6.3）

SaaS（Software as a Service）软件即服务（1.8）

SACK（Selective ACK）选择确认（5.3.3）

SDH（Synchronous Digital Hierarchy）同步数字系列（2.5.2）

SHA（Secure Hash Algorithm）安全散列算法（7.3.1）

SIFS（Short IFS）短帧间间隔（3.7.3）

SIM（Subscriber Identity Module）用户身份模块卡（2.6.6）

SIP（Session Initiation Protocol）会话发起协议（6.9.5）

SMTP（Simple Mail Transfer Protocol）简单邮件传送协议（6.4.1）

SONET（Synchronous Optical Network）同步光纤网（2.5.2）

SPI（Security Parameter Index）安全参数索引（7.6.3）

SK（Selective Kepeat）选择重传（协议）（3.1.5）

SSID（Service Set ID）服务集标识符（3.7.1）（7.6.2）

SSL（Secure Socket Layer）安全套接字层（7.6.4）

SSRC（Synchronous SouRCe identifier）同步源标识符（6.9.2）

STDM（Statistic TDM）统计时分复用（2.4.1）

STP（Shielded Twisted Pair）屏蔽双绞线（2.3.1）

SW（Stop-and-Wait）停止等待（协议）（3.1.5）

TCB（Transmission Control Block）传输控制程序块（5.3.5）

TCP（Transmission Control Protocol）传输控制协议（1.6.3）（5.3）

TDM（Time Division Multiplexing）时分复用（2.4.1）

TIA（Telecommunications Industries Association）电信工业协会（2.3.1）

TKIP（Temporal Key Integrity Protocol）临时密钥完整性协议（7.6.2）

TLD（Top Level Domain）顶级域名（6.2.2）

TLS（Transport Layer Security）运输层安全（7.6.4）

TOS（Type of Service）服务类型（4.2.5）

TPDU（Transport Protocol Data Unit）运输协议数据单元（5.1.2）

TTL（Time To Live）生存时间或寿命（4.2.5）

UA（User Agent）用户代理（6.4.1）

UDP（User Datagram Protocol）用户数据报协议（1.6.3）（5.2）

URL（Uniform Resource Locator）统一资源定位符（6.3.1）

USIM（Universal SIM）通用 SIM 卡（2.6.6）

UTP（Unshielded Twisted Pair）无屏蔽双绞线（2.3.1）

UWB（Ultra-Wide Band）超宽带（3.7.5）
VC（Virtual Circuit）虚电路（4.1.2）
VDSL（Very high speed DSL）甚高速数字用户线（2.6.2）
VLAN（Virtual LAN）虚拟局域网（3.5.4）
VoIP（Voice over IP）网络电话（6.9.5）
VPN（Virtual Private Network）虚拟专用网（4.6.1）
WAN（Wide Area Network）广域网（1.4.2）
WAP（Wireless Application Protocol）无线应用协议（6.3.5）
WAPI（WLAN Authenticaion Privacy Infrastructure）无线局域网鉴别和保密基础架构（7.6.2）
WDM（Wavelength Division Multiplexing）波分复用（2.4.2）
WEP（Wired Equivalent Privacy）有线等效的保密（3.7.1）（7.6.2）
Wi-Fi（Wireless Fidelity）无线保真度（3.7.1）
WiMAX（Worldwide Interoperability for Microwave Access）全球微波接入的互操作性（3.7.5）
WLAN（Wireless Local Area Network）无线局域网（3.7）
WMAN（Wireless Metropolitan Area Network）无线城域网（3.7.5）
WPA（WiFi Protected Access）无线局域网受保护的接入（3.7.1）
WPA2（WiFi Protected Access 2）无线局域网受保护的接入版本 2（7.6.2）
WPAN（Wireless Personal Area Network）无线个人区域网（1.4.2）（3.7.5）
WWW（World Wide Web）万维网（1.2.2）（6.3）